起重机械结构服役安全评估技术

王伟雄　等著

·广州·

内容简介

安全评估的目的是查找、分析和预测结构存在的危险、有害因素及可能导致的危险、危害后果和程度，提出合理可行的安全对策措施，指导危险源监控和事故预防，以达到最低事故率、最少损失和最优的安全投资效益。

本书介绍了安全评估过程中所用到的关键技术，包括有限元分析技术、无损检测与评价技术、结构应力应变测试分析技术、结构振动模态分析技术、光纤光栅监测技术、剩余疲劳寿命预测技术等，并介绍了将这些技术分别运用于1000t／h桥式抓斗卸船机安全评估、100t门座式起重机安全评估、MQ2533门座式起重机状态监测与安全预警三个案例中的分析方法及结果讨论。

本书的出版，既填补了起重机械金属结构评估领域相关专著欠缺的空白，也极大地丰富了结构服役安全技术领域的研究内容。本书可作为高等院校、科研院所以及特检行业从业人员参考资料。

图书在版编目(CIP)数据

起重机械结构服役安全评估技术/王伟雄，等著.—广州：华南理工大学出版社，2014.11

ISBN 978-7-5623-4315-8

Ⅰ.①起…　Ⅱ.①王…　Ⅲ.①起重机械-安全评价　Ⅳ.①TH210.8

中国版本图书馆CIP数据核字(2014)第247487号

起重机械结构服役安全评估技术

王伟雄　等著

出 版 人：韩中伟

出版发行：华南理工大学出版社

（广州五山华南理工大学17号楼，邮编510640）

http://www.scutpress.com.cn　E-mail:scutc13@scut.edu.cn

营销部电话：020-22236386　22236378　87113487　87111048

策划编辑：潘宜玲　詹志青

责任编辑：詹志青

印 刷 者：广州市新怡印务有限公司

开　　本：787mm×1092mm　1/16　印张：25.5　字数：650千

版　　次：2014年11月第1版　2014年11月第1次印刷

印　　数：1～2000册

定　　价：168.00元

序

新中国成立特别是改革开放以来，我国社会主义现代化建设取得了举世瞩目的伟大成就。起重机械能大幅提高工业自动化水平和生产效率，是国民经济建设中不可或缺的机械化设备，对推动经济社会发展、提高城市化水平具有举足轻重的作用。金属结构是起重机械的“骨架”，在整个使用过程中，由于腐蚀、疲劳、失稳或机械损伤等因素影响，随着服役年限的增加，会出现结构老化而导致承载能力下降的特性，造成十分严重的安全隐患。由其失效而引发的安全生产事故近年来频有发生，损失巨大，教训深刻。“安全第一，预防为主，综合治理”，安全评估是预测、预防事故的重要手段。通过安全评估可确认起重机械金属结构的安全状态，有效识别、分析起重机械金属结构损伤的危险源和风险，评价其可靠性，有利于科学地给出起重机械金属结构安全的系统解决方案，制定基于风险的起重机械金属结构安全监督、维护保养、检验等措施，对促进安全生产、提高工作效率具有十分重要的意义。

广州市特种机电设备检测研究院于2008年专门成立了在役起重机械金属结构安全评估研究团队，通过多年的研究，综合无损检测、理化检验、在线监测、有限元计算、材料疲劳特性以及结构力学、断裂力学等多个学科，并结合广州市特种机电设备检测研究院数十年的检验经验积累，在国内首次系统地研究了起重机械金属结构服役安全技术体系，并获得国家质量监督检验检疫总局科技计划项目立项支持，成功突破了多项技术瓶颈，取得了丰硕的成果；六年来将该技术成功应用到中船集团、中化集团、广州港集团等数十家企业近300余台设备服役安全评估实践中，积累了丰富的工程实践经验。其科研成果经国家质检总局组织专家鉴定达到国际先进水平，学术成果在《中国特种设备安全》期刊上连续刊载，《中国质量报》也对此进行了报道，引起了行业的广泛关注和认同。

当前全国各地起重机械安全评估工作开展方法不一，研究思路迥异，且国家尚无统一的标准规范出台，本书的出版，既填补了起重机械金属结构评估领域相关专著欠缺的空白，也极大地丰富了结构服役安全技术领域的研究内容，是特种设备安全工程界和结构服役安全学术界都值得庆贺的一件事情。

刘诚

2014年10月

前 言

起重机械结构服役安全评估技术是通过对评定对象的状况调查（历史、工况、环境）、缺陷成因分析、失效模式判断、材质检验（包括性能、损伤与退化等）、应力分析、在线监测、计算分析等，并根据相关标准的规定对待评估起重机械金属结构的安全性进行综合分析和评价的集成技术。截至2013年底，全国特种设备总量达936.91万台，其中起重机械213.50万台，且在八大类特种设备中事故率一直居于首位。《中华人民共和国特种设备安全法》第四十八条规定“……前款规定报废条件以外的特种设备，达到设计使用年限可以继续使用的，应当按照安全技术规范的要求通过检验或者安全评估，并办理使用登记证书变更，方可继续使用。允许继续使用的，应当采取加强检验、检测和维护保养等措施，确保使用安全。”但是，后续的安全评估技术规范受制于技术瓶颈，尚未颁布，金属结构作为起重机械的“骨架”，其服役安全的评估技术当前行业内尚处于研究、摸索阶段，因此十分需要一本系统阐述起重机械结构服役安全评估技术的专著。

本书的作者均在机电类特种设备检验检测机构专门从事起重机械结构服役安全评估技术的研究和工程实践工作，是一个研究团队，围绕关键技术瓶颈，根据工程需求和工作实践提炼成研究课题，获得国家质量监督检验检疫总局科技计划项目立项支持，经过近六年的研究和工程实践，项目负责人王伟雄组织团队经过一年多的努力，合力撰写了本书回馈行业，以飨读者。我们深切地希望本书的出版能够有益于起重机械行业的安全发展，有助于我国起重机械金属结构服役安全技术的进步。

本书的编写由王伟雄主持，王新华协助制订技术路线、编制目录和统稿。齐凯撰写第1章、第2章和第3章，彭启凤编写第4章并校核全稿的文字，刘柏清撰写第3章第2节、第5章、第6章和第10章，邓贤远撰写第5章第6节，呙中樑撰写第7章，江爱华撰写第9章，黄国健撰写第8章和第13章，刘金撰写第11章和第12章。

本书技术成果早期得到国家质量监督检验检疫总局科技计划立项支持，分别为《基于裂纹扩展的大型造船门座式起重机结构剩余疲劳寿命评估关键技术研究》(2010QK086)、《大型塔式起重机金属结构损伤模式识别与风险分析方法研究》(2011QK320) 和《基于物联网的起重机金属结构健康监测与预警系统》(2012QK069)，在结构健康监测方面还得到科技部质检公益性行业科研专项(《基于光纤声发射传感器的大型起重机械局部损伤监测系统研究》(201010031－02))、广东省安全生产专项资金（《大型起重机械结构健康监测与安全预警技术研究及典型工程示范》(2012－07)）和广州市科技和信息化局(珠江科技新星计划《基于物联网的门座式起重机结构健康监测与预警系统研究》(2013J2200097) 和科研平台建设《广州市特种设备安全与节能行业工程技术研究中心》(穗科信字〔2012〕224－17号)）的资助；在结构寿命预测技术领域与英国n－Code公司开展了技术合作，在此一并表示感谢。

限于作者的水平，书中的错误和不足在所难免，恳请读者批评指正。

2014年10月

目　录

1　起重机械金属结构概述

以钢材为原料轧制的型材（如角钢、工字钢、槽钢、管钢等）和板材作为基本元件，通过焊接、螺栓或铆钉连接等方式，按一定的规律连接起来制成能够承受起重机械外载荷的结构称为起重机械钢结构。

由于钢结构具有强度高、重量轻、质量稳定等独特优点，已在工业部门获得非常广泛的应用。在传统的工业部门，如工业与民用建筑业中的建筑结构、交通运输业中的船舶、车辆、飞机、桥梁，电力部门中的高架塔桅，水工建筑中的闸门、大型管道以及机械工业中的起重机械、重型机械等方面，在新兴的宇航工业、海洋工程中都大规模应用了钢结构。本章主要围绕起重机械结构方面的基础知识展开介绍，阐述起重机械金属结构及安全评估技术主要检测对象的特点。

1.1　起重机械金属结构及其特点

历史上，中国是起重机械使用最早的国家之一。古人常用的杠杆、辘轳取水、灌溉用桔等均是起重设备。国外早期使用的起重机械也不少见，其雏形有古希腊人运输重型石块的吊锲，古罗马建筑用的三饼滑车等。早期的起重机械结构均为木制，直到 19 世纪后期，由于钢铁工业和制造业的发展和完善，金属结构方在起重机械中大放异彩。1880 年，德国制成了世界上第一台钢制桥式起重机，该起重机为电力拖动。尔后，欧美各国争相效仿，各类以金属结构为主体的现代起重机械相继面世。

当下对现代起重机械有了富有时代特色的明确定义，它指用于垂直升降或者垂直升降并水平移动重物的机电设备。其范围规定为额定起重量大于或者等于 0.5t 的升降机；额定起重量大于或者等于 1t，且提升高度大于或者等于 2m 的起重机和承重形式固定的电动葫芦等。起重机械的结构核心为金属结构，它常被定义如下：由金属材料轧制成的型钢及钢板作为基本元件，彼此按一定的规律用焊接的方法连接起来，制成基本构件后，再用焊接或螺栓将基本构件连接成能够承受外加载荷的结构物。例如，塔式起重机的起重臂与平衡臂、轮式起重机的动臂和底架、龙门起重机的上部主梁及支腿等，这些均是起重机械常用的金属结构。

比较有意思的一点是，人们热衷于将起重机械的名称与主要金属结构的形状联系在一起，比如桥式起重机、龙门起重机、塔式起重机、履带式起重机、轮式起重机等。这一独特现象充分表明了金属结构在起重机械中的重要地位。那么，起重机械的金属结构到底起到哪些至关重要的作用呢？

具体说来，起重机械金属结构的作用可以归结为两方面：第一，作为机械骨架，它肩负承担自重和载重的功能；第二，在负载作用下，发挥稳定的传递功能。以图 1－1 所示的塔式起重机为例，上回转塔机的金属结构主要包括：底架 1、塔身标准节 2、回转下支座 5、回转上支座 7、回转塔身 8、平衡臂 9、起重臂 18、塔帽 13、变幅小车 19、起重吊钩 20 等部件。在空载情形下，底架、塔身主要发挥承载自重的功能；在负重作业时，起重臂载荷与平衡重在钢丝绳的传递作用下，达到平衡。主要金属结构件均发挥了承担自重和载重的作用，另外也发挥了稳定的负载传递作用。

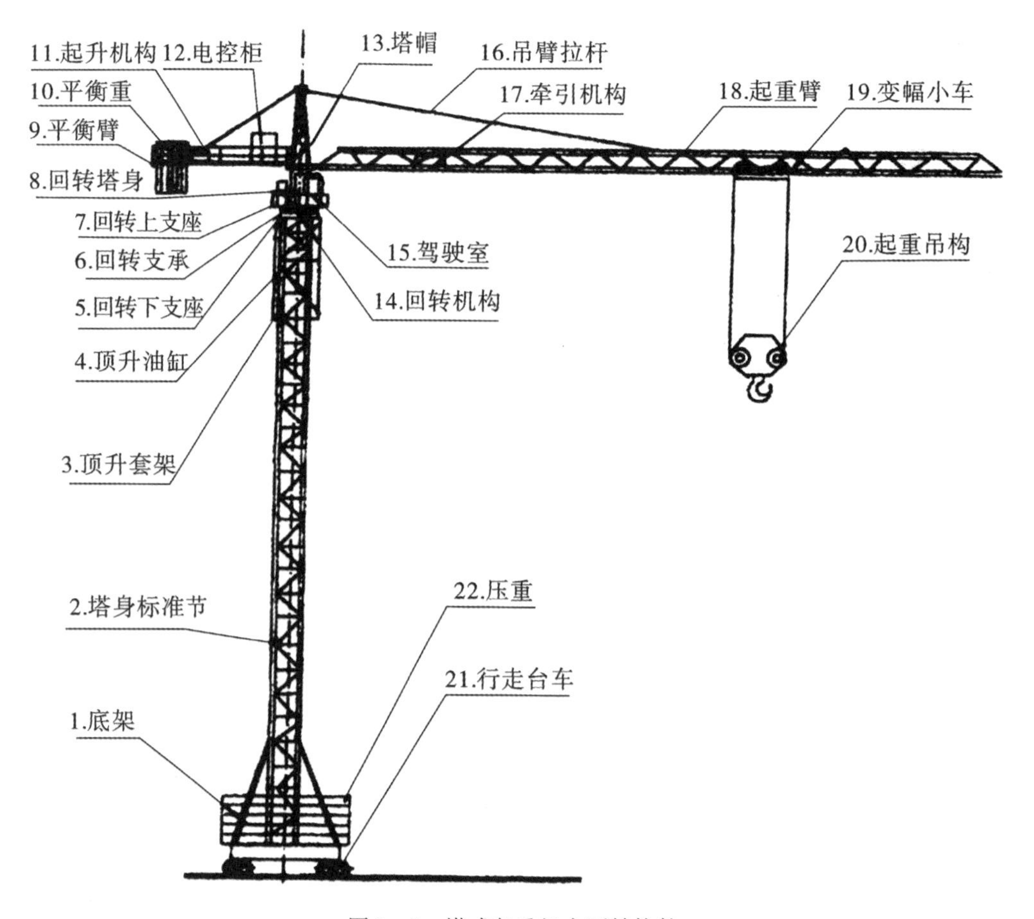

图 1－1　塔式起重机主要结构件

起重机械金属结构的类别很多，按照不同的分法，起重机械金属结构亦有不同的归类，一般说来有以下几种类别：

1. 按起重机械金属结构的外形分类

按照起重机械金属结构的外形不同分为门架结构、臂架结构、车架结构、转柱结构、塔架结构等。

这些结构可以是杆系结构或板梁结构。以门架结构为例，它包含了龙门起重机的龙门架、平衡重式叉车的门架、门座起重机的门腿等。臂架结构如图 1－2 所示，包含塔式起重机的臂架、轮式起重机的桁架式臂架动臂、塔式起重机的大臂等。

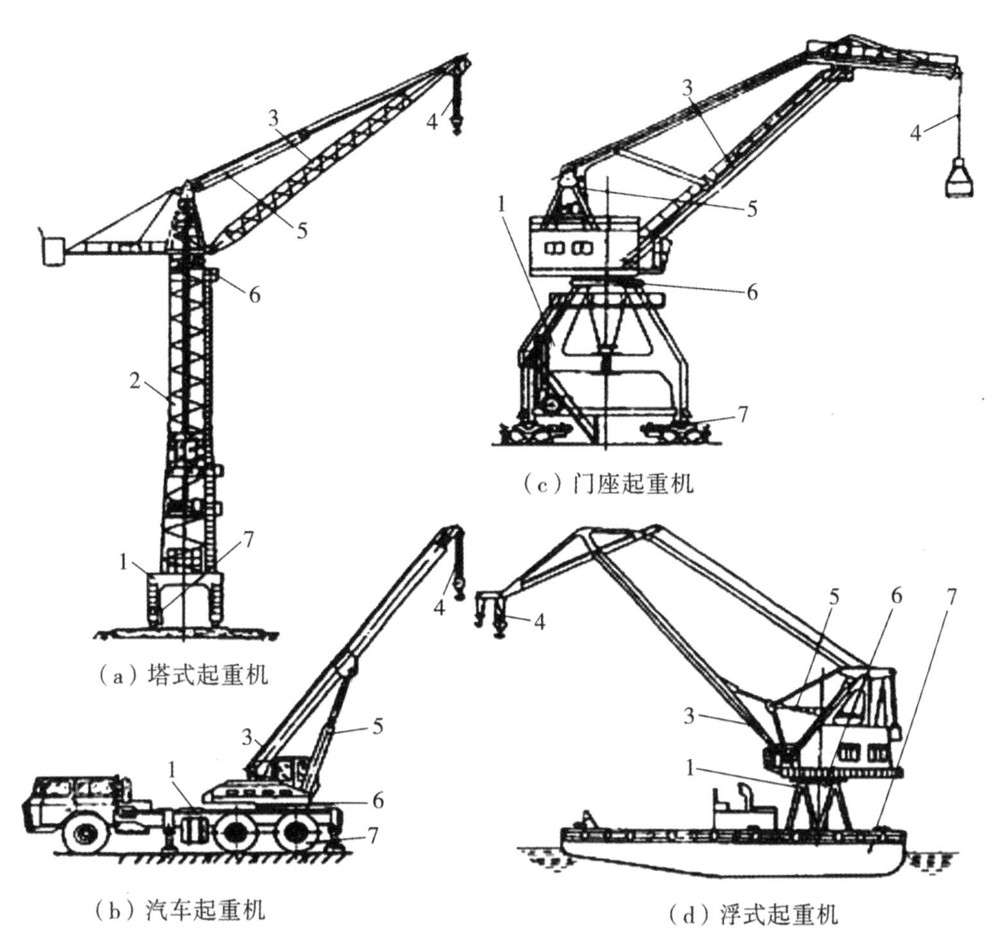

图 1－2　臂架式起重机

1—门架(或其它底架)；2—塔架；3—臂架；4—起升机构；5—变幅机构；6—回转机构；7—起重运行机构(或其它可运行的机械)

2. 按组成金属结构的连接方式分类

按照组成金属结构的连接方式不同，起重机械金属结构可以划分为铰接结构、刚接结构和混合结构。

铰接结构中，所有的节点都为理想铰，但实际的起重运输金属结构，真正用铰接连接结构的非常少见。从工程实际的角度考虑，起重机械在使用中不一定全为主要承受轴向力且受弯矩基本可以忽略的情形。这就与铰链的特征存在冲突，因此，在大多数情形下，起重机械多选用刚接结构。

刚接结构节点能承受较大的弯矩，且也能同铰接方式一样承受轴向力。这种特性决定了刚接结构件间的节点比较刚劲，在外载荷作用下，节点各构件之间的相对夹角不会变化。例如，龙门起重机刚性支腿和上部主梁的连接就属于刚接节点。

混合结构，亦称桁架结构，其各杆件之间的节点涵盖了铰接和刚接两种方式，常见的桁架门式起重机的主体结构多做成混合结构形式。图 1 -3 所示为桁架门式起重机主体钢结构。

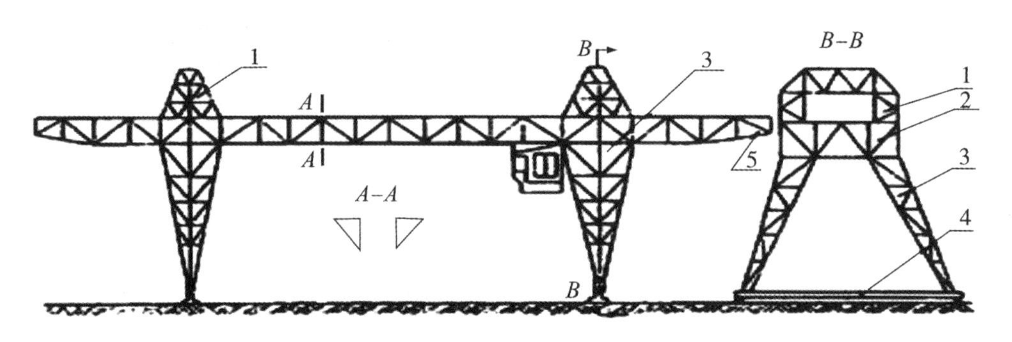

图 1 -3　桁架门式起重机主体钢结构

1—马鞍；2—主梁；3—支腿；4—下横梁；5—悬臂梁

3. 按金属结构基本元件的特点分类

按照金属结构基本元件的特点，起重机械金属结构可分为板结构和杆系结构。

板结构也称薄臂结构，因构成板结构的元件为薄板。其特点是长度和宽度方向尺寸较大，但相比之下，厚度基本可以不计。箱型龙门起重机的上部主梁和变截面箱型支腿、汽车起重机的箱型伸缩臂和支腿等均是板结构。杆系结构则由许多杆件焊接而成，各杆件的特点是断面尺寸小，长度尺寸大。常见杆件结构如龙门起重机的桁架结构和支腿、桁架动臂、四桁架式桥架等。

4. 按起重机械作用载荷与结构在空间的相对位置分类

根据起重机械作用载荷与结构在空间的相互位置，起重机械金属结构可分为平面结构和空间结构。平面结构的作用载荷和结构杆件的轴线位于同一平面内，比如结构桁架（见图 1 -4）。

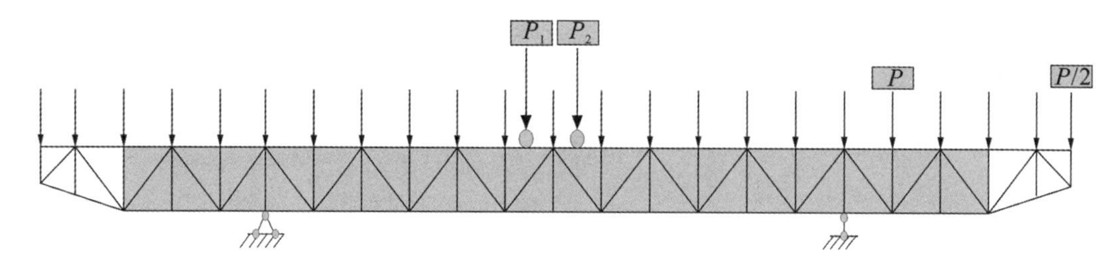

图 1 -4　平面桁架结构

当结构杆件的轴线不在一个平面内，或结构杆件轴线虽位于同一个平面，但外载荷不作用于结构平面，则常称为空间结构杆件。如集装箱龙门起重机的龙门架、轮式起重机车架、塔式起重机回转部件（见图 1 -5）。

5. 按金属结构的受力分类

根据金属结构的受力可以将金属结构分为三类：第一类，力的作用线通过机构截面的几何中心线，只受轴向拉或压载荷，这一类是轴心受力构件；第二类是承受横向载荷和横

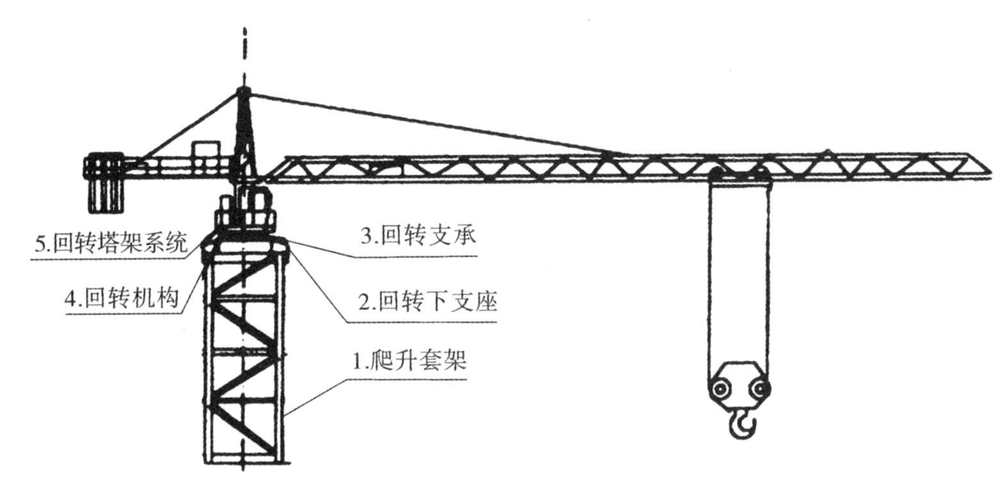

图 1－5　塔式起重机回转结构部件

向弯矩的受弯构件；第三类则是力的作用线不通过截面的几何中心，有一定偏心的情况，称为偏心受力情况，该类别金属结构既受轴向载荷也受弯矩载荷。

1.2　起重机械金属结构的材料

1.2.1　金属结构用材料的类别与特征

金属结构是起重机整机最重要的部分，其使用材料的性能特性研究是保证使用安全的核心之一。现代起重机常用的金属结构用材料有结构钢、铸钢、铝合金等。以上三种材料在实际中各有使用，各具特性。

1.2.1.1　金属材料的类别与特性

1. 结构钢

普通结构钢是当前使用得最为频繁的金属结构材料，在结构安全可靠性及经济方面都有不错的表现。根据当下我国起重机械金属结构材料的生产和供应情况，普通结构钢的力学和工艺性能比较好，一般都能满足使用上的要求。正是使用的广泛性使得钢材的各种规格一应俱全，供应充足，市场应用前景开阔。

2. 铝合金

与普通结构钢相比，铝合金材料密度小，适应于当下起重机械设计轻量化的趋势发展，且铝合金强度表现也出众，故结合其优势，已有国内外制造商采用部分结构件用铝合金制作的“减重”举措。不过铝合金之所以还未在市场上大范围兴起，与其不可忽略的缺点有关：首先，其材料性能参数存在致命缺陷，弹性模量仅为钢材的 1/3，这一特点使得它在负载作用下的变形加大。其次，铝合金焊接性能差，焊接接头的焊缝性能不易达到要求，一般来说强度远低于其它材料。再次，铝合金的线膨胀系数较大，必然导致对温度的敏感性升高，在某些使用环境下或者使用级别下对使用安全设定了潜在的风险。最后，经济性的限制也是制约其发展的一大现实问题，从材料特供的角度，当下仅有航空、国防等工业使用较多，一般的民用工业使用很少。

3. 铸钢

同普通结构钢与铝合金相比，铸钢由于自身的形成工艺，故可用来加工某些形状复杂的结构，比如起重机的支座部件。但其性能比以上两者均差，故采用该方法的实质是牺牲轻便性来完成复杂部件加工。

在最新的国标《起重机设计规范》(GB/T 3811—2008)和《钢结构设计规范》(GB 50017—2003)中，推荐采用的结构材料主要有Q235、Q345、Q390、Q420四大类。其质量应该分别符合现行国标《碳素结构钢》(GB/T 700—2006)和《低合金高强度结构钢》(GB/T 1591—2008)的规定，其次还有铸钢(GB 11352—2009)等。

1.2.1.2 金属结构用材料的性能影响因素

金属材料的主要性能与钢材的化学成分、热处理状态以及加工过程形成的缺陷均有关。

1. 化学成分的影响

钢材的主要化学成分是铁和少量的碳，另外还有一些合金元素和有害杂质元素，这些元素对钢材的性能影响很大(见表1-1)。

表1-1 化学元素对钢材性能的影响

组成元素	对钢材性能的影响程度
碳	碳对钢材的强度、塑性、韧性和焊接性有决定性的影响，随着碳含量的增加，钢材的抗拉强度和屈服强度增加，塑性、冷弯性能和冲击韧性，特别是低温冲击韧性降低，焊接性也变坏，所以钢材中的碳含量不能过高
锰	锰是结构钢的合金元素，当含量不多时能显著提高钢的冷脆性能、屈服强度和抗拉强度而又不过多地降低塑性和冲击韧性。锰对脱钢中的有害元素的含量有作用，能减除硫的有害作用，但过量时会使钢材变脆和塑性降低
硅	硅因能使钢中纯铁体晶粒细小和均匀分布，是一种熔炼有较好性能的镇静钢的脱氧剂。适量的硅可以提高钢的强度，而对钢的塑性、冷弯性能和冲击韧性及焊接性无显著不良影响；过量的硅会降低钢的塑性和冲击韧性，恶化钢材的抗腐蚀性和焊接性
硫	硫和铁化合成硫化铁散布在纯铁体层中，当温度在800～1200 ℃时熔化而使钢材出现裂纹，称为“热脆”现象，使钢的焊接性变坏；硫还能降低钢的塑性和冲击韧性
氧	氧的有害作用同硫，增加钢的脆性
磷	磷使钢材在低温时韧性降低并容易产生脆性破坏，称为“冷脆”现象，高温时也使钢的塑性变差
氮	氮的作用类似于磷，能显著降低钢的塑性和冲击韧性并增大其“冷脆”性

铝作为脱氧剂或合金化元素加入钢中，铝脱氧能力比硅、锰强得多。铝在钢中的主要作用是细化晶粒、固定钢中的氮，从而显著提高钢的冲击韧性，降低冷脆倾向和时效倾向性。如D级碳素结构钢要求钢中酸溶铝质量分数不小于0.015%，深冲压用冷轧薄钢板要求钢中酸溶铝质量分数为0.02%～0.07%。铝还可提高钢的抗腐蚀性能，特别是与钼、铜、硅、铬等元素配合使用时效果更好。

2. 冶炼缺陷的影响

钢冶炼后因浇注方法不同可分为沸腾钢、半镇静钢、镇静钢和特殊镇静钢，钢材的冶炼缺陷越少质量越好，主要的冶炼缺陷有：偏析、非金属夹杂、裂纹和起层等(见表1－2)。

表1－2　钢材主要的冶炼缺陷

缺陷类型	说　　明
偏析	偏析是指钢材中的某些杂质元素分布不均匀即杂质元素集中在某一部分。偏析将严重影响钢材的性能，特别是硫、磷等元素的偏析将会使钢材的塑性、冲击韧性、冷弯性和引炉性变差
非金属杂质	如夹杂的硫化物、氧化物等对钢材的性能产生恶劣的影响
裂缝和起层	在厚度方向分成多层但仍然相互连接而并未分离称为分层，这些缺陷降低了钢材的冷弯性能和冲击韧性以及疲劳强度和抗脆断能力

3. 热处理的作用

经过适当的热处理可显著提高钢材的强度并保持良好的塑性和韧性。

4. 残余应力的影响

残余应力是由于钢材在加工过程中温度不均匀冷却产生的，是一种自相平衡的应力，它不影响构件的静力强度，但降低了构件的刚度和稳定性。

5. 温度的影响

(1)“蓝脆”现象　一般在200℃以内钢材的性能变化不大，但在250℃左右钢材的抗拉强度有所提高，而塑性、冲击韧性变差，钢材变脆，钢材在此温度范围内破坏时常呈脆性破坏特征，成为“蓝脆”(表面氧化呈蓝色)。

(2)低温冷脆　当温度从常温开始下降时，钢材的强度稍有提高，但脆性倾向变大，塑性和冲击韧性下降；当温度下降到某一数值时，钢材的冲击韧性突然显著下降，使钢材产生脆性断裂，该现象称为低温冷脆。

6. 应力集中的影响

在荷载作用下截面突变处的某些部位将产生高峰应力，其余部位应力较低且分布不均匀，这种现象为应力集中。如图1－6所示，不同的应力流线表明在小孔处发生了应力集中现象。

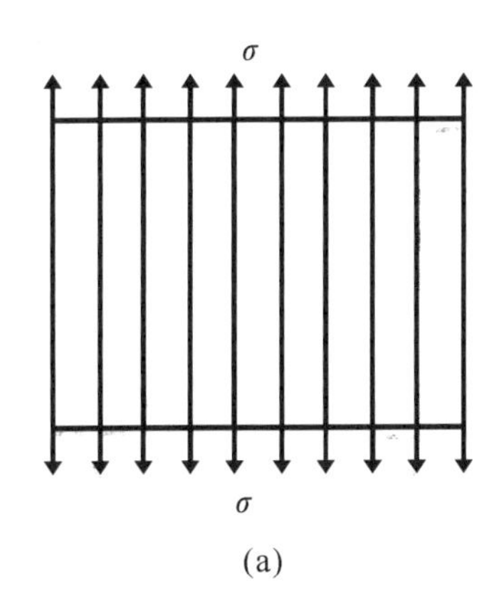

(a)

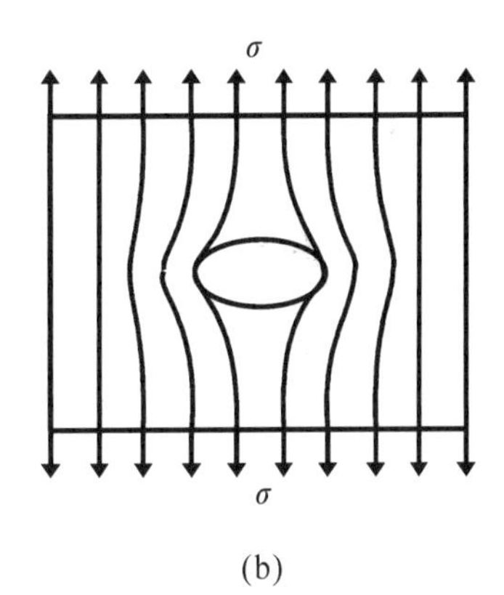

(b)

图1－6　有无圆孔时的应力流线

1.2.2 钢材的选择和钢材的规格

1.2.2.1 钢材的选用原则

在我国钢材生产的实际情况基础上，结合起重机结构的工作特性，在保证结构安全可靠的前提下，充分考虑用材经济性和国产钢材的特点，来决定结构用钢的选择。具体说来，其选用原则有以下几点：

1. 结构的重要性

按照金属结构的类型，一般轻型桁架结构多选用碳素结构钢轧成的型钢，最小角钢不得小于45m×45m×5m；重型桁架结构可考虑采用低合金钢。板梁结构多选用碳素结构钢材轧成的板材，钢板的厚度不宜小于6mm，如有特种防腐涂层时，可不小于5mm。对特种用途的起重机结构，如受到重量的限制及构造上的要求不得不减薄厚度时，考虑到焊接工艺，亦可不小于4mm。

2. 荷载特征

起重机械钢结构所受荷载可为：静力或动力，经常作用、有时作用或偶然出现(如地震)的，经常满载或不经常满载的情况等。应根据荷载的上述特点选用适当的钢材，并提出必要的质量保证项目要求。对直接承受动力荷载的结构构件应选用质量和韧性较好的钢材；对承受静力或间接动力荷载的结构构件可采用一般质量的钢材。对于承受动荷载的结构或工作类型级别较高的结构，选用镇静钢材，忌用铝合金。

3. 连接方法

钢结构连接可为焊接或非焊接(螺栓或铆钉)。对于焊接结构，焊接时的不均匀加热和冷却常使构件内产生很高的焊接残余应力；焊接构造和很难避免的焊接缺陷常使结构存在类裂纹性损伤；焊接结构的整体连续性和刚性较易使缺陷或裂纹互相贯穿扩展；此外，碳和硫的含量过高会严重影响钢材的焊接性。因此，焊接结构钢材的质量要求应高于同样情况的非焊接结构钢材，碳、硫、磷等有害元素的含量应较低，塑性和韧性应较好。对于非焊接结构，相比之下可以适当放宽上述要求。

4. 结构的工作环境温度

钢材的塑性和韧性随温度的降低而降低，在低温尤其是脆性转变温度区时韧性急剧降低，容易发生脆性断裂。因此，对经常处于或可能处于较低负温下工作的钢结构，尤其是焊接结构，应选用化学成分和机械性能质量较好和脆性转变温度低于结构工作环境温度的钢材。

5. 钢材厚度

厚度大的钢材由于轧制时压缩比小，其强度、冲击韧性和焊接性能都较差，且易产生三向残余应力。因此，构件厚度大的焊接结构应采用质量好的钢材。

6. 常温冲击韧性的合格保证

对于需要演算疲劳的焊接结构的钢材，应具有常温冲击韧性的合格保证。当结构工作温度不高于0℃但高于－20℃时，Q235钢和Q345钢应具有0℃冲击韧性的合格保证；对Q390钢和Q420钢应具有－20℃冲击韧性的合格保证。当结构工作温度不高于－20℃时，Q235钢和Q345钢应具有－20℃冲击韧性的合格保证；对Q390钢和Q420钢应具有－40℃冲击韧性的合格保证。

1.2.2.2 金属结构用钢材的规格介绍

钢材规格名目分类复杂，按化学成分可分非合金钢、合金钢、低合金钢。按主要性能及使用特性分类，非合金钢及低合金钢还可有详细划分。实际中，常用金属结构用钢只有碳素结构钢(非合金钢)以及低合金钢的几个特定牌号。根据现行国家标准，《碳素结构钢》(GB/T 700—2006)、《低合金高强度结构钢》(GB/T 1591—2008)，金属结构用钢的牌号表示规则如下：

牌号由代表屈服点的字母“Q”、屈服点数值(单位为 MPa)、质量等级符号(A、B、C、D)和脱氧方法符号 4 个部分按顺序组成。

牌号中采用的符号及其代表的含义：

Q——钢的屈服点，“屈”字汉语拼音字头；

A、B、C、D——分别表示质量等级；

F——沸腾钢；

b——半镇静钢；

Z——镇静钢；

TZ——特殊镇静钢。

在牌号组成表示方法中，“Z”与“TZ”符号予以省略。例如质量等级为 D 的 Q235 钢的牌号为 Q235－D－TZ，其中“TZ”可省去，因为 D 类钢均为特殊镇静钢。

根据 GB/T 221—2000《钢铁产品牌号表示方法》的规定，钢产品牌号的命名采用汉语拼音、化学元素符号及阿拉伯数字相结合的方法表示。

采用汉语拼音字母表示产品名称、用途、特性和工艺方法时，一般从代表该产品名称的汉字的汉语拼音中选取第一个字母；当和另一产品所取字母重复时，改取第二个字母或第三个字母，或同时选取两个汉字的第一个拼音字母。采用汉语拼音字母，原则上只取一个，一般不超过两个。与碳素结构钢有关的部分产品名称、用途、特性和工艺方法命名符号见表 1－3。

表 1－3 碳素结构钢部分产品名称、用途、特性和工艺方法命名

产　品	采用的汉字及其汉语拼音		采用符号	字体	位置
	汉字	汉语拼音			
钢轨钢	轨	GUI	U	大写	牌号头
轻轨钢	轻轨	QINGGUI	Q	大写	牌号尾
汽车大梁用钢	梁	LIANG	L	大写	牌号尾
矿用钢	矿	KUANG	K	大写	牌号尾
桥梁用钢	桥	QIAO	q	小写	牌号尾
鱼尾板用	鱼尾	YUWEI	YW	大写	牌号头
轮辋钢	轮辋	LUNWANG	LW	大写	牌号头
自行车用钢	自	ZI	Z	大写	牌号头
冷轧带肋钢筋	冷肋	LENGLEI	LL	大写	牌号头
标准件用钢	标螺	BIAOLUO	BL	大写	牌号头

根据 GB/T 17616—1998《钢铁及合金牌号统一数字代号体系》的规定，钢铁及合金牌

号统一数字代号(简称“ISC”代号)由固定的6位符号组成，左边第一位用大写的拉丁字母(一般不使用“I”和“O”字母)，后接5位阿拉伯数字。

起重机械金属结构用钢主要为型钢和钢板两类。

1. 型钢

型钢有着不同的截面属性(见图1－7)。

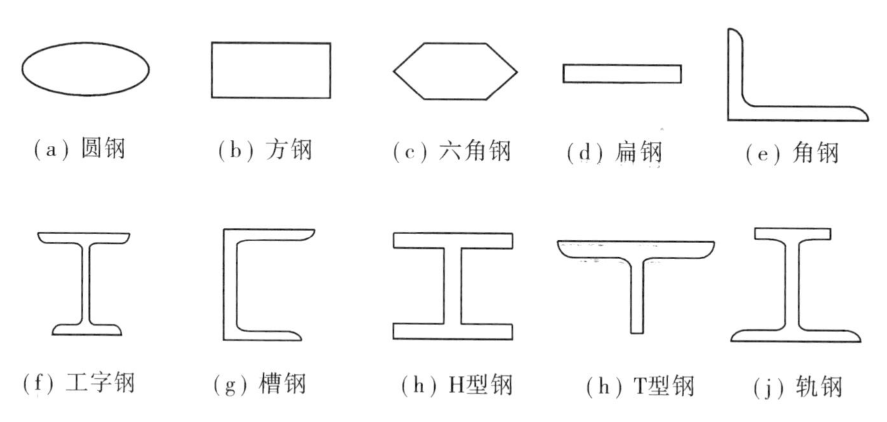

图1－7 型钢截面属性示意图

角钢。其截面尺寸变化较大，角钢的规格用边长和边厚的尺寸表示。目前国产角钢规格为2～20号，以边长(单位为cm)为号数，同一号角钢常有2～7种不同的边厚。进口角钢标明两边的实际尺寸及边厚并注明相关标准。一般边长12.5cm以上的为大型角钢，边长12.5～5cm之间的为中型角钢，边长5cm以下的为小型角钢。角钢还可以分为等边角钢和不等边角钢。不等边角钢广泛应用于各种金属结构，其截面高度按不等边角钢的长边宽来计算，指断面为角形且两边长不相等的钢材。其边长为25mm×16mm～200mm×125mm，由热轧机轧制而成。一般的不等边角钢规格为∠50×32～∠200×125，厚度为4～18mm。

工字钢。I20a－5000，这种型号表示工字钢高20cm，长5000mm，同样还可分a、b不同厚度。其截面自10号一直到63号，长度有5～19m。

槽钢。与工字钢一样也用号数表示，例如，[20－5000代表20号槽钢，其高20cm，长5000mm。当同高度的槽钢具有不同的厚度时，以角标的形式区别，a号钢比b号钢厚度小。

H型钢和T型钢。是近年来我国推广应用的新品种热轧型钢。由于H型钢与T型钢均是截面面积分配更优化、强重比更合理的经济断面高效型材，因其断面与英文字母“H”与“T”相似而得名。由于这两种型钢的各个部位均以直角排布，因此在各个方向上都具有抗弯能力强、施工简单、节约成本和结构重量轻等优点。其表示方法基本相似：如T型钢Q235B或SS400 200×200×8×12表示为高200mm、宽200mm、腹板厚度8mm、翼板厚度12mm的T型钢，其牌号为Q235B或SS400。H型钢表示方法与其相近，不同之处在于H型钢还分宽翼缘、中翼缘与窄翼缘。如HW Q235B：200×200×8×12表示为高200mm、宽200mm、腹板厚度8mm、翼板厚度12mm的宽翼缘H型钢，其牌号为Q235B。详细可查阅国家标准GB/T 11263—2005。

另外，在起重机的一些辅助结构中，常用到冷弯型钢，这些型钢按照不同的厚度也分别称作冷弯薄臂型钢与冷弯厚壁型钢。厚度达到 1.5 ～ 5mm 薄钢板或带钢一般属于薄臂型钢范畴，厚度大于 6mm 的厚钢板冷弯成的方管、矩形管、圆管等属冷弯厚壁型钢。

2. 钢板

钢板按厚度可分为薄钢板、厚钢板、特厚钢板三类。在起重机械中，热轧厚钢板多应用于组合截面的主要受力构件制造。考虑到制造工艺和腐蚀等因素，通常钢板厚度不宜小于 6mm，如防腐条件较好，则可不小于 5mm。钢板按轧制可划分为热轧和冷轧。从 GB/T 709—1988 和 GB/T 3274—1988 规定，热轧厚钢板的厚度为 4 ～ 60mm，常用厚度的间隔为 2mm，如 6，8，10mm；宽度为 600 ～ 3000mm；长度为 4 ～ 12m。钢板的表示法：如 16 × 600 × 8000（单位均默认 mm），该记号代表厚 16mm、宽 600mm、长 8m 的热轧钢板。

另外，压型钢板也用于起重机械的某些顶面、墙面构件的制造中。事实上，压型钢板是冷弯型钢的另一种形式，它具有壁薄、截面形状开展程度好、惯性矩一般较大、刚度好的特点，故它是高效的经济截面，能较好地实现节约钢材的功能。

1.3　起重机械结构安全检验任务和发展

早在新中国建立初期我国就开始重视起重机械的安全管理工作。1962 年国家劳动部就对起重机械作业人员提出了比较具体的要求。1985 年国家发布了《起重机械安全管理规程》（GB 6067—1985），该规程对起重机械的设计、制造、安装、检验、报废、使用与管理方面的安全要求都做出了最基本的规定。为了确保《起重机械安全管理规程》（GB 6067—1985）得到贯彻实施，国家劳动部于 1991 年发布了《起重机械安全监察规定》，对起重机械的设计、制造、安装、修理、使用、检验和管理等环节的安全监察及相关单位的资质和职责都做了较全面和具体的规定。2003 年，2 月 19 日国务院第 68 次常务会议通过了《特种设备安全监察条例》（第 373 号公布），并于同年 6 月 1 日开始施行。之后，根据《特种设备安全监察条例》的有关规定，新版《起重机械安全监察规定》经修订后于 2006 年 11 月 27 日由国家质量监督检验检疫总局局务会议审议通过并公布，自 2007 年 6 月 1 日起施行。2009 年中华人民共和国国务院发布第 549 号令，通过《国务院关于修改〈特种设备安全监察条例〉决定》，自此，新版《特种设备安全监察条例》于 2009 年 5 月 1 日开始施行，进一步完善了我国起重机械的安全管理和监督机制。目前，在我国已经形成了一个起重机械安全监察的完整体系。

从系统的角度看，我国起重机械结构安全检验是整个安全管理系统中最重要的一环。正是通过安全检验，可及时发现起重机械在设计、制造、安装、修理和使用过程中发生的问题，并有针对性地提出处理措施，从而预防和控制风险的扩大，以期避免或减少事故的发生。

目前，我国起重机械安全检验大体上可以划分为企业自检、强制性检验（包括型式检验和监督检验）以及委托检验三个层次。三个方面既有相互联系，也有各自独立的特点和区别之处。

（1）从检验目的来看，企业自检和强制性检验均是为了确保起重机械安全生产这一单一目的；但委托检验则是在企业有某种需要的情况下实施的检验，其目的多为复杂多样的。

(2)从检验内容来看，企业自检和强制性检验内容具有一致性，一般仅包含一些常规性检验项目；而委托检验受检验目的的不同可能还有很大的差别，通常除了常规检验项目以外，还包含一些更深层次的检验项目。

(3)从检验时间来看，企业自检和强制性检验都有比较固定的时间，即检验周期；而委托检验则更具有无规律性。

(4)从检验结论来看，委托检验在技术层次要求最高，因而检验结论更全面。但强制性检验结论具有强制性，与自检和委托检验相比，其权威性更强。

1.3.1 企业自检

企业自检是由起重机械使用单位完成的安全检验，检验对象是企业在用的全部起重机械。企业自检可以比较及时地发现在用起重机械存在的安全隐患，及时安排和组织保养维修，对保证设备的安全运行极为重要。企业自检包括定期检验和特殊检验两种。定期检验根据检验周期的长短可以划分为年度检验、半年检查、月检查、周检查和每日作业前检查等。年度检验由企业内部检验机构完成，企业没有检验能力的可委托其它具备检验资格和检验能力的单位完成；半年检查和月检查、周检查一般由企业设备管理处负责完成；每日作业前检查则由司机负责完成。

(1)年度检验。主要内容包括：① 结构部分，主要检查主梁下挠、水平旁弯、主梁与支腿连接处的变形、上下盖板和腹板的宏观裂纹以及结构件的腐蚀等；② 机械部分，主要检查减速器、开式齿轮、联轴节与轴承座的连接及运转情况；③ 电气部分，主要检查电气配线、控制装置和电动机等动力装置的布置情况及控制、拖动功能的有效性；④ 易损件部分，主要检查钢丝绳、起重链条等吊具、索具的安全性能；⑤ 设备基础部分，主要检查支撑起重机械的厂房吊车梁、承重墙、柱子及其基础等的可靠性。

需要进行特殊检验的起重机械检验内容与此相同。

(2)半年检查。主要内容包括：① 控制屏、保护箱、控制器、电阻器及接线座、接线螺钉的紧固情况；② 端梁螺栓的紧固情况；③ 制动器液压电磁铁油量及油质情况；④ 所有电气设备的绝缘情况。

(3)月检查。主要内容包括：① 安全防护装置、警报装置、制动器、离合器等有无异常；② 钢丝绳压板、绳卡等的紧固及钢丝绳、起重链条的磨损和润滑情况；③ 吊钩、抓斗等吊具损伤；④ 电动机、减速器、轴承座、角轴承箱底脚螺钉的紧固及电动机碳刷的磨损情况；⑤ 配线、集电装置、配电开关和控制器等有无异常；⑥ 管口处导线绝缘层的磨损；⑦ 减速器润滑油的油量等。

(4)周检查。主要内容包括：① 制动器轮、闸、带的磨损及制动力的大小；② 频繁使用的钢丝绳的磨损、断丝情况；③ 联轴器上键的联接及螺钉的紧固情况；④ 控制器、接触器触头的接触及腐蚀情况。

(5)每日作业前检查。主要内容包括：① 制动器、离合器的可靠性；② 钢丝绳在卷筒、滑轮上的缠绕有无串槽、脱槽或重叠现象；③ 继电器滑块在滑线上的接触情况；④ 起重机和小车导轨的状态；⑤空载运行检查各操纵系统、起升限位开关、行程开关、超载保护装置和各种报警装置的可靠性。

特殊检验是指起重机械在出现下列特殊情况之一时必须进行的检验:

(1)停用一年以上的起重机重新投入使用;

(2)遭遇四级以上地震;

(3)发生对起重机械产生一定影响的重大设备事故;

(4)露天作业经受了九级以上的风力。

特殊检验由企业内部检验机构负责完成,企业没有检验能力的可委托其它具备检验资格和检验能力的单位完成。自检的内容根据检验周期的长短有所不同。

1.3.2 强制性检验

强制性检验主要包括两部分,一是针对起重机产品定型鉴定和评定产品质量是否全面达到标准和设计要求进行的型式检验,二是在起重机制造或安装、改造、维修过程中,在企业自检合格的基础上进行的验证性检验,即监督检验。

1.3.2.1 型式检验

1. 概念

型式检验是对起重机的质量进行全面考核,即对其标准中规定的技术要求全部进行检验(必要时,还可增加检验项目),又称例行检验。

一般在下列情况之一时,应进行型式检验:

a. 新产品或者产品转厂生产的试制定型鉴定;

b. 正式生产后,如结构、材料、工艺有较大改变,考核对产品性能影响时;

c. 正常生产过程中,定期或积累一定产量后,周期性地进行一次检验,考核产品质量稳定性时;

d. 产品长期停产后,恢复生产时;

e. 出厂检验结果与上次型式检验结果有较大差异时;

f. 国家质量监督机构提出进行型式检验的要求时。

2. 检验的目的

型式试验是鉴定起重机各项性能,检查企业在起重机设计、制造等方面存在哪些缺陷,并加以整改,帮助和监督企业改进设计文件和提高制造能力,保证为起重机批量生产做的定型检验。

3. 检验的主要依据

起重机型式试验是按照《起重机械型式试验规程》《起重机械型式试验细则》进行的试验,并在此基础上增加了设计资料的审查、制造能力的考核、考核选用各种零部件的合法性(如各种重要安全部件是否有型式试验报告,电动葫芦是否有制造许可等)和合理性、图纸设计单位设计能力的考核、各种安全装置设置的合理性考核等。

4. 检验的内容

起重机的型式试验是全面考核产品质量和性能的试验,也是鉴定试制的新产品或正常生产的产品等是否全面符合相应技术标准和质量分等规定所进行的试验,重点考核起重机企业对起重机的设计能力和制造能力,检测设备钢结构的承载能力、机构的技术性能和制造质量以及可靠性、电气设备选用合理性、各种安全保护装置性能等。

5. 检验结果的处理

起重机型式试验的判定是:“试验细则规定的所有检验和试验项目必须全部合格,才能判定起重机型式试验为合格。试验细则规定的所有检验和试验项目出现单项不合格项,则判定为不合格。对判定为不合格的制造单位,制造单位整改后,仍可再申请进行复检。”

1.3.2.2 监督检验

1. 概念

监督检验指在起重机制造或安装、改造、维修过程中,在企业自检合格的基础上,由国家特种设备安全监督管理部门核准的检验机构对制造或安装单位进行的验证性检验,属于强制性检验。监督检验的项目、合格标准、报告格式等应符合安全技术规范中的规定。包括验收检验(针对新安装设备的监督性检验)和定期检验。

验收检验是在以下几种情况下进行的:安装、大修、改造后拟投入使用的起重机,发生可能影响其安全技术性能的自然灾害或者发生设备事故后的起重机,以及停止使用1年以上再次使用的起重机,进行设备大修后的起重机等。

定期检验是再用的每台起重机每两年进行一次的安全检验。

2. 检验的主要依据

监督检验按照《起重机械监督检验规程》进行,其规程技术指标和要求主要引用了《起重机械安全规程》(GB 6067—1985)、《起重机设计规范》(GB/T 3811—1983)和各类起重机国家有关标准的规定。

3. 检验的内容

起重机监督检验主要是考核起重机各项安全指标、各项起重机的管理制度、起重机工作环境及外观、金属结构的承载能力、轨道等安装的安全性、主要零部件的选用安全性和磨损情况、各种电气装置的安全情况、各种安全装置及防护措施的设置情况和有效性、各种机构的灵活性和制动器的可靠性等,它既考核起重机制造性能,又考核起重机安装内容以及用户的管理制度。验收检验主要是检测起重机制造、安装、大修、改造中存在的各种安全缺陷;定期检验主要检测起重机使用中出现各种磨损和各种安全部件的损坏程度等。

4. 检验结果的处理

《起重机监督检验规程》规定:验收检验重要项目全部合格,一般项目不合格不超过5项,且整改后或采取相应的安全措施后,判为合格,否则为不合格。

长期以来对起重机械设备的管理是经验型的、规定型的。与国外开展的基于风险的检测(RBI)技术比较,检测项目繁杂,重点不突出,对起重机械的失效模式和失效原因考虑不够,检测法规往往根据经验规定了固定的检测周期,制定的检测方案(计划、规则)针对性不强,不能根据设备的风险等级确定检验频次,将有限的检测资源集中在最需要关注的区域。这种传统型的检测,虽然对起重机械安全运行起到了一定的保障作用,但对起重机械生产、使用的效率及经济效益也有一定的负面影响。所以,既要单方面地对安全规范项目进行单项判定,又需要从整机的角度来对在用起重机的结构进行评估。

1.3.3 委托检验

起重机械的安全问题已经引起越来越多企业的足够重视。由于企业内部往往没有对在用起重机械进行检验和安全评价的能力，当企业对所辖起重机械的安全问题有所怀疑时就会委托具备起重机械检验和安全评价资格和能力的单位对其实施检验，以确保生产的正常进行。一般来说，当起重机械出现下述情况之一时，企业会考虑进行委托检验：

(1)已经出现比较明显的事故征兆，如桥式起重机大车严重啃道、小车爬坡或运转不灵等；

(2)所在地区发生强烈地震或发生了可能对起重机械产生严重影响的重大设备事故；

(3)长期处于超负荷或过频繁的运转状态；

(4)接近或超过使用寿命的起重机械要求继续使用；

(5)由于生产发展，起重机械要求改变参数使用，包括增载扩容、提高工作级别等，如某厂要求将额定起重量为180t的起重机增载到200t使用。

在上述情况下，企业通常要求对起重机械的现实安全性做出评价并预估其剩余使用寿命，同时对检验发现的危险隐患还要提出切实可行的措施加以处理。

根据企业提出的检验目的和要求的不同，委托检验往往有不同的检验重点和检验内容。委托检验的工作大致可划分为两个部分：现场检验和室内评估。

1. 现场检验

现场检验部分除包括企业自检和监督检验中常规检验项目以外，一般还应包括如下检验项目：

(1)主要受力结构件及其连接焊缝的无损检测。通常，采用磁粉探伤仪搜索材料表面的疲劳裂纹和连接焊缝的表面缺陷；采用超声波探伤仪搜索母材和连接焊缝内部的超标缺陷和疲劳裂纹，对于桥式起重机，磁粉探伤的主要部位是主梁下盖板母材及其全部对接焊缝、主梁下盖板与腹板的连接角焊缝；超声波探伤的主要部位包括主梁下盖板对接焊缝、主梁下盖板中部三分之一区段的母材部分。无损检测的结果是起重机械安全评定和剩余寿命预估的重要依据之一。

(2)主要受力部位危险截面的强度测试。对于桥式起重机，主梁分别在跨端截面承受最大剪力、在跨中截面承受最大拉压应力，因此通常要求测试重载下主梁跨端截面的最大剪应力、跨中截面上盖板顶面的最大压应力和下盖板底面的最大拉应力。将应力测试的数据和结构承载能力验算数据进行比较，可以找出理论计算模型和实际的差别，有利于把握结构的实际强度和承载能力。

(3)结构静刚度测试。结构静刚度是起重机械的一个重要参数。对于桥式起重机，静刚度偏低容易造成大车啃道、小车爬坡，严重的甚至会导致大车出轨发生事故。在《起重机设计规范》(GB 3811—1983)中，对新安装和在用起重机的静刚度都做出了明确的规定。静刚度测试一般应分别测量主梁在空载下的上拱度和在重载下的下挠度。

(4)结构动刚度测试。起重机动刚度是由起重机满载时的自振频率来表征的。《起重机设计规范》(GB3811—1983)明确规定：对电动桥式起重机(包括门式起重机和装卸桥)，小车位于跨中时的满载自振频率应不低于2Hz；对门座起重机，满载自振频率应不低于1Hz。

2. 室内评估

室内评估工作主要以现场检验数据和承载能力验算的结果为基础，通常包括剩余使用寿命预估、现实安全性评价和处理措施三个部分。承载能力的验算应以实际测量的构件尺寸和实际荷载为依据，并参考原设计图纸和维修变更资料。起重机械有变更参数使用的要求时，应根据变更参数以后的实际数据进行验算，以确定变更参数的可行性。在主要受力构件强度不能满足要求的情况下，需要根据企业要求选择报废或实施加固处理，如果实施加固处理，则还需根据加固后的实际截面尺寸和荷载验算以证实加固方案的可行性。最后，针对现场检验和计算评估中反映出的问题提出切实可行的整改意见，主要受力构件需要加固处理的还应提出较为详细的实施方案。

2 相关法律法规及标准

2.1 国外安全评估法规标准的演变与发展

安全评价(评估)技术起源于20世纪30年代，是随着保险业的发展需要而发展起来的。安全评价技术在20世纪60年代得到了很大的发展，首先使用于美国军事工业，1969年美国国防部批准颁布了最具有代表性的系统安全军事标准《系统安全大纲要点》(MIL-STD-822)，对完成系统在安全方面的目标、计划和手段，包括设计、措施和评价，提出了具体要求和程序，此项标准于1977年修订为MIL-STD-822A，1984年又修订为MIL-STD-822B，该标准对系统整个寿命周期中的安全要求、安全工作项目都做了具体规定。

20世纪七八十年代以来，随着断裂力学、塑性力学、金属疲劳、无损检测、计算机以及产品质量控制等科学技术的发展和应用，将压力容器和压力管道的安全控制与爆炸预防技术由以往的经验型逐步发展为定量评估。这些评估技术和方法已被世界各国应用，并将其制定成标准，这些标准按其理论基础大体可分为四类。

第一类是以美国ASME的早期标准为代表的，以线弹性断裂理论为基础的评定方法。

第二类是以英国BSI PD6493—1980为代表的，按裂纹张开位移COD弹塑性断裂准则，采用COD设计曲线为基础的评定方法。属于这一类评定方法的还有国际焊接协会标准IIW-X-49-74，英国焊接标准协会的WEE/137—1978、日本WSD的WES 2805—1976、德国DVS的DVS2401—1984和我国的CVDA—1984等。

第三类是以英国CEGB1986年版的R6为代表的，采用以失效评定图技术为基础的评定方法。但是1977年第一次修正和1980年第二次修正的老R6法中采用的失效评定曲线，仍然是COD理论导出的，即仍是利用理想塑性材料的D—M模型和线弹性断裂理论的关系推导而得出的曲线方程，理论上是不严格的，只能看作是一种经验关系。

第四类是以美国EPRI方法为代表的，以J积分的理论为基础的评定方法。

20世纪70年代末到80年代初，COD设计曲线法在国际上的压力容器缺陷评定标准中占据主流地位。然而COD法有其固有的缺陷：所谓裂纹尖端张开位移的定义是不严格的和不统一的；在理论分析方面，除了有均匀拉伸中心穿透裂纹板的窄条区屈服的D—M模型解外，没有别的含裂纹结构有COD的力学分析解，缺乏严格的力学基础；COD设计曲线完全是一种经验方法，宽板试验的应变测试方法在国际上争议很大，宽板与实际结构相差太大，更未考虑载荷性质、约束情况、材料应变硬化规律等因素。因此，到20世纪80年代中期后，COD设计曲线方法基本上就停滞不前了。

在弹塑性断裂分析中还有一种方法，就是J积分法。J积分是一个在数学、力学上都非常严格的断裂力学参量。J 积分值在理论上有着明确的物理意义。虽然 Rice 于 1968 年就提出了 J 积分的概念，但由于 J 积分计算比较困难，直到 1982 年，在计算机技术迅速发展和日益普及之后，各种基本的含缺陷结构的 J 积分的计算才成为可能，加之美国 EPRI 提出了弹塑性分析的 J 积分工程的方法，给出了各种 J 积分全塑性解的韧性断裂手册，解决了 J 积分的工程计算问题，并研究发展了老 R6 失效评定曲线，给出了严格的 J 积分断裂准则的失效评定曲线，从而促进了缺陷评定技术进一步的发展。1986 年英国 CEGB 对老 R6 曲线作了彻底的修改，主要表现在如下两个方面：第一，考虑了材料应变硬化的效应，不再沿用从 D—M 模型得到的失效评定图，而以 J 积分理论为基础，提供了建立失效评定曲线的三种选择方法；第二，对裂纹稳定扩展的处理方法作了重大改进，提出了缺陷评定的三种类型的分析方法。这样就使 R6 方法取 K 因子理论、COD 理论及 J 积分理论等众家之长，使其自身建立在严格科学的基础之上，并成为 20 世纪 90 年代以来国际上主流的缺陷评定标准。目前世界各国的缺陷评定标准均向新 R6 方法靠拢，相继采用失效评定图技术。例如，原来以 COD 理论为依据的英国 PD6493—1980 标准已作彻底修改，新版的 PD6493—1990 采用了三级评定法；国际焊接学会的缺陷评定规程 IISIIIW－X－749－74，也参照 PD6493—1990 的方法，采用了失效评定图技术（IIW/IIS SST－1157—1990）；美国 ASME 规范第Ⅺ卷 IWB3650 及 IWB3640 也改用弹塑性断裂理论，采用了失效评定图技术；1991 年瑞典也编制了一个以新 R6 的选择 1 曲线和第 I 类评定方法为蓝本的《含缺陷结构安全评估规程》（SA/FOU Report 91）。

2.2 国内安全评估相关法律法规介绍

我国对特种设备定义为：由国家认定的，因设备本身和外在因素的影响容易发生事故，并且一旦发生事故会造成人身伤亡及重大经济损失的危险性较大的设备。从国外安全技术与标准的发展历程来看，在压力容器和压力管道的定量安全评估方面有着巨大的研究成果。根据国际上颁布的含缺陷结构安全评估规程，针对我国压力容器、压力管道等设备长期存在的共性问题，依据弹塑性断裂理论和安全评估技术的进展，组织国内的高层次的专家进行系统的含缺陷压力容器和压力管道安全评估技术研究，包括“八五”国家重点科技攻关课题“在役锅炉压力容器安全评估与爆炸预防技术研究（1985—924—02）”和“九五”国家重点科技攻关专题“在役含缺陷压力管道安全评估关键技术研究（1996—918—02—03）”等项目。这些项目是在总结、继承和吸收国内外关于锅炉压力容器安全评估的理论、技术实践和经验的基础上，通过系统综合的攻关研究后完成的；并对若干关键的技术问题进行了重点攻关和综合研究，制定了《在用含缺陷压力容器安全评定》（GB/T 19624—2004）这一工程技术国家标准。为降低我国锅炉压力容器压力管道灾难性事故率提供了有效的技术手段。

起重机械作为特种设备的重要类别之一，其服役安全是广大起重机械从业人员历来关注的关键问题。在 2013 年以前，特种设备安全管理仅仅依据《特种设备安全监察条例》实施，《特种设备安全监察条例》中提出“特种设备存在严重事故隐患，无改造、维修价值，或者超过安全技术规范规定使用年限，特种设备使用单位应当及时予以报废，并应当向原登记的特种设备安全监督管理部门办理注销”。但是，面对严峻的特种设备安全形势，以及实践中迫切需要通过立法加以解决的问题，经过充分酝酿、深入调研和三次常委会会议审议，《中华人民共和国特种设备安全法》终于由中华人民共和国第12届全国人民代表大会常务委员会第3次会议于2013年6月29日通过，2013年6月29日中华人民共和国主席令第4号公布。《中华人民共和国特种设备安全法》分总则，生产、经营、使用，检验、检测，监督管理，事故应急救援与调查处理，法律责任，附则共7章101条，自2014年1月1日起施行。从行政法规到专门法律，这一事件标志着中国已将特种设备领域的安全保障上升到国家法律层面。从法律严肃性角度，它进一步明确企业在特种设备安全上要承担主体责任以及政府要发挥监督作用，履行政府的行政监督职能的两大意义。对于在役起重机械等特种设备的安全评估，在《中华人民共和国特种设备安全法》中也独立成条款予以规定，即“第四十八条　特种设备存在严重事故隐患，无改造、修理价值，或者达到安全技术规范规定的其它报废条件的，特种设备使用单位应当依法履行报废义务，采取必要措施消除该特种设备的使用功能，并向原登记的负责特种设备安全监督管理的部门办理使用登记证书注销手续。前款规定报废条件以外的特种设备，达到设计使用年限可以继续使用的，应当按照安全技术规范的要求通过检验或者安全评估，并办理使用登记证书变更，方可继续使用。允许继续使用的，应当采取加强检验、检测和维护保养等措施，确保使用安全”。

在我国标准中，安全评估的概念及内容也有不同程度的提及。例如，《起重机设计规范》(GB/T 3811—2008)中“9.9　起重机的有效使用期”有如下描述：起重机都是按一定的理论寿命即设计预期寿命进行设计的，但起重机设计预期寿命并不完全等同于起重机的有效使用寿命期。对起重机的有效使用期产生有害影响的主要因素是：疲劳现象，磨损，腐蚀，操作、装配和拆装时的偶发事故，超载，保养不良等。

《起重机械安全规程 第1部分：总则》(GB 6067.1—2010)规定，起重机械除了按照本标准规定的日常检查(第18.1.2项)和周检(第18.1.3项)之外，第19项专门提出了起重机械使用状态的安全评估的规定：起重机械应按第18.1.3项的规定进行检验，按GB/T 25196.1的规定进行起重机械使用状态的安全评估。

《起重机状态监控 第1部分：总则》(GB/T 25196.1—2010/ISO 12482—1:1995，IDT)中明确指出：起重机应按GB/T 23724.1—2009规定的周期进行检查。但当起重机使用到接近其设计约束条件时，应进行一次特殊评估来监控起重机的状态。其中，特殊评估(special assessment)被定义为当起重机接近设计约束条件时应对该起重机所做的全面检验和评价。从其定义可以看出，该标准中规定的特殊评估与本书中所说的安全评估概念一致。

《起重机械定期检验规则》(TSG Q7015—2008)第十四条则具体规定了起重机安全评估的前提条件：“对于使用时间超过15年以上、处于严重腐蚀环境(如海边、潮湿地区等)或者强风区域、使用频率高的大型起重机械，应当根据具体情况有针对性地增加其它检验手段，必要时根据大型起重机械实际安全状况和使用单位安全管理水平能力进行安全评估及寿命预测。”

另外，由住建部发布的《建筑起重机械安全评估技术规程》(JGJ/T 189—2009)，指出评价对象是出厂超过一定年限的塔式起重机和施工升降机。其采用的评价体系是检查表形式，主要是对金属结构的锈蚀、磨损、裂纹和变形，主要零部件、安全装置、电气系统以及防护措施等进行检查和检测。在标准中对于不同项目的检查结果，明确规定出整机合格、降级及报废的不同结论。

由广州市特种机电设备检测研究院起草的《桥式起重机安全评估规程》(DB T 44/T 830—2010)于2011年4月正式实施。该规程比较详细地规定了桥式起重机安全评估过程中的技术要求，在操作过程中具有一定的技术参考作用。

除此之外，从特种设备安全监管方面考虑，我国特检机构不断汲取发达国家先进的管理理念和手段，2010年国务院发布了《关于进一步加强企业安全生产工作的通知》(国发[2010]23号)，提出“大型起重机械要安装安全监控管理系统”。2011年3月，国家质检总局和国家安监总局颁布《大型起重机械安装安全监控管理系统实施方案》(以下简称《方案》)。该《方案》提出首先要在架桥机、造船门式起重机两个品种的大型起重机械上开展安全监控管理系统研究，通过监视、控制、管理等手段，实现操作安全控制、危险临界报警等功能，并进一步实现远程传输、远程监控、远程管理等功能。基于物联网技术的起重机械安全性评估研究技术在《方案》中也得到了足够的重视。

国外对于安全评估技术方面的标准制定时间较早，而且经过不同版本，尤其是不同国家和区域之间的相互完善，安全评估的标准无一例外地采用了失效评定图技术，技术路线日趋统一。综观国内目前的法规标准，针对在役起重机械尤其是超服役期的起重机械安全评估的技术细则尚未涉及。国内针对起重机械安全评估的内容多为监管等方向性指导、评估原则以及评估条件等方面的规定和要求，对技术层面上的指导与规范却甚少。这一方面需要国内技术研究人员积极探索，逐步完善。

2.3 起重机械结构安全管理体系

2.3.1 现行技术规范和标准在起重机械结构安全管理上存在的缺陷

起重机械属于危险性较大的机械设备，危险因素集中，作业范围大，涉及人员多，一旦发生事故后果十分严重。国际劳工组织和许多发达国家(如日本、美国、苏联、德国等)在制定的相关的文件和标准中，对起重机械的安全管理工作提出了明确的安全要求。

我国有关部门十分重视起重机械的安全管理工作，针对起重机械和起重作业安全，发布了一系列法规文件和技术标准。大致可以分为两大类，一是行政性法规和规章；二是技术性法规和标准。随着科学技术水平的提高和经济的发展，这些标准法规都在不断修订、更新、补充、完善，对安全要求越来越严格。发展较快的是技术性标准，现已形成门类齐全的标准系列，促使起重机械的管理逐步走上法制化轨道。在提高执行法规和技术标准认识的基础上，加强对起重机械的安全监察工作，这一切对预防起重事故、保障人身和设备安全起到了积极的作用。

但是，上述两大类的法规文件和技术标准在涉及服役起重机械金属结构安全运行管理体系(尤其是使用时间较长的老旧起重机械设备)方面的相关条文较少，有的甚至没有，且现存的少量条文中对服役金属结构的运行管理也较为笼统(如GB6067对金属结构安全提出了要求，但并未规定多长时间内应对结构进行全面的检测与评估)。如何对老旧起重机械(尤其港口起重机械)金属结构检查、定期检测和技术状态安全评估评定已成为使用单位、检测机构和行政管理机构非常关注的实际问题。

2.3.2 起重机械结构安全管理体系

起重机械的安全管理应从建立结构安全管理规章制度、设备服役过程的组织管理和起重机械结构安全技术状态管理三个方面进行。

1. 起重机械结构安全管理规章制度

(1)起重机械金属结构维护、保养、检查和检测制度。使用单位应对起重机金属结构进行自我检查，根据起重机的实际工作繁重程度与环境恶劣程度进行定期检查。使用单位应派具有金属结构检测相关知识的专门人员定期对起重机金属结构进行检查，查看重要结构件的变形、裂纹、腐蚀及焊缝、铆钉、螺栓等连接情况等。建议定期检查期限为一个月。

(2)起重机械重要结构件的年度检测制度。使用单位应每年对高级别起重机械重要结构件的关键部件进行检测。

(3)起重机械金属结构技术状态评估。使用单位应形成对超过15年或超期使用或工作环境恶劣的老旧起重设备金属结构每两年进行一次全面的技术状态评估与评定。

2. 设备服役过程的组织管理

起重机械设备在服役过程中应设有专门的组织管理部门，对设备结构进行全寿命管理，并对形成的结构安全管理制度的实施质量进行监督。

(1)应对服役设备形成起重机械金属结构保养和检查管理类制度文件，并由组织管理部门实施质量监督。

(2)对典型恶劣环境下使用的设备应用相应的保养管理工艺程序，并保证实施质量。

(3)对结构需要维修改造的，应有相应组织部门组织技术论证，报告修理方法和修理工艺论证。

(4)对结构服役过程中出现的各类故障应有相应的故障诊断技术(或委托相关技术机构)与维修工艺的程序保护类文件，并由相关组织部门监督实施质量。

(5)使用单位应有专门的管理部门健全设备的结构技术档案。

(6)使用单位应定期组织设备管理人员进行结构维护保养知识的培训。

3. 起重机械结构安全技术状态管理

(1)应对设备的吊载使用状态进行记录，包括吊载重物的性质、重量、形状尺寸等。

(2)应对设备的使用频率进行记录，包括平均吊载次数、大车运行次数等。

(3)应定期对设备的使用工况进行调查和评估，为设备结构的技术状态评估和剩余疲劳寿命计算提供更为准确的基础数据。

3 起重机械金属结构服役安全评估技术体系

3.1 国内外研究现状

安全评估是在保证安全的前提下，评估对象是否能满足原设计功效的一种度量指标，是对含缺陷结构能否继续使用的定量评价。其涵义广泛地包括了含缺陷结构的安全性、可靠性和寿命的定量分析等多方面的内容。

3.1.1 安全评估理论方法

1. 指数评价法

比较典型的指数评价法为日本1976年开发出的“化学工厂‘步骤安全评价法’”，其定量评价通过把装置分成工序、再分成单元，根据具体的情况给单元的危险指标赋以危险程度指数值，以其中最大危险程度作为本工序的危险程度。另外，1964年美国道(Dow's)化学公司提出了经典性的道火灾爆炸指数评价方法，以火灾、爆炸指数形式定量地评价化工生产系统的危险程度。1976年，英国帝国化学公司(ICI)蒙德(MOND)分公司提出了MOND公司火灾、爆炸、毒性指数评价方法，该方法在道火灾爆炸指数的基础上扩充了毒物危险因素。苏联提出了俄罗斯化工过程危险性评价法等。上述方法，在评价原理上无质的变化，仍然遵循了系统内危险和危险能量为评价对象的原则，这些方法仍然在不断地发展和完善之中。

在国内外工程和机械结构的安全评估研究中，也广泛地应用了指数评价。国外学者分别提出了基于变形或疲劳损伤的Banon模型、Stephens模型、Wang和Shah模型、Powell和Allahabadi模型，基于能量或变形－能量双重准则的Kratzig模型、Park和Ang模型、改进的Park和Ang模型、基于刚度变化的模型、基于振动特性变化的模型，应用这些模型计算震害指数，用于评价某个结构或构件在受到地震作用后的安全状态。有关文献通过分析爆炸作用在结构中的传播过程与结构反应特点，分析不同炸药量与爆炸距离下结构的整体变形与破坏特征，以楼层位移角理论为基础，建立了损伤指数评价标准，对结构损伤等级进行评价。有关文献用某一适当参数下的指数分布替代正态分布，并用平均故障间隔时间(MTBF)指标对其可靠性进行评价，从而扩展了平均故障间隔时间(MTBF)指标的适用性。还有一些文献结合原始故障数据分析，应用综合指数法对车辆大修后的可靠性进行了评价。文献中也有在分别假设对数寿命标准差已知和未知时，获得了寿命分散系数法的可靠性评估理论公式，采用寿命分散系数对结构可靠性进行评价。有关文献采用安全检查表分析方法，同时根据《机械工厂安全评价标准》，采用生产设施固有危险的容量指数评定危险程度；采用千分制分级法，评定风险评价级别，用于评价冲压作业系统的安全性。

有关文献综合运用结构动力指纹增长与更新的概念以及动态子结构与模型修正法，将桥梁承载能力作为桥梁安全状态评估的重要指数。

有文献将桥梁缺损状况评价值、桥梁现有承载能力评价值和桥梁行车宽度适应性评价值合成为桥梁的综合分值，对桥梁进行了技术状态评价。其中，采用桥梁缺损指数 BDI (bridge distress index)、承载能力评分 LCS(load-earrying capability score)和行车道宽度适应性系数 WSC(width suitability coefficient)作为单项指标来评价桥梁的技术状况，分别表示桥梁的结构性能和功能特性。有关文献用非线性有限元法计算由于撞船引起的桥体局部损伤分布，局部损伤用材料损伤在该处的密度表示。材料损伤是塑性应变和塑性应变率的函数，在桥体材料模型中加以反映。通过对有限元计算出的桥体局部损伤数据、现场测量数据和大桥以往累积损伤数据进行分析，利用专家知识库确定大桥整体损伤指标，用整体损伤指标评价大桥安全状态。

2. 构权方法

在安全评价中，当评价指标只有一个时，称为单指标评价。例如，利用震害指数评价某个结构或构件在受到地震作用后的安全状态；利用损伤指数评价爆炸对结构的损伤等。如评价指标有多个，称为多指标综合评价，如道火灾爆炸指数评价方法、蒙德指数评价法等。在多指标综合评价中，权重问题一直是研究重点。有文献提出环比构权法，即引用价值工程中的 DARE 系统法作为提高可比性的一种构权方法，相对于 AHP 法该方法减少了比较次数。另有文献提出两种确定方差信息量权的方法。一种为标准差系数法，直接将各评价指标的标准差系数向量进行归一化处理，结果即为信息量权数。这种权数一般不能单独使用，而应该与其它内容结合使用。另一种就是目前人们应用最多、最广泛的 PC 构权法(主成分分析构权法)。其实质为将对方差矩阵求特征向量过程从主成分分析法中剥离出来，使之不再唯一依附于“标准化”同度量化方法，而是可以与其它任何同度量化方法结合。这样，主成分分析法就成为一种独立的构造评价权数的方法。相关文献研究了熵权法，在构权过程中定义了一个新的测度指标变异情况的指标，以此指标的归一化值作为权数。研究结果表明，熵权法要求有一定量的样本才能使用，且熵权与指标值本身大小关系十分密切，因此只适用于相对评价而不适用于绝对评价，只适用于指标层的构权而不适用于中间层的构权。

AHP 构权法，又称互反式两两比较构权法。AHP 法(analytic hierarchy process，AHP)即层次分析法，是美国著名运筹学家、匹兹堡大学萨蒂教授(T. L. Saaty)于 20 世纪 70 年代创立的一种实用的多准则决策方法。它把一个复杂决策问题表示为一个有序的递阶层次结构，通过人们的比较判断，计算各种决策方案在不同准则及总准则之下的相对重要性量度，从而据之对决策方案的优劣进行排序，这个过程的核心问题是计算各决策方案的相对重要性系数，而权数也正是一种重要性的量度。

有文献认为 AHP 构权方法中权向量的近似解法可以归纳为三个解系：K 阶行平均法解系、K 阶规范列平均法解系及 K 阶列均值倒数法，并分别给出这三种解系的解通式。同时，也有一些研究人员以人们对事物比较的大体量值作为建立标度的基础，提出一种指数形式的比例标度值体系。

综合评估涉及多个指标。对结构安全评估，当其中某个重要指标显示出该结构处于不安全状态时，由于评价指标太多，无论采用何种综合评价方法，都有可能使其中少数指标危险度被其它指标分值中和，使危险度不明显，从而失去了评价的公正性和客观性。在目前的综合评价方法中，这一问题并没有解决，其主要原因是无论指标的危险度值如何变化，指标权值是不变的，在实际应用中就不能突出问题的严重程度。而变权是指标在不同条件下取不同的权值，即随指标危险度值的不同而变化。变权反映了指标的本质属性，能够解决由于评价指标众多而引起的评价不合理现象。

权数可分为独立权数与相关权数两种。独立权数是指第 i 个单项指标的权重 w_i 与指标值的大小没有数量关系，权值与指标值之间是独立的。基于这种综合评价模型可称为“定权综合”。综合评估实践中应用最多的就是这种独立权数。相关权数是指权值与单项评价值之间呈函数关系，即 $w_i = f(x_i)$。在多指标综合评价实践中，可能会出现这种情况：当某单项评价指标达到一定水平值时，其“重要性”就相应减弱；或反过来，当某单项评价指标达到另一定水平值时，其“重要性”就逐渐增大。基于这种权数的综合评价模型，属于“变权综合”。

目前，对变权问题的研究已经有一定的成果，主要体现在提出了反映变权向量的基本公式(均衡函数)，以及变权的分类。

有文献曾提出：变权向量 $\boldsymbol{w}(\boldsymbol{x})$ 就是常权向量 $\boldsymbol{w}$ 与状态变权向量 $\boldsymbol{S}(\boldsymbol{x})$ 的 Hardarmard (归一化)乘积。状态变权向量是某个 m 维实函数的梯度向量。这样的“m 维实函数”可称为均衡函数，它的功能是用其梯度向量对状态作某种均衡作用。有文献深入研究了均衡函数，得出两类基本均衡函数，即和型和积型。

惩罚型变权中变权公理主要考虑了各因素的均衡性，即在评价中只要有一个单因素评价值太低，哪怕该因素在总体中是最不重要的，总体评价将迅速接近零。换言之，这种变权综合评价值对低水平的单因素评价值减少反应灵敏，而对高水平的单因素评价值的增加反应迟钝。因此，这种变权综合如果能用于起重机金属结构的安全评价，则评价值低的指标权重的变化将是非常灵敏的。

激励型变权属于更为积极的评价体系，在评价中对某些因素的权重予以激励(即提高其权重值)而能够提高综合评价值。

混合型变权是指该变权关于某些因素具有惩罚性，而对另外一些因素具有激励性，混合型均衡函数及其导出的混合变权模式在一定程度上体现了“既惩恶又扬善”的评价思想。在这种变权模式下，在某些方面没有明显缺陷且在另一些方面明显满足要求的评价项目将取得较高的评价值。

与惩罚变权、激励变权和混合变权相对应，有惩罚型均衡函数、激励型均衡函数和混合型均衡函数。

3. 故障树分析法

随着航天、航空和核工业等高技术的迅速发展，20 世纪 60 年代后期，以概率风险分析(PRS)为代表的系统安全评价技术得到了研究和开发。英国在 20 世纪 60 年代中期建立了故障数据库和可靠性服务咨询机构对企业开展概率风险评价工作。这类评价法在工业发达国家的许多项目中得到了广泛的应用。随之，又开发出一系列以概率论为理论基础的有特色的安全性评价方法。

故障树分析法(FTA)是一种应用概率风险分析于工程实践的常用方法。1961 年，贝尔实验室 H. Watson 和 A. Mearns 在民兵导弹的发射控制系统的可靠性评价中首次应用此技术。现在，此技术已经广泛地应用到核能工业、航空航天、机械、电子、船舶、化工和机器人等领域。主要应用：关键系统可靠性和安全性分析；安全重要部件确认；产品认证；产品风险评价；事故分析；设计变化评价；因果事件的图形化；共因分析等。20世纪90年代，FTA技术继续有新的发展。发展方向归结为下列三个方面：其一是为适应计算机和网络系统可靠性分析的需要，出现的动态故障树分析方法，动态故障树的特征是使用了新的能够反映事件时序关系的逻辑门。第二是传统的/静态的FTA在计算方法上的改进，其中二值决策图(BDD)方法的引入，提高了对复杂系统FTA的计算能力。第三是FTA在软件的可靠性和安全性分析中的应用。

FTA已经成为安全可靠性工程中不可缺少的分析工具，可以分为生成和计算两个过程。但是，随着故障树变得庞大和复杂的时候，解决起来就非常困难。比如，对于具有40～90个部件的系统来说，可能有好几十万个割集；如果系统有几百个部件，可能有几十亿个割集。面对这些问题，相应的解决方法不断出现。针对FTA的技术研究方向，可以分为以下几类：解析性的分析方法(数值计算)；仿真；动态故障树和静态故障树；模糊故障树分析；故障树的自动化生成；计算方法。

故障树分析法(FTA)是一种对复杂系统的可靠性、安全性进行分析的有效工具，它把所研究系统的最不希望发生的故障状态作为故障分析的目标，然后寻找导致这一故障发生的全部因素，再找造成这些因素发生的下一级全部直接因素，一直追查到那些原始的、无须再深究的因素为止。利用故障树可以分析系统发生故障的各种途径，计算各个可靠性特征量，对系统的安全性和可靠性进行评价。故障树分析法通常适用于故障机理确定、故障逻辑关系清晰的系统，因为它对系统的故障状态作了很多假设，这主要体现在两方面，即事件状态的二态性和故障逻辑关系的确定性。故障树中的事件都只有两种状态：故障态和正常态。

4. 贝叶斯网络

在安全性分析中，数值分析方法的优点在于其运算速度通常比仿真快几倍，甚至有时更快，数值分析方法的精确性高于仿真的结果。近年来，将贝叶斯网络引入故障树中的数值分析方法的研究逐渐增多。贝叶斯网络技术具备很强的描述能力，既能用于推理，还能用于诊断，非常适合于安全性评估。印度利用WASH－1400(商用核电站轻水反应堆风险评价)的数据作为先验数据，在取得加压重水堆的数据后，用贝叶斯方法获取后验分布，进而进行了安全评估。Bobbio等研究了故障树向贝叶斯网络的转化，并通过一个多处理器系统的实例对二者的建模能力进行了比较。此后，Bobbio等进一步研究了故障树向贝叶斯网络的映射，并指出了贝叶斯网络在可信性分析中的强大优势。Dugan领导的研究小组通过将任务时间划分成多个时间段，对动态故障树的时序关系进行简化，给出了一种将冷备件门转化成离散时间贝叶斯网络的方法。近年来，国内学者也开始致力于研究贝叶斯网络在安全性分析中的应用。霍利民等给出了一种基于最小路集的贝叶斯网络构建方法，并将其应用于电力系统可靠性评估中。王广彦等研究了贝叶斯网络中节点、连接强度与故障树中事件、逻辑门之间的映射关系，并对两者的推理能力进行了比较。刘勃等研究了基于贝叶斯网络的计算机网络安全评估方法。张超等研究了基于贝叶斯网络的故障树定量方法，给出了一种基于排除法的故障树顶事件概率计算方法。

贝叶斯网络技术，从推理机制和系统状态描述上来看，它和故障树有很大的相似性。

而且贝叶斯网络还具有描述事件多态性和故障逻辑关系非确定性的能力，更加适合于对复杂系统的安全性和可靠性进行分析。采用贝叶斯网络技术对故障树进行分析，采用贝叶斯网络来描述故障树，可以充分利用贝叶斯网络对系统故障状态强大的描述能力。

随着现代科技的迅速发展，特别是数学方法和计算机科学技术的发展，以模糊数学为基础的安全评价方法得到了发展和投入应用，并拓展了原有的方法和应用范围，如模糊故障树分析、模糊概率法等。应用计算机专家系统、决策支持系统、人工神经网络技术，对生产系统进行实时、动态的安全评价等。

3.1.2 起重机械金属结构安全评估技术研究现状

结构的安全性是结构或结构构件在各种载荷作用下保证人员财产不受损伤的能力，通俗说来就是防止发生破坏倒塌的能力。因此，结构的设计安全度，可理解为结构设计时赋予结构防止破坏的安全程度。决定结构安全性的因素非常复杂，除了十分简单的结构对象如单一预制构件之类外，结构承载力的安全性很难用具体数值度量，带有很大的模糊性。设计方法中通常采用的安全系数或可靠指标只能反映安全程度的一个侧面或部分，但可以考虑将设计方法中通常采用的安全系数或可靠指标设为安全评价系统中的评价指标。

3.1.2.1 金属结构安全性评价的理论

刘刚、肖汉斌等提出金属结构安全性评价的现代理论与方法是指综合利用现代数学和力学分析的理论，结合现代化的分析测试手段，采用多学科交叉结合的形式，对使用中的起重机金属结构的安全性评定进行理论和实验研究，并将安全性评价的基本理论和方法分为四个研究部分：基于现代非线性理论和方法的金属结构信息分析与仿真、基于计算机辅助工程分析的金属结构承载能力评价、基于材料组织与性能分析的金属结构失效机理研究、基于现场实测的金属结构状态综合分析与研究。

基于现场实测的金属结构状态综合分析与研究包括下面几个方面的内容：

第一，通过实测对起重机金属结构的技术状态如基本的强度、刚度、动态特性、模态参数、某些关键部位的剩余寿命及结构的物理状态如局部变形、板厚变化与锈蚀情况进行必要的在线评价。

第二，根据实测数据，通过现代非线性分析理论分析、计算机辅助工程分析、结构材料分析等综合分析对金属结构的安全性从各个方面进行综合的论证与评价。

第三，通过综合分析并根据模糊理论建立金属结构安全性的评价准则。金属结构安全性的评价指标是多重的，不同情况下主要评价指标又是变化的。因此，综合考虑各种情况，包括专家的经验，利用模糊理论针对不同情况制定相应的安全性评价准则更具有客观性。

3.1.2.2 结构安全性综合评判方法

1. 传统经验法

由有经验的专家通过现场观察和简单的计算分析，以原设计规范为依据，根据个人专业知识和工程经验直接对结构做出评估。该法鉴定程序简单，但难以对结构的性能和状态做出全面的分析，因此评价过程缺乏系统性，对金属结构安全可靠性水平的判断有较大的主观性，鉴定结论往往因人而异。

2. 基于故障诊断的专家评价法

应用各种检测手段对结构相关信息进行周密的调查、检查和测试，应用计算机技术以及其它相关的技术和方法分析结构的性能和状态，全面分析结构所存在问题的原因，以现行的规范为基准按照统一的鉴定程序和标准，综合评定结构的安全可靠性水平。与传统经验法相比，该法鉴定程序科学，对结构的性能和状态的认识较准确和全面，而且鉴定工作由专门的技术机构承担，因此对结构的安全性的判断较准确，能够为结构的维修、加固、改造方案的决策提供可靠的技术依据。

3. 概率评定法

利用统计推断方法分析影响特定结构可靠性的不确定因素，直接利用可靠性理论评定结构的可靠性水平。概率评定法则针对具体已有结构，通过对结构相关信息的采集和分析，评定结构的可靠性水平，评定结论更符合特定结构实际情况。

结构剩余寿命可靠度评判法的思想来自现有的以概率为基础的极限状态设计法，但旧有结构和新结构可靠度的分析是有区别的，其根本区别在于承载极限状态方程 $Z=R-S=O$ 中的 R、S 取值的不同，其中 R 指抗力，S 指载荷效应。对于新结构 R 和 S 是以设计寿命为依据的；而对于旧的结构来说 R 和 S 则是根据剩余使用寿命期内的统计参数来确定的。

4. 层次评判模型

层次分析法(AHP)现已应用于许多领域。该方法能把复杂系统中的各种因素划分为相互联系的有序层次，形成一种多层次的分析模型，把多层次多指标的权重赋值简化为指标重要性的两两比较，弥补了人脑在两维以上空间进行全方位扫描的弱点，便于对各层次、各指标进行科学、客观的赋值。其过程包括：确定最优指标集、指标的规范化处理、确定各指标相对最优指标的关联系数、确定各指标权重、计算评判结果。一般结构的安全性评定指标体系包括不同的层次，需采用多层次综合评判模型。

将岸边集装箱起重机结构的安全性评估按单构件影响因素、单构件、子系统、整机金属结构和整机综合性能五个层次进行构建评判模型。首先，单因素评判：单构件的影响因素有强度方面的静强度、动强度以及疲劳强度，刚度方面的挠度值和细长比，稳定性方面的局部稳定性和整体稳定性。由隶属函数得出各单因素的评价结果组成的评判矩阵与相应的权重值通过运算分别得出单个构件的强度、刚度和稳定性的评价结果。其次，通过构件的强度、刚度以及稳定性进行多因素综合评判单构件。再次，通过单构件的评价结果评价组成金属结构的子系统。最后将子系统作为评价指标，评价整个金属结构。但整个指标体系中缺乏直接反应金属结构常见故障和失效形式的指标。

起重机金属结构安全性评价指标体系分为三层，第一层的评价对象为整个金属结构技术性能状态，评价指标为裂化指数。第二层分为描述类指标和数值类指标，描述类指标包括的一级指标为：开裂情况、变形情况、锈蚀情况、震颤情况、材料性能情况、结构抗断情况、修理后的使用情况。数值类指标包括的一级指标为：静强度情况、动应力情况、静刚度情况、动刚度情况、应力时间历程情况、基于裂纹萌生的寿命预估情况。部分描述类指标中的一级指标下还有二级指标，构成指标体系的第三层。

5. 模糊评判法

国内外有些学者已将模糊数学方法应用于结构可靠性评估体系中，对于起重机金属结构的安全性评估模糊数学则是一种有力的工具，它可以将表示起重机状态的因素用隶属函数表示，通过模糊推理逻辑运算解决评判问题，从而得到状态分级结果。

国内对起重机金属结构安全性评价的研究已经开展，模糊综合评价法已经应用到金属结构的安全性评价中，应用模糊分析法建立一个综合评价模型，通过该模型可对结构的安全性做出定量评价，并可找出影响结构安全的主要隐患和薄弱环节。给出了起重机金属结构的主要性能状态指标，在模糊理论的基础上得出状态值数和权重，在模糊评价原理的基础上用劣化指数评价结构状态。把模糊综合评判理论与岸边集装箱起重机相结合，提出了现役岸边集装箱起重机的模糊综合评判理论。结合现役起重机的实际情况建立了多级模糊综合评判模型。其主要特点如下：

第一，起重机金属结构评价值处理的无量纲化处理方法为广义指数法。广义指数法是综合评价中的一种广泛使用的无量纲化处理方法，其特点为：正、逆指标必须分开处理；必须以一个历史标准值、经验标准值或某一个理想值（独立于样本）为比较基数。金属结构评价中有正指标和逆指标，如刚度评价指标中的静刚度指标、稳定性指标、杆的变形评价指标、锈蚀评价指标等为逆指标；动刚度指标、疲劳强度指标、焊缝缺陷评价指标等为正指标。部分起重机金属结构评价指标的评价值是在一定的范围内的，同时具有上下两个极限值。采用广义指数法对这一类指标进行无量纲化处理时，很难确定比较基数。

第二，应用以层次分析法（AHP）和隶属度函数法为主的指标权重确定方法，从严格意义上来说都是属于“定权”问题研究。

第三，在评价值合成方法上都采用加权平均中的算术平均合成法。

第四，最终的评价结果以模糊分类的方法得出。模糊评价法用于起重机金属结构安全评价有其不足之处。通常讲的模糊综合评价主要是指模糊分类评价与模糊排序评价。对一台起重机金属结构进行评价是属于典型的分类评价问题。模糊分类评价过程中有一个重要的环节——确定评语等级论域（即应有若干个评语等级），通常为3～9个等级，每一个等级需要构造相应的隶属函数，相邻两个等级的隶属函数必须是交叉的，因此，相邻等级之间的界限是模糊的。这并不完全适用于起重机金属结构安全性评价，因为安全和不安全状态之间的界限应是非常清晰的。

3.1.2.3 评价值合成问题的研究现状

合成是将单项评价值合成总评价值，关键是选择科学合理的合成模型。不同合成模型代表了不同的评价思想，从而对综合评价结论会产生较大的影响。

现有的起重机金属结构评价系统中合成都是采用加权平均中的算术平均合成法。算术平均合成法是综合评价中常用的一种合成方法，体现的是“取长补短”的评价原则。从实际的检测来看，金属结构中某个构件出故障或失效，进而对这个构件所在的子系统正常运行造成影响，甚至给整个金属结构带来危险的情况也是会产生的。针对这种情况，如果仍采用算术平均合成法，在等量补偿的作用下，最后的评价结果很有可能还是正常。在起重机金属结构安全性评价中，如果构件都为正常构件，各指标评价值会比较接近，采用加权算术平均法所得合成值趋近于平均值，与各个指标的评价值差别不大。但如果有较严重故障的构件存在，采用加权算术平均法所得合成值趋近于中间值，从而不能突出反映故障对结构安全性的影响。从统计分析结果来看，起重机金属结构中，单构件的故障发生率并不低，故障构件尤其是评价值接近于极限值的故障构件，在整个评价过程中应该受到重视，但如果采用加权算术平均法进行合成，将会忽略该构件对整个结构安全性的影响程度而引起不良的后果。

3.1.2.4 国内起重机械安全评估技术实践概况

我国于1990年10月由国防科学技术工业委员会批准发布了类似美国军用标准MIL-STD-822B的军用标准《系统安全性通用大纲》(GJ B900—1990)。受到许多大中型生产经营单位和行业管理部门的高度重视，自此安全评价在我国许多行业部门中开展开来。

目前，在我国起重运输机械中，应用最多的安全分析与安全管理方法是安全检查表、安全目标管理和全员设备管理，而故障树分析、人员可靠性分析等方法的应用并不理想，安全专家系统现场偶尔使用。大多数企业有计算机但没有相应的安全评价软件，限制了安全评价方法在起重机械中的应用。在国内的起重机行业中，安全评价的实践应用不是很多。从20世纪90年代末期开始，有少数高校和机构对起重机安全评价理论、方法和实际应用做了部分的研究和实践。

中国地质大学工程学院通过对起重机主梁进行综合检测和初步计算，在此基础上应用断裂力学理论和CVDA规范估算主梁的疲劳剩余寿命，确定桥架主梁是否需要整改修复或报废。

2003年，安徽马钢股份有限公司的龙靖宇、吴海彤和李小兵基于经典统计和模糊统计之上的集值统计，确定具有随机、模糊性质的桥式起重机安全评价指标的安全度值，并在确定过程中，给出评价指标安全度值的可靠性程度和各评价专家的偏离度。此法弥补了目前起重机安全评价中由经典统计法确定安全度值的不足，提高了起重机安全评价的准确度和可靠性。

2005年，武汉理工大学的黄海和孙国正对基于模糊理论的机械结构裂化指数及安全性评价与预测系统作简要的介绍，分析和研究系统的指标体系，提出用层次分析法(AHP)和人工神经网络方法相结合确定指标体系中权重和状态指数的设想。并在“16t带斗门机技术状态评价及安全使用期限预测”项目中进行了验证，效果较好。而且该校通过实际检测及分析影响起重机安全性能的因素，给出起重机金属结构疲劳裂纹评估的系统方法，并设计了新型双梁铸造起重机；依据起重机的特点，建立了安全性评价指标体系，并将神经网络理论应用于起重机安全评价之中，提出了基于此理论的系统安全评价模型，根据实际收集的安全状况数据构建安全评价网络，并利用MATLAB软件对网络进行训练，得出可以对起重机安全状况进行评价的人工神经网络模型。

2009年，湖南工业职业技术学院的柳青、宁朝阳和杨红以某起重机厂180/50T铸造吊为例，在没有进行原形应力和变形检测的情况下，采用Algor软件对金属结构进行了三维有限元计算模拟，并对如何利用计算结果判别其强度和刚度做了研究说明，为起重机桥架结构的安全评价提供了依据。

上海宝钢工业检测公司的李贵文、罗云东、贝聿仁和陈力伟2010年首次应用虚拟仪器测试技术在宝钢450t铸造起重机现场试验中，总结了现场应用经验，为设备无忧运行提供了技术保障，也为今后开展类似测试分析提供了一些可以借鉴的内容。

辽宁省安全科学研究院依托于“十一五”国家科技支撑计划课题，提出了基于风险分析的起重机安全状况综合评价方法，根据不同类型起重机械的特点，分别提出各类起重机的安全状况综合评价项目。基本思路是：第一步，采用故障模式和影响分析方法对起重机系统进行划分，建立系统组成的可靠性方框图，在事故和故障调研的基础上，研究各子系统的故障等级和故障加权致命度，由此逐项列出评估方法和评价依据。第二步，研究起重机各种故障的原因。第三步，在前两个步骤的基础上，根据风险是由危险原因所引起的伤害后果的严重程度(s)与伤害发生概率(P)的函数的原理，确定故障模式向危险情节转化以及评估要素。第四步，编制起重机安全状况综合评价表、综合评价方法草案以及风险整改建议。

广州市特种机电设备检测研究院于2008年成立了专门的在役起重机械金属结构安全评估机构，综合无损探伤、理化分析、结构力学分析、振动模态分析、有限元计算以及材料疲劳特性研究等多个学科，建立了一套完整的评估流程，并将此技术成功应用到120多台起重设备的状态评估中，其中包括100t造船用塔式起重机、MQ2533型门座起重机、900t造船龙门吊等。

上海市特种设备安全监督检验研究院采用模糊评价方法即模糊数学法，通过建立多级模糊综合判定矩阵，对起重机金属结构潜在风险进行安全评估，定量地反映出起重机金属结构风险程度 W。其基本思路是：第一步，建立多层综合评价系统的多级子系统，根据影响金属结构寿命的因素，将系统分为主梁的上盖板、下盖板、腹板及隔板等子系统。第二步，确定总体评判矩阵 $\boldsymbol{R}$。第三步，确定风险各要素中的概率等级 Q 和风险各要素中的后果等级 G。第四步，根据风险发生概率隶属度矩阵 $\boldsymbol{R}\mathrm{p}$ 和风险影响隶属度矩阵 $\boldsymbol{R}\mathrm{c}$，确定发生概率 P 和预期后果 C。第五步，确定总体风险程度值 W，$W=PCT$，将 W 值和划分好的起重机各风险程度值进行比较，定性地得出该起重机风险等级。

另外，南京特检院、天津特检院等特种设备安全监督技术机构依据《特种设备安全监察条例》《起重机械安全监察规定》以及各种特种设备规范(TSG)，从检验的角度，制定针对某台特定设备的起重机安全评估方案，并已经完成一定数量的超重机械安全评价工作。但是，目前这类安全评估多采用定性的项目检查表方式，缺乏通用性和规范性，没有形成统一的执行标准和评价准则。

综合国内外的发展情况，目前国内外的研究对象、方法、手段大致相当。研究手段多是应用疲劳、振动和可靠性理论，采用测试、数据分析与控制等方法。对结构的疲劳分析，主要是采用名义应力法进行结构疲劳分析与寿命评估。通过现场应力检测，结合材料的 $S-N$ 曲线，计算结构的疲劳寿命，扣除设备过去的工作时间，以此估算金属结构的剩余寿命。应用名义应力法计算疲劳寿命，理论简单，易于分析，但是，由于结构材料内部往往已经存在着这样那样的初始缺陷，加上设备的历史记录不全或不准确，这样就严重影响了这种方法的准确性和可靠性。

3.2 起重机械金属结构安全性影响因素分析

安全性评估方法通常是以避免在规定工况(包括水压试验)下的安全性评估保证期内发生各种失效模式导致事故的可能为原则。一般来说一种评估方法只能评定相应的失效模式，只有对各种可能的失效模式进行综合判断或评价后，才能得出该产品或结构是否安全的结论。

起重机金属结构在工作中对各种载荷的承载能力(强度、刚度、稳定性等)及安全裕度，称为金属结构的安全性。影响其安全性的因素大致可分为两大类，即从构件承载能力角度和从服役故障角度考虑的影响因素。

3.2.1　从构件承载能力角度考虑的影响因素

设计时需考虑构件的实际承载能力，即从刚度、强度、稳定性三个方面来保证结构的安全性。强度包括静强度、动强度和疲劳强度三个方面；刚度包括挠度和细长比两方面，对整机而言还需考虑动刚度；稳定性则包括局部稳定性和整体稳定性两方面。

3.2.1.1　强度影响因素

起重机金属结构强度包括静强度、动强度以及疲劳强度。

1. 静强度

由钢材的强度特性可知，在构件所受应力达到材料的屈服极限之前，材料基本处于弹性范围内，载荷撤销后，构件还能回复到原来的形状；当构件所受应力超过材料的屈服极限之后，材料进入塑性变形阶段，此时撤销载荷后构件无法恢复原来形状。因此，工程中都近似地以材料的屈服极限作为设计和校验的极限应力。

2. 动强度

动强度指承载构件上某些点在实况作业中由于动载荷的作用而引起的结构动应力。应定量分析被测点的动态应力峰值和应力动荷系数并校验静测结果。通过动态强度的测试，可以分析动荷系数，如果动荷系数太大，那么当出现静态应力比较大的情况，其动态应力很有可能超过了材料的承受强度；另外，如果动荷系数太大，对于安全也存在很大的隐患；而且，当动荷系数很大时，作业司机就会感觉到振动得很厉害，同时给作业也造成很大的麻烦，同时对设备的一些部位造成很大的应力集中的可能。测试结果可以为裂纹分析、寿命估算和稳定性评估作依据和参考，为进一步合理使用提供参考数据。

3. 疲劳强度

结构的疲劳破坏是由于金属结构受到交变应力作用而产生的。在交变载荷作用下，即使其最大工作应力低于材料的屈服极限，也可能发生脆性破坏，这种现象就称为疲劳。疲劳破坏与塑性破坏完全不同，疲劳破坏在破坏前不出现显著的变形和局部颈缩。一般钢材内部微观和宏观的组织缺陷、轧制表面的局部伤痕和外形的不连续等原因引起的应力集中都可能成为疲劳破坏的裂纹源。材料的疲劳性能数据是通过标准试件的疲劳试验获得的，对于结构钢试件可在疲劳试验曲线上取循环次数 $N=10^7$ 时对应的应力作为材料的疲劳极限。工程上采用的疲劳极限则考虑了构件的形状、尺寸和加工工艺的影响，与前面所说的材料的疲劳极限是有所区别的。

3.2.1.2　刚度影响因素

刚度对于一个振动系统来说是一个非常重要的因素。起重机的刚性直接影响了工作的安全性和操作人员的舒适性，影响到起重机的工作平稳性和准确性，影响到起重机的制造成本和操作人员的身体健康。

衡量结构刚性的指标是结构的抗变形能力(静刚度)和结构的固有频率(动刚度)。前者是从静态观点而言的，称为静态刚性；后者是从动态观点而言的，称为动态刚性。结构的刚度问题并不像强度和稳定性问题那样直接决定着结构的承载能力，但刚度太差会影响结构的使用性能和恶化结构的工作条件，从而间接地影响到结构的承载能力。因此结构的刚性问题也是十分重要的，刚性设计准则被列为起重机金属结构三大设计准则之一。

静刚度是指结构所受载荷与产生变形之间关系的特性。金属结构在外力的作用下会产生变形，变形的大小与作用力的关系常用静刚度表示，结构的静刚度是衡量结构在静态下承受载荷能力的重要参数。静刚度不足，会引起结构杆件及构架等的变形大，以致起重机金属结构工作不稳定，甚至导致金属结构的破坏。

目前国内外起重机械的设计方法已开始逐步由静态设计转向动态设计，起重机金属结构的动态刚度的分析受到重视，尤其是桥式起重机的主梁、门座式起重机的臂架和大拉杆等一些长大结构件，其动态刚性较差，如不加以限制，则在重物起升和下降过程中容易激发衰减缓慢的振动，从而影响整机的使用性能并恶化构件的工作条件。刚性差的结构不仅在静载作用下的挠度大，而且在动力作用下的振动振幅大、频率低、衰减时间长，甚至引起结构频动，其结果必然加速司机的疲劳，影响安全操作。

1. 静态刚性准则

静态刚性以在规定的载荷作用于指定位置时结构(或结构件)在某一位置处的静态弹性变形值来表征结构的静态刚性准则，以结构在规定载荷作用下指定截面的静态挠度的倒数 $1/Y_{L}$ 来表征。静态刚性的设计准则为：

$$Y_{L} \leqslant Y_{L}, \tag{3-1}$$

式中，Y_{L} 为许用挠度值。

轴心受力构件的刚性条件，按式(3－2)计算：

$$\lambda \leqslant [\lambda], \tag{3-2}$$

式中，λ 为结构构件的长细比；$[\lambda]$为结构构件的容许长细比。对受拉的主要承载结构件 $[\lambda]=150\sim180$，次要承载结构件和其它构件$[\lambda]=200\sim350$；对受压的主要承载结构件 $[\lambda]=120\sim150$，次要承载结构件和其它构件$[\lambda]=150\sim250$。

2. 动态刚性准则

起重机作为振动系统的动态刚性，以满载情况下钢丝绳绕组的下放悬吊长度相当于额定起升高度时系统在垂直方向的最低阶固有频率(简称为满载自振频率)来表征。动刚度一般不考虑单个构件的动刚度，而只考虑整机的整体动刚度。

其设计准则为：

$$f \geqslant [f], \tag{3-3}$$

式中，$[f]$为满载自振频率的许用最小值。

对电动桥架型起重机，当满载小车位于跨中和悬臂段有效工作位置时，满载自振频率的参考许用值为 2Hz；对门座起重机，基频频率的参考许用值为 1Hz。这一条仅在旧版(1983 版)的 GB/T 3811 里面有规定，在新版 GB/T 3811 中已经删除。

满载自振频率计算公式如下：

$$f = \frac{\omega}{2\pi} = \frac{1}{2\pi}\sqrt{\frac{g}{\delta(\lambda_{0} + Y_{0})}}, \tag{3-4}$$

式中，Y_{0} 为在额定起升载荷 F_{Q} 作用下，起升质量悬挂点处结构的静挠度，mm；λ_{0} 为在额定起升载荷 F_{Q} 作用下，起升滑轮组的静升长，mm；g 为重力加速度，$g=9.81\times10^{3}\mathrm{mm/s^{2}}$；$\delta$ 为结构质量影响系数。

$$\delta = 1 + \frac{m_1}{m_2}\left(\frac{Y_0}{Y_0 + \lambda_0}\right), \tag{3-5}$$

式中，m_1 为结构及其附着设备在起升质量悬挂点处的换算质量，kg；m_2 为额定起升质量，kg。

按式(3-5)计算整机动刚度时，参数 m_1、Y_0 和 λ_0 根据起重机不同的型式在起重机设计规范中都有相应的计算公式可参考。实际上使用的整机动刚度评估数据一般都是通过测试获得。

3.2.1.3 稳定性影响因素

1. 稳定性问题的分类

在起重机结构内，不乏受压构件、受弯构件和压弯构件，这些构件都存在稳定性问题。此外，这些构件有不少是制成薄壁实腹式的，因而还存在局部稳定性问题。所有这些稳定性问题，归纳起来可分为两大类。

第一类是具有平衡分支点的稳定性问题，其共同的特点是：当外载荷达到一定值(临界载荷)后，构件存在着两种平衡形式，一种是保持原先变形性质的平衡形式；另一种是丧失原先变形性质的平衡形式，且前一种平衡形式是不稳定的，构件丧失了原先平衡形式的稳定性就叫屈曲。属于这一类稳定性的问题的有：轴心受压构件的弯曲失稳，平面弯曲构件和平面压弯构件的空间弯扭失稳，薄壁实腹构件和柱壳的局部屈曲失稳等。

第二类是没有平衡分支点的稳定性问题，其特点是不存在变形性质的突变，构件的变形随着载荷的增长而连续增大，且不呈线性变化，载荷存在有一个极大值，称为临界载荷或压溃载荷。属于这一类的稳定性问题有：单向偏心受压构件和平面压弯构件在弯矩作用平面内的稳定性，双向偏心受压构件和空间压弯构件的稳定性等。

2. 失稳的特点

现代起重机械正朝着大型化发展，箱型梁结构件的外形尺寸越来越大。然而考虑到经济原因，在整机壮大的同时，构成这些结构的金属薄板的厚度一般没有增加，这就造成相对厚度变小，稳定性承载能力相对下降。在起重机械的失效中，失稳是其中的一个重要因素，通常这种失效是因为局部失稳而导致的整体失效。

大型起重机械的稳定性问题存在着其特殊性：整体失稳、局部失稳、交互式失稳。通常现在的大型起重机械的单独整体失稳失效现象较少，这是因为结构件的梁高较大，翼缘板较宽，从而惯性矩较大的缘故。局部失稳和由于局部加强筋脱离腹板引起局部失稳最终导致整体失效现象严重。

3. 局部失稳破坏的一般现象

以港口门座起重机为例，门机金属结构失稳破坏主要是臂架结构。而门机臂架折断现象出现的一般过程如下：

(1)折断前，受压一侧翼板曾出现凹凸波浪度变形；

(2)折断有一个较缓慢的过程；

(3)往往不是在载荷最大时折断，而是在重载卸载后，载荷较小甚至空载时折断；

(4)有时折断位置不在下翼板上压应力最大的拎点附近，而是在拎点上部或下部某一部位；

(5)实测和理论分析表明，已折断的臂架，其动测压应力远未达到规范计算的失稳临界值。

3.2.2 从服役故障角度考虑的影响因素

1. 焊缝缺陷的影响

焊接缺陷主要是指焊缝中的裂纹，未焊透、咬边、气孔、夹渣等。由于这些缺陷的存在，使得焊缝局部产生应力集中，因而使焊接结构疲劳强度降低。大量试验结果证明，焊接缺陷对焊接结构疲劳性能有显著的影响。若通过检测得知焊缝的缺陷，则可通过理论计算求出焊接结构的应力场及缺陷处的最大应力值或裂纹尖端应力强度因子，进一步可预测结构的疲劳寿命。焊趾部位存在有大量不同类型的缺陷，这些不同类型的缺陷导致裂纹早期开裂，使母材的疲劳强度急剧下降(下降到80%)。焊接缺陷大体上可分作两类：面状缺陷(如裂纹、未熔合等)和体积型缺陷(气孔、夹渣等)，它们的影响程度是不同的，同时焊接缺陷对接头疲劳强度的影响与缺陷的种类、方向和位置有关。

焊缝中的裂纹，如冷、热裂纹，除伴有具有脆性的组织结构外，是严重的应力集中源，它可大幅度降低结构或接头的疲劳强度。早期的研究已表明，在宽 60mm、厚 12.7mm 的低碳钢对接接头试样中，在焊缝中具有长 25mm、深 5.2mm 的裂纹时(它们约占试样横截面积的 10%)，在交变载荷条件下，其 2×10^6 循环次数的疲劳强度降低了 55%～65%。未焊透缺陷有时为表面缺陷(单面焊缝)，有时为内部缺陷(双面焊缝)，它可以是局部性质的，也可以是整体性质的。其主要影响是削弱截面积和引起应力集中。以削弱面积 10% 时的疲劳寿命与未含有该类缺陷的试验结果相比，其疲劳强度降低了 25%，这意味着其影响不如裂纹严重。

表征咬边的主要参量有咬边长度 L、咬边深度 h、咬边宽度 W。影响疲劳强度的主要参量是咬边深度 h，目前可用深度 h 或深度与板厚比值(h/B)作为参量评定接头疲劳强度。

气孔为体积缺陷，Harrison 对前人的有关试验结果进行了分析总结，疲劳强度下降主要是由于气孔减少了截面积尺寸造成的，它们之间有一定的线性关系。但是一些研究表明，当采用机加工方法加工试样表面，使气孔处于表面上时，或刚好位于表面下方时，气孔的不利影响加大，它将作为应力集中源起作用，而成为疲劳裂纹的起裂点。这说明气孔的位置比其尺寸对接头疲劳强度影响更大，表面或表层下气孔具有最不利影响。有关研究报告指明：作为体积型缺陷，夹渣比气孔对接头疲劳强度影响要大。

焊接缺陷对接头疲劳强度的影响，不但与缺陷尺寸有关，而且还决定于一些其它因素，如表面缺陷比内部缺陷影响大，与作用力方向垂直的面状缺陷的影响比其它方向的大，位于残余拉应力区内缺陷的影响比在残余压应力区的大。

2. 裂纹影响因素

裂纹是金属结构的最主要故障，也是金属结构安全的重要隐患。从裂纹发生的部位来看，裂纹一般在重要的承载构件上，这些地方受力比较复杂。有些裂纹发生在焊缝上，然后向母材扩展。

起重机的金属结构，往往是重载往复工作的承载结构，绝大多数是焊接结构。众多的焊接连接使得整个结构的母材及焊缝存在很大的残余应力，若母材和焊缝在冶金、制造、焊接及运输过程中产生缺陷，在外载荷作用下，残余拉应力部位很容易产生裂纹。起重机结构中大部分裂纹源于焊缝。此外，也存在源于母材的缺陷引起的裂纹。这些裂纹在循环载荷的作用下，不断扩展。由于外载荷改变、司机操作水平等因素，起重机通常是在较大冲击载荷、复杂温度变化及腐蚀、潮湿等环境下工作，使得结构裂纹不断扩展。

起重机的金属结构投入使用后，在长期机械载荷、循环载荷、温度载荷、腐蚀环境条件下，材料会产生损伤，即材料的机械性能会产生劣化。具体表现在材料的强度下降，脆性增大。结构在使用较长的时间后，韧性较好的低碳钢或低碳合金钢，由于其机械性能的劣化，材料的脆性会越来越大，特别是机械承载结构上有裂纹存在的情况下，机械性能的劣化速率会更快。对于低速、重载、循环工作的机械承载结构，它的失效过程可以看成是循环载荷作用下的疲劳失效。因此，应把起重机结构疲劳裂纹扩展视为裂纹扩展的主要因素加以考虑。

3. 变形影响因素

受压应力、剪应力或局部压应力作用的梁的翼板或腹板，如果厚度过小，则当应力达到一定值后，板就会丧失平面稳定平衡状态。偶然而微小的外界干扰因素，诸如平面外的干扰力、基础振动或载荷偏移等，即可导致板发生波形屈曲，并在干扰因素消失后，依然不能回复到原来的平面平衡状态，这种现象称为梁的局部失稳。梁失稳后，失稳区域的工作能力下降，因而削弱了梁截面，使梁的变形增大，强度和整体稳定性降低，以至造成梁的整体破坏。

受压杆可能具有一定的初始弯曲或初应力等，这些初始缺陷的存在会使构件的承载力降低。在其它条件相同的情况下挠度值的大小将决定承载能力下降的程度，在压杆存在挠曲缺陷的情况下，由变形引起的承载能力下降程度可由计算得到。

起重臂是受压薄壁箱形构件，由于制造安装等原因，易产生局部变形，即在板件的局部区域内会出现局部波浪度(挠度)。局部挠度将使受压构件截面上的应力极不均匀，产生明显的应力集中现象，应力峰值甚至可能超出屈服极限，所以局部挠度将降低构件的承载能力。

4. 锈蚀影响因素

锈蚀是指金属结构由于接触环境中的气体或液体进行化学反应而损耗的过程。起重机金属结构长期暴露于空气或潮湿的环境中，而未加有效的防护时，表面就会锈蚀。

锈蚀对起重机金属结构的危害，不仅表现为截面厚度的均匀减薄，而且会产生局部较大的锈坑，引起应力集中，促使结构早期破坏。尤其对直接承受动力荷载作用和处于低温地区的金属结构，更促使疲劳允许应力幅度降低和钢材抗冷脆性能的下降。若锈蚀过于严重，会缩短使用寿命。

未加防护涂漆或涂漆质量差的起重机金属结构在大气中的锈蚀速度每年是不同的，初始时速度较快，以后逐渐减慢。第一年的锈蚀速度约为第五年的5倍。不同地区的起重机金属结构受大气锈蚀程度差异较大。沿海和潮湿地区比气候干燥地区的锈蚀要严重得多。

3.3　在役起重机械金属结构安全评估体系的建立

3.3.1　安全评估的定义

安全评估(也称为风险评价)是以实现工程、系统工程、系统安全为目的，应用安全系统工程的原理和方法，对工程、系统中存在的危险、有害因素进行识别与分析，判断工程、系统发生事故和急性职业危害的可能性及其严重程度，提出安全对策建议，从而为工程、系统制定防范措施和管理决策提供科学依据。针对在役起重机械金属结构，通过对评定对象的状况调查(历史、工况、环境)、缺陷成因分析、失效模式判断、材质检验(包括性能、损伤与退化等)、应力分析、必要的实验与计算，并根据相关标准的规定对待评估起重机的安全性进行综合分析和评价，即为在役起重机械金属结构安全评估。

3.3.2 起重机械安全评估的原理

起重机械安全性评估的原理就是通过对起重机械的危险有害因素的区分，运用恰当的安全性评价方法，比如安全检查表、事故树分析法、风险分析法等形式，得出起重机危险程度等级，并提出合理可行的措施，指导危险源监控和事故预防，使起重机械安全状况达到可接受的安全水平，安全性评价的工作内容由起重机械使用和管理方面的评价和设备本身运行状况的评价两大部分组成，前者我们可以采用定性化的安全检查表来分析起重机械安全管理方面存在的缺陷。根据对安全检查中有相关内容的评价，我们可以清楚了解起重机械目前使用和管理水平，从而避免在用起重机械处于一种低水平的管理状态。后者则通过先进的现代检测技术以及精确高效的计算软件等工具进行定量评判。

3.3.3 起重机械结构安全评估的原则

评估指标的建立是金属结构安全性评价的基础。指标是对客观事物或现象的描述与度量，是关于事物、现象的条件、状态及其变化的信息。指标的作用在于使金属结构安全性这种抽象的概念转变成具体的可度量的内容，使金属结构安全性的某种属性或特征可从数量方面加以说明。金属结构安全性影响因素多，影响因素之间关系复杂，对于金属结构安全性评价系统而言，需要由多个指标组成一个有机的整体，通过建立指标体系来描述系统的安全状况，从而更加科学、完整地描述金属结构安全性的特征。指标体系还可指导数据和信息的收集，决定评价方法的选取和评价模型的形式，是综合评价成功与否的关键因素，因此，建立合理、有效的指标体系对金属结构安全性很重要。金属结构安全性涉及内容丰富，需要选择具有主导作用的、代表性和独立性较强的指标进行监测，既要做到客观、科学、充分体现金属结构安全性的特征，又要考虑现有的技术水平、数据的易获性等。在设置金属结构安全评价指标体系时，应该遵循以下几方面的基本原则：

1. 科学性原则

指标的选择要建立在科学理论及实践的基础上。指标的设置和结构必须科学合理，能较客观、真实地反映金属结构安全的内在机制，逻辑结构严密。指标概念必须明确，测算方法标准，统计计算方法规范。具体指标能够反映系统安全状况，这样才能保证评价结果的真实性和客观性。

2. 全面性原则

指标体系必须能够全面地反映和测度系统安全的各个方面，既要有反映金属结构中正常构件的指标，又要有反映故障构件的指标。

3. 主成分性原则

在全面性原则的基础上，指标体系力求简洁，尽量选择那些有代表性的单项指标和主要指标。

4. 可操作性原则

评估指标应概念明确，易于测量，易于取得数据，易于量化，并便于在实际中使用，同时要尽量与现有的企业设备管理方面的指标相一致，能为有关部门所接受。

3.3.4 安全评估的目的

安全评估的目的是查找、分析和预测工程、系统存在的危险、有害因素及可能导致的危险、危害后果和程度，提出合理可行的安全对策措施，指导危险源监控和事故预防，以达到最低事故率、最少损失和最优的安全投资效益。起重机械安全评估可以达到以下目的：

1. 提高系统本质安全化程度

通过安全评价，对起重机械设计、建设、运行等过程中存在的事故和事故隐患进行系统分析，针对事故和事故隐患发生的可能原因事件和条件，提出消除危险的最佳技术措施方案，特别是从设计上采取相应措施，设置多重安全屏障，实现使用过程的本质安全化，做到即使发生误操作或设备故障，系统存在的危险因素也不会导致重大事故发生。

2. 实现全过程安全控制

在整机设计前进行安全评价，可避免选用不安全的工艺流程和危险的原材料及不合适的设备、设施，避免安全设施不符合要求或存在缺陷，并提出降低或消除危险的有效方法。整机设计后进行安全评价，可查出设计中的缺陷和不足，及早采取改进和预防措施。机器成型建成后进行安全评价，可了解系统的现实危险性，为进一步采取降低危险性的措施提供依据。

3. 建立系统安全的最优方案，为决策提供依据

通过安全评价，可确定系统存在的危险及其分布部位、数目，预测系统发生事故的概率及其严重程度，进而提出应采取的安全对策措施等。决策者可以根据评价结果选择系统安全最优方案和进行管理决策。

4. 为实现安全技术、安全管理的标准化和科学化创造条件

通过对设备、设施或系统在生产过程中的安全性是否符合有关技术标准、规范相关规定的评价，对照技术标准、规范找出存在的问题和不足，实现安全技术和安全管理的标准化、科学化。

3.3.5 安全评估的意义

一方面，通过对起重机的安全评价，系统地对起重机事故隐患进行分析，针对事故和事故隐患可能发生的原因和条件，提出消除危险的最佳技术措施和方案，从而最大可能地实现起重机本质安全化。另一方面通过安全评价，分析起重机存在的危险源及其分布部位、数量，预测事故的概率、事故的严重程度，提出应采取的安全措施等，为决策者提供安全决策依据，从而提高起重机使用单位的安全决策能力。换言之，起重机械的安全评估实际是对设备失效的一种预测预防行为，它的意义在于可有效地预防事故的发生，减少财产损失和人员伤亡。安全评估与日常安全管理和安全监督监察工作不同。

1. 安全评价是安全管理的一个必要组成部分

“安全第一，预防为主，综合治理”是我国的安全生产方针，安全评价是预测、预防事故的重要手段。通过安全评价可确认生产经营单位是否具备必要的安全生产条件。

2. 有助于政府安全监督管理部门对生产经营单位的安全生产实行宏观控制

安全预评价，能提高工程设计的质量和系统的安全可靠程度；安全验收评价，是根据国家有关技术标准、规范对设备、设施和系统进行的符合性评价，能提高安全达标水平；安全现状评价，可客观地对生产经营单位的安全水平做出评价，使生产经营单位不仅了解可能存在的危险性，而且明确了改进的方向，同时也为安全监督管理部门了解生产经营单位安全生产现状、实施宏观调控打下了基础；专项安全评价，可为生产经营单位和政府安全监督管理部门的管理决策提供科学依据。

3. 有助于安全投资的合理选择

安全评价不仅能确认系统的危险性，而且能进一步预测危险性发展为事故的可能性及事故造成损失的严重程度，以说明系统危险可能造成负效益的大小，合理地选择控制措施，确定安全措施投资的多少，从而使安全投入和可能减少的负效益达到合理的平衡。

4. 有助于提高生产经营单位的安全管理水平

安全评价可以使生产经营单位安全管理变事后处理为事先预测、预防。传统安全管理方法的特点是凭经验进行管理，多为事故发生后再进行处理。通过安全评价，可以预先识别系统的危险性，分析生产经营单位的安全状况，全面地评价系统及各部分的危险程度和安全管理状况，促使生产经营单位达到规定的安全要求。

安全评价可使生产经营单位安全管理变纵向单一管理为全面系统管理。安全评价使生产经营单位所有部门都能按照要求认真评价本系统的安全状况，将安全管理范围扩大到生产经营单位各个部门、各个环节，使生产经营单位的安全管理实现全员、全方位、全过程、全天候的系统化管理。

安全评价可以使生产经营单位安全管理变经验管理为目标管理。安全评价可以使各部门、全体职工明确各自的安全目标，在明确的目标下，统一步调、分头进行，从而使安全管理工作做到科学化、统一化、标准化。

5. 有助于生产经营单位提高经济效益

安全预评价，可减少项目建成后由于安全要求引起的调整和返工建设；安全验收评价，可将潜在的事故隐患在设施开工运行前消除；安全现状评价，可使生产经营单位了解可能存在的危险，并为安全管理提供依据。生产经营单位的安全生产水平的提高无疑可带来经济效益的提高，使生产经营单位真正实现安全生产和经济效益的同步增长。

起重机械安全评估可以从系统安全的角度出发，分析、论证和评估可能产生的损失和伤害及其影响、严重程度，提出应采取的对策措施。

3.3.6 起重机械金属结构安全评估体系的流程

安全性评估包括对评定对象的状况调查（历史、工况、环境）、缺陷成因分析、失效模式判断、材质检验（包括性能、损伤与退化等）、应力分析、必要的实验与计算，然后对评定对象的安全性进行综合分析和评价。起重机械金属结构评估流程如图 3－2 所示，具体表述为以下六点：①调查被评估对象的设计、制造、安装、使用等基本情况和数据；

②取得缺陷检验数据；③材料性能数据测试或选用；④应力状况、应力测试和应力分析；⑤综合安全评价与评估结论；⑥出具评估报告并给出明确的评估结果。

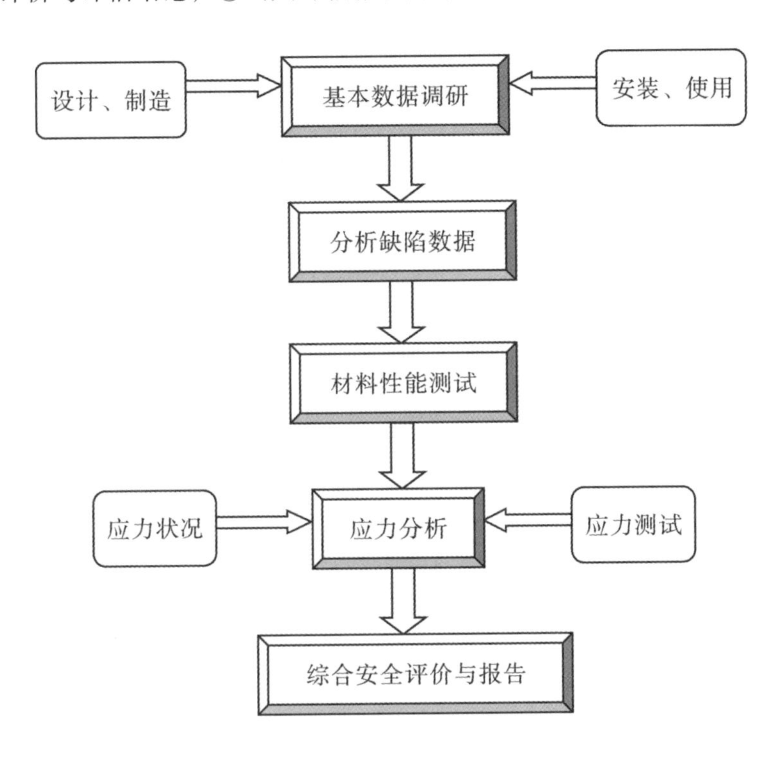

图 3－2 起重机械金属结构评估流程图

3.4 金属结构损伤典型分析与检测方法

3.4.1 常用结构风险分析方法

起重机因为其体型大，结构复杂，对它的风险分析长期以来均为研究热点之一。图 3－3 为损伤识别与风险分析的框架图。

常用的起重机械结构风险分析方法已有多位学者进行了研究，总结起来共可细分为四类：基于非线性理论和方法的信息综合分析，基于微观分析的结构件组织与性能评价，基于 CAE 的结构风险分析，基于实测分析的结构状态综合评价与预测分析。

1. 基于非线性理论和方法的信息综合分析

基于非线性理论和方法的信息综合分析主要指利用人工神经网络(artificial neural network，ANN)、小波变换和分形理论对结构件进行分析，得到结构风险分析的具体结果。人工神经网络作为一种新的方法体系，具有分布并行处理、非线性映射、自适应学习和鲁棒容错等特性，这使得它在各个领域都有广泛的应用，包括模式识别、信号处理、知识工程、专家系统、优化组合和智能控制等。神经网络所具有的独特的结构和处理信息的方法

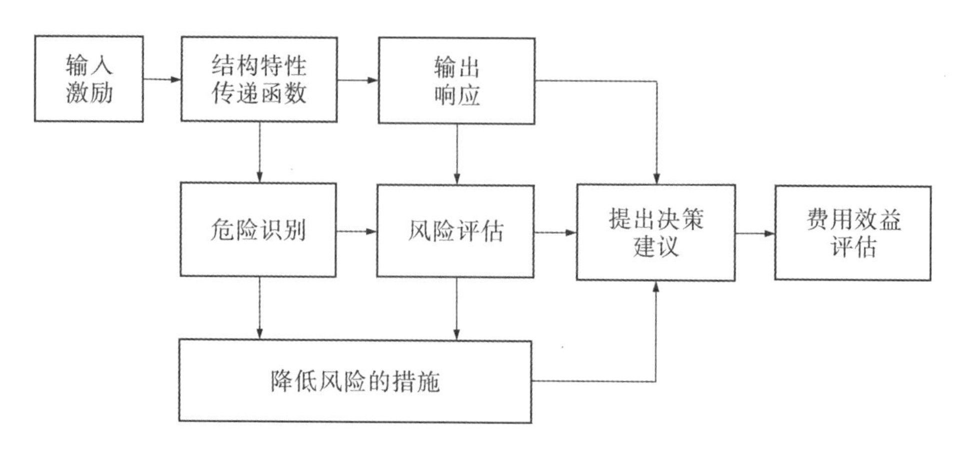

图 3-3 损伤识别与风险分析的框架

和能力，以及它能够解决一些传统计算机难以求解的问题，使其在许多实际应用领域中取得了显著成就。在机械工程领域，人工神经网络亦崭露头角。小波理论及其变换方法可将信号分成时间和频率的独立部分，同时又不失去原有信号所包含的信息。它具有对信号进行放大、缩小和平移的功能，同时也可以与其它非线性方法结合，对信号特征进行处理。小波理论的出现虽然只有很短的时间，但从图像处理到语音合成、从信号处理到故障识别、从量子力学到非线性科学等都能看到小波发现的应用成果。分形理论主要利用分维及多重分形谱来描述复杂现象的无序程度，揭示无序系统的内在规律。分形理论的建立也仅10 多年的时间，但它已逐步应用到数学、物理学、化学、冶金、材料科学、计算机科学、生物学、情报学、机械工程学、管理学、经贸金融等领域，甚至应用到哲学、电影、美术等人文艺术领域。在设备的故障识别方面分形理论与方法已得到了应用，在起重机械结构的信息分析及材料微观分析上也有较好的应用前景。通过对不同金属结构和不同服役期的金属断裂形态进行分形谱分析，找出分形维数与服役时间及状态的关系，可以据此进行金属结构损伤模式及风险分析。

2. 基于微观分析的结构件组织与性能评价

基于微观分析的结构件组织与性能评价的基本方法，是通过电子显微镜及相应的微观分析理论对显微观察结果进行科学的归纳，找出结构件的组织、性能与结构失效的关系。例如，通过对起重机械结构件裂口或断口的微观分析，从材料的显微组织方面明确了结构件母材的开裂原因，从结构设计、加工工艺、热处理等方面提出改进建议，对提高结构件的安全性及合理延长其使用寿命都有积极的意义。又比如，通过对异种钢焊接区域的组织及性能的电子显微镜分析，进一步明确了不同种类的钢材焊接在一起的性能，有效地指导了结构的设计、制造与维修。由此可见，基于微观分析的结构件组织与性能评价丰富了金属结构风险分析的内容，是风险分析方法的一个发展方向。

3. 基于 CAE 的结构风险分析

随着计算机在工程领域的广泛应用，CAE 已和 CAD、CAM、CAT 一样成为结构分析的重要手段。利用 CAE 技术从结构承载能力的角度对工程结构进行结构风险分析已经得到了成功的应用。在设计阶段 CAE 主要解决结构在将来使用中会有什么性能，是否会正常工作等问题；而在使用阶段的承载能力分析则解决结构在服役时出现不同的损伤或缺陷后还有多大的实际承载能力。后者与前者的不同在于后者不仅要分析结构目前的承载状态，还要知道结构的最大承载能力，它基于相关分析、敏感度分析、参数估计、实验模态分析等建立相应的有限元模型，用于结构的损伤机理研究，以便对在役的大型金属结构做出结构风险分析。评价的对象可以是整机结构，也可以是某个关键部位的结构。结构参数化建模与安全评估流程如图 3－4 所示。

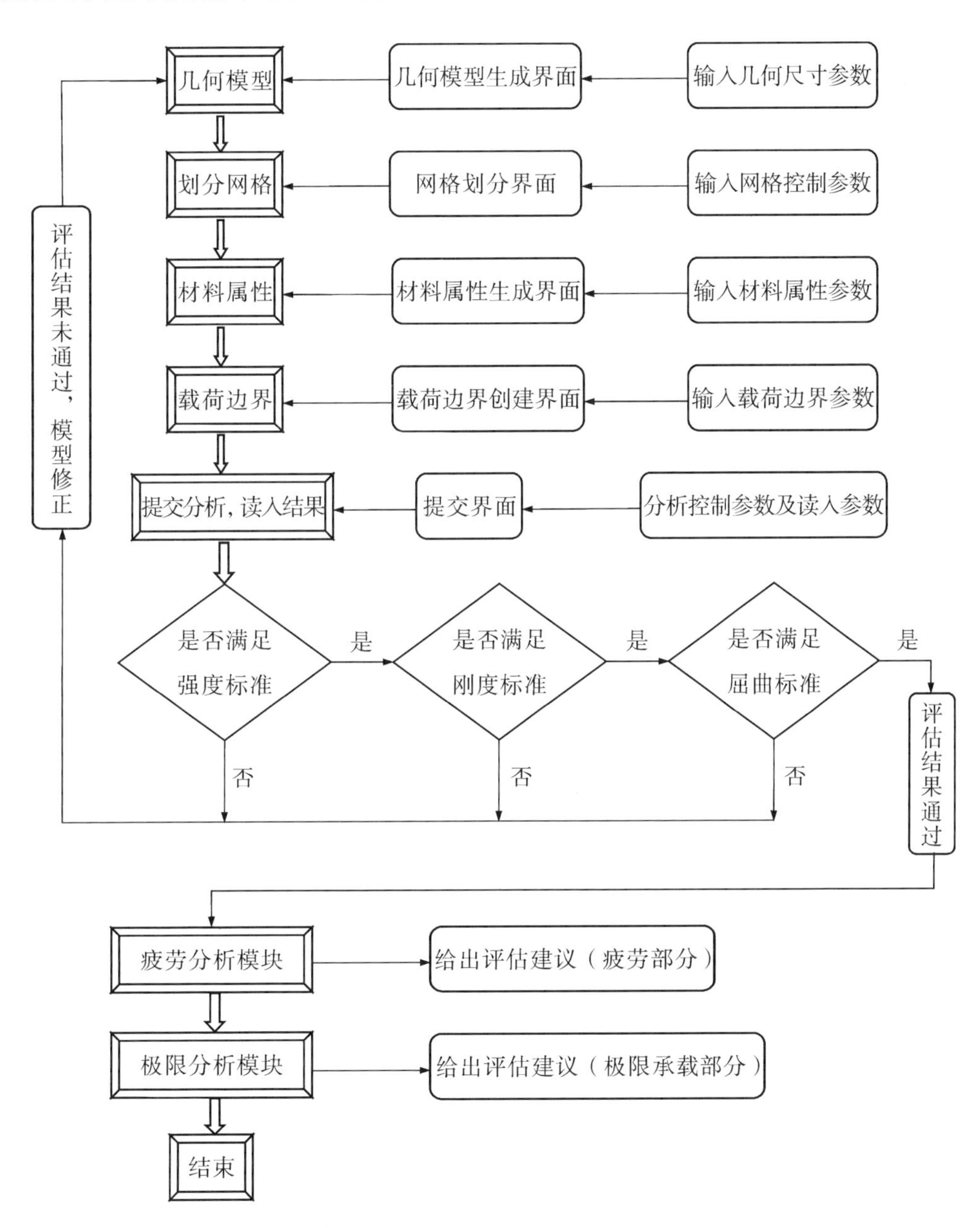

图 3－4 结构参数化建模与安全评估流程

4. 基于实测分析的结构状态综合评价与预测分析

实测是综合风险分析的一种直接与直观的方法。通过实测数据，再根据有关规范的要求对被测结构从强度、刚度等多方面做出结构风险分析。基于实测分析的结构状态综合评价与预测是十分必要的。它包括以下几个方面的主要内容：第一，通过实测数据对结构的强度、刚度、动态特性、模态参数或结构的局部变形、锈蚀情况进行必要的在线评价。第二，根据实测数据，通过信息处理、结构 CAE 分析及显微分析对结构的安全性进行综合分析与评价。第三，通过综合分析并根据模糊理论建立综合风险分析准则和量化体系，由量化情况进行结构剩余安全使用期限的预测。结构风险分析的评价指标是多重的，在不同情况下的评价指标是变化的。因此，综合考虑各种情况，利用模糊理论并综合专家的经验，针对不同情况制定相应的结构风险分析准则更具客观性。然而，由于实测受现场的限制较多，仅用单一的实测数据对结构进行风险分析在一定程度上缺乏客观性和准确性，而离线评价需要较长的时间和大量的数据，对分析者的经验有较高要求。

3.4.2 现代检测技术对损伤的识别

起重机械根据载荷运载形式的不同有不同的主体结构。主体结构由各种钢结构件联接构成，操作、控制和驱动等电气结构安装在钢结构的各个功能部件中。起重机械的机构零件、金属结构、联接件和附件大都由金属材料加工而成。疲劳破坏是起重机金属结构失效的主要形式，而起重机金属结构作为一个承载结构系统，它的失效不仅使起重机失去功能，而且容易导致断臂等重大事故。引起起重机金属结构失效的故障主要有裂纹、局部或整体变形、折断、锈蚀、刚度不足等，其中裂纹是目前起重机械金属结构的主要故障形式，如在门座起重机的转柱、门架、人字架、小拉杆、大拉杆、象鼻梁、臂架等主要构件上经常出现。裂纹主要出现在焊缝或焊缝附近的母材上，它在一定的变化载荷作用下往往会扩展，致使金属结构出现故障。

根据起重机械材料、焊缝及零部件易出现的缺陷类型，可选用相应的无损检测方法（见表 3-1），如对整机的金属结构甚至电气控制和安全防护装置等可用目视检测方法；对零部件和机构（如母材或焊缝）内部缺陷主要用射线方法；表面裂纹等缺陷主要用磁粉或渗透方法，也可采用漏磁裂纹检测装置；壁厚减薄可用卡尺等度量工具测量，也可以用超声测厚仪进行测量；漆层厚度可用涡流膜层厚度测量仪测量；金属磁记忆检测仪可对钢结构的应力状况进行检测；声发射技术可检测起重机械材料内部因腐蚀、裂纹等缺陷产生的声发射（应力波）情况；应力应变测试可对整机静态和运动等状态下的应力分布及变化情况进行测试；振动测试可对整机的自振频率和振型分析进行测试。随着无损检测技术的发展，可用于起重机械上的无损检测技术和方法也将越来越多。

表 3-1 起重机械无损检测方法

无损检测方法类别	方法特性简介
目视检测	检验方法主要采用量具测量和机构试运行
射线检测	常规 X 射线可对起重机械的焊接质量进行检查
超声检测	可对材料对接或角接焊缝的内部缺陷进行检测

（续表 3－1）

无损检测方法类别	方法特性简介
磁粉检测	可检测起重机械表面和近表面裂纹
渗透检测	当其它方法较难实现检测时，可作为检测方法的补充
电磁检测	主要有涡流膜层测厚、裂纹检测及钢丝绳检测
金属磁记忆检测	检测金属结构的应力集中状况
声发射检测	检测是否存在缺陷以及判断缺陷的活度
应力测试	测试起重机械结构件的应力和变形，确定是否满足起重性能和工作要求
振动测试	测试振动特性（动刚度），考察起重机的消振能力

1. 目视检测

目视检测是为了检测起重机械的整体质量和各功能部件的性能。主要检测内容有：① 机械部分，包括金属结构的几何尺寸测量、表面质量检查、载荷试验、机械装置试验和安全保护装置试验等。② 电气部分，包括电控装置、电气保护装置、保护接地、照明及信号电路检验等。检验方法主要采用量具测量和机构试运行等。

2. 射线检测

一般在起重机械制造和安装阶段对钢结构部分对接焊缝进行射线检测，在用设备则较少采用。起重机械多采用钢板材料制造，与锅炉、压力容器等承压设备相比，壁厚较薄，常规 X 射线即可对起重机械的焊接质量进行检查。

起重机械射线检测的对象主要是厚度均匀、形状较规则的钢板或钢管制工件和部件的对接焊缝，如成品片式吊钩钩片及悬挂夹板的焊缝、集装箱专用吊具的主要受力构件金属结构焊缝、桥式和门式起重机主梁翼缘板和腹板的对接焊缝、主梁上下盖板和腹板的拼接和对接焊缝、Π 形梁内壁的对接焊缝、桥架的组装焊缝以及塔式起重机中主要钢结构的对接焊缝等。

检测时根据被检对象的材质、板（壁）厚、形状等和所要求的标准规范选择适当的参数，如胶片类型、增感屏材料和厚度、像质计材料和型号规格、透照方式、射线源至工件的距离、管电压、管电流和曝光时间等，即可得到合格的底片，然后按标准对底片进行评定，确定其质量等级。

3. 超声检测

超声方法可对材料对接或角接焊缝的内部缺陷进行检测，故在起重机械的焊缝质量检查中，超声检测是较为常用的方法，可检测如锻造吊钩内部的裂纹、白点和夹杂等缺陷，自由锻造吊钩坯料、吊钩钩柄圆柱部分的内部裂纹、白点及夹杂物等缺陷，片式吊钩钩片及悬挂夹板的内部裂纹等缺陷，起重真空吸盘主要受力构件的裂纹等内部缺陷，集装箱专用吊具金属结构主要受力构件焊缝质量和高强度螺栓质量，桥门式起重机原材料钢板质量，主梁盖板与腹板的拼接和对接焊缝质量，Π 形梁内壁的焊缝质量，主梁翼缘板和腹板对接焊缝质量，塔式起重机主要结构的对接焊缝以及门座式起重机主要受力构件焊缝质量等。

超声波探伤平板对接焊缝时，应根据板厚与焊接形式选择适当 K 值的斜探头，并根据检测标准和被测件厚度选择合适的对比试块，以人工缺陷的当量制作相应的距离－波幅曲线来对缺陷当量进行判识。检测时，斜探头应垂直于焊缝中心线放置在检测面上，在焊缝两侧作锯齿形扫查和斜向扫查等，同时也可配合采用转角、环绕等扫查方式，以便更有效地发现和确定缺陷，然后在焊缝表面做出标记，记录缺陷的长度、深度及所在区域。

超声检测角焊缝时，首先在选择检测面和探头时应考虑到各类缺陷的可能性，使声束尽可能垂直于该焊接接头结构的主要缺陷。根据结构形式，角焊缝有五种检测方式：①接板内侧直探头检测；②主板内侧直、斜探头检测；③接板外侧斜探头检测；④接板内侧斜探头检测；⑤主板外侧斜探头检测。根据检测对象和几何条件的限制选择一种或几种组合方式实施检测。角焊缝以直探头检测为主，必要时增加斜探头检测。

T形焊缝的超声检测，同样需要根据被检缺陷的种类来选择检测面和探头，使声束尽可能垂直于该类焊缝结构的主要缺陷。根据焊缝结构形式，T形焊缝有三种检测方式：①翼板外侧斜探头直射法探测；②腹板侧斜探头直射法或一次反射法探测，探头K值一般取2.0～3.0(腹板厚度<25mm)；③翼板外侧沿焊缝用直探头或双晶直探头或斜探头(推荐用K1探头)探测。可根据检测对象和几何条件的限制选择一种或几种组合实施检测。缺陷评定以腹板厚度为准。

4. 磁粉检测

表面和近表面裂纹是起重机械的重要检测内容，起重机械的钢结构和零部件及焊缝表面都不允许存在裂纹，鉴于一般起重机械材料多是钢材，磁粉检测也就成为其最常用的无损检测手段之一。

磁粉探伤时，先要对受检表面进行清洁和干燥处理，要求表面不得有油脂、铁锈、氧化皮或其它黏附磁粉的物质。一般以打磨处理为主，打磨后要求工件表面粗糙度$R_a \leq 25\mu m$。在对工件进行灵敏度测试合格后即可对工件进行磁化检测，磁化时间一般为0.5～2s，同时施加适量的磁悬液，应保证磁粉浓度均匀，并在停施磁悬液至少1s后方可停止磁化。建议对每个受检区域应进行两次90°方向的磁化检测，以降低漏检率。将胶带纸粘在磁痕上，再将粘有磁痕的胶带纸揭下作为记录保存，用以评定焊缝缺陷程度。如果检测部位所处环境较昏暗或观察条件不佳，可采用灵敏度更高的荧光磁粉。

5. 渗透检测

起重机械主要检测的缺陷类型是裂纹，其中表面开口裂纹的危险性更大。而有时因为材料和结构形状等原因，有些部件或部位不利于磁探仪的操作，用其它无损检测方法也难以取得理想的检测效果，此时，渗透检测便成为唯一可选的无损检测方法。渗透检测前一般必须对检测表面进行清洁和干燥处理，表面不得有影响渗透效果的铁锈、氧化皮、焊接飞溅、铁屑、毛刺及各种防护层等。要求被检工件的表面粗糙度$R_a \leq 12.5\mu m$。在对检测剂灵敏度和检测工艺进行对比试块的测试合格后即可进行渗透(一般持续时间不少于10min)，清洗、干燥5～10min，显像(一般不少于7min)等检测程序。如果检测部位所处环境较昏暗或观察条件不佳，也可采用灵敏度更高的荧光渗透剂。

6. 电磁检测

(1)涡流膜层测厚

起重机械的表面漆层厚度测量主要利用涡流的提离效应，即涡流检测线圈与被检金属表面之间的漆层厚度(提离)值会影响检测线圈的阻抗值，对于频率一定的检测线圈，通过测量检测线圈阻抗（或电压）的变化就可以精确测量出膜层（提离）的厚度值。涡流膜层测厚受基体金属材料（电导率）和板厚（与涡流的有效穿透深度相关）的影响。为克服其影响，一般选用较高的涡流频率，当频率 >5MHz 时，不同电导率基体材料和板厚对检测线圈阻抗的影响差异将变得很小。涡流是空间电磁耦合，一般无需对检测表面进行处理，但为使膜层厚度的测量更加精确，建议对测量表面进行适当的清理，以去除可能对检测精度有影响的油漆防护层上的杂质。

（2）裂纹检测

电磁法检测裂纹时，用一交变磁场对金属试件进行局部磁化，试件在交变磁场作用下，也会产生感应电流，并生成附加的感生磁场。当试件有缺陷时，其表面会产生泄漏磁场梯度异常，用磁敏元件拾取泄漏复合磁场的畸变就能获得缺陷信息，如裂纹的位置和深度等。此种裂纹检测方法快速准确，并能对裂纹进行定性和半定量评估。受集肤效应的影响，波形幅度与裂纹深度呈非线性关系，在工程应用中，可用人工对比试样来得到更准确的深度信息。相关标准有 EN 1711—2000《焊缝无损检测——用复平面分析的焊缝涡流检测》。探伤结果与裂纹的走向有关，为防止漏检，按标准推荐的操作方法，应以至少两次相互垂直的扫查方向进行探伤。

裂纹检测的空间电磁耦合，一般无需对检测表面进行处理，并可穿透非导体防护涂层和铁锈、甚至较薄的非铁磁性金属覆盖层，可用于对钢结构母材及焊缝的裂纹检测，检测精度与常规磁粉相当，适合对起重机械进行快速裂纹扫查。但该方法依据磁场信号进行判定，若磁粉检测后未进行有效的退磁操作，将对检测部位的磁场信号产生干扰，故检测时机应选在磁粉检测之前。

（3）钢丝绳检测

钢丝绳一般采用漏磁方法进行检测。探头对进入其中的钢丝绳进行局部饱和磁化或技术磁化，根据缺陷引起的磁场特征参数（如磁场强度和磁通量等）的变化情况对钢丝绳的缺陷情况进行判别，并可进行定性（断丝或腐蚀等）和定量（断丝数或横截面积损失量）分析。钢丝绳检测时一般无需对不影响钢丝绳在检测仪上正常行走的油污和灰垢进行清理，但对于因钢丝绳与滑轮和卷筒等构件摩擦而使钢丝绳股间夹杂大量铁磁性颗粒的情况，应对钢丝绳进行清洗或对检测结果进行适当修正。

7. 金属磁记忆检测

金属磁记忆是对金属结构的应力集中状况进行检测的。通过测量金属构件处磁场切向分量 $H_p(x)$ 的极值点和法向分量 $H_p(y)$ 的过零点来判断应力集中区域，并对缺陷的进一步发生和发展进行监控和预测。

磁记忆是一种弱磁检测方法，无需对工件进行磁化，其应力集中部位在地磁场的作用下即可显示出磁记忆信号。但是，一旦对工件进行了磁粉检测而又未进行有效的退磁操作，微弱的磁记忆信号将被磁化后的剩余磁场信号湮没，所以检测时机应放在磁粉检测之前。

8. 声发射检测

起重机械声发射检测时，在设备的关键部位，一般选择设计上的应力值较大或易发生腐蚀、裂纹或实际使用过程中曾出现过缺陷（如裂纹）的部位布置传感器。对起重设备施加额定载荷（动载）和试验载荷（静载），起重机械则进行正常运行或保持静止，此时材料内部的腐蚀、裂纹等缺陷源会产生声发射(应力波)信号，信号处理后将显示出产生声发射信号的包含严重结构缺陷的区域，频谱分析等手段还可为起重机械的整体安全性分析提供支持。声发射检测相对于其它无损检测技术而言，具有动态、实时、整体和连续等特点，声发射技术不仅可对是否存在缺陷进行检测，还可对缺陷的活度进行判断，进而为起重机械的有效安全监测提供准确的依据。

曾有资料报道，对某港口的装船机进行声发射检测，监视定位结果表明该装船机的右侧横梁有较均匀的声发射定位信号，对比左侧几乎没有声发射信号，从而说明在该装船机右侧横梁有轻微的缺陷活动，对该定位区域进行复查和焊缝探伤，结果表明存在部分钢结构联接松动和焊缝表面裂纹的情况。

9. 应力测试

应力测试是结构试验的主要项目，通过测试起重机械结构件的应力和变形，来确定结构件是否满足起重性能和工作要求。

静态应力测试在加载后机构应制动或锁死，动态应力测试一般在额定载荷下按测试工况运行，各部件的最大应力不应超过设计规定值。测试前由结构分析确定按危险应力区的类型，即均匀高应力区、应力集中区和弹性挠曲区，并据此来确定测试点和应变片的位置和种类，制定测试方案。根据应力状态和类型选择电阻应变片，一般单向应力用单向应变片，二向应力、扭转应力和应力集中区等必须用由三个应变片组成的应变花，应变片标距为1～30mm，以尽量小为宜，灵敏度系数必须明确。各测点部位需磨光并用酒精清洗，再粘贴应变片，粘贴前后的电阻值相差≤2%，应变片与被测件绝缘电阻要求＞100MΩ。将电阻应变仪调整到零应力状态后加载，卸载后必须回零，并应多次加载和卸载，使电阻应变片达到稳定。当因自重无法消除而得不到零应力状态时，应在测试中加进计算的自重应力。超载工况时的应力值仅作结构完整性考核用，不作为安全判断依据；额定载荷时的结构最大应力按危险应力区的类型作为安全判断的依据。

10. 振动测试

振动特性(动刚度)是指起重机的消振能力，通常以主梁自振周期(频率)或衰减时间来衡量。自振频率(特别是基频)和振型是综合分析和评价结构刚度的重要指标。主梁在载荷起升离地或下降突然制动时，会产生低频率大振幅的振动，影响司机的心理和正常的作业。对电动桥门式起重机，当小车位于跨中时要求满载自振频率≥2Hz。振动测试时，在主梁跨中上(或下)盖板处任选一点作为垂直方向振动检测点，小车位于跨中位置，把应变片粘在检测点上，并将引线接到动态应变仪输入端，输出端接示波器，起升额定载荷至2/3额定起升高度处，稳定后全速下降，在接近地面处紧急制动，从示波器记录的时间曲线和振动曲线上可测得频率，即为起重机的动刚度(自振频率)。

4 有限元分析技术

对在役大型起重机金属结构进行安全评估的目的是要全面客观地反映金属结构的安全性、可用性与耐久性，并以此为依据提出维护决策。在对起重机金属结构进行安全评估时，需选择一些评价指标，如结构强度、刚度、稳定性等。如果都以现场检测的方式获取这些指标的评价值，往往会需要很高的成本，而且有些评价值由于现场条件限制很难或根本无法通过现场检测获取。而利用有限元分析技术，则可以在使用较低成本且满足较高精度的前提下，对起重机金属结构进行仿真计算，从而获取相应的评价值；还可以通过有限元的分析结果确定应变片的布点位置，同样也可以对失效结构进行分析。可见，有限元建模与分析技术在安全评估中扮演了重要的角色。本章将对有限元分析技术在安全评估中的应用进行详细介绍。

4.1 有限元分析技术概述

有限元法(finite element method, FEM)是近似求解一般连续域问题的数值方法。有限元法已经成为当今工程界应用最广泛的数值计算方法。它通过对连续的模型进行有限数目的单元离散来近似，可以用来求解复杂的工况及边界条件，也可以用于非线性问题及多物理场耦合问题的求解。随着起重机械创新设计和安全评估的要求的提高，越来越多的工程技术及检验人员选择利用有限元分析计算的方法来对起重机结构安全性能进行预估。

4.1.1 有限元法的理论基础

起重机结构的金属构件在正常情况下都处于弹性范围内，可以把结构假想成弹性体来进行简化求解。这个弹性体的建立基于几个基本假设，即连续性、均匀性、线弹性、各向同性，另外假定构件处于自然状态，忽略残余应力的影响。

弹性力学问题的本质是求解偏微分方程的边值问题。由于偏微分方程边值问题的复杂性，只能采取各种近似方法或者渐近方法求解。变分原理就是将弹性力学的基本方程——偏微分方程的边值问题转换为代数方程求解的一种方法。

有限元原理是目前工程上应用最为广泛的结构数值分析方法，它的理论基础仍然是弹性力学的变分原理。那么，为什么变分原理在工程上的应用有限，而有限元原理却应用广泛？有限元原理与一般的变分原理求解方法有什么不同？问题在于变分原理用于弹性体分析时，不论是瑞利－里茨法(Rayleigh-Ritz)还是伽辽金法(Гапёркин)，都是采用整体建立位移势函数或者应力势函数的方法。由于势函数要满足一定的条件，导致对于实际工程问题求解仍然困难重重。

有限元方法选取的势函数不是整体的，而是在弹性体内分区(即单元)完成的，因此势函数形式简单统一。当然，这使得转换的代数方程阶数比较高。但是，面对强大的计算机处理能力，线性方程组的求解不再有任何困难。因此，有限元原理成为目前工程结构分析的重要工具。

4.1.2 有限元法分析的基本流程

有限元法分析的基本流程如图 4 – 1 所示。

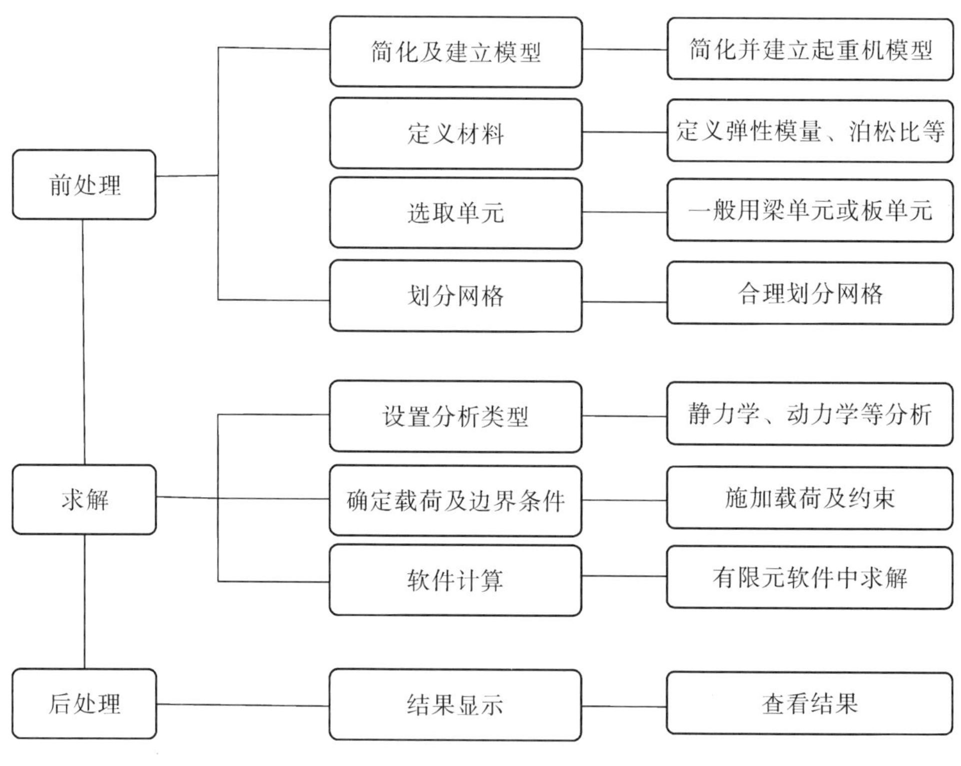

图 4 – 1 有限元法分析流程图

1. 前处理

(1)简化及建立模型

在进行有限元分析前，首先要对实际的工程问题进行分析，对工程问题中一些对计算结果影响不大的几何部分进行判断，做出适当的模型删减及修改，这个工作对于分析能否顺利进行及分析结果的正确性都有很大的影响，需要分析人员有深厚的工程背景，对结构整体模型有一个很好的把握。

在起重机仿真计算时，由于起重机结构复杂、整机尺寸很大，要建立完整的 CAD 模型需要花费相当多的精力，且对计算机要求高，因此在仿真计算时一般会根据具体的起重机结构特点进行合理的简化再建立模型。

(2)定义材料

根据具体的分析对象定义合适的材料属性，首先应当确定材料属于线性材料还是非线性材料。如果是线性材料，则只需输入弹性模量和泊松比；如果是非线性材料，则需要根据具体问题进行定义。一般 CAE 分析软件都会提供一个材料模型库供用户选用。

(3)选取单元

根据所分析的问题来选择单元类型，单元的种类很多，如块体单元、四面体单元、板单元、梁单元等等，工程师可以根据自己的分析内容来选择合适的单元类型。

(4)划分网格

网格划分顾名思义就是对结构进行离散化，是在对结构进行计算之前必须考虑的问题。网格数量和质量会直接影响计算精度及计算的工作量。

2. 求解

(1)设置分析类型

选择合理的分析类型，如静力学分析、瞬态动力学分析、模态分析、特征值屈曲分析、谐响应分析等。

(2)确定载荷及边界条件

在对结构进行分析时需要对结构进行合理的加载及约束定义，只有给结构施加了合适的约束才有可能得到与实际情况相似的计算结果，如果约束和载荷的定义不恰当，计算结果必然会失真。

(3)软件计算

在前期的定义及设置全部完成后就可以对结构的受力情况进行求解，求解速度取决于模型网格是否精细，分析类型属于稳态还是瞬态，分析对象中是否存在非线性等情况，此外，计算机的性能也是影响求解速度的一个重要因素。

3. 后处理

后处理包括结果的观察、分析及结果导出等，对分析结果的合理性进行判断，根据分析结果对结构进行优化。

4.2 起重机金属结构强度仿真分析

4.2.1 起重机金属结构概述

起重机的金属结构是由金属材料轧制的型材和钢板采用铆接、焊接等方法，按照一定的结构组成规则地连接成能承受载荷的构体。起重机金属结构的作用是作为起重机的骨架，承受和传递起重机所负担的载重及自身重量。

起重机作为一种工作条件十分繁重的重型机械设备，其载荷复杂多变，动态性质显著，所以作为整台起重机骨架的金属结构，其设计制造质量的好坏将直接影响整个起重机的技术经济指标，即起重机的可靠性，适用性和制造、运转成本。为保证起重机良好的技术经济性，对起重机金属结构提出如下基本要求：满足总体设计要求，坚固耐用、性能良好、重量轻、材料省，构造合理、工艺性好，造型尽可能美观。

起重机金属结构的主要受力构件如发生过大的弹性变形，引起了剧烈的振动，这将涉及刚性问题，有可能是超载或冲击振动等原因造成的；如发生塑性变形(永久变形)，即出现了强度问题，有可能是超载或疲劳等原因造成的。带有悬臂的起重机的金属结构，如果吊载移至悬臂端发生超载或是吊幅过大，将会发生起重机倾翻，这些都与起重机金属结构形式、强度、刚度及稳定性密切相关。其中，起重机金属结构强度是合理设计起重机的一个重要方面。要满足安全、可靠、经济耐用，都必须进行有效的力学分析和计算。

4.2.2 强度分析的理论基础

4.2.2.1 应力状态及广义胡克定律

过构件上一点有无数的截面，这一点的各个截面上应力情况的集合，称为这一点的应力状态。一般说，通过受力构件的任意点皆可找到三个相互垂直的主平面，因而每一点都有三个主应力。对简单拉伸或压缩，三个主应力中只有一个不等于零，称为单向应力状态；若三个主应力中有两个不等于零，称为二向或平面应力状态；当三个主应力皆不等于零时，称为三向或空间应力状态。单向应力状态也称为简单应力状态，二向和三向应力状态也统称为复杂应力状态。

在讨论单向拉伸或压缩时，根据试验结果，得到线弹性范围内应力与应变的关系为：

$$\sigma = E\varepsilon。 \tag{4-1}$$

这就是胡克定律。此外，轴向的变形还将引起横向尺寸的变化，横向应变 ε'可表示为：

$$\varepsilon' = -\mu\varepsilon = -\mu\frac{\sigma}{E}。 \tag{4-2}$$

在纯剪切的情况下，试验结果表明，当切应力不超过剪切比例极限时，切应力和切应变之间的关系服从剪切胡克定律，即

$$\tau = G\gamma。 \tag{4-3}$$

在最普遍的情况下，描述一点的应力状态需要 9 个应力分量。根据切应力互等定理，τ_{xy}和τ_{yx}、τ_{yz}和τ_{zy}、τ_{zx}和τ_{xz}数值都分别相等。这样，原来的 9 个应力分量中独立的就只有 6 个。这种普遍情况可以看作是三组单向应力和三组纯剪切的组合。对于各向同性材料，当变形很小且在线弹性范围内时，线应变只与正应力有关，而与切应力无关；切应变只与切应力有关，而与正应力无关。这样，就可利用式(4-1)、式(4-2)、式(4-3)求出各应力分量各自对应的应变，然后再进行叠加。例如，由于 σ_x 单独作用，在 x 方向引起的线应变为$\frac{\sigma_x}{E}$，由于 σ_y 和 σ_z 单独作用，在 x 方向引起的线应变分别是 $-\mu\frac{\sigma_y}{E}$和 $-\mu\frac{\sigma_z}{E}$。三个切应力分量都与 x 方向的线应变无关。叠加以上结果，得

$$\varepsilon_x = \frac{\sigma_x}{E} - \mu\frac{\sigma_y}{E} - \mu\frac{\sigma_z}{E} = \frac{1}{E}[\sigma_x - \mu(\sigma_y + \sigma_z)]。$$

同理，可以求出沿 y 和 z 方向的线应变 ε_y、ε_z。最后得到

$$\left.\begin{aligned} \varepsilon_x &= \frac{1}{E}[\sigma_x - \mu(\sigma_y + \sigma_z)], \\ \varepsilon_y &= \frac{1}{E}[\sigma_y - \mu(\sigma_z + \sigma_x)], \\ \varepsilon_z &= \frac{1}{E}[\sigma_z - \mu(\sigma_x + \sigma_y)]。 \end{aligned}\right\} \tag{4-4}$$

至于切应变和切应力之间的关系，仍然是按式(4-3)所表示的关系，且与正应力分量无关。这样，在 xy、yz、zx 三个面内的切应变分别是

$$\gamma_{xy}=\frac{\tau_{xy}}{G},\quad \gamma_{yz}=\frac{\tau_{yz}}{G},\quad \gamma_{zx}=\frac{\tau_{zx}}{G}。\tag{4-5}$$

上述公式称为广义胡克定律。

当单元的周围6个面皆为主平面时，使 x、y、z 的方向分别与 σ_1、σ_2、σ_3 的方向一致。这时

$$\sigma_x=\sigma_1,\ \sigma_y=\sigma_2,\ \sigma_z=\sigma_3;$$
$$\tau_{xy}=0,\ \tau_{yz}=0,\ \tau_{zx}=0。$$

广义胡克定律化为

$$\left.\begin{aligned}\varepsilon_1&=\frac{1}{E}[\sigma_1-\mu(\sigma_2+\sigma_3)],\\ \varepsilon_2&=\frac{1}{E}[\sigma_2-\mu(\sigma_3+\sigma_1)],\\ \varepsilon_3&=\frac{1}{E}[\sigma_3-\mu(\sigma_1+\sigma_2)]。\end{aligned}\right\}\tag{4-6}$$

$$\gamma_{xy}=0,\ \gamma_{yz}=0,\ \gamma_{zx}=0。\tag{4-7}$$

式(4-7)表明，在3个坐标平面内的切应变等于零，故坐标 x、y、z 的方向就是主应变的方向。也就是说主应变和主应力的方向是重合的。式(4-6)中的 ε_1、ε_2、ε_3即为主应变。所以，在主应变用实测的方法求出后，将其代入广义胡克定律，即可解出主应力。当然，这只适用于各向同性的线弹性材料。

4.2.2.2　强度理论

强度，简单地说就是能力的程度，表征结构的承载能力。对于工作的零部件，在承载时，既不发生任何形式的破坏，也不超过容许限度的残余变形，就认为该零件具有所要求的强度，这个要求通常是以满足一定的强度条件的方法来加以保证的。强度条件有许用应力式、安全系数式等。无论哪种方法本质上都是把代表构件受力程度的一方（载荷或应力）与代表构件对破坏的抵抗能力的一方（构件或材料的极限载荷或应力）加以对比来判断构件的强度。

强度失效的主要形式有两种，即断裂与屈服。强度理论是推测强度失效原因的一些假说。认为材料之所以按某种方式失效，是应力、应变或应变能密度等因素中某一因素引起的。相应地，强度理论也分为两类，一类解释断裂失效，其中有最大拉应力理论和最大伸长线应变理论，适用于脆性材料。另一类解释屈服失效，其中有最大拉应力理论以及畸变能密度理论，适用于弹塑性材料。起重机金属结构使用的钢材属于弹塑性材料，在有限元分析中通常采用最大切应力理论以及畸变能密度理论。

1. 最大拉应力理论

最大拉应力理论又称第一强度理论。这一理论认为最大拉应力是引起断裂的主要因素。即认为无论什么应力状态，只要最大拉应力达到与材料性质有关的某一极限值，材料就发生断裂。单向拉伸只有 $\sigma_1(\sigma_2=\sigma_3=0)$，而当 σ_1 达到强度极限 σ_b 时，发生断裂。这样，根据这一理论，无论是什么应力状态，只要最大拉应力 σ_1 达到 σ_b 就导致断裂。于是得断裂准则：

$$\sigma_1 \leqslant \sigma_b。\tag{4-8}$$

将极限应力 σ_b 除以安全因素得许用应力$[\sigma]$，所以第一强度理论建立的强度条件是

$$\sigma_1 \leqslant [\sigma]。\tag{4-9}$$

铸铁等脆性材料在单向拉伸下，断裂发生于拉应力最大的横截面。脆性材料的扭转也是沿拉应力最大的斜面发生断裂。这些都与最大拉应力理论相符。这一理论没有考虑其它两个应力的影响，且对没有拉应力的状态(如单向压缩、三向压缩等)也无法应用。

2. 最大伸长线应变理论

最大伸长线应变理论又称第二强度理论。这一理论认为最大伸长线应变是引起断裂的主要因素。即认为无论什么应力状态，只要最大伸长线应变 ε_1 达到与材料性质有关的某一极值，材料就发生断裂。ε_1 的极限值既然与应力状态无关，就可由单向拉伸来确定。设单向拉伸直到断裂仍可用胡克定律计算应变，则拉断时伸长线应变的极限值应为 $\varepsilon_u = \frac{\sigma_b}{E}$。

按照这一理论，在任意应力状态下，只要 ε_1 达到极限值$\frac{\sigma_b}{E}$，材料就发生断裂，故断裂准则为

$$\varepsilon_1 = \frac{\sigma_b}{E}。\tag{4-10}$$

由广义胡克定律：

$$\varepsilon_1 = \frac{1}{E}[\sigma_1 - \mu(\sigma_2 + \sigma_3)],\tag{4-11}$$

代入式(4－10)得断裂准则：

$$\sigma_1 - \mu(\sigma_2 + \sigma_3) = \sigma_b。\tag{4-12}$$

将 σ_b 除以安全因素的许用应力$[\sigma]$，于是按第二强度理论建立的强度条件为：

$$\sigma_1 - \mu(\sigma_2 + \sigma_3) \leqslant [\sigma]。\tag{4-13}$$

石料或混凝土等脆性材料受轴向压缩时，如在试验机与试块的接触面上添加润滑剂，以减小摩擦力的影响，试块将沿垂直于压力的方向裂开。裂开的方向也就是 ε_1 的方向。铸铁在拉－压二向应力且压应力较大的情况下，实验结果也与这一理论接近。不过按照这一理论，如在受压试块的压力的垂直方向再加压力，使其成为二向受压，其强度应与单向受压不同。但混凝土、花岗岩和砂岩的试验资料表明，两种情况的强度并无明显差别。与此相似，按照这一理论，铸铁在二向拉伸时应比单向拉伸安全，但试验结果并不能证实这一点。对这种情况，还是第一强度理论接近试验结果。

3. 最大切应力理论

最大切应力理论又称第三强度理论。这一理论认为最大切应力是引起屈服的主要因素。即认为无论什么应力状态，只要最大切应力 τ_{max} 达到与材料性质有关的某一极值，材料就发生屈服。单向拉伸下，当与轴线成45°的斜截面上的 $\tau_{max} = \frac{\sigma_s}{2}$时(此时横截面上的正应力为 σ_s)出现屈服。可见，$\frac{\sigma_s}{2}$就是导致屈服的最大切应力的极限值。因为这一极限值与

应力状态无关，在任意应力状态下，只要τ_{max}达到极限值$\frac{\sigma_s}{2}$，材料就发生屈服，于是得屈服准则：

$$\sigma_1 - \sigma_3 = \sigma_s。 \quad (4-14)$$

将σ_s换为许用应力$[\sigma]$，得到按第三强度理论建立的强度条件：

$$\sigma_1 - \sigma_3 \leqslant [\sigma]。 \quad (4-15)$$

最大切应力屈服准则可以用几何的方式来表达。二向应力状态下，如以σ_1和σ_2表示两个主应力，且设σ_1和σ_2都可以表示最大或最小应力（即不采取$\sigma_1 > \sigma_2$的规定），当σ_1和σ_2符号相同时，最大切应力应为$\left|\frac{\sigma_1}{2}\right|$或$\left|\frac{\sigma_2}{2}\right|$，于是最大切应力屈服准则成为

$$|\sigma_1| = \sigma_s \quad 或 \quad |\sigma_2| = \sigma_s。 \quad (4-16)$$

在以σ_1和σ_2为坐标的平面坐标系中（见图4－2），σ_1和σ_2符号相同应在第一和第三象限。以上两式就是与坐标轴平行的直线。当σ_1和σ_2符号不同时，最大切应力是$\frac{1}{2}|\sigma_1 - \sigma_2|$，屈服准则化为

$$|\sigma_1 - \sigma_2| = \sigma_s。 \quad (4-17)$$

这是第二和第四象限中的两条斜直线。所以在$\sigma_1\sigma_2$平面中，最大切应力屈服准则是一个六角形。若代表某一个二向应力状态的点M在六角形区域之内，则这一应力状态不会引起屈服，材料处于弹性状态。若点M在区域的边界上，则它所代表的应力状态是足以使材料开始出现屈服的。

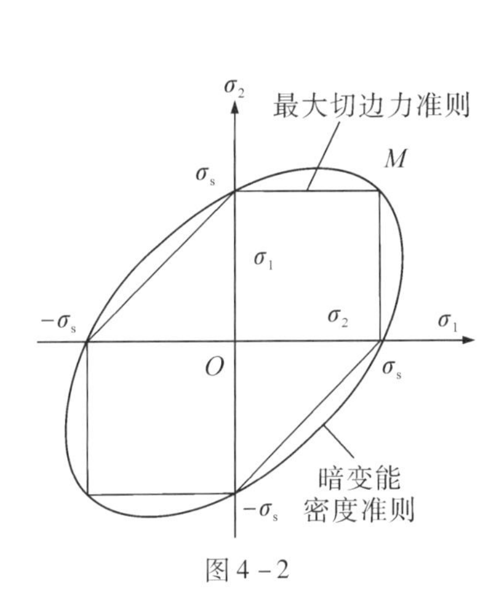

图4－2

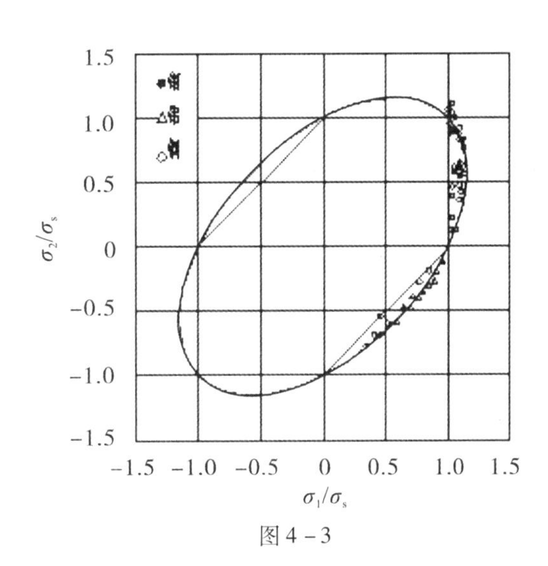

图4－3

最大切应力理论较理想地解释了塑性材料的屈服现象。例如，低碳钢拉伸时，沿与轴线成45°的方向出现滑移线，是材料内部沿这一方向滑移的痕迹。沿这一方向的斜面上切应力也恰为最大。在二向应力状态下，几种塑性材料的薄壁圆筒试验结果表示于图4－3中。图中以$\frac{\sigma_1}{\sigma_s}$和$\frac{\sigma_2}{\sigma_s}$为坐标，便可把几种材料的实验数据绘于同一图中。可以看出，最大

切应力屈服准则与试验结果比较温和。代表实验数据的点落在六角形之外，说明这一理论偏于安全。

4. 畸变能密度理论

畸变能密度理论又称第四强度理论。这一理论认为畸变能密度是引起屈服的主要因素。即认为无论什么应力状态，只要畸变能密度 v_d 达到与材料性质有关的某一极值，材料就发生屈服。单向拉伸下，屈服应力为 σ_s，相应的畸变能密度为$\frac{1+\mu}{6E}(2\sigma_s^2)$。这就是导致屈服的畸变能密度的极限值。在任意状态下，只要畸变能密度 v_d 达到上述极限值，便引起材料的屈服，故畸变能密度屈服准则为

$$v_d = \frac{1+\mu}{6E}(2\sigma_s^2)。 \tag{4-18}$$

在任意状态下，由

$$v_d = \frac{1+\mu}{6E}[(\sigma_1-\sigma_2)^2+(\sigma_2-\sigma_3)^2+(\sigma_3-\sigma_1)^2]$$

可得屈服准则为：

$$\sqrt{\frac{1}{2}[(\sigma_1-\sigma_2)^2+(\sigma_2-\sigma_3)^2+(\sigma_3-\sigma_1)^2]} = \sigma_s。 \tag{4-19}$$

在图4-2中，上列屈服准则为一椭圆形曲线。把 σ_s 除以安全因素得许用应力$[\sigma]$，于是，按第四强度理论得到的强度条件是

$$\sqrt{\frac{1}{2}[(\sigma_1-\sigma_2)^2+(\sigma_2-\sigma_3)^2+(\sigma_3-\sigma_1)^2]} \leqslant [\sigma]。 \tag{4-20}$$

几种塑性材料钢、铜、铝的薄管试验资料表明，畸变能密度屈服准则与试验资料相当吻合，比第三强度理论更为符合试验结果。在纯剪切的情况下，根据第四强度理论得出的结果比根据第三强度理论的结果大15%，这是两者差异最大的情况。

综合这四种强度理论，可把强度条件写成统一的形式：$\sigma_r \leqslant [\sigma]$，式中 σ_r 称为相当应力，它由三个主应力按一定的形式组合而成。按照从第一强度理论到第四强度理论的顺序，四种强度理论的强度条件分别为：

$$\left.\begin{aligned}
&\sigma_1 \leqslant [\sigma];\\
&\sigma_1-\mu(\sigma_2+\sigma_3) \leqslant [\sigma];\\
&\sigma_1-\sigma_3 \leqslant [\sigma];\\
&\sqrt{\frac{1}{2}[(\sigma_1-\sigma_2)^2+(\sigma_2-\sigma_3)^2+(\sigma_3-\sigma_1)^2]} \leqslant [\sigma]。
\end{aligned}\right\} \tag{4-21}$$

四种常用的强度理论中，第一和第二强度理论适用于铸铁、石料、混凝土、玻璃等通常以断裂形式失效的脆性材料，第三和第四强度理论适用于碳钢、钢、铝等以屈服形式失效的塑性材料。应该指出，不同材料固然可以发生不同形式的失效，但由于材料的失效形式与应力状态有关，即使是同一材料，在不同应力状态下也可能有不同的失效形式。无论

是塑性材料还是脆性材料，在三向拉应力相近的情况下，都可以断裂的形式失效，宜采用最大拉应力理论。在三向压应力相近的情况下，都可以引起塑性变形，宜采用第三或第四强度理论。

起重机金属结构所采用的材料为钢，属于塑性材料，在对起重机金属结构的强度分析时，宜采用第三或第四强度理论。在有限元软件中，所获得的 von mises 等效应力值就是基于第四强度理论计算所得。

4.2.3 起重机金属结构强度分析实例

门座式起重机广泛应用于港口、造船厂和铁路运输站等场所，其通过两侧支腿支承在地面轨道或地基上，沿地面轨道运行，下方可通过铁路车辆或其它车辆。本节选取某门座起重机的转台结构为分析对象，介绍起重机金属结构的强度分析的过程。

建模及求解的过程如下：

(1)改变工作路径，定义文件名和分析标题。

(2)定义单元类型：Shell 63 壳单元。

(3)定义实常数，即定义结构所用板材的厚度。

(4)定义材料力学参数，包括弹性模量、泊松比以及材料密度。

(5)建立几何模型，选定坐标原点，运用自下而上的方法建立模型。

(6)划分网格，建立有限元模型。

(7)施加载荷及边界条件，载荷包括自重载荷和外部载荷。

(8)求解及后处理查看应力及位移情况。

4.2.3.1 转台结构有限元模型的建立

图 4 -4 ~图 4 -6 为某钢丝绳变幅式门座起重机转台结构的模型，有限元模型采用 Shell 63 壳单元建立。

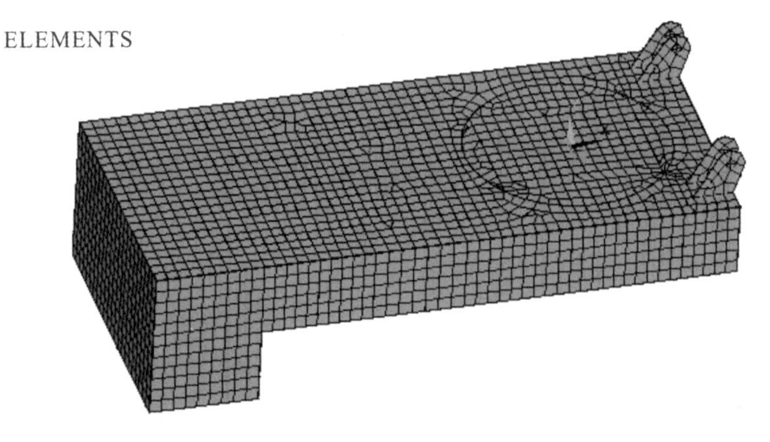

图 4 -4 转台有限元模型

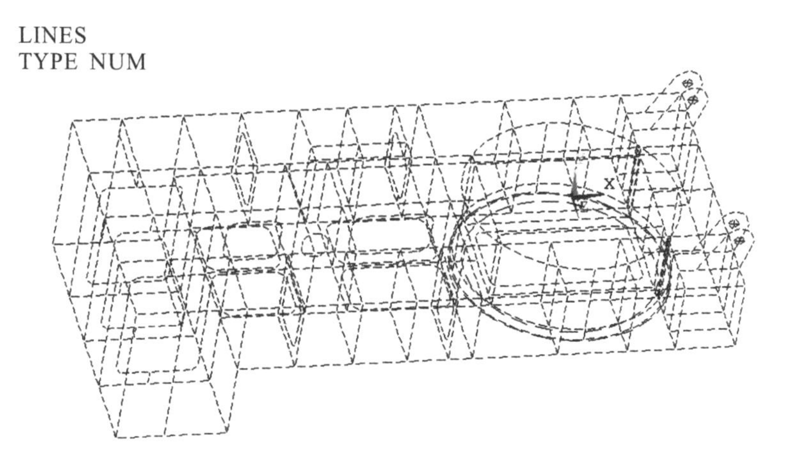

图4-5 转台内部结构图

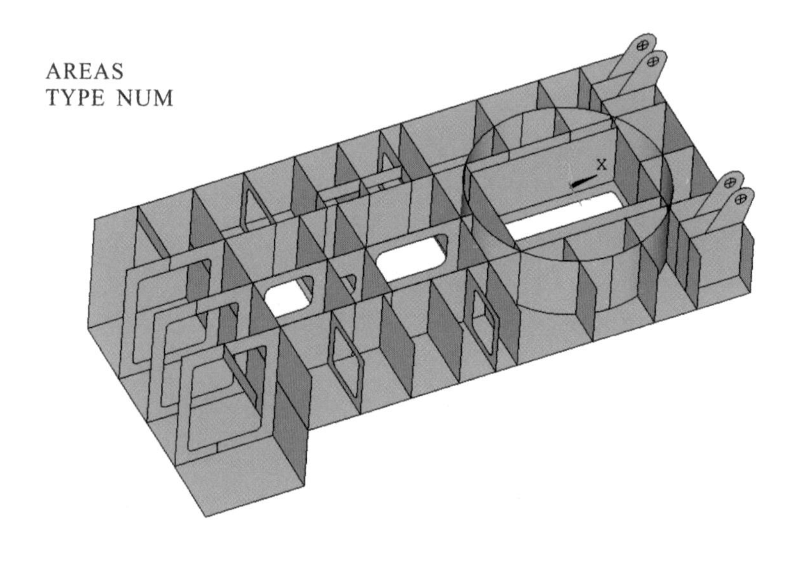

图4-6 转台剖面图

4.2.3.2 转台结构载荷组合及边界条件的确定

有限元模型建立完成后，对模型施加载荷以及边界条件，ANSYS 软件中这一过程在“Solution”求解器模块中操作。门座起重机转台结构所受的载荷包括：

(1)自重载荷。自重载荷以惯性力施加，设定好惯性加速度即可。

(2)配重的自重载荷。配重自重载荷以集中力的方式平均施加到配重区域的节点上。

(3)人字架支座反力。在整机结构上人字架是与转台刚性连接，因此在人字架与转台的连接处有支反力作用。

(4)臂架下铰点支座反力。臂架下铰点的支座是焊接在转台前端，臂架与其铰接，因此臂架对支座的反力也是转台所受的外载荷。

由于转台结构与下部的回转支承是刚性连接，因此在转台结构与回转支撑连接的圆环面施加约束。载荷及约束情况如图 4 - 7 所示。

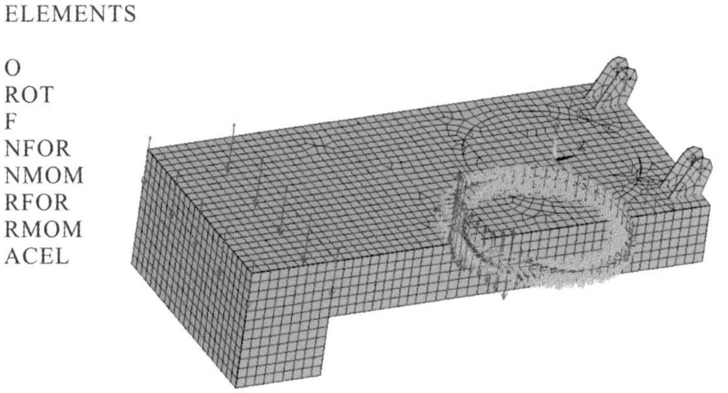

ELEMENTS

O
ROT
F
NFOR
NMOM
RFOR
RMOM
ACEL

图 4 - 7 转台约束及载荷

4.2.3.3 转台结构有限元计算结果

门座起重机根据不同的作业需求，计算工况非常多，这里只列出转台结构的某一种工况下的计算结果。ANSYS 软件中后处理的结果查看在“postprocessor”后处理模块中操作，计算结果如图 4 - 8 ～图 4 - 10 所示。

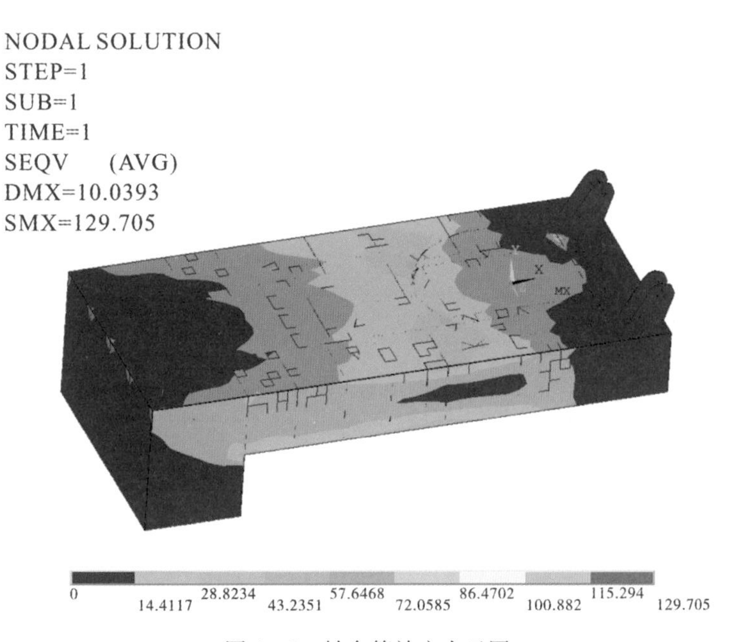

图 4 - 8 转台等效应力云图

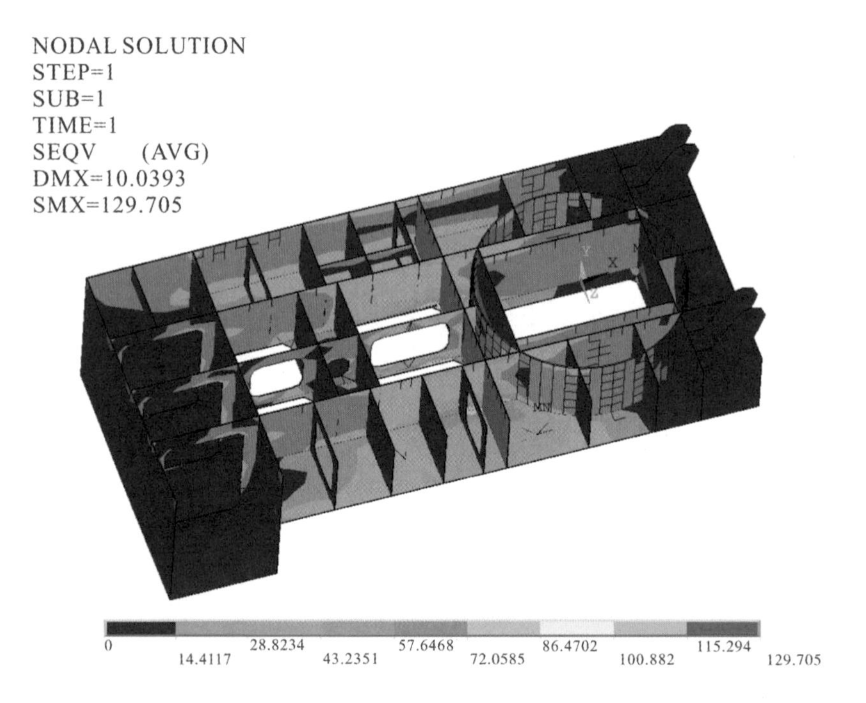

图 4-9 转台内部等效应力云图

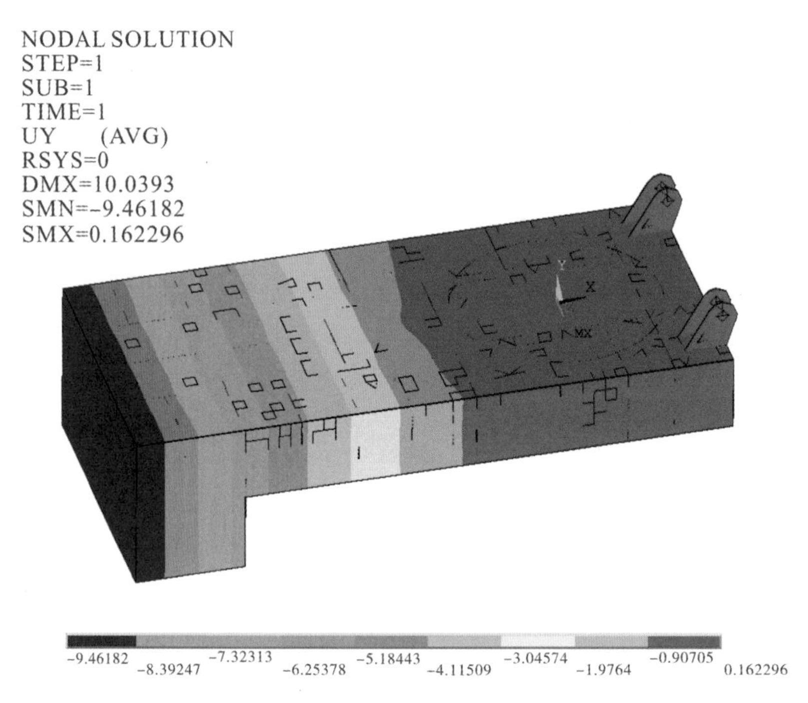

图 4-10 转台 Y 方向位移云图

4.3 起重机金属结构模态分析

4.3.1 模态分析概述

所谓“模态”，就是变形体、多刚体或质点系在做机械运动时，变形体本身或系统内部相互位置发生变化所具有的“特征模式”，或称“形态”。模态分析的目的，就是分析和控制上述力学系统的动态行为，建立其数学模型，改进其动态特性。起重机的金属结构都有自己的固有振动频率，每个固有频率都对应一定的固有振型，准确地计算出结构的固有振型，就可以确定在不同的激振力作用下会发生什么样的振动，设计时使这些固有频率避开外激振力的频率，从而避免发生结构共振，有效地减小振动幅值。

模态是机械结构的固有振动特性。每个模态具有特定的固有频率、阻尼比和模态振型，这些模态参数可以由计算机或试验取得。基于线性叠加原理，一个复杂的振动系统可以分解为许多模态的叠加。这样的一个分解过程称为模态分析，若这个分解过程是由有限元计算的方法取得，则称为计算模态分析。本节将着重介绍计算模态分析。振动模态是弹性结构的固有的、整体的特性。如果通过模态分析方法搞清结构在某一我们感兴趣的频率范围内各阶主要模态的特性，就可能预言结构在此频段内在外部或内部各种振源作用下实际振动响应。因此，模态分析是结构动态设计及设备故障诊断的重要方法。

4.3.2 模态分析理论基础

4.3.2.1 模态分析的基本假设

1. 线性假设

假设被实验识别系统是线性的，其物理意义是，结构系统对任一组同时作用的激励的响应是该组内每一激励单独作用时系统的响应的线性叠加。基于这一假设，我们有可能在实验室内对系统施加容易实现、便于测量的作用力进行激励，并由此提取被测系统的特征参数，而不必施加与工作环境相同的激励。

2. 时不变假设

系统是定常的，即系统特征参数为常量，满足该假设的系统称为定常系统。例如，假设系统某特征参数与温度有关，当温度随时间变化时，系统的特征参数也随之变化，则系统不满足时不变假设，称这样的系统为非时不变系统。如果系统为非时不变系统，那么在不同时刻所测实验数据将不一致，从而得不到稳定的系统特征参数。

3. 可观测性

对于系统输入、输出的量测量结果应含有足够的信息，用以描述该系统适当特性的模型，否则称该系统为不可观测系统，此外还常常假设结构遵从 Maxwell 互异性原理，即在 q 点输入所引起的 p 点的响应，等于在 p 点相同输入所引起的 q 点的响应。此假设使得质量矩阵、刚度矩阵、阻尼矩阵和频响函数矩阵都成了对称矩阵。

4.3.2.2 无阻尼的多自由度振动系统的自由响应

先来分析一个 N 自由度无阻尼系统的自由响应，如图 4－11 所示，由多自由度振动系统运动微分方程

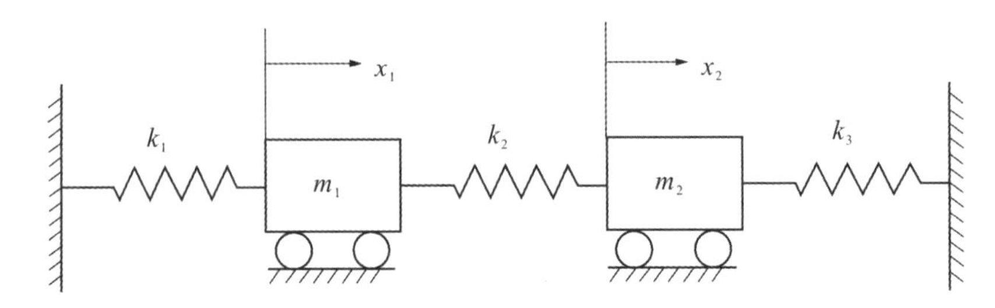

图 4－11 无阻尼自由振动系统

$$\boldsymbol{m}\boldsymbol{x}'' + \boldsymbol{c}\boldsymbol{x}' + \boldsymbol{k}\boldsymbol{x} = f(t), \tag{4-22}$$

令 $f(t)=0$，并取 $\boldsymbol{c}=0$，得运动微分方程为

$$\boldsymbol{m}\boldsymbol{x}'' + \boldsymbol{k}\boldsymbol{x} = \boldsymbol{0}。 \tag{4-23}$$

假定式(4－23)的特解为

$$\boldsymbol{x} = \boldsymbol{X}\sin(\omega t + \theta), \tag{4-24}$$

代入式(4－23)，得到

$$(\boldsymbol{k} - \omega^2\boldsymbol{m})\boldsymbol{X} = \boldsymbol{0}, \tag{4-25}$$

式中的 $\boldsymbol{X}$ 有非零解的条件是行列式

$$|\boldsymbol{k} - \omega^2\boldsymbol{m}| = 0, \tag{4-26}$$

此即系统的特征方程式。方程式有 N 个根，设它们各不相同，一般由小到大排列，记作 $\omega_r=(r=1,2,\cdots,N)$，并称之为系统的第 r 个特征根。将求得的 ω_r 代入式(4－25)，可得 N 组比例解 $\boldsymbol{X}_r=[X_{1r},X_{2r},\cdots,X_{nr}]^{\mathrm{T}}(r=1,2,\cdots,N)$，称之为系统的特征矢量。每一个 ω_r 和与其对应的 $\boldsymbol{X}_r$，称为一个特征对。

这里所讨论的系统是保守系统，故质量矩阵 $\boldsymbol{m}$ 和刚度矩阵 $\boldsymbol{k}$ 都是实数对称阵，N 个特征值 ω_r 都是正实数，$\boldsymbol{X}_r$ 亦都是实矢量。因此，特解式(4－24)为

$$\boldsymbol{x} = \boldsymbol{X}_r\sin(\omega_r + \theta_r)(r = 1,2,\cdots,N)。 \tag{4-27}$$

对于第 r 个特征对，特解式(4－27)表示系统在做角频率为 ω_r 的简谐振动。振动的特点是各坐标在振动过程中频率相同，相位相同(或相反)，位移大小始终保持着一定的比例关系 $\boldsymbol{X}_r$，这种振动称为系统的第 r 阶模态(或第 r 阶主振动)，ω_r 为系统的第 r 阶无阻尼模态频率(或第 r 阶(主)频率)，$\boldsymbol{X}_r$ 为对应于 ω_r 的模态矢量(或振型矢量、模态振型、(主)振型)。由于其频率及振型都是实数，故这种模态称为实模态。

微分方程组(4－23)的一般解应是 N 个特解(4－27)的线性方程组合，即可以写成

$$\boldsymbol{x} = \sum_{r=1}^{N} A_r\boldsymbol{X}_r\sin(\omega_r t + \theta_r), \tag{4-28}$$

其中，$2N$ 个积分常数 A_r、$\theta_r(r=1,2,\cdots,N)$ 决定于初始位移 $\boldsymbol{x}_0$ 和初始速度 $\boldsymbol{x}'_0$。

从式(4－28)可知，多自由度系统的无阻尼自由响应是 N 个(不同频率的)模态的叠加，各阶模态在其中占多大比例以及各阶模态的初始相位是由初始条件决定的。

系统的模态向量 $\boldsymbol{X}_r$ 有一重要的特性——正交性，即对于任意两个不同阶次的振型 $\boldsymbol{X}_r$ 和 $\boldsymbol{X}_s$ 有

$$\begin{cases}\boldsymbol{X}_r^{\mathrm{T}}\boldsymbol{m}\boldsymbol{X}_s = 0\\ \boldsymbol{X}_r^{\mathrm{T}}\boldsymbol{k}\boldsymbol{X}_s = 0\end{cases} \quad (r \neq s)。 \tag{4-29}$$

当 $r=s$ 时，有

$$\begin{cases}\boldsymbol{X}_r^{\mathrm{T}}\boldsymbol{m}\boldsymbol{X}_s = M_r\\ \boldsymbol{X}_r^{\mathrm{T}}\boldsymbol{k}\boldsymbol{X}_s = K_r\end{cases}, \tag{4-30}$$

常数 M_r、K_r 分别为系统第 r 阶模态质量（或主质量）和模态刚度（或主刚度），且有

$$\omega_r^2 = \frac{K_r}{M_r} \quad (r = 1,2,\cdots,N)。 \tag{4-31}$$

N 个模态矢量 $\boldsymbol{X}_r$（$r=1$，2，…，N）构成一个 N 维矢量空间，式（4－29）表明它们在此空间内是互相正交的。这 N 个矢量还是完备的，即系统任意的一个位移矢量 $\boldsymbol{Y}$ 均可表示为这 N 个模态矢量的线性组合，即

$$\boldsymbol{Y} = \sum_{r=1}^{N} a_r \boldsymbol{X}_r, \tag{4-32}$$

其中各常数 a_r 可由下式求得：

$$a_r = \frac{1}{M_r}\boldsymbol{X}_r^{\mathrm{T}}\boldsymbol{m}\boldsymbol{Y} = \frac{1}{K_r}\boldsymbol{X}_r^{\mathrm{T}}\boldsymbol{k}\boldsymbol{Y}。 \tag{4-33}$$

这种关系称为展开定理。展开定理在振动分析中十分重要，它是模态分析的基础。

常用的正则化方法有下列几种：

（1）各阶模态矢量均向某一指定的坐标（设为第 l 个坐标）归一，即令第 l 个元素

$$\phi_{lr} = 1 \quad (r = 1,2,\cdots,N)。 \tag{4-34}$$

（2）对各阶模态矢量，令其最大元素为1，即

$$\phi_{\max,r} = 1 \quad (r = 1,2,\cdots,N)。 \tag{4-35}$$

各阶振型向不同的坐标归一，这种方法常用于绘制振型图。

（3）令各阶模态矢量的模（相当于“当量长度”）为1，即

$$\sqrt{\phi_{1r}^2 + \phi_{2r}^2 + \cdots + \phi_{Nr}^2} = 1 \quad (r = 1,2,\cdots,N)。 \tag{4-36}$$

（4）令各阶模态质量为1，即令

$$M_r = \boldsymbol{\phi}_r^{\mathrm{T}}\boldsymbol{m}\boldsymbol{\phi}_r = 1 \quad (r = 1,2,\cdots,N)。 \tag{4-37}$$

这种正则化常用于理论推演。如把正则化前的振型记作 ϕ_{lr}，则正则化后的振型

$$\phi_{lr} = \frac{1}{\sqrt{M_r}}\phi_{lr} \quad (r = 1,2,\cdots,N), \tag{4-38}$$

此时，根据式（4－30）和式（4－31），模态刚度

$$K_r = \boldsymbol{\phi}_r^{\mathrm{T}}\boldsymbol{k}\boldsymbol{\phi}_r = \omega_r^2 \quad (r = 1,2,\cdots,N)。 \tag{4-39}$$

将 N 个模态矢量组成一个方阵，称为系统的模态矩阵，或振型矩阵

$$\boldsymbol{\Phi} = [\boldsymbol{\phi}_1\boldsymbol{\phi}_2\cdots\boldsymbol{\phi}_N] = \begin{bmatrix}\phi_{11} & \phi_{12} & \cdots & \phi_{1N}\\ \phi_{21} & \phi_{22} & \cdots & \phi_{2N}\\ \vdots & \vdots & \ddots & \vdots\\ \phi_{N1} & \phi_{N2} & \cdots & \phi_{NN}\end{bmatrix}, \tag{4-40}$$

这样，特征值问题式(4－25)就写成

$$\boldsymbol{k\Phi} = \boldsymbol{m\Phi\omega}^2, \tag{4-41}$$

正交关系就综合写成

$$\left.\begin{aligned}\boldsymbol{\Phi}^{\mathrm{T}}\boldsymbol{m\Phi} &= \boldsymbol{M} = \boldsymbol{I},\\ \boldsymbol{\Phi}^{\mathrm{T}}\boldsymbol{k\Phi} &= \boldsymbol{K} = \boldsymbol{\omega}^2,\end{aligned}\right\} \tag{4-42}$$

式中，$\boldsymbol{M}$、$\boldsymbol{K}$ 分别称为模态质量矩阵(或主质量矩阵)和模态刚度矩阵(或主刚度矩阵)。

利用正交关系式(4－42)，可以从另一个角度来看待求解式(4－23)的过程。为此引入一组信坐标变量 $q_i=(i=1,\ 2,\ \cdots,\ N)$，它与原坐标 $x_i=(i=1,\ 2,\ \cdots,\ N)$之间有以下关系：

$$\boldsymbol{x} = \boldsymbol{\Phi q}。 \tag{4-43}$$

代入式(4－23)，再利用正交关系式(4－42)，得

$$M_r q''_r + K_r q_r = 0 \quad (r = 1,2,\cdots,N)。 \tag{4-44}$$

这样，方程组式(4－23)解耦成为 N 个独立的方程式(4－44)。新变量 $\boldsymbol{q}$ 成为系统的模态坐标，或主坐标。式(4－44)的每一式的解为 $q_r=A_r\sin(\omega_r t+\theta_r)$是系统的第 r 阶模态，将各解代入式(4－43)，最后有

$$\boldsymbol{x} = \boldsymbol{\Phi q} = \sum_{r=1}^{N} A_r \boldsymbol{\phi}_r \sin(\omega_r t + \theta_r), \tag{4-45}$$

这一结果与式(4－28)完全相同。

这种利用系统模态矩阵正交性进行解耦的方法称为模态分析。在物理上，它把一个 N 自由度系统的振动问题分解为 N 个单自由度系统来解决。

4.3.2.3　有阻尼的多自由度振动系统的自由响应

当考虑阻尼时，系统自由振动的微分方程式

$$\boldsymbol{mx''} + \boldsymbol{cx'} + \boldsymbol{kx} = 0, \tag{4-46}$$

利用模态分析方法求解，即引入 $\boldsymbol{x}=\boldsymbol{\Phi q}$ 后，得到

$$\boldsymbol{Mq''} + \boldsymbol{\Phi}^{\mathrm{T}}\boldsymbol{c\Phi q'} + \boldsymbol{Kq} = \boldsymbol{0}。 \tag{4-47}$$

如果模态矩阵 $\boldsymbol{\Phi}$ 能将阻尼阵 $\boldsymbol{c}$ 对角化，即 $\boldsymbol{\Phi}^{\mathrm{T}}\boldsymbol{c\Phi}=\boldsymbol{C}$，方程组(4－46)就可解耦为 N 个方程式

$$M_r q''_r = C_r q'_r + K_r q_r = 0 \quad (r = 1,2,\cdots,N)。 \tag{4-48}$$

每一个方程式都可用对单自由度系统自由响应的求解方法来求解，一般小阻尼时的解为

$$q_r = A_r \mathrm{e}^{-\sigma_r t}\sin(\sqrt{\omega_r^2 - \sigma_r^2 t} + \theta_r) \quad (r = 1,2,\cdots,N), \tag{4-49}$$

式中，A_r、θ_r 为积分常数。这表示坐标 q_r 为衰减振动。

由式(4－43)和式(4－49)得有阻尼时自由响应的通解为

$$\boldsymbol{x} = \sum_{r=1}^{N} A_r \boldsymbol{\phi}_r \mathrm{e}^{-\sigma_r t}\sin(\sqrt{\omega_r^2\sigma_r^2 t} + \theta_r)。 \tag{4-50}$$

这是非常复杂的振动，但从式中可以看出它有下列特点：

(1)自由响应由 N 个衰减振动组成，各衰减振动的圆频率为 ω_{dr}，衰减指数为 σ_r。ω_{dr} 和 σ_r 取决于振动系统本身的特性，一般而言，各阶的 ω_{dr} 和 σ_r 值并不相同。

(2)各个衰减振动在总的自由响应中所占的比重的大小 A_r 及各自的初相位 θ_r 都取决

于初始条件——初始位移 $\boldsymbol{x}_0$ 和初始速度 $\boldsymbol{x}'_0$。

(3)在每一个衰减振动过程中，系统的各坐标始终保持着对应的无阻尼系统的该阶模态振型 $\boldsymbol{\phi}_r$。前面已经提到过，在振动过程中各坐标的相位相同(或相反)，节点位置保持不变，故这仍是实模态。

大多数实际振动系统的阻尼阵都不满足解耦条件，而求解具有不能解耦阻尼阵的微分方程是十分麻烦的。在工程上通常是这样处理这一矛盾的，即对于小阻尼系统，只要不是十分必要，就人为地把系统的阻尼用等效的比例阻尼来代替。等效的原则是完成一个周期的振动过程后，等效阻尼所消耗的能量与实际阻尼所消耗的能量相等。对于少数用比例阻尼来代替不能满足要求的场合，运用不能对角化阻尼阵的微分方程方法求解，所求得的频率和振型都是复数，这属于复模态问题，本节不作介绍。

4.3.3　起重机金属结构模态分析实例

本节运用 ANSYS 有限元分析软件，以某起重机的人字架结构为例，介绍起重机金属结构的模态分析的过程。起重机金属结构的模态分析就是确定结构的固有振动频率和振型。在 ANSYS 中的模态分析是线性分析，任何非线性特性都将被忽略。它可以用于对有预应力的结构和循环对称结构进行分析。

4.3.3.1　模态分析基本步骤

在 ANSYS 有限元分析软件中，模态分析的步骤为：

1. 建立有限元模型

(1)定义线性单元，指定了非线性单元也只能按线性处理。

(2)必须通过弹性模量和密度或其它方式对材料的刚度与质量进行定义，因为模态分析计算中涉及刚度矩阵和质量矩阵。

2. 施加载荷并求解

进入 ANSYS 求解器求解，进行静力分析。由于对港口起重机结构的模态分析需要考虑港口起重机结构自重对模态的影响，因此需要先对其进行静力分析。

3. 模态分析

定义分析的类型，选择新的分析类型为模态分析并设定求解选项。

(1)设定模态提取方法。

①子空间法(subspace)：求解精度高，计算速度慢，适用于大型对称特征值求解问题。

②分块兰索斯法(block lanczos)：求解精度高，计算速度较快，适用范围与子空间法相同。

③缩减法(reduced)：精度较低，计算速度快，计算结果的精度和速度取决于所选取的主自由度的数目和位置。

④非对称法(unsymmetric)：适用于刚度和质量矩阵为非对称的问题。该方法可能遗漏一些高频模态。

⑤阻尼法(damped)：适用于不可以忽略的阻尼问题。

⑥QR 阻尼法(QR damping)：适用于求解大阻尼系统问题。建议不要用于提取临界阻尼系统的模态或过阻尼系统的模态。计算精度取决于提取的模态数目。

由于所要研究的是起重机的模态，其结构属于大型对称结构，同时为了缩短求解时间，保证求解精度，因此选用分块兰索斯法。

(2)定义所需模态提取阶数。若采用缩减法提取模态，则无须设置提取模态数。若采用非对称法或阻尼法提取模态，为了降低丢失模态的可能性，应提取比必要的阶数更多的模态。

(3)定义扩展模态选项。指定是否需要扩展模态，需要扩展的模态的数目；指定是否计算单元应力；指定预紧力效应选项，即是否包含预紧力作用的影响。由于是大型的金属构件，本身的自重对结构产生巨大的影响，因此在进行模态分析计算时应将前面静力分析求解所得的应力对刚度的影响考虑进去。

(4)扩展模态。重新进入 ANSYS 求解器，设置扩展模态选项。

(5)进入 ANSYS 求解器进行求解。

4. 结果后处理

(1)查看通用后处理量。

(2)查看固有频率、振型、参与因子。

(3)查看模态应力。

4.3.3.2 人字架结构有限元模型的建立

该起重机的人字架结构有限元模型采用 Shell 63 与 Beam 188 单元建立有限元模型。图4－12～图 4－14 为人字架结构模型。模型建模基本过程如下：

(1)改变工作路径，定义文件名和分析标题。

(2)定义单元类型：Shell 63 壳单元以及 Beam 188 梁单元。

(3)定义实常数及界面形状。

(4)定义材料力学参数，包括弹性模量、泊松比以及材料密度。

(5)建立几何模型，选定坐标原点，运用自下而上的方法建立模型。

(6)划分网格，建立有限元模型。

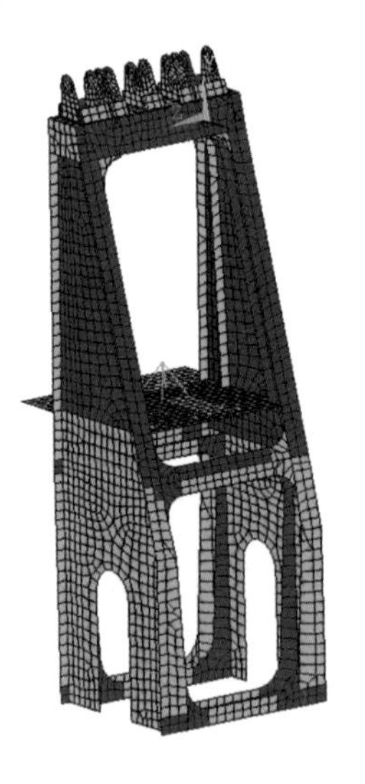

图 4－12 人字架有限元模型图

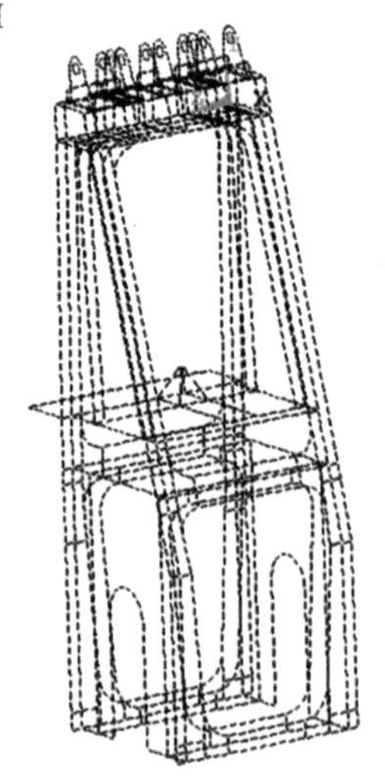

图 4－13 人字架内部结构图

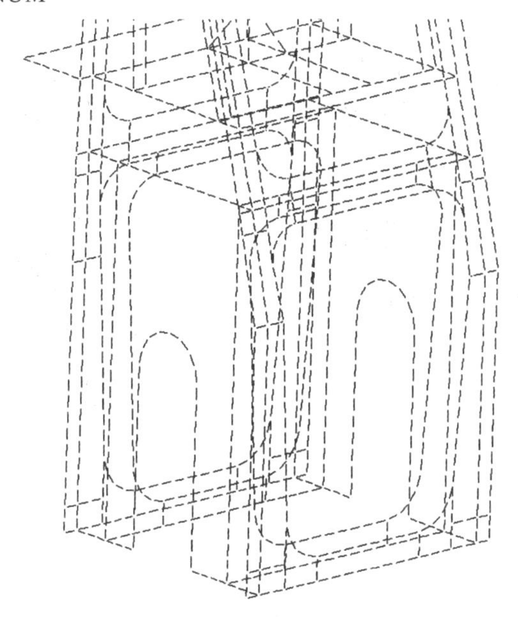

图4－14　人字架局部内部结构图

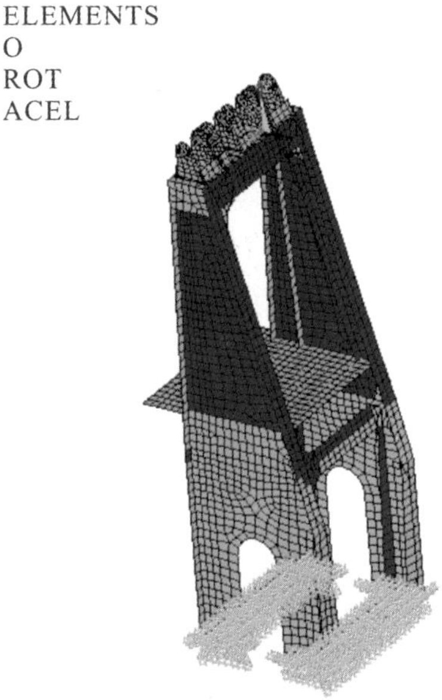

ELEMENTS
O
ROT
ACEL

图4－15　人字架结构的约束

4.3.3.3　确定边界条件及求解

有限元模型建立完成后，对模型施加载荷以及边界条件，ANSYS软件中这一过程是在"Solution"求解器模块中操作的。包括指定分析类型、指定分析选项、施加约束、设置载荷选项，并进行结构固有频率的求解等。由于模态分析所求的是结构的固有频率，因此无外载荷，只施加重力加速度即可。由于转台结构与下部的回转支承是刚性连接，因此在转台结构与回转支承连接的圆环面施加约束。约束情况如图4－15所示。

4.3.3.4　扩展模态查看结构

后处理查看结果前，必须先扩展模态，即将系统振型写入结果文件。这个过程包括重新进入求解器、激活扩展处理及其选项、指定载荷步选项、扩展处理等。取系统的前5阶模态分析，得到的结果如表4－1所示。图4－16所示为结构前5阶的振型。

表4－1　前5阶系统固有频率

阶次	固有频率/Hz	振型主要特征
1	5.50656	人字架上段左右摇摆变形
2	10.4432	人字架左右两部分连接板处波浪变形
3	10.6928	人字架左右两部分连接板处波浪变形
4	13.32064	人字架上下端左右扭曲
5	16.75264	变幅支撑平台扭曲、人字架上端波浪变形

(a) 第1阶振型　(b) 第2阶阵振型　(c) 第3阶振型

(d) 第4阶振型　(e) 第5阶振型

图 4－16　结构前 5 阶的振型

4.4　起重机金属结构稳定性仿真分析

4.4.1　结构稳定性概述

结构在外载荷作用下，外力和内力必须保持平衡状态，否则无法正常工作，若这种平衡状态是不稳定的，即使存在一微小的载荷增量也会使结构或其组成构件产生很大且无法确定的变形以致最后丧失承载能力，这种情况就称为屈曲，也称为失稳。

钢材由于强度高、重量轻，在桥梁结构、建筑结构、海洋工程结构、港口起重运输机械和矿山机械等工程结构中得到广泛应用。对于因受压、受弯和受剪等存在受压区的构件或板件，如果技术上处理不当，可能使钢结构出现整体失稳或局部失稳或局部与整体的相关失稳。失稳前结构物的变形可能很小，但突然失稳使结构物的几何形状急剧改变而导致结构物完全失去抵抗变形的能力。防止构件或结构的稳定破坏并非使它们的实际应力低于某规定值，而是要防止一种特殊的不稳定平衡状态发生。这种状态的特征是：当荷载仅有微量增加时，应变显著增长。可以认为：构件或结构的失稳破坏是它们内部抗力的突然崩溃，这就是钢结构屈曲现象的特征，不论发生破坏时构件的工作属于弹塑性或弹性工作阶段，破坏特性完全相同。由于结构或构件的失稳破坏比较突然，屈曲一旦发生，结构随即崩溃，因而远比强度破坏危险。钢结构构件失稳的现象是多种多样的，从性质上可分为三类，即平衡分叉失稳、极值点失稳和跃越失稳。

1. 平衡分叉失稳

完善的(即无缺陷、挺直的)轴心受压构件和完善的在中面内受压的平板的失稳都属于平衡分叉失稳问题。当压力 P 未超过一定限制时，构件保持平直，截面上只产生均匀的压应力。当压力达到一特定的限值 P_E 时，构件会突然发生弯曲，由原来轴心受压的平衡形式转变为与之相邻的但是带弯曲的新的平衡形式。这一过程可用图 4－17 中的载荷－侧移曲线(也称为平衡状态曲线)OAB 来表示。

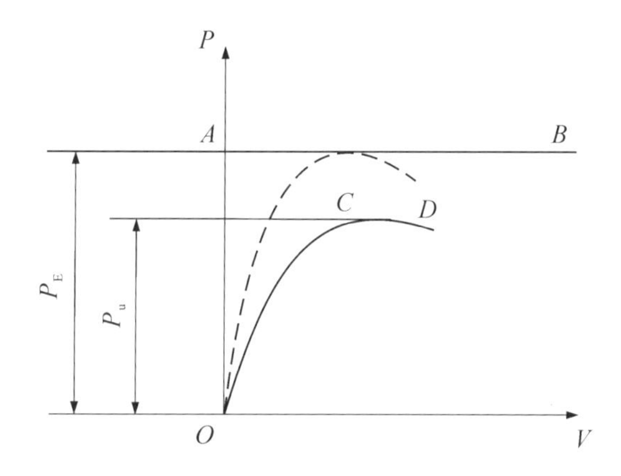

图 4－17　平衡分叉失稳和极值点失稳

在 A 点发生的现象称为构件屈曲。由于在该处发生了平衡形式的转移，平衡状态曲线呈现分支现象，因此称为平衡的分支，相应的荷载值 P_E 称为屈曲荷载或平衡分支荷载。

2. 极值点失稳

偏心受压构件从一开始其侧移即随载荷的增加持续增大。其后由于塑性区的发展，侧移的增大愈来愈快。最后达到极限载荷 P_u(图 4－17 中的 C 点)。此后，载荷必须逐渐下降，才能继续维持内外力的平衡。由此可见，这类稳定问题与平衡分叉失稳具有本质的区别。它的平衡状态是渐变的，不发生分叉失稳现象。它失稳时的载荷 P_u 也就是构件的实际极限载荷，故称为极值点失稳。实际的轴心受压构件因为都存在初始弯曲和载荷的作用点稍稍偏离构件轴线的初始偏心，因此其载荷挠度曲线也呈现极值点失稳现象。这种稳定问题的求解通常是考虑初始缺陷，设法找出载荷全过程的位移关系，求得载荷－位移曲线，包括曲线的上升段和下降段，从而得到极限载荷 P_u。这个途径比较复杂，要同时考虑材料和几何非线性，很难求得闭合解，常用计算机进行数值分析求出近似解。

3. 跃越失稳

如图 4－18 所示的两端铰接较平坦的拱结构，在均布载荷 q 的作用下有挠度 w，其载荷曲线也有稳定的上升段 OA，但是达到曲线的最高点 A 时会突然跳跃到一个非邻近的具

有很大变形的 C 点，拱结构顷刻下垂。在载荷挠度曲线上，虚线 AB 是不稳定的，BC 段是稳定的而且一直是上升的，但是因结构已经破坏，故不能被利用。与 A 点对应的载荷 q_{cr} 是坦拱的临界载荷，这种失稳现象就称为跃越失稳。

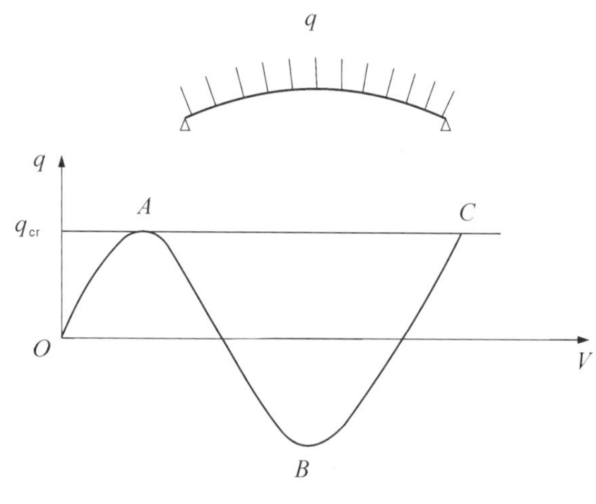

图 4－18 跃越失稳

可见，区分结构失稳类型的性质十分重要，只有这样我们才能正确地估计结构的稳定承载力。

4.4.2 稳定性分析理论基础

4.4.2.1 细长杆件屈曲理论

1. 轴心受压杆件的屈曲稳定性

轴向受压杆件又称纵向弯曲杆件，细长的等截面压杆受轴向压力后容易压屈变形损坏，称为压杆失稳。轴心受压杆件从稳定工作发展到失稳破坏一般要经过两个阶段：直线稳定和曲线稳定。

对于理想轴心压杆，其轴向载荷是通过截面的形心作用的，杆件是由弹塑性材料制成的，轴向载荷在一定数量内使杆件保持直线平衡状态，杆件有不明显的微量变形，理论上认为没有变形，杆件处于直线状态，是稳定的。

轴向载荷逐渐增大到一定数值就会使杆件突破直线平衡状态，突然转变为曲线平衡状态，发生明显的弯曲变形。杆件曲线平衡状态保持的时间很短，轴向载荷的微量增加就会使变形迅速增大，杆件很快出现塑性变形，发生失稳破坏。因此，压杆的稳定工作范围不是曲线平衡状态而是直线平衡状态。轴向压杆由直线平衡转变为曲线平衡状态后失稳时，杆件的变形就会发生质的变化，也就是前面所说的第一类稳定问题。

(1)欧拉临界应力的导出

轴向载荷逐渐增加到使压杆的直线平衡状态开始转变为曲线平衡状态的数值称为临界载荷，它是轴心压杆不丧失稳定的最大承载力。轴向受压的理想直杆，当压力未达到被称为临界载荷的压力值 N_{cr} 之前，杆件始终处于稳定的直线平衡状态，此时截面上只产生均匀的压应力，偶然的横向干扰所造成的杆件弯曲在干扰因素消除后自行消失。

为了确定临界载荷，需建立轴心受压构件在微曲状态下的平衡微分方程。对于闭口截

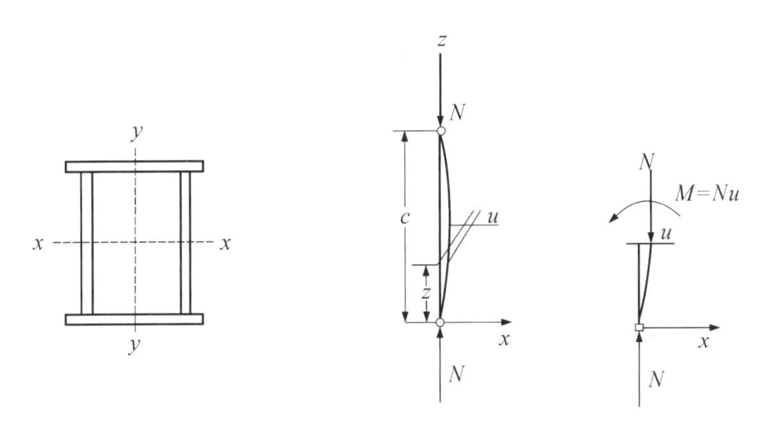

图4－19 轴心受压构件的屈曲平衡

面或双轴对称开口截面的轴心受压构件，其绕两个主轴的弯曲屈曲和绕杆轴的扭转屈曲是互不相关的，故对任一主轴，例如对图4－19所示箱型截面的弱轴 $y-y$ 可建立构件的小挠度屈曲微分方程：

$$EIu'' + Nu = 0。\tag{4-51}$$

令 $k^2 = N/EI$，可得 $u'' + k^2 u = 0$。此二阶齐次常系数线性微分方程的通解为

$$u = A\sin kz + B\cos kz。\tag{4-52}$$

对于两边简支的构件，利用边界条件：$z=0$，$u=0$；$z=1$，$u=0$，可解得 $A=0$ 和 u 为非零时的载荷值，即欧拉临界载荷

$$N_{cr} = N_E = \frac{\pi^2 EI}{l^2}。\tag{4-53}$$

同理，对其它支承条件下的构件，可根据相应的边界条件求得其临界载荷，一般表达式为

$$N_{cr} = N_E = \frac{\pi^2 EI}{(u_1 l)^2} = \frac{\pi^2 EI}{l_0^{\ 2}},\tag{4-54}$$

式中，E 为材料的弹性模量；I 为截面惯性矩；u_1 为取决于支承条件的长度系数；l_0 为构件的计算长度，$l_0 = \mu_1 l$。

由式(4－54)可以看出，临界载荷与外载荷的作用方式有关，而与材料的屈服点无关，它与杆件抗弯刚度成正比，与计算长度的平方成反比。因此，可以通过增大截面惯性矩或减小计算长度 l_0 等措施来提高其临界载荷。对于截面不变的压杆，长度愈大时临界载荷值愈小，越易失稳。因此，通过改造压杆的支承条件就可以减小杆件的计算长度，从而提高其临界载荷。通常在金属结构设计中，压杆稳定性的验算用应力表达式，即与强度计算形式相一致，各种支承情况的压杆的临界载荷用上面的欧拉公式表达，若用杆件平均压应力表示，对应于临界载荷的应力为

$$\sigma_k = \frac{N_k}{A} = \frac{\frac{\pi^2 EI}{l_0^2}}{A} = \frac{\pi^2 E}{\left(l_0 / \sqrt{\frac{I}{A}}\right)^2} = \frac{\pi^2 E}{\lambda^2},\tag{4-55}$$

式中，σ_k 称为欧拉临界应力；A 为压杆的毛截面面积；λ 为杆件的长细比。

欧拉临界应力是压杆不丧失稳定的最大极限应力，由式(4－55)可知，临界应力与杆

件材料的弹性模量 E 成正比，与杆件长细比 λ 的平方成反比。对钢材而言，E 是常量，因而欧拉应力只与长细比 λ 的平方有关，欧拉临界应力与轴心受压构件的长细比 λ 之间呈双曲函数关系，随长细比的增加而下降。

(2)欧拉临界应力的适用范围

欧拉载荷和欧拉应力是根据材料的弹性模量 E 保持不变的条件下导出的，因此只有临界应力不超过钢材的比例极限 σ_p 时，式(4-55)才是正确的。

由 $\sigma_k=\dfrac{\pi^2 E}{\lambda_1^2}\leqslant\sigma_p$ 得到：

$$\lambda_1\geqslant\sqrt{\frac{\pi^2 E}{\sigma_p}}。\tag{4-56}$$

λ_1 是一个判别值，只有当压杆的长细比 λ 大于 λ_1 时才能用欧拉应力公式计算。这类杆件称为细长压杆，在弹性范围内失稳。

当压杆的长细比小于 λ，计算的临界应力超过比例极限时，欧拉应力公式就不适用了。长细比 λ 小于 λ_1 的压杆，在杆件失稳之前其平均压应力将超过比例极限，杆件部分材料已进入塑性状态，压杆的弹性模量改变了，欧拉公式也就不适用了。这时应考虑材料的非弹性性质，用换算模量代替弹性模量进行比较复杂的计算，或按实验方法来确定 $\sigma_k-\lambda$ 之间的关系。

由结构钢按实验曲线和理论研究可知，当长细比 $\lambda=60$ 时，压杆临界应力已接近于屈服点；当 $\lambda\approx50$ 时临界应力便超过屈服点而增加；当 $\lambda\leqslant40$ 时临界应力高于屈服点，曲线迅速上升。若压杆的临界应力等于或超过屈服点，则表示这类压杆不会丧失稳定而是强度问题，因此，把压杆的临界应力开始达到屈服点的长细比 $\lambda_2\approx60$ 作为中、短压杆的界限是合适的，λ_2 也是一个判别值，即以 $\lambda\leqslant\lambda_2$ 的压杆为短杆，$\lambda=\lambda_2\sim\lambda_1$ 为中等压杆。通常，在金属结构设计中，为偏于安全，不以 $\lambda_2=60$(外力刚刚达到屈服点临界应力)而是以 $\lambda_2=40$ 作为中、短压杆的分界点。

在理论上，只要杆件的压应力不超过临界应力，压杆就不会失稳。实际上由于材质不匀、制造缺陷、载荷不准、特别是杆件有初弯曲或载荷作用偏心等不利因素，压杆的实际应力不准达到临界应力，应有一个安全储备。

压杆稳定性的许用应力为

$$[\sigma_k]=\frac{\sigma_k}{n_k},\tag{4-57}$$

式中，σ_k 为轴心压杆的临界应力；n_k 为压杆的稳定安全系数，其值取 2～2.5。

压杆稳定性条件为

$$\sigma=\frac{N}{A}\leqslant[\sigma_k],\tag{4-58}$$

式中，N 为压杆的轴向压力。

在结构设计中通常不直接引用$[\sigma_k]$，而用$[\sigma_k]=\varphi[\sigma]$，这可使计算简化。于是

$$\varphi=\frac{[\sigma_k]}{[\sigma]}=\frac{\sigma_k}{\sigma_s}\frac{n}{n_k},\tag{4-59}$$

φ 称为压杆稳定系数。

2. 实腹式受压杆件的屈曲稳定性

实腹式轴心压杆是由薄钢板制成的，在压力作用下，受压较大的薄板很容易发生波浪式翘曲而失去承载能力，这种情况称为局部失稳。失稳的部分材料就会退出工作，减弱杆件的截面，造成截面不对称使弯心位置偏移，从而使杆件发生扭曲，引起整体稳定性的丧失。因此，杆件的局部稳定性是保证整体稳定性的先决条件，应当使局部板段的临界应力不低于杆件的临界应力，即等稳定性条件来验算，才能使杆件局部和整体稳定地工作。

受压的长板在失稳时压曲成的半波长约等于板宽(呈现正方形板段)。这时板的临界应力最小，取决于板的半波长，因此受压长板的临界应力 σ_k^b 并不取决于板长，而取决于板宽，杆件截面的选择可归结为合理地确定板的宽厚比。在弹性范围内板的临界应力可由式(4－59)表达：

$$\sigma_k^b = \frac{k\pi^2 E}{12(1-\mu^2)}\left(\frac{\delta}{b}\right)^2 = k_0\left(\frac{\delta}{b}\right)^2 \times 10^3(\mathrm{N/cm^2}), \tag{4-60}$$

式中，k_0 为依据板边应力比值 $\alpha = \dfrac{\sigma_{max}-\sigma_{min}}{\sigma_{min}}$ 和板边支承情况而定的系数。

系数 k_0 中，由于简支板的系数最小，临界应力也最小，从等稳定性条件求得板的宽厚比也最小。从安全着想，板的计算常按具有最小临界应力的简支板来考虑。

在不超过上述的比例极限(σ_p)的情况下，轴向压杆在弹性范围内的临界应力为$\sigma_k = \dfrac{\pi^2 E}{\lambda^2}$，根据等稳定性条件 $\sigma_k^b = \sigma_k$，有

$$k_0(\delta/b)^2 \times 10^3 = \sigma_k, \tag{4-61}$$

得到宽厚比：

$$\frac{b}{\delta} = 10\sqrt{\frac{10k_0}{\sigma_k}} = 10\lambda\sqrt{\frac{10k_0}{\pi^2 E}}。 \tag{4-62}$$

当压杆进入弹塑性范围工作时，$\sigma_k = \sigma_p$，由上式可知，比值$\dfrac{b}{\delta}$将减小。所以，从一根压杆的整个工作来看，当板边支承一定时，在弹性范围内求得的宽厚比是最大值。

我国钢结构设计规范按压杆进入弹塑性范围，用等稳定条件导出与杆件长细比有关的计算公式如下：

$$\frac{b}{\delta} \leqslant 50\sqrt{\frac{240}{\sigma_s}} + \frac{\lambda}{10}, \tag{4-63}$$

式中，σ_s 为所用钢材的屈服点。

偏心受压杆件中的薄板受到不均匀的正应力和剪应力作用，压杆临界应力为平均应力 σ_0，并考虑到正应力分布不匀和剪应力的影响，用式(4－63)计算板的宽厚比：

$$\frac{b}{\delta} \leqslant \eta\sqrt{\frac{k_0}{\sigma_0}}, \tag{4-64}$$

式中，$\eta<1$ 为剪应力影响系数。

偏心压杆的长细比变化范围一般是不大的，而偏心率的变化比较大，且长细比的变化不如偏心率的变化对平均应力 σ_0 影响大，随着偏心率的增大，长细比变化对 σ_0 的影响就越来越小了。

因此，钢结构设计规范按照薄板共同承受压应力和剪应力而不失稳的条件导出了与长

细比无关的压杆腹板宽厚比：

$$\frac{b}{\delta} \leqslant 100\sqrt{\frac{\xi}{\sigma_{\max}}}, \quad (4-65)$$

式中，ξ 为系数，根据 $\alpha = \frac{\sigma_{\max} - \sigma_{\min}}{\sigma_{\max}}$ 按表 4-2 采用；$\sigma_{\max}$ 为腹板计算高度边缘的最大压应力；σ 为腹板另一边相应的应力。

表 4-2　ξ 值

α	0.2	0.4	0.6	0.8	1.0	1.2	1.4	1.6	1.8	2.0
ξ	400	700	1100	1400	1600	1800	1950	2100	2100	2100

研究表明，均匀受压薄板的临界应力最低，稳定性最差。因此，对非均匀受压板采用均匀受压板的宽厚比，是偏于安全的。

3. 受弯构件的屈曲稳定性

在金属结构中，承受横向弯曲的杆件称为梁。当垂直载荷准确地作用在梁的主平面内时，梁在垂直平面内发生弯曲变形，并在截面上部产生压应力，下部产生拉应力，与压杆一样，由于偶然因素(如梁的初弯曲、力的偏心作用等)，当载荷增加到一定数值时，梁在垂直平面的弯曲继续增大使受压的上部截面向刚度小的侧面发生屈曲旁弯，而受拉的下部截面侧向变形较小，因支承截面是不允许转动的，故使梁的跨中截面形成了扭转。随着载荷的增加，梁的弯扭变形迅速增大，以至丧失承载能力，失去整体稳定。梁丧失整体稳定是突然发生的，因此必须特别注意。

受弯杆件(梁)丧失稳定时所能承担的最大载荷称为临界载荷。梁中相应的应力称为临界应力。梁的临界载荷和临界应力是梁维持稳定工作时的最大承载能力。临界载荷不仅与梁的水平抗弯刚度孔和扭转刚度 EI_y 有关，而且也与载荷形式及其作用位置(梁的上部或下部)、梁的侧向支承点有很大关系。

当载荷作用于上翼缘时，将增加梁的扭转，比较危险；当载荷作用于下翼缘时，将减少梁的扭转，比较有利。梁的侧向支承点应设置在易屈曲的受压翼缘上。与外载荷形式相对应的临界载荷可以是集中载荷形式，也可能是均布载荷形式 $(ql)_k$，是个总量。受弯构件的临界载荷可用通式(4-65)表示：

$$P_k = (ql)_k = \frac{C\sqrt{EI_y GI_n}}{l^2}, \quad (4-66)$$

式中，P_k 为载荷具体形式，常量；C 为与载荷形式、作用位置和梁端支承情况有关的系数。

4.4.2.2　薄板的屈曲稳定性理论

板按照厚度不同可分为厚板、薄板、薄膜三种。若板厚 t 与薄板中面最小宽度尺寸 b 相比介于 1/8 ～ 1/5 时称为厚板；若 $(1/100 \sim 1/80) < t/b < (1/8 \sim 1/5)$ 时，这种板称为薄板；当板厚度极小以致不具有抗弯刚度时称为薄膜，薄膜利用张力来抵抗横向载荷。

薄板屈曲问题，其临界载荷可通过求解中性微分方程来获得，也可应用能量法、变分法和有限单元法来求解。下面介绍几种薄板屈曲的情况。

1. 薄板的屈曲微分方程

薄板在横向载荷的作用下，如果发生的挠度 $w \leqslant t/5$，则属于薄板小挠度弯曲问题，与板的上下表面等距离的面称为中面。薄板力学坐标系如图 4－20 所示。在工程实践中，为简化计算，对薄板小挠度问题作以下假定：

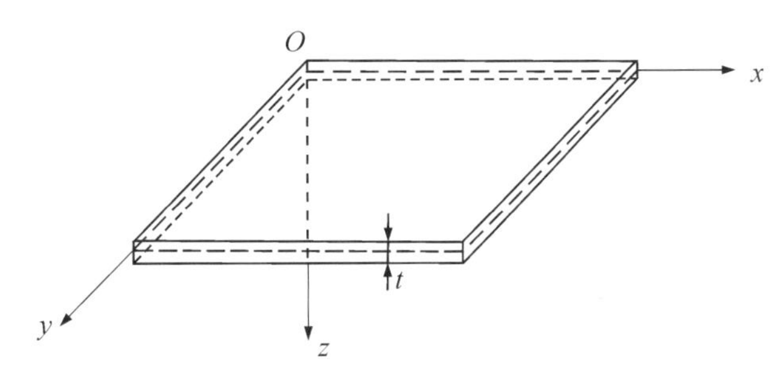

图 4－20　薄板力学坐标系

（1）直法线假定

任一垂直中面的直线（法线），变形时不伸缩，并且仍为弹性曲面的法线。

根据法线不伸缩，有 $\varepsilon_z = 0$。根据弹性力学中的几何方程 $\varepsilon_z = \partial w / \partial z$，知

$$w = w(x, y), \tag{4-67}$$

即挠度 w 仅是 x、y 的函数。

根据变形后仍垂直弹性曲面，有

$$\gamma_{yz} = \gamma_{xz} = 0。$$

因 $\gamma_{yz} = \dfrac{\partial \nu}{\partial z} + \dfrac{\partial w}{\partial y}$，$\gamma_{xz} = \dfrac{\partial u}{\partial z} + \dfrac{\partial w}{\partial x}$，积分后得

$$\left.\begin{aligned} u &= -z\frac{\partial w}{\partial x} + f_1, \\ \nu &= -z\frac{\partial w}{\partial y} + f_2, \end{aligned}\right\} \tag{4-68}$$

式中，f_1、f_2 为待定函数。

（2）弯曲变形时中面内的各点平行于中面的位移为零

因为中面内各点沿中面的位移为 $(u)_{z=0}$ 和 $(v)_{z=0}$，由直线法假设，有 $\varepsilon_z = 0$ 和 $\gamma_{yz} = \gamma_{xz} = 0$，于是物理方程可表示为

$$\left.\begin{aligned} \sigma_x &= \frac{E}{1-\nu^2}(\varepsilon_x + \nu\varepsilon_y), \\ \sigma_y &= \frac{E}{1-\nu^2}(\varepsilon_y + \nu\varepsilon_x), \\ \tau_{xy} &= \frac{E}{2(1+\nu)}\gamma_{xy}, \end{aligned}\right\} \tag{4-69}$$

式中，ν 为泊松比。

当薄板在中面内承受平行于中面的载荷而屈曲时，同样可以根据静力准则来确定其临界载荷。首先建立薄板在微弯曲状态下的平衡方程。设等厚度薄板边界所受平行于中面的载荷如图 4－21 所示。图中 P_x、P_y 表示单位长度上的法向载荷；P_{xy}、P_{yx} 表示单位长边界

上的切向载荷，由 $\sum M_z = 0$ 可得 $P_{xy} = P_{yx}$。

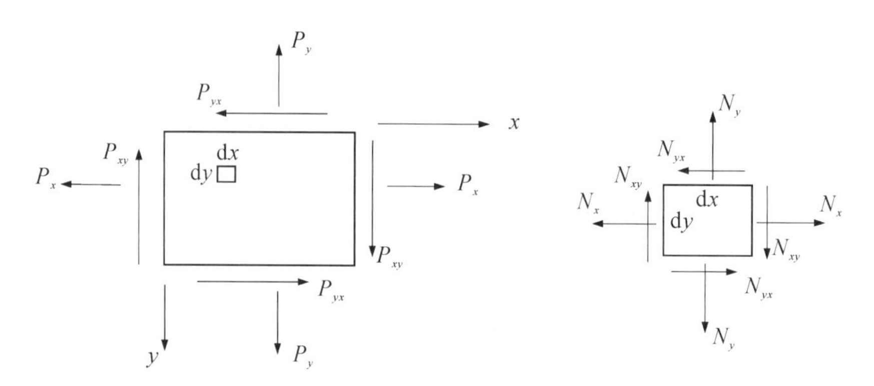

图 4－21　薄板受力图

薄板屈曲时，在薄板内将产生弯曲内力 M_x、M_y、M_{xy}、O_x、O_y，除此之外，还存在平行中面的内力 N_x、N_y、N_{xy}(见图 4－21)。根据薄板小挠度弯曲问题的假设，弯曲薄板中不会引起平行于中面的内力，所以屈曲时中面内力 $N_x = P_x$、$N_y = P_y$、$N_{xy} = P_{xy}$、$N_{yx} = P_{yx}$。因此，在建立平衡方程时，应对这两类内力分别考虑，然后再组合。

根据几何方程、物理方程和力的平衡关系，将其它物理量都用挠度 w 表示，如图 4－21 所示微面元，可以得到：

$$D\left(\frac{\partial^4 w}{\partial x^4} + 2\frac{\partial^4 w}{\partial x^2 y^2} + \frac{\partial^4 w}{\partial y^4}\right) = N_x \frac{\partial^2 w}{\partial x^2} + 2N_{xy}\frac{\partial^2 w}{\partial xy} + N_y \frac{\partial^2 w}{\partial y^2} + q, \tag{4-70}$$

式中，$D = \dfrac{Et^3}{12(1-\nu^2)}$称为薄板的抗弯刚度。

式(4－70)为薄板弹性屈曲微分方程，它是以挠度 w 为未知量的常系数四阶偏微分方程。

2. 四边简支单向均匀受压板的屈曲分析

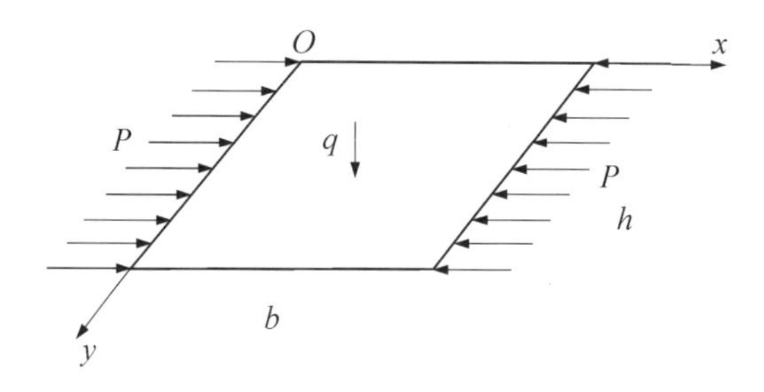

图 4－22　四边简支单向均匀受压板

如图 4－22 所示四边简支薄板在单向均匀压力下，由薄板所受边界条件知 $N_y = N_{xy} = 0$，得：

$$D\left(\frac{\partial^4 w}{\partial x^4} + 2\frac{\partial^4 w}{\partial x^2 y^2} + \frac{\partial^4 w}{\partial y^4}\right) = N_x \frac{\partial^2 w}{\partial x^2} + q。\tag{4-71}$$

符合式(4－71)的解的形式可设成傅里叶级数形式如下：

$$w = \sum_{m=1}^{\infty}\sum_{n=1}^{\infty} a_{mn}\sin\frac{m\pi x}{b}\sin\frac{n\pi y}{h}。\tag{4-72}$$

均布载荷 q 作用下中面产生的挠度与弯曲变形类似，不妨设其产生的挠度为

$$a_{mn} = \frac{16q}{\pi^6 mnD}\frac{1}{(m^2/b^2 + n^2/h^2) - N_x m^2/(\pi^2 Db^2)} \quad (m = 1,3,5,\cdots;n = 1,3,5,\cdots)。\tag{4-73}$$

将上式代入 w 得到薄板中面上任意一点的挠度：

$$w = \frac{16q}{\pi^6 D}\sum_{m=1}^{\infty}\sum_{n=1}^{\infty}\frac{1}{mn}\frac{1}{(m^2/b^2 + n^2/h^2)^2 - N_x m^2/(\pi^2 Db)}\sin\frac{m\pi x}{b}\sin\frac{n\pi y}{h}。\tag{4-74}$$

由上式知随着 N_x 不断增大，薄板中面上点的位移不断增大，当 w 趋于无穷大时可以得到薄板的屈曲荷载：

$$N_x = k\pi^2 D/h^2,\tag{4-75}$$

式中，k 为屈曲系数，$k = \left(\frac{hm}{b} + \frac{bn^2}{mh}\right)^2$。

当 $n = 1$，$m = b/h$ 时，N_x 有最小值即薄板的临界屈曲载荷：

$$N_{cr} = 4\pi^2 D/h^2。\tag{4-76}$$

3. 四边简支非均布受压矩形板的屈曲分析

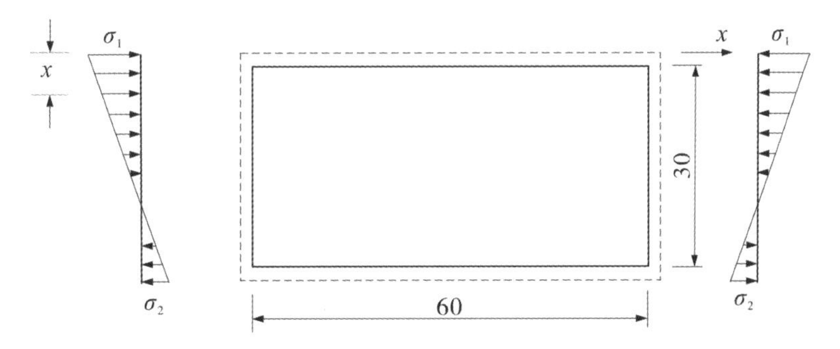

图 4-23　四边简支矩形板在非均布压力下受力简图

薄板所受的压力如图 4-23 所示，任意一处的应力为

$$\sigma = \sigma_1\left(1 - \xi\frac{y}{b}\right),\quad \xi = \frac{\sigma_1 - \sigma_2}{b}。\tag{4-77}$$

当 σ 为压应力时为正。均匀受压时 $\xi = 0$，纯弯曲时 $\xi = 2$，压弯时为 $0 < \xi < 2$。板内的应变能

$$U = \frac{D}{2}\iint\left[\left(\frac{\partial^2 w}{\partial x^2}\right)^2 + \left(\frac{\partial^2 w}{\partial y^2}\right)^2 + 2\nu\left(\frac{\partial^2 w}{\partial x^2}\right)\left(\frac{\partial^2 w}{\partial y^2}\right) + 2(1-\nu)\left(\frac{\partial^2 w}{\partial x\partial y}\right)^2\right]\mathrm{d}x\mathrm{d}y,\tag{4-78}$$

载荷势能

$$\nu = -\frac{\sigma_1 t}{2}\int_0^b\int_0^a\left(1 + \xi\frac{y}{b}\right)\left(\frac{\partial w}{\partial x}\right)^2\mathrm{d}x\mathrm{d}y。\tag{4-79}$$

屈曲时沿 x 方向只出现半个波，故选取位移函数

$$w = \sin\frac{\pi x}{a}\sum_{i=1}^{\infty}A_i\sin\frac{i\pi y}{b},\tag{4-80}$$

计算可得

$$\left.\begin{aligned} U &= \frac{\pi^4}{8}Dab\sum_{i=1}^{\infty}A_i^2\left(\frac{1}{a^2}+\frac{i^2}{b^2}\right)^2, \\ V &= -\frac{\pi^2}{8}\sigma_1 t\frac{b}{a}\sum_{i=1}^{\infty}A_i^2+\frac{\sigma_1 t}{4}\xi\frac{\pi^2}{ab}\left[\frac{b^2}{4}\sum_{i=1}^{\infty}A_i^2-\frac{8b^2}{\pi^2}\sum_{i=1}^{\infty}\sum_{j=1}^{\infty}\frac{ijA_iA_j}{(i^2-j^2)^2}\right], \end{aligned}\right\} \tag{4-81}$$

式中，$i=1$，2，3，…得出总势能为

$$\Pi = U+V = \frac{\pi^4}{8}Dab\sum_{i=1}^{\infty}A_i^2\left(\frac{1}{a^2}+\frac{i^2}{b^2}\right)^2-\frac{\pi^2}{8}\sigma_1 t\frac{b}{a}\sum_{i=1}^{\infty}A_i^2+ \frac{\sigma_1 t}{4}\xi\frac{\pi^2}{ab}\left[\frac{b^2}{4}\sum_{i=1}^{\infty}A_i^2-\frac{8b^2}{\pi^2}\sum_{i=1}^{\infty}\sum_{j=1}^{\infty}\frac{ijA_iA_j}{(i^2-j^2)^2}\right]。 \tag{4-82}$$

根据势能驻值原理，由 $\delta\pi=0$，得 $\partial\pi/\partial A_i=0$。这是含 A_i 的齐次代数方程组。由系数行列式等于零可求得临界应力

$$(\sigma_1)_{cr} = k\frac{\pi^2 D}{b^2 t} = \frac{k}{12(1-\nu^2)}\frac{\pi^2 E}{(b/t)^2}。 \tag{4-83}$$

4.4.3 稳定性分析有限元计算方法

由钢结构的稳定性理论可以得知，通过解析法能够对一般的受压构件、受弯构件进行分析计算，得到临界屈曲载荷的精确解。但是这种求解方法只能针对少数比较简单且形状规则构件对于大多数构件，由于方程的非线性性质，如果结构构件的几何形状不规则，甚至比较复杂，例如非等截面的构件，通过建立平衡微分方程，利用解析法来求解其临界屈曲载荷和变形情况则会变得十分困难。因此，可以采用数值计算方法来对稳定性问题进行近似计算。这种近似计算的数值计算方法的思想就是用一组容易求解的代数方程来代替一组难以求解的甚至是无法求解的平衡微分方程，从而解决各类问题。

常用的数值计算方法有能量法、有限差分法、有限积分法、有限单元法等。本节介绍结构稳定性分析的有限元分析方法。

4.4.3.1 特征值屈曲分析方法

特征值屈曲分析方法一般用来计算理想的构件，此类构件的失稳问题大多是属于平衡分叉失稳。对于求解理想轴心压杆的平衡分叉点所对应的临界载荷在数学处理上就是求解特征值的问题，因此这种处理的方法称为特征值分析方法。

理想轴心压杆的载荷－位移关系用矩阵形式表述出来，即

$$\boldsymbol{P} = \boldsymbol{K}\boldsymbol{v}, \tag{4-84}$$

式中，$\boldsymbol{P}$ 为施加载荷；$\boldsymbol{K}$ 为刚度矩阵；$\boldsymbol{v}$ 为施加载荷 $\boldsymbol{P}$ 的位移结果。因此，在任意状态下的增量平衡方程为

$$\Delta\boldsymbol{P} = (\boldsymbol{K}+\boldsymbol{K}(\sigma))\Delta\boldsymbol{v} \tag{4-85}$$

式中，$\boldsymbol{K}(\boldsymbol{\sigma})$ 为某应力状态下计算的刚度矩阵；$\boldsymbol{\sigma}$ 为与 $\boldsymbol{v}$ 对应的应力。

对于理想杆件，假设有一组外载荷 $\boldsymbol{P}_0$，且轴心压杆屈曲时临界载荷是 $\boldsymbol{P}_0$ 的 $\boldsymbol{\lambda}$ 倍。则有：$\boldsymbol{P}=\lambda\boldsymbol{P}_0$，此时 $\boldsymbol{K}(\Delta\boldsymbol{\sigma})=\lambda\boldsymbol{K}(\boldsymbol{\sigma}_0)$。将其代入式(4－85)可得

$$\{\Delta\boldsymbol{P}\} = \{\boldsymbol{K}+\lambda\boldsymbol{K}(\boldsymbol{\sigma}_0)\}\Delta\boldsymbol{v}。 \tag{4-86}$$

轴心压杆发生屈曲失稳时的屈曲条件是当增量 $\Delta\boldsymbol{P}=0$，构件出现一个变形 $\Delta\boldsymbol{v}$，则有

$$\boldsymbol{K}+\lambda\boldsymbol{K}(\boldsymbol{\sigma}_0)=0。\tag{4-87}$$

通过式(4-87)所求得的特征值 λ 与外载荷 $\boldsymbol{P}_0$ 的乘积，即可得到轴心压杆构件的临界屈曲载荷 P_{cr}。

$$\boldsymbol{P}_{cr}=\lambda\boldsymbol{P}_0。\tag{4-88}$$

特征值 λ 又称为屈曲载荷因子。一般情况下所取的特征值都是最小的一阶特征值 λ_1。

4.4.3.2 非线性屈曲分析方法

对于结构的非线性问题，可以分为三大类：几何非线性、材料非线性和边界非线性问题。几何非线性的问题主要是大应变、大位移问题，材料非线性的问题主要是结构材料的弹塑性问题，边界非线性的问题主要是接触问题。

结构的非线性屈曲的分析方法是指：对于待求解的结构构件，在分析过程中施加适当的扰动，如施加构件的几何初始缺陷或外载荷等。然后求解出结构构件在加载过程中的载荷－位移响应。并通过结构构件的载荷－位移曲线图以确定结构构件的临界屈曲载荷值。简单来说，非线性屈曲分析方法就是利用逐步增加载荷的非线性静力分析，来确定结构构件开始发生屈曲失稳时的临界载荷值。

在解决这类问题时，常用的方法有 Newton-Rophson 迭代法以及弧长法。

1. Newton-Rophson 迭代法

图 4－24 为 Newton-RaPhson 迭代法（简称 NR 法）的示意图。

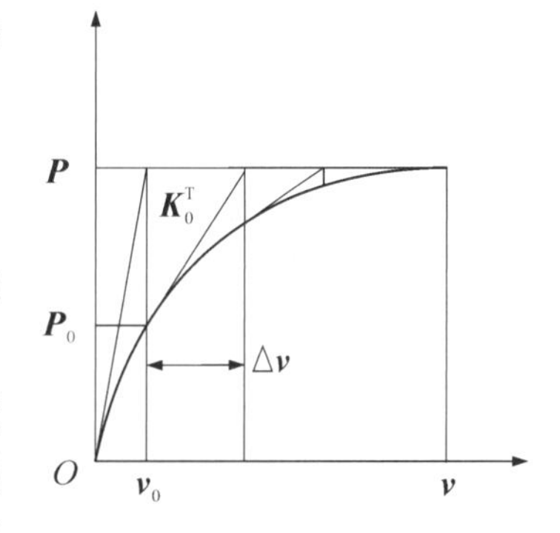

图 4－24 Newton-RaPhson 迭代法

根据式(4－84)，图 4－24 所示的 NR 法可以表示为

$$\boldsymbol{K}_0^{\mathrm{T}}\Delta\boldsymbol{\nu}=\boldsymbol{P}\boldsymbol{P}_0,\tag{4-89}$$

式中，$\boldsymbol{K}_0^{\mathrm{T}}$ 为某点的切线刚度矩阵；$\Delta\boldsymbol{\nu}$ 为位移增量；$\boldsymbol{P}$ 为施加的载荷；$\boldsymbol{P}_0=\boldsymbol{K}_0^{\mathrm{T}}\Delta\boldsymbol{\nu}_0$。

当 $\boldsymbol{P}-\boldsymbol{P}_0=0$ 时，迭代结束。然而实际情况中只要保证 $\boldsymbol{P}-\boldsymbol{P}_0$ 小于某个规定的值，就可以使迭代结束而得到方程的解。在有限元的非线性分析中，为了保证 NR 法的收敛速度，需要保证切线刚度矩阵 $\boldsymbol{K}_0^{\mathrm{T}}$ 是一致的，切线刚度矩阵 $\boldsymbol{K}_0^{\mathrm{T}}$ 表示载荷－位移曲线的斜率。它是由主切向刚度矩阵、初始位移矩阵、初始应力矩阵、初始载荷矩阵相加而成的。

从图 4－24 也可以看出，运用 NR 法在进行平衡迭代的时候，每一步都要重新计算一个切线刚度矩阵 $\boldsymbol{K}_0^{\mathrm{T}}$，这样一来，工作量是非常大的。在有限元的非线性屈曲分析中，还有初始刚度法和修正的 NR 法。修正的 NR 法即是每一步的切线刚度仅仅只被修正，而不参与迭代计算。而初始刚度法是在迭代过程中全部采用最开始的初始切线刚度矩阵，修正的 NR 法和初始刚度法较 NR 法而言，收敛速度较慢，但是求解变得更稳定。

2. 弧长法

弧长法是基于 NR 法的一种迭代方法，它可以用图 4－25 来表示。

图 4－25 为弧长法的图解，可以看出弧长法与 NR 法非常相似，不同的是 NR 法引用的是一个固定载荷值 $\boldsymbol{P}$，而弧长法引用的是一个可变的载荷值 $\lambda\boldsymbol{P}$，其中 $-1<\lambda<1$。对于弧长法，其平衡的方程可以由式(4－89)改写为

$$\boldsymbol{K}_0^{\mathrm{T}}\Delta\boldsymbol{\nu}=\lambda\boldsymbol{P}-\boldsymbol{P}_0。\tag{4-90}$$

在有限元分析软件中，以 ANSYS 为例，非线性屈曲分析得到的结果为结构构件发生屈曲失稳时的第一个极限载荷值。对于式(4－89)和式(4－90)来说，当外载荷 $\boldsymbol{P}$ 和内部载荷 $\boldsymbol{P}_0$ 相等时，即

$$\boldsymbol{P}-\boldsymbol{P}_0=0 \text{ 或 } \lambda\boldsymbol{P}-\boldsymbol{P}_0=0, \quad (4-91)$$

迭代结束，式(4－91)就是结果收敛的度量。有限元分析时设定的收敛准则对于结果是否收敛非常重要。但在一般情况下，$\boldsymbol{P}-\boldsymbol{P}_0$ 或 $\lambda\boldsymbol{P}-\boldsymbol{P}_0$ 都不为零。因此，如果当 $\boldsymbol{P}-\boldsymbol{P}_0$ 或 $\lambda\boldsymbol{P}-\boldsymbol{P}_0$ 的值小于某个允许的值时，即当 $\|\boldsymbol{P}-\boldsymbol{P}_0\|$ 或 $\|\lambda\boldsymbol{P}-\boldsymbol{P}_0\|$ 小于指定的容限乘以参考的力的值时，就可以终止迭代，利用平衡方程求解出预期的结果。

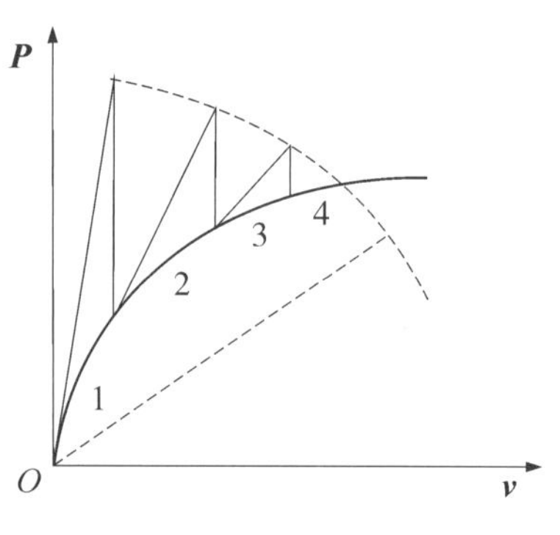

图 4－25 弧长法示意图

4.4.4 起重机金属结构稳定性分析实例

4.4.4.1 结构有限元模型的建立

本节针对某龙门起重机金属结构，运用特征值屈曲分析的方法介绍稳定性分析的过程。特征值屈曲分析用于分析理想结构的临界载荷，它是一种线性分析技术。图 4－26 所示为龙门起重机的结构有限元模型。模型的建立与其它任何分析的过程一致，可分为以下几个步骤：

(1)改变工作路径，定义文件名和分析标题。

(2)定义单元类型：采用 Beam 188 梁单元及 Mass 21 质量单元。

(3)定义界面形状。

(4)定义材料力学参数，包括弹性模量、泊松比以及材料密度。

(5)建立几何模型，运用自下而上的方法建立模型。

(6)划分网格，建立有限元模型。

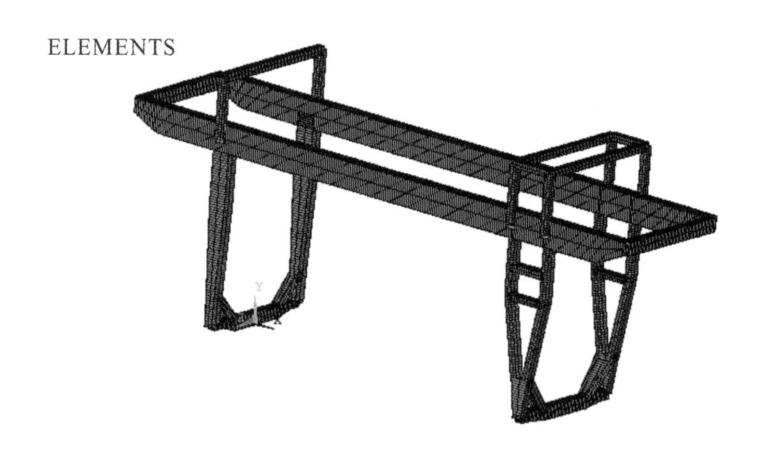

图 4－26 龙门起重机的结构有限元模型

4.4.4.2 获取静力学解

该过程与一般的静力学分析一致：进入求解器，施加约束及载荷，进行求解。但这里

需要注意的是：因为稳定性分析需要计算应力刚度矩阵，因此必须打开预应力效果选项。此外，在求解结束后需要退出求解器。图4－27为龙门起重机Y方向静力解的位移云图。

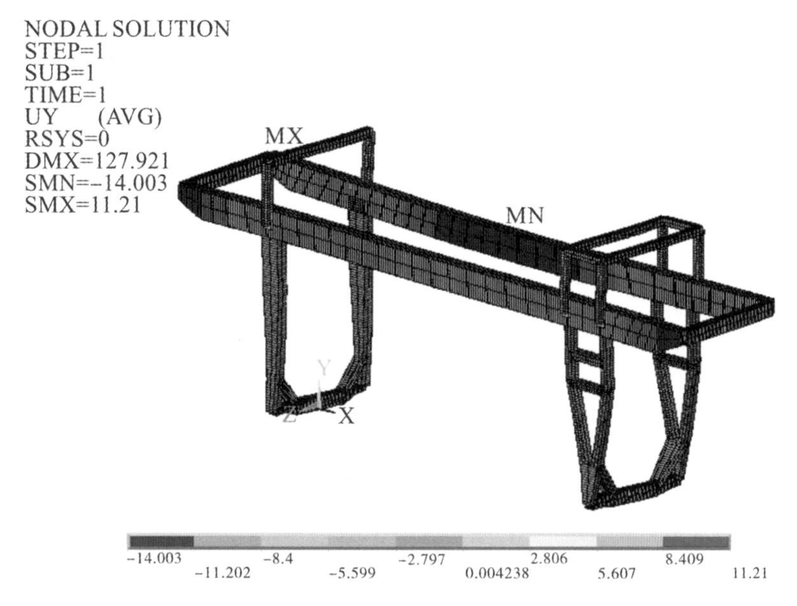

图4－27 龙门起重机Y方向静力解的位移云图

4.4.4.3 获得特征值屈曲解

需重新进入求解器，指定分析类型"Eigen Buckiling"；指定分析选项，即特征值提取方法"Block Lanczos"，提取的特征值数目（NMODE）设为1；定义载荷步选项以及扩展模态，以便查看屈曲模态形状，最后进行屈曲求解。

图4－28所示为该龙门起重机的一阶失稳模态，其稳定性系数$\lambda=0.44278$。

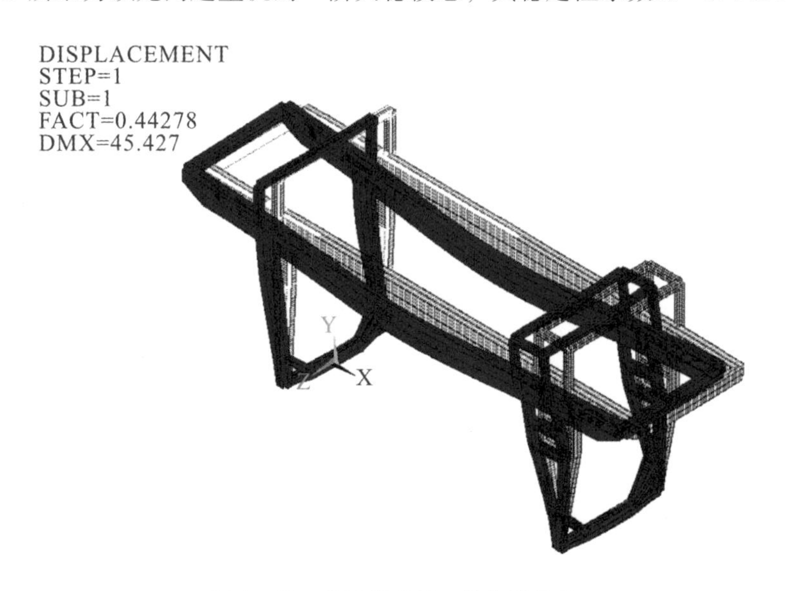

图4－28 龙门起重机一阶失稳模态

4.5 起重机金属结构疲劳有限元分析

随着疲劳分析理论的日渐成熟以及有限元方法的不断发展，越来越多的科研工作都开始运用有限元方法来进行疲劳分析。起重机结构在长期的使用过程中不断地进行加载和卸载，一些结构应力较大的部位容易产生疲劳破坏，对起重机结构进行整体的应力分析并对某些应力较大、交变载荷较明显的部位进行疲劳分析可以较早地预测疲劳裂纹产生的部位以便检验及加固。下面介绍疲劳分析的基础知识及基本分析过程。

4.5.1 疲劳的基本概念

美国试验与材料协会在《疲劳试验及数据统计分析之有关术语的标准定义》(ASTM E206-72)中给出的疲劳的定义为：在某点或某些点承受扰动应力，且在足够多的循环扰动作用之后形成裂纹或完全断裂的材料中所发生的局部永久结构变化的发展过程，称为疲劳。

从疲劳的定义可以看出结构要出现疲劳破坏有以下几点特性：

1. 只有在扰动应力作用的情况下才会产生疲劳

结构所受载荷随时间的变化而变化，而这些变化有的是有规律的，有的则是完全不规则的。人们用来描述载荷与时间的关系的图或表可以称为时间历程，也称为载荷谱。载荷谱可以看作是由一系列载荷循环所组成的集合。

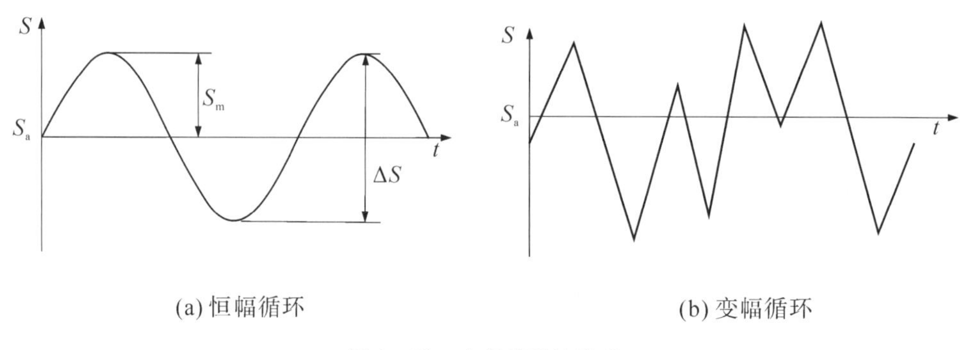

(a) 恒幅循环 (b) 变幅循环

图 4-29 交变载荷的形式

循环应力中恒幅循环应力(见图 4-29a)是最为简单的一种，另外还有变幅循环应力(见图 4-29b)，而描述循环应力最基本的两个量是最大循环应力和最小循环应力。疲劳分析中常用的几个导出量：

平均应力

$$S_m = (S_{max} + S_{min})/2, \tag{4-92}$$

应力幅

$$S_a = (S_{max} - S_{min})/2, \tag{4-93}$$

应力变程

$$\Delta S = S_{max} - S_{min}, \tag{4-94}$$

应力比

$$R = S_{\min}/S_{\max}。\tag{4-95}$$

上述值只要知道其中两个，其它值就可以求出。根据不同的使用要求而运用不同的参数来分析。为了使用的方便，常用最大循环应力和最小循环应力，因为这两个值比较直观，能够方便地进行设计控制；在实验过程中常采用平均应力和应力幅，以便施加载荷；在进行结果分析时则常用应力幅和应力比，以便于按荷载的循环特征分类研究。

2. 破坏起源于高应力、高应变局部

应力集中处常常是疲劳破坏的起源。要研究细节处的应力应变。静载作用下的破坏取决于结构的整体；疲劳破坏则是从应力或应变较高的局部开始的，由于损伤的形成并逐渐累积而导致破坏发生。可见，局部性是疲劳的明显特点。因此，在金属结构设计时要注意细节设计，研究细节处的应力应变，尽可能减小应力集中。起重机结构受力复杂，结构安全性能要求高，在设计时更应谨慎处理。

3. 疲劳是从开始使用到最后破坏的发展过程

疲劳是从初始裂纹形成到裂纹扩展直到最后断裂的一个损伤不断积累的过程。在这个过程中结构所经历的循环载荷作用次数或是其所经历的时间称为疲劳寿命。在起重机服役安全评估过程中，疲劳分析的目的是为了预测结构寿命，对结构的剩余使用寿命进行评估，从而给出一个合理的结构使用年限，最后升级到设计阶段，指导设计以加大新机的抗疲劳强度。

结构的疲劳破坏一般可以分为三个阶段，即裂纹的萌生、裂纹的扩展及结构的断裂。由于裂纹的失稳扩展是一个突发的快速的过程，时间很短，相对于疲劳寿命来说影响并不大，因此在疲劳分析时一般只考虑疲劳裂纹萌生阶段和扩展阶段。可以认为疲劳寿命等于裂纹萌生及裂纹扩展两部分的寿命之和，即

$$N_{\text{total}} = N_{\text{initiation}} + N_{\text{propagation}}。\tag{4-96}$$

4.5.2　疲劳寿命预测的两种理论

在疲劳分析过程中首先应该确定的是疲劳分析属于哪一种类型，如果是应力疲劳就应该采用 $S-N$ 曲线进行分析，如果是应变疲劳则应该采用 $E-N$ 曲线进行计算。下面介绍两种疲劳分析方法的特性及应用。

1. 应力疲劳寿命法

应力疲劳寿命法的计算是以 $S-N$ 曲线（见图 4－30）为基础的。所谓 $S-N$ 曲线，是指应力与循环次数之间的关系曲线。应力疲劳法是经典的疲劳寿命计算方法，它假定材料一直处于弹性范围内，比较适用于高周疲劳。

我们采用带符号的 Von Mises 应力作为应力度量，其符号为绝对值最大的主应力的符号，

$$\sigma_{\text{Equiv}} = \text{SIGN}\left[\frac{(\sigma_1-\sigma_2)^2+(\sigma_2-\sigma_3)^2+(\sigma_3-\sigma_1)^2}{2}\right],\tag{4-97}$$

式中，SIGN 为绝对值最大的主应力的符号；σ_1、σ_2、σ_3 分别为第一、第二、第三主应力。

在 $S-N$ 曲线中需要定义的参数有：弹性模量、单轴抗拉强度、泊松比、疲劳极限和

极限循环次数。其中，疲劳极限指的是这样一个应力，当应力幅值小于这个应力时，疲劳特性会发生变化，对于铁质材料，当应力小于疲劳极限时材料不会发生疲劳破坏，即疲劳寿命在此时为无穷大，对于非铁质材料则表现为疲劳极限点对应于 $S-N$ 曲线的一个转折点。极限循环次数为疲劳极限应力所对应的最小循环次数。

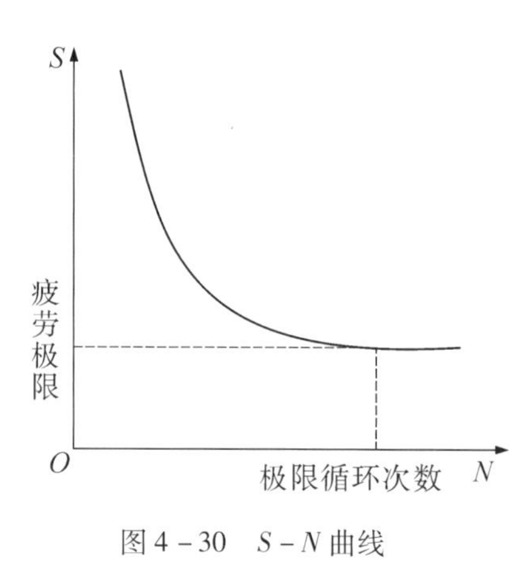

图 4-30　$S-N$ 曲线

2. $S-N$ 曲线的中值应力修正方法

理想的 $S-N$ 曲线都是基于中值应力为零的交变载荷作用的情况，而非零的中值应力对疲劳寿命有着明显的影响，需要采用适当的方法加以考虑。其中较为经典的修正方法为：

①Gerber 修正

$$\Delta\sigma_0=[(1-(\sigma_m/\sigma_{ult})^2/\Delta\sigma)]^{-1}; \quad (4-98)$$

②Goodman 修正

$$\Delta\sigma_0=[(1-(\sigma_m/\sigma_{ult})/\Delta\sigma)]^{-1}, \quad (4-99)$$

式中，$\Delta\sigma_0$ 为等效的平均应力值；σ_m 为交变应力幅值；$\Delta\sigma$ 为交变应力变程；σ_{ult} 为材料的抗拉强度。

3. 应变疲劳寿命法

应变疲劳寿命法的计算是以 $E-N$ 曲线（见图 4-31）为基础的。所谓 $E-N$ 曲线是指应变与循环次数之间的关系曲线，其曲线形式与 $S-N$ 曲线类似，但应变疲劳寿命法可以考虑材料的塑性变形，对于可能引起材料局部屈服的循环载荷作用下的疲劳计算精度更高。应变疲劳算法比应力疲劳算法更加优越，是对应力疲劳算法的改进。

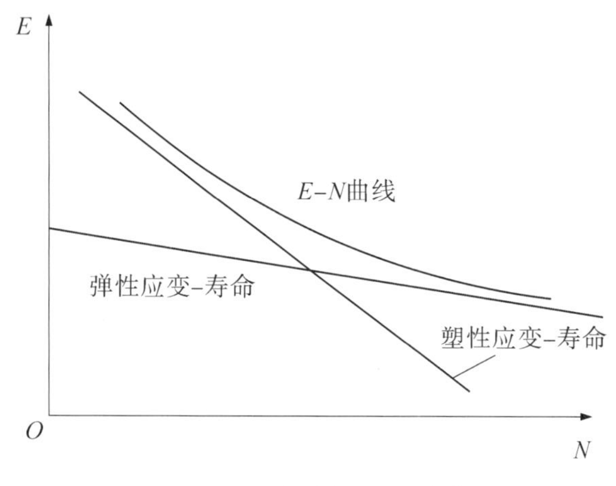

图 4-31　典型的 $E-N$ 曲线

应变疲劳分析法是 20 世纪 60 年代后兴起的方法。它认为构件的疲劳寿命主要由构件的危险部位所决定。疲劳破坏的起因取决于构件的应力集中部位的塑性变形。这种方法主要用于低周疲劳分析，它是针对该疲劳危险部位的小块材料，在加载过程中的局部应力-

应变历程所建立的理论，较为符合疲劳破坏机理。同时也考虑了加载次序的影响，是估算裂纹形成寿命的较好方法之一。以循环应力－应变迟滞回线为损伤计算特征的光滑试样的应变－寿命曲线。有应力集中的构件的寿命预估，是利用材料的光滑试样的疲劳寿命资料，只要其应力集中部位的局部应变历程与光滑试样相同，且两者工程裂纹尺寸的规定又一样，光滑试验的寿命即为该构件的寿命。

4. 两种疲劳寿命计算方法的比较

在进行裂纹起始寿命分析时常采用应变疲劳寿命分析方法，在进行裂纹扩展寿命分析时则采用断裂力学的方法进行分析。如果结构所受的疲劳载荷较小，结构没有宏观上的塑性变形，可以采用应力疲劳分析的方法。两种疲劳寿命计算方法的比较如表4－3所示。

表4－3　两种疲劳寿命计算方法比较

项目	应力疲劳寿命法	应变疲劳寿命法
描述	基于 $S-N$ 曲线，直接解法，速度快	基于 $E-N$ 曲线，非线性算法，考虑局部塑性
优势	计算速度较快	不限于高周疲劳，更少数据输入，精度高
缺点	仅适用于高周疲劳，计算结果更保守	计算涉及非线性，速度较慢

4.5.3　虚拟疲劳分析过程

虚拟疲劳分析指的是基于有限元分析结果的疲劳分析，就是将有限元分析结果(通常是应力应变结果)作为疲劳分析的一个主要输入。通过一个疲劳分析模型，计算出零部件或结构表面的疲劳寿命分布，以帮助判断设计寿命是否达到，或进行寿命优化设计。虚拟疲劳分析的基本步骤可以列为以下几点：

1. 疲劳分析模型的确定

进行虚拟疲劳分析时最先要做的是确定疲劳分析的基本模型，即确定结构分析选用 $S-N$ 曲线还是 $E-N$ 曲线来进行计算。

2. 准备有限元分析数据

根据疲劳分析模型确定需要的有限元分析结果数据，通过有限元软件(ALGOR、ANSYS、ABAQUS等)建立模型，设定边界条件和载荷模式，设置输出变量值，通过计算得出并保存所需应力或者应变的分析结果，为疲劳分析备用。

3. 疲劳载荷谱的处理(雨流计数法——随机载荷)

常用雨流计数法计数规则如下：

(1)雨流的起点依次在每个峰(或谷)的内侧；

(2)雨流在下一个峰(或谷)处落下，直到有一个比它更大的峰(或更小的谷)为止；

(3)当雨流遇到来自上面屋顶流下的雨流时，雨流就停止；

(4)取出所有的全循环，并记录下各自的幅值和均值。

4. 准备载荷输入数据和材料数据

基本的材料数据：弹性模量、抗拉强度、泊松比，另外根据不同的疲劳分析模型有不同的疲劳试验数据。

5. 疲劳分析与结果评价

对虚拟疲劳分析的结果进行评价，确定易疲劳局部的疲劳寿命。

4.5.4 L型门式起重机的疲劳分析

L型门式起重机是一种典型的起重机结构，下面根据某装卸公司的起重机实际情况及图纸建立模型，分析起重机在跨中承受34t载荷作用的情况下的整机应力水平及疲劳情况。

1. 结构材料

该起重机采用Q235材料。弹性模量为200～210GPa，泊松比为0.3，抗拉强度为375MPa。

2. 外载荷

(1)结构自重

在ANSYS计算程序里，整机自重以密度及重力加速度的形式体现出来。由于模型的简化，模型的自重将小于其实际自重，因此可以通过适当调节密度或重力加速度使模型自重达到或接近实际值。在本次计算中，是通过调节密度达到此目的。

结构密度：　　　　　　　$\rho = 7.85 \times 10^{-6} kg/mm^3$。

调节以后其密度变为：　　$\rho = 12.35 \times 10^{-6} kg/mm^3$。

(2)跨中载荷

结构跨中受$3.4 \times 10^8 N$的外力的作用。

3. 有限元模型

起重机结构有限元模型采用整体建模。建模依据为沈阳铁路分局装卸管理中心提供的相应结构图纸。该模型采用Shell 63弹性壳单元，其长度单位为mm，力的单位为N，加速度的单位为m/s^2，质量单位为kg。有限元模型如图4－32所示。

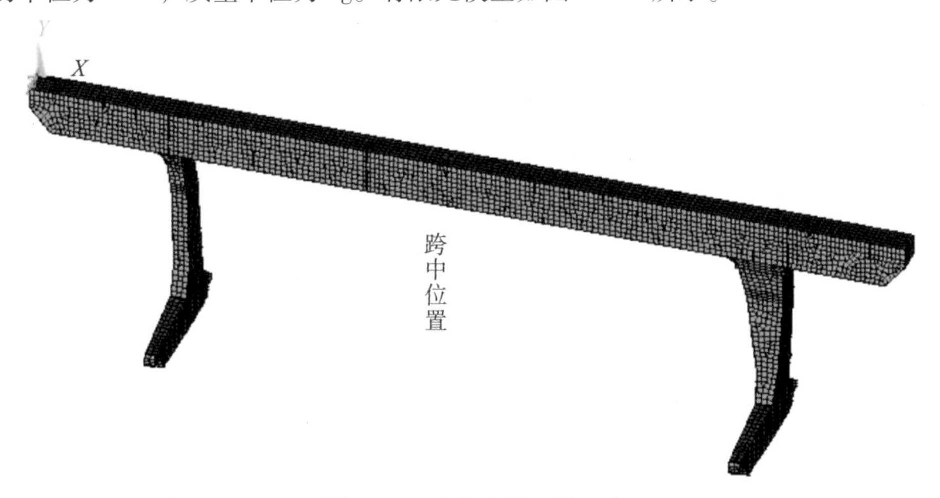

图4－32　整机有限元模型

4. 静力分析结果

结构表静力学分析后得到的主梁跨中位置处加载所得的Mises应力分析结果如图4－33所示。局部Mises应力分析结果如图4－34所示。

5. 疲劳分析结果

Q235钢的疲劳极限是235MPa。为了简化分析，假定起重机受恒幅载荷的作用。载荷谱曲线如图4－35所示。分析所得疲劳寿命及损伤结果如图4－36～图4－38所示。

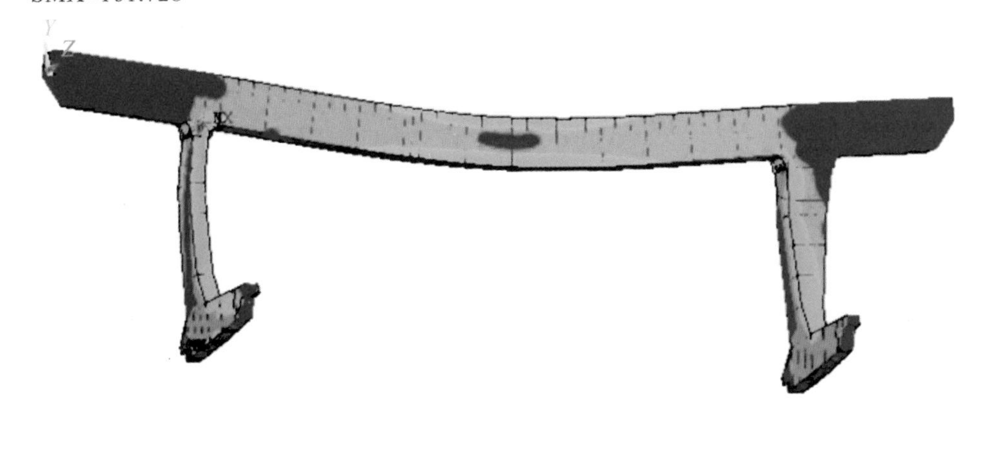

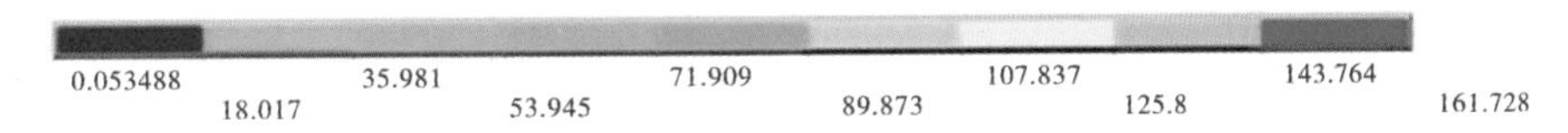

图 4－33　主梁跨中位置处加载所得的 Mises 应力分析结果

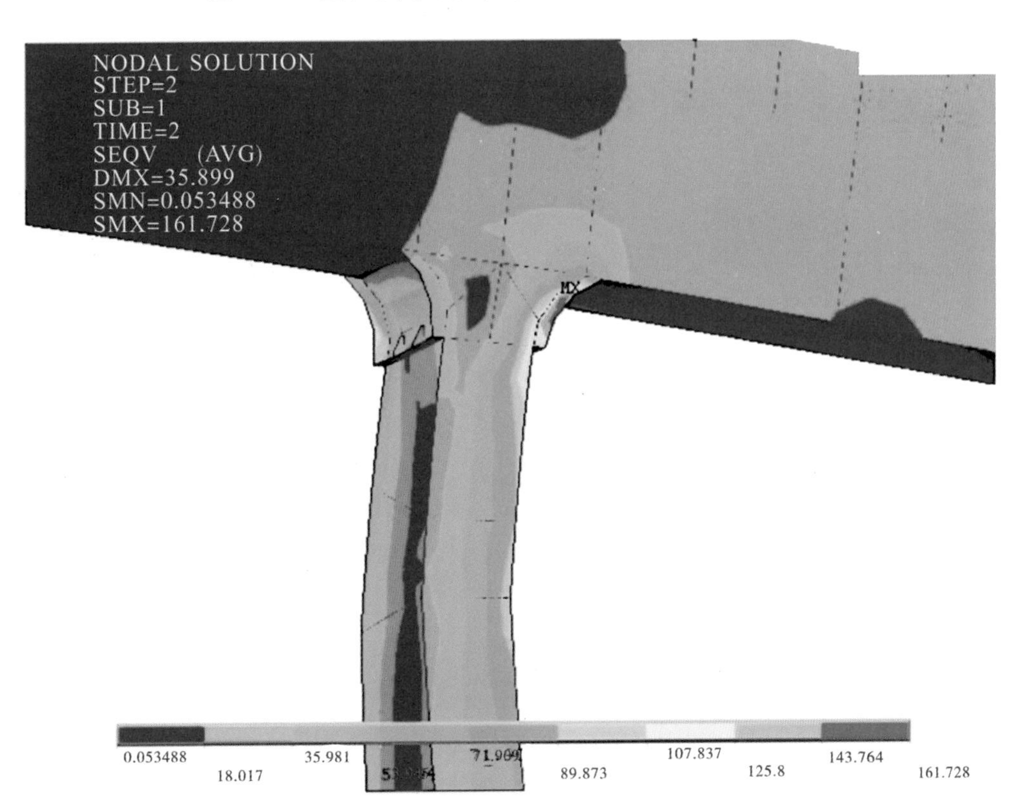

图 4－34　局部 Mises 应力分析结果

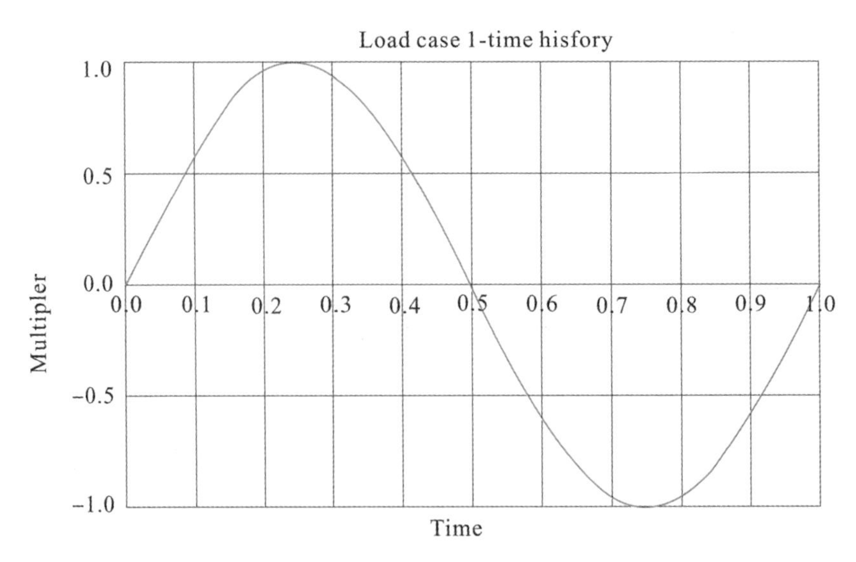

图 4－35 恒幅循环交变载荷

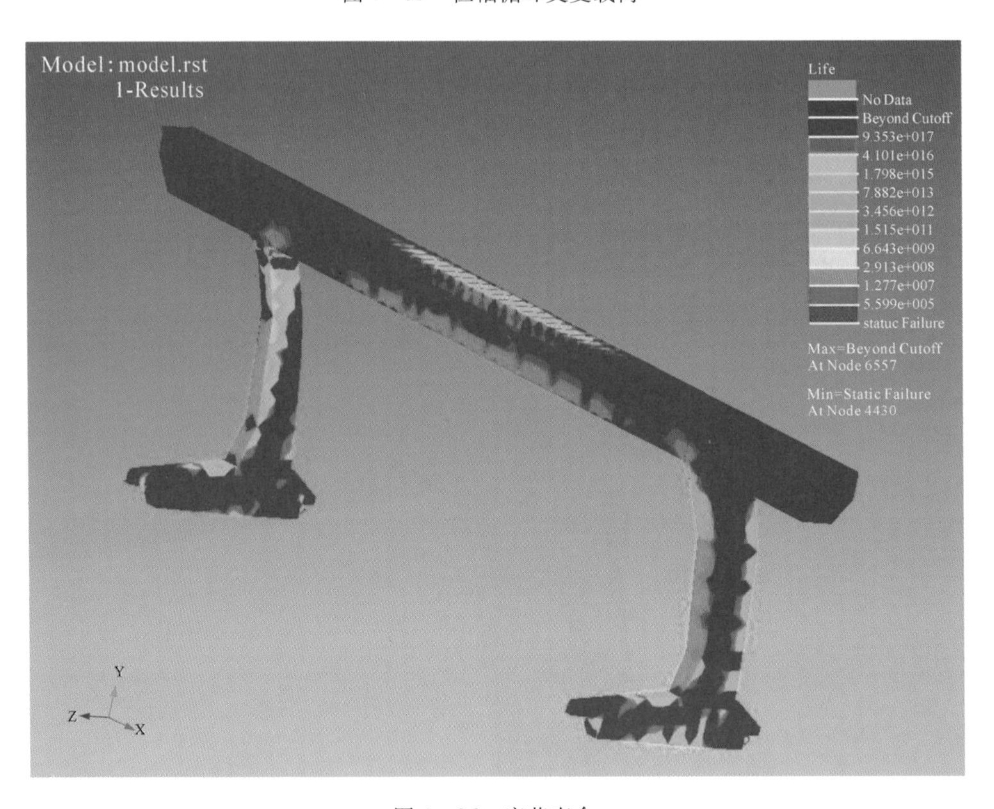

图 4－36 疲劳寿命

6. 结果分析

由静力分析结果可以看出最大 Mises 应力值为 161. 728 MPa，由疲劳分析结果可以看出最易出现疲劳的位置的疲劳寿命为 5. 6，最大损伤为 7. 831。

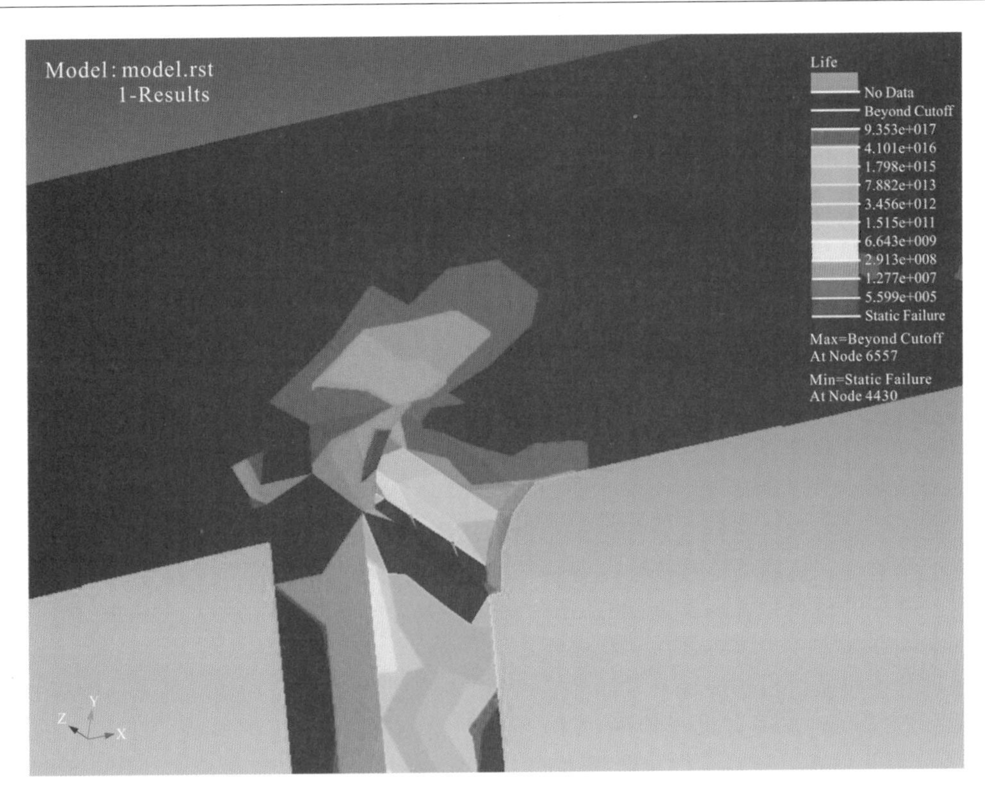

图4－37　疲劳寿命局部图

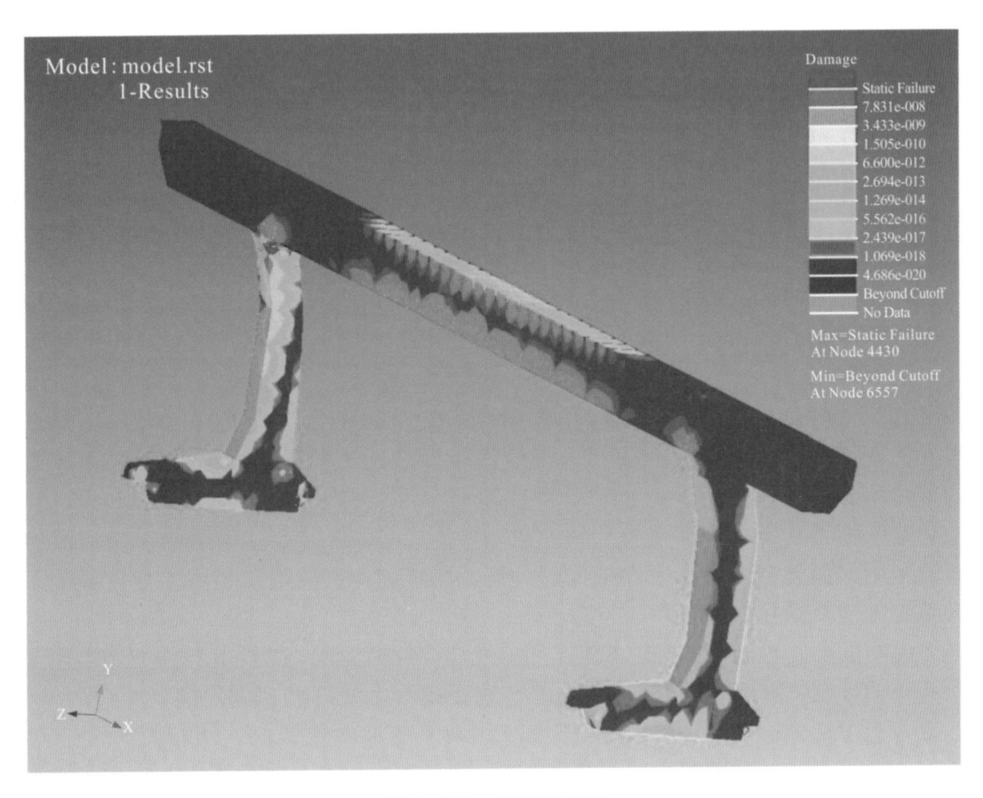

图4－38　疲劳损伤图

5 无损检测与评价技术

无损检测(non-destructive examination，NDT)是利用物质的声、光、磁和电等特性，在不损坏、不改变被检测对象理化状态的前提下，检测被检对象中是否存在缺陷或不均匀性的一种技术。

起重机械的机构零件、金属结构、联接件和附件主要由金属材料经过加工而成。零件一般以锻件、轧制件、焊接件和铸件作坯件经机械加工制成。锻件、轧制件和焊接件主要采用碳素结构钢、优质碳素结构钢或低合金结构钢。重要件采用合金结构钢，有特殊要求的零件则要用到特殊合金钢。铸件可采用铸钢、铸铁或铸铜。有色金属及其合金用于有高导电性、耐磨性、抗腐蚀性或高强度等特殊性能要求的零件。起重机金属结构的材料主要是钢材，常用的材料是普通碳素钢Q235，需减轻结构自重时，可采用15MnTi。起重机械的金属结构联接方式主要有焊接和螺栓联接。

根据起重机械材料、焊缝及零部件易出现的缺陷类型，可选用相应的无损检测方法进行检测，常规检测方法有目视检测(VT)、磁粉检测(MT)、超声检测(UT)、渗透检测(PT)等，除此之外，随着无损检测技术的发展，一些新技术也越来越多地用于检测，例如声发射检测(AE)、红外检测(IR)、残余应力检测、金属磁记忆检测、超声波衍射时差检测(TOFD)、超声波相控阵检测等。在实际检测过程中，根据相应的技术要求针对不同的检测对象选用适当的检测方法和检测工艺，如对整机的金属结构可用目视检测；对零部件和机构，如母材或焊缝内部缺陷主要用超声检测，壁厚腐蚀测量主要用超声测厚仪；表面缺陷主要用磁粉或渗透检测。

5.1 无损检测质量控制要求

5.1.1 总体原则

NDT作为一种最先进的综合性应用科学技术之一，在生产上发挥巨大作用已众所周知，国外将NDT称为现代工业的基础，随着改革开放的不断深入，国内NDT也越来越受到人们的关注与重视。然而，通过这种手段进行质量控制(QC)，必须有一个前提条件，那就是必须依赖于其结果的准确性与可靠性，一旦NDT结果不准确或错误，不仅达不到其应有的作用，而且会造成巨大的损失。可见，NDT是QC的重要手段，其自身的工作质量也必须受到严格的控制。

必须说明的是，通过对NDT工作本身进行严格的控制，以提高检测结果的准确性，不能离开NDT技术本身的检测能力。因此，应在技术上允许的范围之内，通过严格的QC手段，使NDT的检测能力得以完整地体现，使结果的准确性提高到可信赖程度。对NDT工作进行质量控制，其目的是保证其结果的可靠性，那么对于影响其结果的众多因素，就必须进行认真剖析并逐个加以控制。作为质量保证体系一部分的NDT工作质量控制办法可归纳为文件化、程序化、记录化，同时加强其工作质量相关各部门的协调配合实现综合管理。

5.1.2　文件化控制

文件化管理是确保NDT结果准确性的重要手段。质量文件包括四个层次：质量手册、程序文件、质量计划、质量记录。与NDT有关的还有若干技术标准和技术规范。

对于不同的产品，其检测的要求不尽相同，这在质量计划以及检测规范中均有所体现，据此先制订出具体的实施方案与计划，并按规定的程序工作，每一步骤均有记录，检测报告要得到订货方或委托监理的确认。整个工程结束，将所有资料汇总，组成完整的文件，记录资料。

通过以上文件的控制，应做到“每一件事均在受控状态下进行，每个人都在受控状态下工作”，从而确保NDT工作的质量。

5.1.3　程序化控制

程序化的控制是确保NDT结果准确性的最直接有效的手段。对于每种NDT方法，均要求有可遵循的操作程序，并严格按程序文件的要求进行工作。在程序文件中，对每件NDT工作的操作要求、操作步骤以及具体实施均有详尽规定。

5.1.4　记录化控制

记录是检测工作中极其重要的一环，它不仅能追踪产品的质量情况，也可以证明NDT工作的质量，所以在工作中，应坚持“没有记录，就等于没有进行工作”的原则，对记录工作进行极其严格的控制。每天、每时、每人所做的工作必须有原始的记录，且都有一定的编号，在一个部件完成后有个概括性的总结，每个产品完成以后都必须重新整理一遍，无一差错，方能编号归档，总之要做到记录，工作有据可查。

5.1.5　协调配合

NDT不是孤立专业的技术，尤其在工程应用中，要使NDT工作顺利开展，并保证结果的准确性，必须加强与有关部门的协调和配合。

5.2　外观检验

外观检验主要通过目视方法检测焊缝表面的缺陷和借助测量工具检查焊缝尺寸上的偏差。外观检查分为目视检测和尺寸检测。外观检验是为了检测在役起重机械的整体质量和各功能部件的性能，并对明显出现异常的部位进行指导性的二次探伤。主要检测内容有机械部分金属结构的几何尺寸测量、表面质量检查等。

5.2.1　焊缝的目视检测

1. 目视检测方法

(1)近距离目视检测。指用眼睛直接观察和分辨缺陷的形貌。焊缝外形应均匀，焊道与焊道及焊道与基本金属之间应平滑过渡。检测过程中可采用适当的照明设施，利用反光镜调节照射角度和观察角度，或借助低倍放大镜用以观察，以提高眼睛的发现和分辨缺陷的能力。

（2）远距离目视检测。主要用于眼睛不方便接近或无法接近被检测体，而必须借助望远镜、窥视镜、光导纤维、照相机等辅助设备进行观察的场合。

（3）间接目视检测。指检测人员的眼睛与检测区之间有不连续的、间断的光路，使用摄影术、视频系统、自动系统和机器人进行检测。

通常，目视检测主要用于观察材料、零件、部件、设备和焊接接头等的表面状态、配合面的对准、变形或泄漏迹象等。

2. 目视检测的程序

（1）清理焊缝表面及其边缘，要求无阻碍外观检查的附着物。

（2）用焊缝检验尺测量焊缝的几何尺寸：

①焊缝与母材连接处，焊缝应完整不得有漏焊，连接处应圆滑过渡；

②焊缝形状与尺寸急剧变化的部位，焊缝高低、宽窄及结晶鱼鳞波纹应均匀变化。

（3）观察整条焊缝及其热影响区是否存在焊接缺陷。因为接头部位易产生焊瘤、咬边，收弧部位易产生弧坑裂纹、夹渣、气孔缺陷，所以这些部位应重点观察，要求不得出现裂纹、夹渣、焊瘤、烧穿等缺陷，其它如气孔、咬边等缺陷按照相应的检测标准评定。

5.2.2　焊缝外形的尺寸检测

以目视检测为基础，对焊缝外形的尺寸进行检测，与标准规定的尺寸进行比较，继而判断外形几何尺寸是否符合要求。

进行焊缝外形尺寸检测前，需要对焊接接头进行清理，要求没有焊接熔渣和其它附着物。通常使用焊接检验尺检测焊缝外形尺寸，它由主尺、高度尺、咬边深度尺和多用尺等部件构成，如图 5－1 所示，可以对焊件的坡口角度、高度、宽度、间隙和咬边深度进行测量。

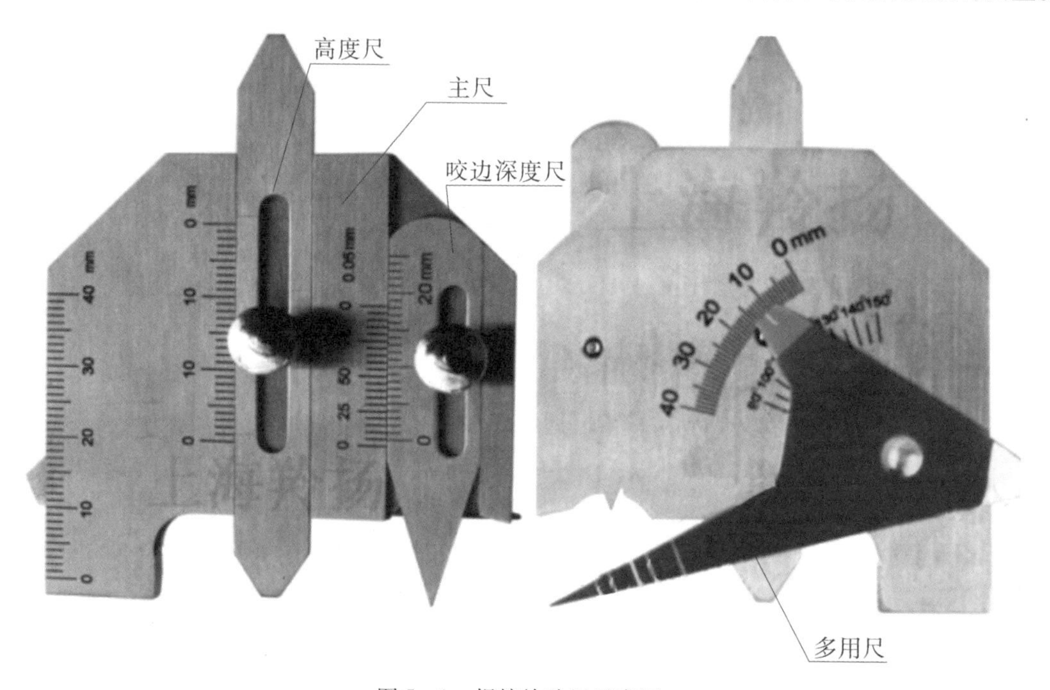

图 5－1　焊接检验尺示意图

1. 直接测量

可以将检验尺作为直尺直接测量尺寸，如图 5－2 所示。

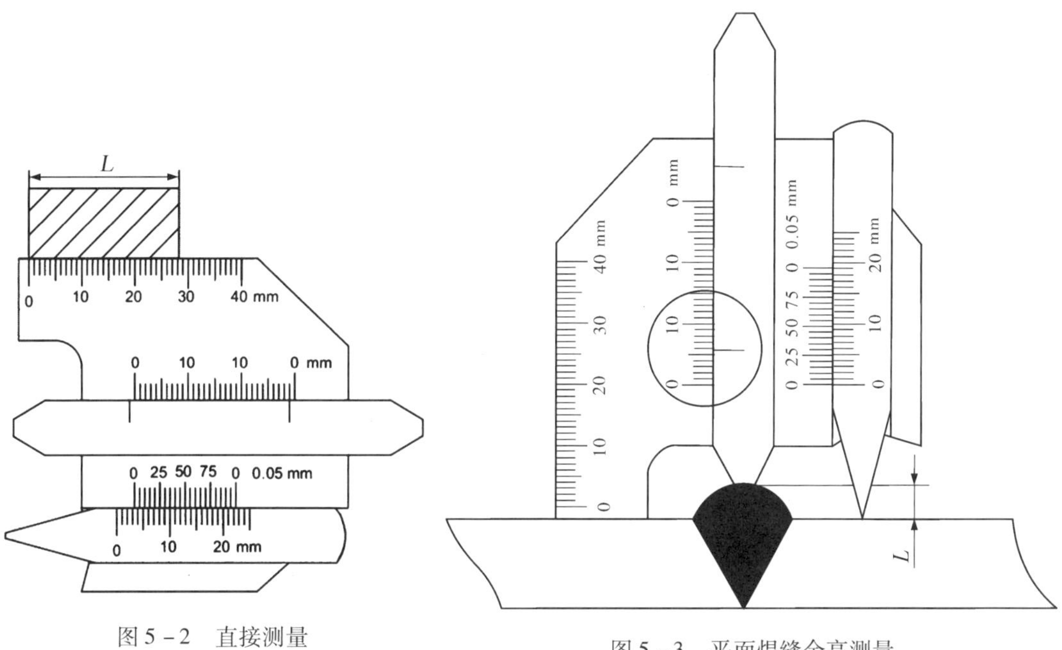

图 5－2 直接测量

图 5－3 平面焊缝余高测量

2. 平面焊缝余高测量

首先把咬边深度尺对准零刻度，并紧固螺丝，然后滑动高度尺与焊点接触，此时高度尺的刻度值即为焊缝余高，如图 5－3 所示。

3. 角焊缝焊脚尺寸测量

将焊接检验尺的工作面紧靠焊件和焊点，并滑动高度尺与焊件的另一边接触，此时高度尺刻度值即为角焊缝焊脚尺寸，如图 5－4 所示。

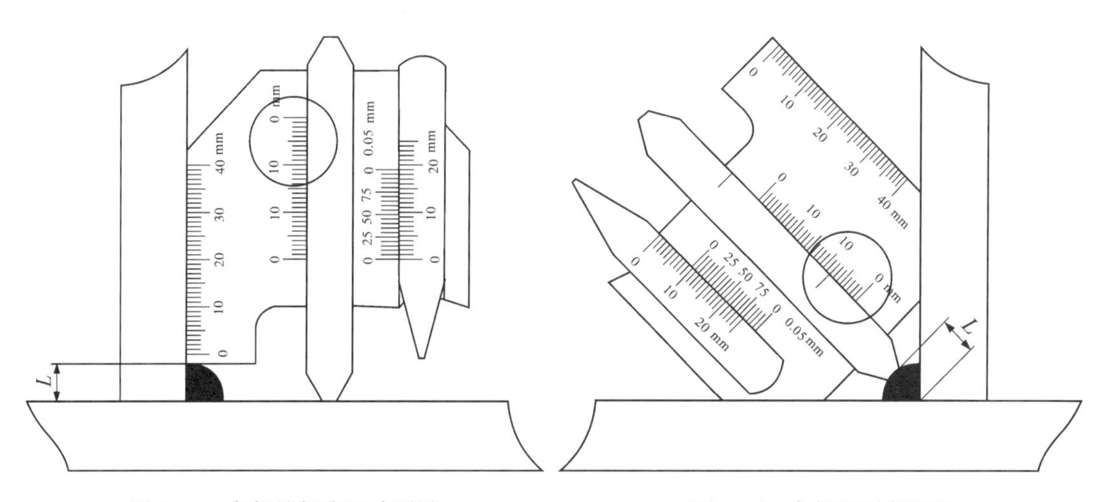

图 5－4 角焊缝焊脚尺寸测量

图 5－5 角焊缝厚度测量

4. 角焊缝厚度测量

先把主尺的两个工作面与焊件的两个平面靠紧，然后活动高度尺与焊点接触，高度尺所指示的值即为焊缝厚度。

5. 焊缝宽度测量

先用检验尺测量角紧靠焊缝的一边，然后旋转多用尺的测量角紧靠焊缝的另一边，此时多用尺上的刻度值即为焊缝宽度，如图 5－6 所示。

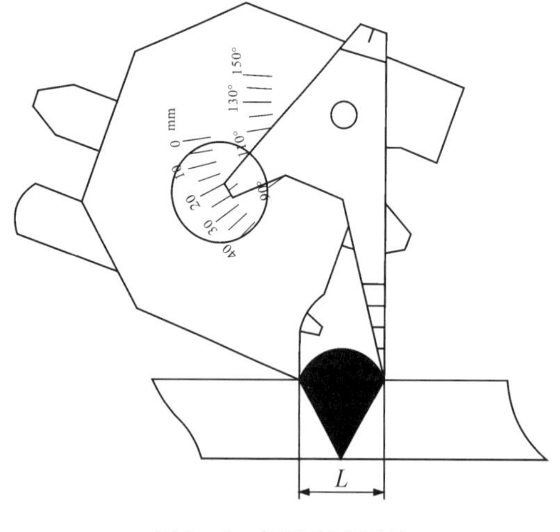

图 5－6 焊缝宽度测量

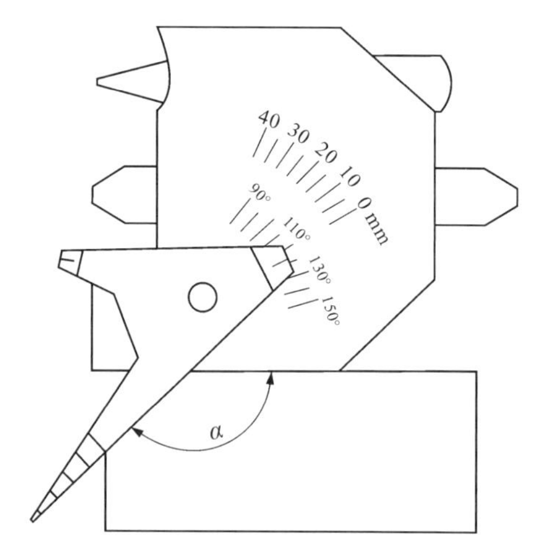

图 5－7 坡口角度测量

6. 坡口角度测量

根据焊件所需要测量的坡口角度，选用主尺与多用尺配合。观察主尺工作面与多用尺工作面形成的角度，此时多用尺指示的角度值即为坡口角度，如图 5－7 所示。

7. 焊缝咬边深度测量

首先把高度尺对准零刻度，并拧紧螺丝，然后使用咬边尺测量咬边深度，此时咬边尺刻度值即为咬边深度，如图 5－8 所示。

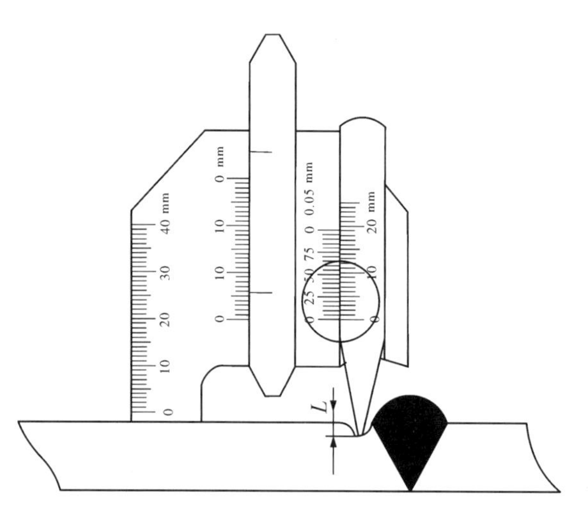

图 5－8 焊缝咬边深度测量

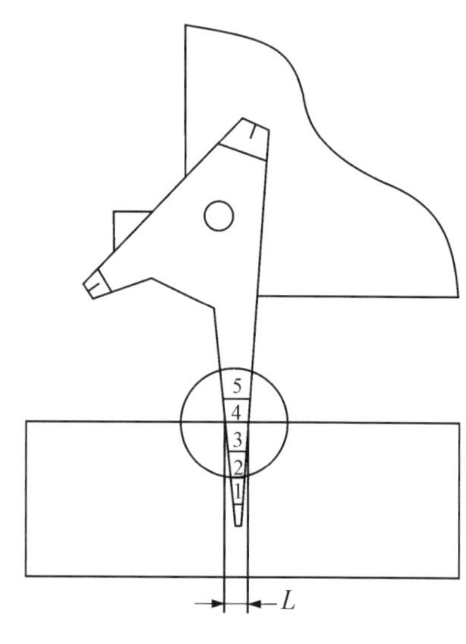

图 5－9 间隙测量

8. 间隙测量

用多用尺插入两焊件之间，此时多用尺上间隙尺的刻度值即为间隙值，如图 5 - 9 所示。

5.2.3 目视检验法的优点及缺点

目视检测是进行无损检测第一阶段的首要方法。按照检测顺序，首先进行目视检测，以确保不会影响后面的检测，接下来可以选用其它合适的检测方法。目视检测常常用于检查焊缝，焊缝本身有工艺评定标准，都是可以通过目测和直接测量尺寸来做初步检验。目视检测不受检测位置的限制，能立即得到结果，多数情况下不需要专用的仪器，实际应用中简便、快速、成本低廉。但是目视检测局限于检测被测物的表面状况，并且易受到检测人员的技术和经验的影响。

5.3 表面无损检测技术

表面无损检测技术主要检测工件表面及近表面的缺陷，包括磁粉检测和渗透检测等技术。在役起重机金属结构的表面及近表面缺陷按其形成时期可分成原材料表面及近表面缺陷、热加工过程中产生的表面及近表面缺陷、冷加工过程中产生的表面及近表面缺陷和使用过程中产生的表面及近表面缺陷等。

5.3.1 缺陷分类

1. 原材料表面及近表面缺陷

原材料表面及近表面缺陷的形成主要集中在金属冶炼时期，它与金属铸锭的熔炼和凝固有关。缺陷的主要形式为残余缩孔和中心疏松、气泡、金属夹杂物和非金属夹杂物、发纹、夹层、分层和白点等。

2. 热加工过程中产生的表面及近表面缺陷

在金属学中，把高于金属再结晶温度的加工叫热加工。热加工可分为金属铸造、热扎、锻造、焊接和热处理等工艺。起重机中广泛使用钢材作为其金属结构的组成部分，而钢材在热加工过程中受到加热不均匀的影响，会产生缺陷，并且原材料中存在的缺陷在加热过程中会扩展，继而发展为新的缺陷。

(1) 金属铸造

金属铸造过程中产生的缺陷主要包括铸造裂纹、铸造缩孔与疏松缩松、气孔、冷隔等。

铸造裂纹是由于在铸造过程中存在铸造热应力与收缩应力，当所形成的拉应力超过铸件的抗拉强度时出现的裂纹。铸件在固态收缩过程中，由于各部分的冷却速度不同，引起不均衡收缩产生应力，即为铸造热应力；铸件在固态收缩过程中，由于受到铸型、砂芯、浇冒口等方面的阻碍产生的应力，即为铸造收缩应力。

铸造缩孔是指铸件在冷凝过程中收缩而产生的孔洞，形状不规则，孔壁粗糙，一般位于铸件的热节处。

疏松是铸件凝固缓慢的区域因微观补缩通道堵塞而在枝晶间及枝晶的晶臂之间形成的细小空洞。

缩松是指铸件最后凝固的区域没有得到液态金属或合金的补缩形成分散和细小的缩孔。常分散在铸件壁厚的轴线区域、厚大部位、冒口根部和内浇口附近。缩松隐藏于铸件的内部，外观上不易被发现。缩松的宏观端口形貌与疏松相似，当缩松与缩孔容积相同时，缩松的分布面积要比缩孔大得多。

气孔是气体在金属液结壳之前未及时逸出，在铸件内生成的孔洞类缺陷。气孔的内壁光滑，明亮或带有轻微的氧化色。铸件中产生气孔后，将会减小其有效承载面积，且在气孔周围会引起应力集中而降低铸件的抗冲击性和抗疲劳性。另外，气孔对铸件的耐腐蚀性和耐热性也有不良的影响。

冷隔主要是由于浇注温度太低，金属溶液在铸模中不能充分流动，两股融体相遇未融合，在铸件表面或近表面形成的缺陷。

(2)热轧

热轧过程中产生的缺陷主要包括裂纹、线状缺陷、夹渣、折叠、翘皮等。

裂纹是由于加热和轧制不当而形成的缺陷。

线状缺陷是由材料表面及近表面层的气孔和非金属夹杂物为起点造成的缺陷。

翘皮是当含有较多气孔和夹杂缺陷的连铸坯，经过粗轧道次的变形，中间坯角部低温区在一定的立辊侧压作用下产生了超出板坯材料热塑性容限的变形，形成角部裂纹，这种裂纹在随后的变形过程中，在轧制中不能焊合，形成沿轧制方向的断续迭层的缺陷。

(3)锻造

锻造过程中产生的缺陷主要包括缩孔、疏松、非金属夹杂物、夹砂、折叠、龟裂、锻造裂纹、白点等。

缩孔是铸锭时因冒口切除不当、铸模设计不良，以及铸造条件不良且锻造不充分而形成的缺陷。

疏松是铸件在凝固过程中由于收缩以及补缩不足，中心部位出现细密微孔性组织分布，且锻造不充分而形成的缺陷。

非金属夹杂物是炼钢时由于熔炼不良以及铸锭不良，混进硫化物和氧化物等非金属夹渣物或者耐火材料而形成的缺陷。

夹砂是铸锭时熔渣、耐火材料或夹渣物以弥散态留在锻件中而形成的缺陷。

折叠是锻压操作不当，锻钢件表面的局部未结合缺陷。

龟裂是由于原材料成分不当、表面情况不好、加热温度和加热时间不适合而在锻钢件表面上形成的较浅龟状表面缺陷。

在锻造过程中形成的裂纹是多种多样的，形成原因也各不相同，主要可分为原材料缺陷引起的锻造裂纹和锻造本身引起的锻造裂纹两类。属于前者的原因有残余缩孔、钢中夹杂物等冶金缺陷；属于后者的原因有加热不当、变形不当及锻后冷却不当、未及时热处理等。

白点是由于钢中含氢量较高，在锻造过程中的残余应力、热加工后的相变应力和热应力等作用下形成的一种微细的裂纹。由于缺陷在断口上呈银白色的圆点或椭圆形斑点，故称其为白点。

(4)焊接

焊接过程中产生的表面及近表面缺陷主要包括焊接裂纹、未焊透、气孔、夹渣等。

焊接裂纹是由于焊接时温度高，外界气体大量分解溶入，并且局部加热时间短而形成的缺陷，是焊接缺陷中危害性最大的一种，它显著减少承载面积，而且裂纹端部形成的尖锐缺口造成应力高度集中。

焊接裂纹根据发生条件和时机，可分为热裂纹、冷裂纹、再热裂纹和层状撕裂。热裂纹又称结晶裂纹，一般在焊接完成时出现，裂纹沿晶界开裂，裂纹面上有氧化色彩，失去金属光泽。冷裂纹又称延迟裂纹，是焊缝冷至马氏体转变温度 M_S 点以下产生的，一般是在焊接一段时间后出现。再热裂纹是接头冷却后再加热至 550 ~ 650℃时产生的。层状撕裂主要是由于钢材在轧制过程中将硫化物、硅酸盐类、三氧化二铝等杂质夹在其中，形成各向异性，在焊接应力或外拘束应力的作用下，金属沿轧制方向伸展的杂质面开裂形成的。

未焊透指母材金属未融化，焊缝金属没有进入接头根部的现象。它减少了焊缝的有效截面积，使接头强度下降，同时，未焊透引起的应力集中严重降低焊缝的疲劳强度，所造成的危害比强度下降的危害大得多。

气孔是指焊接时，熔池中的气体未在金属凝固前逸出，残存于焊缝之中所形成的空穴。气体的来源有两种，一种为外界气体进入熔池，另一种为焊接冶金过程中反应产生的。气孔减小了焊缝的有效截面积，使焊缝疏松，从而降低了接头的强度、塑性，也会引起应力集中。如果是氢气孔还可能产生冷裂纹。

夹渣是指焊后熔渣残存在焊缝中的现象。在受应力作用下，焊缝中夹渣处会先出现裂纹并沿展，导致强度下降、焊缝开裂。

(5)热处理

热处理分为普通热处理和化学热处理两种。普通热处理中的缺陷主要是淬火裂纹，化学热处理中的缺陷主要是电镀裂纹、酸洗裂纹和应力腐蚀裂纹等。

3. 使用中产生的表面缺陷

使用中产生的表面缺陷有疲劳裂纹、应力腐蚀裂纹等。

(1)疲劳裂纹是由于结构材料承受交变反复载荷，局部高应变区内的峰值应力超过材料的屈服强度，晶粒之间发生滑移和位错，产生微裂纹并逐步扩展形成的缺陷。

(2)应力腐蚀裂纹是由于金属材料在拉应力作用下产生的缺陷。

5.3.2　磁粉检测(MT)

1. 检测原理

铁磁性材料工件被磁化后，由于不连续的存在，使工件表面和近表面的磁感应线发生局部畸变而产生漏磁场，吸附施加在工件表面的磁粉，在合适的光照条件下形成目视可见的磁痕，从而显示出不连续的位置、大小、形状。对于没有缺陷的部分，由于介质是连续均匀的，故磁感应线的分布也是均匀的。工件磁化后磁感应线的分布如图 5 - 10 所示。

缺陷处的漏磁场强度与漏磁场的磁通密度成正比，其强度和分布状态取决于缺陷的尺寸、位置和磁化强度等。铁磁性材料工件表面及近表面尺寸很小、间隙极窄的缺陷磁化后产生的漏磁场强度很大，吸附磁粉能力强，容易被检出；离工件表面距离越大，产生的漏

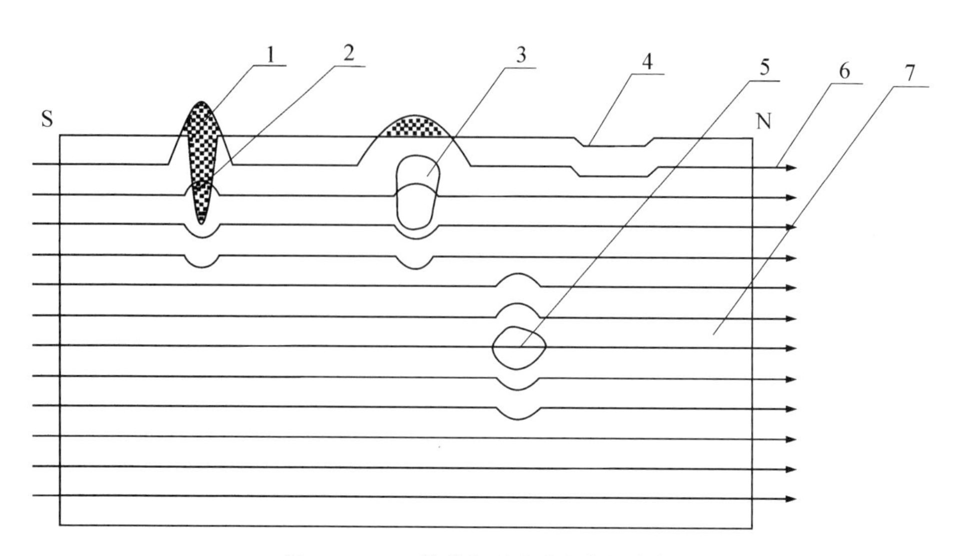

图 5－10　工件磁化后磁感应线的分布

1—漏磁场；2—裂纹；3—近表面气孔；4—划伤；5—内部气孔；6—磁感应线；7—工件

磁场就越弱，吸附磁粉的能力下降。

2. 起重机械磁粉检测

磁粉检测能检测铁磁性工件、马氏体不锈钢和沉淀硬化不锈钢等具有磁性材料的表面和近表面缺陷，如裂纹、白点、发纹、折叠、疏松、冷隔、气孔和夹杂等缺陷。对于工件表面浅而宽、针孔状、埋藏较深和延伸方向与磁感应线方向夹角小于 20°等缺陷，不适合用磁粉检测方法。

表面和近表面裂纹是起重机械的重要检测内容，起重机械的钢结构和零部件及焊缝表面都不允许存在裂纹，鉴于一般起重机械材料多是钢材，磁粉检测也就成为其最常用的无损检测手段之一。

3. 磁粉检测的优缺点

磁粉检测的优点：① 检测结果直观；② 具有较高的检测灵敏度；③ 检测效率高；④不受工件大小和几何形状的限制。

磁粉检测的缺点：① 不能检测非铁磁性材料和非磁性材料；② 只能检测表面及近表面缺陷；③ 对工件的表面光滑度要求高；④ 磁化后具有较大剩磁的工件需进行退磁处理。

4. 磁粉检测程序

(1)表面处理

除去漆层、油污等非导电覆盖层，露出金属光泽，使用干法检测时还要保持工件表面干净和干燥。

(2)磁化

选用合适的磁化电流和磁化方法对工件进行磁化。磁粉检测中产生磁化磁场的电流称为磁化电流，有交流电、整流电、直流电和冲击电流等几种。交流电具有趋肤效应，对表面缺陷具有较高检测灵敏度；整流电中包含的交流分量越大，检测近表面较深缺陷的能力越弱；直流电产生的磁化磁场渗入深度大，在这几种磁化电流中，检测缺陷的深度最大；冲击电流由于通电时间短，只用于剩磁法。

工件磁化时，当磁场方向与缺陷延伸方向垂直时，缺陷处的漏磁场最大，检测灵敏度最高。为了能发现所有方向的缺陷，通常需要对下列几种磁化方法组合使用：周向磁化、纵向磁化、多向磁化。

(3)施加磁粉或磁悬液

根据选用磁粉的类别和施加方法的不同，选择合适的时机施加磁粉或磁悬液。磁粉按施加方式分为湿法用磁粉和干法用磁粉；按磁痕观察方式分为荧光磁粉和非荧光磁粉。湿法用磁粉是将磁粉悬浮在油或水载液中喷洒到工件表面的磁粉；干法用磁粉是将磁粉在空气中吹成雾状喷洒到工件表面的磁粉。在黑光灯下观察磁痕显示所使用的磁粉称为荧光磁粉，这种磁粉一般只适用于湿法检测；在可见光下观察磁痕显示所使用的磁粉为非荧光磁粉。

磁粉的施加方法分为连续法、剩磁法、干法和湿法四种。

①连续法操作步骤　连续法可分为湿连续法和干连续法。湿连续法，先用磁悬液润湿工件表面，在通电磁化的同时浇磁悬液，停止浇磁悬液后再通电数次，通电时间 1 ～ 3s，停止施加磁悬液至少 1s 后，待磁痕形成并滞留下来时方可停止通电，再进行检验；干连续法，对工件通电磁化后开始喷洒磁粉，并在通电的同时吹去多余的磁粉，待磁痕形成和检验完后再停止通电。

②剩磁法操作步骤　剩磁法不能用于干法检测。通电 0.25 ～ 1s 后再浇磁悬液 2 ～ 3 遍，保证工件各个部位充分润湿，注意磁化后的工件在检验完毕前不要与任何铁磁性材料接触，以免产生磁写。

③干法操作步骤　保证工件表面和磁粉干净、干燥，工件边磁化边施加磁粉，并在观察和分析磁痕后再撤去磁场。将磁粉吹成云雾状，轻轻地飘落在被磁化工件表面上，形成薄而均匀的一层。在磁化时用干燥的压缩空气吹去多余的磁粉，注意不要吹掉磁痕显示。

④湿法操作步骤　磁悬液的施加可采用浇法、喷法和浸法，但不能采用刷涂法；连续法宜用浇法和喷法，液流要微弱，以免冲刷掉缺陷的磁痕显示；剩磁法采用浇法、喷法和浸法皆宜。浇法和喷法灵敏度低于浸法；浸法的浸放时间一般控制在 10 ～ 20s 后取出检测，时间长了会产生过度背景；用水磁悬液时，应进行水断试验；可根据各种工件表面的不同选择不同的磁悬液浓度；仰视检验宜用磁膏。

(4)观察记录磁痕

在合适的光源、光照条件下观察磁痕，分辨真实缺陷和伪缺陷，将真实缺陷记录在检测报告中。

(5)评级

按照相应的标准对显示出的缺陷进行评级。

(6)退磁

工件磁化后具有的剩磁影响正常使用的，要对工件进行退磁处理。

(7)后处理

对除去漆层的部位进行涂刷漆层等处理。

5. 磁痕分析

磁痕为磁粉检测时磁粉聚集形成的图像。磁痕分为由缺陷的漏磁场引起的相关显示、由非缺陷的漏磁场引起的非相关显示、不是由漏磁场引起的伪显示。

在起重机械的安全评估中，磁粉的检测对象大部分为焊缝。焊缝中几种缺陷的磁痕特征如下：

焊接裂纹是工件焊接过程中或焊接过程结束后在焊缝及热影响区出现的金属局部破裂。其磁痕特征呈纵向、横向线状、树枝状或星形线辐射状。磁粉聚集浓密、轮廓清晰，重现性好。

未焊透是在焊接过程中，母材金属未熔化，焊缝金属没有进入接头根部的现象。它的磁痕松散、较宽。

气孔是焊接过程中气体在熔化金属冷却之前没有及时逸出而保留在焊缝中的孔穴，它的磁痕分单个气孔和成群气孔两种显示方式，呈圆形或椭圆形，宽而模糊，显示不太清晰。

夹渣是焊接过程中熔池内未来得及浮出而残留在焊接金属内的焊渣，它的磁痕多呈点状(椭圆形)或粗短的条状，磁痕宽而不浓密。

5.3.3 渗透检测(PT)

5.3.3.1 渗透检测原理

渗透检测是基于液体的毛细作用和固体染料在一定条件下的发光现象。工件表面被施涂含有荧光染料或者着色染料的渗透剂后，在毛细作用下，经过一定时间，渗透剂可以渗入表面开口缺陷中；去除工作表面多余的渗透剂，经过干燥后，再在工件表面施涂吸附介质——显像剂；同样在毛细作用下，显像剂将吸引缺陷中的渗透剂，即渗透剂回渗到显像中；在一定的光源下(黑光或白光)，缺陷处的渗透剂痕迹被显示(黄绿色荧光或鲜艳红色)，从而探测出缺陷的形貌及分布状态。

5.3.3.2 渗透检测适用范围

渗透检测可广泛应用于检测大部分的非吸收性物料的表面开口缺陷，如钢铁、有色金属、陶瓷及塑料等，对于形状复杂的缺陷也可一次性全面检测。主要用于裂纹、白点、疏松、夹杂物等缺陷的检测，无需额外设备。对应用于现场检测来说，常使用便携式的灌装渗透检测剂，包括渗透剂、清洗剂和显像剂这三个部分，便于现场使用。渗透检测的缺陷显示很直观，能大致确定缺陷的性质，检测灵敏度较高，但检测速度慢，因使用的检测剂为化学试剂，对人的健康和环境有较大的影响。

5.3.3.3 渗透检测的优缺点

1. 渗透检测的优点

(1)渗透检测可以检测金属(钢、耐热合金、铝合金、镁合金、铜合金)和非金属(陶瓷、塑料)工件的表面开口缺陷，如裂纹、疏松、气孔、夹渣、冷隔、折叠和氧化斑疤等。这些表面开口缺陷，特别是细微的表面开口缺陷，一般情况下直接目视检查是难以发现的。

(2)渗透检测不受被控工件化学成分限制。渗透检测可以检查磁性材料，也可以检查非磁性材料；可以检查黑色金属，也可以检查有色金属，还可以检查非金属。

(3)渗透检测不受被检工件结构限制。渗透检测可以检查焊接件或铸件，也可以检查压延件和锻件，还可以检查机械加工件。

(4)渗透检测不受缺陷形状(线性缺陷或体积型缺陷)、尺寸和方向的限制。只需要一次渗透检测，即可同时检查开口于表面的所有缺陷。

2. 渗透检测的缺点

渗透检测无法或难以检查多孔的材料，例如粉末冶金工件；也不适用于检查因外来因素造成开口或堵塞的缺陷，例如工件经喷丸处理或喷砂，可能堵塞表面缺陷的“开口”，难以定量地控制检测操作质量，多凭检测人员的经验、认真程度和视力的敏锐程度。

5.3.3.4　渗透检测程序

1. 表面处理

对表面处理的基本要求就是，任何可能影响渗透检测的污染物必须清除干净，同时，又不能损伤被检工件的工作功能。渗透检测范围应从检测部位四周向外扩展25mm以上。

污染物的清除方法有机械清理、化学清洗和溶剂清洗，在选用时应进行综合考虑。特别注意涂层必须用化学的方法进行去除而不能用打磨的方法。

2. 渗透剂的施加

常用的施加渗透剂的方法有喷涂、刷涂、浇涂和浸涂。

渗透时间是一个很重要的因素，一般来说，施加渗透剂的时间不得少于10min，对于应力腐蚀裂纹因其特别细微，渗透时间需更长，可以长达2h。

渗透温度一般控制在10～50℃范围内，温度太高，渗透剂容易干在被检工件上，给清洗带来困难；温度太低，渗透剂变稠，动态渗透参量受到影响。当被检工件的温度不在推荐范围内时，可进行性能对比试验，以此来验证检测结果的可靠性。

在整个渗透时间内应让被检表面处于湿润状态。

3. 渗透剂的去除

在去除渗透剂时，既要防止过清洗又要防止清洗不足，清洗过度可能导致缺陷显示不出来或漏检，清洗不足又会使得背景过浓，不利于观察。

水洗型渗透剂的去除：水温为10～40℃，水压不超过0.34MPa，在得到合适的背景的前提下，水洗的时间越短越好。

后乳化型渗透剂的去除：乳化工序是后乳化型渗透检测工艺的最关键步骤，必须严格控制乳化时间，防止过乳化，在得到合适的背景的前提下，乳化的时间越短越好。

溶剂去除型渗透剂的去除：应注意不得往复擦拭，不得用清洗剂直接冲洗被检表面。

4. 显像剂的施加

显像剂的施加方式有喷涂、刷涂、浇涂和浸涂等，喷涂时距离被检表面300～400mm，喷涂方向与被检面的夹角为30～40°，刷涂时一个部位不允许往复刷涂几次。

5. 观察

观察显示应在显像剂施加后7～60min内进行。

观察的光源应满足要求，一般白光照度应大于1000lx，无法满足时，不得低于500lx；荧光检测时，暗室的白光照度不应大于20lx。距离黑光灯380mm处，被检表面辐照度不低于1000μW/cm^2。

在进行荧光检测时，检测人员进入暗室应有暗适应时间。

6. 缺陷评定

按照标准要求进行记录和评定。

5.3.3.5 渗透检测常见缺陷显示

渗透检测的显示和磁粉检测相同，也分为相关显示、非相关显示和伪显示。

气孔的显示一般呈圆形、椭圆形或长圆条形红色亮点或黄绿色荧光亮点，并均匀地向边缘减淡。由于回渗现象较严重，显示通常会随显像时间的延长而迅速扩展。

热裂纹显示一般呈略带曲折的波浪状或锯齿状红色细条线或黄绿色细条状。

冷裂纹显示一般呈直线状红色或明亮黄绿色细线条，中部稍宽，两端尖细，颜色或亮度逐渐减淡，直到最后消失。

疲劳裂纹的显示呈红色光滑线条或黄绿色荧光亮线条。

白点显示为在横向断口上为辐射状不规则分布的小裂纹，在纵向断口上呈弯曲线状或圆形、椭圆形斑点。

未熔合显示为直线状或椭圆状的红色条状或黄绿色荧光亮线条。

未焊透显示为呈一条连续或断续的红色线条或黄绿色荧光亮线条，宽度一般较均匀。

5.4 超声检测(UT)

5.4.1 检测原理

超声波是频率高于 20kHz 的机械波。在超声探伤中常用的频率为 0.5 ～ 10MHz。这种机械波在材料中能以一定的速度和方向传播，遇到声阻抗不同的异质界面(如缺陷或被测物件的底面等)就会产生反射。这种反射现象可被用来进行超声波探伤，最常用的是脉冲回波探伤法。探伤时，脉冲振荡器发出的电压加在探头上(用压电陶瓷或石英晶片制成的探测元件)，探头发出的超声波脉冲通过声耦合介质(如机油或水等)进入材料并在其中传播，遇到缺陷后，部分反射能量沿原途径返回探头，探头又将其转变为电脉冲，经仪器放大而显示在示波管的荧光屏上。根据缺陷反射波在荧光屏上的位置和幅度(与参考试块中人工缺陷的反射波幅度作比较)，即可测定缺陷的位置和大致尺寸。除回波法外，还有用另一探头在工件另一侧接收信号的穿透法。利用超声法检测材料的物理特性时，还经常利用超声波检测在工件中的声速、衰减和共振等特性。

5.4.2 超声检测适用范围

脉冲回波探伤法通常用于锻件、焊缝及铸件等的检测，可发现工件内部较小的裂纹、夹渣、缩孔、未焊透等缺陷。被探测物要求形状较简单，并有一定的表面光洁度。为了成批地快速检查管材、棒材、钢板等型材，可采用配备有机械传送、自动报警、标记和分选装置的超声探伤系统。除探伤外，超声波还可用于测定材料的厚度，使用较广泛的是数字式超声测厚仪，其原理与脉冲回波探伤法相同，可用来测定化工管道、船体钢板等易腐蚀物件的厚度。

5.4.3　超声检测的优缺点

超声检测的优点：穿透能力较大，例如在钢中的有效探测深度可达1m以上；对平面型缺陷如裂纹、夹层等，探伤灵敏度较高，并可测定缺陷的深度和相对大小；设备轻便，操作安全，易于实现自动化检验。

超声检测的缺点：不易检查形状复杂的工件，要求被检查表面有一定的光洁度，并需有耦合剂填充满探头和被检查表面之间的空隙，以保证充分的声耦合。对于有些粗晶粒的铸件和焊缝，因易产生杂乱反射波而较难应用。此外，超声检测还要求有一定经验的检验人员来进行操作和判断检测结果。

5.4.4　超声检测的步骤

(1)工件准备。包括探伤面的选择、表面准备和探头移动区的确定。

(2)探伤频率选择。探伤频率过高，近场区长度大，衰减大，因此在保证灵敏度的前提下，应尽可能选用较低的频率。

(3)调节仪器。调节探伤范围和调整灵敏度。

(4)修正操作。因校准试块与实际工件表面状态不一致或材质不同而造成耦合损耗差异或衰减损失，为了给予补偿应进行修正操作。

(5)扫查确定缺陷的形状及位置。

(6)评定缺陷。

5.4.5　超声检测缺陷定性

目前，A型显示超声检测是应用最广泛的一种方法，但是这种方法对缺陷定性定量都有一定的不准确度，检测结果受到检测人员的经验等人为影响较大。在判断缺陷性质时，需要根据被检材料中典型缺陷的分布规律和回波特征来确定。

5.5　声发射无损检测(AE)

5.5.1　检测原理

材料或结构受外力或内应力作用变形或断裂时，或内部缺陷状态发生变化时，以弹性波方式释放出应变能的现象称为声发射。

5.5.2　声发射技术特点

(1)声发射法适用于实时动态监控检测，且只显示和记录扩展的缺陷，这意味着与缺陷尺寸无关，而是显示正在扩展的最危险缺陷。这样，应用声发射检验方法时可以对缺陷不按尺寸分类而按其危险程度分类。按这样分类，构件在承载时可能出现工件中应力较小的部位尺寸大的缺陷不划为危险缺陷，而应力集中的部位按规范和标准要求允许存在的缺陷因扩展而被判为危险缺陷。声发射法的这一特点原则上可以按新的方式确定缺陷的危险性。因此，在起重机械等产品的荷载试验工程中，若使用声发射检测仪器进行实时监控检测，既可弥补常规无损检测方法的不足，也可提高试验的安全性和可靠性，同时利用分析软件可对以后的运行安全做出评估。

(2)声发射技术对扩展的缺陷具有很高的灵敏度。其灵敏度远远高于其它方法，例如，声发射法能在工作条件下检测出零点几毫米数量级的裂纹增量，而传统的无损检测方法则无法实现。

(3)声发射法的特点是整体性。用一个或若干个固定安装在物体表面上的声发射传感器可以检验整个物体。缺陷定位时不需要使传感器在被检物体表面扫描(而是利用软件分析获得)，因此，检验及其结果与表面状态和加工质量无关。假如难以接触被检物体表面或不可能完全接触时，整体性特别有用。检验大型的和较长物体(如桥机梁、高架门机等)的焊缝时，这种特性更明显。

(4)声发射法一个重要特性是能进行不同工艺过程和材料性能及状态变化过程的检测。声发射法还提供了讨论有关物体材料的应力－应变状态的变化。因此，声发射技术是探测焊接接头焊后延迟裂纹的一种理想手段。

(5)对于大多数无损检测方法来说，缺陷的形状和大小、所处位置和方向都是很重要的，因为这些缺陷特性参数直接关系到缺陷漏检率。而对声发射法来说，缺陷所处位置和方向并不重要，换句话说，缺陷所处位置和方向并不影响声发射的检测效果。

(6)声发射法受材料的性能和组织的影响比较小。例如，材料的不均匀性对射线照相和超声波检测影响很大，而对声发射法则无关紧要。

(7)使用声发射法比较简单，现场声发射检测监控与试验同步进行，不会因使用了声发射检测而延长试验工期；检测费用也较低，特别是对于大型构件整体检测，其检测费用远低于射线或超声检测费用；可以实时地进行检测和结果评定。

5.5.3 声发射在起重机械上的应用

通过获取起重机工作过程中的多种常见典型声发射源及其特性，实现对起重机的动态无损检测监测。

最早的应用是 Carlyle J. M. 在 50t 港口门座起重机上进行的声发射测试，Gordon R Drummond 等采用了声发射线性定位方法检测了航空母舰上的电动桥式起重机主梁的载荷实验过程。其研究指出，与仅进行载荷测试相比，结合定期的载荷测试和声发射检测可以获取更多的关于起重机主梁完整性的信息；采用声发射技术不但能定性地分析威胁完整性的裂纹等缺陷，同时也可以进行定量分析。国内骆红云等对某港口的翻车机 C 型环和装船机的主梁部件，采用区域、线性、平面等十几个定位阵列，进行了声发射实时检测，并对声发射源进行了危险等级划分；田建军等进行了 QY8C 型汽车起重机臂梁起吊过程的声发射检测，指出在重要受力支撑点和变截面应力分布不均匀位置，有较多的声发射信号产生。但是，迄今为止，我国关于声发射技术在起重机金属结构中的无损检测和完整性评价方面的研究和应用还没有形成成熟的研究和应用方法。

5.6 无损检测新技术简介

5.6.1 超声波衍射时差检测技术(TOFD)

超声波衍射时差检测技术利用固体中声速最快的纵波在缺陷端部产生衍射能量来进行检测，是采用一对频率、尺寸、角度相同的纵波斜探头进行探伤，一个作为发射探头，另一个作为接收探头，两探头相向对置且探头中心在同一直线上。发射探头发射出斜入射纵波，若无缺陷，接收探头首先接收到在两个探头之间以纵波进行传播的直通波，然后接收到底面反射的回波。如果工件中存在缺陷，那么在缺陷的上下端点除普通的反射波外，还将分别产生衍射波，衍射能量源于缺陷端部。上下端点的两束衍射信号出现在直通波和底面反射波之间。缺陷两端点的信号根据衍射信号传播时差判定缺陷高度的量值，在时间上是可分辨的。

5.6.2 超声相控阵检测技术

超声相控阵是超声探头晶片的组合，由多个压电晶片按一定的规律分布排列，然后逐次按预先规定的延迟时间激发各个晶片，所有晶片发射的超声波形成一个整体波阵面，能有效地控制发射超声束(波阵面)的形状和方向，能实现超声波的波束扫描、偏转和聚焦。它为确定不连续性的形状、大小和方向提供比单个或多个探头系统更大的能力。

超声相控阵检测技术基于惠更斯原理，利用不同形状的多阵元换能器产生和接收超声波束，通过控制换能器阵列中各阵元发射(或接收)脉冲的不同延迟时间，改变声波到达(或来自)物体内某点时的相位关系，实现焦点和声束方向的变化，从而实现超声波的波束扫描、偏转和聚焦。然后采用机械扫描和电子扫描相结合的方法来实现图像成像。

用超声相控阵探头对焊缝进行检测时，无须像普通单探头那样在焊缝两侧频繁地来回前后左右移动，而相控阵探头沿着焊缝长度方向平行于焊缝进行直线扫查，对焊接接头进行全体积检测。该扫查方式可借助于装有阵列探头的机械扫查器沿着精确定位的轨道滑动完成，也可采用手动方式完成，可实现快速检测，检测效率非常高。

5.6.3 超声测厚

超声测厚是利用超声波脉冲回波技术在非破坏情况下，对起重机上许多重要结构和部件进行精确测量，一般壁厚 10 mm 以下的测量精度可达 0.01 mm，超声测厚所使用的仪器是超声测厚仪。超声测厚仪的工作原理如下：它的脉冲发生器以一个窄电脉冲激励专用高阻尼压电换能器，此脉冲为始脉冲，一部分由始脉冲激励产生的超声信号在材料界面反射，此信号称为始波。其余部分透入材料，并从平行对面反射回来，这一返回信号称为背面回波。始波与背面回波之间的时间间隔代表了超声信号穿过被测件的声程时间。如果测得声程时间就可由下式确定被测件厚度，测厚时声速是确定的。

$$d = \frac{2c}{t},$$

式中，d 为被测件厚度；c 为超声波在被测件中的传播速度（即声速）；t 为声程时间。

5.6.4 残余应力

在起重机加工制造过程中，焊接结构件大量应用于制造的各个工序，焊接接头作为焊接结构件的重要部分，其内部存在的残余应力对接头的性能有着较大的影响，使得起重机构件的强度、韧性下降，并且能导致焊接部位产生应力腐蚀开裂。

残余应力作为铁磁性材料的重要指标，是对铁磁性材料进行质量评估的标准，现今用于评估铁磁性材料的残余应力的常用 NDT 方法有：X 射线法、电阻应变片法、金属磁记忆法、巴克豪森噪声法、电磁法和超声波法等，下面将对它们进行简要介绍。电阻应变片法见第 6 章。

5.6.4.1 X 射线法

X 射线是一种波长很短的电磁辐射，其波长在$(20 \sim 0.06) \times 10^{-8}$cm 之间，介于紫外线和 γ 射线之间。它由德国物理学家伦琴于 1895 年发现，故又称伦琴射线。X 射线具有很高的穿透本领，能透过许多对可见光不透明的物质。X 射线法可以利用 X 射线穿透金属晶格时发生衍射的原理来测量金属材料具有应力的晶格与晶格之间的应变，它可以无损地检测材料表面的应力或残余应力，特别适宜于检测材料薄层和裂纹尖端的应力分布。

晶体在应力作用下原子间的距离发生变化，其变化与应力成正比。若能直接测得晶格尺寸，则可不破坏物体而直接测出内应力的数值。如图 5－11 所示，当 X 射线以掠角 θ 入射到晶面上时，如果能满足下列公式，那么，X 射线在反射角方向上将因干涉而加强，根据这一原理可以求出 d 值。

$$2d\sin\theta = n\lambda,$$

式中，d 为晶面之间的距离；λ 为沉射线的波长；n 为任一正整数。用 X 射线以不同的角度入射物体表面，则可测出不同的 d 值，从而求得表面上的内应力。X 射线法最大的优点是它的非破坏性。它的缺点是只能测表面应力，对被测表面要求较高，为避免由局部塑性变形引起的误差，需用电解剖光去除表层，测试适用的设备比较昂贵。

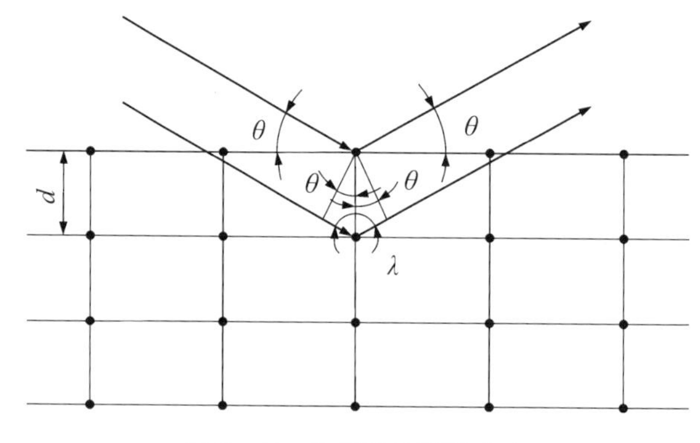

图 5－11 X 射线法测量应力

用X射线测量应力时，其精度会受到许多因素的影响，如被测试件材料的结构、X射线的波长、晶粒的精细程度、采用的测量方法、衍射面的选择、处理情况和被测试件表面的平滑度等；而且测量趋于表面性，设备较复杂；对于某些材料，当焊接部分较大时，很难找到衍射面；在测内部应力时必须剥层，这对于大型工件测量具有一定困难，现场测试不方便。另外，漫射的X射线对人体健康有一定影响，使得它在现场的应用受到限制。

5.6.4.2 金属磁记忆法

金属磁记忆（metal magnetic memory，MMM）技术，于1997年在旧金山举行的第50届国际焊接学术会议上，由俄罗斯科学家杜博夫教授等提出，该理论一经提出立即得到国际社会研究人员的认可。该技术集常规无损检测、断裂力学、金相学等诸多潜在功能于一身，被誉为21世纪NDT崭新的诊断技术，时至今日已经在国际上得到了广泛推广和应用。

金属磁记忆检测技术是一种利用金属磁记忆效应来快速无损地检测试件应力的检测方法，是目前唯一能够对铁磁构件进行早期缺陷检测和寿命评估的无损检测技术。

铁磁性材料处于地磁场作用的环境中且在载荷作用下具有磁记忆效应。所谓磁记忆效应是指具有铁磁性的构件受到载荷作用时，由于构件受地球磁场的激励，在缺陷或应力集中区域会产生具有磁致伸缩性质的磁畴组织定向和不可逆的重新取向，形成退磁场，因此使此处铁磁金属的磁导率最小，在金属表面形成漏磁场。而这种磁状态的不可逆变化在工作载荷消除后依然保留，实现了“记忆”铁磁构件缺陷或应力集中的位置。

金属磁记忆相比于其它传统的NDT方法具有以下优点：①不需要对被检试件进行专门磁化和退磁，而是利用试件在地磁场中的自磁化；②不需要对试件表面进行专门清理；③探头的提离效应影响不大，检测灵敏度高；④不需要耦合，特别适合现场使用，快速、可靠；⑤不但能检测前期的缺陷，而且能反映出部件上的应力集中区域，能准确地评估被测试件的安全特性。

5.6.4.3 巴克豪森噪声法

铁磁性材料在外磁场的作用下将会发生磁化，当铁磁质的磁化达到饱和后，去掉磁化场，铁磁性材料的磁化状态并不会恢复到原来的状态。当外磁化场在正负两个方向上进行往返变化时，铁磁质的磁化经历着一个循环的过程，该循环磁化过程就形成了磁滞回线。观察铁磁性材料的磁滞回线，可以发现在不可逆的磁化阶段，即磁滞回线曲率较大处，磁化曲线表现为台阶状阶跃变化，而非平滑连续曲线。在这个磁化阶段，放置在铁磁材料表面上的线圈就会以电压的形式采集到一种噪声脉冲，接收此信号时，会产生电压脉冲和噪音，这就是巴克豪森噪声的宏观解释。巴克豪森噪声法信号产生的根源就是磁畴壁的移动，是铁磁性材料微观结构发生改变所引起的。铁磁性材料在磁化的过程中磁畴发生同向排列，相邻的两个磁畴翻转时彼此摩擦并发生振动，就会产生噪声，这是巴克豪森噪声产生的微观解释。而这种现象只发生在有这种磁畴结构的铁磁性物质磁化的过程中。

当铁磁性材料受到外力时，其内部将受到应力作用或处于应变状态，应力或应变状态的变化将会引起材料的磁导率或磁阻的改变，磁路中磁阻的变化将引起磁通的变化，传感器上拾取巴克豪森噪声将反映出这种变化。通过做实验进行标定，可以拟合应力与噪声之间存在的某种关系。因此，巴克豪森噪声法也成为一种新的铁磁性材料的应力无损检测方法，并逐渐在铁轨、管道和轴承等设备的残余应力检测中得到一定的应用。根据巴克豪森噪声法产生的机理，巴克豪森噪声法检测技术不仅能够检测应力大小，还可以检测铁磁性材料的疲劳寿命、剥离和细小裂纹等微观组织结构。

5.6.4.4 电磁法

电磁法是利用磁致伸缩效应测定应力。铁磁物质的特征是：当外加磁场强度发生变化时，铁磁物质将伸长或缩短，如用一传感器(有线圈励磁的探头)与铁磁性材料物体接触，形成一闭合磁路；当应力发生变化时，由于铁磁性材料物体的伸缩引起磁路中磁通变化，并使传感器线圈的感应电流发生变化，由此可测出应力变化。测试时，先利用相同材料的无应力试样调零，实测出有残余应力构件的 I 或 U 的变化；然后再根据用材料试验机以相同材料标定出的应力与电流或电压的关系曲线，按测得的 I 或 U 值求出应力。

电磁法所用仪器轻巧、简单、价廉、测试方便，但只能测铁磁性材料，测试区大多不能准确地测试梯度大的残余应力，测试精度和标定方法有待提高和改进，焊接接头组织性能变化的影响较难排除。

5.6.4.5 超声波法

声弹性研究表明，在没有应力作用时超声波在各向同性的弹性体内的传播速度，不同于有应力作用时的传播速度；传播速度的差异与主应力的大小有关。因此，如果能分别测得无应力和有应力作用时的弹性体横波和纵波传播速度的变化，就可以求得主应力。

超声波法测定焊接残余应力有可能用来测定三维的空间残余应力，因此，尽管超声波法目前还处在实验室阶段，但受到关注和重视。

此外，测试残余应力还有中子辐射、光弹性、核声共振等检测方法。

5.6.5 激光无损检测

由于激光具有单色性好、能量高度集中、方向性很强等特点，它在无损检测领域的应用不断扩大，并逐渐形成了激光全息、激光散斑、激光超声等无损检测新技术。

激光全息是激光无损检测中应用最早、最多的一种方法，其基本原理是通过对被测物体施加外加载荷，利用有缺陷部位的形变量与其它部位不同的特点，通过加载前后所形成的全息图像的迭加来判断材料、结构内部是否存在不连续性。作为一种干涉计量术，激光全息技术可以检测微米级的变形，灵敏度极高，具有不需接触被测物体，检测对象不受材料、尺寸限制，检测结果便于保存等优点，已应用在复合材料、印制电路板、飞机轮胎等的缺陷检测中。

应用激光可实现非接触式的高灵敏度测量，但不能通过非透明材料的内部，而超声波却可以。激光超声技术是近年无损检测领域中迅速发展并得到工程应用的一项十分引人注目的新技术。其基本原理是使激光与被测材料直接作用激发出超声波，或利用被测材料周围的物质作为中介来产生超声波，然后运用表面栅格衍射、反射等非干涉技术或差分、光外差等干涉技术，利用激光检测所产生的超声波，从而确定被测材料的缺陷。激光超声技术不使用耦合剂，有极强的抗干扰能力，易于实现远距离的遥控，可以在恶劣环境中进行检测，并能实现工件的在线检测，具有快速、非接触、不受被检对象结构形状影响的特点，目前已在航空领域得到较好的应用。

5.6.6　红外无损检测

红外检测是基于红外辐射原理，通过扫描记录或观察被检测工件表面上由于缺陷所引起的温度变化来检测表面和近表面缺陷的无损检测方法，可分为有源红外检测（主动红外检测）和无源红外检测（被动红外检测）。红外检测的主要设备有红外热像仪、红外探测器等。红外检测具有非接触、遥感、大面积、快速有效、结果直观的优点。

红外热成像无损检测技术是新发展起来的材料缺陷和应力检查的方法，受到广泛的关注。对于任何物体，不论其温度高低都会发射或吸收热辐射，其大小与物体材料种类、形貌特征、化学与物理学结构（如表面氧化度、粗糙度等）特征有关外，还与波长、温度有关。红外照相机就是利用物体的这种辐射性能来测量物体表面温度场的。它能直接观察到人眼在可见光范围内无法观察到的物体外形轮廓或表面热分布，并能在显示屏上以灰度差或伪彩色的形式反映物体各点的温度及温度差，从而把人们的视觉范围从可见光扩展到红外波段。

红外热成像无损检测技术是一种利用红外热成像技术，通过主动式受控加热来激发被检测物中缺陷的无损检测。该方法使用大功率闪光灯、超声波、激光、微波和电磁感应等作为热源，具有适用面广、速度快、直观、可定量测量等特点。作为一项通用技术，红外热波无损检测具有很强应用性和可拓展性，有着十分广泛的应用前景。

5.6.7　微波无损检测

微波无损检测技术将在330～3300MHz中某段频率的电磁波照射到被测物体上，通过分析反射波和透射波的振幅和相位变化以及波的模式变化，了解被测样品中的裂纹、裂缝、气孔等缺陷，确定分层煤质的脱粘、夹杂等的位置和尺寸，检测复合材料内部密度的不均匀程度。

微波的波长短、频带宽、方向性好、贯穿介电材料的能力强，类似于超声波。微波也可以同时在透射或反射模式中使用。而且微波不需要耦合剂，避免了耦合剂对材料的污染。由于微波能穿透声衰减很大的非金属材料，因此该技术最显著的特点在于可以进行最有效的无损扫描。微波的极比特性使材料纤维束方向的确定和生产过程中非直线性的监控成为可能。它还可以提供精确的数据，使缺陷区域的大小和范围得以准确测定。此外，无须做特别的分析处理，采用该技术就可随时获得缺陷区域的三维实时图像。微波无损检测设备简单，费用低廉，易于操作，便于携带。但是，由于微波不能穿透金属和导电性能较好的复合材料，因而不能检测此类复合结构内部的缺陷，只能检测金属表面裂纹缺陷及粗糙度。

6　结构应力应变测试分析技术

起重机械金属结构是以金属材料轧制的型钢（如角钢、槽钢、工字钢、钢管等）和钢板作为基本构件，通过焊接、铆接、螺栓连接等方法，按一定的组成规则连接，承受起重机的自重和载荷的钢结构。金属结构的重量占整机重量的40%～70%，重型起重机可达90%；其成本占整机成本的30%以上。金属结构按其构造可分为实腹式（由钢板制成，也称箱型结构）和格构式（一般用型钢制成，常见的有根架和格构柱）两类，组成起重机金属结构的基本受力构件。这些基本受力构件有柱（轴心受力构件）、梁（受弯构件）和臂架（压弯构件），各种构件的不同组合形成功能各异的起重机。受力复杂、自重大、耗材多和整体可移动性是起重机金属结构的工作特点。金属结构的垮塌破坏会给起重机带来极其严重甚至灾难性的后果。

随着现代科技的进步，起重机械设备朝着大型化、复杂化的方向发展。服役设备的结构、零件、部件的状态、寿命、能力往往涉及安全生产和经济效益，因此开展服役设备结构（尤其服役15年以上的结构）的状态、能力的评估非常重要。应力应变测试技术是评价起重设备金属结构状态的重要手段，通过测试起重设备金属结构在载荷作用下的受力和工作状态，确定应力、应变、位移和加速度等力学参数，用以解决起重设备金属结构件的强度和刚度问题。其原理为结构在外力作用下，内部会由于外力作用产生应力或者应力分布的变化，一般采用测定结构在外力作用下产生的应变ε，而后通过胡克定律$\sigma = E\varepsilon$的关系来求出应力。

目前，应变测量的方法较多，包括电阻应变测试法、光弹应变测试法、光纤光栅法、脆性涂层法、双目立体视觉法、电磁法和激光散斑干涉法等多种。常规采用的是基于电阻应变计的应变电测法。当知道了电阻应变计测试敏感栅的机械变形与其电阻值变化关系后，利用惠斯通电桥把电阻的变化转换为电压或电流的变化，由测试接收仪器采集数据，即可通过相应计算方法或软件编程得出实际的应力值。应变电测法是一种在技术上非常成熟的表面应力逐点测量方法，这种方法最早起源于19世纪，至今已有100多年的历史。该方法具有测量精度高、测量范围广、适用性强的特点，能在复杂条件下进行大型工程结构和机械设备的测量，便于实现测量的数字化和计算机化及易于掌握，应用范围涉及各种行业领域，在起重机械结构安全检测与评估中也得到了广泛的应用。本章将从理论、操作方法、信号处理及结果分析等方面简要介绍基于电阻应变片传感的应力电测技术。

6.1 应变电测法原理

应变电测法是用电阻应变片先测出构件的表面应变，再根据应力、应变的关系式来确定构件表面应力状态的一种实验应力分析方法。

应变电测法的测量系统通常由应变片、应变仪、记录仪及计算分析设备等四部分组成。它的基本原理是：将应变片按构件的受力状况，合理地固定在被测构件上，当构件受力变形时，应变片的电阻值发生相应的变化。通过电阻应变仪将这种电阻值的变化测量出来，并换算成应变值或输出与应变成正比的模拟电信号(电流或电压)，用记录仪器记录此电信号，再作分析与处理。也可用分析设备或计算机按预定的要求直接接收模拟电信号并进行数据处理，从而得到应力、应变值和其它物理量。

6.1.1 电阻应变片工作原理

电阻应变片应用工作原理是基于金属电阻丝的电阻应变效应。大多数金属丝在轴向受到拉伸时，其电阻增加；压缩时，其电阻减小。即电阻值随变形发生变化，这一现象称为电阻应变效应。实验证明：某些材料(如康铜)的应变与电阻变化率之间有良好的线性关系。

设有一段长 l、截面积 A、电阻率 ρ 的金属丝(见图 6-1)，其原始电阻值为

$$R = \rho \frac{l}{A}, \tag{6-1}$$

式中，R 为金属丝的原始电阻，Ω；ρ 为金属丝的电阻率，Ω·m；l 为金属丝的长度，m；A 为金属丝的横截面积，m^2，$A=\pi r^2$，r 为金属丝的半径。

当金属丝受到轴向力 F 而被拉伸(或压缩)时，其 l、A 和 ρ 均发生变化。

可以证明：

$$\frac{dR}{R} = (1 + 2u + \lambda E)\varepsilon, \tag{6-2}$$

式中，λ 为压阻系数；u 为金属丝材料的泊松比；E 为金属丝材料的弹性模量；ε 为金属丝材料的应变。

由式(6-2)可知，电阻相对变化量是由两方面的因素决定的：①由金属丝几何尺寸的改变而引起，即$(1+2u)$项；②由材料受力后材料的电阻率 ρ 发生变化而引起，即 λE 项。对于特定的材料，$(1+2u+\lambda E)$是一常数，因此，式子所表达的是电阻丝电阻变化率与应变成线性关系，这就是电阻应变计测量应变的理论基础。

式(6-2)中，令 $K_0=(1+2u+\lambda E)$，则有

$$\frac{dR}{R} = K_0\varepsilon, \tag{6-3}$$

式中，K_0 为单根金属丝的灵敏系数，其物理意义是当金属丝发生单位长度变化(应变)时，其大小为电阻变化率与其应变的比值，亦即单位应变的电阻变化率。

6.1.2 电阻应变片的基本结构

电阻应变片(也称应变计)的基本结构如图6-1所示。

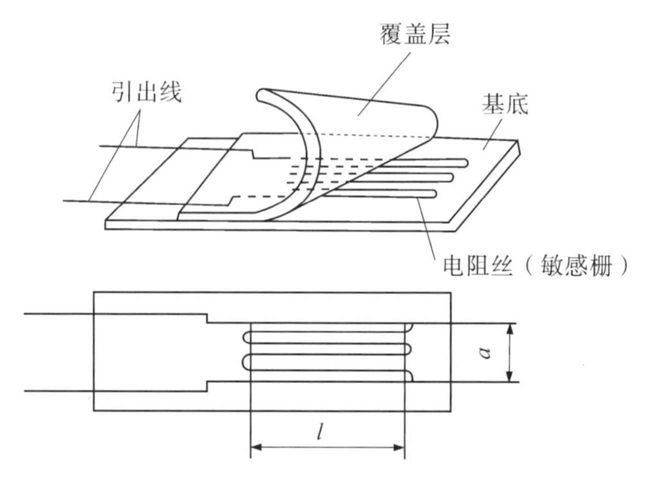

图6-1 电阻应变片的基本结构

(1)敏感栅。应变计中实现应变-电阻转换的敏感元件。敏感栅合金材料的选择对所制造的电阻应变计性能的好坏起着决定性的作用。

(2)基底。固定敏感栅，并使敏感栅与弹性元件相互绝缘；当应变计工作时，基底起着把试件应变准确地传递给敏感栅的作用，为此基底必须很薄，一般为0.02～0.04mm。常用的基底材料有纸、胶膜和玻璃纤维布。

(3)引出线。连接敏感栅和测量线路的丝状或带状金属导线。一般要求引出线材料具有低的稳定的电阻率及小的电阻温度系数。

(4)覆盖层。保护敏感栅使其避免受到机械损伤或防止高温氧化。

(5)黏结剂。分别把覆盖层和敏感栅固结于基底，用它把应变计基底再粘贴在试件表面的被测部位，因此它也起着传递应变的作用。

6.1.3 电阻应变片的技术参数

电阻应变片的工作特性反映着应变片的质量，特性的好坏对应变测量的精确度有着直接影响。除研制、生产应变片的单位要对应变片特性进行测试外，使用单位了解应变片的技术特性也具有一定意义。电阻应变片的技术特性参数主要有如下几个方面：

(1)几何尺寸。包括敏感栅的长度和宽度以及基底的长度和宽度。目前产品敏感栅的长度范围是0.2～5cm。

(2)标称电阻值。指应变片在变形前大致的电阻值。我国推荐的系列为60Ω、120Ω、200Ω、350Ω、500Ω、1000Ω，标称电阻为120Ω的应变片是最常用的。

(3)灵敏系数K_0。常用的应变片灵敏系数在2.0～2.4之间。

(4)应变极限。指应变片能够正确反映测点应变的最大值，一般应变片的应变极限为6000～10000 με。

（5）使用温度范围。应变片能够正确反映测点应变的温度范围。一般常温应变片的使用温度范围为5～60℃。

（6）绝缘电阻。应变片敏感栅及引出线与被测构件之间的绝缘电阻。一般环境下要求绝缘电阻为50～200MΩ。

（7）机械滞后。在恒定温度下使用应变片，加载过程的载荷-应变曲线与卸载过程的载荷-应变曲线不相重合。这一现象称为应变片的机械滞后。一般应变片的机械滞后不应大于10 με。

（8）蠕变。在恒定温度下使用的应变片，若被测构件的应变恒定，而应变片反映的应变值随时间变化的现象称为应变片的蠕变。一般应变片在测点应变为1000 με时，蠕变最大值不超过15 με/h。特殊条件下使用的应变片，其技术参数可以参阅厂家提供的产品说明。

6.1.4　电阻应变片的选用

（1）根据环境选用。在特殊环境，如温度高、湿度大、有强磁场等不利条件下应考虑选用专用电阻应变片。

（2）根据应力状态选用。单向应力状态选单轴应变片；平面应力状态选应变花；应力梯度大的地方选小基长应变片，应力梯度小的地方选大基长应变片。动态测量应选用疲劳寿命高的应变片。

（3）根据被测构件的材质选用。材质均匀（如钢等）可选择基长小的应变片；材质不均匀的（如混凝土等）要选择较大基长的应变片。

（4）根据测量精度选用。工厂生产的应变片一般分成若干精度等级，根据测量中的精度需要选择合适等级的应变片。

6.2　电阻应变记录仪

电阻应变记录仪（简称应变仪）是将电阻变化还原成应变的仪器，它的主要作用是配合电阻应变片组成电桥，并对电桥的输出信号进行放大，以便指示出应变数值。其原理如图6-2所示。

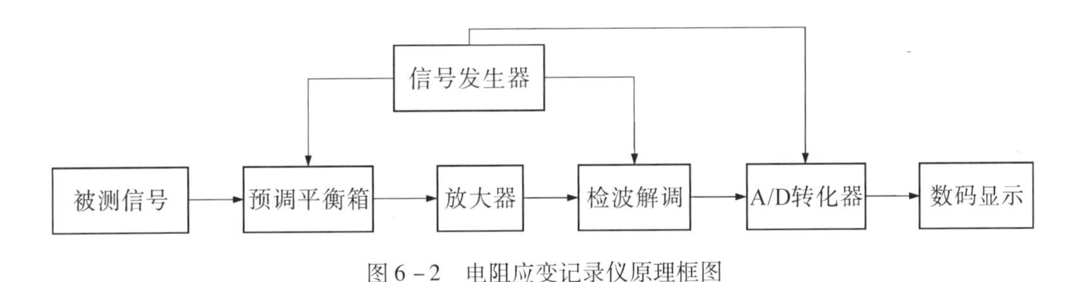

图6-2　电阻应变记录仪原理框图

由式(6－3)可知，为了测得应变 ε，只需求出 ΔR 即可，因此，我们将电阻应变片 R_1、温度补偿片 R_2 和精密线绕标准电阻 R_3、R_4($R_3=R_4$)组成测量电桥，即惠斯通电桥，如图6－3所示。电桥的A、C为输入端，接直流电源，输入电压为 U_{AC}，B、D为输出端，输出电压为 U_{BD}。下面分析电桥输出电压 U_{BD}的大小。

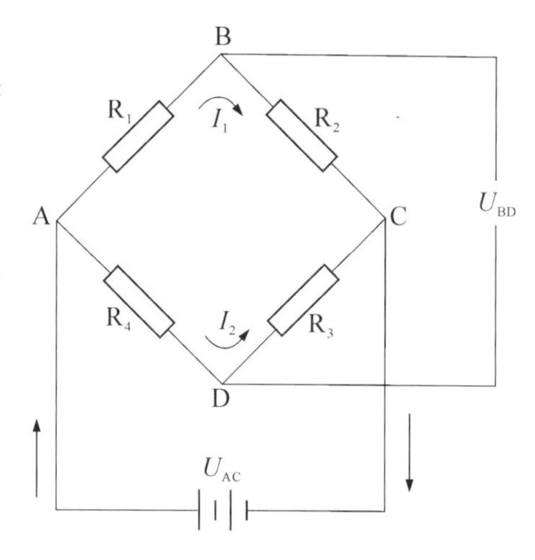

图6－3　惠斯通电桥电路图

从ABC半个电桥来看，R_1 两端的电压降为

$$U_{AB}=I_1R_1=\frac{R_1}{R_1+R_2}\cdot U_{AC},\qquad(6-4)$$

同理，R_3两端的电压降为

$$U_{AD}=\frac{R_3}{R_3+R_4}\cdot U_{AC},\qquad(6-5)$$

故可得到电桥输出电压为

$$\begin{aligned}U_{BD}&=U_{AB}-U_{AD}\\&=\frac{R_1}{R_1+R_2}\cdot U_{AC}-\frac{R_3}{R_3+R_4}\cdot U_{AC}\\&=U_{AC}\cdot\frac{R_1R_4-R_2R_3}{(R_1+R_2)(R_3+R_4)},\end{aligned}\qquad(6-6)$$

当 $R_1R_4=R_2R_3$ 时，输出电压 U_{BD}为0，称为电桥平衡。在惠斯通电桥实验中，我们选用和应变仪内部固定电阻 R_3、R_4阻值相等的电阻应变片作为工作片和补偿片，即 $R_1=R_2=R_3=R_4$，当梁发生变形时，设AB桥臂相应产生的电阻增量为 ΔR_1，且因 $\Delta R_1\ll R_1$，略去高阶微量，则由式(6－6)可得到电桥输出电压为

$$\begin{aligned}U_{BD}&=U_{AC}\cdot\frac{(R_1+\Delta R_1)R_4-R_2R_3}{(R_1+\Delta R_1+R_2)(R_3+R_4)}=U_{AC}\cdot\frac{R_1\cdot R_2}{(R_1+R_2)^2}\cdot\frac{\Delta R_1}{R_1}\\&=\frac{U_{AC}}{4}\frac{\Delta R_1}{R_1}=\frac{U_{AC}}{4}\cdot K\varepsilon。\end{aligned}\qquad(6-7)$$

上式表明，输出电压与应变成线性关系，故对电压 U_{BD}进行测量，即可求得应变值 ε。由于输出电压 U_{BD}非常小，必须将此信号放大。这样，就可以很方便地从显示屏上读出所测应变 ε。

6.2.1　应变仪的分类

应变仪按放大器的工作原理可分为直流放大和交流载波放大两类。直流放大式应变仪工作频率较高，达10kHz。因为采用直流电，分布电容不影响电桥平衡，故操作简单。这种应变仪的最大缺点是“零点漂移”较难解决。随着晶体管电路稳定性的提高和集成电路技术的发展，直流放大式应变仪被逐渐广泛采用。交流载波放大式应变仪能较容易解决仪器的稳定性问题，结构较简单，对元件的要求较低，所以应用多。

按被测应变的变化规律，应变仪可分为静态应变仪和动态应变仪。静态应变仪一般是载波放大式的，使用零位法进行测量时，需配用预调平衡箱。按照平衡方式的不同，静态应变仪又分为手动平衡式、自动预调平衡式和多点巡回检测式。动态应变仪的工作频率为0～5kHz，用以测量1000～5000Hz以下的动应变。动态应变仪通常有多个通道，可同时进行多点测量。工作频率高于10kHz的应变仪称超动态应变仪，可用于爆炸、高速冲击等瞬态应变测量。

6.2.2　载波放大式应变仪的组成及工作原理

6.2.2.1　静态应变仪的工作原理

静态应变仪一般由双桥电路、放大器、相敏检波器、滤波器、振荡器、稳压电源、缓冲放大器、平衡指示器等组成。其中双桥电路由应变电桥和读数桥组成。

静态应变仪的工作原理如图6－4所示。由稳压电源对放大器和振荡器提供稳定的电压，使振荡器产生一个数千赫兹振幅稳定、波形良好的正弦交变电压作为电桥的供桥电压，同时通过缓冲放大器向相敏检波器提供一个参考电压。振荡器的频率一般要求不低于被测信号的6倍。当贴有应变片的构件受力变形后，由应变电桥对应变信号进行调制，由电桥输出一个微弱的等幅调幅波，这个调幅波的幅值与应变成正比，其相位可反映应变的正负，与电源同相位的是拉应变，反相的是压应变。

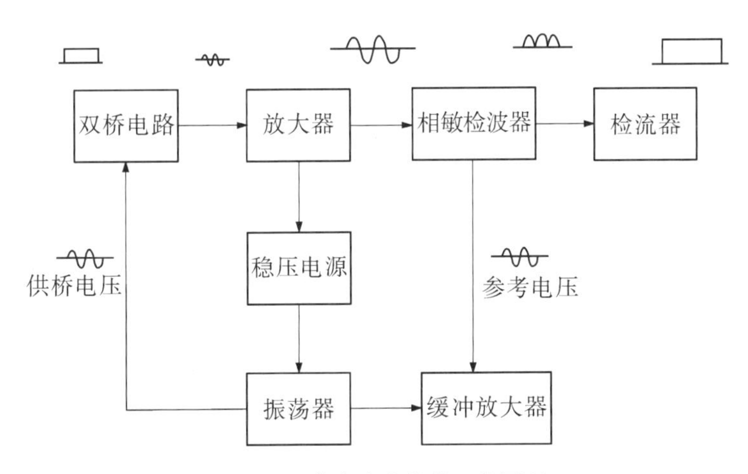

图6－4　静态应变仪的工作原理

然后由放大器对信号进行不失真的放大，以便得到足够的功率去推动指示仪表。放大后的信号仍为调幅波，必须用检波器将其还原成被测应变信号的波形。由于一般的检波器只让单向电流流过，不能区别应变的性质，因此在应变仪中采用了相敏检波器。它能借助于由振荡器提供的与电桥电源同相位的参考电压，将调幅波还原成能够反映应变规律的单边带残余载波的信号，然后由滤波器滤去载波信号，使应变仪输出一个放大的等幅应变信号，于是平衡指示仪表的指针发生偏转。此时调节读数桥桥臂上的电阻R_B（见图6－5），使之输出一个与应变信号电压幅值相等但相位相反的电压ΔU_B，抵消送入放大器的电压ΔU_A，使平衡指示仪表指针回零。这样就可在读数桥上读出相应的应变数值。这种读数法也称“零位法”。

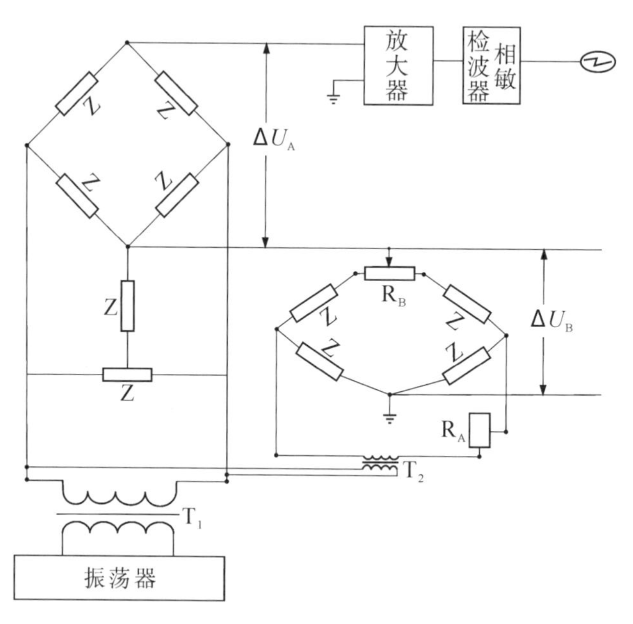

图6-5 双桥电路

6.2.2.2 动态应变仪的工作原理

动态应变仪一般由电桥盒、衰减器和放大器、相敏检波器、低通滤波器、标定桥、稳压电源、振荡器、缓冲放大器、记录器等九个部分组成，如图6-6所示。其工作原理与静态应变仪基本相似。主要在读数显示与记录(由于应变值变化的速度较快，故一般采用单电桥及偏位读数显示并配有记录仪记录信号)、应变标定和接桥方法存在不同。具体内容可参考相关文献，此处不再赘述。

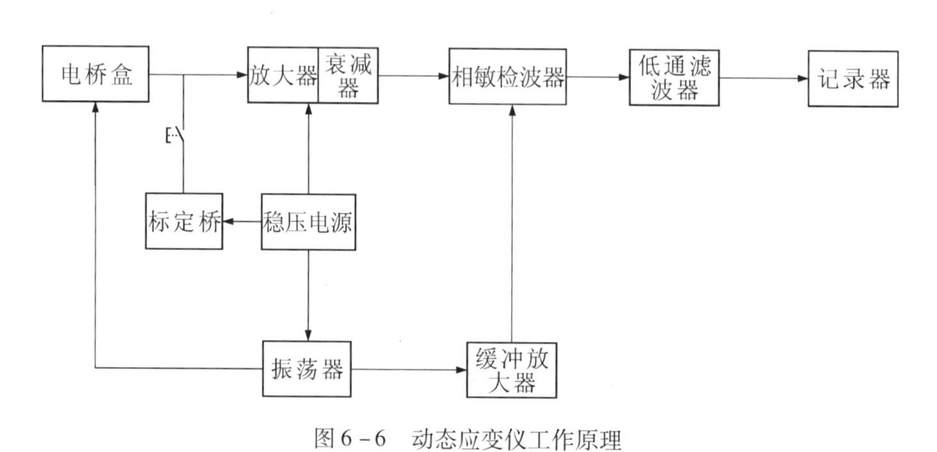

图6-6 动态应变仪工作原理

6.3 测试过程的影响因素及信号数据的处理方法

本节将简单介绍应变测试过程可能影响测试数据的几种典型因素，以便从业人员能够更好地了解影响因素，并对测试数据处理方法的选择进行预判；还将简单叙述测试信号数据处理的一般程序、方法及原则。

6.3.1　应变电测系统的噪声干扰与抑制

应变电测系统对测试信号进行变换、传输、放大和记录过程中，常常会从系统外部或内部混入不需要的信号，这种现象称为噪声干扰。这种干扰信号多为随机起伏的电信号，是一种“电噪声”。它轻则影响测量结果的清晰性，重则造成假象，使测量结果产生错误或完全淹没掉待测量的有用信息。下面简单介绍测试系统可能产生的噪声源及抑制处理方法。

1. 系统外干扰噪声

系统外干扰来自测量系统周围空间的外部干扰。例如，各种工业交流电产生的工频干扰，空间电磁波干扰以及雷电，电动车辆滑线放电，电机、焊接、汽车或摩托车点火等产生的放电噪声；此外，环境温度、湿度、光照、尘埃等，也可以对测量系统的电参数产生影响，形成干扰噪声源干扰测试信号。

2. 系统内干扰噪声

系统内干扰噪声主要有三种类型，即测量仪器间的干扰噪声，由于环境机械振动引起的颤噪噪声，电子设备元器件内部产生的热噪声、散粒噪声、量子噪声等。

常见的测量仪器间干扰形式有共电源干扰、共地线干扰和系统内同类仪器载波频率不完全相同而产生的台间干扰等。

3. 噪声耦合方式

干扰噪声进入测量系统的主要途径有电容耦合、电磁耦合、电阻耦合和阻抗耦合四种方式。噪声源分别通过寄生电容、互感、绝缘电阻的漏电流以及测量电路与噪声源之间的共有阻抗的作用，对系统产生噪声干扰。

4. 抑制噪声源干扰的措施

抑制噪声信号对测量系统的干扰，主要应从消除噪声产生的根源、阻断其进入测量系统的途径着手，尤其是对微弱信号的传感器和具有宽带的测量系统，防干扰技术更为重要。

(1)抑制系统外电磁干扰和静电干扰的措施：①屏蔽法。屏蔽通常是用金属网或金属薄膜将仪器和传输导线包围起来，使测量信号不受外界电磁场的影响。传输回路的屏蔽常采用屏蔽导线并使屏蔽体接地的方法，这样不但可以防止静电干扰，使得通过漏电容 C 耦合过来的噪声电压从屏蔽套上旁路，而且还能抑制电磁干扰。在电磁场影响不大的情况下，屏蔽体一点接地即可；但在强电磁情况下进行测量时，必须两点接地，才有较好的屏蔽效果。在电缆的终端，应尽可能采用同轴插接件式的电缆接头，避免电缆中心导线伸出屏蔽体过长，

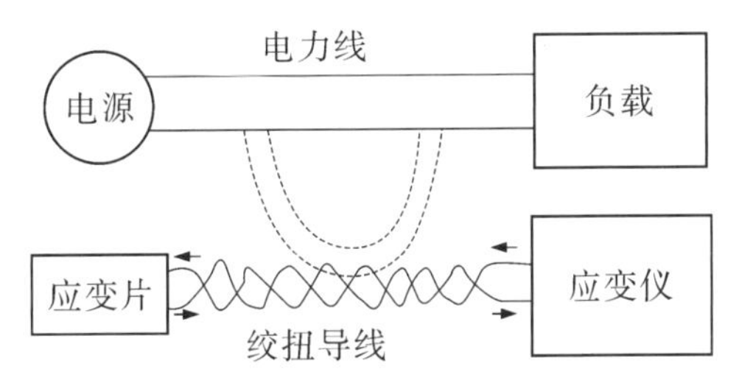

图 6－7　测量导线绞扭防干扰

影响屏蔽效果。②减少磁感应和电容耦合。在测量系统中，根据具体情况调整测量导线的布置方式，可以减少因磁感应或电容耦合带来的干扰。如图6-7所示，将测量导线绞扭，就可以减少干扰磁通的耦合面积，并使通过外屏蔽体互感耦合到两根导线上的噪声电流大小相等而方向相反，在回路上互相抵消，不再窜入信号回路。此外，还可以设法增大测量导线与干扰源之间的距离，或者改变测量导线的方向，使其与电力线垂直并尽可能地缩短测量导线的长度，以减少干扰。

(2)抑制测量系统内仪器间干扰的措施：①台间干扰的抑制。台间干扰就是因系统内同类测量仪器的载波率相差较大而引起的，故要抑制台间干扰，必须使各台仪器的载波频率相同。为此，应首先调整仪器的载波频率，使它们接近，然后接上同步线。但要注意，同步工作的仪器台数不宜过多，当仪器较多时，应先将仪器分组，然后做到每组内同步。同步线要尽量短，且避免与电源线平行。②共地干扰的抑制。要抑制共地干扰，必须采用合理的方法。如在低频测量时，可采用图6-8所示的并联于一点的接地法，各电路的地电位只与本电路的地电流和地线阻抗有关，各电路的地电流之间不形成耦合，所以没有共接地线阻抗噪声。在进行高频测量时，应采用多点就近接地的方法，如图6-9所示。

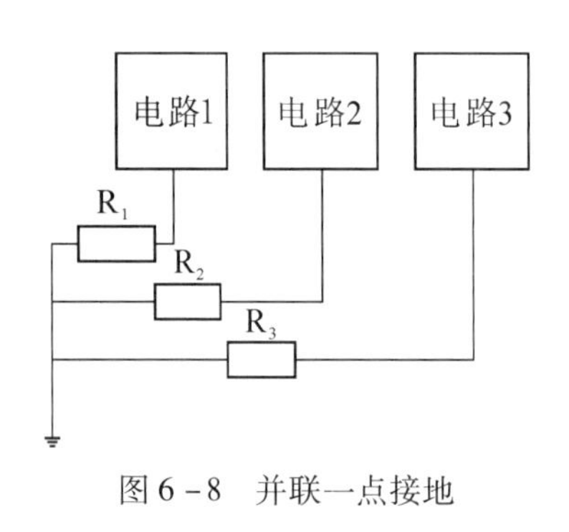

图6-8 并联一点接地

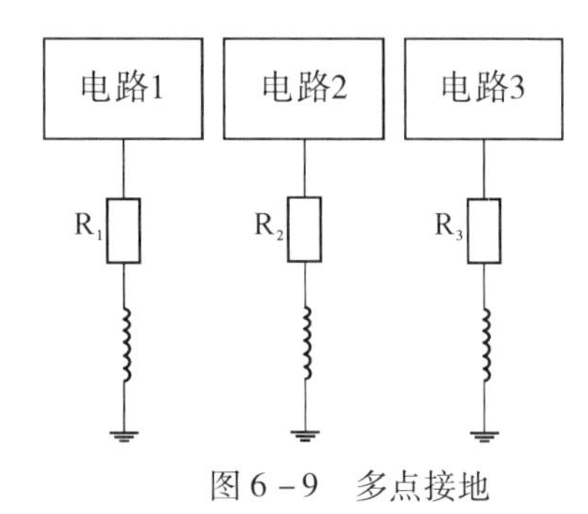

图6-9 多点接地

(3)滤波。滤波是把滤波器作为选频装置，使信号中的特定频率成分通过，而极大地衰减其它频率成分的一种信号处理技术。在测量系统的信号传输回路中接入滤波器，可以滤除干扰噪声或进行频谱分析。滤波器包括模拟滤波器与数字滤波器两大类，它们分别适用于模拟信号和数字信号的滤波处理。根据滤波器的选频作用，一般分为低通、高通、带通和带阻滤波器。

6.3.2 典型影响因素

应力应变测量是结构与机械测试技术中应用最广泛的方法。在起重机械结构安全工程领域中得到广泛的应用。然而，由于应变是一个非常小的量，测试时容易受其它因素干扰，使测试结果与实际值有一定的偏差。影响测试的几个典型因素和改进措施如下：

1. 防止由于应变片粘贴不当产生蠕滑影响测试结果

粘贴应变片是测量准备工作中最重要的一个环节。应变片是用黏结剂粘贴在构件表面上的，测量时构件表面的变形通过黏结层传递给应变片。如果黏结层不均匀、不牢固就会产生蠕滑，应变片便不能如实地再现构件表面的变形而影响测量结果。

2. 防止由于温度效应影响测试结果

贴有应变片的构件总是处在某一温度场中。若应变片敏感栅材料的线膨胀系数与构件材料的线膨胀系数不相等，则当温度发生变化时，由于敏感栅与构件的伸长(或缩短)量不相等，敏感栅上就会受到附加的拉伸(或压缩)，从而引起电阻值的变化，这种现象称为温度效应。温度的变化对电桥的输出电压影响很大，严重时，每升温1℃，电阻应变片中可产生几十微应变。显然，这是非被测(虚假)的应变，必须设法排除。

6.3.3 数据预处理

测试数据从仪器记录器取出必须进行预处理才能进行数据分析。数据预处理过程包括改变数据形式和数据预处理。

1. 改变数据形式

改变数据形式就是将仪器设备内数模转换器产生的数据形式，转换成计算机专业分析软件所能接受的标准数据形式，使数据的位数、表达方式都符合要求。

2. 数据预处理

数据预处理主要是对测试数据进行预先检验判断，发现并处理数据中可能存在的问题。常用的方法有两种：

(1)零均值化

零均值化也称中心化，即把离散化后的数据转换成零均值的数据，如图6-10所示，离散化后的数据全部分布在坐标轴上方。为了使以后所有数据的分析过程标准化，可对某一连续时间信号 $u(t)$ 采样，采样后得到一个离散数据序列 $\{u(n)\}$，$n=1$，2，…，N。取其均值

$$u_{\mathrm{u}} = \frac{1}{N}\sum_{n=1}^{N} u(n), \tag{6-8}$$

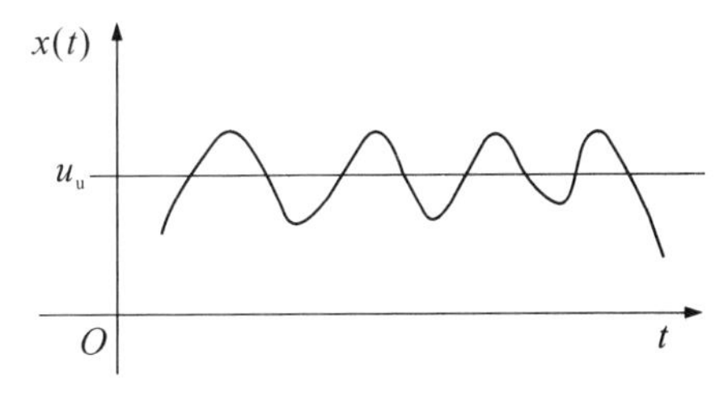

图6-10 信号的零均值化

并以此均值定义一个新的时间历程：

$$x(t) = u(t) - u_{\mathrm{u}}。 \tag{6-9}$$

对 $x(t)$ 采样后，得到离散数据序列：

$$\{x(n)\} = \{u(n) - u_{\mathrm{u}}\}, n = 1,2,\cdots,N。 \tag{6-10}$$

新的数据序列 $\{x(n)\}$ 的均值 $u_x=0$。以后的分析就可以以 $\{x(n)\}$ 序列为出发点。

(2)消除趋势项

趋势项是样本记录中周期大于记录长度的频率成分。它的存在会在相关分析和功率谱分析中引起畸变，甚至使低频段的谱估计完全失去真实性。为了消除趋势项，需要对数据作专门处理。最常用而且精度又高的方法就是最小二乘法。下面将简单介绍这种方法的基本原理。

若 $\{u(n)\}$，$n=1$，2，…，N，间隔 $\Delta t=h$ 的数据采样值序列，假定用如下定义的 k 阶多项式拟合：

$$\hat{u}(n) = \sum_{k=0}^{k} b_k (nh)^k, \quad n = 1,2,\cdots,N, \tag{6-11}$$

适当选择系数 b_k，使 $u(n)$ 与 $\hat{u}(n)$ 之差的平方和最小，就可以认为 $\{\hat{u}(n)\}$ 很好地拟合了 $\{u(n)\}$。这就是最小二乘法拟合。

令真值 $u(n)$ 与估计值 $\hat{u}(n)$ 之差的平方和为 $Q(b)$，即

$$Q(b) = \sum_{n=1}^{N} (u_n - \hat{u}_n)^2 = \sum_{n=1}^{N} \left[u_n - \sum_{k=0}^{k} b_k (nh)^k \right]^2, \tag{6-12}$$

由极值原理，取偏微分并使其等于 0，

$$\frac{\partial Q}{\partial b_{\mathrm{L}}} = \sum_{n=1}^{N} 2 \left[u_n - \sum_{k=0}^{k} b_k (nh)^k \right] [-(nh)^l] = 0, \tag{6-13}$$

即

$$\sum_{k=0}^{k} b_k \sum_{n=1}^{N} (nh)^{k+l} = \sum_{n=1}^{N} u_n (nh)^l, \quad l = 0,1,2,\cdots,k, \tag{6-14}$$

由此 $k+1$ 个方程，可求出 $k+1$ 个系数 b_k。

当 $k=0$ 时，

$$b_0 \sum_{n=1}^{N} (nh)^0 = \sum_{n=1}^{N} u_n (nh)^0, \tag{6-15}$$

即

$$b_0 = \frac{1}{N} \sum_{n=1}^{N} u_n; \tag{6-16}$$

当 $k=1$ 时，

$$b_0 \sum_{n=1}^{N} (nh) + b_1 \sum_{n=1}^{N} (nh)^{1+l} = \sum_{n=1}^{N} u_n (nh)^l, \quad l = 0,1。 \tag{6-17}$$

由这两个方程可求得：

$$b_0 = \left[\frac{2(2N+1) \sum_{n=1}^{N} u_n - 6 \sum_{n=1}^{N} (n u_n)}{N(N-1)} \right], \tag{6-18}$$

$$b_1 = \left[\frac{12 \sum_{n=1}^{N} (n u_n) - 6(N+1) \sum_{n=1}^{N} u_n}{hN(N-1)(N+1)} \right]。 \tag{6-19}$$

因此，当 $k=1$ 时，$\hat{u}_n = b_0 + b_1 t$，表示的是线性趋势项，如图 6-11c 所示。

若某一系样值序列以连续函数的形式出现，如图 6-11a 所示，很显然数据中含有一种递增的趋势误差，去掉线性趋势项后，如图 6-11b 所示，就可正确地进行所需的数据分析。

但是，在某些问题中，趋势项并不是误差，而是原始数据中本来包含的成分。它本身就是一个需要知道的结果，这样的趋势项就不能消除。因此，消除趋势项的工作要特别谨慎。

若取 $k=2$，3，4，…，按上述方法，亦可求出 $[b_k]$，k 值越大，计算越繁，而且在 k 值很大的情况下，完全可以用 $\{\hat{u}(n)\}$ 来估计 $\{u(n)\}$。所以，当 k 值很大时，$\{\hat{u}(n)\}$ 不能再作为误差项消除。因此，用于消除趋势项时很少用到 $k>3$ 的情况。

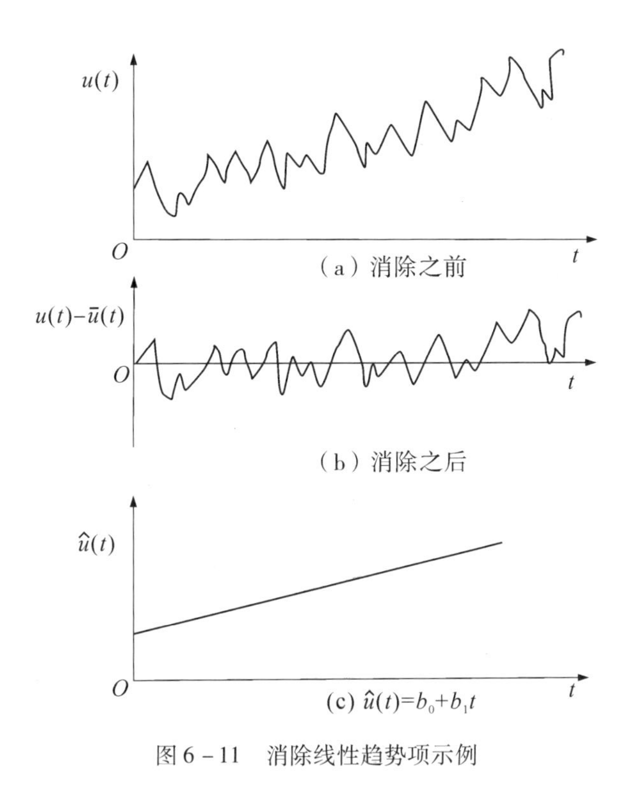

图 6－11 消除线性趋势项示例

6.3.4 测试信号数据处理

1. 测试数据的修正

电测应变仪测量得到的指示应变应经相应的修正后才是真实的应变。修正主要包括：

(1)导线电阻修正。由于工程测试各个测点位置不同，有的距应变电阻仪较远，就应布置较长的导线。另外，测试环境温度对导线的电阻率也有影响(温度越高电阻率越大)。应按下述公式进行修正：

$$\varepsilon_1 = \varepsilon_{仪}\left(1 + \frac{2R_1}{R}\right), \tag{6-20}$$

式中，R 为应变片电阻；$2R_1$ 为两根导线电阻；$\varepsilon_{仪}$、ε_1 分别为仪器读数和修正后的应变读数。

(2)灵敏度修正。应变片安装在被测试件上，在应变片轴线方向的单向应力作用下，应变片的电阻相对变化与试件表面上安装应变片处的轴向应变的比值，即灵敏系数。每个应变片都有一定的灵敏系数 K，其数值如果在静态应变仪的灵敏系数度盘刻度范围内，只要在测量前按所使用应变片的 K 值，将应变仪灵敏系数度盘调到相应的刻度上，仪器读数即为实际应变值。如果所使用的应变片的 K 值超出此范围，则应修正。修正的办法是：在测量时，先将应变仪灵敏系数度盘调到任意值 $K_{仪}$(一般 $K_{仪}=2.0$)，当仪器测得的读数为 $\varepsilon_{读}$ 时，实际应变为

$$\varepsilon = \frac{K_{仪} \cdot \varepsilon_{读}}{K}。 \tag{6-21}$$

当$K_{仪}$取2.0时，$\varepsilon=\varepsilon_{读}\times\frac{2}{K}$，这是因为，应变片的灵敏度为$K$，而测得的实际应变为$\varepsilon$，应变片丝栅的电阻改变量则为

$$\frac{\Delta R}{R}=K\cdot\varepsilon。\tag{6-22}$$

将此应变信号输入电阻应变仪，当应变仪灵敏系数度盘调到任意值$K_{仪}$时，仪器读数为$\varepsilon_{读}$，所反映的是同一个电阻改变量，故

$$\frac{\Delta R}{R}=K_{仪}\cdot\varepsilon_{读},\tag{6-23}$$

所以

$$\varepsilon=\frac{K_{仪}\cdot\varepsilon_{读}}{K}。\tag{6-24}$$

（注：高温环境下的灵敏度系数修正方法类似。）

2. 测试数据信号处理方法

测试数据的常用信号处理方法有幅值分析、频谱分析、功率谱分析等。各种信号处理方法原理这里不作详细介绍。根据测试数据的实际工况及提取不同特征量可以选择不同的信号处理分析方法。

6.4 应变电测法在起重机械结构安全评估中的应用

6.4.1 应力测试在起重机械结构检测与评估中的作用

起重机金属结构是起重机的骨架，用以装置起重机的机械、电气设备，承受和传递作用在起重机上的各种载荷。在这些载荷作用下，起重机能否正常工作，其金属结构件的静载及动载应力是重要的衡量指标之一。在起重机试制完成后和在其使用维修过程中，进行金属结构应力测试，都有非常重要的作用。

应力应变测量是研究结构强度、检验结构实际承载能力的重要手段。事实证明，金属结构应力测试在起重机设计、制造、在役结构应力水平和故障诊断中发挥了重要的作用，是保证起重机安全生产不可缺少的一个环节。对新试制的起重机、结构经重大修改后的起重机、经大修后的起重机和在役老旧起重机(尤其超过15年的)都应及时进行金属结构应力测试，检验其结构的实际承载能力，为起重机的安全使用提供技术依据。

(1)起重机金属结构故障诊断的有效手段。起重机金属结构从出现故障到发生破坏有一个发展过程。对于起重机金属结构这样的大型构件，在工作状态是难以直观检查发现故障的。实践证明，通过应力测试，从应力值异常来发现故障是一种行之有效的方法。

(2)找出起重机金属结构的故障原因，为改造修复提供依据。起重机的金属结构及其受力比较复杂，采用常规方法设计的构件，虽然在理论上能满足使用要求，但是在使用过程中构件弯折事故时有发生。事故发生后，从理论上分析往往找不出事故原因，采用应力测试等手段不仅能够找到事故原因，而且能为构件的修复改造提供技术依据。

(3)校核设计和改进设计。起重机金属结构设计是否合理，与力学模型的简化密切相关。若力学模型的简化与实际相差较大，设计出的结构就不合理，就难以保证起重机正常工作。理想的力学模型简化来自实践，金属结构应力测试既能校核设计也能改进设计。

(4)金属结构应力水平和强度储备。起重机金属结构在计算中通常进行许多简化计算，在安装、运输、载荷试验、正常使用以及非正常使用后，计算值与工作状态的起重机金属结构真实应力往往存在较大差异，理论计算不能准确反映起重机的承载能力和应力水平；强度计算误差，一般强度计算是以受力点所受应力小于材料的许用应力及材料的力学性能、其受力的大小与在其受力条件下的变形成正比为原则的，因而在计算受力点应力时的误差明显表现在应力集中域和力学模型误差。这些误差导致在超出计算假设的情况时，结构强度得不到保证。

6.4.2　起重机械结构应力测点选择的一般原则

应力应变测量中，首先遇到的问题就是应该测哪些构件(哪些构件可以不测)；构件上主要测哪几个断面；断面上测点如何布置以及应布置几枚应变片等。

1. 测量构件与断面的选择原则

(1)构件选择原则

① 主要承力构件；

② 曾发生过损伤的构件。

(2)测量断面的选择原则

① 设计计算书(含内力图)提供的应力较大的断面；

② 受力分析中承载较大的断面；

③ 有损伤或曾发生过损伤的断面；

④ 具有代表性，便于分析与计算的断面；

⑤ 现场测量中，对布片测量工作是方便的、安全的断面；

⑥ 对结构与受力具有对称性的构件，以一边构件为主，而在另一边构件的对应断面上适当布几个校核测点，以保证测量值的准确可靠。

在满足测量目的的前提下，测量断面宜少不宜多，以便突出重点，提高效率，保证质量。

2. 测量断面上应变片布置原则

(1)主应力方向已知

轴向受力构件——应变片可在断面上、下或左、右沿轴向布置。

受弯构件——最大弯矩处断面的边缘或四角沿轴向布置。

弯矩与轴向力共同作用的构件——断面上四角不少于四片轴向布置。

(2)主应力方向未知

受弯构件的正应力与剪应力共同作用的区域；断面形状不规则或有突变处；汇交力系的杆件节点以及板壳结构等。这些部位主应力的大小、方向都是未知的，应力应变测量时应选用三片45°或三片60°的应变花。

(3)对于少数重要应力测点，应有校核测点(如贴双应变片)，以便提高测量值的可靠性。

6.4.3 贴片方位与应力应变换算

应变电测法所用的电阻应变片是粘贴在被测构件表面上的。在构件被测部位按什么方向粘贴应变片，每个部位应贴几枚以及贴何种应变片，应根据其应力状态而定。

6.4.3.1 单向应力状态

在单向应力场上，如已知应力的方向，只有 σ_1 的大小是未知量，因而沿着主应力 σ_1 的方向在构件上粘贴一枚应变片，就可以通过测得的 ε 值算得 σ_1。其公式为

$$\sigma = E\varepsilon, \tag{6-25}$$

式中，E 为拉伸弹性模量；ε 为测得的应变值。

6.4.3.2 弯曲

图 6-12 所示为一纯弯曲梁，在弯矩 M 的作用下，其最大正应力在梁的上、下两表面上，上侧为压应力，下侧为拉应力，其数值相等。由材料力学公式可知

$$\sigma_{\max} = \frac{M}{W}, \tag{6-26}$$

式中，M 为弯矩；W 为抗弯截面模量。

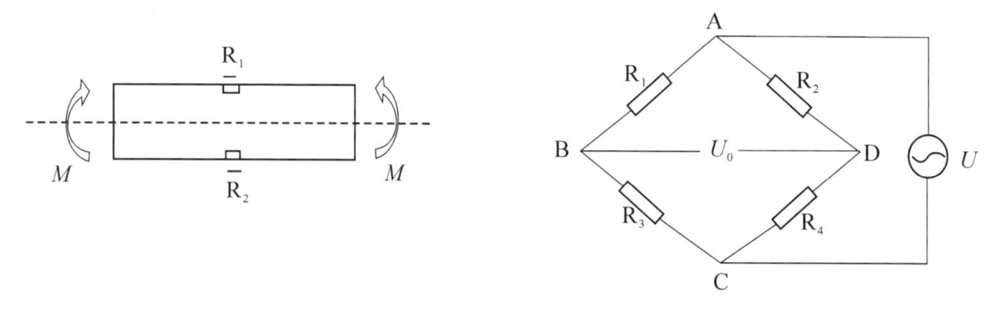

图 6-12 纯弯曲梁和电桥电路

根据以上受力分析，就可以确定把应变片贴在梁的上、下两侧，采用半桥连接，将 R_1 接入 AB 桥臂，R_2 接入 BC 桥臂，则由电桥输出的基本关系式：

$$\begin{aligned} U_0 &= \frac{1}{4}\left(\frac{\Delta R_1}{R_1} - \frac{\Delta R_2}{R_2} - \frac{\Delta R_3}{R_3} + \frac{\Delta R_4}{R_3}\right) \cdot U \\ &= \frac{1}{4}K(\varepsilon_1 - \varepsilon_2) \cdot U, \end{aligned} \tag{6-27}$$

其中，$\varepsilon_1 = -\varepsilon$，$\varepsilon_2 = +\varepsilon$。因此，

$$U_0 = \frac{1}{4}K[-\varepsilon - (+\varepsilon)] \cdot U = \frac{1}{4}K(-2\varepsilon) \cdot U。 \tag{6-28}$$

可知，这样接桥的结果，应变仪上的读数是 -2ε，是实际需测应变的 2 倍，即

$$实际应变 = \frac{仪器读数}{2}。$$

其中负号表示主片(指接在 AB 桥臂上的应变片)为压应变；反之，如果将 R_2 与 R_1 的接桥

位置互换，则读数为 $+2\varepsilon$。其中，这种半桥接法同时消除了温度的影响。

由于弯曲时梁上各点均处于单向应力状态，故由单向胡克定律 $\sigma=E\varepsilon$，即可求出应力值，需要时可进一步算出弯矩 $M=W\cdot\sigma$。

6.4.3.3　扭转

由材料力学可知，当圆轴承受纯扭转时，其横截面上产生剪应力，而且表面上剪应力最大，即

$$\tau_{max}=\frac{M_n}{W_n},\tag{6-29}$$

式中，M_n 为扭矩；W_n 为抗扭截面模量。

如由圆轴表面上任取一单元体 E，则处于纯剪切应力状态，如图 6－13 所示。由应力分析可知，在与轴线成 ±45°角的方向上存在有最小和最大主应力，其绝对值均等于最大剪应力 τ_{max}，即 $\tau_{max}=\sigma_a=-\sigma_c$。

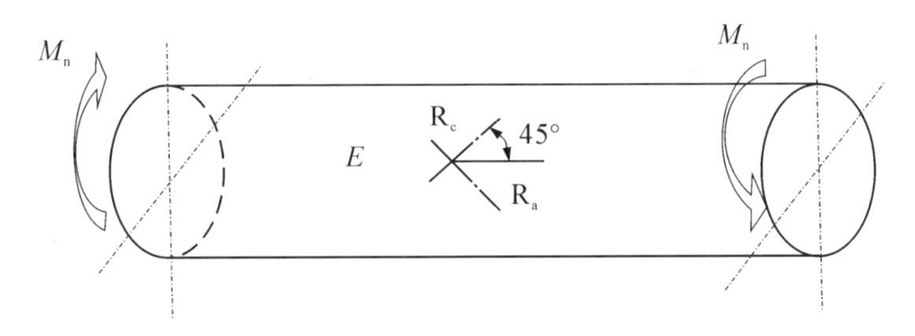

图 6－13　纯扭圆轴

由以上分析，我们可以在圆轴表面，与轴线成 ±45°夹角的方向上，各贴一个应变片 R_a、R_c，按半桥连接。R_a 接入 AB 桥臂，R_c 接入 BC 桥臂。由电桥输出基本关系式式(6－27)可知

$$U_0=\frac{1}{4}K(\varepsilon_a-\varepsilon_c)\cdot U。\tag{6-30}$$

因为 $\varepsilon_a=-\varepsilon_c$，所以 $U_0=\frac{1}{4}K(2\varepsilon_a)\cdot U$。即应变仪的读数是 45°方向应变值的 2 倍。由 ε_a 求得 σ_a，其绝对值也就是最大剪应力 $|\tau_{max}|$。

但是，这里要注意一个问题，即在测得应变 ε_a 求 σ_a 时，不能简单地用单向胡克定律 $\sigma=E\varepsilon$ 来计算，因为圆轴受扭其表面上任一点的应力状态是两向的，即在互相垂直的两个方向上都有应力，因此，必须用两向胡克定律来计算应力、应变的关系。

$$\tau_{max}=|\sigma|=\left|\frac{E\varepsilon_a}{1+\mu}\right|。\tag{6-31}$$

6.4.3.4　平面应力状态下测量主应力

在实际测量工作中，常常碰到的测量很多都是对于一般平面应力场。对这种情况应当如何进行测量呢？这时又可分为两类情况，一是主应力方向已知，例如承受内压的薄壁圆筒形容器的筒体，是处在平面应力状态下，但是它的主应力方向是已知的，只需沿两个互相垂直的主应力方向贴应变片，另外采取温度补偿措施，直接测出应变 ε_1、ε_2，再由两

向胡克定律，即可求得主应力。贴片方式如图 6－14 所示。

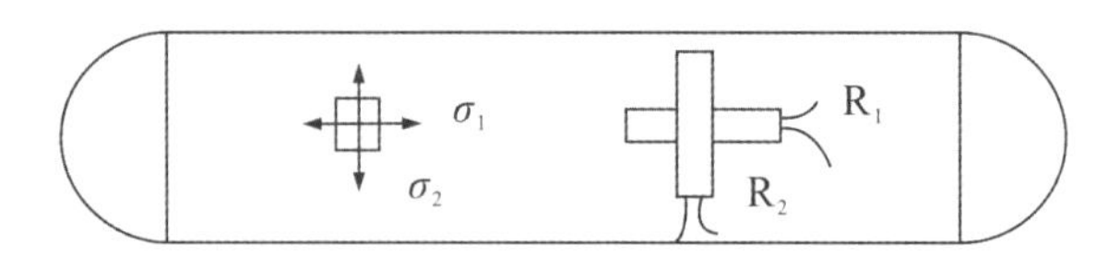

图 6－14 主应力方向已知的贴片方式

当测得应变 ε_1 及 ε_2 后，就可以由两向胡克定律

$$\begin{cases} \sigma_1 = \dfrac{E}{1-\mu^2}(\varepsilon_1 + \mu \cdot \varepsilon_2) \\ \sigma_2 = \dfrac{E}{1-\mu^2}(\varepsilon_2 + \mu \cdot \varepsilon_1) \end{cases} \tag{6-32}$$

求出主应力 σ_1 及 σ_2。

另一种情况是主应力方向未知，这时测量就比较复杂一些，要采取贴应变花的办法来进行测量。从应力应变分析可以知道，欲测平面应力状态下任意一点主应力的大小和方向，只要在该点处贴三个互相间有一定角度关系的应变片（即应变花），测出这三个方向的应变，就可以用已知公式或图解的方法，求出主应力的大小和方向。

几种常用应变花的主应力计算公式如下：

1. 直角应变花（两片，见图 6－15a）

ε_0：测点 1；ε_{90}：测点 2。

主应变：$\varepsilon_1=\varepsilon_0$，$\varepsilon_2=\varepsilon_{90}$。

主应力：$\begin{cases} \sigma_1 = \dfrac{E}{1-\mu^2}(\varepsilon_0 + \mu \cdot \varepsilon_{90}) \\ \sigma_2 = \dfrac{E}{1-\mu^2}(\varepsilon_{90} + \mu \cdot \varepsilon_0) \end{cases}$。

σ_1 与 0°线夹角：$\varphi=0$。

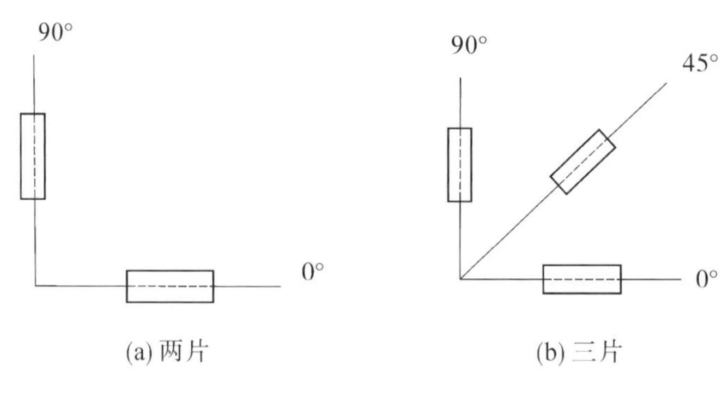

(a) 两片 (b) 三片

图 6－15 直角应变花

2. 直角应变花（三片，见图 6－15b）

ε_0：测点 1；ε_{45}：测点 2；ε_{90}：测点 3。

主应变：$\varepsilon_{1,2}=\dfrac{\varepsilon_0+\varepsilon_{90}}{2}\pm\dfrac{1}{2}\sqrt{(\varepsilon_0-\varepsilon_{90})^2+(2\varepsilon_{45}-\varepsilon_0-\varepsilon_{90})^2}$。

主应力：$\sigma_{1,2}=\dfrac{E}{2}\left[\dfrac{\varepsilon_0+\varepsilon_{90}}{1-\mu}\pm\dfrac{1}{1+\mu}\sqrt{(\varepsilon_0-\varepsilon_{90})^2+(2\varepsilon_{45}-\varepsilon_0-\varepsilon_{90})^2}\right]$。

σ_1 与0°线夹角 $\varphi=\dfrac{1}{2}\arctan\left[\dfrac{2\varepsilon_{45}-\varepsilon_0-\varepsilon_{90}}{\varepsilon_0-\varepsilon_{90}}\right]$。

最大剪切力：$\tau_{max}=\dfrac{E\sqrt{(\varepsilon_0+\varepsilon_{90})^2+(2\varepsilon_{45}-\varepsilon_0-\varepsilon_{90})^2}}{1+\mu}$。

3. 等腰三角形应变花(见图6－16)

ε_0：测点1；ε_{60}：测点2；ε_{120}：测点3。

主应变：$\varepsilon_{1,2}=\dfrac{\varepsilon_0+\varepsilon_{60}+\varepsilon_{120}}{3}\pm\sqrt{\left(\varepsilon_0-\dfrac{\varepsilon_0+\varepsilon_{60}+\varepsilon_{120}}{3}\right)^2+\dfrac{1}{3}(\varepsilon_{60}-\varepsilon_{120})^2}$。

主应力：$\sigma_{1,2}=E\left[\dfrac{\varepsilon_0+\varepsilon_{60}+\varepsilon_{120}}{3(1-\mu)}\pm\dfrac{1}{1+\mu}\sqrt{\left(\varepsilon_0-\dfrac{\varepsilon_0+\varepsilon_{60}+\varepsilon_{120}}{3}\right)^2+\dfrac{1}{3}(\varepsilon_{60}-\varepsilon_{120})^2}\right]$。

σ_1 与0°线夹角：$\varphi=\dfrac{1}{2}\arctan\left[\dfrac{\sqrt{3}(\varepsilon_{60}-\varepsilon_{120})}{2\varepsilon_0-\varepsilon_{60}-\varepsilon_{120}}\right]$。

最大剪切力：$\tau_{max}=\dfrac{E}{1+\mu}\sqrt{\left(\varepsilon_0-\dfrac{\varepsilon_0+\varepsilon_{60}+\varepsilon_{120}}{3}\right)^2+\dfrac{1}{3}(\varepsilon_{60}-\varepsilon_{120})^2}$。

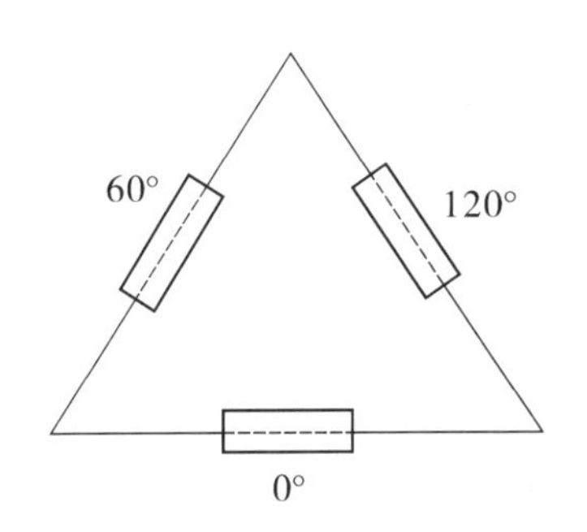

图6－16　等腰三角形应变花

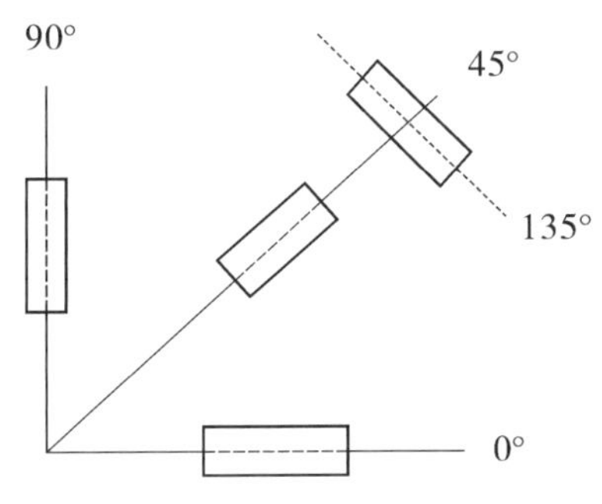

图6－17　伞形应变花

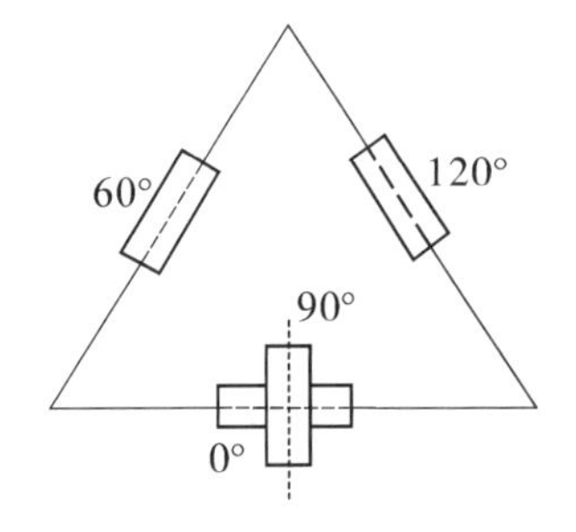

图6－18　扇形应变花

4. 伞形应变花(见图6－17)

ε_0：测点1；ε_{45}：测点2；ε_{90}：测点3；ε_{135}：测点4。

主应变：$\varepsilon_{1,2}=\dfrac{\varepsilon_0+\varepsilon_{45}+\varepsilon_{90}+\varepsilon_{135}}{4}\pm\dfrac{1}{2}\sqrt{(\varepsilon_0-\varepsilon_{90})^2+(\varepsilon_{45}-\varepsilon_{135})^2}$。

主应力：$\sigma_{1,2}=\dfrac{E}{2}\left[\dfrac{\varepsilon_0+\varepsilon_{45}+\varepsilon_{90}+\varepsilon_{135}}{2(1-\mu)}\pm\dfrac{1}{1+\mu}\sqrt{(\varepsilon_0-\varepsilon_{90})^2+(\varepsilon_{45}-\varepsilon_{135})^2}\right]$。

σ_1 与0°线夹角 $\varphi=\dfrac{1}{2}\arctan\left(\dfrac{\varepsilon_{45}-\varepsilon_{135}}{\varepsilon_0\varepsilon_{90}}\right)$。

5. 扇形应变花

ε_0：测点1；ε_{60}：测点2；ε_{90}：测点3；ε_{120}：测点4。

主应变：$\varepsilon_{1,2}=\dfrac{\varepsilon_0+\varepsilon_{90}}{2}\pm\dfrac{1}{2}\sqrt{(\varepsilon_0-\varepsilon_{90})^2+\dfrac{4}{3}(\varepsilon_{60}-\varepsilon_{120})^2}$。

主应力：$\sigma_{1,2}=\dfrac{E}{2}\left[\dfrac{\varepsilon_0+\varepsilon_{90}}{1-\mu}\pm\dfrac{1}{1+\mu}\sqrt{(\varepsilon_0-\varepsilon_{90})^2+\dfrac{4}{3}(\varepsilon_{60}-\varepsilon_{120})^2}\right]$。

σ_1 与 0°线夹角 $\varphi=\dfrac{1}{2}\arctan\left(\dfrac{2}{\sqrt{3}}\times\dfrac{\varepsilon_{60}-\varepsilon_{120}}{\varepsilon_0-\varepsilon_{90}}\right)$。

最大剪切力：$\tau_{\max}=\dfrac{E}{1+\mu}\sqrt{(\varepsilon_0-\varepsilon_{90})^2+\dfrac{4}{3}(\varepsilon_{60}-\varepsilon_{120})^2}$。

6.5　门式起重机应力测试数据分析实例

本实例为一台双梁门式起重机主梁跨中应力应变测点采集的数据。采集工况为：跨中起吊额定载荷，数据记录仪开始记录，落下额定载荷，再次起吊额定载荷，然后上升制动两次，落下额定载荷，测试结束。测试记录得到的原始应变数据处理步骤如下：

1. 原始时域波形(见图 6－19)

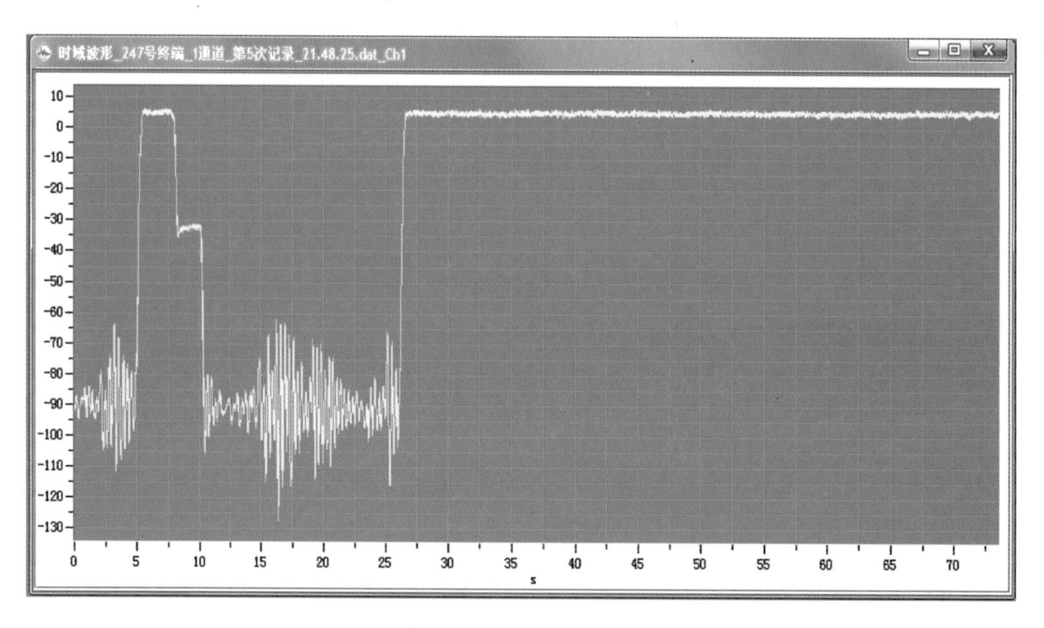

图 6－19　原始时域波形

2. 信号处理过程

(1)零线调整，结果如图 6－20 所示。

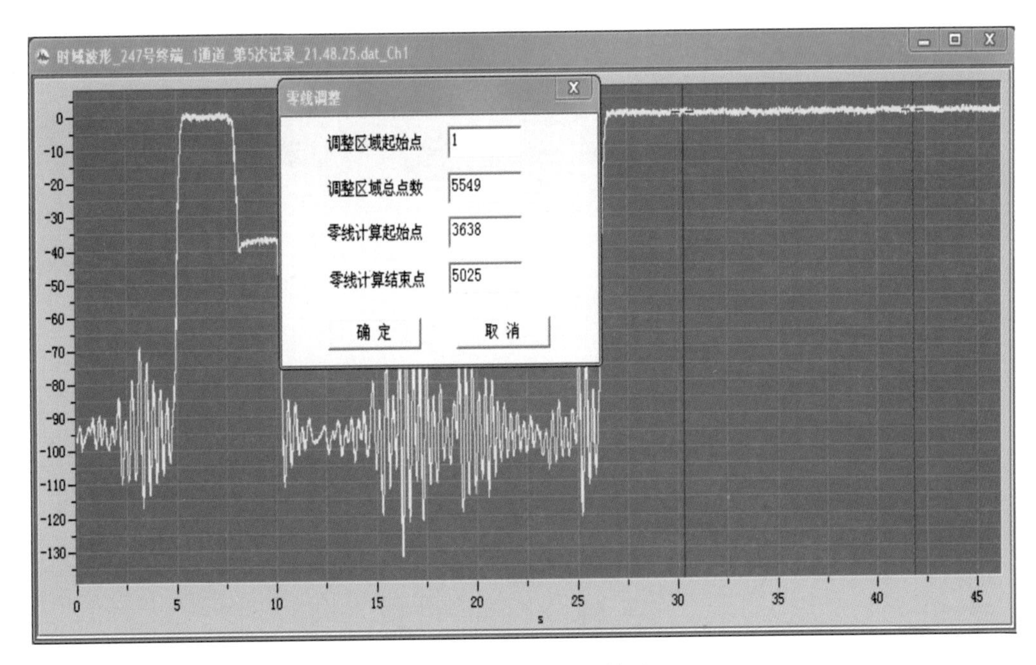

图 6 - 20　零线调整结果

(2)滑动平均：平均滑动点数 64，如图 6 - 21 所示。

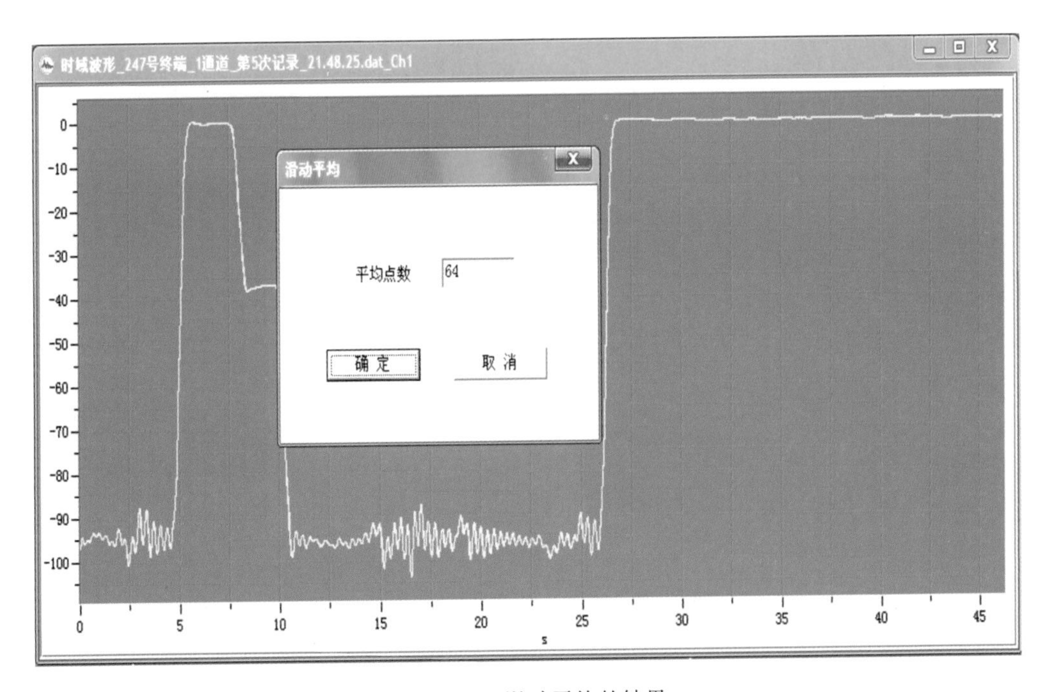

图 6 - 21　滑动平均的结果

(3)K 值修正(整段时域波形除以 $K/2$，K 为应变片灵敏度系数)，结果如图 6 - 22 所示。

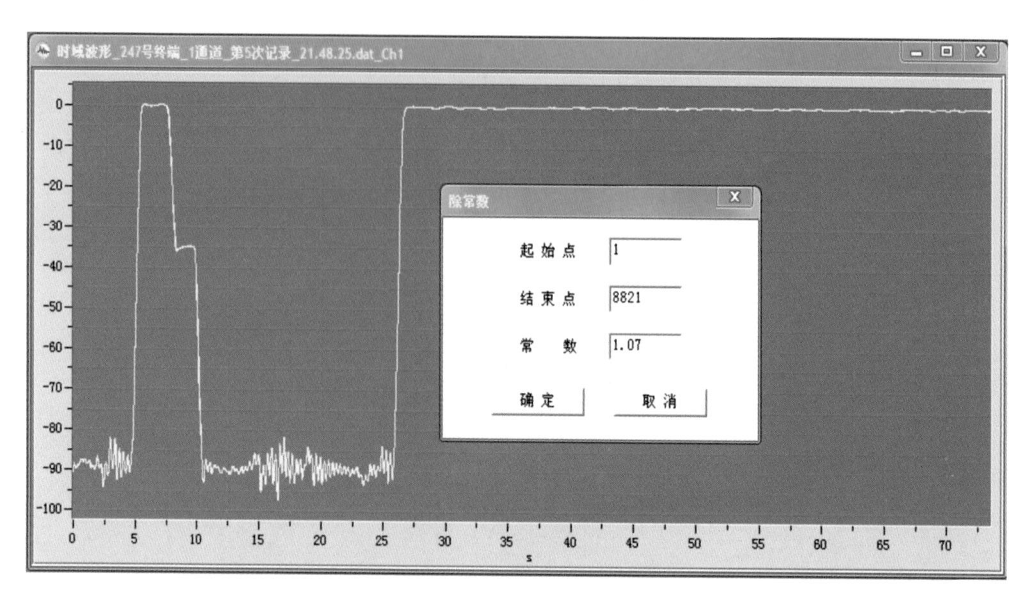

图 6－22　K 值修正的结果

（4）电缆电阻修正（根据实际情况，此步骤也可以去掉）。

根据公式：$R=\frac{V}{I}=\frac{V_X+V_A}{I}=R_X+R_A=R_X\left(1+\frac{R_A}{R_X}\right)$，整段时域波形应乘一常数，结果如下图 6－23 所示。

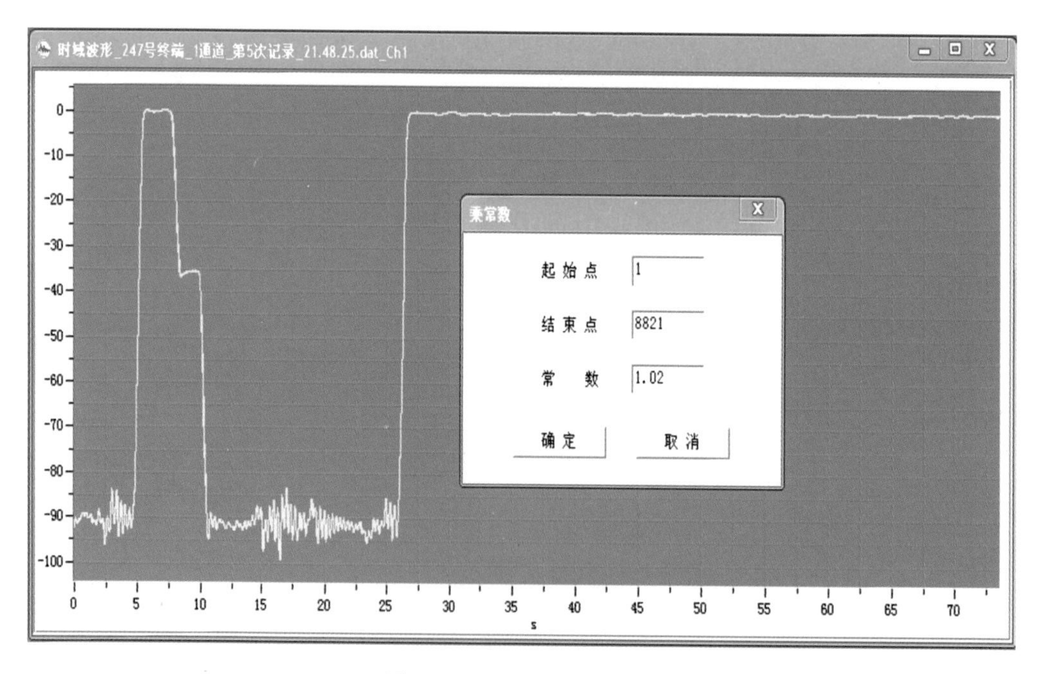

图 6－23　电阻修正的结果

7　结构振动测量与模态分析技术

7.1　结构振动测量与模态分析技术概述

7.1.1　结构振动测量技术

起重运输机械主要由动力装置、工作机构及金属结构等组成，是一个复杂的弹性系统。由于它工作频繁、负荷变化大，所产生的振动在大多数情况下是有害的，会导致机械设备加快失效，降低使用寿命，甚至引起严重破坏。

随着振动理论及其相关学科的发展，人们早已改变了仅仅依靠静强度理论进行结构设计的观念。许多结构是在外部激励或自身动力作用下处于运动状态的。这种运动的主要成分往往是振动，机械的设计、评估过程中必须考虑其动态特性；有些看起来是静态的问题，在结构设计时也必须考虑动态因素的影响。事实表明，振动特性分析在结构设计和评价中具有极其重要的位置。特别是随着现代工业的进步，许多产品朝着更大、更快和更安全可靠的方向发展，因此对动态特性的要求越来越高，振动分析愈显重要。

近年来，由于计算机的广泛应用，振动理论已发展到较高的新水平，可以从理论上计算分析许多重要而复杂的振动问题。但生产实践中所遇到的机械设备一般都是一个复杂的振动问题，往往需要采取测试手段来验证其理论分析的正确性。对于投入使用的机械设备，也需要进行振动方面的测量，以了解其振动特性，并采取修改措施，改善和提高机械设备的技术性能和使用寿命。因此，振动测量技术在振动研究领域占有重要的地位。

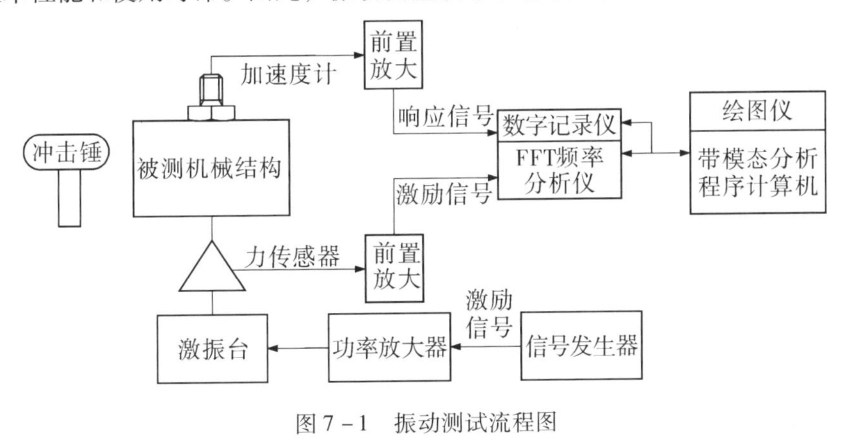

图 7－1　振动测试流程图

利用传感器测得的振动信号对机械状态进行诊断，是机械故障诊断中最常用、最有效的方法。机械设备在运行过程中产生的振动及其特征信息是反映机械设备及其运行状态变化的主要信号，通过各种动态测试仪器获取、记录和分析这些动态信号，是进行机械设备状态监测和故障诊断的主要途径。其中的关键技术是通过对振动信号的分析处理提取机械故障特征信息。振动测试的流程如图 7－1 所示。

7.1.2 模态分析技术

起重运输机械作为一种大型的、复杂的工程结构，在其服役期间，由于诸如外物碰撞、环境腐蚀、材料老化、荷载的长期效应和疲劳效应等众多因素的影响，将会不断累积损伤，结构的局部损伤可能会导致结构整体的迅速破坏，由此造成重大的工程事故，造成生命财产的巨大损失。基于结构振动特性改变的损伤识别是解决这一难题的有效方法之一。随着现代模态分析技术的日益精确和完善，基于振动的结构损伤识别方法也迅速发展起来，并已成功地应用于工程实践中。

经过半个多世纪的发展，模态分析已经成为振动工程中一个重要的分支。一般的振动问题由激励(输入)、振动结构(系统)和响应(输出)三部分组成，如图 7－2 所示。根据研究目的不同，可将一般振动问题分为以下基本类型：

(1)已知激励和振动结构，求系统响应；

(2)已知激励和响应，求系统参数；

(3)已知系统和响应，求激励。

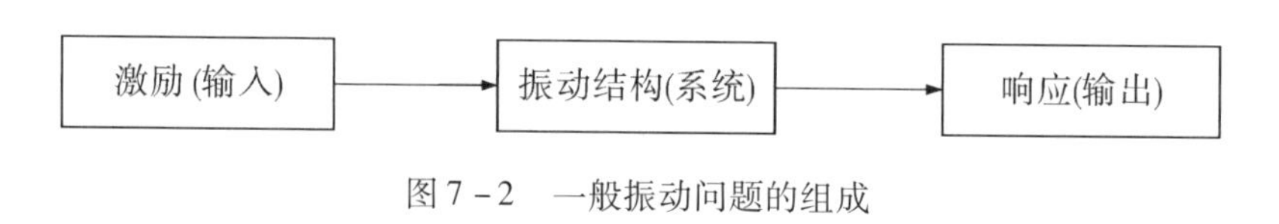

图 7－2 一般振动问题的组成

一般地，以振动理论为基础、以模态参数为目标的分析方法，称为模态分析。更确切地说，模态分析是研究系统物理参数模型、模态参数模型和非参数模型的关系，并通过一定手段确定这些系统模型的理论及其应用的一门学科。振动结构模态分析则是指对一般结构所作的模态分析。

根据研究模态分析的手段和方法不同，模态分析分为数值模态分析和实验模态分析。

数值模态分析或称模态分析的理论过程，是指以线性振动理论为基础，研究激励、系统、响应三者的关系。数值模态分析主要采用有限元法，它是将弹性结构离散化为有限数量的具体质量、弹性特性单元后，在计算机上作数学运算的理论计算方法。它的优点是可以在结构设计之初，根据有限元分析结果，便预知产品的动态性能，可以在产品试制出来之前预估振动、噪声的强度和其它动态问题，并可改变结构形状以消除或抑制这些问题。只要能够正确显示出包含边界条件在内的机械振动模型，就可以通过计算机改变机械尺寸的形状细节。有限元法的不足是计算繁杂，耗资费时。这种方法，除要求计算者有熟练的技巧与经验外，有些参数(如阻尼、结合面特征等)目前尚无法定值，并且利用有限元法计算得到的结果，只能是一个近似值。正因如此，大多数数学模拟的结构，在试制阶段常应做全尺寸样机的动态试验，以验证计算的可靠程度并补充理论计算的不足，特别对一些重要的或涉及人身安全的结构，就更是如此。第 4 章中详细阐述了采用有限元法对起重机金属结构进行模态分析的过程，并以人字架为实例作了具体分析，因此，在此不再阐述数值模态分析的原理及案例。

实验模态分析(EMA)又称模态分析的实验过程，是理论模态分析的逆过程。首先，实验测得激励和响应的时间历程，运用数字信号处理技术求得频响函数(传递函数)或脉冲响应函数，得到系统的非参数模型；其次，运用参数识别方法，求得系统模态参数；最后，如果有必要，进一步确定系统的物理参数。因此，实验模态分析是综合运用线性振动理论、动态测试技术、数字信号处理和参数识别等手段，进行系统识别的过程。本章主要讨论实验模态分析技术原理及其在起重机金属结构安全评估中的应用。

7.1.3 模态分析在故障诊断和状态监测中的应用

结构故障诊断的机理比较复杂，迄今为止尚无一个比较明确的说法。一般认为工程结构发生故障就是与正常结构比较时，在某些方面发生了异常现象，这些现象表现在表征结构特性的各种特征参数上。结构的特性包括动态特性和静态特性、表面状态和形状大小、位移和环境条件等。那些能比较敏感地反映出结构的损伤和故障症状的特征参数被定义为征兆参数。故障诊断就是找出能够描述故障症状变化的征兆参数的信息，在线长期监测或周期性监测这些信息，从中提取信号，通过数据处理来发现或预报结构的故障和损伤。

振动测试系统在结构损伤诊断中的应用比较多，其应用方式主要是模态分析。作为振动工程理论的一个重要分支，模态分析或实验模态分析也为各种产品的结构设计和性能评估提供了一个强有力的工具。其可靠的实验结果往往作为产品性能评估的有效标准，而围绕其结果开展的各种动态设计方法更使模态分析成为结构设计的重要基础。特别是计算机技术和各种计算方法的发展，为模态分析的应用创造了更加广阔的环境。

模态分析的应用可分为以下四类：①模态分析在结构性能评价中的直接应用；②模态分析在结构动态设计中的应用；③模态分析在故障诊断和状态监测中的应用；④模态分析在声控中的应用。

应用模态分析的方法进行故障诊断和状态监测是近年来发展起来的一种方法。特别是使用级别较高的起重机械，随着使用年限的增长，其强度、刚度等性能必然下降，原有的设计能力能否满足满负载、高负荷等工况的要求，新建起重机的质量是否达到设计标准，诸如此类问题使得起重机动态性能参数的检测变得更为重要，如何检测其性能参数已成为一个愈加紧迫的课题。当起重机金属结构发生故障时，如出现裂纹、松动、零部件损坏等情况，结构物理参数发生变化，其特征参数(固有频率、模态阻尼、振型、频响函数、相干函数等)亦随之改变。随着这些参数的变化情况，可以判断出故障类型，有时还可以判断出故障位置。图7－3为以振动测试为手段、以模态参数为指标对起重机进行性能评估的流程图。必须指出，应用模态分析进行故障诊断和状态监测的方法有自身的特点，因而也有局限性，并非所有故障都可以由这种方法判断。比如，对金属结构小裂纹情形，这种方法往往效果不好，因为固有频率和振型对小裂纹并不敏感，当然这种敏感性还与裂纹位置有关。尽管模态阻尼和高阶模态频率对裂纹的敏感性较强，但仍常常不足以判断出来。一般来说，应用模态分析方法对动态故障的诊断效果优于对静态故障的诊断，对大型复杂结构故障诊断的效果优于对简单小型结构的故障诊断，这也是模态分析用于故障诊断和状态监测的优势所在。本部分将从理论、操作方法、信号处理及结果分析等方面简要介绍基于振动测试的模态分析技术。

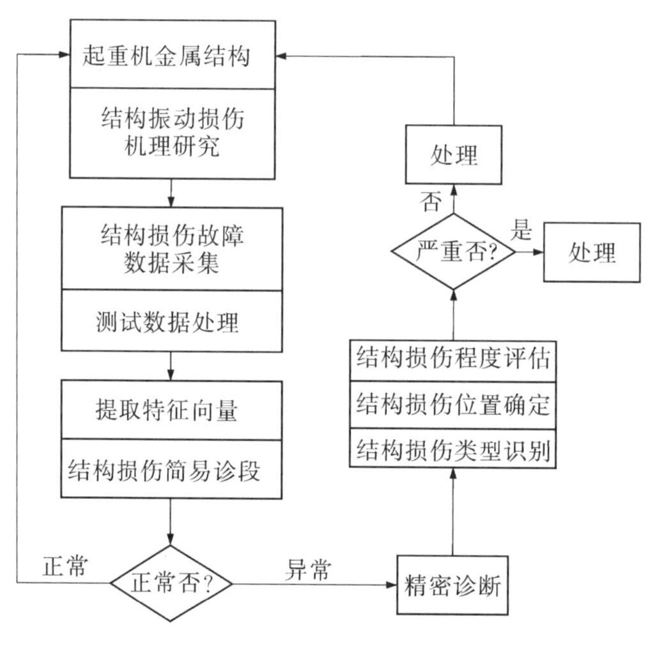

图7－3　振动测试故障诊断流程图

7.2　振动测量技术

获得振动结构所受激励和振动响应的时域信号是振动测试技术的基本内容。模态实验是一类特殊的振动测试技术，实验过程有许多特殊之处，因此，本章在介绍时间历程测量基本技术的基础上重点讨论与模态实验有关的振动测试技术。

7.2.1　振动测量的力学原理

机械振动是指机械弹性系统的振动参数随时间的变化关系。港口起重运输机械设备的振动问题通常是一个多自由度系统振动，而机械振动分析的理论一般是以简化了的单自由度线性系统为基础，然后推广到两自由度系统直到多自由度系统的振动问题来进行分析研究的。因此，作为振动测量的力学基础，有必要对单自由度线性系统的振动原理有所了解。

通常单自由度线性系统的振动为受迫振动，即指在外界激振力的持续作用下，系统被迫产生的振动。当外界激振力消失后的振动称为自由振动，即当系统的平衡被破坏，只靠其弹性恢复力作用下而产生的振动。这里将着重介绍单自由度线性系统的受迫振动理论。

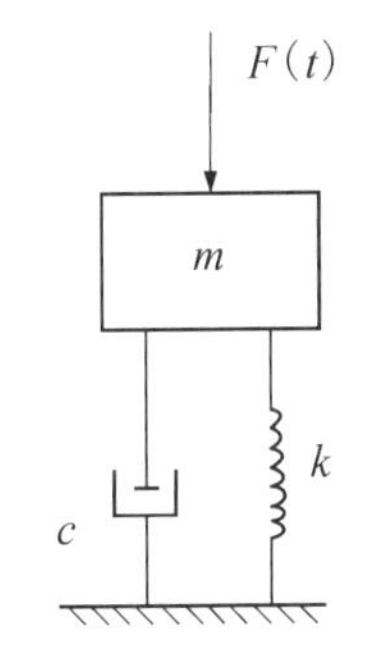

图 7－4　单自由度线性系统的力学模型

图 7－4 为典型的单自由度线性系统的力学模型简图，它是一个由惯性质量、理想的弹簧及黏滞阻尼器组成并受外界激振力作用的单自由度线性系统的受迫振动问题。该系统的运动特性可以用二阶线性微分方程来表征：

$$mx'' + cx' + kx = F(t), \qquad (7-1)$$

式中，m 为质点的质量；c 为黏性阻尼系数；k 为弹簧的刚度系数；$F(t)$为外界激振作用力。

作用在系统上的激振力随时间变化的规律可以归纳分为三种类型：简谐激振力、非简谐周期激振力及任意激振力。本节主要介绍简谐激振力引起的受迫振动。

简谐激振力

$$F(t) = F_0 \sin\omega t, \qquad (7-2)$$

式中，F_0 为激振力的振幅；ω 为激振力的角频率，则系统的运动方程式由式(7－1)可写为

$$mx'' + cx' + kx = F_0 \sin\omega t。 \qquad (7-3)$$

令 $\omega_n = \sqrt{\dfrac{k}{m}}$为系统振动的固有角频率，$a = \dfrac{c}{2m}$为黏滞阻尼系数，$q = \dfrac{F_0}{m}$为单位激振力，则式(7－3)可写成

$$x'' + 2ax' + \omega_n^2 x = q\sin\omega t。 \qquad (7-4)$$

该方程的通解为

$$x = x_1 + x_2,$$

其中，$x_1 = Ae^{-at}\sin(\omega t + \varphi)$，$x_2 = B\sin(\omega t - \varphi)$，所以

$$x = x_1 + x_2 = Ae^{-at}\sin(\omega t + \varphi) + B\sin(\omega t - \varphi), \qquad (7-5)$$

式中，A、B 为待定系数。

式(7－5)解中的第一项(x_1)表示有阻尼的自由振动(即衰减运动)，第二项(x_2)表示有阻尼的受迫振动，因此系统在开始振动时，运动是衰减振动和受迫振动的叠加，形成振动的暂态过程，如图 7－5 所示。经过一段时间后，衰减振动很快衰减消失了，而受迫振动都持续下去，形成振动的稳定过程，称为稳态振动。

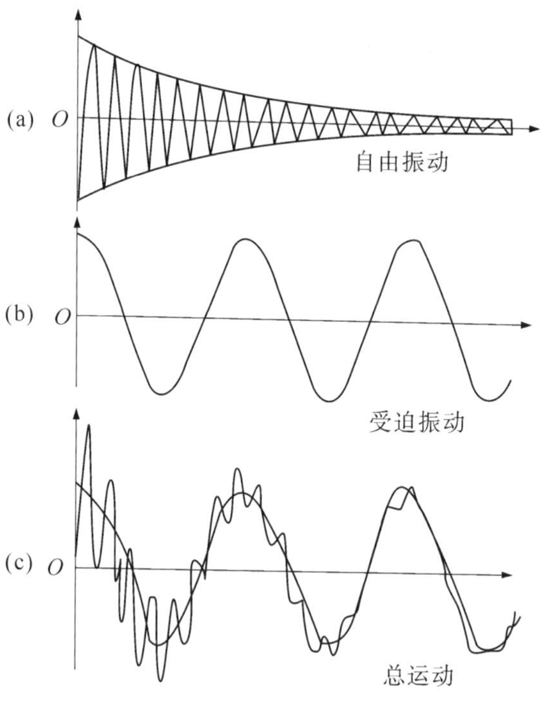

图 7-5 系统振动过程

由于衰减振动的暂态过程是一个过渡现象，一般不予考虑，而主要研究振动的稳态过程，即持续的稳态振动。按这样的简化，使式(7-5)变为

$$x \approx x_2 = B\sin(\omega t - \varphi), \tag{7-6}$$

式中，B 为受迫振动的振幅；ω 为受迫振动的角频率；φ 为物体振动位移 x 与激振力$F(t)$之间的相位差。

对式(7-6)求一阶、二阶导数并代入式(7-4)，经整理后最终求得该系统稳态振动过程的频率响应函数 $H(\omega)$和它的幅频特性 $A(\omega)$及相频特性 $\varphi(\omega)$如下：

$$H(\omega) = \frac{1}{-\omega^2 m + \mathrm{j}c\omega + k} \tag{7-7}$$

或

$$H(\omega) = \frac{1}{k} \cdot \frac{1}{(1-\lambda^2) + 2\mathrm{j}\xi\lambda}, \tag{7-8}$$

$$A(\omega) = \frac{B}{B_0} = \frac{1}{k} \cdot \frac{1}{\sqrt{(1-\lambda^2)^2 + (2\xi\lambda)^2}}, \tag{7-9}$$

$$\varphi(\omega) = -\arctan\frac{2\xi\lambda}{1-\lambda^2}, \tag{7-10}$$

式中，$\frac{B}{B_0}$为振幅的放大因子，或称幅值比；$B_0 = \frac{F_0}{k}$，为静移位；$\lambda = \frac{\omega}{\omega_n}$，为频率比；$\xi =$

$\frac{\alpha}{\omega_n}=\frac{c}{2a\omega_n}$，为阻尼比。

图 7 -6 和图 7 -7 分别为该系统以伯德图描绘的幅频特性曲线和相频特性曲线。

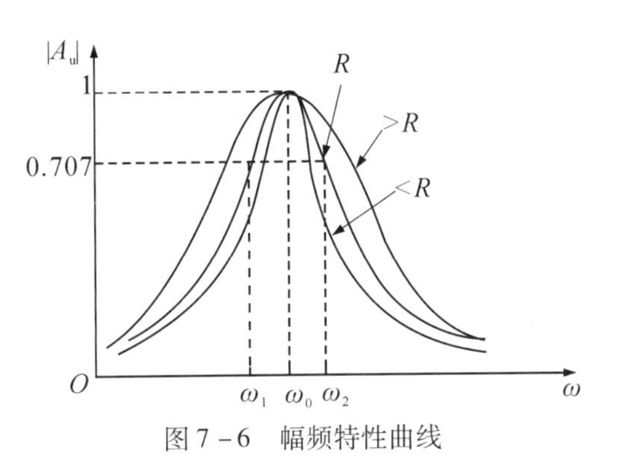

图 7 -6　幅频特性曲线

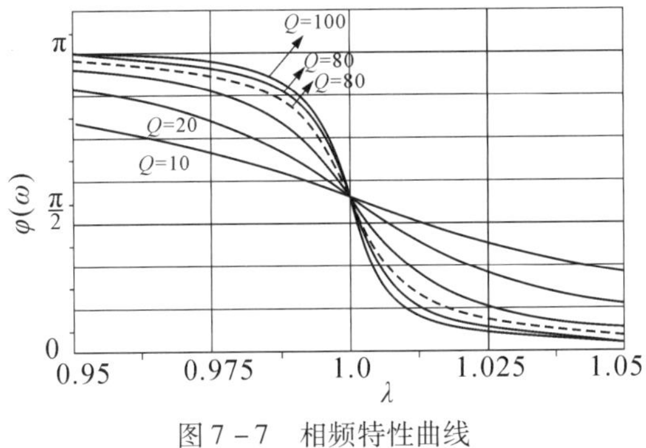

图 7 -7　相频特性曲线

观察分析幅频特性曲线，其幅频曲线上幅值最大的频率称为位移共振频率。若令式(7 -9)分母对 λ 的一阶导数为 0，则求得其值为

$$\omega_r=\omega_n\sqrt{1-2\xi^2}。\tag{7-11}$$

随着阻尼的增加，共振峰向原点移动。在小阻尼时，ω_r 很接近 ω_n，故常直接用 ω_r 作为 ω_n 的估计值。若研究的响应是振动速度，相应的共振频率称为速度共振频率，速度共振频率始终与固有频率相等。但对于加速度响应的共振频率总是大于系统的固有频率。

其次，从相频特性曲线也可以看到，不管系统的阻尼比是多少，在 $\lambda=1$ 时的位移始终落后于激振力 90°，这种现象称为相位共振。当系统有一定的阻尼时，位移幅频特性曲线变得比较平坦，位移共振频率既不易测准又偏离固有频率。但从相频特性曲线看，在固有频率处位移响应总是滞后 90°，而且这段曲线比较陡峭，若频率稍有偏离，相位就明显偏离 90°，所以用相频特性曲线来捕捉固有频率比较准确。

7.2.2　振动测量的类型

由于振动测量的关键是振动信号的拾取和振动信号的分析处理，一般来说，振动测量主要分为振动参数测量和激振试验测量两大类型。

1. 振动参数测量

振动参数测量是对处于使用运动状态下的机械设备的零部件与金属结构所受到的振动信号进行测量与分析处理，得到被测对象的振动基本参数(振动位移、振动速度与加速度)和振动特性(固有频率、频率响应特性的幅频特性及相频特性等)，以寻找和确定振动等级，并采取减振措施，减小振动强度。

2. 激振试验测量

激振试验，也称机械阻抗试验或试验模态分析。它是对机械设备的零部件与金属结构施加某种形式的振动激励，同时测定输入特性(激振力)和输出特性(振动响应特性)，从而确定被测对象的振动参数与振动特性(固有频率、振型、阻尼比及刚度等参数)。

激振试验的激励方式可根据激振力的类别来选择，通常采用稳态正弦激振、随机激振及瞬态、冲击激振等方式，也就是说激振动力可以是简谐激振力、任意激振力及瞬态脉冲激振力等。

激振试验测量可以确定被测对象或系统的振动响应特性，作为改进机械设备产品性能的重要试验研究手段。

7.2.3 测振传感器

根据振动参数测量和激振试验测量的类别，振动信号的拾取和激振用设备主要是测振传感器和激振器两类测试设备。

测振传感器(也称拾振器)是专门用于振动参数测量的振动信号拾取传感器。根据测量参数不同，测振传感器有速度传感器、加速度传感器及振动位移传感器。根据振动测量时传感器与被测对象之间的联系方式，测振传感器可分为接触式和非接触式两大类。非接触式测振传感器有电容式和电涡流式两种型式。目前常用的接触式测振传感器按其壳体的固定方式分为相对式和绝对式两种，相对式测振传感器壳体固定在相对静止的物体上。作为测量参考系坐标点，其活动部分的测杆用弹簧压紧在被测机械设备上，测振传感器拾取的振动信号转换成电量信号输送给测振分析仪器，最后求得被测机械设备的振动位移、振动速度及振动加速度等参数曲线及数据。

测振传感器除了要求它具有较高的灵敏度和在测量的频率范围内具有平坦的幅频特性与线性的相频特性外，还要求测振传感器的质量尽量小，以不影响被测物体的振动特性。由于被测物体的振动测量意图、测量范围及测量精度要求各不相同，测量振动的测振传感器的结构型式与品种规格也各不一致，在起重运输机械设备的振动测量中最常用的测振传感器有动磁式速度传感器(见图7－8)、电阻应变式加速度传感器及压电式加速度传感器。下面列举电阻应变式加速度传感器及压电式加速度传感器予以介绍。

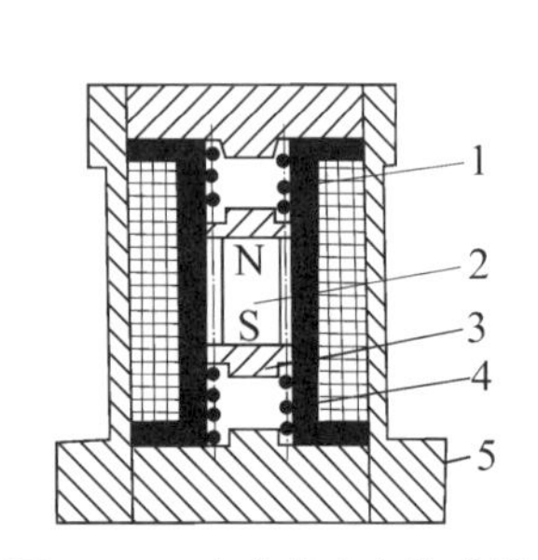

图7－8　动磁式速度传感器

1—线圈；2—磁钢；3—支承环；
4—弹簧；5—壳体

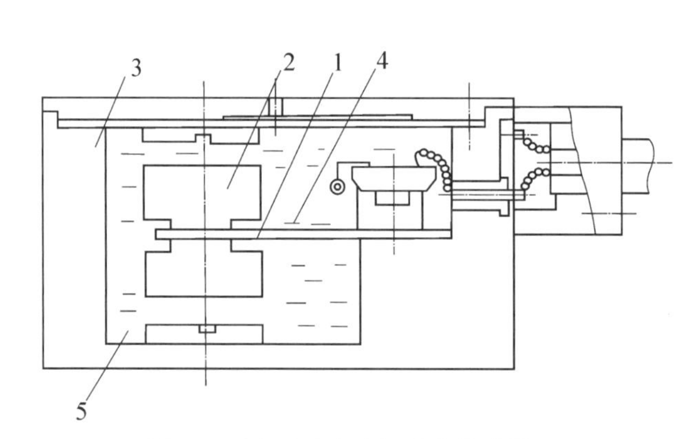

图7－9　电阻应变式加速度传感器

1—等强度梁；2—质量块；3—壳体；
4—电阻应变片；5—硅油

1．电阻应变式加速度传感器

图7－9是电阻应变式加速度传感器的结构简图。等强度梁1作为弹性元件，其一端固定在壳体3上，另一端装有质量块2。该等强度梁上贴有4片电阻应变片，并接成全桥电路。壳体3内充满硅油5，硅油起阻尼作用，系统的阻尼率通过调节硅油的浓度来获得。

当传感器固定在被测物体上振动时，质量块相对壳体的位移，使等强度梁产生变形，因而使粘贴在等强度梁上的电阻应变片产生电阻值的变化，其电阻变化值正比于质量块的位移，即正比于被测振动的加速度。

电阻应变式加速度传感器具有线性度好、灵敏度高、低频响应特性好等诸多优点，适用于起重运输机械的金属结构振动测量。

2. 压电式加速度传感器

压电式加速度传感器是利用压电材料(如石英晶体、压电陶瓷)的压电效应原理，将被测物体的振动加速度转换为电信号(电压或电荷)输出的测振传感器。

压电式加速度传感器主要由压电晶体、惯性块、底座及外壳等部分组成，传感器本身是单自由度线性系统。当加速度传感器壳体被固定在被测物体上并随之一起振动时，传感器内的质量块受支承运动的激励而产生受迫振动。由于传感器内的质量块的惯性力与振动加速度成正比，此惯性力作用于晶体片上产生压电效应，在晶体表面产生电荷(或电压)信号输出，该输出电信号的大小与惯性力大小成正比。因此，传感器的输出电信号与被测物体的振动加速度成正比，从而实现测量振动加速度的目的。

压电式加速度传感器的结构型式如7-10所示。图中所示是剪切型压电式加速度传感器，圆筒状的压电元件黏结在中心架上，并在其外圆黏结了一个圆筒状的质量块。当传感器受到轴向的振动时，压电元件受到剪应力作用，能较好地隔离外界条件变化的影响，具有很高的共振频率，并具有很好的灵敏度和较小的横向灵敏度。

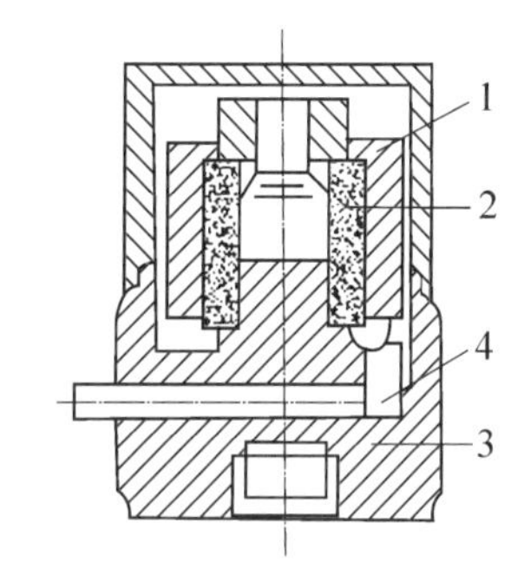

图7-10 压电式加速度传感器的结构型式

1—质量块；2—压电片；3—基座；4—引出线

压电式加速度传感器具有结构简单、体积小、重量轻、性能稳定、频率响应特性好及测振频率范围大等优点，是测量振动的一种较为理想的测振传感器，在船舶、桥梁及起重运输机械设备等方面的振动测量中得到了广泛的应用。

在具体选用时，要注意选用的压电式加速度传感器的主要性能参数和安装方法是否满足被测物体的振动加速度的测振要求。压电式加速度传感器的主要性能参数有如下几项：

(1)灵敏度。压电式加速度传感器的灵敏度是指在一定频率和环境条件下，在主轴方向上承受单位加速度时，其输出电荷值或输出电压值的大小。所以，压电式加速度传感器的灵敏度可以用两种方式来描述，即电荷灵敏度(表达单位为pC/g)和电压灵敏度(表达单位为mV/g)。当加速度传感器与电荷放大器联用时，用电荷灵敏度表达。当加速度传感器与电压放大器联用时，用电压灵敏度表达。对于一定的压电材料而言，加速度传感器的质量块尺寸愈小，它的灵敏度愈低，但其固有频率将增大，测量的频率将加宽。

(2)横向灵敏度。压电式加速度传感器的横向灵敏度是指它对横向(垂直于主轴方向)振动的敏感性，横向灵敏通常用主轴方向灵敏度的百分比来表示，横向灵敏度应愈小愈好，在低频范围内应小于或等于主轴方向灵敏度的5%。

(3)频响特性。压电式加速度传感器的频率响应通常以图7-11所示的频响特性曲线来描述(一般在传感器使用说明书中含有该曲线)，它也表明加速度传感器的灵敏度随频率的变化情况，选用时应尽量考虑其频响特性的平直曲线范围，以提高灵敏度的精度。

(4)安装自然谐振频率。加速度传感器固定在一个无限大的坚硬物体上所获得的谐振

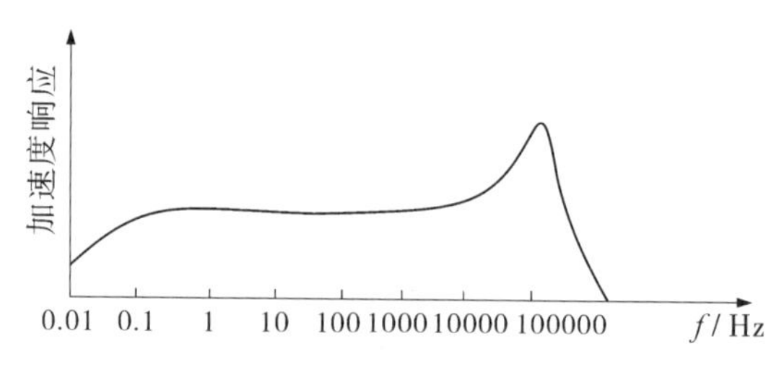

图 7－11　压电式加速度传感器的频响特性曲线

频率称为安装谐振频率。但是测量这种谐振频率是困难的，因为很难使无限大的物体进入运动状态，所以，产品标准的测量方法是将加速度传感器安装在重 180g 的约 1in^{2}* 的钢块上进行测量，即为其安装自然谐振频率。实际测量时，由于加速度传感器的安装方法不同，加速度传感器的安装自然谐振频率会有所下降，其值是决定加速度传感器使用频率上限的依据。

(5)加速度量程。由于压电式加速度传感器的结构型式较多，各种型号规格的压电式加速度传感器的振动加速度量程范围也各不相同，实际应用时可根据被测物体的振动强度大小预估情况选用合适量程的加速度传感器。

为了保证振动测量结果的准确性，具体测试前，先将压电式加速度传感器牢固地安装在被测物体的相应部位表面，加速度传感器与被测物体的几种安装固定方法如图 7－12 所示。该图中①是用钢制双头螺栓将传感器固定在被测物体的光滑平面上。如果固定表面不够平整，可在表面涂一层硅脂，以增加固定刚度。这是一种最好的安装固定方式，但要注意螺栓不可拧入传感器基座螺孔中过长，以免引起基座变形而影响灵敏度。图中②是采用绝缘螺栓固定，在传感器与被测物体之间垫有云母薄垫片，此安装固定方式的频率响应较好。图中③是用蜡将传感器粘在被测物体的表面上。在外界温度较低时的频响特性较好，而在高温状态时频响降低。图中④是手持探针测振法，适用于低频范围内的多点测振。图中⑤是永久磁铁固定传感器，使用方便，适用于低频振动测量，该方法由于采用永久磁铁而增大了测振传感器的质量，对一些质量较小的被测物体的振动测量有影响。图中⑥和⑦是粘接螺栓或黏结剂的固定方法，采用树脂黏结剂或软胶的方法使得其频响特性较差，振动测试时易脱落，故采用不多。

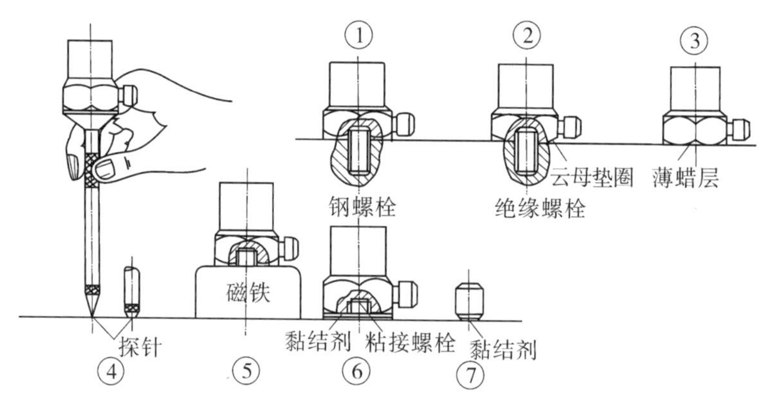

图 7－12　加速度传感器的安装固定方式

* in 为非法定计量单位，in＝2. 54cm。

7.3 模态测试技术概要

由航空航天工业和汽车工业首先开创的测试和分析机械结构动态特性的技术，已经发展成机械、船舶、车辆、建筑物、桥梁和能源等各个领域的通用技术。

现代机器大多要求高速、低能耗、轻型、低噪声、性能可靠。解决这些问题，离不开动态测试与分析，因而模态测试技术得到迅速发展和广泛应用。

试验模态分析可分为两种不同的试验方法：

(1)正则振型试验法(NMT)。此法用多个激振器对结构同时进行正弦激励，当激振力矢量被调到正比于某一振型时，就可激励出某一个纯模态振型，并直接测出相应的模态参数，不必再进行计算。该法的优点是所得结果精度高；但它需要高精度的庞大测试仪器和熟练的试验技能，费时长，成本高，在一般部门不易推广。

(2)频响函数法(FRF)。此法可只在结构的某一选定点上进行激励，同时在多个选定点上依次测量其响应。将激励和响应的时域信号，经 FFT 分析仪转换成频域的频谱。因频响函数是响应与激励谱的复数比，对已建立的频响函数数学模型进行曲线拟合，就可从频响函数求出系统的模态参数。该法的优点是可同时激励出全部模态，测试时间短，所用仪器设备较简单，测试方便，故在产业和科研部门得到了广泛的应用。

激振分为单点激振和多点激振两种，两者有许多相似之处。而频响函数法可不必同时进行各点的测量，也可测得频响函数矩阵中的任一列(单点激振，多点测量响应)，或任一行(各点轮流激振，单点测量响应)。下面只介绍单点激振的测量方法。

7.3.1 频响函数的测试系统

机械结构的动态特性在时域表示为单位脉冲的响应函数 $h(t)$，在频域则表示为频响函数 $H(\omega)$，它们的关系如图 7－13 所示。

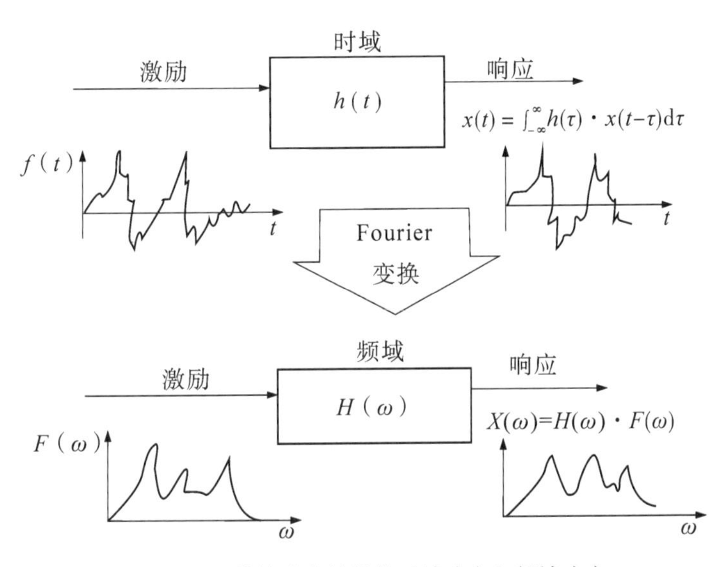

图 7－13 结构动态特性的时域响应和频域响应

用试验模态分析方法进行机械结构试验时，基本的测试系统(见图7－1)包含三部分：

(1)激振部分。主要包括信号发生器、功率放大器和激振台。功率放大器的作用是将信号源提供的微小信号放大为有一定功率的驱动信号，以推动激振台。功率放大器须和激振台相匹配。激振既可由激振台(能对结构施加周期、瞬态和随机激励)进行，也可由冲击锤(只能产生脉冲)激振。在用锤击法激振时，无需专门的信号发生器、功率放大器和激振台；某些时域法也不需专门的激振设备。

(2)数据采集部分。在模态试验中，要测量的是激振力和振动响应。其主要仪器包括传感器、前置放大器和数据采集器等。最常用的传感器有压电式力传感器和加速度计。前者具有体积小、频率范围宽和动态范围大等优点，后者则有体积小、重量轻、频响宽和灵敏度高等特点。前置放大器的作用是增强传感器送来的微小信号，并把加速度计(用来检测响应)和力传感器(用来记录激振力)的高阻抗输出转换成适合FFT频率分析仪的低阻抗输入，以便将采集到的激励和响应的时域离散数字信号送入FFT频率分析仪。

(3)分析计算部分。FFT频率分析仪将激励和响应的时域信号转换成频谱，并计算其频响函数。分析仪与微机联用，可完成模态分析、参数识别和结构动力修改等任务。

7.3.2　信号的描述

振动信号可分为连续(模拟)信号和离散(数字)信号两大类。幅值是连续数值的信号称为模拟信号；幅值是离散数值的信号称为离散信号。

振动信号又可分为确定性信号和随机信号。能用确定的数学关系式描述的信号，称为确定性信号，其中包括周期信号和非周期信号。随机信号则不能用明确的数学关系式来表达，它反映的物理现象通常是一个随机过程，只能用概率和统计的方法来描述。

一个平稳的随机过程$X(t)$的统计特性不随时间t变化，在t为任意值时随机变量的概率密度函数和概率分布函数都是相同的；而同时$X(t)$又是各态历经过程时，则可用一个样本函数$x(t)$的统计特性代表整个过程的统计特性。下面介绍各态历经随机振动的一些特性参数。

7.3.2.1　随机过程的幅值域描述

1. 概率密度函数和概率分布函数

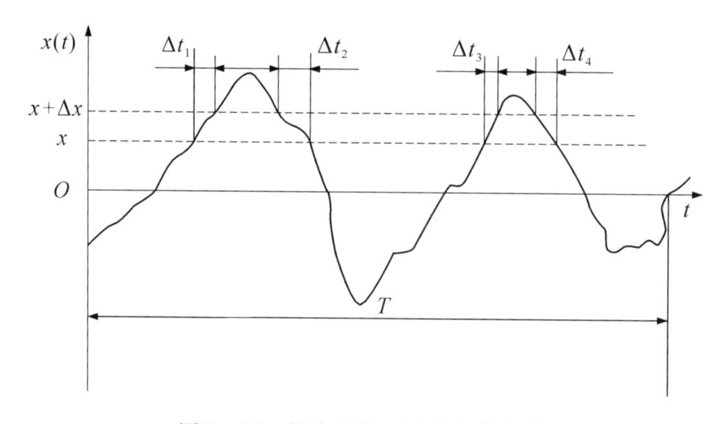

图7－14　样本函数$x(t)$的概率密度

随机变量的概率密度函数表示变量值落在某一指定范围内的概率。图 7－14 为各态历经过程的一个样本函数 $x(t)$，在观测时间 T 内，$x(t)$ 值落在 $(x,\ x+\Delta x)$ 范围内的总时间为 $T_x = \sum_i \Delta t_i$，当 T 趋于无穷大时，概率为

$$P[x \leqslant x(t) < x + \Delta x] = \lim_{T\to\infty}\frac{T_x}{T}。$$

概率密度函数定义为

$$p(x) = \lim_{\Delta x\to 0}\frac{1}{\Delta x}\left(\lim_{T\to\infty}\frac{T_x}{T}\right)。\tag{7－12}$$

概率分布函数定义为

$$P(x) = P[x(t) \leqslant x] = \int_{-\infty}^{x} p(x)\,\mathrm{d}x。\tag{7－13}$$

由 $p(x)$ 可求得 $P(x)$，但在随机振动的研究中，多使用概率密度函数 $p(x)$。

对全部 x 值画出 $p(x)-x$ 图，即得概率密度曲线。几种典型的概率密度曲线如图 7－15所示，其中图 7－15a 盆形曲线为初相角随机变化的正弦信号的概率密度，图7－15b 曲线为正弦信号加随机噪声信号的概率密度，图 7－15c 钟形曲线为随机信号的概率密度。

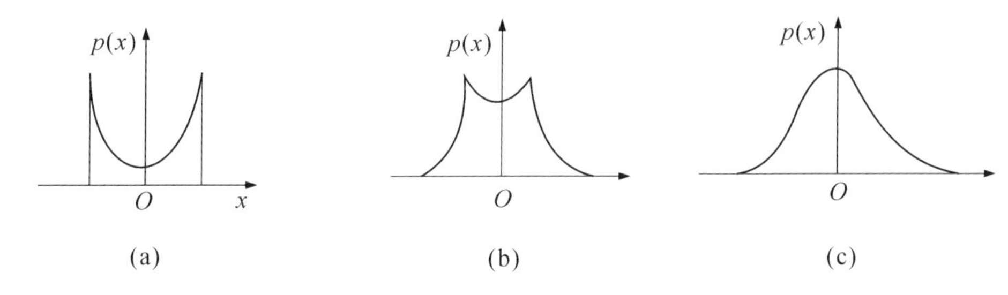

图 7－15　概率密度曲线

根据概率密度曲线的不同形状，可以区分振动的一些特性。例如，从图 7－15b 中可以判断随机数据中混有周期数据。

在随机振动的实际问题中，有各种不同概率分布的随机变量，最常遇到的是正态分布，即 Gauss 分布。

2. 均值（又称数学期望或一次矩）

均值用来描述信号的平均水平，即数据的静态分量。若信号具有遍历性（各态历经过程，又称遍历过程），则均值可用单个样本函数 $x(t)$ 的时间平均值来表示：

$$\bar{x} = E[x(t)] = \lim_{T\to\infty}\frac{1}{T}\int_0^T x(t)\,\mathrm{d}t,\tag{7－14}$$

式中，$E[x(t)]$ 为集合平均记号。

3. 均方值（又称二次矩）

均方值用来描述信号的平均能量或平均功率，它包含了静态分量和动态分量，

$$\overline{x^2} = E[x^2(t)] = \lim_{T\to\infty}\frac{1}{T}\int_0^T x^2(t)\,\mathrm{d}t。\tag{7－15}$$

均方根值（rms）为均方值的正平方根，是信号幅度最恰当的量度。

7.3.2.2 随机过程的时差域描述——相关分析

1. 自相关函数

自相关函数描述一个时刻的信号与另一时刻信号之间的相互关系，是两个状态之间相关性的数量描述，即

$$R_{xx}(\tau) = \lim_{T\to\infty}\frac{1}{T}\int_0^T x(t)\cdot x(t+\tau)\mathrm{d}t。\tag{7-16}$$

可以看出，当时间差 τ 变大时，$x(t)$ 与 $x(t+\tau)$ 会越来越不相关，$R_{xx}(\tau)$ 变小；当 τ 变小时，$x(t)$ 与 $x(t+\tau)$ 相差无几，两者越来越相关，$R_{xx}(\tau)$ 就变大。当 $\tau=0$ 时，则有

$$R_{xx}(0) = \overline{x^2}\tag{7-17}$$

即时间位移为0时，自相关函数等于均方值。这是自相关函数的重要性质之一，工程上常用它来做定量分析，也可检测混于随机信号中的周期信号。

2. 互相关函数

上述统计参量都是用于描述单个随机过程的数据特性。在研究机械系统的动态特性时，有时需要描述两个随机过程样本记录的联合特性。此时，要用到互相关函数、互谱密度函数、相干函数等统计特性。

互相关函数 $R_{xy}(\tau)$ 表示两个随机信号 $x(t)$ 和 $y(t+\tau)$ 的相关性统计量，它定义为

$$R_{xy}(\tau) = \lim_{T\to\infty}\frac{1}{T}\int_0^T x(t)\cdot y(t+\tau)\mathrm{d}t。\tag{7-18}$$

利用互相关函数所提供的延时信号，可以研究信号传递通道和振源情况，也可检测隐藏于外界噪声中的信号。

7.3.2.3 随机过程的频率域描述

实际测得的动态时域信号，经 FFT 变换到频域描述，将会获得更多的信息。

1. 频谱

在频域上描述振动的规律用频谱。周期性振动 $x(t)$ 的频谱用傅里叶级数表示，它是离散谱：

$$x(t) = X_0 + \sum_{i=1}^{\infty} X_i\sin(i\omega t+\varphi_i)。\tag{7-19}$$

非周期性振动 $x(t)$ 的频谱用傅里叶积分表示，它是连续谱：

$$X(f) = \int_{-\infty}^{\infty} x(t)\mathrm{e}^{-\mathrm{j}2\pi ft}\mathrm{d}t,\tag{7-20}$$

其逆变换为

$$X(t) = \int_{-\infty}^{\infty} x(f)\mathrm{e}^{\mathrm{j}2\pi ft}\mathrm{d}f。\tag{7-21}$$

分析振动频率的分布结构，称为频谱分析。

2. 自功率谱密度函数(简称自谱)

对自相关函数 $R_{xx}(\tau)$ 进行傅里叶变换，即得双边自谱：

$$S_{xx}(f) = \int_{-\infty}^{\infty} R_{xx}(\tau)\mathrm{e}^{-\mathrm{j}2\pi f\tau}\mathrm{d}\tau,\tag{7-22}$$

其逆变换为

$$R_{xx}(\tau) = \int_{-\infty}^{\infty} S_{xx}(f)\mathrm{e}^{\mathrm{j}2\pi f\tau}\mathrm{d}f,\tag{7-23}$$

即平稳过程 $x(t)$ 在时间的统计量 $R_{xx}(\tau)$，可通过傅里叶变换变换成频率的统计量 $S_{xx}(f)$，二者构成傅里叶变换对，此即著名的维纳－辛钦（Wiener-Khintchine）公式。

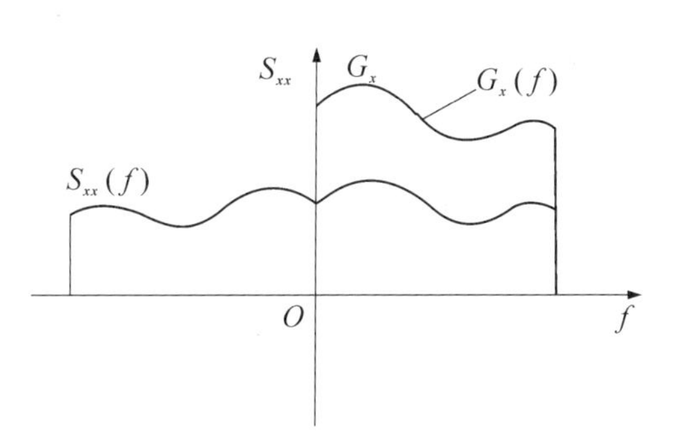

图 7－16　单边谱密度

如图 7－16 所示，相应的单边谱密度函数为

$$\begin{cases} G_x(f) = 2S_{xx}(f) & \text{当 } 0 \leqslant f < \infty \\ G_x(f) = 0 & \text{当 } f < 0 \end{cases}。\quad (7-24)$$

在 $\tau=0$ 的特殊情况下，式(7－22)变为

$$\begin{aligned} R_{xx}(0) &= \overline{x^2} = \int_{-\infty}^{\infty} S_{xx}(f)\,\mathrm{d}f \\ &= 2\int_0^{\infty} S_{xx}(f)\,\mathrm{d}f \\ &= \int_0^{\infty} G_x(f)\,\mathrm{d}f。\end{aligned} \quad (7-25)$$

因 $S_{xx}(f)$ 和 f 轴所围的面积等于 $x(t)$ 的均方值，故 $S_{xx}(f)$ 又称为均方功率谱密度函数。它表征信号的能量结构，可由它找出信号的频率特性和主要频率成分。又因为 $\overline{x^2}$ 表示 $x(t)$ 的平均功率，所以 $S_{xx}(f)$ 表示平均功率随频率 f 分布的分布密度，故称为功率谱密度。

3. 互谱密度函数（简称互谱）

两组随机信号的双边互谱可以从互相关函数的傅里叶变换直接定义为

$$S_{xy}(f) = \int_{-\infty}^{\infty} R_{xy}(\tau)\mathrm{e}^{-\mathrm{j}2\pi f\tau}\mathrm{d}\tau, \quad (7-26)$$

其逆变换为

$$R_{xy}(\tau) = \int_{-\infty}^{\infty} S_{xy}(f)\mathrm{e}^{\mathrm{j}2\pi f\tau}\mathrm{d}f, \quad (7-27)$$

其相应的单边互谱为

$$\begin{cases} G_{xy}(f) = 2S_{xy}(f) & \text{当 } 0 \leqslant f < \infty \\ G_{xy}(f) = 0 & \text{当 } f < 0 \end{cases}。\quad (7-28)$$

互谱满足不等式

$$|G_{xy}(f)|^2 \leqslant G_x(f)G_y(f)。\quad (7-29)$$

4. 频响函数

互谱的一个重要应用是计算线性系统的频响函数。设 $f(t)$ 为某点输入的平稳随机信号，$x(t)$ 为任一点的响应，也是平稳随机信号，则振动系统的频响函数为

$$H(f) = \frac{S_{fx}(f)}{S_{ff}(f)} = \frac{G_{fx}(f)}{G_{ff}(f)}。\quad (7-30)$$

频响函数是研究机械结构动态特性的重要工具，也是模态分析及参数识别的基础，今后将经常用到。

5. 相干函数

平稳随机信号 $f(t)$ 与 $x(t)$ 之间的相干函数（也称凝聚函数）定义为

$$\gamma_{xf}^2(f) = \frac{|G_{xf}(f)|^2}{G_{xx}(f) \cdot G_{ff}(f)}。\quad (7-31)$$

它表示在整个频段内响应 $x(t)$ 和激励 $f(t)$ 之间的因果关系：若在某个频率上 $\gamma_{xf}^2(f)=0$，则响应与激励在此频率上是不相干的，彼此统计独立；若 $\gamma_{xf}^2(f)=1$，则响应与激励在此频率上完全相干，意即响应完全由激励引起，干扰为零。在实际中，总存在一定的噪声干扰，输入和输出信号存在非线性关系，故一般表示为

$$0 \leqslant \gamma_{xf}^2(f) \leqslant 1, \tag{7-32}$$

即在测量的响应中混入了与激振力无关的干扰。因此，相干函数可用来检验频响函数和互谱的测量精度与置信程度，也可用来识别噪声的声源和非线性程度。

7.3.3 数字信号处理技术的工作原理

自 1965 年 FFT 问世以来，由于小型数字计算机的发展，数据的数字化处理方法已被普遍采用。

7.3.3.1 离散傅里叶变换

傅里叶变换式(7－20)及其逆变换式(7－21)都不适于数字计算机运算。要进行数字计算，须将实测的连续信号 $x(t)$ 离散化，对有限长度的样本进行采样和量化，故需引入离散傅里叶变换(DFT)及其逆变换：

$$\left.\begin{aligned} X(n\Delta f) &= \sum_{K=0}^{N-1} x(K\cdot\Delta t)\,\mathrm{e}^{-\mathrm{j}2\pi n\frac{K}{N}}, \\ x(K\Delta t) &= \frac{1}{N}\sum_{n=0}^{N-1} X(n\cdot\Delta f)\,\mathrm{e}^{\mathrm{j}2\pi n\frac{K}{N}}, \end{aligned}\right\} \tag{7-33}$$

式中，n 为频率采样点编号；K 为时域采样点编号；N 为采样点数(频域谱线数为 $N/2$)；Δt 为采样的时间间隔；Δf 为频率分辨率(谱线的频率间隔)。

7.3.3.2 采样定理与迭混

在用数字计算机对工程信号进行数字处理时，需先把实测的连续模拟量 $x(t)$ 转换为离散数字量，称为采样过程，也称“模数转换”，简写为 A/D 转换。完成这一量化过程的仪器称为模数转换器(ADC)。

在进行离散数据采样时，我们只能从实际信号中截取一部分(即采样的时间截断长度 T，也称样本记录长度)，故频率分辨率为

$$\Delta f = \frac{1}{\Delta t\cdot N} = \frac{1}{T}。 \tag{7-34}$$

连续信号所含最高频率(截断频率)f_c 可用下式确定：

$$f_c = \frac{N}{2}\cdot\Delta f。 \tag{7-35}$$

如傅里叶分析仪的 $N=1024$，当要求 $\Delta f=1\text{Hz}$ 时，则最大可分析的频率为 $f_c=\frac{1024}{2}\times 1=512\text{Hz}$。由以上两式可见，为提高分析频率 f_c，须增加采样点数 N，或减小采样长度 T，但采样点数 N 的增加要受分析仪存储量的限制(分析仪中的 N 通常为 1024 或 2048)，而减小 T 将提高频率分辨率。例如，已确定 $f_c=1000\text{Hz}$，并规定 $\Delta t=0.5\text{ms}$，$N=1024$，则采样时间 T 可短到 0.512s ，频率分辨率 Δf 却高达 1.95Hz。

对时域信号 $x(t)$ 进行离散采样时，一般都是以等时间间隔 Δt 采样和幅值的量化，得

到离散的时间序列 $x(n\Delta t)$，$n=0, 1, 2, \cdots, N-1$，如图 7－17 所示。

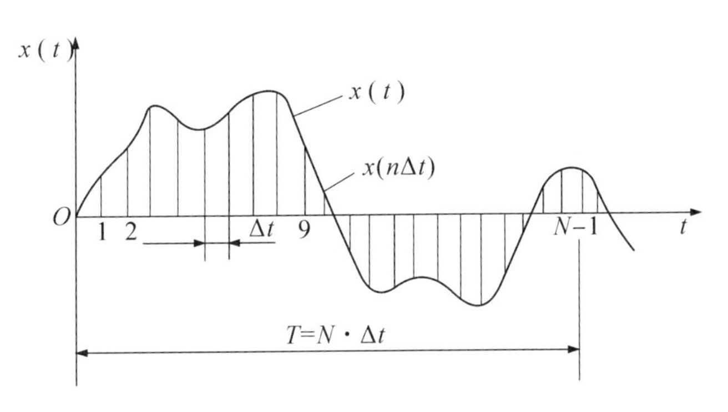

图 7－17 离散采样

能否由局部的离散信号 $x(n\cdot\Delta t)$ 唯一确定或复原到原来的连续信号 $x(t)$，取决于有无迭混。迭混是指由于离散造成的原始信号中不同的频率成分幅值量的混淆，它与被分析信号中的频率成分和采样间隔 Δt 有关。

单位时间内的采样数 N，称为采样频率：

$$f_s = \frac{1}{\Delta t}。 \tag{7-36}$$

为克服离散采样可能带来的迭混误差，采样频率 f_s 要取得适当，如 f_s 太低，就会发生迭混。为不使高频信号混入低频信号，选择采样频率时须满足

$$f_s \geqslant 2f_c。 \tag{7-37}$$

此即 Shannon 的采样定理。即采样频率必须大于信号 $x(t)$ 的截断频率的两倍，方可保证离散信号 $x(n\cdot\Delta t)$ 能唯一恢复到原连续信号 $x(t)$ 而不失真。

在离散信号的频谱分析和实验数据的分析中，经常用到折迭频率（即 Nyquist 频率）的概念，它是指当 f_s 已定时，为保证不出迭混，信号中所能允许的最高频率成分，即截断频率 f_c 为：

$$f_c = \frac{f_s}{2} = \frac{1}{2\Delta t}。 \tag{7-38}$$

7.3.3.3 细化

当要求某段频带有较高的频率分辨率时（如小阻尼、模态密集及耦合强的复杂系统），可通过增加数据的采样点数 N，或增大采样步长 Δt 来提高 Δf。但增加 N 受分析仪存储量的限制；而增大 Δt 则缩小了可分析频率的带宽（因 $f_c=\frac{1}{2\Delta t}$），还导致信号采样时间 T 的加长。因此，在实践中，经常采用细化技术来提高频率分辨率。

细化也称为选带傅里叶分析，其基本原理是对需细化频段的信号进行移频、滤波、重采样处理，使该频段内的谱线变密。它是在采样点数 N 不变的条件下（不扩大分析处理机容量），在选定的频段内提高 Δf。但细化需增大信号的长度和计算时间。

基带傅里叶分析是在 $0\sim f_c$ 频带内均匀分布谱线，其频率分辨率为

$$\Delta f_B = \frac{f_c}{N/2}。 \tag{7-39}$$

选带傅里叶分析是用与基带分析同样多的谱线，在所选择的频带 Δf 内均匀分布，这时的频率分辨率为

$$\Delta f_s = \frac{\Delta f}{N/2}。 \tag{7-40}$$

7.3.4 宽频带激振

随着现代信号分析技术和实时信号显示的发展，宽频激振越来越被普遍采用。

7.3.4.1 瞬态激振

瞬态激振的信号都是非周期确定性信号，并具有宽带连续频谱。因它可同时激出结构的各阶模态，故是一种快速试验手段。其缺点是输入的能量有限，易导致响应数据的信噪比较低，瞬态激振包括锤击法、阶跃法和快速正弦扫描。

1. 锤击激振

锤击激振是由带力传感器的敲击锤敲击结构来实现的，这相当于给结构一个初速度。锤头把宽频脉冲加给被测结构，同时激出所有各阶模态。此法的设备简单，使用方便灵活，便于现场或在线测试，试验周期短；由于在采样周期内响应信号基本衰减，一般没有因功率泄漏引起的偏度误差，因此锤击法在单点激振中得到广泛应用，特适合轻型结构。但由弱非线性产生的偏度误差较大；因激振能量分散在很宽的频带内，响应量小，且力脉冲时间较响应的采样周期短，故有效值/峰值和信噪比较低，测试精度不高；脉冲有个高波峰因素，可使某些结构出现非线性，故锤击法不宜用于非线性系统和大型复杂结构的试验。

2. 阶跃激振

阶跃激振是用突加或突卸一个常力来激励试件，如可由弦索预张紧，然后突然释放的方法实现，这相当于给结构一个初位移。此方法无需激振器系统，但要加载设备。由于阶跃激振力的低频成分最大，故常用来激励固有频率很低(0 ~ 30Hz)的结构或低阶模态，此方法可用于大型复杂结构的试验。

3. 快速正弦扫描

该法由专用信号发生器产生扫描信号，频率和振幅都能控制。它要求信号发生器能在几秒钟内扫过测试所要的全部频率量程，以获得具有频谱的激振力，实现宽频带激振。激振能量相同，输给结构的能量比锤击法大，因在整个测试频段，信噪比和 RMS/PK 高，故比锤击法精度高。但对弱非线性较敏感，有非线性偏度误高差。

7.3.4.2 随机激振

随机激振是更普遍的宽频带激振，激励力的幅值按高斯概率分布，如图 7 - 18 所示。激励信号(在平均意义上)具有平直的连续频谱，即在所有频率上它包含的能量近似等值。

为使在指定的频率范围内所有幅值都能出现，一般要求随机信号的峰值应是有效值的 3 倍，即 PK/RMS = 3。

随机激振的优点：可用功率谱的总体平均来消除噪声和结构动态特性中的非线性影响；比瞬态激振易于控制；测试时间也很短。但随机原函数一般不满足绝对可积条件，故不能直接用傅里叶变换求频响函数，而需引用时域的相关函数(满足傅里叶变换条件)和功率谱的概念。

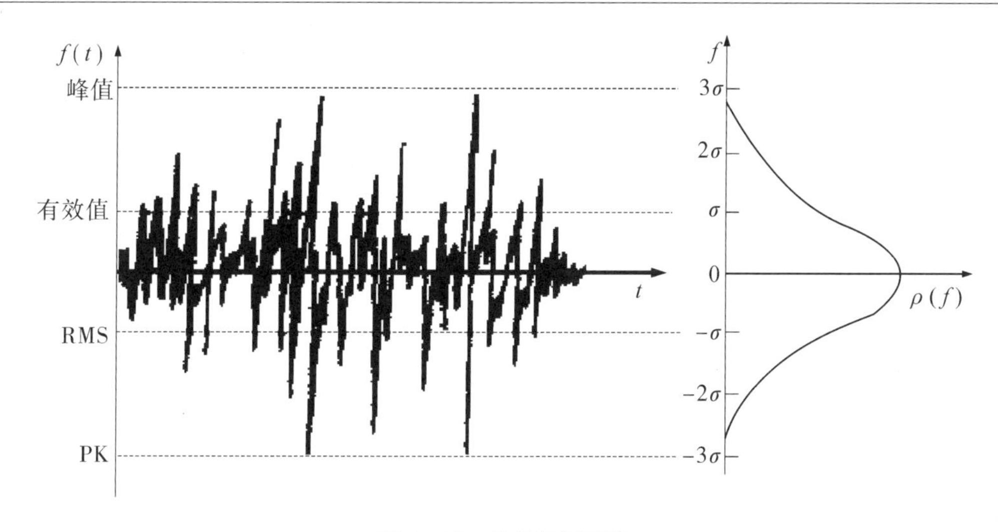

图 7－18 随机激振频谱

1. 纯随机激振

理想的纯随机激励信号为高斯分布的白噪声，一般由白噪声发生器产生，其激振能量分布在很宽的频带内，功率谱是平直谱。纯随机信号有较高的信噪比(S/N)和相当好的波峰(RMS/PK)特性。纯随机激励的信号频带可用滤波器限制在有意义的范围内，以避免频带外的共振激励。

为避免响应被外界噪声污染，通常使用多个样本输入求响应。而每个测量时间 T 内的样本函数都不相同，经多次平均后，可消除测试中的噪声干扰、非线性影响和随机误差，故纯随机激励能给出弱非线性系统的最佳线性近似。

由于对信号采样的非周期性，每次数据采样都要将原信号截断，从而引起较大的能量泄漏，导致共振峰上的相干函数下降。为克服这一突出缺点，通常是用加海宁窗的办法来减少泄漏误差。但加窗会使频率分辨率降低，给参数识别带来困难。周期随机和瞬态随机激振正是为克服功率泄漏而发展起来的。

2. 伪随机激振

伪随机信号可由专用信号发生器产生，它具有周期性，每个周期内的信号是随机的，但各周期间的信号是完全相同的。

因伪随机信号具有周期性，故其谱线是离散的，但频谱仍是等幅的。若其谱线间隔远小于半功率带宽，则伪随机激振效果就相当于一个具有连续频谱的随机信号。

伪随机激振的周期性克服了纯随机激振的泄漏问题。其优点是快速，S/N 和 RMS/PK 较高。

为保证完整的周期性信号，周期长度 T 与分析仪的记录长度须匹配，以避免功率泄漏。但由于每次试验只取一次激振信号，故不能用多次平均来消减噪声和获得线性近似。

3. 周期随机激振

周期随机信号由计算机产生，它是不连续的，由许多不同幅值和相位概率分布的伪随机信号组成。它在一个周期内是伪随机，在下一个周期内是另一个新的、与前面不相关的伪随机信号。测量也是断续进行的，即用第一个伪随机信号激振后，要待其瞬态振动衰减为零，结构做平稳随机振动时，才开始测量。然后再用第二个伪随机信号激振，等新的瞬态振动衰减为零，再进行第二次测量。

周期随机激振综合了纯随机和伪随机信号的优点。由于它具有周期性，故避免了泄漏；由于它每次测量是用不同的随机激励信号，故可用多次平均来消减噪声干扰和非线性影响。但由于周期随机的测量费时较多，实施过程又需较复杂的硬件支持，故近年多改用瞬态随机激振。

7.3.4.3 瞬态随机激振

瞬态随机激振是一种兼有瞬态确定信号和平稳随机信号激振优点的新方法，它既可消除因功率泄漏产生的偏度误差，又具有随机激振信噪比高和统计线性化的优点。

瞬态随机信号是将通常的纯随机信号在采样开始后作用于结构，并在采样周期结束前(一般选择在采样周期的30%～80%处)突然截断，使其变为零，将此零信号的输入保持到采样结束。瞬态随机信号满足了离散傅里叶变换的周期性假设，避免了采样的任意截断，故消除了泄漏产生的根源，其硬件设备与纯随机激振时基本一致。

7.3.4.4 小结

选择激振方法时，考虑的主要因素是：测试精度、测试时间、激振设备、方便程度和模态密集程度。

1. 测试精度

测试误差主要是由偏度误差和随机误差引起的。偏度误差的主要来源是泄漏和被测系统的非线性，而随机误差主要是由噪声引起的。

模态试验的主要环节是频率响应测试，而抑制频响估计中的偏度误差是提高测试精度的关键。

现代动态信号分析仪的基础是数字数据采集和 FFT，其基本假设是信号采样时间 T 是周期的。纯随机激振不满足这一条件，每次数据采样都要将原信号截断，从而引起较大的能量泄漏。瞬态激振时，响应信号在采样周期 T 内基本衰减，一般没有泄漏问题。周期随机激振和伪随机激振时，如待响应信号中瞬态分量衰减后，再进行数据采集，也不会产生泄漏。

在信号处理中，减少泄漏的办法是加窗处理，但加窗会使频率分辨率降低，使信号频谱产生畸变，给参数识别带来困难。

模态识别的基本假设是被测系统是线性的，但实际机械结构的非线性总是存在的，用线性模型去拟合带有非线性因素的实测频响数据，必将引起偏度误差。纯随机、周期随机和瞬态随机激振，每组 T 周期的采样数据都具有不同的统计特性，经总体平均处理后，可消除非线性影响，从而得到最佳线性近似的 FRF 估计和模态识别。但瞬态激振和伪随机激振都不具备这一特性。

2. 测试时间

测试时间是选择激振方法的重要因素。从稳态正弦发展到宽频带激振，主要原因就是为了提高测试速度。例如，当试验频率范围为 1～200Hz 时，用不同激振方法测试 FRF 大致所需时间分别是：稳态正弦激振时需 2000s，脉冲激振时需 60s(10 次平均)，纯随机和瞬态随机激振时需 62s，周期随机激振时需 250s。

3. 激振设备

大多数激振设备需要有信号发生器、功率放大器和激振器；但脉冲激振仅需一个带力传感器的敲击锤即可实现，这是其突出优点。

4. 方便程度

这一因素对现场测试尤为重要，这方面锤击法有其独特的优点。

5. 模态密集程度

若结构在所测频段的模态较密集，以致耦合严重，则可采用稳态正弦激振，以变步长来提高分辨率，或采用瞬态随机激振，靠减少泄漏来提高分辨率。

综上所述，现将各种激振方法的优缺点汇总于表 7－1 以供参考。

表 7－1 各种激振方法的比较

主要指标	激振方法					
	稳态正弦	锤击	快速正弦扫描	纯随机	伪随机	稳态随机
信噪比	很高	低	高	中	中	高
有效值/峰值	高	低	高	中	中	高
功率泄漏	若离散谱线位置取得合适，可避免泄漏	很小	很小	严重	很小	很小
测试时间	很长	很短	中	很短	很短	很短
表征非线性	可	否	可	否	否	否
线性近似	好	很差	好	最好	差	很好

实践中，要根据被测结构的特点、精度要求、现有的设备条件和拟采用的分析方法，适当选择激振方法。

7.3.5 频响函数的估计

在测量频响函数时，如激励 $F(\omega)$ 和响应 $X(\omega)$ 中都完全不含噪声 $N(\omega)$，则可按式 $H(\omega)=\dfrac{X(\omega)}{F(\omega)}$ 计算频响函数。然而，实际的信号中总是含有噪声的，故应设法消除噪声，以求得真正的频响函数。对于确定的频率，测得激励 $F(\omega)$ 和响应 $X(\omega)$ 后，求 $H(\omega)$ 实质上是一个线性估计问题。现以单点激振为例，简介如下。

1. 仅在输出端含有噪声的情况

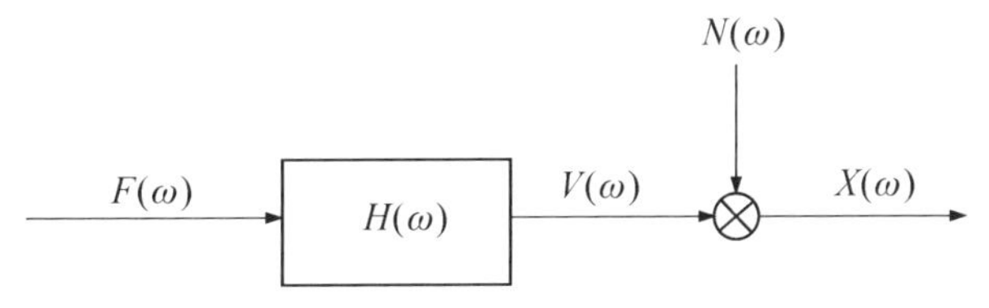

图 7－19 输出端含有噪声的模型

此时，输出误差模型如图 7－19 所示，其观测到的响应为

$$X(\omega)=H(\omega)\cdot F(\omega)+N(\omega)。\tag{7-41}$$

令测得的力 $F(\omega)$ 与响应 $X(\omega)$ 之间频响函数的估计值为 $H(\omega)$，为使输出端的噪声 $N(\omega)$ 影响为最小，对 m 次测试，利用最小二乘法，有

$$J=\sum_{i=1}^{m}|N_1(\omega)|^2=\sum_{i=1}^{m}(X_i-\hat{H}\cdot F_i)\cdot(X_i-\hat{H}\cdot F_i)^*。$$

令

$$\frac{\partial J}{\partial \hat{H}^*}=-\sum_{i=1}^{m}(X_i-\hat{H}\cdot F_i)\cdot F_i^*=0,$$

可得最佳频响函数估计值为

$$H_1=\hat{H}=\frac{\sum_{i=1}^{m}X_i\cdot F_i^*}{\sum_{i=1}^{m}F_i\cdot F_i^*}=\frac{\hat{G}_{xf}}{\hat{G}_{ff}},\tag{7-42}$$

式中，$\hat{G}_{ff}$ 是激励的自功率谱的平均值；$\hat{G}_{xf}$ 是响应与激励之间的互功率谱的平均值。取适当的平均次数 m，可消除背景噪声的影响。

由式(7-41)和式(7-42)有

$$\hat{G}_{xf}=\sum_{i=1}^{m}(H\cdot F_i+N_i)\cdot F_i^*=\sum_{i=1}^{m}H\cdot F_i\cdot F_i^*+\sum_{i=1}^{m}N_i\cdot F_i^*。$$

其中，$\sum_{i=1}^{m}N_i\cdot F_i^*$ 为噪声和激励力之间的互谱，因两者不相关，进行平均后必等于0。因此，在式(7-42)中，随着平均次数 m 的增加，H_1 将收敛到真实的频响函数 H，即 H_1 为真正频响函数的无偏估计，它是单点激振中最常用的FRF估计式。

若同时还有与激励信号和输出噪声互不相关的输入噪声 $M(\omega)$，则有

$$H_1=\frac{\hat{G}_{xf}}{\hat{G}_{ff}}=\frac{\hat{G}_{xf}}{\hat{G}_{km}+\hat{G}_{mm}}=\frac{H}{1+\frac{\hat{G}_{mm}}{\hat{G}_{km}}},\tag{7-43}$$

即当存在输入噪声时，H_1 为有偏估计。

2. 仅在输入端含有噪声的情况

此时的估计模型如图7-20所示，称为 H_2 估计。因输入端的噪声 $M(\omega)$ 在互谱的平均过程中被消除了，故其无偏估计式为

$$H_2=\frac{\hat{G}_{xf}}{\hat{G}_{ff}}。\tag{7-44}$$

若同时还有与输入噪声互不相关的输出噪声 $N(\omega)$ 时，则 H_2 也是有偏估计，

$$H_2=\frac{\hat{G}_{vv}+\hat{G}_{mm}}{\hat{G}_{kv}}=H\left[1+\frac{\hat{G}_{mm}}{\hat{G}_{kv}}\right]。\tag{7-45}$$

由式(7-43)、式(7-45)可见，虽然 H_1 和 H_2 都可同时考虑输出与输入噪声，但它们都只是以其中某一个噪声为误差进行估计的。

真值 H 介于下限 H_1 与上限 H_2 之间，故 H_1 与 H_2 是真值 H 的有偏估计。在共振频率

附近，H_2 比 H_1 更逼近真值 H；而在反共振频率附近，H_1 比 H_2 更逼近真值 H。用随机激励时，H_2 是最好的估计；用冲击及伪随机激励时，一般采用 H_1。

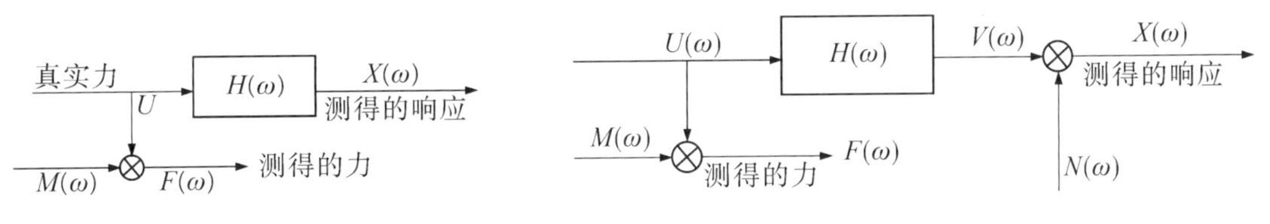

图 7－20　输入端含有噪声模型　　图 7－21　输入端和输出端含有噪声模型

3. 同时考虑输入端和输出端有噪声的情况

此时的估计模型如图 7－21 所示，称为 H_3 估计。其最简单的办法是求 H_1 和 H_2 的算术平均值：

$$H_3 = \frac{1}{2}(H_1 + H_2)。$$

如取 H_1 和 H_2 的几何平均，则得 H_4 估计

$$H_4 = \sqrt{H_1 \cdot H_2}。$$

显然，H_3 和 H_4 都是有偏估计，且有关系

$$|H_1| \leqslant |H_4| \leqslant |H_3| \leqslant |H_2|。$$

由以上讨论可知，若响应中含有噪声，可用平均技术消除，得到真值 H；但在激振力的测量部分含有噪声时，不论进行多少次平均，也不能测到真实的频响函数。此时，可用相干函数 $\gamma_{xf}^2(f)$ 来评价噪声对频响函数的影响。

由噪声引起的随机误差可用平均技术来达到最小；而由泄漏引起的系统误差，只能通过用不同的估计值来使其影响减到最小。表 7－2 列出了各种误差源、能用哪种估计值来减小误差、相干函数能否指出误差的情况。

表 7－2　误差源及其消除方法

误差源分类	估计值		
	H_1	H_2	γ^2
输出端存在噪声	随机误差	系统误差	能
输入端存在噪声	系统误差	随机误差	能
非线性系统的随机激励	系统、随机误差	系统、随机误差	能
非线性系统的确定性激励	系统误差	系统误差	不能
随机激励时的泄漏	系统误差	系统误差	能
冲击激励时的泄漏	系统误差	系统误差	不能

7.3.6　小结

在频响函数的实际测量中，还有一些经验性结论需要提及。图 7－22 为数字信号分析系统的一般原理框图。图中模拟输入一般为两通道，一为激励信号输入，另一为响应信号输入。

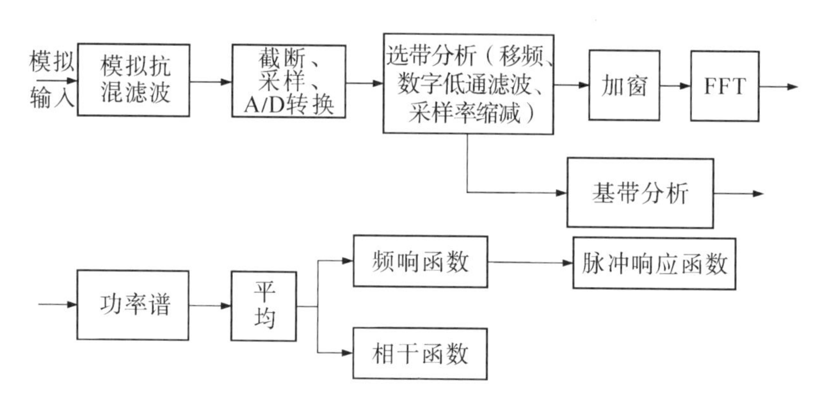

图7－22　数字信号分析系统的一般原理框图

1. 做好预试验

正式测试前，应对试验结构的特性做检验，大致包括以下几项：

(1)通过不同力度的激励试验，检验被测结构的线性性质。

(2)通过激励点、响应点互易试验，检验被测结构频响函数矩阵的对称性。

(3)选择2～4个测点做重复性试验，检验各模态数据的误差是否小于10%。

(4)分散误差试验，各测点模态频率的分散误差宜为0.5%～1.0%，阻尼比的分散误差宜小于10%。

2. 动态测试中注意事项

(1)选择合适量程。在动态测试及后处理中，测试、分析仪器宜处于半量程工作状态。若量程设置过大，测试、分析信号的电平明显低于设置量程，信噪比将降低；反之，若量程设置过小，在测试、分析过程中容易过载，产生信号削波，导致测量误差。

(2)应多测一些频响函数数据。理论上，识别一组完整模态参数，只需测得频响函数矩阵的一列或一行元素。为了增加测试的可靠度，应适当地多增加一些测量数据。原点频响函数应多测1～2个，选择其中一个比较理想的频响函数。

3. 检查频响函数的测试质量

影响频响函数测试质量的因素很多，如测量信号中噪声的影响，激励点选择不当，结构非线性因素，激振力过大或过小，等等。除了用相干函数判别频响函数质量外，还可直接根据原点和跨点频响函数的特征去判别。

7.4　起重机械结构模态测试分析举例

桥式起重机广泛用在室内外仓库、厂房、码头和露天贮料场等场合，桥式起重机的主梁作为主要承载构件，在服役期间，由于诸如外物碰撞、环境腐蚀、材料老化、荷载的长期效应和疲劳效应等众多因素的影响，将会不断累积损伤，结构的局部损伤可能会导致结构整体的迅速破坏，由此而造成重大的工程事故，给人民的生命财产带来巨大的损失。模态分析是研究振动基本参数的一种极为重要的分析方法，通过主梁的动特性可建立结构在动态激励条件下的响应预测模型，预测主梁在实际工作状态下的工作行为及其对环境的影响。利用模态分析得到的模态参数进行故障源的判别，日益成为一种有效且实用的故障诊断与安全检验方法。

基于振动特性改变的结构损伤识别方法已有几十年的研究历史。由于结构振动的模态参数(如频率、振型和模态阻尼)是结构物理参数(如质量、刚度和阻尼)的函数，因此结构物理参数的变化必然导致结构振动模态参数的变化，这就是结构损伤识别的基本原理。损伤识别通常分为三个水平：判断损伤的发生；确定损伤的位置；求解损伤的程度。早期的损伤识别方法多集中于利用损伤前后频率的变化来判别损伤是否发生，后来逐渐发展到充分利用各种模态测试信息(如位移振型、应变振型和频响函数)对损伤进行精确定位和定量。如今，结构损伤识别技术已与现代模态测量技术和现代数值分析方法紧密结合，在起重机械安全评估与评价的工程领域显示其强大的生命力，结构损伤识别方法也呈现出一片繁荣的景象。

7.4.1　模态分析主要工作

模态分析法是在承认实际结构可以运用所谓“模态模型”来描述其动态响应的条件下，通过实验数据的处理和分析，寻求其“模态参数”。该方法是把复杂的实际结构简化成模态模型，来进行系统的参数识别(系统识别)，从而大大地简化了系统的数学运算。模态分析的关键在于得到振动系统的特征向量(又称作特征振型、模态振型)。实验模态分析便是通过实验采集系统的输入输出信号，经过参数识别获得模态参数。具体做法是：首先将结构在静止状态下进行人为激振，通过测量激振力与振动响应，找出激励点与各测点之间的“传递函数”，建立传递函数矩阵，用模态分析理论通过对实验导纳函数的曲线拟合，识别出结构的模态参数，从而建立起结构物的模态模型。

模态分析实验的全过程包括以下几个方面：试件仿真；激振器和传感器布置；频率响应测试；模态参数识别；结果输出和显示。对桥式起重机主梁金属结构的模态测试主要工作包括对主梁的振动测量和结构动力响应进行分析，测得比较精确的固有频率、模态振型等。

7.4.2　激振设备和测点的选择

本实验激振设备选用了冲击力相对较大的 LC－04A 力锤(见图 7－23)，最大激振力可达 60kN。模态测试时，该力锤单点激振能提供足够的能量。因此，实验采用多输入单输出(即单点拾振、多点移步激励)的分析测试方法。

图 7－23　LC－04A 力锤

振动测试，一般需要测量三个方向：水平方向、垂直方向和轴向方向。这是因为不同的故障在不同的测量方向上有不同的反映，比如不平衡在水平方向反映较强，损伤在垂直方向表现明显，而不对中在轴向比较突出。对于起重机主梁，这里规定水平方向为主梁的横向振动方向(相当于坐标 z 轴)，垂直方向为吊重上升方向(相当于坐标 y 轴)，轴方向则为主梁的金属骨架延伸方向

（相当于坐标 x 轴）。每个节点有 6 个自由度，即每个测点有 6 个传递函数。考虑到桥式起重机主梁模态实验的目的及实际载荷方向和对称结构等因素，对主梁金属结构的模态测试主要集中在垂直方向。因此，测点的位置布局主要考虑获取垂直方向的数据。

测点的选取是测试过程中较为关键的步骤。测点的位置得当，才能保证测得的信号包含尽可能多的与起重机主梁状态有关的信息，降低信号处理与分析的难度，便于后续的信号处理与分析。测点的选取包括激励点和响应点的选择，对于多输入单输出方法，敲击点的数目视要得到的模态阶数而定，敲击点数目要多于所要求的阶数。相对而言，拾振点位置的选择尤为重要。选取拾振点时要尽量避免使拾振点在模态振型的节点上，以免丢失模态。拾振点位置的初步选择主要靠提前进行主梁有限元仿真分析得到，本书第 4 章详细分析了通过有限元求解起重机金属结构模态的实例，在此不再说明拾振点选择的求解过程。

由于主梁结构在水平方向（z 轴）和垂直方向（y 轴）的尺寸与轴方向（x 轴）尺寸相差较大，可以将桥式起重机主梁简化为轴方向的简支梁，只需在 x 方向顺序布置若干敲击激振点即可。按照有限元模型将一完好桥式起重机主梁 39 等分布置 37 个敲击激励点（1 和 40 测点振型趋近于 0，不测；另外一个敲击点选为响应拾振点）。最佳响应拾振点一般在一个波长内较大振幅点中选择。本实验测试前，用有限元先试算了主梁结构的振型。根据初步分析，避开节点，也避开了振幅最大位置（以防传感器过载破坏），选择了第 36 个敲击点选为拾振点，如图 7－24 所示。

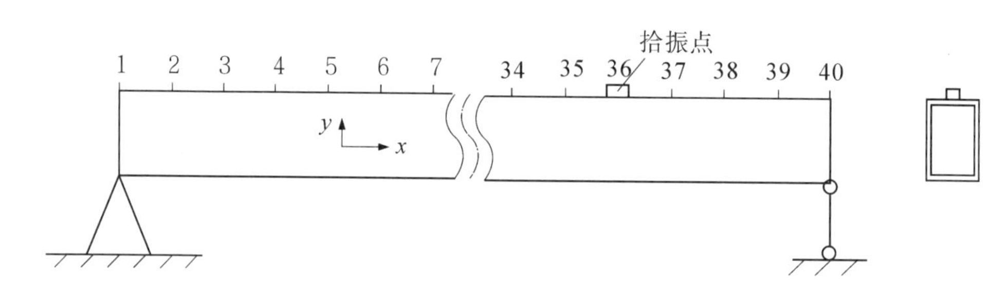

图 7－24 测点的选取

7.4.3 传感器的选择

PCB 压电式加速度传感器具有优良的频率特性和很大的动态范围；重量轻、体积小、结构坚固，长期稳定可靠；加速度信号能够通过积分电路很容易地转换成速度或位移信号；传感器与放大器之间可以加几百米低噪声电缆而不影响精度，能够获得较高的信噪比，是目前国内外用得最多的传感器。它属于惯性式传感器的一种，主要通过压电晶体的压电效应实现能量的转换。

7.4.4 测试方案

基于动力学实验相关知识，桥式起重机主梁的模态分析测试系统主要由应力锤激振系统、信号拾取系统、数据采集和信号分析系统四个部分组成。

本实验采用 Müller BBM 公司开发的 OMAS 高性能测试分析系统对采集到的响应端信

号进行处理和分析，激振器为 LC－04A 应力锤，接收设备为 PCB 加速度传感器。对完好主梁进行模态测试，具体的测试方案如图 7－25 所示。使主梁处于自由状态，采用多点输入单点输出的方法对主梁进行动力响应模态测试。

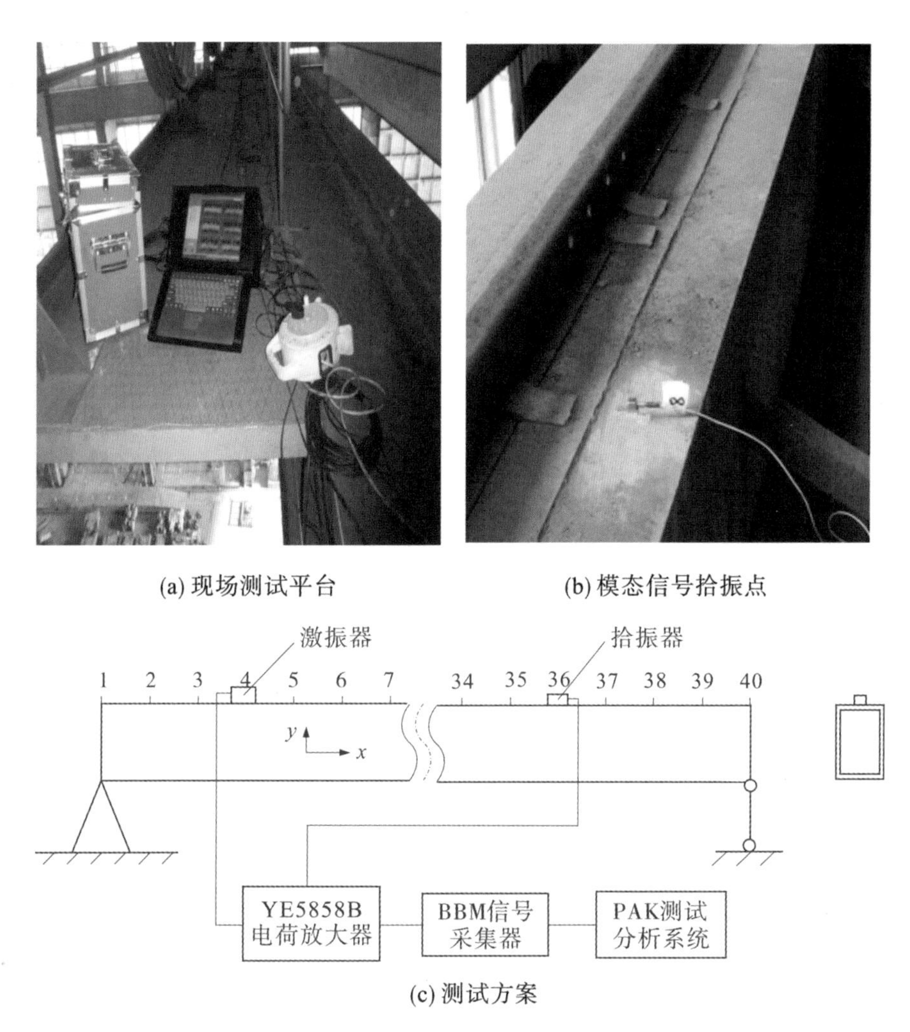

(a) 现场测试平台　(b) 模态信号拾振点

(c) 测试方案

图 7－25　模态试验测试

在实践中，需要多次测量再平均处理，以消除随机干扰的影响。所以，模态测试时，用力锤从第 2 测点开始逐个敲击到第 39 测点（第 36 测点除外），对每个测点敲击 5 次取均值。采用两通道对信号进行采集，通道 1 为激励通道（连接力锤），通道 2 为响应通道（连加速度传感器），耦合方式为 AC 交流电耦合。信号采集过程中采样频率为 800Hz。为了尽量消除无限序列截断引起的吉布斯效应和能量泄漏，分别对力函数和响应信号施加矩形力窗和指数窗。

通过模态测试可以直接获得力锤和加速度传感器的响应信号曲线，根据测试直接得到的信号，可以计算出频响函数曲线、相干函数曲线等。相干函数主要用于判断力锤敲击后测试信号的好坏，比如在系统的固有频率处，局部的相干函数值会变低；力锤连击、敲击位置偏离较大以及突发性环境干扰等，会导致整体相干函数值低。频响函数是通过对测取的数据进行 FFT 得到；通过频响函数，运用模态参数识别方法可以计算出结构模态参数，进而对主梁损伤进行定量、定位识别。模态参数的识别步骤如图 7－26 所示。

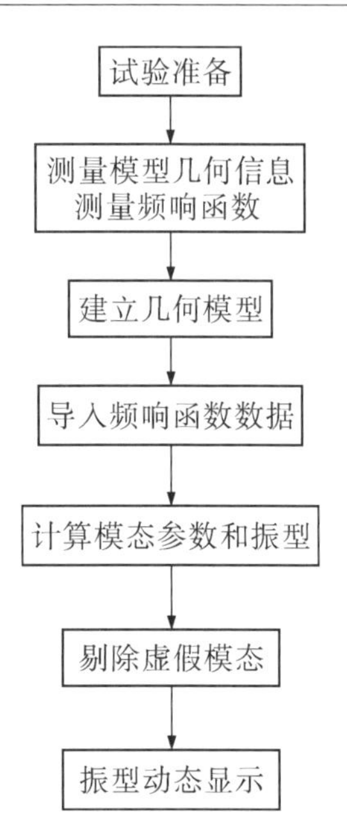

图 7－26 模态参数的识别步骤

7.4.5 模态测试结果及分析

为了从现场拾取的大量振动信号中得到修正主梁有限元模型的频率数据，对现场采集不同工况(不同敲击位置)下的振动信号进行信号分析处理。如图 7－27～图 7－30 所示力锤敲击测点 4、测点 13、测点 16 和测点 25 的振动信号的分析谱图，用力锤敲击上述 4 个测点时，从拾振点获得的信号中选择满意的响应曲线。在 OMAS 信号分析系统中对甄选的测量信号进行处理。根据桥式起重机主梁固有频率的密集程度，选择适当带宽，进行传递函数分析，然后进行曲线拟合，求出各区段内频响函数，识别出固有频率和模态阻尼，并综合考虑虚频和实频，且以相干函数来检验各曲线的有效性。

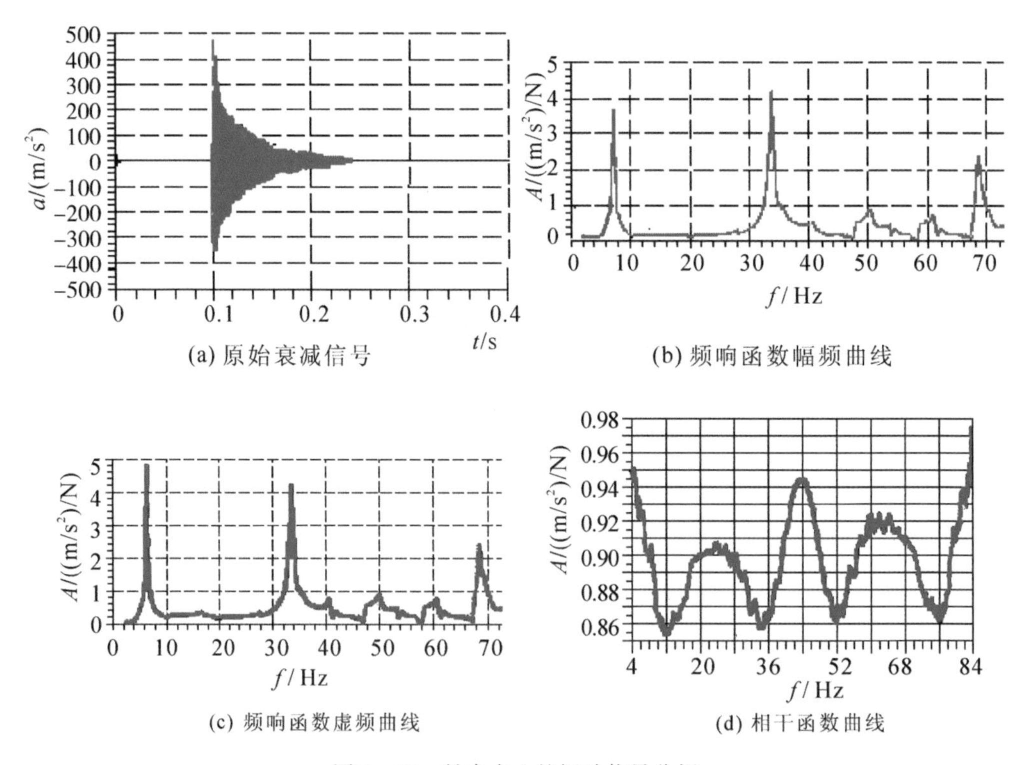

图 7－27 敲击点 4 的振动信号分析

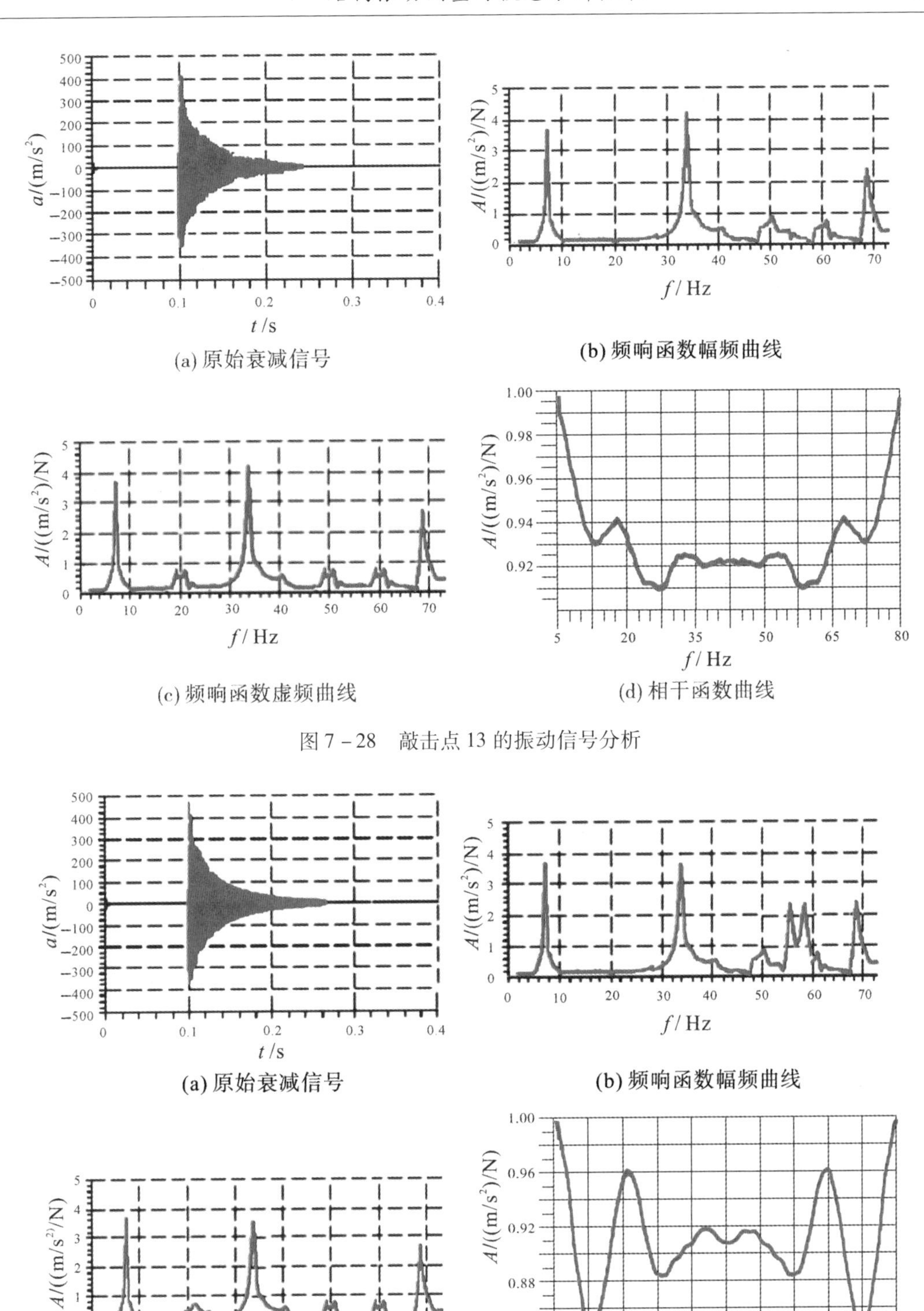

(a) 原始衰减信号　(b) 频响函数幅频曲线

(c) 频响函数虚频曲线　(d) 相干函数曲线

图 7－28　敲击点 13 的振动信号分析

(a) 原始衰减信号　(b) 频响函数幅频曲线

(c) 频响函数虚频曲线　(d) 相干函数曲线

图 7－29　敲击点 16 的振动信号分析

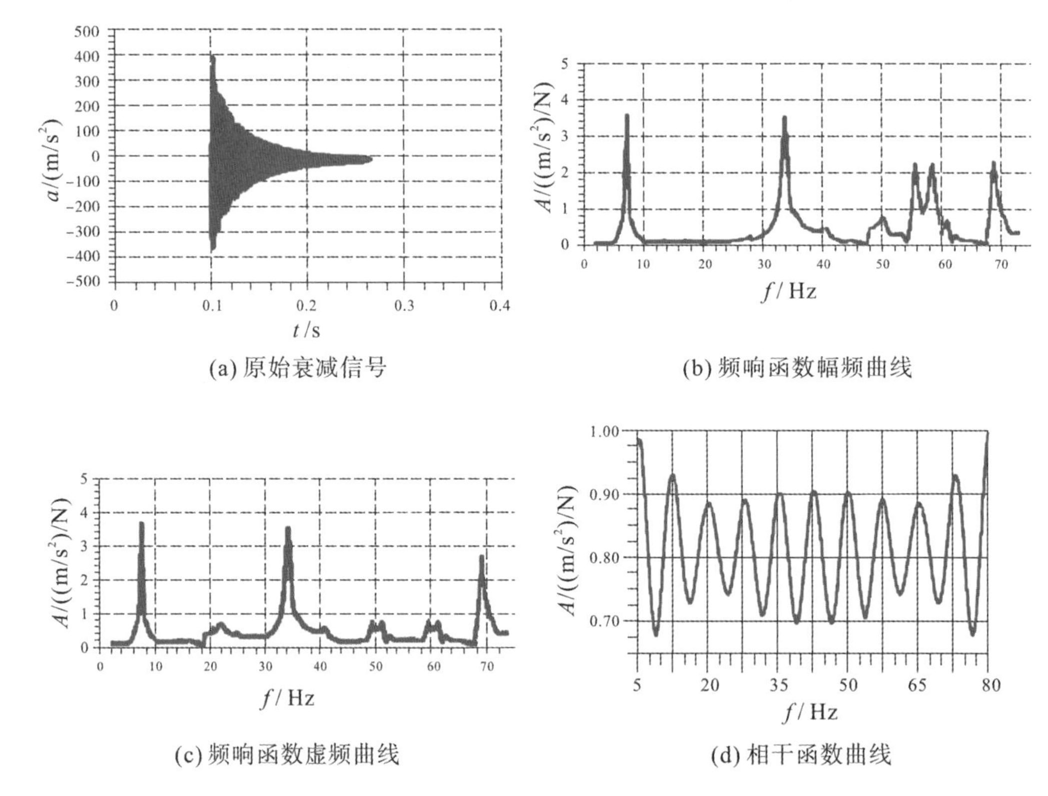

(a) 原始衰减信号 (b) 频响函数幅频曲线

(c) 频响函数虚频曲线 (d) 相干函数曲线

图 7-30 敲击点 25 的振动信号分析

用力锤敲击测点 4、测点 13、测点 16 和测点 25 时，识别出桥式起重机主梁的模态参数结果如表 7-3 所示，这里列出力锤敲击各测点时主梁结构的前 3 阶模态参数。

表 7-3 特征频率

测点号	阶数	频率/Hz	阻尼比/%	振型系数
4	1	6. 87	3. 68	0. 12
	2	34. 14	3. 17	0. 28
	3	68. 26	3. 42	0. 21
13	1	6. 75	4. 92	-1. 45
	2	33. 96	4. 15	0. 81
	3	68. 42	5. 12	0. 55
16	1	6. 93	18. 17	511. 29
	2	34. 08	3. 48	401. 47
	3	68. 36	2. 90	-701. 23
25	1	7. 06	3. 02	1. 41
	2	34. 22	2. 96	-1. 89
	3	68. 64	4. 02	-1. 69
32	1	6. 58	22. 97	-4. 67
	2	33. 85	5. 06	-0. 04
	3	68. 32	1. 67	-0. 18

最终计算得到起重机主梁的前 3 阶模态频率分别为：

$$f = 6.87\text{Hz},\ f = 34.14\text{Hz},\ f = 68.26\text{Hz}。$$

通过实验模态分析获取主梁前 3 阶模态频率。图 7－31、图 7－32 和图 7－33 分别为敲击测点 4 时主梁的前 3 阶频率对应的振型轴侧视图。

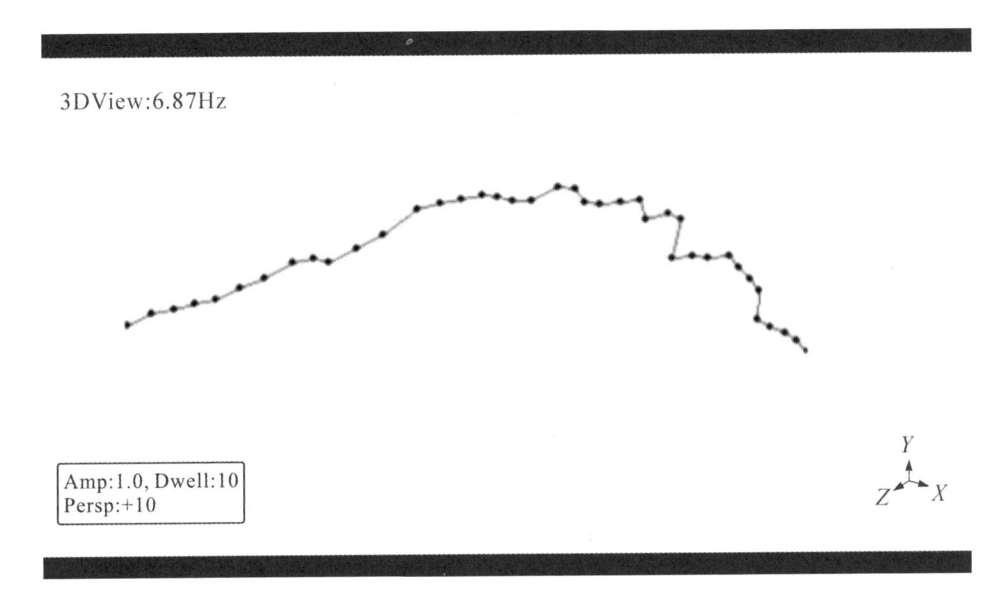

图 7－31　主梁 1 阶振型图

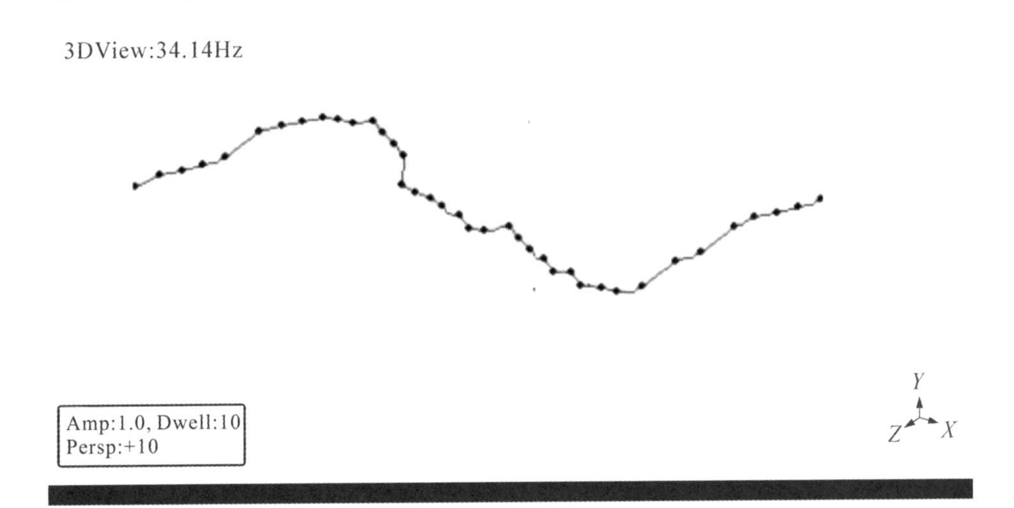

图 7－32　主梁 2 阶振型图

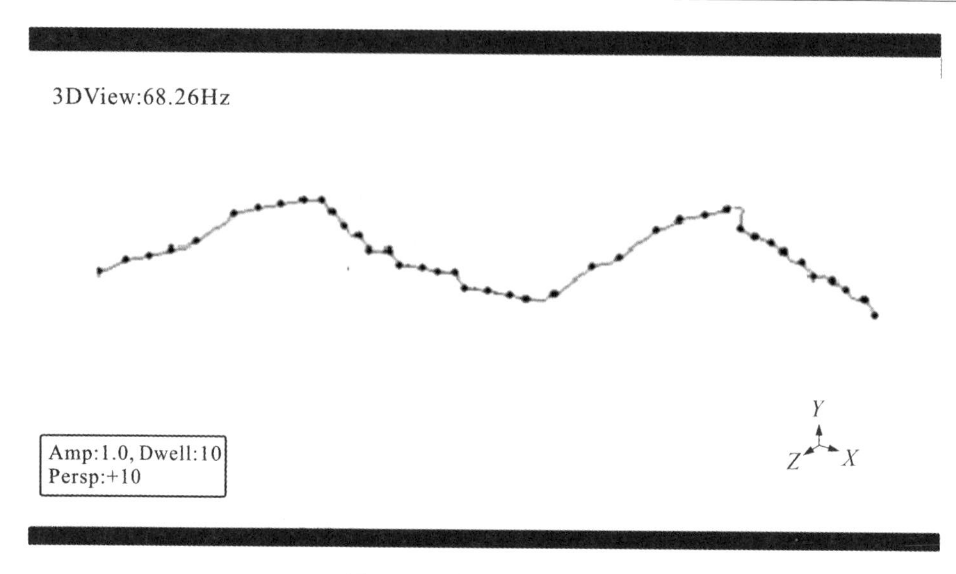

图 7－33　主梁 3 阶振型图

实验动力测试是判断起重机主梁健康状态的前提。本节主要对桥式起重机主梁金属骨架进行了模态测试实验，精确的有限元模型对评价起重机主梁至关重要。采用频率为状态变量对主梁的动力模型进行修正，频率值的获得建立在对主梁的模态测试基础上，通过在主梁金属骨架上优化布置测点，进行激振实验测取主梁的振动衰减信号，并对测取的信号进行传递函数分析，最终经参数识别方法确定起重机主梁振动的前 3 阶模态频率，为主梁的有限元模型修正提供实测频率数据。为准确、有效地掌握桥式起重机主梁的实际性能信息及其健康状态，对起重机能否继续使用和是否需要维修加固做出正确决策提供参考，这也是保证在役起重机安全使用的关键。

8 基于光纤光栅的起重机械金属结构状态监测技术

光纤光栅是近些年来发展非常迅速的光纤无源器件之一。1978 年加拿大学者 K. O. Hill 等人最初发现了光纤的光敏性：光纤曝光过程中，透射光强度随曝光时间增加而减弱，反射光随曝光时间增加而增强——即光纤的折射率发生周期性变化。光纤的光敏特性的发现使得光纤光栅得以发展。由于光纤光栅具有许多独特的优点，如损耗小、频带宽、抗电磁干扰、耐化学腐蚀、原料丰富、制造过程能耗小等，使得许多复杂全光纤通信和传感网成为可能，极大地拓宽了光纤技术的应用范围。

伴随着光纤光栅写入技术的不断完善，光纤光栅在监测方面的应用日益增多，包括光纤光栅传感技术在结构健康监测、石油工业、航天器及船舶、电力工业、医学领域、化学领域以及核工业中的应用。

本章就光纤光栅的传感原理、焊接工艺、监测方案等方面来全面介绍光纤光栅传感技术在起重机械金属结构状态监测中的应用。

8.1 光纤光栅传感原理

8.1.1 光纤的结构

光纤是光学纤维的简称，一根完整的光纤通常由三部分组成：光纤纤芯、光纤包层和外层保护层。其基本原理是光的全发射：纤芯由折射率比周围包层高的光学材料制作而成，折射率的差异引起全反射，引导光线在纤芯内传播。纤芯的折射率 n_1 比包层的折射率 n_2 稍大，如图 8－1 所示。

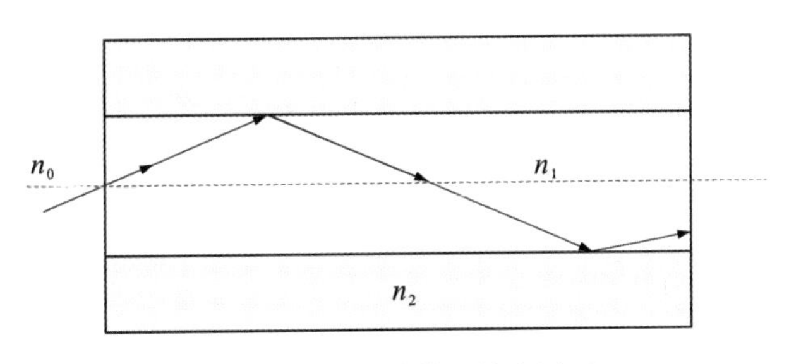

图 8－1　光纤结构及导光原理

工业用铠装光纤线芯的结构如图 8－2 所示。最里层为光纤纤芯，即裸光纤。在其外层还有一些用于保护光纤的层面和结构，包括光纤包层、松套管(俗称铠甲层)、Kevlar

绳、细铁丝网层、聚乙烯护套。

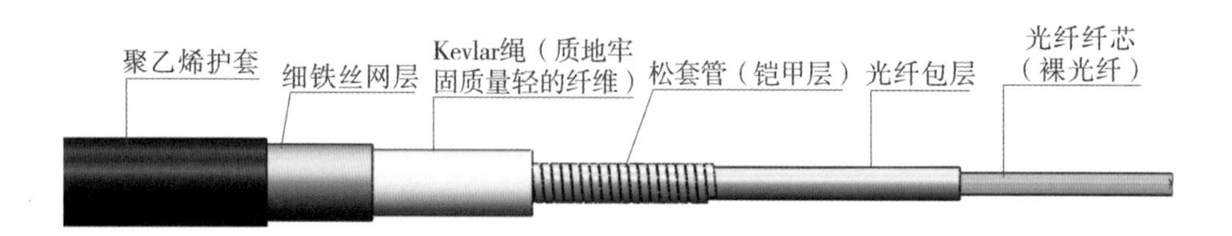

图 8－2 工业用铠装光纤结构图

8.1.2 光纤光栅基本原理

光纤光栅是利用光纤材料的光敏特性制成的。光敏性是指激光通过掺杂的光纤时(又称写入激光)，入射激光的光子与光纤内部掺杂离子相互作用，引起光纤折射率发生永久性变化。研究发现，折射率变化大小与写入激光的光强的平方成正比关系。利用这个特性可以制作出很多性能独特的光纤光栅。

光纤中折射率的周期性扰动仅对特定条件的光波产生影响，当含有不同频率的光脉冲通过光纤光栅时，由于周期性的折射率扰动，一些满足条件的光频率会被反射回来，其它光频率不受影响而透过光栅，这样的光纤光栅相当于反射镜的作用，即 Bragg 光栅，如图 8－3 所示。

对于 Bragg 光栅，其反射光的中心波长由下式确定：

$$\Delta\lambda_B = 2n_{eff}\Lambda, \tag{8-1}$$

式中，λ_B 为 Bragg 光栅反射中心波长；n_{eff}为纤芯的有效折射率；Λ 为光栅周期。

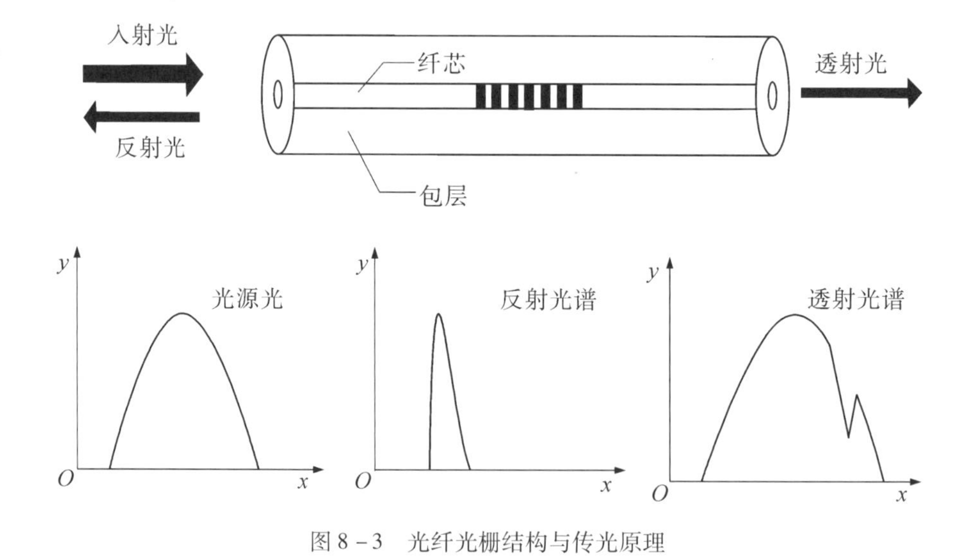

图 8－3 光纤光栅结构与传光原理

8.1.3 光纤光栅传感器原理

如前所述，当光纤光栅受到外界作用(比如应力、温度、加速等)，产生压缩或拉伸，

将会导致光栅周期 Λ、纤芯有效折射率 n_{eff} 发生变化，进而引起反射光的中心波长发生变化。

应力变化和温度变化对中心波长 λ_{B} 的影响通常以下式构建数学模型描述：

$$\Delta\lambda_{\mathrm{B}} = \lambda_{\mathrm{B}}(K_{\mathrm{T}}\Delta T + K_{\varepsilon}\Delta\varepsilon), \tag{8-2}$$

式中，$\Delta\lambda_{\mathrm{B}}$ 表示中心波长变化量；ΔT 为温度变化量；$\Delta\varepsilon$ 为应力变化量；K_{T} 为温度敏感系数；K_{ε} 为应力敏感系数。

利用温度敏感系数和应力敏感系数不同的两根光纤即可解方程组，求出测量值。如式(8-3)所示。

$$\Delta\lambda_{\mathrm{B1}} = \lambda_{\mathrm{B1}}(K_{\mathrm{T1}}\Delta T + K_{\varepsilon1}\Delta\varepsilon), \tag{8-3}$$

$$\Delta\lambda_{\mathrm{B2}} = \lambda_{\mathrm{B2}}(K_{\mathrm{T2}}\Delta T + K_{\varepsilon2}\Delta\varepsilon)。 \tag{8-4}$$

这个过程又称为解调过程，可以还原出真实的外界作用。光纤光栅传感器正是基于这样的原理来进行工作的。

8.2 监测方案设计

8.2.1 监测方案设计

起重机械主要由金属结构、机构、零部件和电控系统四部分组成。金属结构主要指以钢材为原料轧制的型材和板材作为基本元件，通过焊接、螺栓或铆钉连接等方式，按一定的规则连接起来制成能够承受外载荷的结构，重型起重机械金属结构的重量可达整机重量的90%，是名副其实的起重机械骨架；机构、零部件和电控系统均可以通过改造或维修予以更换并继续使用，因此金属结构的质量直接影响整机的技术经济指标和寿命。统计数据还表明，机械断裂事故中80%以上是由金属疲劳引起的，可见金属结构的失效是整个起重机械的重要安全隐患。为此，GB/T 25196.1—2010 中明确指出“当起重机械使用到接近其设计约束条件时，应进行一次特殊评估来监控起重机械的状态”，其中“承载结构”是评估的核心内容。

基于此，对大型起重机械结构健康监测与安全预警技术研究以检测起重机金属结构为主来实现，开发一套适用于强风雨、雷电、粉尘等恶劣环境下的基于物联网的起重机械结构健康监测与预警系统，实现远程实时监测起重机械金属结构在整机运行情况，并对起重机械健康安全等级进行评估。

其中，物联网感知层将采用光纤光栅传感技术，实现无电磁干扰、远距离、分布式地获取起重机械结构在整机运行过程中的关键参数；物联网网络层的传感数据经解调、压缩后通过高速现代移动通信网络向中央服务器发送，切实提高安全监测的实时性；物联网应用层通过对起重机械金属构件应力、应变等关键特征信号的提取和准确识别，实现起重机结构健康状况进行在线监测，建立起重机械结构健康风险等级评价准则，形成起重机械结构健康预警规范。总体技术方案如图8-4所示。

根据方案的目的和项目的实际情况，拟采用基于现代移动通信网络(EDGE/3G)的分布式测量技术，通过应力、应变及温度数据采集和特征提取，实现起重机械的运行状态监

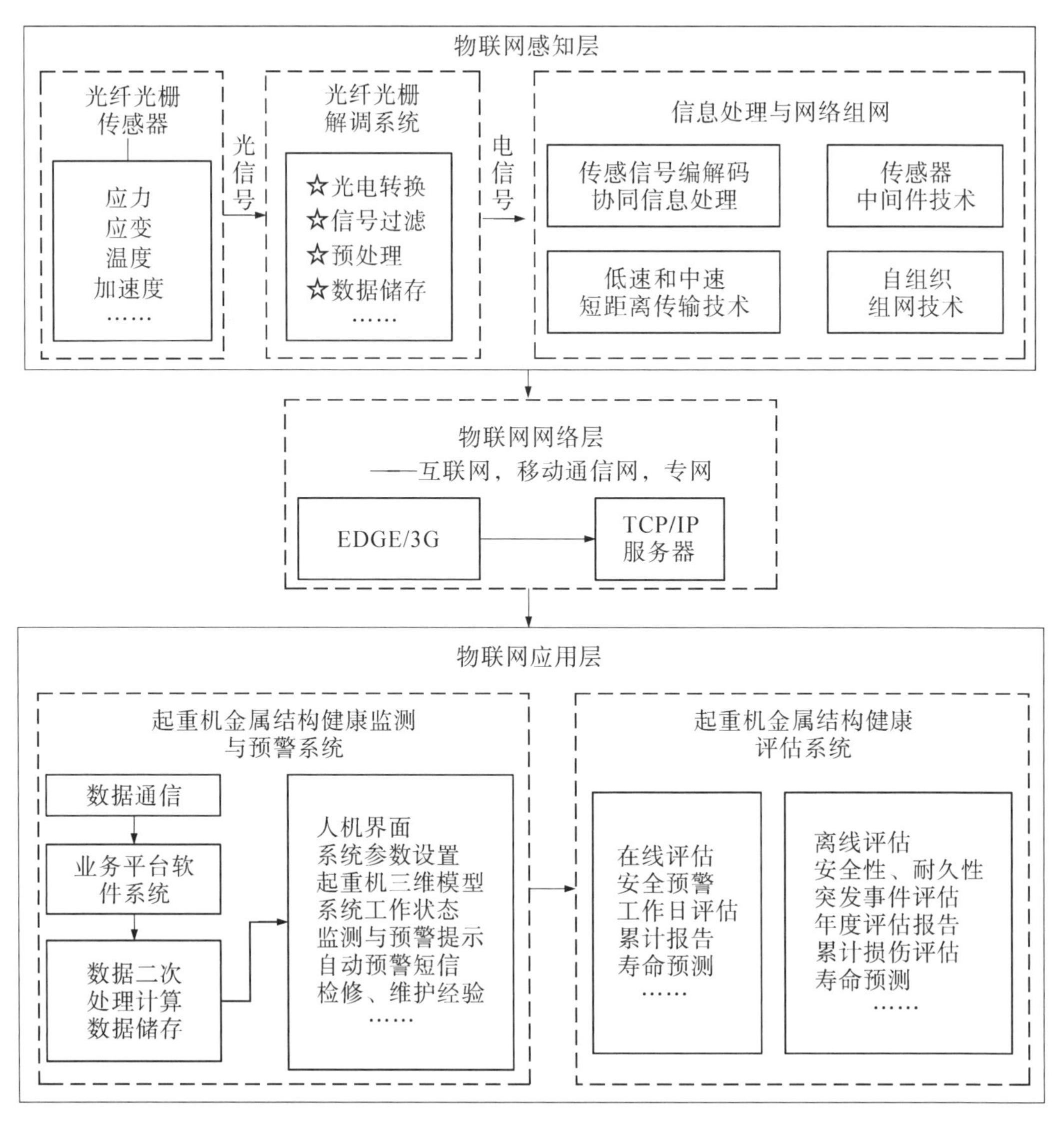

图 8－4 总体技术方案图

测、故障诊断、寿命预测等功能；从空间分布上，可将起重机械结构健康监测与预警系统分为四部分，包括起重机械结构健康监测现场采集与传输、现场显示端、远程数据库服务器、客户端和移动终端。起重机健康监测系统特联网布局如图 8－5 所示。

方案设计为一种基于物联网的起重机金属结构健康监测与安全预警系统，包括物联网感知层、物联网网络层、物联网应用层（见图 8－4）；焊接在起重机主金属结构表面上的光纤光栅传感器组成传感网，用于采集主金属结构的实时结构健康参数的光信号；放在起重机机房的与各路光纤光栅传感器连接的光纤光栅传感器解调仪，用于把采集到的光信号解调成电信号；放在起重机机房的与光纤光栅传感器解调仪连接的数据传输单元（DTU），用于将传感数据电信号实时发送到远程中央服务器；放在中央机房的远程中央服务器，用于接收经解调过的起重机结构健康参数电信号，进而对该信号进行识别处理；网络层传输

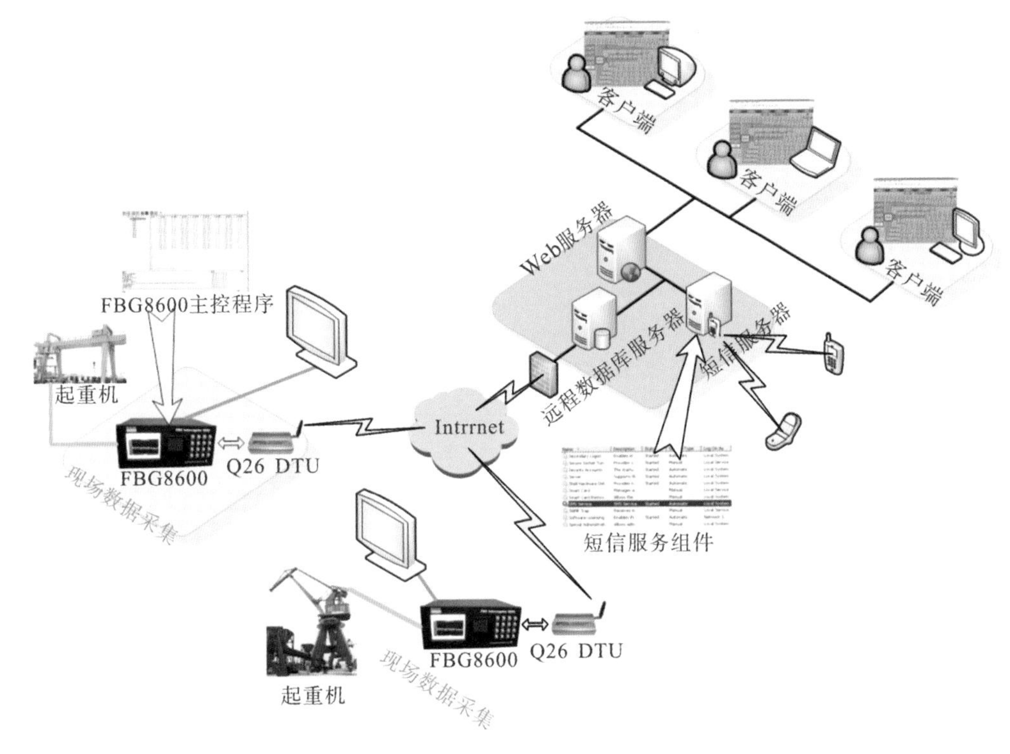

图 8－5 起重机健康监测系统物联网布局图

到个人手机终端采用的是 EDGE/3G 传输协议，并通过物联网管理系统记录采集到的数据；具有网络连接的个人计算机终端，用于远程浏览起重机结构健康情况；人机界面安装于司机室，预报警信号实时传输到司机室；业务平台软件系统采集数据，通过一次拟合公式进行数据二次处理计算和数据存储；计算后的数据与计算好的阈值进行比较，从而判定是否发送预警信息。

8.2.2 起重机械结构健康监测方法

这里提供一种起重机械金属结构健康监测方法，核心是利用不受电磁干扰的光纤光栅传感技术、无线传输技术等技术手段，将起重机械结构监测由定期检测提升至实时在线监测层次，具有高精度、宽量程、高可靠性、智能性、寿命长等特点。其方法流程图如图 8－6 所示。

该方法主要包括：对监测对象进行建模仿真，找出各工况下起重机金属结构的理论应力集中点；利用光纤光栅传感器系统实时测量起重机的金属结构应力、应变信号和周围环境温度，得到对应传感数据的光信号；光纤光栅解调仪将传感数据由光信号解调成电信号；将解调后的传感数据发送到远程终端；远程终端对传感数据进行存储及后处理，经业务平台软件系统实时诊断，通过数据通信将信息传输到中央处理器后，业务平台软件系统采集数据，通过一次拟合公式进行数据二次处理计算和数据存储；计算后的数据与计算好的阈值进行比较，从而判定是否发送预警信息；人机界面安装于司机室，起重机实时监测信号传输到司机室；超过阈值，人机界面就会发出报警信号提示操作人员采取紧急措施，同时报警信号通过 EDGE/3G 技术，以短信方式发送到主管起重机安全运行的工作人员手机客户端；具有网络连接的个人电脑计算机，用于远程浏览起重机结构健康状况。

上述的起重机金属结构健康监测方法，首先翻查起重机维保记录、现场数据、设计图纸，通过有限元建模分析等进行起重机结构应力集中点计算。查看维保记录、现场数据，用来统计起重机各个位置发生故障的概率，通过动力学分析、静力学分析等方法进行有限元建模，进行科学理论计算后获得应力集中点；然后通过有限元(FEM)计算结果进行设点优化，传感器数量及类型选择，确定光纤光栅传感器布置位置及数量；通过材料力学理论计算各个应力集中点的预警阈值和报警阈值。

理论基础准备就绪以后，进行业务平台软件系统的编程工作，并进行实验室测试，进行对比试验以判定光纤光栅传感器的准确性以及业务平台软件系统的准确性。

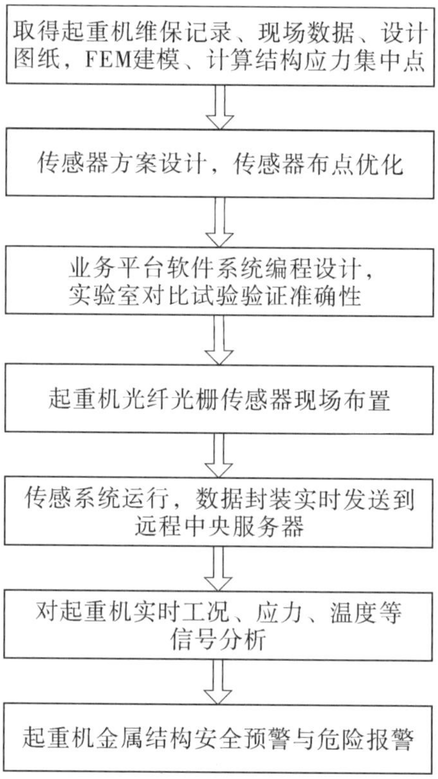

取得起重机维保记录、现场数据、设计图纸，FEM建模、计算结构应力集中点

⇓

传感器方案设计，传感器布点优化

⇓

业务平台软件系统编程设计，实验室对比试验验证准确性

⇓

起重机光纤光栅传感器现场布置

⇓

传感系统运行，数据封装实时发送到远程中央服务器

⇓

对起重机实时工况、应力、温度等信号分析

⇓

起重机金属结构安全预警与危险报警

图 8－6　起重机械金属结构健康监测方法流程图

进行光纤光栅传感器现场焊接、组网，由焊接在起重机主金属结构表面上的光纤光栅传感器组成传感网，实时采集起重机主金属结构的应力、应变、温度等结构健康参数的光信号。

将传感器信号连接到光纤光栅解调仪，光纤光栅传感器解调仪把采集到的光信号解调成电信号传输到数据传输单元(DTU)，数据传输单元(DTU)将传感数据电信号进行压缩封装后发送到远程中央服务器；发送过程采用 EDGE/3G 网络。

远程中央服务器接收数据，通过业务平台软件系统对起重机实时工况、应力、温度等信号进行分析；光纤光栅应变传感器对温度敏感，所以采集温度信号对应力传感器进行温度补偿，式(8－5)为光纤光栅温度传感器的一次线性拟合公式，式(8－6)为二次线性拟合公式，式(8－7)为因温度变化而引起的载荷变化计算公式。

$$T = K(\lambda - \lambda_0) + T_0, \tag{8-5}$$

$$T = A(\lambda - \lambda_0)^2 + B(\lambda - \lambda_0) + C, \tag{8-6}$$

式中，K 为温度系数，℃/nm；λ 为光波当前波长，nm；温度传感器在 T_0 温度下的波长为 λ_0；λ_0 一般取 $T_0 = 0$℃的波长。

$$\xi = \mathrm{N}(\lambda_1 - \lambda_0) + B(\lambda_{t1} - \lambda_{t0}) - \alpha \cdot \Delta T, \tag{8-7}$$

式中，N 为应变计的应变系数，μξ/nm；B 为传感器修正系数，μξ/nm；λ_1 为应变光纤当前的波长值，nm；λ_0 为应变光纤初始的波长值，nm；λ_{t1} 为温补光纤当前的波长值，nm；

λ_{t0}为温补光纤初始的波长值，nm；α 为被测物体热膨胀系数，μξ/℃；$\Delta T = 100(\lambda_{t1} - \lambda_{t0})$，℃。

通过计算结果判断是否发送起重机金属结构安全预警或危险报警信号。业务平台软件系统计算后的数据与提前设定好的阈值进行比较，判定是否发送预警信息；人机界面安装于司机室，起重机实时运行状态传输到司机室，在显示器上显示；超过阈值，人机界面就会发出报警信号提示操作人员采取紧急措施，同时报警信号通过 EDGE/3G 技术，以短信方式发送到主管起重机安全运行的工作人员手机客户端；具有网络连接的个人计算机终端，用于远程浏览起重机结构健康状况。图 8－7 为起重机布点设计参考信息框图，图 8－8 为起重机械金属结构健康监测综合评判标准框图。

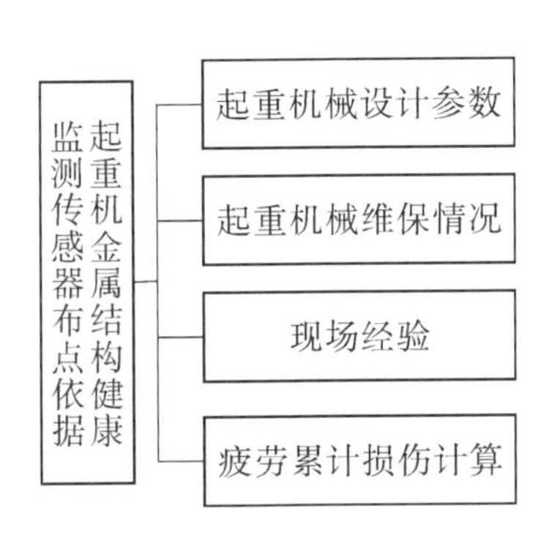

图 8－7 起重机布点设计参考信息框图

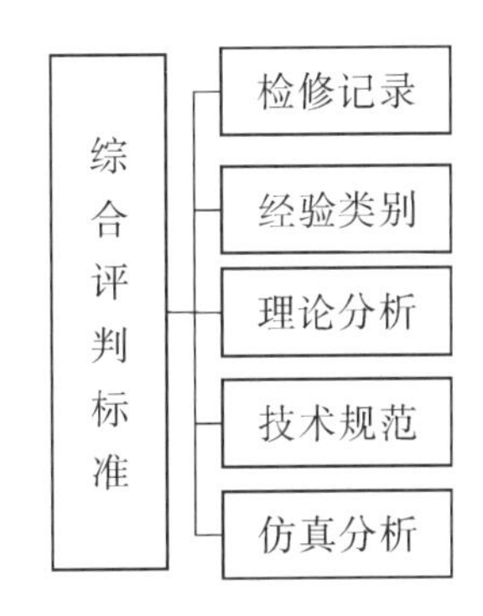

图 8－8 起重机械金属结构健康监测综合评判标准框图

8.3 光纤光栅健康监测系统实现

基于光纤光栅的诸多优点，选用光纤光栅传感器用于起重机的结构健康监测。由于条件所限，仅选用光纤光栅温度传感器和光纤光栅应变传感器用于系统的实现。

8.3.1 光纤光栅传感器布点方案确定

1. 调研

项目组前期进行了大量的走访调研，如广州港股份集团下属新港、黄埔港、湛江港股份有限公司等，研究了包括 MQ2533、MQ4535、MQ4035、M16－30、M10－33/16－25、M1030、M10－25 等多种型号共 142 台门座式起重机"装卸机械履历册"的维保记录，总结出了门座式起重机经常发生故障的部位。

门座式起重机在结构上主要由门架、转柱、转台、人字架、大拉杆、小拉杆、配重、平衡梁、臂架、象鼻梁等金属构件组成。本次调研结果显示，门座起重机服役 15 年左右就会出现明显故障，主要故障形式包括裂纹、变形、断裂和锈蚀。

调研结果显示，门座式起重机机械损伤部位分布具有以下规律：

(1) 从结构损伤出现的部位来看，门腿与转台相连接的法兰盘发生故障的百分比是 20.2%，机房下承重梁与转柱连接处发生故障百分比是 16.4%，臂架与转台连接处发生故障百分比是 14.3%，这三处故障大多是焊缝产生裂纹。

(2)起重机各系统中门架系统的损伤故障发生率最高，人字架系统损伤故障发生率都比较低。老龄和超期服役的门座起重机中，门架系统中门腿翼缘板局部变形现象较为普遍(多为撞击所致)，另外门腿下部锈蚀现象较为普遍。

(3)使用时间20年以上门座起重机转柱和转台系统以及臂架系统故障发生率较高，故障主要为转台和转柱结合部产生裂纹，臂架上下翼缘板产生局部变形等。

(4)门座起重机其它结构系统故障主要发生在支承环和活配重的相关结构。在额定起重量大于16t的起重机中，各个系统故障的发生率相对较低。

(5)一个构件同时发生多种故障的现象很少。各类起重机中，都普遍存在着回转上支承环与门腿接合部裂纹(开裂)故障率较高的现象。

2. 计算依据

①黄埔港港务分公司提供的“门座起重机MQ2533”设计图纸；

②《起重机设计规范》GB/T 3811—2008；

③《机械设计手册》2008；

④《起重机设计手册》2001。

3. 方法

(1)建立门座起重机MQ2533最大幅度下(即幅度33m)和最小幅度下(即幅度9.5m)的有限元数值分析模型。

(2)计算门座起重机MQ2533在最大幅度下和最小幅度下起重机整机结构的应力、应变。

4. 主要技术参数

MQ2533起重机主要技术参数如表8-1所示。

表8-1　起重机的主要技术参数

<table>
<tr><td colspan="2">起 重 量</td><td>25t(抓斗)</td><td>40t(吊钩)</td><td rowspan="2">风 速</td><td>工作最大风速</td><td>20m/s</td></tr>
<tr><td>工作幅度</td><td>最大/最小</td><td>33m/9.5m</td><td>25m/9.5m</td><td>非工作最大风速</td><td>55m/s</td></tr>
<tr><td>起升高度</td><td>轨上/轨下</td><td>19m/15m</td><td>28m/15m</td><td colspan="2">工作时最大轮压</td><td>250 kN</td></tr>
<tr><td rowspan="4">机构
工作速度</td><td>起升机构</td><td>50m/min</td><td>25m/min</td><td colspan="2">最大尾部回转半径</td><td>7.968m</td></tr>
<tr><td>变幅机构</td><td colspan="2">45m/min</td><td colspan="2" rowspan="2">整机最大高度</td><td rowspan="2">132.50 3550</td></tr>
<tr><td>回转机构</td><td colspan="2">1.2r/min</td></tr>
<tr><td>运行机构</td><td colspan="2">25 m/min</td><td colspan="2">起升钢丝绳</td><td>32NAT6×25Fi+FC-1670-ZS/SZ</td></tr>
<tr><td rowspan="5">机构
工作级别
及电动机</td><td>起升机构</td><td>M8</td><td>YZP355M1-8×2</td><td rowspan="3">行走轮</td><td>总轮数</td><td>32</td></tr>
<tr><td>变幅机构</td><td>M7</td><td>YZP280S-8×1</td><td>驱动轮数</td><td>16</td></tr>
<tr><td>回转机构</td><td>M7</td><td>YZP250M1-8×2</td><td>车轮直径</td><td>ϕ550</td></tr>
<tr><td>运行机构</td><td>M4</td><td>YZP160L-6×8</td><td colspan="2">轨道型号</td><td>QU80</td></tr>
<tr><td>整 机</td><td>A8</td><td>527 kM</td><td colspan="2">电 源</td><td>AC380V 50Hz</td></tr>
<tr><td>基距/轨距</td><td colspan="3">10.5m/110.5m</td><td colspan="2">自 重</td><td>390t</td></tr>
</table>

5. 载荷与载荷组合

根据 GB/T 3811—2008《起重机设计规范》，结构强度计算按载荷组合Ⅱ。即起升机构处于不稳定运动状态(起升或制动)，对自重载荷 P_G 考虑起升冲击系数 Φ_1，对于起升载荷 P_Q 考虑起升动载系数 Φ_2，同时考虑工作状态风载荷 P_W。

(1)起升冲击系数 Φ_1

起升重量突然离地起升或下降制动时，自重载荷将产生沿其加速度相反方向的冲击作用。在考虑这种工作情况的载荷组合时，应将自重载荷乘以起升冲击系数 Φ_1，$0.9 \leq \Phi_1 \leq 1.1$，考虑一定的安全余量取起升冲击系数 $\Phi_1 = 1.1$。

(2)起升动载系数 Φ_2

起升质量突然离地起升或下降制动时，对承载结构和传动机构将产生附加的动载荷作用。在考虑这种工作情况的载荷组合时，应将起升载荷乘以大于 1 的起升动载系数 Φ_2，其中，$\Phi_2 = \Phi_{2\min} + \beta_2 \nu_q$。由《起重机设计规范》GBT 3811—2008 可知，$\Phi_{2\min} = 1.15$、$\beta_2 = 0.51$，起升速度 $v_q = 0.42\text{m/s}$，可求得起升动载系数 $\Phi_2 = 1.36$。

(3)自重载荷 P_G

整机结构系统自重 P_G，根据所建立的有限元模型，通过施加垂直方向重力加速度 $g = 9.8\text{m/s}^2$，而由程序自动计算。

(4)起升载荷 P_Q

起升载荷 P_Q 即起重机起吊重物时的总起升质量的重力。

(5)工作状态风载荷 P_W

$$P_W = CK_h \beta q A, \tag{8-8}$$

式中，C 为风力系数，$C = 1.4$；β 为风振系数，$\beta = 1.0$；K_h 为风压高度变化系数，取 1.39；A 为结构或吊重垂直风向的迎风面积，m^2；q 为计算风压，N/m^2，工作场合为沿海则取 $q_{\text{II}} = 250 \times 10^{-6}\text{N/mm}^2$。

风载荷作用在最不利的方向上，沿起重机变幅方向，与变幅起制动惯性力的方向保持一致。起重机迎风产生的风载荷，均布面力作用于结构上。

计算的时候，将工作状态下的风载荷转换成结构的惯性力，方向沿着最不利的方向，即总是沿着臂架的方向。计算得到的风载惯性力的加速度 $a = 0.008\text{m/s}^2$。

6. 材料特性

在建立门座式起重机 MQ2533 有限元模型时，由于实际结构比较复杂，有些结构件的形状为非标准件，用 ANSYS 模拟其实际形状非常困难，而且还有些结构件对于该机的特性的影响不大，因此，在不影响计算精度的前提下对起重机结构要做一些必要的简化。简化以后门座起重机 MQ2533 模型的重量往往比其实际重量小，计算时必须补偿结构重量。在此对整机结构重量进行补偿，采用的方法为密度补偿。工程上其它附加材料(如横隔板、角钢和焊缝等材料)的重量为整机重量 20%～30%，此处取 25%，故材料密度取为 $\rho = 9.8 \times 10^{-6}\text{kg/mm}^3$，弹性模量为 $E = 2.1 \times 10^5\text{MPa}$，泊松比为 $\mu = 0.3$。

7. 单元类型

整个门座式起重机 MQ2533 模型的建立将要用到 ANSYS11.0 中的梁单元 Beam188 单元。Beam188 单元不需要设置实常数。

8. 约束

模型的约束要尽量反应实际情况，约束施加在门座起重机运行机构支承轮位置。支承轮所在部位简化的四个节点如图 8－9 所示。车轮与轨道之间有 20～30mm 的侧隙，理论上当水平力大于静摩擦力时可以发生侧移，但实际上，在门座起重机静止不动的情况下，静摩擦力一般足以提供侧向约束，所以垂直于轨道方向的位移(即 UX)应该约束。车轮在制动情况下与轨道同样是静摩擦约束，所以沿门座起重机轨道方向的位移(即 UZ)也都应该约束。所以四个点在三个方向的位移 UX、UY、UZ 都应该约束。根据车轮与轨道的接触特性，转动自由度 ROTX、ROTY、ROTZ 都不应该约束。

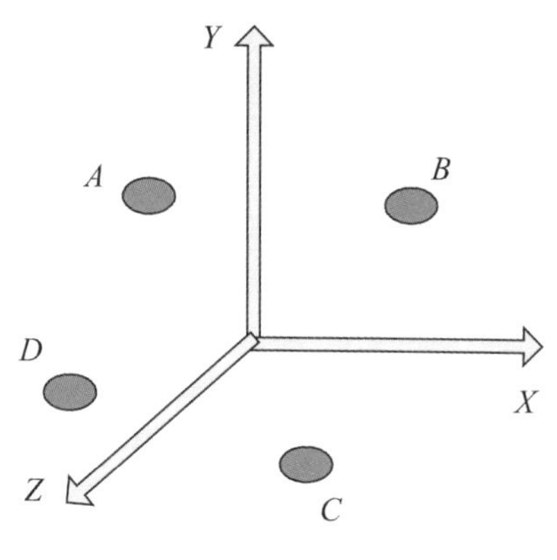

图 8－9　支承处约束

9. 耦合与连接

门座起重机 MQ2533 各个部件的连接形式在模型中也尽量准确地模拟出来。圆筒门架与转台采取法兰刚性连接，大拉杆与象鼻梁为铰接，大拉杆与人字架为铰接，臂架与象鼻梁为铰接，臂架与转台为铰接，臂架与小拉杆为铰接，小拉杆与平衡梁为铰接，人字架与平衡梁为铰接，建模时可以采用耦合的办法模拟。通常铰接有圆柱铰和球铰两种方式，此门座起重机在设计时都采用圆柱铰。

采用圆柱铰则大拉杆与象鼻梁为可以绕 Z 轴(即沿轨道方向)的相对转动，建模时需要耦合大拉杆与象鼻梁连接处两节点的 UX、UY、UZ、ROTX、ROTY 五个自由度；大拉杆与人字架为可以绕 Z 轴(即沿轨道方向)的相对转动，建模时需要耦合大拉杆与人字架连接处两节点的 UX、UY、UZ、ROTX、ROTY 五个自由度；臂架与象鼻梁为可以绕 Z 轴(即沿轨道方向)的相对转动，建模时需要耦合臂架与象鼻梁连接处两节点的 UX、UY、UZ、ROTX、ROTY 五个自由度；臂架与转台为可以绕 Z 轴(即沿轨道方向)的相对转动，建模时需要耦合臂架与转台连接处两节点的 UX、UY、UZ、ROTX、ROTY 五个自由度；臂架与小拉杆为可以绕 Z 轴(即沿轨道方向)的相对转动，建模时需要耦合臂架与小拉杆连接处两节点的 UX、UY、UZ、ROTX、ROTY 五个自由度；小拉杆与平衡梁为可以绕 Z 轴(即沿轨道方向)的相对转动，建模时需要耦合小拉杆与平衡梁连接处两节点的 UX、UY、UZ、ROTX、ROTY 五个自由度；人字架与平衡梁为可以绕 Z 轴(即沿轨道方向)的相对转动，建模时需要耦合人字架与平衡梁连接处两节点的 UX、UY、UZ、ROTX、ROTY 五个自由度。各铰点耦合情况如表 8－2 所示。

表 8－2　耦合表

铰接处	UX	UY	UZ	ROTX	ROTY	ROTZ	铰接处	UX	UY	UZ	ROTX	ROTY	ROTZ
大拉杆与象鼻梁	1	1	1	1	1	0	臂架与小拉杆	1	1	1	1	1	0
大拉杆与人字架	1	1	1	1	1	0	小拉杆与平衡梁	1	1	1	1	1	0

（续表 8 – 2）

铰接处	UX	UY	UZ	ROTX	ROTY	ROTZ	铰接处	UX	UY	UZ	ROTX	ROTY	ROTZ
臂架与象鼻梁	1	1	1	1	1	0	人字架与平衡梁	1	1	1	1	1	0
臂架与转台	1	1	1	1	1	0							

注：1—表示耦合；0—表示不耦合。

10. 计算工况

根据 MQ2533 起重机的工作特点（考虑抓斗工况），结构的主要设计工况如表 8 – 3 所示。

表 8 – 3　主要设计工况

工况	工作幅度/m	载荷/t	载荷内摆角度/°	载荷侧摆角度/°	载荷外摆角度/°	起升动载系数 Φ_2
1	9.5	40	0	0	0	1.36
2			10	0	0	0
3			0	8	0	
4	33	25	0	0	0	1.36
5			0	0	10	0
6			0	8	0	

门座起重机 MQ2533 整机结构模型如图 8 – 10、图 8 – 11 所示。

图 8 – 10　最小幅度(9.5m)模型

图 8 – 11　最大幅度(25m)模型

11. 结论

通过上述计算结果可以得出布置传感器的大致位置如图 8 – 12 所示。

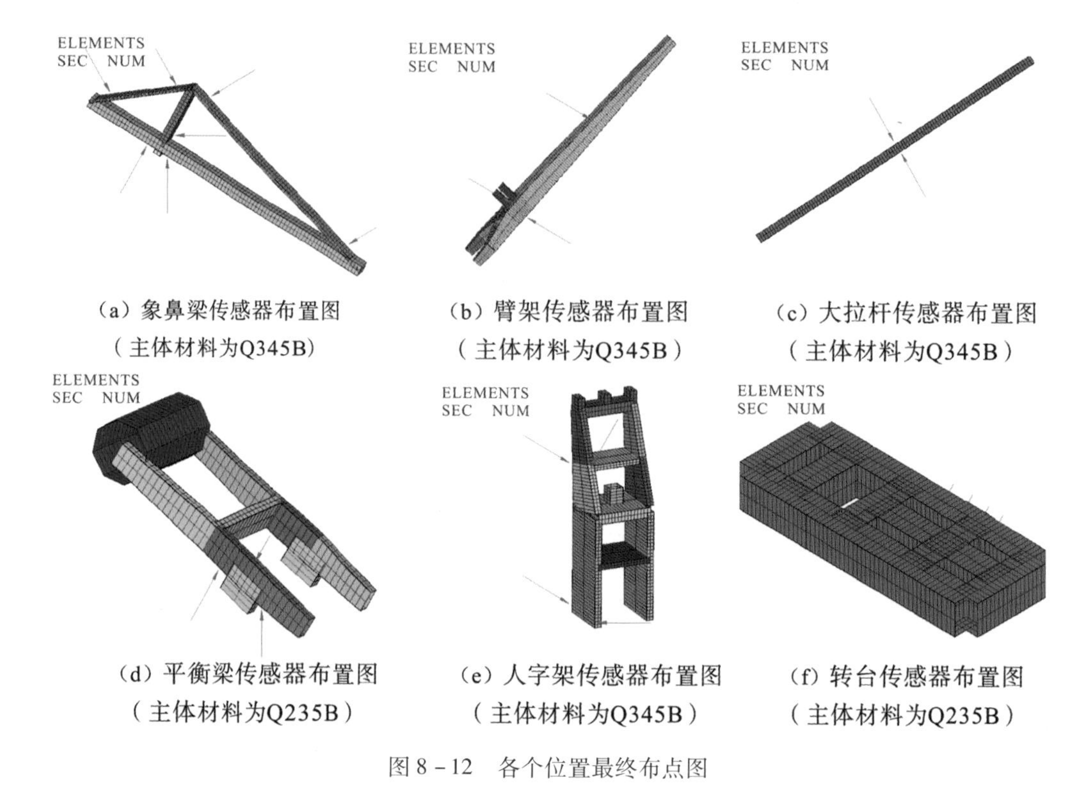

（a）象鼻梁传感器布置图（主体材料为Q345B）　（b）臂架传感器布置图（主体材料为Q345B）　（c）大拉杆传感器布置图（主体材料为Q345B）

（d）平衡梁传感器布置图（主体材料为Q235B）　（e）人字架传感器布置图（主体材料为Q345B）　（f）转台传感器布置图（主体材料为Q235B）

图 8－12　各个位置最终布点图

12. 光纤光栅各通道引线方案确定

深入研究了光纤光栅数量的选择以及位置的布置，通过有限元建模得出象鼻梁、臂架等门座式起重机关键部位的最大应力值，从而确定最终的光纤光栅传感器的布点方案。图 8－13 所示为最终确定的 MQ2533 传感器布点方案。

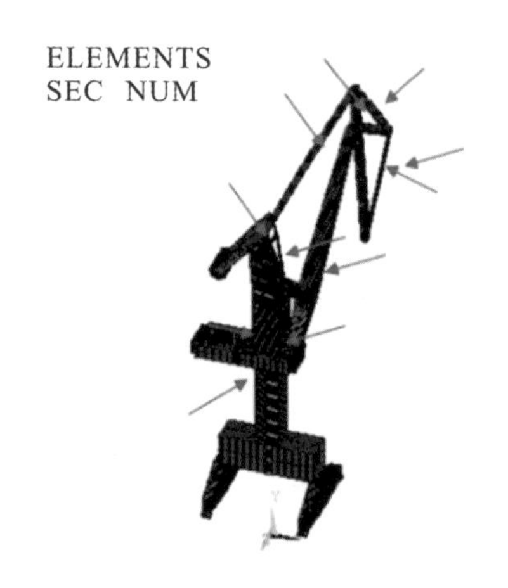

图 8－13　整机传感器布置图

表 8－4　各个位置具体布点数

位置	通道数	应变式 FBG	温度式 FBG
象鼻梁	4	7	4
小拉杆	1	2	1
平衡梁	1	2	1
臂架	2	4	2
大拉杆	1	2	1
人字架	2	4	2

根据有限元计算应力最大值所得到的结果，采用 21 个应变式光纤光栅传感器、11 个温度式光纤光栅传感器共 32 个光纤光栅传感器，组成 11 路通道进行实时应变数据的采

集，从而实现起重机的结构健康监测与安全预警技术。各个位置具体布点数如表 8 –4 所示。

制定好布点方案以后，就需要确定阈值来使系统发出预警或报警信号。通过有限元计算得到关键点和重要点能够承受的最大应力，并给予一定的余量。如果在实际操作中对应点的应力值超过了所设定的阈值，系统便会发出报警信号，提示司机采取必要的措施，并通过 3G 网络通知相关起重机的负责人，真正做到防患于未然。表 8 –5 显示了所确定的传感器方案中传感器的具体布置位置、通过有限元方法计算得到的应力值，以及最终所确定的预警应力和报警应力。

表 8 –5　传感器具体布置位置及预警、报警阈值　（单位：MPa）

<table>
<tr><th>序号</th><th>位置(相对方向为臂架方向)</th><th>材料</th><th>许用应力</th><th>有限元计算应力</th><th>预警应力</th><th>报警应力</th></tr>
<tr><td>1</td><td>象鼻梁前拉杆上侧中心位置</td><td rowspan="6">Q345B</td><td rowspan="6">257</td><td>67.98</td><td>84.98</td><td rowspan="6">257</td></tr>
<tr><td>2</td><td>象鼻梁撑杆前侧下部</td><td>84.72</td><td>105.90</td></tr>
<tr><td>3</td><td>象鼻梁后拉杆上侧中心位置</td><td>72.74</td><td>90.93</td></tr>
<tr><td>4</td><td>象鼻梁主梁后端下表面右位置</td><td>97.08</td><td>121.35</td></tr>
<tr><td>5</td><td>臂架中部上表面</td><td>87.58</td><td>109.48</td></tr>
<tr><td>6</td><td>臂架下部上表面节点附近</td><td>93.32</td><td>116.65</td></tr>
<tr><td>7</td><td>小拉杆右边中部下表面</td><td rowspan="2">Q235B</td><td rowspan="2">175</td><td rowspan="2">58.88</td><td rowspan="2">73.60</td><td rowspan="2">175</td></tr>
<tr><td>8</td><td>小拉杆左边中部下表面</td></tr>
<tr><td>9</td><td>大拉杆后部上表面</td><td>Q345B</td><td>257</td><td>59.81</td><td>74.76</td><td>257</td></tr>
<tr><td>10</td><td>平衡梁根部右边下表面</td><td rowspan="2">Q235B</td><td rowspan="2">175</td><td rowspan="2">60.75</td><td rowspan="2">75.94</td><td rowspan="2">175</td></tr>
<tr><td>11</td><td>平衡梁根部左边下表面</td></tr>
<tr><td>12</td><td>人字架后侧右边根部</td><td rowspan="4">Q345B</td><td rowspan="4">257</td><td rowspan="2">86.48</td><td rowspan="2">108.10</td><td rowspan="4">257</td></tr>
<tr><td>13</td><td>人字架后侧左边根部</td></tr>
<tr><td>14</td><td>人字架前侧右边根部</td><td rowspan="2">93.03</td><td rowspan="2">116.29</td></tr>
<tr><td>15</td><td>人字架前侧左边根部</td></tr>
</table>

将光纤光栅应变式传感器焊接到起重机选定的位置上以后，还需要将采集到的信号引入安装在司机室的解调仪上进行信号的调制解调。为了不影响起重机的正常工作，需要对引线的布置位置和长度做精确的计算，从而真正有使用意义。通过查阅 MQ2533 总装配图、各个部位的零件图，计算所需要的引线长度并做足够余量的预留，所得光纤光栅部分引线方案如图 8 –14 所示，其中，红色部分为光纤光栅传感器预计的引线方案。

表 8 –6 所示为光纤光栅传感器各通路引线最终计算出来的长度(参考总装配图、零件图并作足够的余量留取)，其中红色的标注为光纤光栅温度传感器，蓝色的标注为光纤光栅应变传感器。

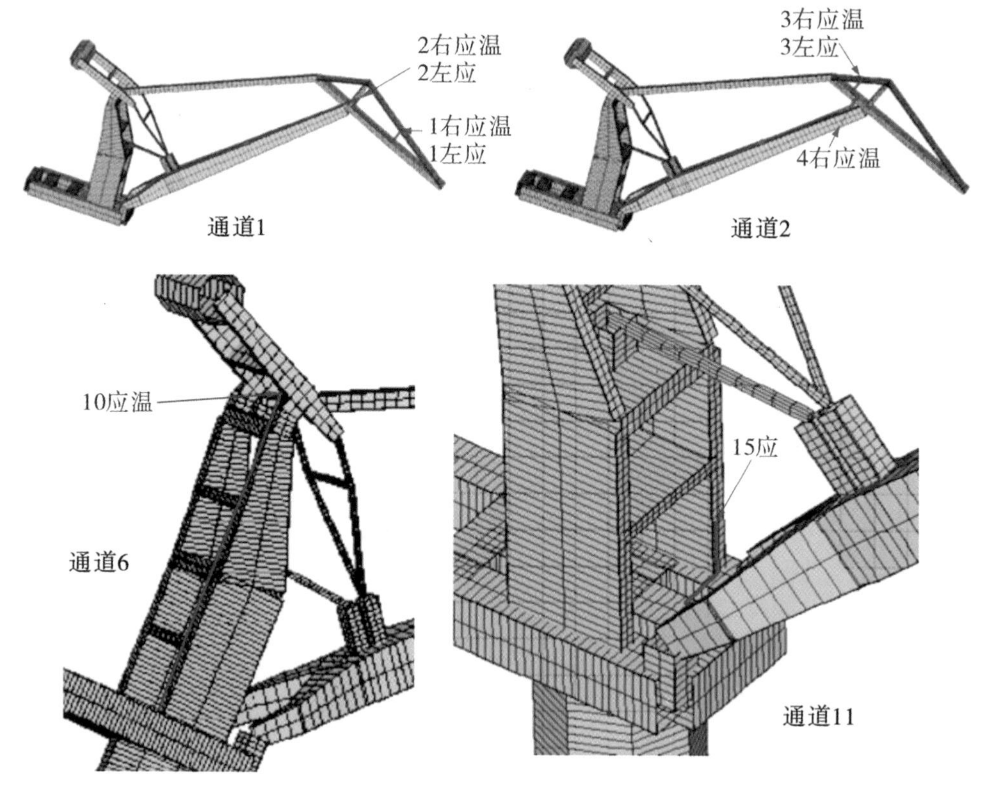

图 8－14　光纤光栅引线方案

表 8－6　光纤光栅传感器各通路引线最终长度

通道	实际光纤光栅熔接长度	通道	实际光纤光栅熔接长度
1	49.7m LS01 8.3m RS01 2.6m RT01	2	41.7m RS02 4m LS02 2.5m RT02
3	42.6m RS03 2.5m LS03 2.6m LT03	4	42.6m RS04 2.37m RT04
5	24.5m RS05 2.16m LS05 2.60m RT05	6	18.2m RS06 2.6m LS06 2.36m RT06
7	18.3m RS07 2.5m RT07	8	18.65m LS08
9	23.3m RS09 2.1m LS09 2.5m RT09	10	20.5m RS10 2.04m RT10
11	23.5m LS11	12	16.1m RS12 2.04m RT12
13	16.6m LS13	14	16.3m RS14 2.5m RT14
15	16.5m LS15		

8.3.2　光纤光栅熔接技术概要

依据项目的规划，第一套起重机实时结构健康监测与预警系统安装于广州一港口的MQ2533上，通过查阅厂家提供的MQ2533图纸，计算出每一个布点所需要的线长，并在前期依据计算结果，完成光纤光栅的熔接工作。

光在光纤中传输时会产生损耗，这种损耗主要是由光纤自身的传输损耗和光纤接头处的熔接损耗造成的。由于降低光纤接头处的熔接损耗，可增大光纤中继放大传输距离和减小光纤链路的衰减量，因此，提高光纤的熔接质量，降低熔接损耗，是非常重要的。下面简单介绍所采用的主要熔接工具。

8.3.3 熔接工具

1. 光纤光栅熔接机

光纤熔接机是进行光纤光栅熔接的主要设备，其结构如图 8－15 所示，其主要特点一般有：

(1)电动机驱动程序，使机器更快更稳定；

(2)8s 快速熔接，40s 加热；

(3)体积小，重量轻，工程携带方便；

(4)系统自检功能，确保熔接机随时处于最佳工作状态；

(5)5 英寸彩色 LCD 显示屏，放大光纤 180～256 倍；

(6)可同时观测 X 轴、Y 轴、Z 轴光纤及纤芯；

(7)暂停功能，便于教研；

(8)采用大型防风盖，即使 15m/s 的强风下仍能进行接续工作；

(9)5000m 海拔高度，保证高原地区熔接质量；

(10)10Ah 大容量锂电池，充满电可接续和加热最少 100 次 ；

(11)业内最大的存储量，可储存 8000 组接续结果；

(12)RS232 接口，视频输出；

(13)全新的光纤夹具设计，使光纤定位更精确、更方便。

图 8－15 光纤熔接机结构图

图 8－16 光纤切割刀结构图

2. 光纤切割刀

光纤切割刀用于裸光纤的切割，良好的切割端面是减小熔接损耗的前提条件，其结构如图 8－16 所示。

3. 热缩管

热缩管是一种特制的聚烯烃材质热收缩套管。它具有低温收缩、柔软阻燃、绝缘防蚀功能，广泛应用于各种线束、焊点、电感的绝缘保护，金属管、棒的防锈、防蚀等。在这里采用热缩管 $\phi3$、$\phi4$、$\phi5$(见图 8－17)来提高熔接部分光纤的强度。

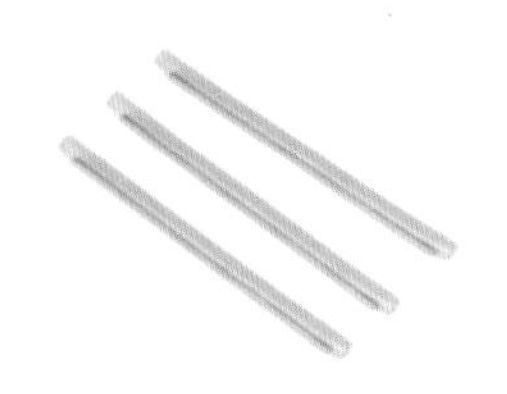

图 8－17 所用到的不同直径的热缩管

高分子材料随着温度由低到高要经历玻璃态—高弹态，玻璃态时性能接近塑料，高弹态时性能接近橡胶。热缩管所用材料在室温下是玻璃态，加热后变成高弹态。生产时把热缩管加热到高弹态，施加载荷使其扩张，在保持扩张的情况下快速冷却，使其进入玻璃态，这种状态就固定住了。

4. 热风枪

热风枪主要是利用发热电阻丝的枪芯吹出的热风来对元件进行焊接与摘取元件的工具，如图 8－18 所示。采用热风枪来完成热缩管的热熔，通过三层不同直径的热缩管和一条细铁丝来提高熔接部分的强度。

图 8－18 热风枪结构图

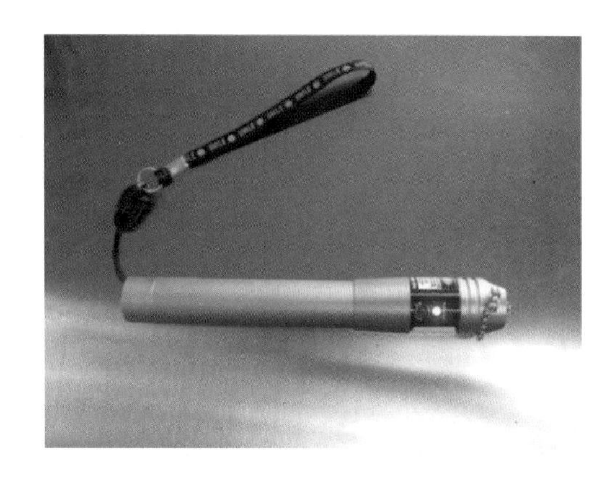

图 8－19 笔式红光源

5. 笔式红光源

笔式红光源(见图 8－19)是一款专门为需要光纤寻障、连接器检查、光纤寻迹等现场施工人员设计的笔试红光源。该红光源具有使用时间长、结构坚固可靠、功能多样等多种优点，是现场施工人员的理想选择。采用笔式红光源用于检测熔接好的光纤光栅是否通光。

其它工具、材料有米勒钳、斜口钳、尖嘴钳、剪刀、米尺、无水乙醇、光功率计等。

8.3.4 光纤光栅熔接工艺

光纤光栅传感器主要用于测量钢架结构上的应变，可适用于强风雨、雷电、粉尘等恶劣环境下的监测，因此，现在被广泛应用于桥梁、桩、隧道衬砌、建筑物等。采用焊接方式，将光纤传感器焊接到起重机布好点的位置。钢结构表面的变形导致光纤光栅应变传感器的两端固定的相对运动，从而引起光纤光栅长度的改变。光栅长度的改变反应为探测光波长的变化，这样的变化可以通过解调仪读出，从而完成数据采集。

光纤光栅的熔接总体上分为制作端面、熔接、热缩三个步骤，如图 8－20 所示。

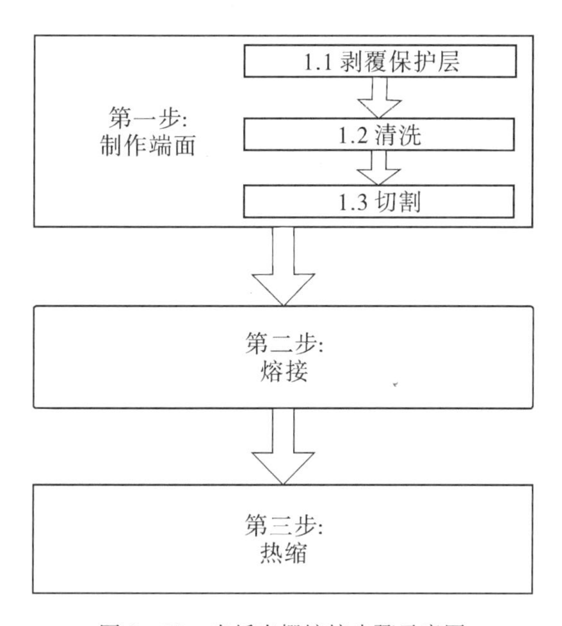

图 8－20　光纤光栅熔接步骤示意图

1. 制作端面

光纤端面的制备包括剥覆保护层、清洁、切割 3 个步骤，也是熔接过程的关键步骤，因为端面制作的成功与否直接关系到熔接的成功和损耗的大小。

剥覆光纤光栅保护层步骤如图 8－21 所示。

(1)去除乙烯护套。用米勒钳剥去聚乙烯护套。

(2)剪去细铁丝网层和 Kevlar 绳层。这两层的抗拉强度极强，用剪刀和尖嘴钳去除这一层，技巧是可以先把这两层放松方便剪切，也可以用尖嘴钳拉松这两个保护层再剪切，这两种方法都可以提高工作效率。

(3)拉松铠甲层。用老虎钳夹在靠近铠甲层的聚乙烯护套上，另一端用尖嘴钳拉松铠甲层，这样可以防止聚乙烯护套内部的铠甲层松掉。

(4)剪去铠甲层。这一层是在剥覆保护层中最难去除的一层，为了去除这一铠甲层，使用硬度极高的进口斜口钳细心剪切。

(5)去除光纤包层。用米勒钳小心地切去光纤包层。

(6)刮去涂覆层。用米勒钳刮去涂覆层，剩下裸光纤。

值得一提的是，当用米勒钳去掉光纤包层后，裸光纤外还有一层塑料涂覆层用来保护裸纤，如果不去除这层涂覆层，光纤刀是无法切割光纤的。

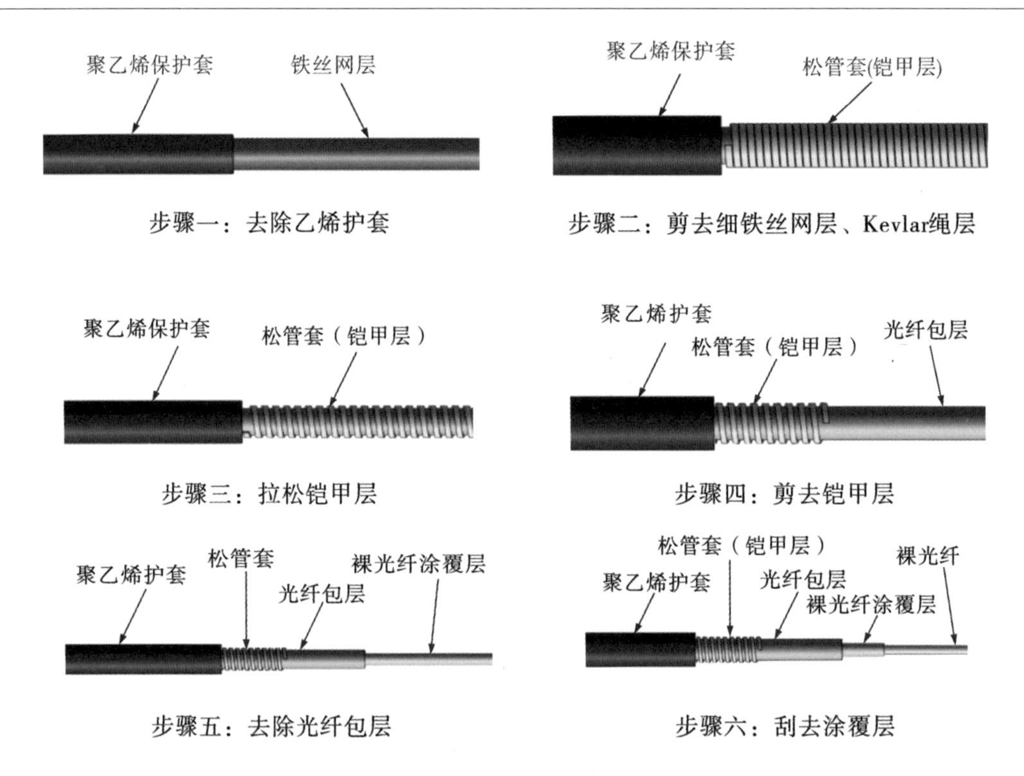

图 8－21　剥覆光纤光栅保护层步骤

2. 熔接

剩下的裸光纤长度为 30 ～ 40mm，套好热缩管。利用 $\phi3$、$\phi4$、$\phi5$ 三种规格的热缩管，先套好大的热缩管，依次套好小的热缩管，最后套好无色透明热缩管到光纤包层；用干净酒精棉球擦去裸光纤上的污物。用高精度光纤切割刀切去一段，保留裸纤12 ～16mm。

接着把切好的光纤放到光纤熔接机上完成熔接工作。此时可能出现光纤头未切好需要重新切的小挫折，但这一步是整个熔接过程的关键。熔接完毕，熔接机自己测量的损耗值不宜过大。

3. 热缩

把熔好的光纤取下，在裸光纤部分套上透明热缩管，在光纤熔接机上进行热缩；透明热缩管热缩完毕后，依次套上热缩管用热风机进行热缩；热缩到第二层时，添加铁丝以加强抗拉强度，直到三层热缩管都热缩完毕。

用笔式红光源检查所熔好的节点是否通光。如果通光，整个熔接过程就成功完成。

8.3.5　光纤光栅应变传感器焊接工艺

1. 光纤光栅温度计与应变计选型

通过比较各个厂家的光纤光栅传感器件及解调仪，采用某公司生产的 FBG－4700 型光纤光栅温度计、FBG－4150 光纤光栅应变计及 FBG8600 光纤光栅解调仪来搭建基于物联网的起重机械结构健康监测与安全预警系统。

FBG－4700 系列温度计的核心元件采用光纤光栅传感器，该产品用优质不锈钢外壳封装，具有优越的防水性能，其结构如图 8－22 所示。信号的稳定性和精度不受潮湿、电磁干扰及信号传输距离的影响。FBG－4700 型光纤光栅式温度计适用于不同结构表面或内部的温度测试，被广泛应用在桥梁、大坝、海洋石油平台、输油输气管道等大型结构及建筑，以及电力、军工、消防、矿业、航天航空等领域。

光纤光栅传感器属无源器件，全程采用光信号进行数据的采集、传输，可靠性高，本质防爆，抗雷击，抗电磁干扰。

光纤光栅温度计是一种感受温度并将其转换为与温度成一定关系的波长信号输出的装置。它由光纤活动连接器、光纤光栅、保护组件构成。光纤光栅温度传感器感受到温度变化后其波长发生变化，通过解调仪测出其当前波长，再经过计算最后求出其当前温度。

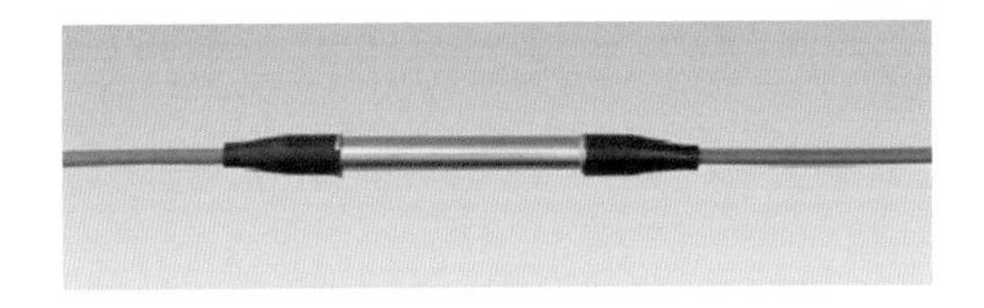

图 8－22　FBG－4700S 光纤光栅温度计

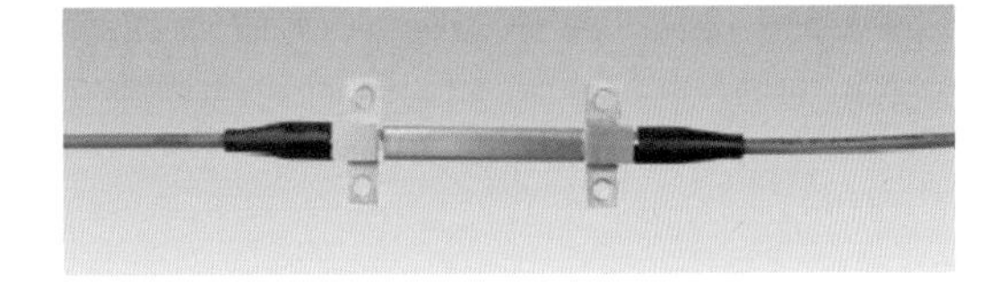

图 8－23　FBG－4150 光纤光栅应变计

FBG－4150 光纤光栅应变计主要用于测量钢结构构件上的应变，诸如桥梁、桩、隧道衬砌、建筑物等。FBG－4150 光纤光栅应变计的主体是一体化结构，如图 8－23 所示。

FBG－4150 光纤光栅应变计的主要固定方式采用焊接方式，短期监测可以用卡具及螺栓固定到钢或混凝土表面。应变测量采用光纤光栅原理，把一根光栅封装在金属结构件内，安装时把传感器两端带孔的固定块焊接于钢结构表面即可。钢结构表面的变形（如应变变化）导致固定块相对运动，从而引起光纤光栅长度改变，光栅长度的改变反应为探测光波长的变化，光波长的变化可由光纤光栅解调仪直接进行数据采集。

2. 光纤光栅应变计焊接过程

（1）初始检查。在焊接传感器之前，把传感器接在解调仪上以检测传感器是否完好。轻轻压应变计的两端，读数应减少；拉应变计的两端，显示器的读数增加。

（2）安装基面的准备。用锉、钢刷或砂纸在固定的点打磨出一小块平整、光滑的安装基面，如图 8－24 所示。

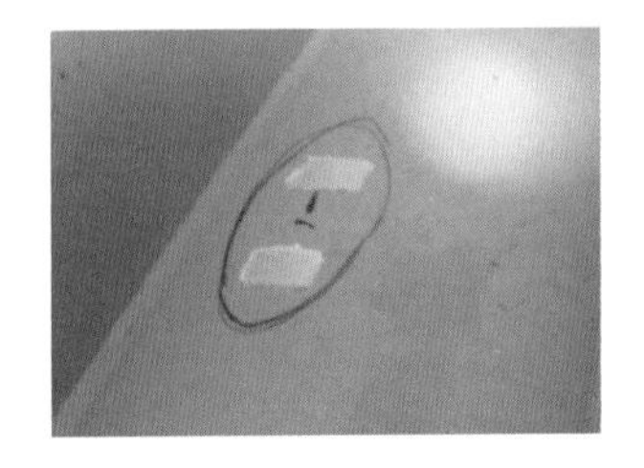

图 8－24　安装基面打磨

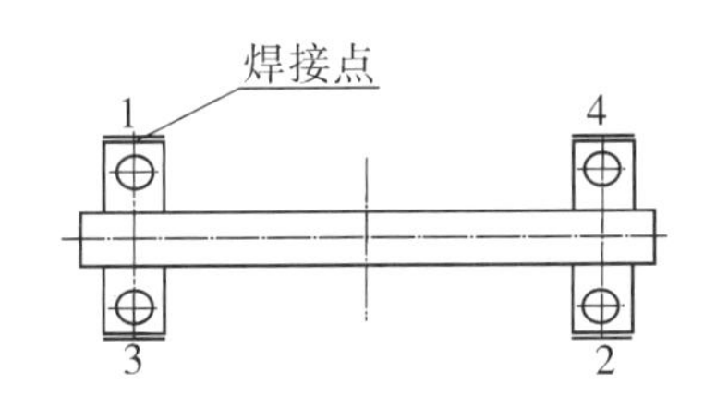

图 8－25　焊接应变计

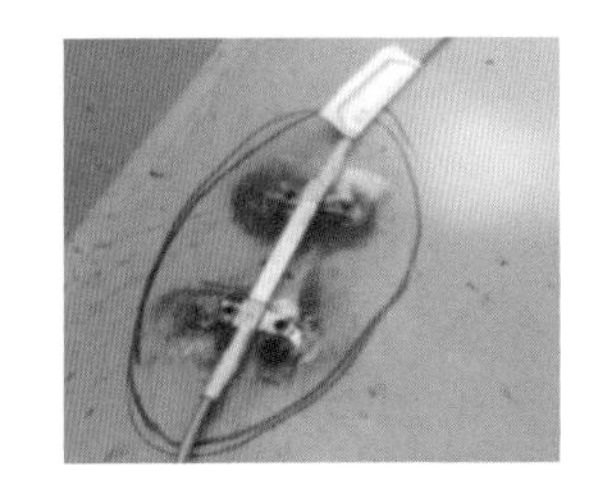

图 8－26　焊接好的应变计

（3）焊接。采用顺序对角焊接应变计，焊接顺序如图 8－25 所示；焊接时用沾水的湿布进行冷却，焊接时应注意不能用力压传感器中央部位，防止传感器变形，影响测量的准确性。

（4）焊接完成后，待传感器冷却便可接到解调仪上进行调节，焊接完成后的应变计如图 8－26 所示。

8.4 软件平台搭建

8.4.1 交叉敏感问题

光纤光栅在实际应用中，温度和应变都会对最终的结果产生影响。在实际应用中，温度和应变的变化都会引起中心波长的偏移，即存在应变和温度的交叉敏感问题。

当有轴向应变 $\Delta\xi$ 作用在光纤光栅上时，光纤光栅反射波长移动量 $\Delta\lambda_{BS}$ 为

$$\Delta\lambda_{BS} = \lambda_B\left\{1 - \frac{n_{eff}^2}{2}[\rho_{12} - \nu(\rho_{11} - \rho_{12})]\right\}\Delta\varepsilon = \lambda_B\{1 - P_e\}\Delta\varepsilon, \quad (8-9)$$

式中，$P_e = \frac{n_{eff}^2}{2}[\rho_{12} - \nu(\rho_{11} - \rho_{12})]$ 为 FBG 的弹光系数；ρ_{11}、ρ_{12} 为光纤应变张量的分量；ν 为泊松比。

环境温度 ΔT 发生变化时，光纤光栅中心反射波长移动量 $\Delta\lambda_{BT}$ 表示为

$$\Delta\lambda_{BT} = \lambda_B(\alpha_f + \varepsilon)\Delta T, \quad (8-10)$$

式中，$\alpha_f = \frac{1}{\Lambda}\frac{d\Lambda}{dT}$ 为 FBG 的热膨胀系数；$\varepsilon = \frac{1}{n}\frac{dn}{dT}$ 为 FBG 的热光系数。

实际应用中，温度和应变的变化交叉存在，故光纤光栅中心波长与应变和温度的关系可以整合为

$$\Delta\lambda_B = \lambda_B[(1 - P_e)\Delta\varepsilon + (\alpha_f + \varepsilon)\Delta T]。 \quad (8-11)$$

在实际应用中，要通过一定的技术手段来区分中心波长的变化到底是由温度还是由应变引起的。国内外的许多研究学者提出了双参量矩阵法、双波长矩阵法、应变补偿法和不同包层直径光栅对法来处理这一问题。归纳起来，交叉敏感问题的解决方法大致分为两大类：单一参量补偿和双参量(应力、温度)区分补偿。

1993 年国外就已经开始了对应变、温度交叉敏感问题的研究，也已经提出了各种不同的解决方案，目前总的来说根据他们的原理主要分为三大类：①双光栅法(又称为双波长矩阵运算法)；②双参量矩阵运算法；③应变/温度补偿法。

在双光栅法方案中需要用到两个中心反射波长不同的 Bragg 光纤光栅，即利用了两者不同的温度和应变特性实现对温度和应变的同时测量。双参量矩阵运算法的基本思想是采用两个波长作为参量进行测量，基于该思想的方案有 LPG/FBG 混合法、超结构光栅法、GFPC 法，其中以 LPG/FBG 混合法最为典型。

8.4.2 光纤光栅传感器一次线性拟合公式推导

基于光纤光栅应变与温度的交叉敏感问题，在此推导光纤光栅温度传感器和应变传感器的一次线性拟合公式。

普通碳素钢 Q235 是起重机的主要结构，起重机在工作过程中金属结构会依照力学性能变化。在安全的工作状态下，起重机的金属结构工作在弹性阶段。

1. 应力应变关系(图 8－27)

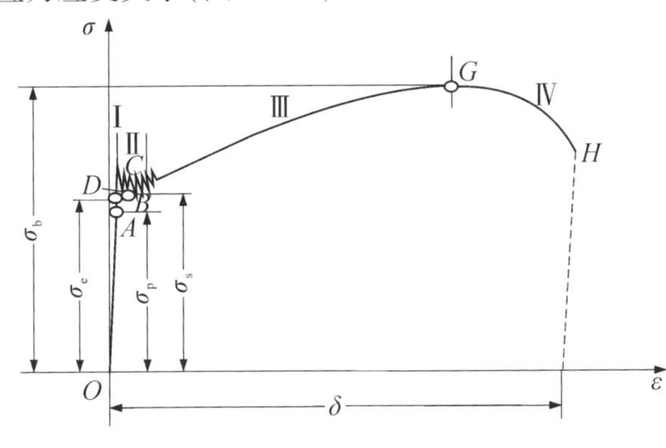

四个阶段：
Ⅰ—弹性阶段
Ⅱ—屈服阶段
Ⅲ—强化阶段
Ⅳ—局部变形阶段
比例极限σ_p—对应点A
弹性极限σ_e—对应点B

图 8－27 应力应变曲线图

A 点对应的应力称为材料的比例极限，即材料应力应变处于正比例关系阶段时所能承受的最大应力，用 σ_p 表示，

$$\sigma_p = F_p/A 。\tag{8-12}$$

当应力低于 σ_p 时，应力与试样的应变成正比，

$$F_N = \int_A \sigma dA = F = \sigma A。\tag{8-13}$$

等截面拉(压)杆横截面上正应力的计算公式 $\sigma_p = F_p/A$ ，应力去除，变形消失，即试样处于弹性变形阶段，σ_p 为材料的弹性极限，它表示材料保持完全弹性变形的最大应力。

当应力超过 σ_p 后，应力与应变之间的直线关系被破坏，出现屈服平台或屈服齿。如果卸载，试样的变形只能部分恢复，而保留一部分残余变形，即塑性变形，这说明钢的变形进入弹塑性变形阶段，试件表面出现滑移线(与试件轴线成45°角)。外力在小范围内波动，但变形显著增加。曲线最低点所对应的应力，称为材料的屈服强度或屈服点，用 σ_s 表示，即

$$\sigma_s = F_s/A 。\tag{8-14}$$

起重机安全运行，其金属结构的力学性能要稳定在 OA 段的弹性阶段，超过比例极限对应的 A 点及弹性阶段的最大许用应力，设定发出报警信息。

2. FBG－4700S 光纤光栅温度计一次线性拟合公式推导

由于光纤光栅的温度系数较小，单独用它做温度传感元件，其灵敏度不高。为了提高灵敏度，可将光纤光栅粘贴于热膨胀材料较大的基底材料上。若基底材料的热膨胀系数为 α_{sub}，并满足 $\alpha_{sub} \ll \alpha_s$，由式(8－1)知，光栅反射波长随温度的变化关系为

$$\frac{\Delta\lambda_{BT}}{\lambda_B} = [\alpha_f + \varepsilon]\Delta T ，\quad 即 \quad \Delta T = \frac{\Delta\lambda_{BT}}{[\alpha_f + \varepsilon]\lambda_B} 。$$

令 $K = \dfrac{1}{(\alpha_f + \varepsilon)\lambda_B}$，则 $\Delta T = K\Delta\lambda_{BT}$，即 $T - T_0 = K(\lambda - \lambda_0)$，故

$$T = K(\lambda - \lambda_0) + T_0 ,\tag{8-15}$$

即前面述及的 FBG－4700S 光纤光栅温度计一次线性拟合公式。

3. FBG－4150焊接型应变计应变计算公式推导

被测物体由于温度变化引起的应变，加上载荷变化引起的应变总和为

$$\xi_{总} = K(\lambda - \lambda_0) + B(\lambda_{t1} - \lambda_{t0})。 \tag{8-16}$$

如前面所述的式(8－7)，仅因载荷变化引起的应变为：

$$\xi = N(\lambda_1 - \lambda_0) + B(\lambda_{t1} - \lambda_{t0}) - \alpha\Delta T。 \tag{8-17}$$

式(8－17)即为FBG－4150焊接型应变计一次线性计算公式。在每一个传感器出厂前，均经过多次测量计算得到各个参数，在进行软件平台编写的过程中直接引用这些参数，经过公式计算便可得到所需要的应变，进而得到应力值。

8.4.3　软件平台开发

1. 软件功能划分

起重机械健康监测与预警软件平台将分成七大功能模块，即用户信息管理模块、系统配置模块、信息采集与传输模块、数据库管理模块、数据分析模块、现场显示模块和用户帮助模块，各个功能模块下又分别有不同的子功能模块，如图8－28所示。

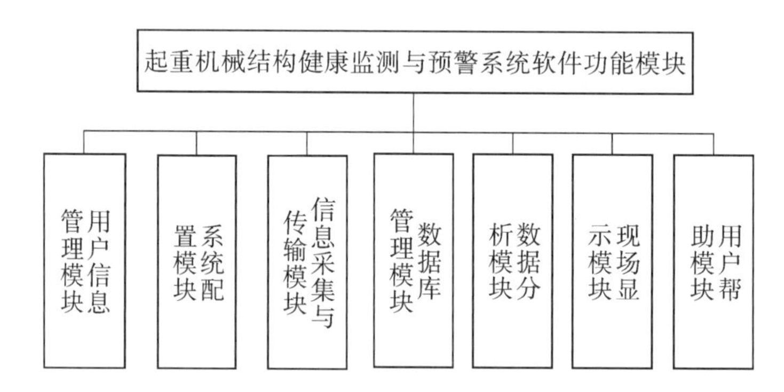

图8－28　起重机械结构健康监测与预警系统软件功能模块

2. 功能详细描述

(1)用户信息管理模块。主要用于存放可以访问本系统的用户个人信息和用户权限管理，包括用户名、登录密码、用户权限以及用户的详细资料等。

(2)系统配置模块。主要用于信息采集时硬件部分的相关参数的设置。该模块由传感器设置与采集方式设置组成。传感器设置主要设定光纤光栅传感器的中心波长、所在通道、测量类型、计算所需物理量及系数。采集方式设定模块用于设定采集控制方式与采集频率。

(3)信息采集与传输模块。读取光纤光栅传感实时波长信息，经温度及应变计算获得结构实时应变信息并存储数据；同时，将监测信息定时或实时传输到远程数据库服务器。

(4)数据库管理模块。主要用于监测数据的存储和查询，包括起重机信息、传感器信息和监测数据管理等。

(5)数据分析模块。这是健康监测系统的核心模块。它实现了对其中机械关键结构应变信息的实时显示功能，同时结合损伤预警、损伤识别、寿命评估等相关理论，对起重机的健康状况进行评价，监测信息超出设定范围时向指定手机用户(用户数不少于3个)发送短信报警，并给出维护建议。

(6)现场显示模块。主要向现场用户显示结构各处的应变情况，并显示预警信息，紧急时可控制蜂鸣器发出警报。

(7)用户帮助模块。主要向用户介绍系统的使用说明。

3. 软件平台展示

软件平台的各个界面图如图8－29所示。

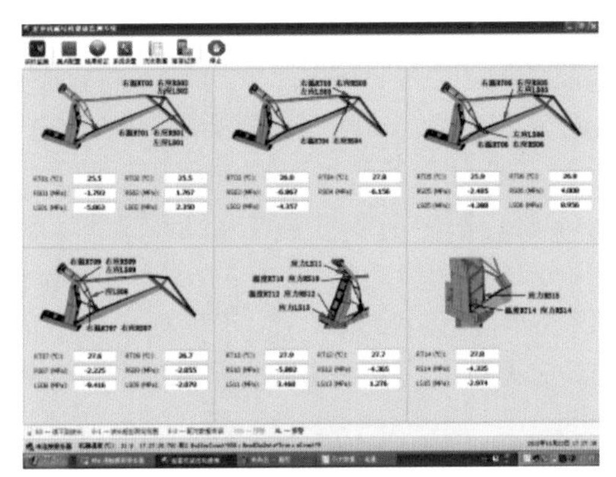

(a) 主界面

(b) 数据列表

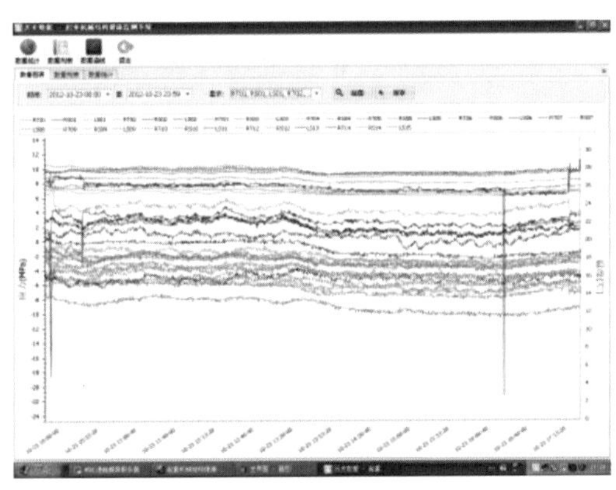

(c) 数据图表

(d) 测点配置

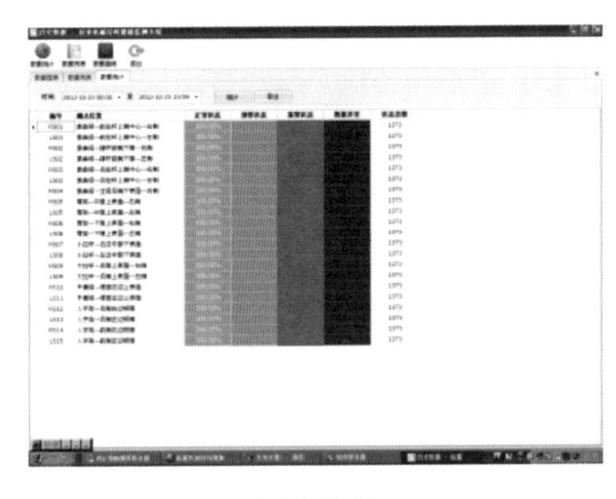

(e) 历史数据

(f) 短信记录

图8－32　软件平台各界面图

9 剩余疲劳寿命预测

科学在发展，人们对客观世界的认识在发展，疲劳是人们在生产劳动中逐渐发现并研究掌握的力学现象。产业革命后，许多机器的断裂事故令工程师们烦恼不已，破坏往往发生在零部件的应力集中处，名义应力并不高，且低于材料的强度极限和屈服极限。1839年法国工程师彭西列特首先采用了“疲劳”这一术语，用来描述材料在交变载荷下承载能力逐渐耗尽以至最终断裂的破坏过程。1850年有“疲劳试验之父”之称的沃勒设计出了第一台疲劳试验机，开始了对金属疲劳的深入系统研究。逐渐地，“疲劳”发展成为一门拥有众多理论成果的经典学科，名义应力法、局部应力应变法、损伤容限法等疲劳寿命计算方法已经广泛应用于工程实践中。循环载荷是机械结构承受的主要载荷形式，据统计，因交变载荷引起的疲劳断裂事故占机械结构失效总数的95%，疲劳问题越来越受到重视。

19世纪中叶以来，人们为认识和控制疲劳破坏进行了不懈的努力，在疲劳现象的观察、疲劳机理的认识、疲劳规律的研究、疲劳寿命的预测和抗疲劳设计技术等方面积累了丰富的知识，20世纪50年代断裂力学的发展，进一步促进了剩余疲劳分析技术的研究。剩余疲劳寿命的研究涉及交变载荷的多次作用，涉及材料缺陷的形成与扩展、使用环境的影响等，问题的复杂性是显而易见的。因此，对剩余疲劳寿命有许多问题的认识和根本解决，还有待进一步深入研究。尽管如此，掌握疲劳的基本概念、规律与方法，对于广大工程技术人员在工程实践中成功地进行剩余疲劳寿命预测仍是十分有益的。

9.1 概述

9.1.1 疲劳的一般定义

人们认识和研究疲劳问题，已经有150年历史，在不懈地探究材料与结构疲劳奥秘的实践中，对疲劳的认识得到不断的修正与深化。美国试验与材料学会(ASTM)在“疲劳试验与数据统计分析有关术语的标准定义”(ASTM E206－72)中明确定义：在某点或某些点承受扰动应力，且在足够多的循环扰动作用之后形成裂纹或完全断裂的材料中所发生的局部的、永久结构变化的发展过程，称为疲劳。

上述定义指出了疲劳问题是在承受扰动应力作用下才会发生，所谓扰动应力，是指随时间变化的应力，一般来说，也可以称为扰动载荷。描述载荷－时间变化关系的图或者表称为载荷谱。图9－1所示为载荷随时间的变化的曲线，载荷随时间的变化可以是有规则的，也可以是没有规则的，甚至是随机的。例如，当弯矩不变时，旋转弯曲轴中某点的应力是恒幅载荷；起重机吊钩分批起吊不同货物时，承受的是变幅载荷；车辆在不平的道路上行驶，弹簧等零件、构件承受的载荷是随机的。显然，在研究疲劳问题时，首先要研究载荷谱的描述与简化。

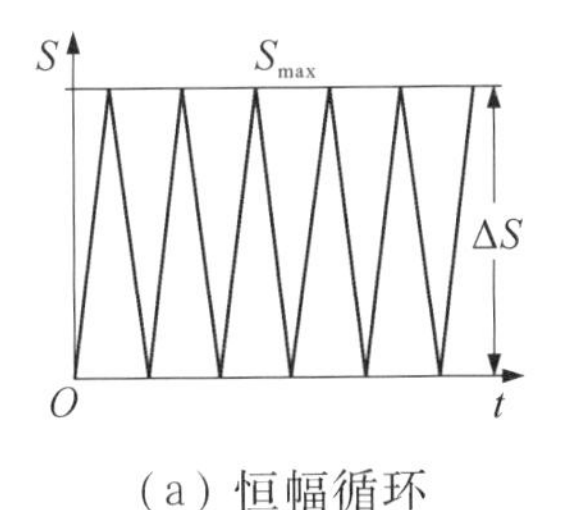

(a) 恒幅循环

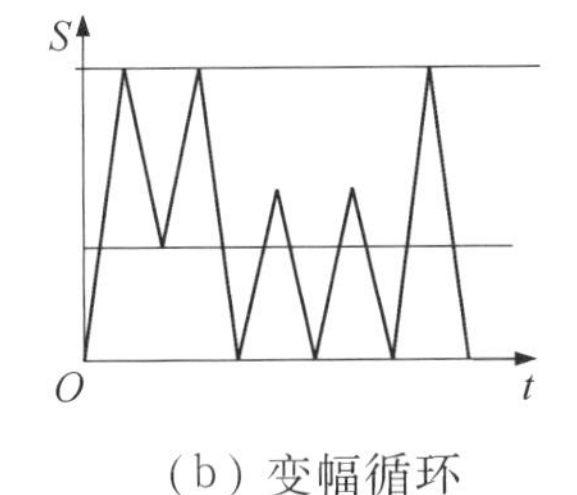

(b) 变幅循环

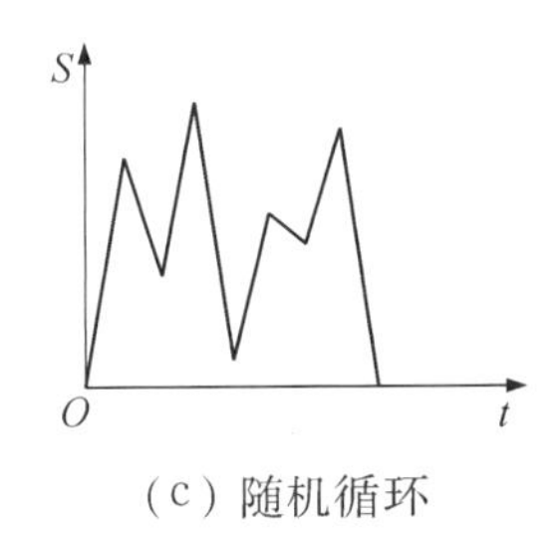

(c) 随机循环

图 9－1　疲劳载荷形式分类

最简单的循环载荷是恒幅应力循环载荷，图 9－2 描述的是一个典型的正弦型恒幅应力循环。显然，描述一个应力循环，需要两个量，如循环最大应力 S_{max} 和最小应力 S_{min}，这两个是描述循环应力的基本量。

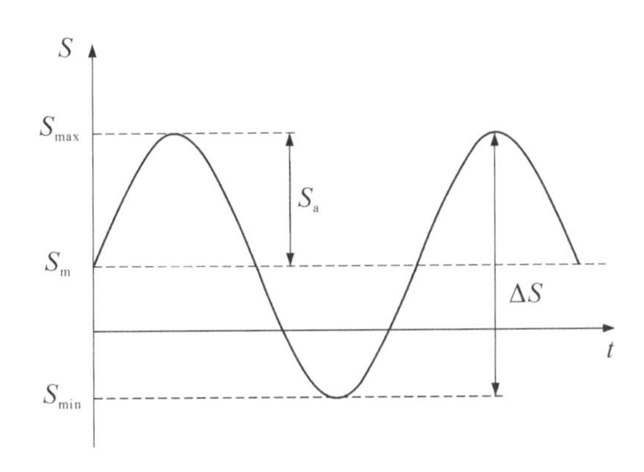

图 9－2　正弦型恒幅应力循环

疲劳分析中还常常使用到以下参量：

应力变程(全幅)ΔS，定义为

$$\Delta S = S_{max} - S_{min}。 \tag{9-1}$$

应力幅(半幅)S_a，定义为

$$S_a = \Delta S/2 = (S_{max} - S_{min})/2, \tag{9-2}$$

平均应力 S_m，定义为

$$S_m = (S_{max} + S_{min})/2。 \tag{9-3}$$

应力比 R，定义为

$$R = S_{min}/S_{max}。 \tag{9-4}$$

其中应力比 R 反映了不同的循环特性，例如，当 $S_{max} = -S_{min}$ 时，$R = -1$，是对称循环；当 $S_{min} = 0$ 时，$R = 0$，是脉冲循环；当 $S_{max} = S_{min}$ 时，$R = 1$，$S_a = 0$，是静循环，分别如图 9－3 所示。

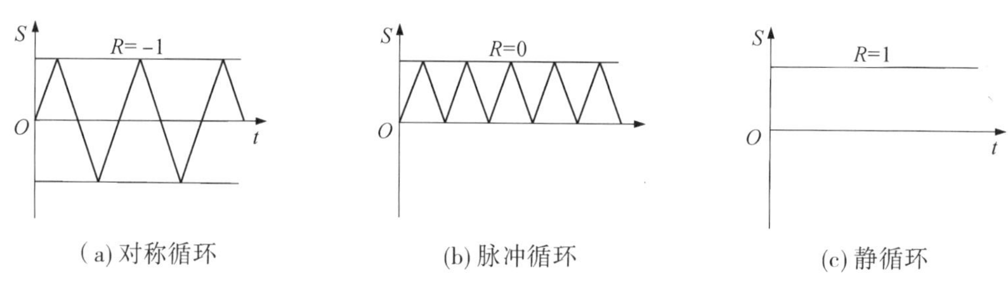

(a) 对称循环　　(b) 脉冲循环　　(c) 静循环

图 9-3　不同应力比下的应力循环

上述参量中，需且只需已知其中任意两个，即可确定循环应力水平。为使用方便，设计时，一般使用最大应力 S_{max} 和最小应力 S_{min}，二者比较直观，便于设计控制；实验时，一般使用平均应力 S_m 和应力幅 S_a，便于施加载荷；分析时，一般用应力幅 S_a 和应力比 R，便于按循环特性进行分析研究。

9.1.2　疲劳破坏的严重性

在工程应用中因为疲劳发生断裂的例子比比皆是，如二次世界大战期间美国制造的全焊接船舶，有近千艘出现断裂，200 余艘发生严重破坏。1952 年，第一架喷气式客机(英国的彗星号)在试飞 300 小时后投入使用，1954 年 1 月客机在飞行中突然失事坠入地中海。打捞残骸并进行研究后的结论认为，事故是由于压力舱的疲劳破坏引起的。1967 年 12 月美国西弗吉里亚的 Point Pleasant 桥突然毁坏，造成 46 人死亡，事故原因是由一根带环拉杆发生疲劳引起的。1980 年 3 月，英国北海 Ekofisk 油田的 Alexander L. Kielland 号钻井平台倾覆，造成 38 人死亡，事故分析表明，在疲劳载荷(主要是波浪力)的作用下，撑管与支腿连接的焊缝发生断裂。

20 世纪 80 年代，美国众议院科技委员会委托国家标准局进行了一次疲劳断裂所造成的损失的大型综合调查。1983 年，在《国际断裂》杂志上发表了调查委员会给国会的报告。报告指出，疲劳断裂使美国一年损失 1190 亿美元，占 1982 年美国国家总产值的 4%。值得注意的是报告还指出，向工程技术人员普及关于疲劳断裂的基本概念与知识，可减少损失 29%(345 亿美元/年)。

1984 年《国际疲劳杂志》发表的国际民航组织(ICAO)《涉及金属疲劳断裂的重大飞机事故调查》中指出，20 世纪 80 年代以来，由金属疲劳引起的机毁人亡重大事故，每年平均 100 次，20 世纪的最后 10 年，尽管安全水平有了进一步的提高，但民航每年发生重大死亡的飞行事故仍在 48～57 次之间，1999 年发生飞行死亡事故次数为 48 起，死亡人数为 730 人。

工程实际中发生的疲劳断裂破坏，占全部力学破坏的 50%～90%，是机械结构失效的最常见形式，因此，工程技术人员必须认识到疲劳破坏的严重性。

9.1.3　剩余疲劳寿命的分析方法

目前，国内外对剩余疲劳寿命的研究方法主要有名义应力法、局部应力-应变法、损伤容限分析法、有限元法等。这几种方法都有一定的适用范围，并不能完全相互取代。从目前来说，对于高周疲劳，以名义应力法为佳，对于低周疲劳，局部应力-应变法比较理想，但是只能计算裂纹的形成寿命，需要与损伤容限法结合起来计算从裂纹产生到断裂破坏的整体疲劳寿命，而对于具有初始缺陷或者裂纹的零部件，可以直接用损伤容限法来计算。随着计算机的快速发展，可以考虑将结构离散成有限的单元，分析结构的应力集中区域及疲劳敏感区域，然后根据这些区域的应力-时间历程来估算其剩余疲劳寿命。

1. 名义应力法

名义应力法是以结构的名义应力为基本设计参数，通过考虑各种基本材料的疲劳特性及结构构件的尺寸形状、表面状况等因素的影响，根据材料的 $S-N$ 曲线来确定具体结构构件的 $S-N$ 曲线，并依据疲劳线性累积损伤理论(Miner 准则)来估算结构疲劳寿命的一种疲劳寿命估算方法。该方法简单易行，很早就在工程上得到了广泛的运用，积累了相当多的宝贵经验和数据。但名义应力方法是在弹性范围内估算结构的疲劳寿命，不能考虑塑性变形的影响，因此名义应力法只适合于计算应力水平较低的高周疲劳和无缺口结构的疲劳寿命。在计算有应力集中存在的结构疲劳寿命时，由于名义应力法不能考虑缺口处的塑性变形，因而计算误差比较大。因此，需要充分考虑到各种因素造成的影响，才能对不同结构进行较精确的疲劳寿命估算。图 9-4 所示为名义应力法估算疲劳寿命的步骤。

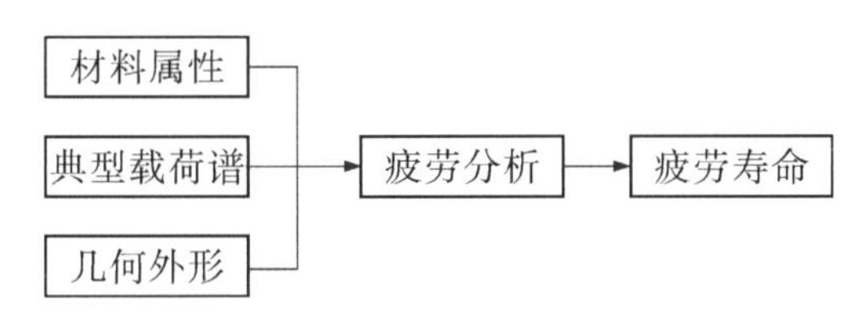

图 9-4　名义应力法估算疲劳寿命步骤

2. 局部应力-应变法

常规疲劳寿命估算法是以名义应力为基本设计参数、以名义应力为基础来估算疲劳寿命。而实际上，决定零构件疲劳强度和寿命的是应力集中处的最大局部应力和应变，因此近代在应变分析和低周疲劳的基础上提出了一种新的疲劳寿命估算方法即局部应力-应变法，它认为零构件的疲劳破坏都是从应力集中部位的最大应变处起始，并且在裂纹萌生以前都要产生一定的塑性变形，局部塑性变形是疲劳裂纹萌生和扩展的先决条件，因此，决定零构件疲劳强度和寿命的是应变集中处的最大局部应力和应变。只要最大局部应力应变相同，疲劳寿命就相同，因而有应力集中零构件的疲劳寿命，可以使用局部应力应变相同的光滑试样的应变-寿命曲线进行计算，也可使用局部应力应变相同的光滑试样进行疲劳试验来模拟。

1961 年，Neuber 开始用局部应力-应变研究疲劳寿命，提出了 Neuber 法则。1971 年，R. M. Wetzel 在 Manson-Coffin 方程的基础上，提出了根据应力-应变分析估算疲劳寿命的一整套方法——局部应力-应变分析法。这种方法是在低周疲劳的基础上发展起来的疲劳寿命估算方法，它以结构应力集中处的局部应力和应变为基本估算参数，用来估算零件在复杂载荷历史作用下的裂纹形成寿命。此后这种方法就很快发展起来，并首先在美国的航空和汽车工业部门使用。1974 年，美国空军把这种方法应用到飞机部件的寿命估算上，美国汽车协会也要求各厂家在进行产品设计时一定要把此法纳入设计大纲；1979

年，美国杜鲁门飞机公司已正式采用这种方法来估算零件的疲劳寿命。

局部应力－应变法具有以下几个优点：第一，应变是可以测量的，而且已证明是一个与低周疲劳相关的极好参数，根据应变分析的方法，就可以将高、低周疲劳的寿命估算方法统一起来。第二，使用这种方法时，只需知道应变集中部位的局部应力和基本材料疲劳试验数据，就可以估计零件的裂纹形成寿命，避免了大量的结构疲劳试验。第三，这种方法可以考虑载荷顺序的影响，特别适用于随机载荷下的寿命估算。第四，这种方法易于和计数法结合起来，可以利用计算机进行复杂的计算。局部应力－应变法估算的是裂纹形成寿命，这种方法常常与疲劳损伤容限法联合使用。用它计算出裂纹形成寿命后，再用疲劳损伤容限法计算出裂纹扩展寿命，两阶段寿命之和即为零构件的总寿命。它可以细致地分析缺口处的局部应力和应变的非线性关系，同时它还可以考虑载荷顺序和残余应力对疲劳寿命的影响。局部应力－应变法是一种很先进实用的疲劳寿命估算方法，而且近来由于计算机的发展局部应力应变法的研究取得了很大的进展，同时也总结出了很多的实践经验和数据，为工程方面的应用打下了坚实的基础。

3. 疲劳损伤容限设计法

1963 年美国人 P. C. Paris 在断裂力学的基础上，提出了表示裂纹扩展规律的著名关系式 Paris 公式，给疲劳研究提供了一个估算裂纹扩展寿命的新方法，从而使断裂力学和疲劳这两门学科逐渐结合起来。疲劳损伤容限设计法就是利用断裂力学基本原理和方法来估算含裂纹或类裂纹缺陷构件的疲劳寿命，它将裂纹长度作为判断疲劳破坏的参数，通常要假定结构中预先存在着初始裂纹，然后估算在疲劳载荷作用下从初始裂纹扩展到疲劳裂纹临界尺寸的循环次数，称为剩余疲劳寿命。该方法适用于疲劳寿命主要由裂纹扩展阶段所决定的结构和工况，对于确定结构的剩余疲劳寿命以及对建造中业已存在疲劳缺陷的构件疲劳寿命具有重要的现实和工程意义。

该方法首先根据 Paris 公式确定裂纹的扩展速率公式为

$$\frac{\mathrm{d}a}{\mathrm{d}N} = C \cdot (\Delta K)^m, \tag{9-5}$$

式中，$\frac{\mathrm{d}a}{\mathrm{d}N}$ 是裂纹扩展速率；ΔK 是应力强度因子；C、m 是与材料、应力比、加载方式等有关的参数。对式(9－5)进行积分便可算出结构从初始裂纹尺寸 a_0 扩展到临界裂纹尺寸 a_c 的循环次数 N，称为结构的剩余寿命。利用上述方法对结构进行剩余疲劳寿命估算时，需要知道如下基本数据：①构件的形状及受力特性；②在其工作温度及加载速率下材料的断裂韧性；③在结构工作条件下疲劳裂纹扩展速率公式中的材料参数；④裂纹的初始尺寸形状及位置。

目前，随着计算机技术的迅猛发展，各种结构分析软件应运而生，其中应用最广的是有限元技术的分析软件。有限元的分析方式是根据变分原理求解数学物理问题的一种数值方法，其基本思路是将连续物体划分为有限大小的单元，只在有限个节点相连接的有限单元的组合体上研究，也就是用一个设想的离散结构作为实际理想结构的近似力学模型，以后的数值计算就在这个离散的结构上进行。采用有限元法对结构进行力学分析优越性很多，能整体、全面、多工况随意组合，进行静力、动力、线性和非线性分析，对完成复杂结构的分析十分有效，可以通过有限元法找到金属结构所受到的最大应力部位，然后结合实测的应力－时间历程，从而较准确地得到最大应力部位的应力－时间历程，因此可以将有限元的分析计算方法应用到上述疲劳寿命估算方法中，使得计算的结果更加符合起重机的实际服役状况水平。

9.2 名义应力预测法

按照作用的循环应力的大小，疲劳可以分为应力疲劳和应变疲劳，若最大循环应力 S_{max} 小于屈服应力 S_y，则称为应力疲劳。因为应力疲劳作用的循环应力水平较低，寿命循环次数较高(疲劳寿命 N_f 一般大于 10^4 次)，所以应力疲劳也称为高周疲劳。若最大循环应力 S_{max} 大于屈服应力 S_y，则由于材料屈服后应变变化较大，应力变化相对较小，用应变作为疲劳控制参量更为恰当，故称之为应变疲劳。因为应变疲劳作用的循环水平较高，寿命较低，N_f 一般小于 10^4，所以应变疲劳也称为低周疲劳。

根据在役起重机械的使用特点，一般以应力疲劳为主。下面将以应力疲劳分析进行说明。

9.2.1 基本 $S-N$ 曲线

材料的疲劳性能用作用应力 S 与到破坏时的寿命 N 之间的关系来描述。在疲劳载荷作用下，最简单的载荷谱就是恒幅循环应力。描述循环应力水平需要两个量，为了分析方便，使用应力比 R 和应力幅 S_a。如前节所述，应力比给定了循环特性，应力幅是疲劳破坏的控制参量。

当 $R=-1$ 时，在对称恒幅循环载荷作用下，实验给出的应力－寿命关系用 S_a-N 曲线表示，是材料的基本疲劳性能曲线。

应力水平 $R=-1$ 时，有 $S_a=S_{max}$，故基本应力－寿命曲线称为 $S-N$ 曲线，应力 S 可以是 S_a，也可以是 S_{max}，两者数值相等。

寿命 N_f 定义为在对称恒幅载荷作用下循环到破坏的循环次数。

9.2.1.1 $S-N$ 曲线的一般形式及若干特性值

材料疲劳性能试验所用标准试件，一般是小尺寸(3～10mm)光滑圆柱试件，材料的基本 $S-N$ 曲线给出的是光滑材料在恒幅对称循环应力作用下的裂纹萌生寿命。

用一组标准试件，在给定的应力比 R 下，施加不同的应力幅 S_a，进行疲劳试验，记录相应的寿命 N，即可得到如图 9－5 所示的 $S-N$ 曲线。由图可知，在给定的应力比下，应力 S 越小，寿命越长。当应力 S 小于某极限值时，试件不发生破坏，寿命趋于无限长。

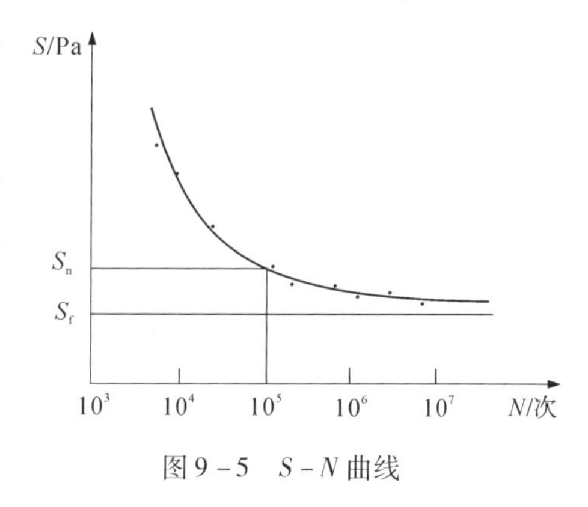

图9－5 $S-N$ 曲线

由 $S-N$ 曲线确定的对应于寿命 N 的应力，称为寿命为 N 时循环的疲劳强度，记作 S_N。

寿命 N 趋于无穷大时所对应的应力 S 的极限值 S_f，称为材料的疲劳极限。特别地，$R=-1$ 的对称循环下的疲劳极限记作 $S_{f(R=-1)}$，简记为 S_{-1}。

由于疲劳极限是由试验确定的，试验不可能一直做下去，故在许多试验研究的基础上，无穷寿命一般定义为：钢材，10^7 次循环；焊接件，2×10^6 次循环；有色金属，10^8 次循环。

满足 $S<S_f$ 的设计，即为无限寿命设计。

9.2.1.2 S－N 曲线的数学表达式

1. 幂函数形式

描述材料 S－N 曲线的最常用的形式是幂函数式，即

$$S_m \cdot N = C, \tag{9-6}$$

其中 m 和 C 是与材料、应力比、加载方式等有关的参数，两边取对数，有

$$\lg S = A + B\lg N, \tag{9-7}$$

式中，材料参数 $A=\lg C/m$，$B=-1/m$。式(9－7)表示应力 S 与寿命 N 间有对数线性关系，这一点可由观察实验数据 S、N 在双对数图上是否线性而确定。

2. 指数形式

指数形式的 S－N 曲线表达式为

$$e^{mS} \cdot N = C, \tag{9-8}$$

两边取对数后成为

$$S = A + B\lg N, \tag{9-9}$$

式中，材料参数为：$A=\lg C/(m\lg e)$，$B=1/(m\lg e)$。表示在寿命取对数、应力不取对数的图中，S 和 N 之间有线性关系，通常称为半对数线性关系。

3. 三参数形式

有时也希望在 S－N 曲线中考虑疲劳极限 S_f，写成

$$(S-S_f)^m \cdot N = C, \tag{9-10}$$

与式(9－8)、式(9－9)相比，此式多了一个参数，即疲劳极限 S_f，且当 S 趋于 S_f 时，N 趋于无穷大。

以上三种形式中，最常见的是幂函数式表达的 S 和 N 之间的双对数线性关系。注意到 S－N 曲线描述的是高周疲劳，故其使用下限为 $10^3\sim10^4$，上限由疲劳极限定义。

9.2.2 平均应力的影响

反应材料疲劳性能的 S－N 曲线，是在给定应力比 R 下得到的，$R=-1$，对称循环时的 S－N 曲线，是基本 S－N 曲线。现讨论应力比 R 的变化对疲劳性能的影响。

如图 9－6 所示，应力比 R 增大，表示循环平均应力 S_m 增大。当应力幅 S_a 给定时，有

$$S_m = (1+R)S_a/(1-R), \tag{9-11}$$

式(9－11)给出了 R 与 S_m 之间的对应关系，故应力比 R 的影响，实际上就是平均应力的影响。

在给定寿命 N 下，研究循环应力幅 S_a 与平均应力 S_m 的关系，可得到等寿命曲线。当

寿命给定时，平均应力 S_m 越大，相应的应力幅 S_a 越小，但无论如何，平均应力 S_m 都不可能大于材料的极限强度 S_u。

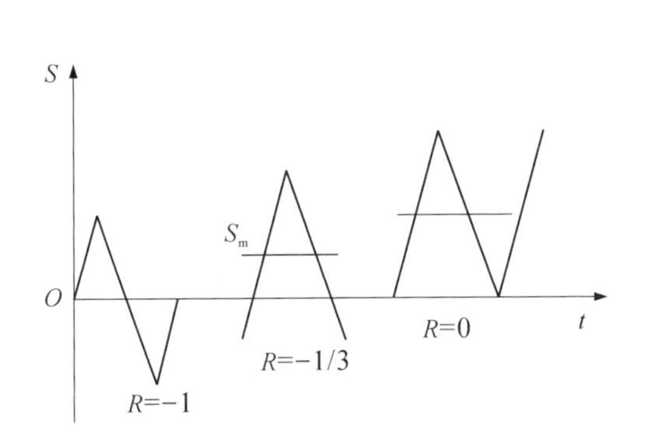

图 9-6 应力比与平均应力

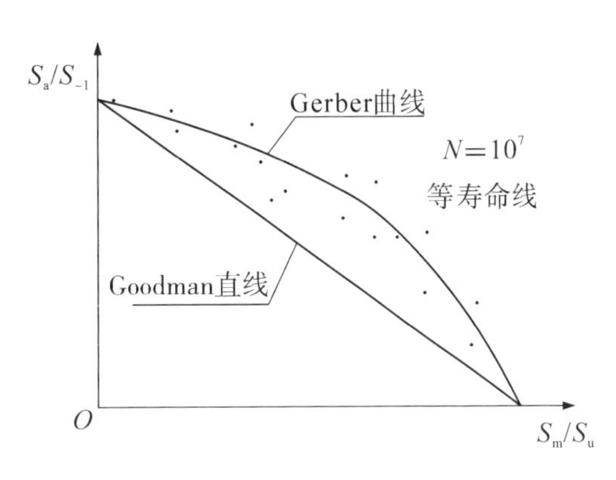

图 9-7 Haigh 图

对于任一给定寿命 N，其 S_a-S_m 关系曲线可以描述成如图 9-7 所示，称为 Haigh 图，图中给出了金属材料 $N=10^7$ 时的 S_a-S_m 关系。显然，当 $S_m=0$ 时，S_a 就是 $R=-1$ 时的疲劳极限 S_{-1}，$S_a/S_{-1}=1$；当 $S_a=0$ 时，载荷成为静载，在极限强度 S_u 下破坏，有 $S_a=S_u$，或者 $S_m/S_u=1$。

因此，等寿命条件下的 S_a-S_m 关系可以表述为

$$S_a/S_{-1}+(S_m/S_u)^2=1, \tag{9-12}$$

这条曲线称为 Gerber 曲线，也就是图 9-7 中的曲线，数据点基本都在此抛物线附近。

另一条表达式，就是图 9-7 中的直线，即

$$S_a/S_{-1}+S_m/S_u=1, \tag{9-13}$$

这条直线称为 Goodman 直线，所有的试验点基本都在这一直线的上方。直线形式简单，而且在给定的寿命下，由此作出的 S_a-S_m 关系都是偏于保守的，故在工程实际中常用。

9.2.3 影响疲劳性能的因素

大多数描述材料疲劳性能的基本 $S-N$ 曲线，是小尺寸试件在旋转弯曲对称循环载荷作用下得到的，试件的试验段加工精细，光洁度高，除了平均应力影响外，还有许多因素对疲劳寿命有不可忽视的影响，如载荷形式、构件尺寸、表面光洁度、表面处理、使用温度及环境等等。因此，在构件疲劳设计时，应当对材料的疲劳性能进行适当的修正。

1. 载荷形式的影响

材料的疲劳极限随加载形式的不同有下述变化趋势：

$$S_f(弯)>S_f(拉)>S_f(扭)。$$

假定作用力水平相同，拉压时高应力区体积等于试件整个试验段的体积，弯曲情形下的高应力区体积则小很多。疲劳破坏主要取决于作用应力的大小（外因）和材料抵抗疲劳破坏的能力（内因）二者，故疲劳破坏通常发生在高应力区或者材料缺陷处。假设作用的循环最大应力 S_{max} 相等，因为拉压循环时高应力区域的材料体积较大，存在缺陷并由此引发裂纹萌生的可能性也大，所以在同样应力水平作用下，拉压循环载荷作用时的寿命比弯

曲时短，或者说，同样寿命下，抗压循环时的疲劳强度比弯曲时低。

至于扭转时疲劳寿命降低，体积的影响不大，需由不同应力状态下的破坏判据解释。

2. 尺寸的影响

不同试件尺寸对疲劳性能的影响，可以用高应力体积的不同来解释。应力水平相同时，试件尺寸越大，高应力区材料体积就越大。疲劳发生在高应力区材料最薄弱处，体积越大，存在缺陷或薄弱处的可能就越大，故大尺寸构件的疲劳抗力低于小尺寸试件；或者说，在给定寿命 N 下，大尺寸构件的疲劳强度下降；在给定的应力水平下，大尺寸构件的疲劳寿命降低。

尺寸效应可以用一个修正因子 C_{size} 表达，修正因子是一个小于 1 的系数，通常可由手册查到。对于常用金属材料，在大量实验研究的基础上，也有一些经验公式给出的修正因子的估计。尺寸修正后的疲劳极限为

$$S_{f'} = C_{size} S_f 。\tag{9-14}$$

尺寸效应对长寿命疲劳影响较大。应力水平越高、寿命越短时，材料分散性影响相对减小。

3. 表面光洁度的影响

由疲劳的局部性可知，若试件表面粗糙，将使局部应力集中的程度加大，裂纹萌生寿命缩短。材料的基本 $S-N$ 曲线是由精磨后光洁度良好的标准试件测得的，类似于尺寸修正，光洁度的影响也可以用小于 1 的修正因子来描述。

材料强度越高，光洁度的影响越大。另外，应力水平越低，寿命越长，光洁度的影响越大。表面加工时的划痕、碰伤有可能是潜在的裂纹源，应当注意防止碰伤。

4. 表面处理的影响

一般来说，疲劳裂纹总是起源于表面。为了提高疲劳性能，除改善光洁度外，常常采用各种方法在构件的高应力表面引入压缩残余应力，以达到提高疲劳寿命的目的。

表面喷丸处理，销、轴、螺栓类零件冷挤压加工，紧固件干涉配合等都是在零部件表面引入残余压应力，提高疲劳寿命常用的方法。材料强度越高，循环应力水平越低，寿命越长，延寿效果越好。

在构件高应力表面引入压缩残余应力，可以提高其疲劳寿命。但在温度、载荷、使用时间等因素的作用下，应力松弛有抵消这种作用的可能。例如，钢在 350℃ 以上，铝在 150℃ 以上，就可能出现应力松弛。

反之，参与拉应力都是对疲劳寿命有害的。焊接、气割、磨削等都会引入残余拉应力，使疲劳强度降低或寿命减小。

5. 温度和环境的影响

材料的 $S-N$ 曲线一般是在室温、空气环境下得到的，在诸如海水、水蒸气、酸或碱溶液等腐蚀介质环境下，材料的疲劳性能会下降。腐蚀环境通常会使材料表面氧化，一般情况下，氧化膜可起保护作用，以免金属材料进一步受到腐蚀。但在疲劳作用下，将使氧化膜局部开裂，新的表面再次暴露于腐蚀环境中，造成再次腐蚀并在材料表面逐步形成腐蚀坑。腐蚀使表面粗糙腐蚀坑形成应力集中，加快了裂纹的萌生，使寿命缩短。

金属材料的疲劳极限一般是随温度的降低而增加的，但随着温度的下降，材料的断裂

韧性也下降，表现出低温脆性。一旦出现裂纹，则易于发生断裂。高温降低材料的强度，可能引起蠕变，对疲劳也是不利的。同时还应注意，为改善疲劳性能而引入的参与压应力，也会因温度升高而消失。

9.2.4　Miner 线性累积损伤理论

若构件在某恒幅应力水平 S 作用下，循环至破坏的寿命为 N，则可定义其在经受 n 次循环时的损伤为

$$D = n/N。\tag{9-15}$$

显然，在恒幅应力水平 S 作用下，若 $n=0$，则 $D=0$，构件未受疲劳损伤；若 $n=N$，则 $D=1$，构件发生疲劳破坏。

构件在应力水平 S_i 作用下，经受 n_i 次循环的损伤为 $D_i=n_i/N_i$，若在 k 个应力水平 S_i 作用下，各经受 n_i 次循环，则可定义为其总损伤为

$$D = \sum_{i=1}^{k} D_i = \sum_{i=1}^{k} n_i/N_i。\tag{9-16}$$

破坏准则为

$$D = \sum_{i=1}^{k} n_i/N_i = 1。\tag{9-17}$$

这就是使用最广泛的 Miner 线性累积损伤理论，其中 n_i 是在 S_i 作用下的循环次数，由载荷谱给出；N_i 是在 S_i 作用下循环到破坏的寿命，由 $S-N$ 曲线确定。

图 9－8 所示为构件在最简单的变幅载荷(二水平载荷)下的累积损伤，从图中坐标原点出发的射线，是给定应力水平 S_i 下的损伤线。注意到 N_i 是由 $S-N$ 曲线确定的常数，则损伤与载荷作用次数 n 的关系可由式(9－15)来描述。因此，图 9－8 中构件在应力水平 S_1 下经受 n_1 次循环后的损伤为 D_1，再在应力水平 S_2 下经受 n_2 次循环，损伤为 D_2。若总损伤为 $D=D_1+D_2=1$，则构件发生疲劳破坏。

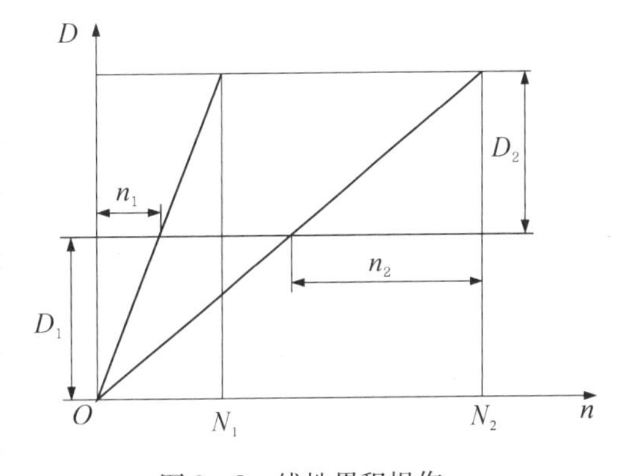

图 9－8　线性累积损伤

还可以看出，Miner 线性累积损伤理论是与载荷 S_i 作用的先后次序无关的。

利用 Miner 理论进行疲劳寿命分析的一般步骤为：

(1)确定构件在设计寿命期的载荷谱，选取拟用的设计载荷或应力水平。

(2)选用适合构件使用的 $S-N$ 曲线(通常结合构件的具体情况对材料的 $S-N$ 曲线进行修正而获得)。

(3)再由 $S-N$ 曲线计算其损伤，$D_i=n_i/N_i$。

(4)判断是否满足疲劳设计要求，若在设计寿命内的总损伤 $D<1$，则构件是安全的；若 $D>1$，则构件将发生疲劳破坏，应降低应力水平或缩短使用寿命。

9.2.5 案例分析

选取某木材厂 A 型龙门起重机进行测试，规格型号为 30/12.5t－22.5m，额定载重量为 30t，跨度为 22.5m，主要是起吊进口木材件。根据整机受力情况，选定主梁跨中、支腿根部和主梁支撑部位为测点进行测试。测试工况如表 9－1 所示。

表 9－1 测试工况描述

序号	工 况
1	小车位于跨端，吊重 18t，小车运行到跨中起吊 18t 吊重，起升制动，小车整个跨度范围内运行一个来回，制动。大车在轨道上运行，制动，吊重下降，下降制动，吊重落地
2	小车位于跨端，吊重 30t，小车运行到跨中起吊 30t 吊重，起升制动，小车整个跨度范围内运行一个来回，制动。大车在轨道上运行，制动，吊重下降，下降制动，吊重落地

按照拟定的工况和测点对该起重机进行现场测试，将所测数据进行分析处理，并编辑典型载荷谱数据。测试结果如图 9－9 和图 9－10 所示。

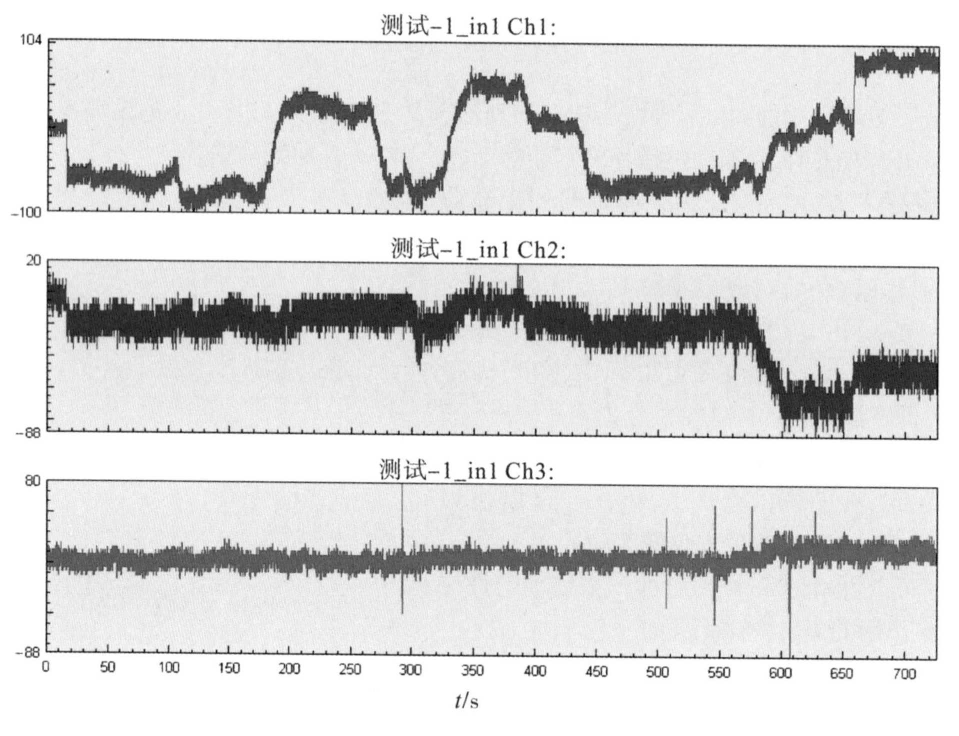

图 9－9 工况 1 所测应变数据

另现场对主梁的化学成分进行测试，确定其材料为 Q345 钢，通过力学性能实验测出其杨氏模量为 206GPa。根据以上测试数据可以看出，在工况 1 和工况 2 条件下，最大应变点为第一通道数据，即主梁跨中所受应变最大。工况 1 时最大应变为－100，工况 2 时所受最大应变为－248。因此，现选用第一通道数据作为本项目的研究对象，将所测应变转换成应力，并进行频谱分析和滤波处理，结果分别如图 9－11、图 9－12 所示。

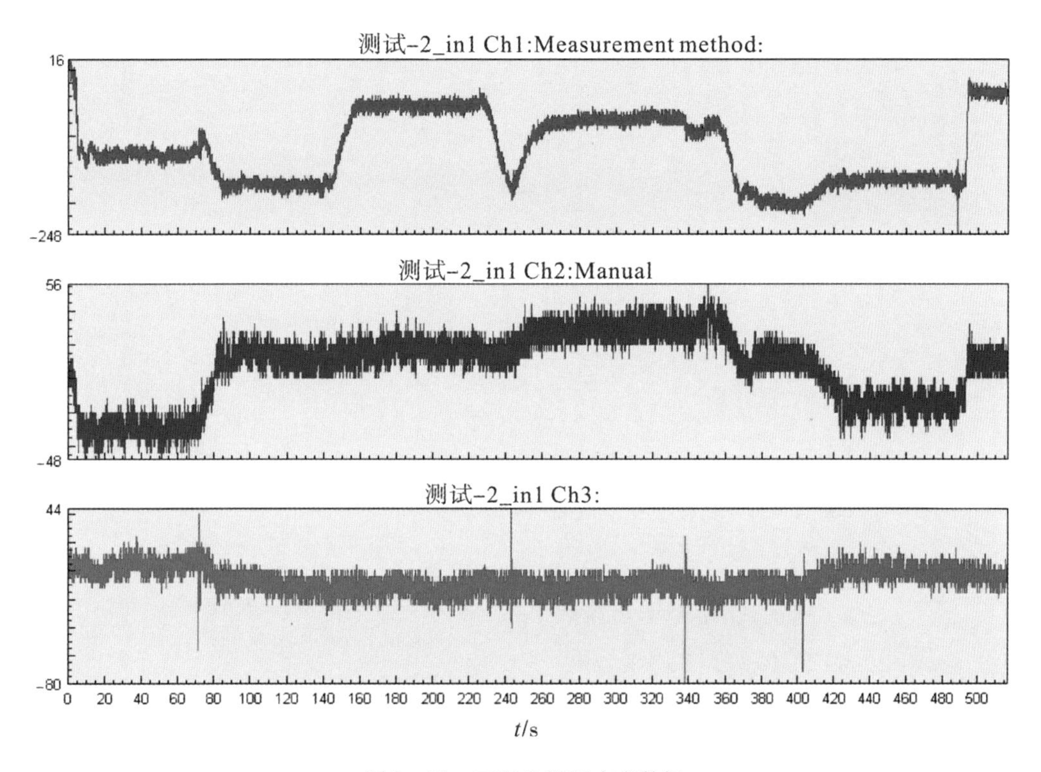

图 9-10 工况 2 所测应变数据

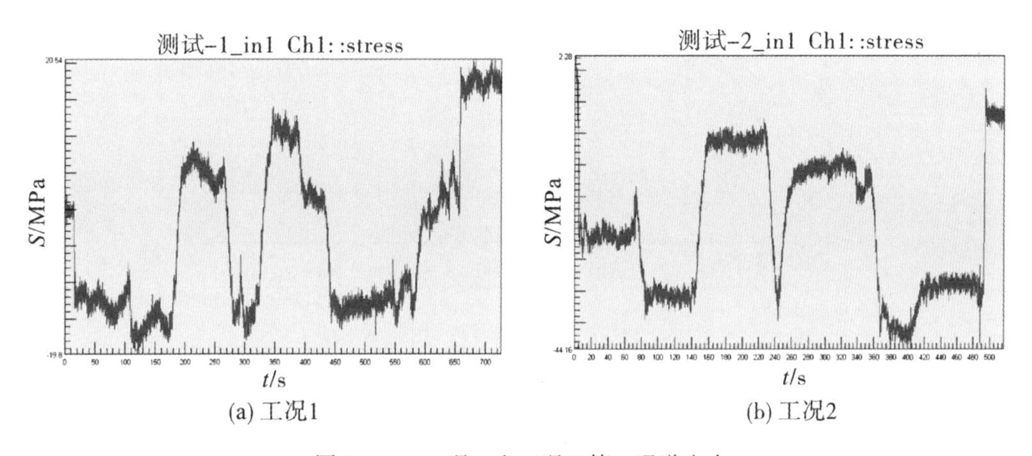

图 9-11 工况 1 和工况 2 第一通道应力

由图 9-11 可以看出，经过应力转换以后，两次所测工况的最大绝对应力值分别为 20.547MPa 和 -44.16MPa，图 9-12 频谱分析显示两次工况所测数据频率均在 2Hz 以下，符合起重机正常起吊时的频率分布情况。

第一种工况时测试所得最大应力幅为 20.5447MPa，第二种工况时测试所得最大应力幅为 44.1603MPa。根据现场历史工况调查可知，该木材厂主要起吊进口木材，重量约为 18t 和 30t，每天会起吊 18t 的木材 18 次，30t 的木材 6 次。

通过查阅相关资料得到 Q345 刚的 $S-N$ 疲劳曲线如图 9-13 所示。

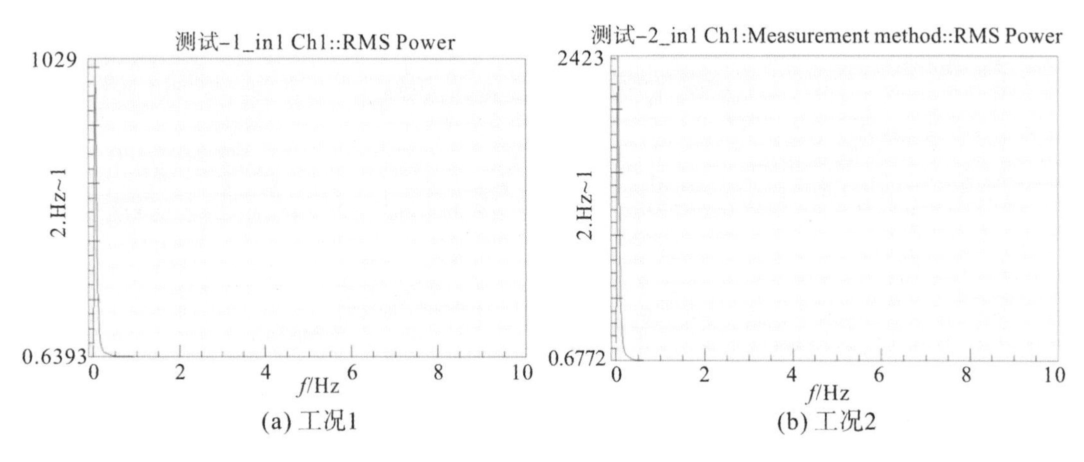

(a) 工况1　(b) 工况2

图 9－12　工况 1 和工况 2 第一通道频谱分析

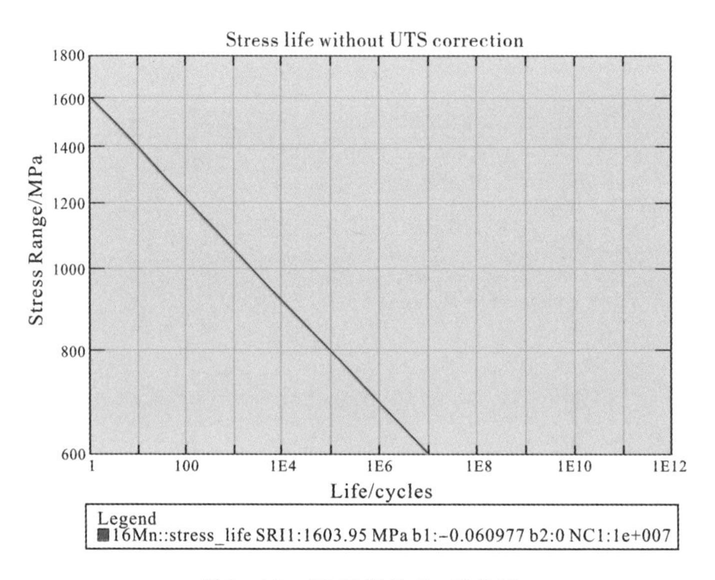

图 9－13　Q345 钢的 $S-N$ 曲线

通过大型专业疲劳分析软件对主梁的疲劳寿命进行计算，计算得出设计工况循环加载情况下，该起重机加载次数为 1.357×10^{5} 次，约为 371.78 年。

9.3　基于裂纹扩展的疲劳寿命预测法

上节讨论的名义应力分析法，认为材料是均匀的、无缺陷的，然而，在许多情况下，材料或构件中的缺陷是不可避免的。开始无缺陷的构件在使用中发现了裂纹，能否继续使用？含缺陷的构件如果还能继续使用，能用多久？对于一些大型重要结构或构件，往往需要依靠检修来保证安全，如何控制检修？这些都是工程中需要研究的问题。

20世纪60年代以后，断裂力学，尤其是线弹性力学，已经得到了相当完备的发展，为研究含缺陷结构的疲劳问题提供了理论依据。50多年来，大量的研究和应用经验表明，线弹性断裂力学是研究疲劳裂纹扩展十分有力的工具。线弹性力学认为，裂纹尖端附件的应力场是由应力强度因子K控制的，故裂纹的疲劳载荷作用下的扩展应当能够利用应力强度因子K进行定量的描述。工程中，线弹性断裂力学甚至被用来研究低强度、高韧性材料的疲劳裂纹扩展，因为在疲劳载荷下裂纹尖端的应力强度因子一般较低，裂纹尖端的塑性区尺寸也不大，只有当裂纹扩展速率很快或裂纹尺寸较小时，线弹性断裂力学的应用才受到限制，对于裂纹扩展速率很快的情况，由于此时裂纹扩展寿命只占构件总寿命的很小一部分，故这一限制在许多情况下对于疲劳分析并不是重要的。对于小裂纹的疲劳扩展，则需要利用弹塑性力学分析，这正是仍在继续研究和发展的重要领域之一。

9.3.1　应力强度因子K和材料的断裂韧性K_{IC}

9.3.1.1　*应力强度因子K*

构建中的裂纹，可能受到各种不同形式载荷的作用，为了便于讨论，通常将作用于裂纹的载荷简化为如图9-14所示的三种类型。

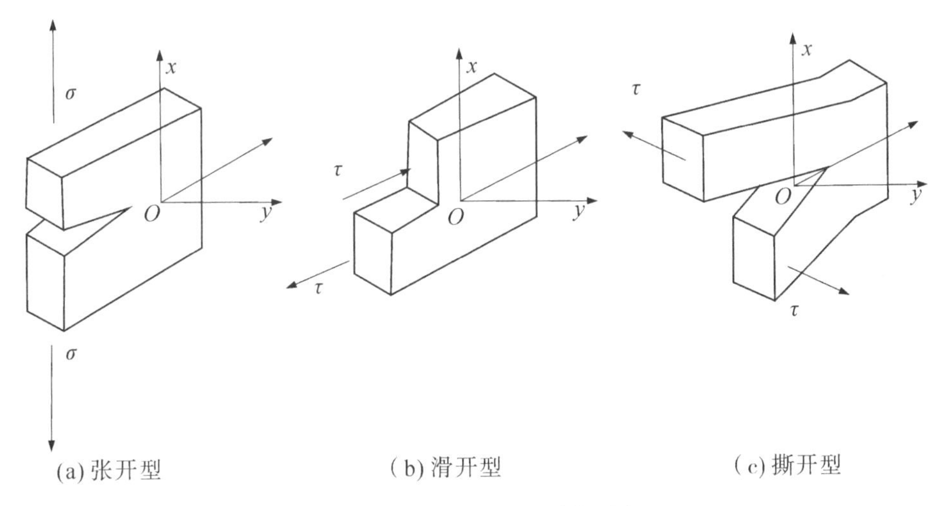

(a)张开型　　(b)滑开型　　(c)撕开型

图9-14　裂纹的三种受载形式

张开型裂纹，承受的是与裂纹面垂直的正应力σ，裂纹面的位移是沿着y方向的，即在正应力σ的作用下，裂纹上下表面的位移使裂纹张开，张开型裂纹是工程中最常见、最易于引起断裂破坏发生的裂纹。

滑开型裂纹，承受的是在xOy平面内的剪应力τ，裂纹面的位移是沿x方向并平行于裂纹前缘的，即在面内剪应力τ的作用下，裂纹二表面的位移使裂纹沿x方向滑开。

撕开型裂纹，承受的是在yOz平面内的剪应力τ，裂纹面的位移是沿z方向并平行于裂纹前缘的，即在面外剪应力τ的作用下，裂纹二表面的位移使裂纹沿z方向撕开。

现在重点讨论工程上最常见的张开型裂纹。

显然可见，要使裂纹张开，正应力$\sigma>0$，即只有拉应力才能引起裂纹的张开扩展。应力σ一般用假定无裂纹存在时裂纹处的应力来描述，称为名义应力或者远场应力。现

在讨论含有长为 $2a$ 的穿透裂纹的无限大平板，在两端无穷远处垂直于裂纹面的拉应力 σ 作用的情况，在裂纹尖端为 r、与裂纹面(x 轴)夹角为 θ 处，取一尺寸为 dx、dy 的微面元，利用弹性力学方法，可以得到裂纹尖端附近任一点(r，θ)处的正应力 σ_x、σ_y 的剪应力 τ_{xy} 分别为

$$\left.\begin{aligned}\sigma_x &= \sigma\sqrt{\frac{a}{2r}}\cos\frac{\theta}{2}\left[1-\sin\frac{\theta}{2}\sin\frac{3\theta}{2}\right],\\ \sigma_y &= \sigma\sqrt{\frac{a}{2r}}\cos\frac{\theta}{2}\left[1+\sin\frac{\theta}{2}\sin\frac{3\theta}{2}\right],\\ \tau_{xy} &= \sigma\sqrt{\frac{a}{2r}}\sin\frac{\theta}{2}\cos\frac{\theta}{2}\cos\frac{3\theta}{2}。\end{aligned}\right\} \tag{9-18}$$

由于这里只讨论平面问题，故有 $\tau_{yz}=\tau_{xz}=0$。对于平面应力状态，还有 $\sigma_z=0$；若为平面应变状态，则有 $\sigma_z=\upsilon(\sigma_x+\sigma_y)$。

因此，式(9-18)给出了裂纹尖端的应力场，且可写为

$$\sigma_{ij} = \frac{K_1}{\sqrt{2\pi r}}\phi_{ij}(\theta)\ , \tag{9-19}$$

且

$$K_1 = \sigma\sqrt{\pi a}\ , \tag{9-20}$$

式中，σ_{ij} 是应力张量，游标 i、j 可从 1 到 3 变化，1、2、3 分别代表坐标轴 x、y、z；ϕ_{ij} 是 θ 的函数。K 反映了裂纹尖端弹性应力场的强弱，K 越大，σ_{ij} 就越大，故 K 称为应力强度因子，下标 1 表示张开型裂纹，量纲为[应力][长度]$^{1/2}$，常用 MPa $\sqrt{\text{m}}$。

由式(9-20)可知，裂纹尖端应力强度因子随远场应力 σ 增大而增大，K 与 σ 成正比，同时 K 随裂纹长度 a 的增大而增大，K 与 $\sqrt{a}$ 成正比。

9.3.1.2 材料的断裂韧性 K_{IC}

为了便于材料性能试验数据之间的比较，按照国家标准《金属材料平面应变断裂韧度 K_{IC} 试验方法》(GB 4161—2007)规定，断裂韧性测试常采用图 9-15 中的标准三点弯曲或紧凑拉伸试样进行。

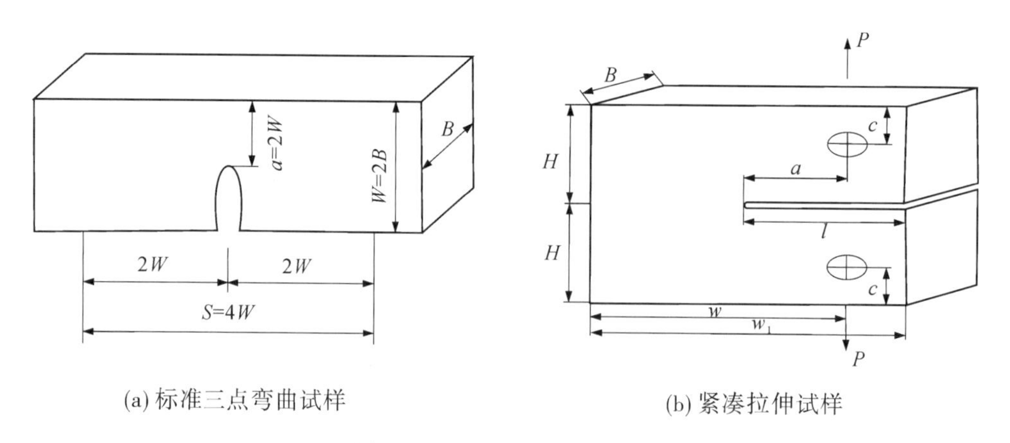

(a) 标准三点弯曲试样　(b) 紧凑拉伸试样

图 9-15　断裂韧性拉伸试样

加工好的试件，应当预先制出裂纹，为避免切口的影响，预制疲劳裂纹的长度应不小于1.5mm。此外，施加疲劳载荷预制裂纹时，使用的载荷越小，裂纹尖端越尖锐，预制裂纹所需试件就越长。预制裂纹后的试样，可用于进行断裂韧性测试。

试验表明，材料断裂时的应力强度因子 K_C 是与试件的厚度 B 有关的。一般来说 K_C 随着厚度 B 的增大而减小。只有当厚度足够大，满足平面应变状态后，K_C 才会取得不同厚度继续改变的最小值，此时的材料厚度一般满足

$$B \geqslant 2.5\left(\frac{K_{IC}}{\sigma_{ys}}\right)^2, \tag{9-20}$$

满足这一条件的 K_C 就可以认为是与厚度无关的反应材料最低抗断能力的材料常数，称为材料的平面应变断裂韧性，记作 K_{IC}。

K_{IC} 与温度有关，温度越低，K_{IC} 值越小，材料越易发生断裂，应当注意低温脆断的发生。

9.3.2 疲劳裂纹扩展速率

疲劳裂纹扩展速率 da/dN 是在疲劳载荷作用下，裂纹长度 a 随着循环次数 N 的变化率，反映裂纹扩展的快慢。

利用尖缺口并带有预制疲劳裂纹的标准试样，如中心裂纹拉伸试样(CCT 试样)或者紧凑拉伸试样(CT 试样)，在给定的载荷条件下进行恒幅疲劳试验，记录裂纹扩展过程中的裂纹尺寸 a 与循环次数 N，$a-N$ 曲线给出了裂纹长度随载荷循环次数的变化。其中，$a-N$ 曲线的斜率就是裂纹扩展速率 da/dN。

$da/dN-\Delta K$ 曲线与 $S-N$ 曲线一样，都表示了材料的疲劳性能，只不过 $S-N$ 曲线描述的是疲劳裂纹萌生性能，$da/dN-\Delta K$ 曲线描述的是疲劳裂纹性能扩展性能而已。值得指出的是 $S-N$ 曲线是以 $R=-1$ 时的曲线为基本曲线，$da/dN-\Delta K$ 曲线则是以 $R=0$ 时的曲线作为基本曲线的。

在双对数坐标中画出的 $da/dN-\Delta K$ 曲线图如图 9-16 所示，可见，$da/dN-\Delta K$ 可分为低、中、高速率三个区域。

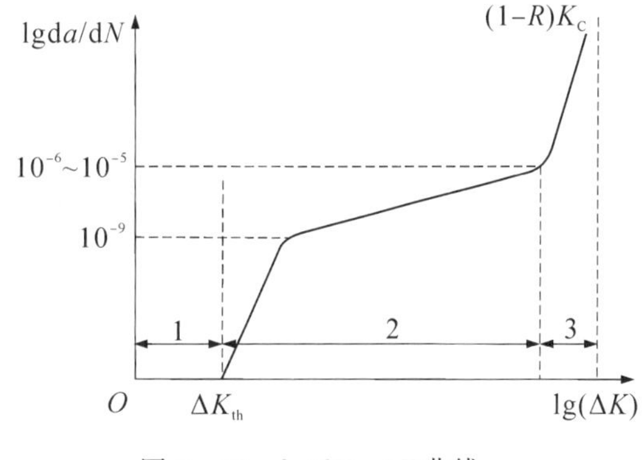

图 9-16 $da/dN-\Delta K$ 曲线

低速区随着应力强度因子 ΔK 的降低，裂纹扩展速率迅速降低，到某一值 ΔK_{th} 时，裂纹扩展速率趋近于0，若 $\Delta K<\Delta K_{th}$，可以认为裂纹不发生扩展。ΔK_{th} 是反映疲劳裂纹是否扩展的一个重要的材料参数，称为疲劳裂纹扩展的门槛应力强度因子幅度，是 $da/dN-\Delta K$ 曲线的下限。

中速区的裂纹扩展速率一般在 $10^{-9}\sim10^{-5}$m/C 范围内，大量的实验研究表明，中速区内 $da/dN-\Delta K$ 有良好的对数线性关系，可利用这一关系进行疲劳寿命的预测。

高速区的 da/dN 较大，裂纹扩展速率很快，寿命短。随着裂纹扩展速率的迅速增大，

裂纹尺寸迅速增大，断裂发生。断裂发生是由断裂条件 $K_{max} < K_C$ 控制的。

对于中速区的稳定裂纹扩展，$\lg da/dN - \lg\Delta K$ 间的线性关系可以表达为

$$\frac{da}{dN} = C(\Delta K)^m, \tag{9-22}$$

其中，C、m 是描述材料疲劳裂纹扩展性能的基本参数，这就是著名的 Paris 公式。Paris 公式指出，应力强度因子幅度 ΔK 是疲劳裂纹扩展的主要控制参量，ΔK 增大，则裂纹扩展速率 da/dN 增大。

在低速区内，主要控制应力强度因子幅度的门槛值 ΔK_{th}，进行裂纹不扩展设计，即裂纹不发生疲劳扩展的条件为

$$\Delta K < \Delta K_{th}。 \tag{9-23}$$

许多实验研究表明，对于韧性金属材料，可用下式估计裂纹扩展速率从中速区到高速区转变时的应力强度因子 K_{maxT} 为

$$K_{maxT} = 0.00637\sqrt{E\sigma_{ys}}。 \tag{9-24}$$

9.3.3 影响疲劳裂纹扩展的若干因素

对于给定的材料，在加载条件(应力比 R、频率等)和实验环境相同时，由不同形状、尺寸的试件所得到的疲劳裂纹扩展速率基本上是相同的。尽管应力强度因子 ΔK 是控制疲劳裂纹扩展速率 da/dN 的最主要因素，但是加载频率、环境等其它因素的影响也是不可忽略的。

9.3.3.1 加载频率的影响

在低速区，加载频率的变化对疲劳裂纹扩展速率 da/dN 基本无影响，许多实验研究也证明了这一点。可以预见，只要频率不低到出现环境影响，不高到使裂纹尖端有显著发热，加载频率对低速区的疲劳裂纹扩展速率都无影响。

利用 Paris 公式，考虑频率影响时，有

$$\frac{da}{dN} = C(f)(\Delta K)^m = (A - B\lg f)(\Delta K)^m, \tag{9-25}$$

式中，C 为加载频率的函数。$C = A - B\lg f$ 表示频率仅改变双对数图中的 $da/dN - \Delta K$ 直线的截距。

一般来说，在室温、无腐蚀环境中，频率在 0.1～100Hz 量级变化时对 da/dN 的影响几乎可以不考虑，但是，在高温或者腐蚀环境下，频率及波形对 da/dN 的影响显著增大，这是不可忽视的。

9.3.3.2 环境的影响

在腐蚀介质环境作用下的疲劳，称为腐蚀疲劳。腐蚀疲劳是介质引起的腐蚀破坏过程和扰动应力引起的疲劳破坏过程的共同作用，这两者的共同作用，比其中任何一种单独作用更为有害。因为扰动应力下的裂纹扩展，使新的裂纹面不断地暴露于腐蚀介质中，加速了腐蚀，不断发生的腐蚀过程也使疲劳裂纹得以更快地形成与扩展。

在腐蚀介质中，疲劳裂纹扩展速率总是比在惰性介质中高，有时甚至高几个数量级，而且，一般来说，液体腐蚀环境对疲劳裂纹扩展的影响比气体腐蚀环境更严重。

在腐蚀介质环境中，疲劳裂纹扩展速率称为腐蚀疲劳裂纹扩展速率，记作$(\mathrm{d}a/\mathrm{d}N)_{\mathrm{CF}}$。大量实验研究证明，腐蚀疲劳裂纹扩展速率$(\mathrm{d}a/\mathrm{d}N)_{\mathrm{CF}}$与应力强度因子 ΔK 有以下几种关系：

(1)腐蚀疲劳裂纹扩展速率$(\mathrm{d}a/\mathrm{d}N)_{\mathrm{CF}}-\Delta K$ 曲线，大致与非腐蚀环境下的裂纹扩展速率平行。这种情况表明，腐蚀介质的作用使疲劳裂纹扩展速率普遍加快，腐蚀疲劳裂纹扩展的应力强度因子门槛值$(\Delta K)_{\mathrm{thCF}}$与无腐蚀时的$(\Delta K)_{\mathrm{th}}$相比，有较大的降低。

(2)当 $K_{\max}<K_{1\mathrm{scc}}$ 时，腐蚀介质对疲劳裂纹扩展速率几乎没什么影响，主要是疲劳过程的作用。若 $K_{\max}>K_{1\mathrm{scc}}$，腐蚀的作用迅速显示，大大加快了疲劳裂纹的扩展。接着$(\mathrm{d}a/\mathrm{d}N)_{\mathrm{CF}}-\Delta K$ 出现一个平台，腐蚀的化学、电化学作用成为裂纹扩展的主因。

9.3.4 疲劳裂纹扩展分析法

从初始裂纹长度 a_0 扩展到临界裂纹长度 a_c 所经历的载荷循环次数 N_c，称为疲劳裂纹扩展寿命。这里以 Paris 裂纹扩展速率公式为基础，计算疲劳裂纹扩展寿命。

要估算疲劳裂纹扩展寿命，必须首先确定在给定载荷作用下，构件发生断裂时的临界裂纹尺寸 a_c，依据线弹性断裂判据有：

$$K_{\max}=f\sigma_{\max}\sqrt{\pi a_c}\leqslant K_{\mathrm{C}} \quad \text{或} \quad a_c\leqslant\frac{1}{\pi}\left(\frac{K_{\mathrm{C}}}{f\sigma_{\max}}\right)^2, \tag{9-26}$$

式中，$\sigma_{\max}$为最大循环应力；K_{C} 为材料的断裂韧性；f 一般是构件几何尺寸与裂纹尺寸的函数，可由应力强度因子手册查得。

另外，疲劳裂纹扩展公式可一般地写为

$$\frac{\mathrm{d}a}{\mathrm{d}N}=\psi(\Delta K,R)=\chi(f,\Delta\sigma,a,R,\cdots),$$

从初始裂纹 a_0 到临界裂纹长度 a_c 积分，有

$$\int_{a_0}^{a_c}\frac{\mathrm{d}a}{\chi(f,\Delta\sigma,a,R)}=\int_0^{N_c}\mathrm{d}N,$$

可以得到

$$\varphi(f,\Delta\sigma,R,a_0,a_c)=N_c\text{。} \tag{9-27}$$

因为几何修正系数f通常是裂纹尺寸的函数，上述方程往往需要利用数值积分求解，对于含裂纹无限大板，$f=$常数，在恒幅载荷作用下，由 Paris 公式有

$$\int_{a_0}^{a_c}\frac{\mathrm{d}a}{C\left(f\Delta\sigma\sqrt{\pi a}\right)^m}=\int_0^{N_c}\mathrm{d}N,$$

于是

$$N_c=\begin{cases}\dfrac{1}{C\left(f\Delta\sigma\sqrt{\pi}\right)^m(0.5m-1)}\left(\dfrac{1}{a_0^{\,0.5m-1}}-\dfrac{1}{a_c^{\,0.5m-1}}\right) & m\neq 2\\[2ex] \dfrac{1}{C\left(f\Delta\sigma\sqrt{\pi}\right)^m}\ln\left(\dfrac{a_c}{a_0}\right) & \text{当 } m=2\end{cases}\text{。} \tag{9-28}$$

这些是疲劳裂纹扩展寿命估算的基本公式，可以按照不同的需要，进行疲劳裂纹扩展寿命估算。

利用之前的基本公式，进行疲劳断裂设计计算的主要工作包括：

(1)已知载荷条件 $\Delta\sigma$、R，初始裂纹尺寸 a_0，估算临界裂纹尺寸 a_c 和剩余寿命 N_c。

(2)已知载荷条件 $\Delta\sigma$、R，给定寿命 N，确定 a_c 及允许的初始裂纹尺寸 a_0。

(3)已知 a_0、a_c，给定寿命 N_c，估算在使用工况下所允许使用的最大应力 σ_{max}。

9.3.5 案例分析

疲劳裂纹扩展寿命的理论背景以及基本分析流程在前面已经做了详细的介绍，在此将主要针对载重 100t、幅度 34m 的港口门座起重机说明疲劳裂纹扩展分析流程。图 9 - 17 所示为起重机结构疲劳裂纹扩展的分析流程。

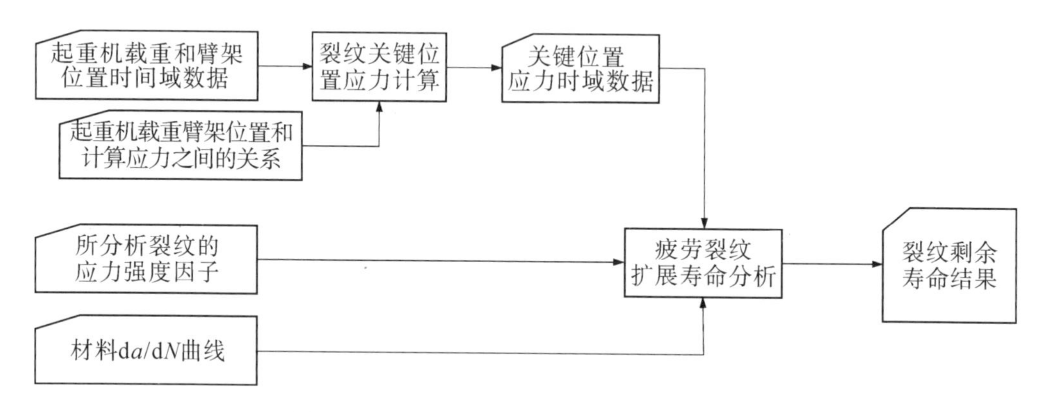

图 9 - 17 起重机结构疲劳裂纹扩展分析框图

在此流程中，主要的分析输入有三个。第一个输入是起重机载重和臂架位置数据，它们定义了起重机设备的使用环境，是载荷的源头数据。第二个主要输入是应力强度因子形状系数，裂纹的应力强度因子形状系数和所分析裂纹的几何形状及位置相关。材料的疲劳扩展速率曲线是第三个输入。在疲劳扩展分析时，根据需要可以计算裂纹从初始尺寸扩展至指定尺寸的寿命，也能够计算从初始尺寸扩展至裂纹断裂时剩余寿命。

表 9 - 2 所示为疲劳裂纹扩展寿命所需的材料性能参数，如单向拉伸性能、疲劳裂纹扩展速率、疲劳裂扩展纹门槛值以及断裂韧性，这些数据是直接从项目起重机 16Mn 材料以及用同样的焊接工艺制备的焊缝试板中测得的。

表 9 - 2 疲劳裂纹扩展寿命所需的材料性能参数

材 料 性 能	参 数	单 位	16Mn 钢
单向拉伸性能	抗拉强度 σ_b	MPa	547
	屈服强度 σ_s	MPa	376
	杨氏模量 E	GPa	210
疲劳裂纹扩展方程	方程系数 C	—	3.54×10^{12}
$da/dN = C(\Delta K)^m$	方程指数 m	$MPa\cdot\sqrt{m}$	3.18

(续表 9 - 2)

材料性能	参数	单位	16Mn 钢
疲劳裂纹扩展门槛值	应力强度因子 ΔK_{th}	$MPa \cdot \sqrt{m}$	6.04
断裂韧性	K_{IC}	$MPa \cdot \sqrt{m}$	312

根据调查实际使用工况，列出了所分析的 5 个典型疲劳载荷工况，如表 9 - 3 所示，其中 load1 至 load3 为 3 个简单工况，load4 为 1 个组合工况，load5 是实际采集的使用记录数据，可以被认为是疲劳裂纹扩展分析中经常使用的载荷谱。

表 9 - 3　所分析的典型载荷工况

工况名称	工况说明	工况种类	工况图示
load1	34m 臂架跨度位置起降 64t 重物	简单工况	图 9 - 18
load2	23m 臂架跨度位置起降 100t 重物	简单工况	图 9 - 19
load3	13 ～ 34m 臂架跨度位置起降 30t 重物	简单工况	图 9 - 20
load4	1 * load1 + 8 * load3 + 1 * load2	组合工况	图 9 - 21
Load5	约 12 天实际记录数据	实测工况	图 9 - 22

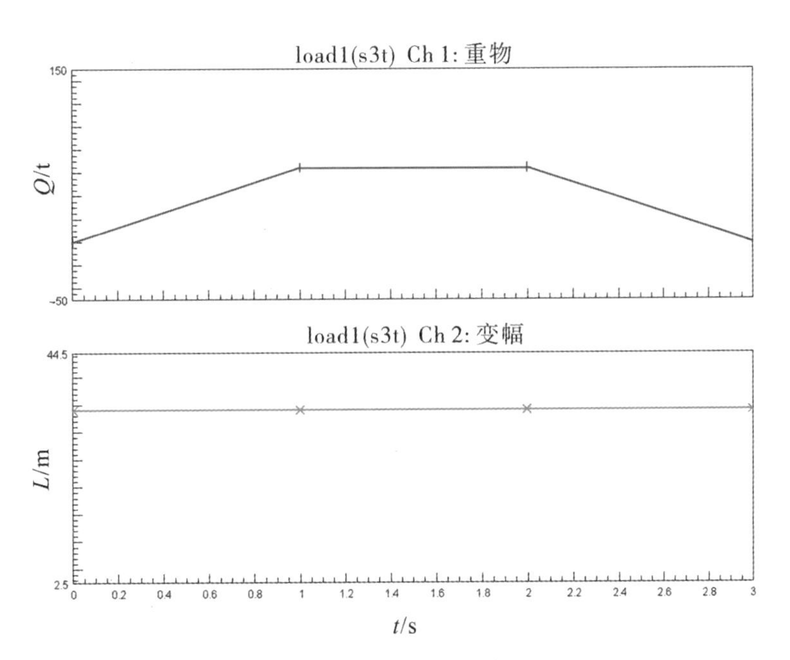

图 9 - 18　load1 疲劳载荷工况

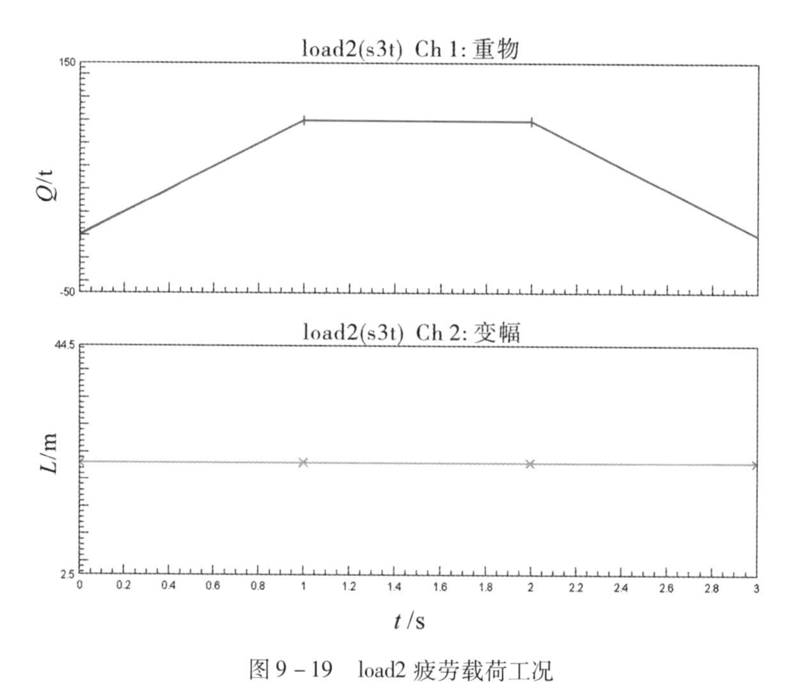

图 9－19 load2 疲劳载荷工况

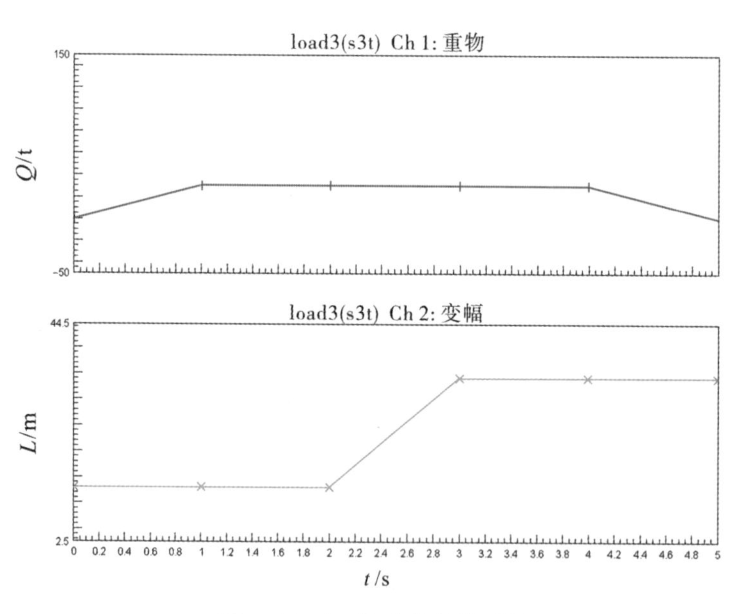

图 9－20 load3 疲劳载荷工况

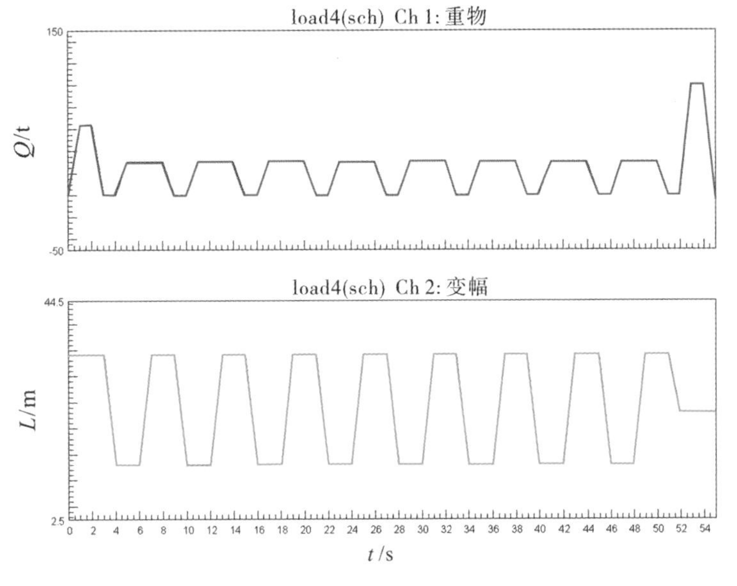

图 9－21 load4 疲劳载荷工况

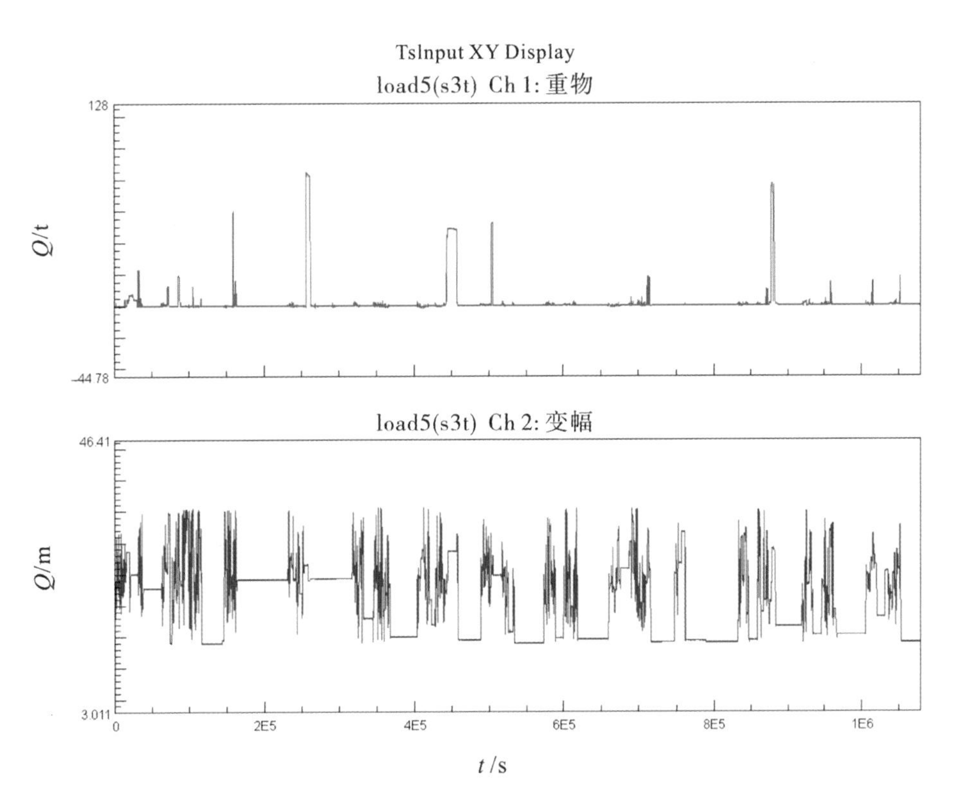

图 9－22 load5 疲劳载荷工况

通过无损探伤发现两条典型裂纹，详细信息见表9－4，表中A1属于内部埋藏裂纹，裂纹处板厚为18mm，将其简化为椭圆形内裂纹，探测得知长轴25mm，短轴1.23mm，裂纹将沿短轴方向(板厚方向)向板的上下表面扩展，其应力强度因子形状系数如图9－23所示；A2为典型的表面裂纹，裂纹处板厚18mm，裂纹长度50mm，假定初始裂纹深度分别为0.5mm、2mm和5mm，裂纹沿板厚方向扩展，其应力强度因子形状系数如图9－24所示。

表9－4　所分析的裂纹几何

裂纹名称	裂纹位置说明	简化裂纹几何	应力强度因子
A1	象鼻梁左后焊缝内部	内裂纹	图9－23
A2	臂架铰点上方两叉口处	表面裂纹	图9－24

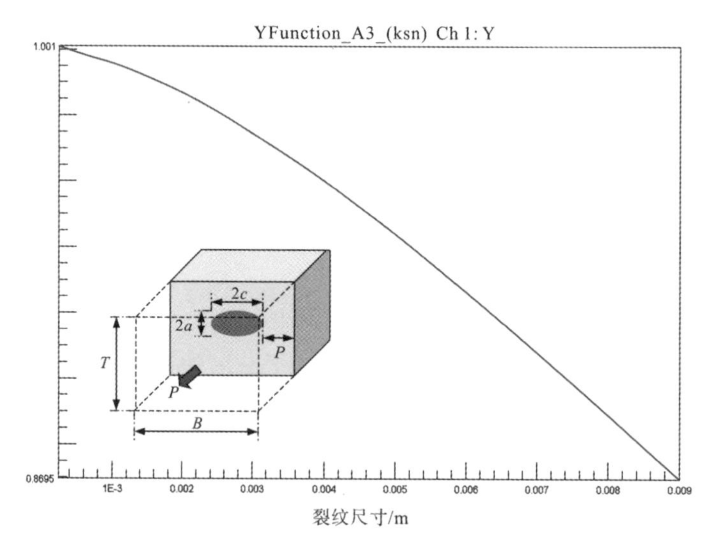

图9－23　A1裂纹应力强度因子形状系数

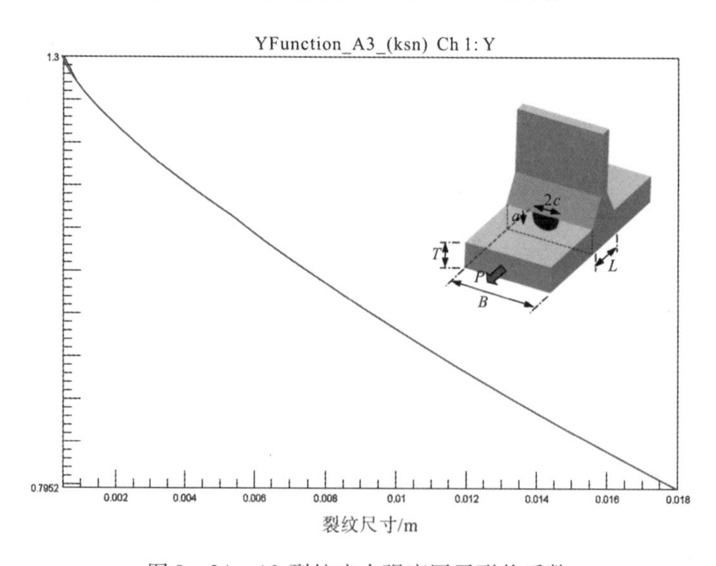

图9－24　A2裂纹应力强度因子形状系数

对于 A1 裂纹和 A2 裂纹分别施加 load1 ～ load5 五种工况进行疲劳裂纹寿命扩展分析，表 9 －5 所示为五种载荷下 A1 裂纹从初始尺寸扩展至 3. 315mm 深度（即扩展至板的下表面）和扩展至 9mm（即板的上表面）的载荷重复次数。结果表明，对于 A1 裂纹，要使裂纹扩展至穿透板厚需要很长时间，以 load1 为例，如果每天起吊 10 次，剩余疲劳寿命约为 261 年，如果每天起吊 100 次，剩余疲劳寿命约为 26 年，结合造船门座式起重机的实际使用情况，说明 A1 裂纹应当是安全的。

表 9 －5　A1 裂纹疲劳扩展寿命分析结果

载荷工况	裂纹扩展 3. 135mm 寿命值（重复次数）	裂纹扩展 9mm 寿命值（重复次数）
load1	9. 5293E ＋5	1. 2815E ＋6
load2	1. 5331E ＋6	2. 0625E ＋6
load3	1. 0600E ＋7	1. 4260E ＋7
load4	4. 0702E ＋5	5. 4758E ＋5
load5	2. 4570E ＋5	3. 3071E ＋5

图 9 －25a 为 A1 裂纹疲劳扩展图，即裂纹尺寸和循环次数关系图，图中的水平线为裂纹到达板的下表面时的尺寸，上横线为裂纹到达板的上表面时的尺寸，可以得出裂纹随着尺寸的增加，扩展速度会加快。图 9 －25b 所示为裂纹扩展时应力强度因子和载荷循环之间的关系，图中的水平线为 16Mn 材料的疲劳裂纹扩展门槛值，从图上可以发现，对于 A1 裂纹，它的初始应力强度因子实际上低于门槛值 6. 04MPa $\cdot \sqrt{m}$，理论上它是一个不扩展裂纹，是安全的裂纹；另外，从图上也可以发现，即使裂纹扩展到 9mm 深，它的应力强度因子仍然只有 17. 48MPa $\cdot \sqrt{m}$，这也意味着它远远小于材料的断裂韧性 312MPa $\cdot \sqrt{m}$，裂纹远未达到断裂时的尺寸。

表 9 －6 所示为 A2 表面裂纹疲劳扩展寿命分析结果，可以见到表中的结果分别为三个不同裂纹初始尺寸（即 0. 5mm、2mm 和 5mm）扩展至穿透板厚所需要的载荷重复次数。从结果中可以看出，表面裂纹的初始深度越大，所需的载荷重复次数越小。

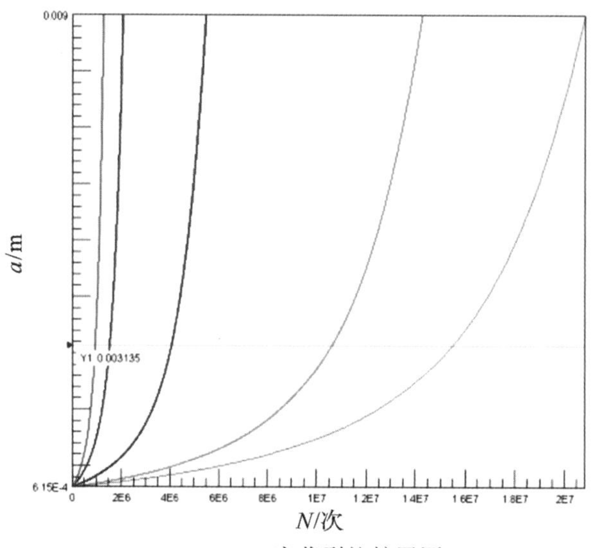

(a) A1疲劳裂纹扩展图

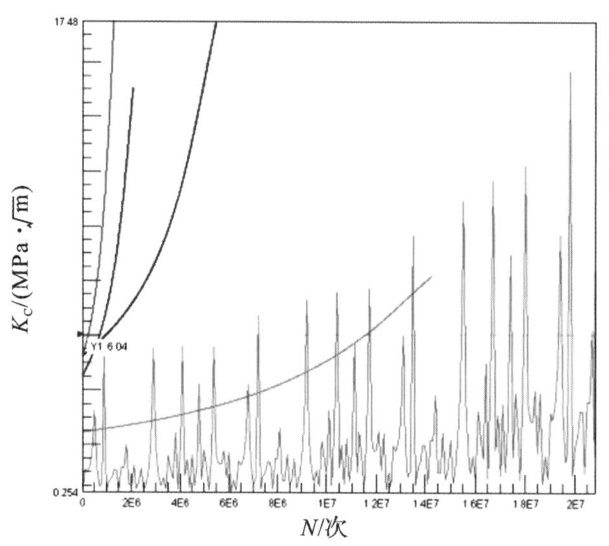

(b) A1裂纹应力强度因子随载荷循环的变化图

图 9－25 A1 裂纹扩展关系图

表 9－6 A2 表面裂纹疲劳扩展寿命分析结果

载荷工况	裂纹扩展 0.5～18mm 寿命值(重复次数)	裂纹扩展 2～18mm 寿命值(重复次数)	裂纹扩展 5～18mm 寿命值(重复次数)
load1	8.6648E+5	4.2805E+5	2.4301E+5
load2	1.3927E+6	6.8894E+5	3.9112E+5
load3	9.6420E+6	4.7632E+6	2.7042E+6
load4	3.7025E+5	1.8291E+5	1.0384E+5
load5	2.2351E+5	1.1042E+5	6.2686E+4

现选取初始裂纹为0.5mm进行五种不同载荷工况下疲劳裂纹扩展估算。如图9－26所示。图9－26a所示为五种载荷工况下的疲劳裂纹扩展曲线，由图中可得出，load5所需的循环次数为最多，load4次之，循环次数最小的工况是load1。图9－26b为不同载荷工况下的应力强度因子变化结果，图中的水平线为材料的疲劳裂纹扩展门槛值，可以发现load2和load3的初始应力强度因子小于门槛值，而load1和load4工况则略高于门槛值，另外，裂纹穿透板厚时的最大应力强度因子也低于材料的断裂韧性。

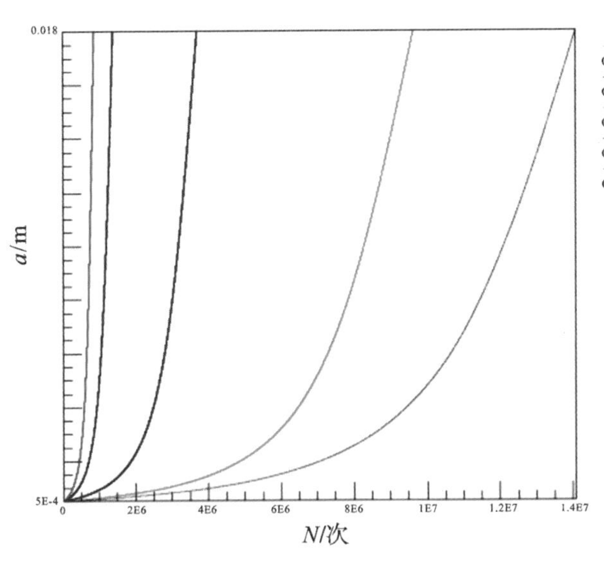

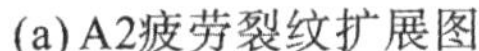
(a) A2疲劳裂纹扩展图

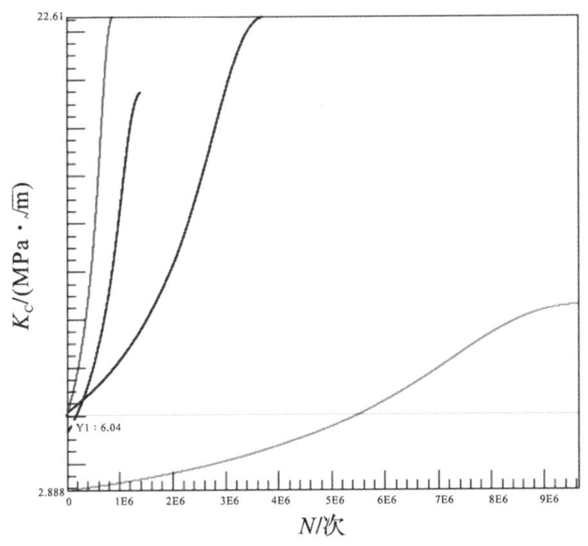

(b) A2裂纹应力强度因子随载荷循环的变化图

图9－26　A2裂纹扩展关系图

9.4 疲劳寿命预测和抗疲劳设计

构件或结构的疲劳寿命，一般分为裂纹起始寿命和裂纹扩展寿命两个部分，即 $N = N_i + N_p$，从开始使用到出现可检的裂纹 a_i 为止，是裂纹起始寿命 N_i，裂纹从 a_i 扩展到临界裂纹尺寸 a_c 的寿命是裂纹扩展寿命 N_p。

依据结构和材料的不同，上述两部分寿命在总寿命中所占的比例是大不相同的。一般来说，高强脆性材料的裂纹起始寿命 N_i 较长，裂纹扩展寿命 N_p 较短，低强韧性材料、应力集中严重的构件则有相对较长的裂纹扩展寿命。对于韧性很低、一出现裂纹就有断裂危险的构件，通常只需考虑其裂纹起始寿命。反之，对于制造中不可避免会出现裂纹或类裂纹缺陷的构件，则其疲劳寿命就是裂纹扩展寿命。

疲劳是一个长期的损伤累积过程，在这一过程中，材料的局部特性，作用于构件的载荷、环境等因素的变化是十分复杂的。由于疲劳问题的复杂性和材料疲劳性能本身的分散性，任何预测方法都只能给出统计正确的平均疲劳寿命。

合理的疲劳寿命预测方法，一般应当满足下述条件：

(1)具有较高的精度和可靠性。即所预测的寿命与实际使用寿命相差不大，实际使用寿命或实验获得的寿命数据，应落在分析预测值及其分散带之内。

(2)有较普遍的适用范围。最好能够适用于不同的载荷谱以及不同的材料、构件和环境，至少也要知道该方法的正确性条件和使用限制。

(3)计算工作量、计算成本应尽量低，至少要比实物疲劳试验低，否则将为实验取代。

(4)最好能包括裂纹起始和扩展两个阶段的寿命预测。

到目前为止，以恒幅疲劳数据($S-N$ 曲线、$da/dN-\Delta K$ 曲线)为基础的寿命预测方法中，仍然是 Miner 理论、Paris 公式比较简单、适用。随着疲劳研究的不断进步，疲劳寿命预测的能力不管提高，疲劳设计方法也得到不断发展。从疲劳持久极限 S_f 和应力强度因子门槛值 ΔK_{th}控制的无限寿命设计，到利用 $S-N$ 曲线、Miner 理论进行的有限寿命设计，再到考虑疲劳裂纹扩展，综合控制初始缺陷尺寸、剩余强度及检查周期的损伤容限设计和耐久性经济寿命分析，抗疲劳断裂的能力得到了极大的增补。但是，不同的疲劳设计方法之间并不是相互取代的关系，而应当是相互补充、完善，以满足不同情况、不同要求。同样，疲劳寿命预测方法也不是相互取代的，由于疲劳问题的复杂性，希望找到一种万能的方法去预测各种情况下的寿命，是不切实际的。

9.4.1 损伤容限设计

损伤容限设计是最近 30 年逐步形成和发展，并在许多领域得到应用的现代疲劳断裂控制方法。损伤容限设计的设计原理是首先假定结构中存在着一个尺寸为 a_0 的初始裂纹，然后选择韧性较好的材料制造，保证这一结构在正常载荷作用下，损伤是缓慢增长的。在使用中，随着损伤的增长，受损结构的剩余强度不断降低。为了保证安全，结构的剩余强度必须大于最大工作应力，故由剩余强度曲线和最大工作应力水平线确定的临界损伤长度 a_c，就是结构所能允许的最大损伤。从工程可检裂纹尺寸 a_i 到临界损伤长度 a_c 的时间，即为裂纹检查期。在裂纹检查期内，可合理安排检查，保证在裂纹扩展到临界尺寸 a_c 之前被检查出来并修复。损伤修复后，结构的剩余强度也重新恢复，进入下一个试用期。损伤容限设计就是按照上述原理，以检修控制裂纹扩展来保证安全的。

假定结构中存在着裂纹，用断裂力学分析、疲劳裂纹扩展分析和实验验证，证明在定期检查肯定能发现之前，裂纹不会扩展到足以引起破坏。这种抗疲劳断裂设计方法，称为损伤容限设计。

损伤容限设计的三要素为剩余强度、损伤增长和检查周期，目标是以检查控制损伤的程度，保证结构安全。

9.4.2　耐久性设计

疲劳研究至20世纪80年代，已发展了以疲劳极限控制的无限寿命设计，以 $S-N$ 曲线、Miner 理论为基础的安全寿命设计及以裂纹扩展为基础的损伤容限设计。这些方法有两个共同点：① 以保证结构的安全为目的；② 以构件最危险细节的疲劳破坏代表整个构件的破坏。

随着现代科技的发展，大型复杂构件的使用条件越来越苛刻，对于重要结构件，采用缓慢裂纹扩展设计，按照损伤容限设计控制方法，以检修保安全。

进一步研究，有两个问题需要解决：

(1)除若干最危险细节外，其它可能发生疲劳破坏的损伤情况如何？它们是否会在最危险细节经多次检修之后成为影响结构安全的主要矛盾？

(2)如何在保证结构安全和功能的条件下提高结构使用、维护的经济性？或者什么时候检修既安全又经济？

为了解决以上两个问题，需要进一步研究：①结构件细节群整体损伤状态的描述；②维修经济性的评估方法。由此，发现了以经济寿命分析为基础的耐久性设计方法。与以往的疲劳断裂设计方法相比，耐久性设计方法的两个最重要的发展是：从考虑若干最危险细节发展到考虑结构中可能发生疲劳开裂的细节全体，从保证结构的使用安全性，发展到既考虑结构使用安全又追求更好的使用维修经济性。

在规定期限内，结构抵抗开裂的能力，称为结构的耐久性。耐久性分析是随时间变化的结构损伤程度的定量分析。结构使用到某一寿命时，发生了不能经济修理的损伤，而不修理而又可能引起结构的使用安全问题，这一寿命就成为经济寿命。

耐久性设计的研究对象是结构中各类相同的细节，基本原理是：①建立定量描述结构初始疲劳质量(IFQ)的当量初始裂纹尺寸分布(EIFS)，即用实验和分析的方法，定量描述结构在零时刻的损伤状态。②建立描述使用载荷下裂纹扩展规律的裂纹扩展曲线(SCGMC)，即通过疲劳试验断口分析或者疲劳断裂分析，建立损伤演变传递函数 $y=W(t, x)$，它反映了 t 时刻裂纹尺寸 x 与零时刻裂纹尺寸 y 的裂纹之间的关系。③给出任一使用时刻的裂纹超过数概率 $P(t, x)$，$P(t, x)$ 是 t 时刻裂纹尺寸大于 x 的概率，即用概率断裂力学分析方法，给出随时间变化的结构损伤程度的度量。④由维修经济性和使用功能的要求，选取结构所能允许使用的裂纹超过数概率 P_{allow}，并有 $P(T_e, a_e) \leqslant P_{allow}$，确定经济寿命 T_e。$P(T_e, a_e)$是在 T_e 时刻裂纹尺寸小于可以用较经济的方法修理的尺寸 a_e 的概率。

耐久性分析与损伤容限分析的比较如表 9－7 所示。

表 9－7 耐久性分析与损伤容限分析的比较

项目	损伤容限分析	耐久性经济寿命分析
研究对象	最危险部位的一个或几个大裂纹	各细节处存在的小裂纹群
研究方法	疲劳裂纹扩展分析	概率断裂力学分析
研究内容	裂纹尺寸随时间的增长	裂纹尺寸分布随时间的变化
研究目的	在可检期间发现裂纹，保证安全	控制损伤程度，确定经济寿命

由表 9－7 可见，耐久性设计考虑结构中可能出现裂纹的所有细节群，可以定量评价结构的初始制造质量，比较真实合理地预测结构在使用过程中的损伤，给出经济寿命，进而能综合控制结构的设计、制造、使用和维护，寻求更好的经济效益。

10 服役起重机械结构技术状态评估

服役过程中起重机金属结构的技术状态，是指构件或结构系统的技术性能满足使用要求的程度。它主要表现为：①结构在工作中对各种载荷的承载能力(强度、稳定性等)及安全裕度，即结构的安全性；②结构在工作中的变形与动态响应对静刚度、动刚度条件的符合程度，即结构的适用性；③结构在实际使用条件下的使用寿命与设计寿命的符合程度，即结构的耐久性。

由于各种原因，结构在服役过程中将出现不同形式的损伤(见表10-1)，结构的技术状态是随使用时间变化的。

表10-1　结构损伤的形式、原因与后果

形式	焊缝或母材开裂	表面波浪度过大或构件变形	锈蚀和磨损
主要原因	1. 结构联接处刚度突变、力流不畅或应力集中 2. 设计对疲劳、振动、冲击载荷的效应估计不足 3. 焊缝过于集中导致过大的焊热影响和残余应力 4. 材质质量差、焊接缺陷 5. 频繁超载	1. 薄壁结构加劲肋配置不当 2. 构件初始波浪度过大 3. 设备运输、安装和使用中的意外碰撞 4. 违章作业、严重超载	1. 构件进水或积水 2. 油漆养护不善，受腐蚀性物料和气体的腐蚀 3. 受钢丝绳等擦碰
导致后果	裂纹扩展直至构件断	改变内力分布、降低承载能力，直至局部屈曲和整体失稳	减小构件承载静面积，直至构件断裂或屈曲

若把该状态过程记为$S(t)$，令技术状态上限值为1、下限值为$[S]$，结构的设计寿命为T_d，则一台设计正确、制造质量合格的起重机，在理想使用条件下的结构技术状态$S_{th}(t)$的变化趋势如图10-1中的点画线所示，并表示为

$$S_{th}(t) = 1 - K_{th} \cdot t, \tag{10-1}$$

式中，K_{th}为考虑正常载荷引起的线性累积损伤和正常腐蚀影响下的理想劣化速率，$0 < K_{th} \leq 1$，且$K_{th} = (1 - [S])/T_d$。但是，作为一个实际的构件或结构系统，其技术状态$S_r(t)$的情况要复杂得多。由于结构不可避免地存在着设计不周和制造缺陷的影响，使产品出厂时初始结构技术状态S_0就小于1，如图10-1中的实折线所示，这些缺陷在结构使用过程中易诱发不同形式的损伤，使技术状态$S_r(t)$发生下跌(图10-1中的ΔS_1、ΔS_3)，或因损伤的修复而回升(图10-1中的ΔS_2)。$S_r(t)$是受设计、制造、使用、修理及各种偶然因素影响的随机过程，

$$S_r(t) = S_0 - K_{th}K_dK_m t + \{\Delta S_i\}, \quad i = 1,2,\cdots, \tag{10-2}$$

式中，K_d、K_m 为设计不周与制造缺陷影响系数，$K_d \geqslant 1, K_m \geqslant 1$；$\{\Delta S_i\}$ 为随机过程，指发生时刻 t_i 的技术状态增量。

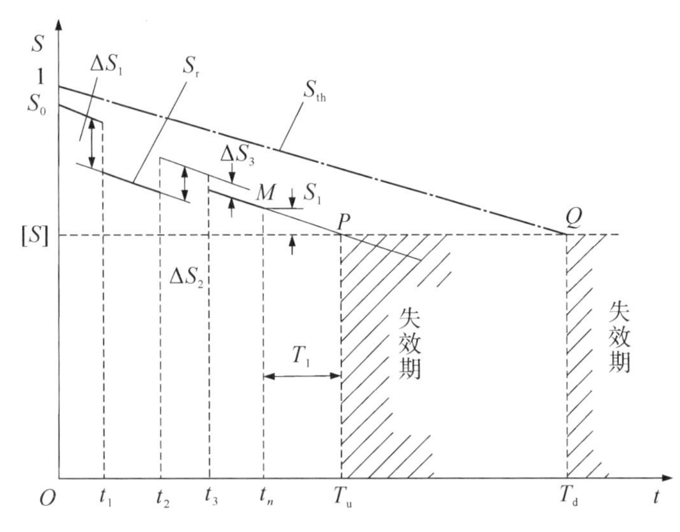

图 10－1 结构技术状态的劣化过程

图 10－1 中，当结构技术状态 $S_r(t)$ 的折线与下限值[S]线于 P 点相交后，结构便进入随时可以失效的极限状态，交点 P 对应的水平坐标值 T_u 为结构的使用寿命。由于设计手法、工艺装备和制造质量不尽相同及不同的使用条件，同一种起重机的每一台起重机金属结构系统都有自身特定的劣化过程曲线和使用寿命。所谓结构设计寿命只是用于构件疲劳计算的一个约定值，它并不等于构件的实际使用寿命。在我国沿海港口既可以看到从 20 世纪六七十年代一直到现在仍能使用的起重机械，也有不少投产后仅 1 年或数年就发生结构失效的例子。因此，对超龄起重机应该通过适当的检测分析，对其结构技术状态做出正确的评价和判断，提出使用意见。从图 10－1 可以看到，在时刻 t_n，对结构技术状态进行检测的目的是：

(1)对现实结构的剩余安全裕度 S_1 做出评价，$S_1 = S_t/t_n - [S]$；

(2)对现实结构的剩余使用寿命 T_1 做出估计，$T_1 = T_u - t_n$。

10.1 起重机械结构技术状态参数化评定模式

10.1.1 结构技术状态参数化评定方法原理

结构技术状态参数化评定方法是建立在前述结构技术状态劣化过程与结构失效分析基础上的一种量化评定分析方法。其基本评定流程如下：

(1)建立结构技术状态评价分析的数学模型；

(2)确定构件和结构系统技术状态劣化极限 $[S^{Ei}]$ 和 $[S]$，即构件和结构系统的失效判据；

(3)将结构检测数据按一定规则转换为构件和结构系统的技术状态指数 S_r^{Ei} 和 S_r，并分别与 $[S^{Ei}]$、$[S]$ 进行比较，对构件和结构系统的剩余安全裕度和剩余使用寿命做出评价。

参数评定分析法的关键是要在大量检测数据和设备技术状况统计资料的基础上科学、合理地建立数学模型、劣化极限值和参数量化规则，使之便于操作且能准确反映金属结构真实的技术状态。

参数评定分析法有助于在较大范围内对不同类型、不同规格的起重机金属结构的技术状态进行对比分析和统计分析。

10.1.2　起重机械结构技术状态参数化评估

为了可靠地统计起重机金属结构的各个部分，预先应将金属结构划分为部件、区段、构件，并按相应程序编号。

当部件按照一定原则划分为构件时，不仅要按照诊断对象的结构系统，而且要兼顾其功能(一个构件由几个同功能的零件所组成)，于是便形成各种功能部件、最能代表部件特性的部件和包括到这些区段内的构件。

用四个技术状态参数定量地识别判定对象的等级模式的量级。

①物理老化(金属的腐蚀、周围介质影响引起的表面变化、磨损)；

②塑性变形(使用过程中产生的零件形状和位置的变化)；

③联接状态(该构件联接在结合点处的状态)；

④金属材料的密实性(对构件裂纹、夹层及机械性断裂的所有缺陷的评定)。

对评定结果有重要影响的其它特征值也可列入构件状态一览表。

根据构件检测结果，对每个参数赋予从 0 ～ 1 的数值。为此可采用专家评定法。为了更精确地评定每一指标，亦可采用仪器测定的结果。

在结构的分析阶段，将各个参数指标 A^E 记入表中，构成构件状态原始数据表(见表 10－2)。

对所有区段按结构的每一结点建立类似的表。

表 10－2　各参数指标值

技术状态参数	构　件				均　值
	E_1	E_2	E_3	E_n	
物理老化	A_1^{E1}	A_1^{E2}	A_1^{E3}	A_1^{En}	$\bar{A}_1$
塑性变形	A_2^{E1}	A_2^{E2}	A_2^{E3}	A_2^{En}	$\bar{A}_2$
联接状态	A_3^{E1}	A_3^{E2}	A_3^{E3}	A_3^{En}	$\bar{A}_3$
金属材料的密实性	A_4^{E1}	A_4^{E2}	A_4^{E3}	A_4^{E4}	$\bar{A}_4$
参数的乘积	$\prod_{i=1}^{4} A_i^{E1}$	$\prod_{i=1}^{4} A_i^{E2}$	$\prod_{i=1}^{4} A_i^{E3}$	$\prod_{i=1}^{4} A_i^{En}$	$\prod_{i=1}^{4} \bar{A}_i$

原始数据表的各项数值确定如下：

数值 $\prod_{i=1}^{4} A_i^E$ 是表征每一构件技术状态的总评价(根据每个 E 确定的参数 A 的乘积)；

根据构件组确定每一参数的均值 $\bar{A}$ ；

评价的均值 $\prod_{i=1}^{4} \overline{A_i^E}$

$$\prod_{i=1}^{4} \overline{A_i^E} = \frac{\sum_{i=1}^{n} \prod_{i=1}^{4} A_i^E}{n} \tag{10-3}$$

现在评价表 10－2 中各数据的物理意义。

$\prod_{i=1}^{4} A_i^E$ 的值可取极值(0 和 1)。第一种情况按照极限状态取构件参数为 0，意味着该构件已不能继续使用，但是这还不能说明所划出的整个一组构件的情况。因此，一定要考虑一组构件各指标的均值 $\prod_{i=1}^{4} A_i^E$ 。构件组的单个技术参数的均值 λ 是一个重要的指标，因为根据这一指标才能确定使金属结构技术状态总水平下降的数据。$\prod_{i=1}^{4} A_i^E$ 与 $\prod_{i=1}^{4} \bar{A}_i$ 两数值之间的比具有重要意义。初步分析表明：当原始数据的行数等于 4 ，构件数 $n>2$ 时，$\prod_{i=1}^{4} A_i^E / \prod_{i=1}^{4} \bar{A}_i \geq 1$ ，只有在绝大部分构件具有零值时，才有 $\prod_{i=1}^{4} A_i^E < \prod_{i=1}^{4} \bar{A}_i < 1$。

进行一系列起重机的诊断检查，根据上述四个参数确定了起重机金属结构状态鉴定的评估指标，表 10－3 所示为使用 10 年以上的几种起重机结构技术状态的评定值。

表 10－3　使用 10 年以上的几种起重机结构技术状态的评定值

桥式起重机的用途	起重量/t	金属结构技术状态评定值	
		$\prod_{i=1}^{4} \bar{A}_i$	$\prod_{i=1}^{4} A_i^E$
加料起重机	20	0.87	0.87
清理起重机	10	0.84	0.89
抓斗起重机	10	0.66	0.7
通用起重机	15	0.92	0.95

10.2　起重机械结构技术状态模糊层次分析法评估

起重机的可靠性可定义为：在规定的条件下和规定的时间内，完成预定功能的能力。将可靠性数量化后所得的指标称作“可靠度”，即在规定的条件下和规定的时间内，完成预定功能的概率。其中，规定条件是指正常设计、正常生产和正常使用；规定时间则是指金属结构的设计寿命。但是，金属结构的使用期限超过其设计寿命后，并不意味着金属结构就会立即失效，也还存在着延长使用时间的可能，只是其失效概率比预期值要大。

10.2.1　多层次模糊综合评判模型

起重机金属结构可靠性评估的众多影响因素存在模糊性，主要表现在以下几方面：

(1)获取信息中的随机性与模糊性。在金属结构实际信息的获取过程中，无论是观测、在役构件的性能衰减测试还是裂纹探伤检测都离不开人，需要通过人来识别、判断，往往给出的数据是模糊的，如描述中存在“大约”“大概”等语句；测取材料机械性能参数的试件是随机采样的，提供的材料机械性能参数是在一定的可靠度下的均值。

(2)建立模型中的随机性与模糊性。客观现象常常需要通过物理模型进行描述，然后建立数学模型去求解。在建立模型过程中，往往包含有随机或模糊因素。

(3)分析过程的随机性与模糊性。其一，求解方法的近似性；其二，参数来源于试验，由于试验数据的分散性，给求解带来了明显的随机性。

(4)失效准则的模糊性。

(5)评判结果的模糊性。评判的结果通常是优、良、中、差等，它们本身就没有精确的定义(有时用打分的办法也是人为的)，它们相互之间也缺乏严格的界限。

(6)评判时同时考虑多种因素，各因素对分析对象的影响程度具有不确定性。

因此，模糊数学是解决这类问题的一种有力工具，它利用隶属函数，通过模糊推理逻辑运算解决评判问题。作为对现行的基于文字描述的可靠性评价的一种补充，模糊综合评判理论考虑了可靠性评判的模糊性，更合理地反映了可靠性评判的真实性。

1. 数学模型的准备

(1)构件因素集

$$\boldsymbol{U} = \{u_1, u_2, u_3, \cdots, u_m\}, \tag{10-4}$$

式中，$u_i(i = 1,2,\cdots,m)$ 代表各影响因素。这些因素通常都具有不同程度的模糊性。

(2)建立备择集

$$\boldsymbol{V} = \{v_1, v_2, v_3, \cdots, v_n\}, \tag{10-5}$$

式中，$v_i(i = 1,2,\cdots,n)$ 代表各种可能的评判结果。模糊综合评判的目的，就是在综合考虑所有影响因素的基础上，从备择集中得出一最佳评判结果。

(3)建立权重集 $\boldsymbol{A}$

在因素集中，各因素的重要程度是不一样的。为了反映各因素的重要程度，对各个因素 $u_i(i = 1,2,\cdots,m)$ 应赋予一相应的权数 $a_i(i = 1,2,\cdots,m)$ 。由各权数所组成的集合为

$$\boldsymbol{A} = \{a_1, a_2, a_3, \cdots, a_m\}。 \tag{10-6}$$

通常，各权值 $a_i(i = 1,2,\cdots,m)$ 应满足归一化和非负条件：

$$\sum_{i=1}^{m} a_i = 1, \quad a_i \geqslant 0, \quad i = 1,2,\cdots,m。 \tag{10-7}$$

2. 构造单层次多因素模糊评判矩阵

设评判对象按因素集中的第 i 个因素 u_i 进行评判，对备择集中第 j 个元素 v_j 的隶属度为 r_{ij}，则按第 i 个因素 u_i 评判的结果可用模糊集合

$$\boldsymbol{R}_i = r_{i1}/v_1 + r_{i2}/v_2 + r_{i3}/v_3 + \cdots + r_{in}/v_n \tag{10-8}$$

来表示，$\boldsymbol{R}_i$ 称为单因素评判集。显然，它应是备择集 $\boldsymbol{V}$ 上的一个模糊子集，可简单地表示为

$$\boldsymbol{R}_i = (r_{i1}, r_{i2}, r_{i3}, \cdots, r_{in}) 。\tag{10-9}$$

同理，可得相应于每个因素的单因素评判集，以各单因素评判集的隶属度为行组成矩阵，得

$$\boldsymbol{R} = \begin{bmatrix} r_{11} & r_{12} & \cdots & r_{1n} \\ r_{21} & r_{22} & \cdots & r_{2n} \\ \vdots & \vdots & \ddots & \vdots \\ r_{m1} & r_{m2} & \cdots & r_{mn} \end{bmatrix},\tag{10-10}$$

称为多因素评判矩阵(或称单层次评判矩阵)。$\boldsymbol{R}$ 为一模糊矩阵。

3. 单层次模糊综合评判结果向量

单因素模糊评判仅反映了一个因素对评判对象的影响。这显然是不够的。我们的目的是要综合考虑所有因素的影响，得出科学的评判结果。这便是模糊综合评判。

模糊综合评判时，将按模糊矩阵乘法进行运算，即

$$\underset{\sim}{\boldsymbol{B}} = (a_1, a_2, \cdots, a_m) \circ \begin{bmatrix} r_{11} & r_{12} & \cdots & r_{1n} \\ r_{21} & r_{22} & \cdots & r_{2n} \\ \vdots & \vdots & \ddots & \vdots \\ r_{m1} & r_{m2} & \cdots & r_{mn} \end{bmatrix} = (b_1, b_2, \cdots, b_n),\tag{10-11}$$

式中，$\underset{\sim}{\boldsymbol{B}}$ 为模糊综合评判集；"$\circ$"表示所采用的模糊运算方法，这里采用加权平均型综合评判模型，此时有

$$b_j = \sum_{i=1}^{m} a_i r_{ij},\tag{10-12}$$

即

$$b_j = \min\{1, \sum_{i=1}^{m} a_i r_{ij}\},\tag{10-13}$$

式中，$b_j (j = 1, 2, \cdots, n)$ 称为模糊综合评判指标，简称评判指标。b_j 的含义是，综合考虑所有因素的影响时，评判对象对备择集中第 j 个元素的隶属度。

4. 质量等级划分

质量等级划分采用加权平均法。加权平均法充分考虑了各个评判指标的贡献，评判结果比较接近实际，因而被广泛采用。

取以 b_j 为权数，对各个备择元素 v_j 进行加权平均的值为评判的结果，即

$$\widetilde{V} = \sum_{j=1}^{n} b_j \tilde{v}_j / \sum_{j=1}^{n} b_j 。\tag{10-14}$$

如果评判指标 b_j 已归一化，则

$$\widetilde{V} = \sum_{j=1}^{n} b_j \tilde{v}_j ,\tag{10-15}$$

式中，$\tilde{v}_j$ 为备择集中各元素的标准值。根据算得的 $\widetilde{V}$ 寻求评判对象在备择集中的位置，从而得出评判对象所处的状态。

5. 多层次模糊综合评判模型

多层次模糊综合评判模型建立在层次分析法(AHP)的基础上。应用层次分析法，首先要把问题层次化，即根据问题的性质和要达到的总目标，将问题分解为不同的组成因素，并按照因素间的相互关系影响以及隶属关系将因素按不同层次聚集组合，形成一个多层次的分析结构模型。

在结构可靠性分析中引入层次分析法，有以下优点：①能在结构可靠性评判中，将定性的判断与定量的分析相结合。②能将一个复杂系统中的各种影响因素进行分解，构成一个条理清楚的网络图，从而使问题容易处理。③它符合人类对事物作评判决策的思维特性："分解—判断—综合"。④能够利用某些领域的专家经验、知识和直觉，通过两两比较的方法，确定各因素之间的关系。

多层次模糊综合评判模型可按下列步骤构建：

(1)把因素集 $\boldsymbol{U}$ 按各因素的不同属性划分成 s 个不相交的子集：

$$\boldsymbol{U}=\{U_1,U_2,\cdots,U_s\}。\tag{10-16}$$

(2)分别在每个因素子集 $U_k(k=1,2,\cdots,s)$ 范围内按照其性质选取一种合宜的模型进行综合评判。具体来说，就是根据 $U_k=(u_{k1},u_{k2},\cdots,u_{km})$ 中各因素所起作用大小确定出因素模糊向量 $\underset{\sim}{\boldsymbol{A}}=(a_{k1},a_{k2},\cdots,a_{km})$；对各因素 u_{ki} 按照评判集合 $V=\{v_1,v_2,\cdots,v_n\}$ 的等级评定出 u_{ki} 对 v_j 的隶属度 $r_{ij}(i=1,2,\cdots,m;j=1,2,\cdots,n)$，由此组成单因素评价矩阵 $\underset{\sim}{\boldsymbol{R}}_k$。据此，则可得出

$$\underset{\sim}{\boldsymbol{A}}_k\circ\underset{\sim}{\boldsymbol{R}}_k=\underset{\sim}{\boldsymbol{B}}_k=(b_{k1},b_{k2},\cdots,b_{kn}),\quad k=1,2,\cdots,s。\tag{10-17}$$

(3)将 $\boldsymbol{U}$ 上的 s 个因素子集 $U_k(k=1,2,\cdots,s)$ 看成是 $\boldsymbol{U}$ 上的 s 个单因素，按各 U_k 在 $\boldsymbol{U}$ 中所起的作用的大小，确定其权重分配，组成因素模糊向量 $\underset{\sim}{\boldsymbol{A}}=(a_1,a_2,\cdots,a_s)$。

据 U_k 评判结果 $\underset{\sim}{\boldsymbol{B}}_k=(b_{k1},b_{k2},\cdots,b_{kn})(k=1,2,\cdots,s)$ 作为总的单因素评价矩阵，即

$$\underset{\sim}{\boldsymbol{R}}=\begin{bmatrix}\underset{\sim}{B}_A\\\underset{\sim}{B}_A\\\vdots\\\underset{\sim}{B}_A\end{bmatrix}=\begin{bmatrix}b_{11}&b_{12}&\cdots&b_{1n}\\b_{21}&b_{22}&\cdots&b_{2n}\\\vdots&\vdots&\ddots&\vdots\\b_{s1}&b_{s2}&\cdots&b_{sn}\end{bmatrix},\tag{10-18}$$

则可得

$$\underset{\sim}{\boldsymbol{B}}=\boldsymbol{A}\circ\underset{\sim}{\boldsymbol{R}}=\boldsymbol{A}\circ\begin{bmatrix}\underset{\sim}{\boldsymbol{B}}_1\\\underset{\sim}{B}_2\\\vdots\\\underset{\sim}{B}_s\end{bmatrix}=\boldsymbol{A}\circ\begin{bmatrix}\underset{\sim}{A}_1\circ\underset{\sim}{R}_1\\\underset{\sim}{A}_2\circ\underset{\sim}{R}_2\\\vdots\\\underset{\sim}{A}_s\circ\underset{\sim}{R}_s\end{bmatrix}。\tag{10-19}$$

10.2.2　应用举例

基于模糊层次分析法的造船门式起重机变形结构缺陷安全评估：

1. 造船门式起重机结构变形的种类

造船门式起重机金属结构是由主梁、柔性腿、刚性腿、台车、小车架等多种构件通过

螺栓连接、焊接、销轴连接或铆接等方式构成的整体，每一构件的结构形式和所处的位置不同，受载的方式也各不相同，故涉及起重机整体或局部的变形是多种多样的，主要形式有：

（1）主梁垂直静挠度

起重机主梁垂直静挠度是指当小车（或电动葫芦）位于桥架主梁跨中位置时，由额定起升载荷及小车（或电动葫芦）自重在该处产生的垂直位移，其值 f 与起重机主梁跨度 S 的关系推荐为：

①低于定位精度要求的起重机，或具有无级调速控制特性的起重机，采用低起升速度和低加速度能达到可接受定位精度的起重机：

$$f \leqslant [f] = S/500;$$

②使用简单控制系统能达到中等定位精度特性的起重机：

$$f \leqslant [f] = S/750;$$

③需要高定位精度特性的起重机：

$$f \leqslant [f] = S/1\,000。$$

式中，S 为主梁跨度；f 为实测主梁垂直静挠度；$[f]$ 为许用主梁垂直静挠度。

（2）主梁上拱度

起重机主梁的上拱度指自水平线向上拱起的高度。它是起重机桥架结构的主要技术参数。为使负载小车在运行中的上坡度和下坡度达到最小值，新颁布的 GB/T 14405—2011 和 GB/T 14406—2011 已经取消了对上拱度的范围要求，只规定：静载试验后的主梁，当空载小车在极限位置时，上拱最高点应在跨度中部 $S/10$ 范围内，其值不应小于 $0.7S/1000$。如果不满足上述条件，该主梁是不符合标准规定的。

（3）主梁水平弯曲

主梁水平弯曲是指主梁在水平方向的弯曲。当主梁向走台侧弯曲为外弯，相反，主梁向吊具方向弯曲为内弯。GB/T14405—2011 规定：主梁在水平方向产生的弯曲不应大于 $S_1/2000$，S_1 为两端始于第一块大肋板间（或节间）的实测长度，在离上翼缘板约 100 mm 的大肋板（或竖杆）处测量。对轨道居中的正轨箱形梁及半偏轨箱形梁，当 $G_n \leqslant 50$ t 时只能向走台侧凸曲。

（4）主梁腹板局部翘曲

腹板局部翘曲是指腹板有向内和向外凹凸不平的波浪变形，也称腹板波浪度。腹板局部翘曲对主梁的强度、刚度和稳定性都有影响。主梁腹板上部和下部有局部翘曲，相当于这部分纤维有松弛现象。当主梁承载后，只有其它纤维被拉长变形后，松弛的纤维才拉直参与工作，影响主梁的强度、刚度和腹板的稳定性。当主梁喷涂油漆后，波浪变形明显，影响表面质量。GB/T14405—2011 规定：主梁腹板的局部翘曲以 1m 平尺检测，离上翼缘板 $H/3$ 以内不应大于 0.7t，其余区域不应大于 1.2t。

（5）主梁上翼缘板局部翘曲

上翼缘板局部翘曲对主梁承载很不利。上翼缘板局部翘曲往往是焊接成形的压应力超过板材的临界应力，由板材失稳而形成的。若主梁承载时，梁上翼缘板受弯曲压应力，则压应力叠加，易使上翼缘板应力集中，有产生裂纹的倾向。对于正轨箱形梁，上翼缘板局部翘曲还使小车轨道与上翼缘板之间形成间隙。国家标准未对上翼缘板局部翘曲的控制做出规定，通常规定主梁上翼缘板局部翘曲在二肋板之间，当板厚 $t \leqslant 10$mm 时，不大于 3mm；当 $t > 10$mm 时，不大于 4mm。

(6) 支腿翼缘板和腹板局部翘曲

支腿翼缘板和腹板局部翘曲以 1m 平尺检测不大于 t(板厚)。

(7) 支腿弯曲度

支腿在两个方向上的弯曲度 $z_w \leqslant H/2000$，且不得超过 8 mm，H 为支腿高度。

(8) 支腿垂直度

GB /T14406—2011 规定：刚性支腿与主梁在跨度方向的垂直度，一般应为 $z_c \leqslant H/1000$，H 为支腿高度。

2. 造船门式起重机结构变形的危害

起重机金属结构的变形不仅会影响到起重机的使用性能，而且也可能危及起重机的安全。

当主梁发生下挠，导致上拱度减小甚至低于水平线时，起重机小车负载由跨中开往端部，小车运行机构不仅要克服小车的正常运行阻力，还要克服在轨道爬坡的附加阻力，产生所谓溜车现象。这不仅降低小车运行机构的使用寿命，甚至造成运行机构损坏的事故。当小车由端部向跨中运行时，又出现溜车自行滑移现象，给在使用中需要吊钩准确定位时造成困难。

当主梁发生水平弯曲时，特别是主梁向内弯曲，导致小车跨距明显减小，小车运行状况变坏，双轮缘的小车轮将产生夹轨现象，外侧单轮缘小车将发生脱轨事故。

腹板的局部翘曲超过规定值后，特别是该缺陷发生在受压区时，腹板局部失稳的可能性显著增加，导致主梁承载能力下降，加剧了主梁下挠变形的发展，运行机构的运行性能也受到不同程度的影响。

在使用过程中发生的金属结构局部变形及其扩大是起重机金属结构局部失稳的先兆，其后果是变形部位承载能力下降，整体结构应力重新分布。随着变形的扩大承载能力进一步下降，轻则导致机构不能正常运行，重则导致整体结构丧失稳定性而断裂或倾覆。

3. 安全评价指标体系建立

首先建立安全评价指标体系，构建模糊一致矩阵并计算各因素权重；其次确定其安全评价集，并对该起重机的变形情况进行评价；再构造模糊评价矩阵；最后计算总体评价模糊向量，确定变形对该起重机安全性影响的安全等级。

建立如图 10－2 所示的安全评价指标体系，该指标体系分为 3 层，2 层为{主梁 B_1，柔性腿 B_2，刚性腿 B_3}；再将第 2 层进一步细化为 3 层指标

$$B_1 = \{C_1, C_2, C_3, C_4, C_5\},\ B_2 = \{C_6, C_7\},\ B_3 = \{C_8, C_9\}。$$

经过专家对各指标层进行评比，构建模糊一致矩阵。关于模糊一致矩阵具体构建过程以及综合模糊评价集，本部分不再赘述。

4. 造船门式起重机变形的评定准则

变形对起重机金属结构构件安全的影响要综合考虑其具体的数量、位置、性质、应力状态等因素，无论是变形的检测还是理论计算，都是非常复杂的问题，这里只是原则性地给出了变形评定准则，具体可据此和专家经验确定。

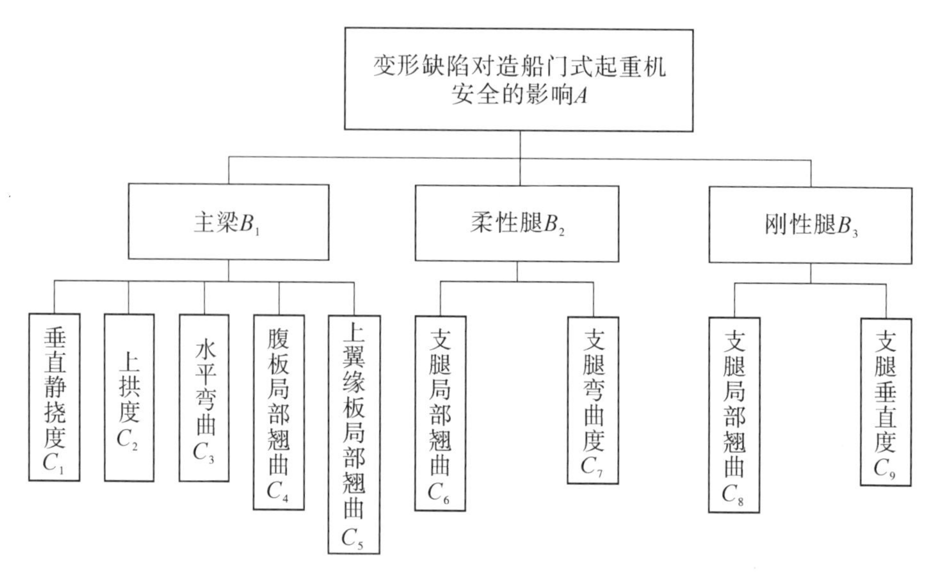

图 10－2　变形对造船门式起重机的影响安全评价指标体系

(1)通过理论计算，得出变形部位的承载能力较原设计下降量大于等于 10%，定为 E 级。

(2)其它

检测手段：目测、钢丝绳、重锤、水准仪、经纬仪、全站仪、直尺、1m 平尺等。

抽查原则：受压部位局部翘曲检验抽查 5 处，其它部位全检，均取最大值。

具体评定准则参照表 10－4。

当某个金属结构构件的变形影响被评定为 E 级后，根据评价集的含义应采取措施更换该金属结构构件后重新进行评价。

5. 安全等级确定

依据上述评定准则，结合具体的造船门式起重机变形缺陷实例，安全评价人员建立了综合评价矩阵为 $\boldsymbol{S}_1$，即

$$\boldsymbol{S}_1=\begin{pmatrix}\frac{0}{5}&\frac{1}{5}&\frac{4}{5}&\frac{0}{5}\\ \frac{3}{5}&\frac{2}{5}&\frac{0}{5}&\frac{0}{5}\\ \frac{0}{5}&\frac{0}{5}&\frac{3}{5}&\frac{2}{5}\\ \frac{1}{5}&\frac{3}{5}&\frac{1}{5}&\frac{0}{5}\\ \frac{2}{5}&\frac{3}{5}&\frac{0}{5}&\frac{0}{5}\end{pmatrix}=\begin{pmatrix}0&0.2&0.8&0\\ 0.6&0.4&0&0\\ 0&0&0.6&0.4\\ 0.2&0.6&0.2&0\\ 0.4&0.6&0&0\end{pmatrix}。$$

矩阵(0　0.2　0.8　0) 表示：对主梁垂直静挠度 C_1 所处的安全状况进行评价，隶属于 A 级(优)的值为 0，隶属于 B 级(良)的值为 0.2，隶属于 C 级(中)的值为 0.8，隶属于 D 级(差)的值为 0。

表 10 - 4 变形评定准则

评定等级	A(优)	B(良)	C(中)	D(差)	E(不合格)	备 注
C_1垂直静挠度	$f/[f] \leqslant 0.4$	$0.4 < f/[f] \leqslant 0.6$	$0.6 < f/[f] \leqslant 0.8$	$0.8 < f/[f] \leqslant 1.0$	$f/[f] > 1.0$	f为主梁垂直静挠度,$[f]$为许用主梁垂直静挠度
C_2上拱度	$1.8 \leqslant g/[g] < 2$	$1.6 \leqslant g/[g] < 1.8$	$1.4 \leqslant g/[g] < 1.6$	$1.0 \leqslant g/[g] < 1.4$	$g/[g] < 1.0$或$g/[g] \geqslant 2.0$	g为主梁上拱度,$[g]$为许用主梁上拱度,取$0.7S/1000$,S为主梁跨度
C_3水平弯曲	$w/[w] \leqslant 0.4$	$0.4 < w/[w] \leqslant 0.6$	$0.6 < w/[w] \leqslant 0.8$	$0.8 < w/[w] \leqslant 1.0$	$w/[w] > 1.0$	w为主梁水平弯曲,$[w]$为许用主梁水平弯曲,取$S_1/2000$
C_4腹板局部翘曲	$f_q/[f_q] \leqslant 0.4$	$0.4 < f_q/[f_q] \leqslant 0.6$	$0.6 < f_q/[f_q] \leqslant 0.8$	$0.8 < f_q/[f_q] \leqslant 1.0$	$f_q/[f_q] > 1.0$	f_q为腹板局部翘曲,$[f_q]$为许用腹板局部翘曲,取$0.7t$,t为板厚
C_5上翼缘板局部翘曲	$y_q/[y_q] \leqslant 0.4$	$0.4 < y_q/[y_q] \leqslant 0.6$	$0.6 < y_q/[y_q] \leqslant 0.8$	$0.8 < y_q/[y_q] \leqslant 1.0$	$y_q/[y_q] > 1.0$	y_q为上翼缘板局部翘曲,$[y_q]$为许用上翼缘板局部翘曲,当板厚$t \leqslant 10$mm时取3mm,当板厚$t > 10$mm时取4mm
C_6、C_8支腿局部翘曲	$z_q/[z_q] \leqslant 0.4$	$0.4 < z_q/[z_q] \leqslant 0.6$	$0.6 < z_q/[z_q] \leqslant 0.8$	$0.8 < z_q/[z_q] \leqslant 1.0$	$z_q/[z_q] > 1.0$	z_q为支腿局部翘曲,$[z_q]$为许用支腿局部翘曲,取t,t为板厚
C_7支腿弯曲度	$z_w/[z_w] \leqslant 0.4$	$0.4 < z_w/[z_w] \leqslant 0.6$	$0.6 < z_w/[z_w] \leqslant 0.8$	$0.8 < z_w/[z_w] \leqslant 1.0$	$z_w/[z_w] > 1.0$	z_w为支腿弯曲度,$[z_w]$为许用支腿弯曲度,取$H/200$,且不超过8mm,H为支腿长度
C_9支腿垂直度	$z_c/[z_c] \leqslant 0.4$	$0.4 < z_c/[z_c] \leqslant 0.6$	$0.6 < z_c/[z_c] \leqslant 0.8$	$0.8 < z_c/[z_c] \leqslant 1.0$	$z_c/[z_c] > 1.0$	z_c为支腿垂直度,$[z_c]$为许用支腿垂直度,取$H/1000$,H为支腿长度

同理，评价人员按照实际安全状况建立其它模糊评价矩阵

$$S_2=\begin{pmatrix}0 & 0.8 & 0.2 & 0\\ 0.2 & 0.6 & 0.2 & 0\end{pmatrix},\quad S_3=\begin{pmatrix}1 & 0 & 0 & 0\\ 0 & 1 & 0 & 0\end{pmatrix}。$$

由公式 $P_i = W_iS_i$ 计算各安全指标的评价矩阵，构造模糊综合评价矩阵(见表10－5)。

表10－5 模糊综合评价矩阵

2级评价因素 B_i	权重	3级评价因素 C_i	权重	评价情况 W_i	S_i	A优	B良	C中	D差	评价矩阵 $P_i=W_iS_i$
B_1	0.49	C_1	0.315	W_1(0.315 0.255 0.2 0.145 0.085)	S_1	0	0.2	0.8	0	P_1(0.216 0.303 0.401 0.08)
		C_2	0.255			0.6	0.4	0	0	
		C_3	0.2			0	0	0.6	0.4	
		C_4	0.145			0.2	0.6	0.2	0	
		C_5	0.085			0.4	0.6	0	0	
B_2	0.36	C_6	0.4	W_2(0.4 0.6)	S_2	0	0.8	0.2	0	P_1(0.12 0.68 0.2 0)
		C_7	0.6			0.2	0.6	0.2	0	
B_3	0.15	C_8	0.25	W_3(0.25 0.75)	S_3	1	0	0	0	P_3(0.25 0.75 0 0)
		C_9	0.75			0	1	0	0	

目标评价矩阵

$$P=\begin{pmatrix}P_1\\ P_2\\ P_3\end{pmatrix}=\begin{pmatrix}0.216 & 0.303 & 0.401 & 0.08\\ 0.12 & 0.68 & 0.2 & 0\\ 0.25 & 0.75 & 0 & 0\end{pmatrix}。$$

系统总体安全权重向量 $W=(0.49\quad 0.36\quad 0.15)$；系统总体安全模糊综合评价向量 $M=WP=(0.187\quad 0.506\quad 0.268\quad 0.039)$。

根据最大隶属原则，评定变形对该造船门式起重机安全性的影响等级属于B级(良)，结果与实际安全状况基本相符。该方法可较好地应用于变形对该造船门式起重机安全影响的安全性评价。

10.3 材料腐蚀环境下导致的结构承载能力失效评估

起重机钢结构的锈蚀是指起重机钢结构由于接触环境中的气体或液体进行化学反应而损耗的过程。起重机钢结构长期暴露于空气或潮湿的环境中，而未加有效的防护时，表面就会锈蚀，特别是当空气中有各种化学侵蚀性介质污染时，锈蚀则更为严重；即使刷漆、喷涂漆的起重机钢结构，由于在使用中受到风刮、日晒、气候冷热变化、雨天潮湿、霉菌侵蚀以及机械撞击、摩擦、酸碱或化学药品的腐蚀作用等，使涂层被逐渐破坏而失去保护能力，如不认真对待，锈蚀将加速发展，势必影响起重机钢结构的强度和刚度，缩短起重机使用寿命，降低其安全可靠性。

本部分主要对在役起重机械结构已发生腐蚀损伤情况下，如何对其由于材料厚度损失导致的使用性能下降进行安全计算与评估。

10.3.1 起重机械结构腐蚀种类与形式

1. 结构腐蚀种类

在冶金、石油、化工、港口和航运等行业中服役的起重机械设备，其结构材料的腐蚀主要以高温干燥环境下的化学腐蚀（金属与腐蚀介质直接发生反应）和潮湿环境下的电化学腐蚀为主。这两大类腐蚀可以细分为：①高温氧化腐蚀；②剥层腐蚀；③点状腐蚀；④晶间腐蚀；⑤缝隙腐蚀；⑥焊接应力腐蚀；⑦疲劳腐蚀；⑧振动磨损腐蚀；⑨电偶腐蚀；⑩工业大气腐蚀；⑪海洋大气腐蚀。存在腐蚀介质环境内工作的起重机械，以电偶腐蚀、焊接应力腐蚀、振动磨损腐蚀、缝隙腐蚀、疲劳腐蚀及工业大气腐蚀和海洋大气腐蚀为主，特别是电偶腐蚀最为严重，多种腐蚀最终均导致电偶腐蚀。

2. 腐蚀形式

起重机械在腐蚀环境产生的腐蚀形式主要有以下几种：

(1)起泡。起重机在使用或露天存放一两年后，表面的油漆涂层局部区域出现小起泡。这是涂层防护性能降低的第一个信号。它是由于涂层对钢铁失去了黏合作用，引起水的积聚，产生腐蚀。

(2)渗透起泡。这是由于存在于油漆涂层和钢铁界面上易溶的盐（如 NaCl、尘土、污物等），当水渗透到涂层与钢铁的界面上时，这些盐类被溶解，成为一种高浓度的溶剂，溶剂受热膨胀就会产生起泡。

(3)早期生锈。早期生锈表现为像麻疹一样的锈点，多发生在涂装的金属暴露于高湿气的情况下。

(4)阴极剥离。产品在起吊转运和安装过程中，油漆涂层不可避免地受到划伤或压伤破坏，受伤处的金属表面就裸露在大气环境中，如果起重机工作在含有大量电解质、腐蚀性气体的环境中，如化工厂、冶炼厂或海滨地区，电解质与金属之间就存在电极电位，通常钢铁成为阴极，电解质成为阳极。电化学腐蚀的结果造成邻接于油漆划伤或压伤处的油漆涂层与金属基体分离开来，这种失去粘合力的现象称作“阴极剥离”。

(5)均匀腐蚀。这是在腐蚀介质作用下金属整个表面遭受的腐蚀。这种腐蚀的危害性较小，因为构件都有一定的截面尺寸，微量的均匀腐蚀不会明显降低金属的机械性能。但箱形金属结构内腔表面因此而脱掉一层“皮”，使腹板变薄，也不可忽视。

(6)局部腐蚀。即在金属体的局部范围内发生的腐蚀。这种腐蚀会减小构件的有效截面积，使零件容易发生突然断裂(最明显的就是螺栓）。局部腐蚀分为孔腐蚀和晶间腐蚀。它比均匀腐蚀的危害大得多。其中尤以晶间腐蚀最为危险，因为晶间腐蚀沿晶界发展，使晶体之间的联结遭到破坏，金属的机械性能显著下降，而这种不良影响又往往不容易发现。

10.3.2 起重机械腐蚀机理

腐蚀对起重机钢结构的危害，不仅表现为截面厚度的均匀减薄，而且产生局部较大的锈坑，引起应力集中，促使结构早期破坏，尤其对直接承受动力荷载作用和处于低温地区的钢结构，更促使疲劳容许应力幅降低和钢材抗冷脆性能的下降。如腐蚀过于严重，不仅会降低起重机承载能力，减少使用时间，而且会导致发生起重机大梁断裂的设备坠毁事故，甚至会引发重大恶性伤亡事故。

起重机钢结构发生的腐蚀有化学腐蚀和电化学腐蚀两种类型。

1. 化学腐蚀

化学腐蚀是在干燥气体或非电解质溶液中进行的。例如，钢铁在干燥空气中，表面生成铁锈 Fe_3O_4 和 Fe_2O_3。另外，温度对化学腐蚀的影响也很大。钢铁在常温下的干燥空气里，其腐蚀的速度是很小的，几乎观察不出来；但是在高温的情况下，钢铁却很容易同空气里的氧气作用，形成氧化铁皮 FeO，而且，钢铁中的渗碳体组织也容易在高温下与气体发生如下反应：

$$Fe_3C + O_2 = 3Fe + CO_2\uparrow,$$

$$Fe_3C + CO_2 = 3Fe + 2CO\uparrow。$$

反应生成的气体逸出钢铁表面，于是钢铁表面便形成了脱碳层。

钢铁脱碳必然导致其强度的降低，从而影响材料的使用性能。

2. 电化学腐蚀

当金属的表面有电解质溶液存在时，由于电化学作用而引起腐蚀。所谓电化学作用就是在化学反应过程中有电流产生，才使腐蚀过程逐渐进行。起重机钢结构发生电化学腐蚀，主要有以下 4 种形式：

(1)大气腐蚀。起重机钢结构主要成分是铁碳合金，由于在露天作业，大气、雨水、露珠及潮湿的空气等在钢结构表面形成一层水膜，吸收空气中的 O_2、CO_2、SO_2 及盐类尘埃(如 NaCl)等而成为电解质，构成在电解液薄膜下的电化学腐蚀。起重机钢结构的电化学腐蚀机理和原电池的工作原理相同。水的电离程度虽小，可终究是一种电解质，能产生极少量的 H^+ 和 OH^-，何况空气里的 CO_2 和 SO_2 都是能溶于水而生成酸或碱的气体，使水里的 H^+ 增加，从而在钢结构表面产生腐蚀性原电池。在这种原电池里，铁是负极，碳是正极，使铁发生电化学锈蚀。在腐蚀过程中有氢气放出，导致析氢腐蚀，生成氢氧化铁($Fe(OH)_2$)，继续被氧化而形成铁锈。

(2)缝隙腐蚀。起重机械钢结构各连接法兰间存在间隙，潮湿空气、雨水、杂质等能进入而又处于相对停滞状态。法兰结合部氧的浓度低于外部氧的浓度，金属位于低氧浓度区域的为阳极，处于高氧浓度区域为阴极，形成氧的浓差电池，使缝隙处发生严重腐蚀。在服役较长时间的起重机械中，主梁与支腿、支腿与马鞍、支腿与走行梁、主梁与端梁连接法兰板等间隙普遍存在着不同程度的缝隙腐蚀。

(3)疲劳腐蚀。起重机械钢结构在交变应力和腐蚀介质的共同作用下，腐蚀往往发生在应力集中部位，如箱形结构悬臂根部、主梁上盖板、主梁内主腹板、下翼缘板等。承受交变应力集中部位或主梁焊接残余应力集中部位是门吊钢结构的薄弱点，电位比其它部位电位低，成为腐蚀活性点，往往容易发生电化学腐蚀。由于腐蚀损伤会产生原始裂纹，在腐蚀介质和交变应力的长期作用下，裂纹迅速向纵深发展而导致钢结构开裂，因此疲劳腐蚀是电化学腐蚀和交变应力相互作用的结果，也是最危险的。

(4)电偶腐蚀。起重机械钢结构连接法兰螺栓(如双梁门式起重机支腿与马鞍、主梁与端梁处连接螺栓，C 型门吊支腿连接螺栓)常常发生严重腐蚀。这是由于高强度连接螺栓与主体法兰板的电极电位不同，连接螺栓电极电位为负，法兰板电位为正，当处于电解质环境中，形成电偶电池，连接螺栓首先遭受腐蚀。

10.3.3　起重机械结构腐蚀安全性评价

根据起重机械安全规程(GB6067)规定，起重机金属结构锈蚀报废的条件为：①当承载能力降低至原设计承载能力的87%时；②当主要受力构件断面腐蚀达原厚度的10%时。在确定起重机锈蚀后剩余使用寿命时，前者过于繁琐，现场使用不便；后者没有区别不同构件截面起重机的特点，缺乏科学根据。本部分从起重机主梁抗弯能力入手，考察构件截面和板厚在锈蚀后对承载能力的影响，以此推导起重机锈蚀寿命期的一个快速估算公式。

起重机械主梁极限抗弯能力可表示为

$$M = \sigma \cdot W = \sigma \cdot \frac{I}{y_{\max}}, \tag{10-20}$$

式中，σ 为主梁结构的破坏应力；W 为主梁抗弯截面模量；I 为主梁惯性矩；$y_{\max}$为主梁实体距惯性轴的最大垂直距离。

根据起重机械安全规程(GB6067)中的金属结构腐蚀报废条件①确定了主梁报废时具有的抗弯能力为

$$M_{废} = 87\% M, \tag{10-21}$$

则由于金属结构锈蚀失去的主梁抗弯能力为

$$\Delta M = M - M_{废} = (1 - 87\%)M = 0.13M。 \tag{10-22}$$

若忽略金属结构锈蚀引起的 $y_{\max}$微小变化，则利用式(10-20)可将式(10-22)转变为

$$\Delta I = 0.13I。 \tag{10-23}$$

主梁惯性矩 I 由组成其形状的板件决定，可用函数式表示为

$$I = f(t_1, t_2, \cdots, t_n, h), \tag{10-24}$$

式中，$t_i(i = 1,2,\cdots,n)$ 为组成主梁各板件的厚度，n 为板数；h 为主梁高度。当忽略锈蚀引起的梁高变化时($\Delta h = 0$)，根据全微分定义有

$$\Delta I = \sum_{i=1}^{n} \frac{\partial I}{\partial t_i}\Delta t_i + \frac{\partial I}{\partial h}\Delta h \approx \sum_{i=1}^{n} \frac{\partial I}{\partial t_i}\Delta t_i, \tag{10-25}$$

式中，Δt_i 为构件的锈蚀厚度。根据实际试验表明，构件锈蚀厚度 Δt_i 与使用年限 k 成正比，与构件原厚度无关，即

$$\Delta t_i = k \cdot r, \tag{10-26}$$

式中，r 为起重机构件的锈蚀率，mm/年，根据起重机在同一作业环境中的实际锈蚀情况测定。若已知起重机使用 k'年后测得构件的锈蚀厚度为 $\Delta t'$，则

$$r' = \frac{\Delta t'}{k'}。 \tag{10-27}$$

将式(10-23)、式(10-25)、式(10-26)和式(10-27)联合求解，可得起重机使用总寿命 k 为

$$k = \frac{0.13k'}{\Delta t'} \cdot \frac{I}{\sum_{i=1}^{n} \frac{\partial I}{\partial t_i}}, \tag{10-28}$$

剩余寿命 k'' 为

$$k'' = k - k' = k'\left(\frac{0.13}{\Delta t'} \cdot \frac{I}{\sum_{i=1}^{n} \frac{\partial I}{\partial t_i}} - 1\right)。 \tag{10-29}$$

下面计算主梁惯性矩及对构件厚度的偏导数：

起重机主梁矩形截面参数如图 10－3 所示。由于主梁上、下盖板厚度差值(t_3-t_4)相对于梁高 h 通常较小，故可假定主惯性轴 $x-x$ 居中，即 $h_0=\frac{h}{2}$。此时主梁惯性矩为

$$I=\frac{1}{12}[t_1h^3+t_2h^3+bt_3^3+3bt_3(h+t_3)^2+bt_4^3+3bt_4(h+t_4)^2], \tag{10-30}$$

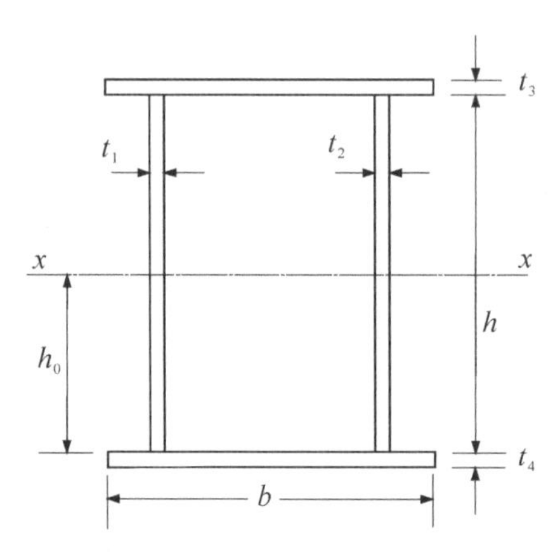

图 10－3　主梁截面示意图

惯性矩对构件各板厚度的偏导数为

$$\begin{cases} \dfrac{\partial I}{\partial t_1} = \dfrac{h^3}{12} \\ \dfrac{\partial I}{\partial t_2} = \dfrac{h^3}{12} \\ \dfrac{\partial I}{\partial t_3} = b(t_3 + \dfrac{h}{2})^2 \\ \dfrac{\partial I}{\partial t_4} = b(t_4 + \dfrac{h}{2})^2 \end{cases}, \tag{10-31}$$

偏导数的累计值为

$$\sum_{i=1}^{4} \frac{\partial I}{\partial t_i} = \frac{h^3}{6} + b\left[\left(t_3 + \frac{h}{2}\right)^2 + \left(t_4 + \frac{h}{2}\right)^2\right]。 \tag{10-32}$$

将式(10－30)和式(10－32)代入式(10－28)和式(10－29)，便可得起重机金属结构锈蚀后的使用总寿命和剩余使用寿命。

在图10-3中，当主梁上、下盖板厚度一致(即 $t_3 = t_4$)时，主梁惯性矩及对构件厚度的偏导数为

$$I = \frac{1}{12}h^3(t_1 + t_2) + \frac{1}{6}bt_3(4t_3^2 + 6ht_3 + 3h^2), \tag{10-33}$$

$$\sum_{i=1}^{4}\frac{\partial I}{\partial t_i} = \frac{h^3}{6} + 2b\left(t_3 + \frac{h}{2}\right)^2。 \tag{10-34}$$

起重机的总寿命和剩余使用寿命为

$$k = \frac{0.065k'}{\Delta t'} \cdot \frac{h^3(t_1 + t_2) + 2bt_3(4t_3^2 + 6ht_3 + 3h^2)}{h^3 + 3b(2t_3 + h)^2}, \tag{10-35}$$

$$k'' = k'\left[\frac{0.065}{\Delta t'} \cdot \frac{h^3(t_1 + t_2) + 2bt_3(4t_3^2 + 6ht_3 + 3h^2)}{h^3 + 3b(2t_3 + h)^2}\right]。 \tag{10-36}$$

又当 $t_1 = t_2 = t_3 = t_4$ 时，有 $I = \frac{1}{6}h^3t + \frac{1}{6}bt(4t^2 + 6ht + 3h^2)$, (10-37)

$$\sum_{i=1}^{4}\frac{\partial I}{\partial t_i} = \frac{h^3}{6} + 2b\left(t + \frac{h}{2}\right)^2, \tag{10-38}$$

$$k = \frac{0.13k't}{\Delta t'}\left[1 - \frac{2bt(4t + 3h)}{h^3 + 3b(2t + h)^2}\right], \tag{10-39}$$

$$k'' = k'\left\{\frac{0.13t}{\Delta t'}\left[1 - \frac{2bt(4t + 3h)}{h^3 + 3b(2t + h)^2}\right] - 1\right\}。 \tag{10-40}$$

10.3.4　案例分析

某使用单位一台跨度 $L = 30\text{m}$ 的20/5t龙门起重机，主梁截面参数为 $t_1 = t_2 = 6\text{mm}$，$t_3 = t_4 = 10\text{mm}$，$h = 1550\text{mm}$，$b = 950\text{mm}$。由于该机经常在腐蚀性环境中使用，其金属结构发生了较为严重的腐蚀。使用 $k' = 3$ 年时测得其主梁构件的锈蚀厚度 $\Delta t' = 0.25\text{mm}$，现需估算该龙门起重的使用总寿命和剩余使用寿命。

从式(10-33)和式(10-34)可计算主梁截面惯性矩和偏导数累计值：

$$I = \frac{1}{12} \times 1550^3 \times 2 \times 6 + \frac{1}{6} \times 950 \times 10 \times (4 \times 10^2 + 6 \times 1550 \times 10 + 3 \times 1550^2)$$
$$= 1.5284 \times 10^{10}(\text{mm}^4),$$

$$\sum_{i=1}^{4}\frac{\partial I}{\partial t_i} = \frac{1}{6} \times 1550^3 + 2 \times 950 \times \left(10 + \frac{1550}{2}\right)^2 = 1.7915 \times 10^9(\text{mm}^3)。$$

代入式(10-28)和式(10-29)中便可得该龙门起重机使用总寿命和剩余使用寿命为

$$k = \frac{0.13 \times 3}{0.25} \times \frac{1.5284 \times 10^{10}}{1.7915 \times 10^9} = 13.31(年),$$

$$k'' = k - k' = 13.31 - 3 = 10.31(年)。$$

11 1000t/h 桥式抓斗卸船机安全评估

卸船机金属结构的主要作用是承受卸船机自重及外载荷，并构成必要的工作体系和运动空间，以完成卸船机的各项功能，所以金属结构的安全性显得至关重要。桥式抓斗卸船机作为散货码头的主要取料设备，其安全性能的好坏直接关系到码头是否能够正常运作，一旦卸船机出现故障，就会产生连锁反应，导致整个泊位装卸工艺系统受损，造成巨大的经济损失。为了对设备进行科学、有效的管理，保证其安全使用，在起重机使用一定年限后对其金属结构进行安全评估有着重要的意义。

11.1 待评估卸船机简介

在进行安全评估前，需对卸船机的基本情况进行了解，这样才能选择正确的安全评估方法。

11.1.1 待评估卸船机基本情况

该卸船机于1995年投产使用，主要用于港口煤矿货物的装卸，评估时已使用17年之久。其主要技术参数如表11-1所示，样机见图11-1。该机具有较详细的维护记录，自投产以来，使用单位坚持每月记录设备的累计使用时间和完好率，每年定期针对包括主金属结构在内的整机状况进行一次全面的技术检查，清洁、紧固、润滑、调整等保养工作，并做详细记录。2001年3月由于操作违规导致司机室海侧两条路轨变形，后更换维修之。

由于该机使用年限已久，而且使用工况均处于潮湿、粉尘密度高等恶劣环境，整机多处存在明显锈蚀等损伤现象。为了全面了解整机金属结构的使用技术状态，遂即展开主金属结构的安全评估工作。

表11-1 评估样机主要技术参数

名称	值	名称	值
最大卸船能力	1000t/h	额定卸船能力	850t/h
轨距	16m	基距	15m
外伸距	27m	内伸距	11m
工作级别	A7	抓斗开闭时间	10s
抓斗起升高度	a. 自轨面以上20m b. 自轨面以下15m	轮压	a. 工作时最大轮压35t/轮 b. 非工作时最大轮压40t/轮

图 11－1　待评估卸船机形貌

11.1.2　卸船机使用工况调查

根据现场及相关资料的查阅可知，评估样机自投产以来一直处于一线作业场地，主要负责靠岸货船的装卸任务，其中以煤粉和矿石居多。由货船进港频次及卸船周期决定其使用频率。

根据设备使用单位提供的使用和维保记录，统计得到评估样机的历史利用率和整机的完好率统计，如图 11－2 和图 11－3 所示。从图中可知，该机的使用频率呈逐年上升的趋势，尤其是 2004 年之后使用频率猛增，2008 年的使用频率暂时性下跌可能由于受到全球

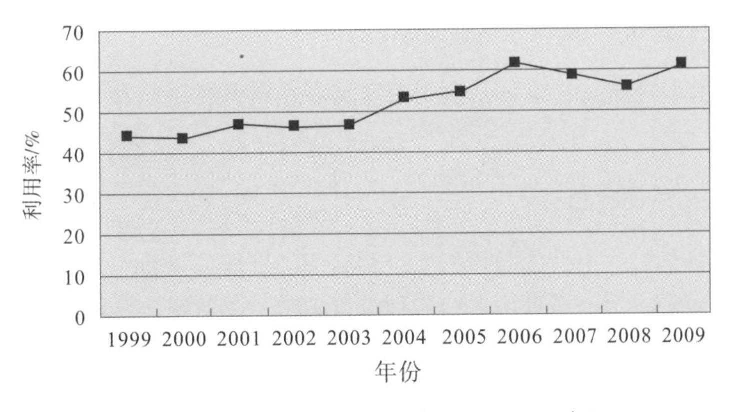

图 11－2　卸船机利用率统计（1999—2009 年）

经济危机的影响，港口货物吞吐量锐减所致，但到2009年又恢复到与2007年的使用频率相近。与此对应的是样机的完好率变化，同样在2006—2007年之间完好率随使用频率的增加而减小，2001年左右因司机室轨道的损害导致整机的完好率下降。总体而言，整机的使用频率较高，而使用单位对设备的及时维护，尤其是易损件如抓斗的起升钢丝绳、闭合钢丝绳的更换，尽可能地减少了设备的劣化速率，从1999—2009年十年服役期内，设备使用率平均为52%，完好率平均可达到95.7%。

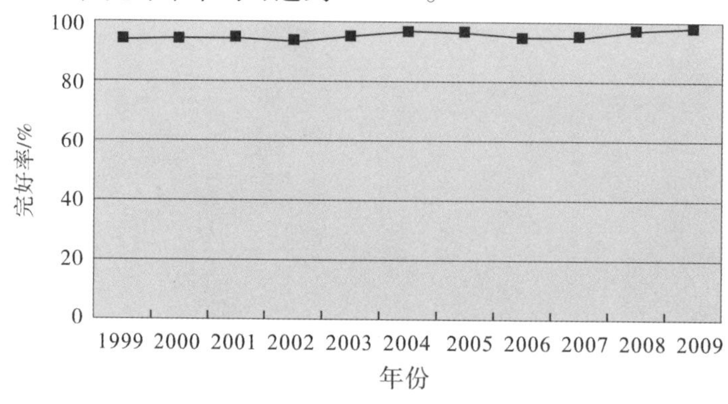

图11－3 卸船机完好率统计(1999—2009年)

11.1.3 小结

本节简要介绍该卸船机的基本状况，并对起重机的实际使用情况进行了调查，获得卸船机使用工况的第一手资料，为卸船机安全评估提供重要参考和依据。

11.2 金属结构无损检测

由于该卸船机长期服役在潮湿、粉尘环境中，整机多处出现锈蚀甚至严重锈蚀的现象，因此依据相关标准对整机钢结构进行厚度测试和无损检测。其检测结果可为使用单位提供修复的参考依据。

11.2.1 评估样机各机构说明

为便于说明和分类统计，本评估项目对整体各结构部件进行相应的标识，如图11－4所示。

11.2.2 金属结构目视检测

在技术检测评估过程中首先对该机主金属结构件进行目视检测，该机整体主金属结构件外观防腐油漆较好，但经清理后对结构件进行细微目视检测，发现该机有部分区域腐蚀较为严重，其中包括一些重要受力结构件及连接部位，有的部位存在危险性较大的宏观开裂现象，存在较大的安全隐患，使用单位应重视，并及时加以修复使之达到安全技术使用要求。下面逐一列举目视检测发现的问题。

图 11－4　待测样机照片

A—卸船机箱型主梁(包括前大梁和后大梁)；B—卸船机拉杆；C—卸船机梯形架立柱；
D—卸船机门架；E—卸船机卸料斗支撑金属结构

(1)卸船机 C 部位(卸船机梯形架立柱)横梁下盖板角焊缝锈蚀严重，有的角焊缝位置焊肉全部腐蚀(见图 11－5～图 11－7)，建议修复。

图 11－5　C 部位横梁角焊缝锈蚀部位

图 11－6　C 部位锈蚀位置放大图 Ⅰ

图 11－7　C 部位锈蚀位置放大图 Ⅱ

(2)卸船机 A 部位(卸船机主梁)前端支座角焊缝开裂(见图 11－8～图 11－10)，建议修复。

图 11－8 主梁前大梁滑轮支座

图 11－9 主梁前大梁滑轮支座角焊缝开裂位置 I

图 11 - 10　主梁前大梁滑轮支座角焊缝开裂位置Ⅱ

(3)卸船机 A(卸船机主梁)前大梁箱型主梁下盖板与走台连接螺栓松动、连接部位存在开裂(见图 11 - 11、图 11 - 12)，建议修复。

图 11 - 11　前大梁主梁下盖板与走台连接螺栓松动

图 11－12　前大梁主梁下盖板与走台连接螺栓有开裂

（4）卸船机 A（卸船机主梁）构件与 C（卸船机梯形架立柱）构件连接部位存在较为严重的锈蚀（见图 11－13、图 11－14），建议修复。

图 11－13　连接部位存在锈蚀

图 11－14　连接部位存在锈蚀放大图

(5)卸船机 A(卸船机主梁)构件上盖板存在较为严重的腐蚀，后大梁连接焊缝及与机房连接部位锈蚀最为严重(见图 11－15～图 11－19)，建议及时修复。

图 11－15　主梁上盖板典型腐蚀坑

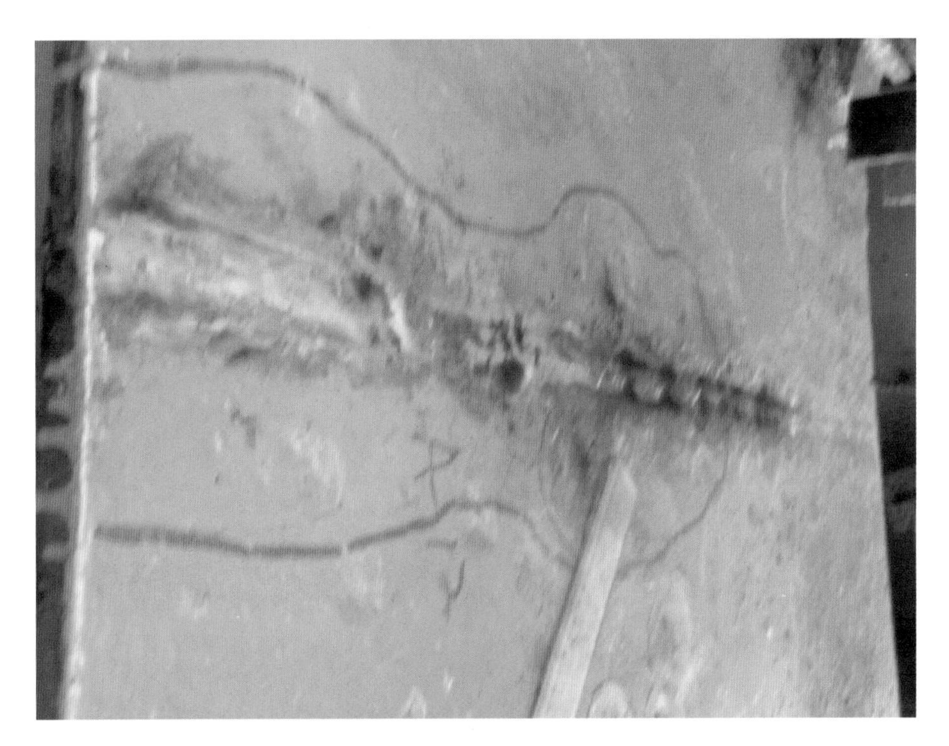

图 11－16　主梁上盖板对接焊缝典型腐蚀坑

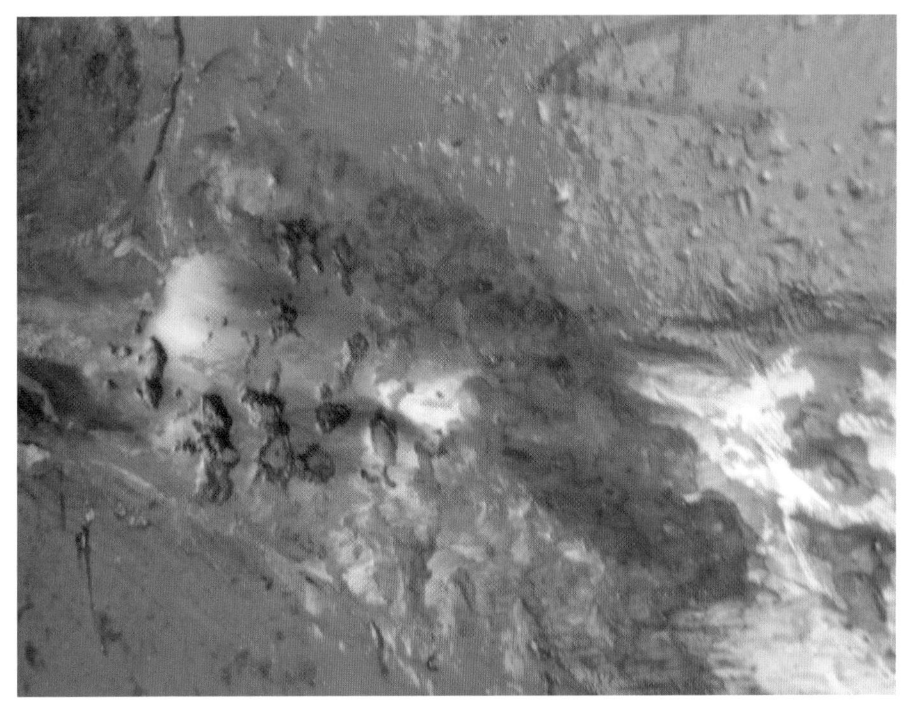

图 11－17　主梁上盖板对接焊缝典型腐蚀坑放大图

图 11－18 主梁上盖板与机房连接件的锈蚀

图 11－19 主梁上盖板与机房连接件的锈断现象图

(6)卸船机 D(卸船机门架)构件箱型斜撑杆角焊缝锈蚀(见图 11－20、图 11－21),建议修复。

图 11－20　门架斜撑杆角焊缝锈蚀

图 11－21　门架斜撑杆角焊缝锈蚀放大图

(7)卸船机 D(卸船机门架)构件下横梁锈蚀较严重，连接位置及附件也有较为严重锈蚀(见图 11-22～图 11-25)，建议修复。

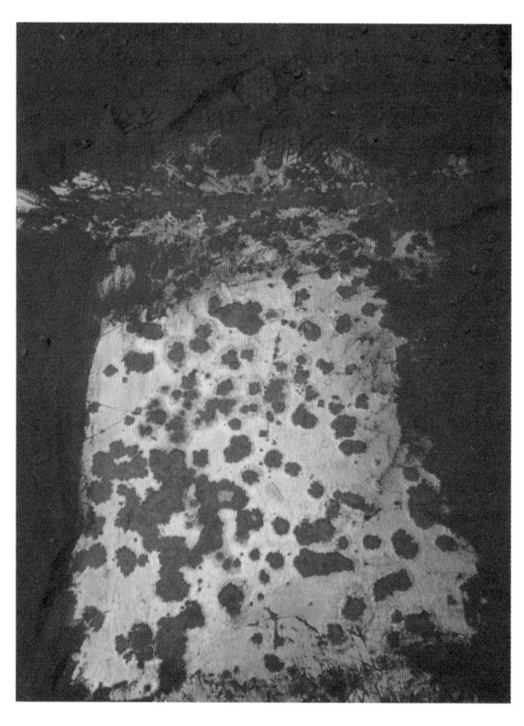

图 11-22 门架下横梁面板锈蚀

图 11-23 门架下横梁与斜撑杆连接焊缝锈蚀

图 11－24 门架法兰盘焊缝锈蚀

图 11－25 走线防护盖板锈穿

（8）卸船机 E（卸船机卸料斗支撑金属结构）构件连接焊缝部位锈蚀、料斗墙钢板锈蚀、煤堆积部位腐蚀和电机支撑部位锈蚀严重（见图 11－26～图 11－29），建议仔细检查并及时修复。

图 11－26　料斗支撑件连接部位锈蚀

图 11－27　料斗侧面锈穿

图 11－28　电动机支撑件锈蚀严重

图 11－29　电动机支撑件锈蚀严重放大图

11.2.3 主金属结构钢板测厚

主金属结构件钢板超声波测厚选点原则：主要受力构件的钢板厚度应保证都有测试点，测试选点的重点放在结构件钢板腐蚀较为严重部位或表面防锈状况较差部位，如门架、主梁、梯形架等钢板锈蚀部位。测试点：选择中心测点后应在其直径50mm圆形面积内测试至少3次，在确保测试无误情况下取最小值为最终测试结果。测试编号：对应上图结构件大写英文字母为结构测点编号首字，结构件测点编号按数字顺序依次排，如A1，A2，…

本次测试选取已腐蚀部位和结构相对完整的部位进行比对，以得到钢板腐蚀速率。本次测试采用的测厚仪为DM4，采用透过油漆方法进行测试。金属结构钢板厚度测量值如表11－2所示。

表11－2 金属结构钢板厚度测试结果

<table>
<tr><th rowspan="2">序号</th><th rowspan="2">编号</th><th colspan="4">测量值/mm</th><th rowspan="2">测试部位</th><th rowspan="2">腐蚀速率
mm/a</th><th rowspan="2">备注</th></tr>
<tr><th>1次</th><th>2次</th><th>3次</th><th>最小值</th></tr>
<tr><td>1</td><td>D－1</td><td>15.23</td><td>15.29</td><td>15.21</td><td>15.21</td><td>门架立柱面板</td><td></td><td></td></tr>
<tr><td>2</td><td>D－2</td><td>7.60</td><td>7.61</td><td>7.60</td><td>7.60</td><td>门架斜撑杆</td><td></td><td></td></tr>
<tr><td>3</td><td>D－3</td><td>7.71</td><td>7.70</td><td>7.69</td><td>7.69</td><td>斜撑杆面板</td><td></td><td></td></tr>
<tr><td>4</td><td>D－4</td><td>15.48</td><td>15.38</td><td>15.32</td><td>15.32</td><td>门架立柱面板</td><td></td><td></td></tr>
<tr><td>5</td><td>D－5</td><td>15.38</td><td>15.39</td><td>15.37</td><td>15.37</td><td>门架立柱面板</td><td></td><td></td></tr>
<tr><td>6</td><td>D－6</td><td>6.93</td><td>7.06</td><td>6.95</td><td>6.93</td><td>门架底梁面板</td><td></td><td></td></tr>
<tr><td>7</td><td>E－1</td><td>10.09</td><td>10.12</td><td>10.08</td><td>10.08</td><td>料斗支撑管</td><td></td><td></td></tr>
<tr><td>8</td><td>E－2</td><td>10.42</td><td>10.35</td><td>10.43</td><td>10.35</td><td>料斗斜撑管</td><td></td><td></td></tr>
<tr><td>9</td><td>E－3</td><td>17.62</td><td>17.66</td><td>17.68</td><td>17.62</td><td>料斗支撑杆</td><td></td><td></td></tr>
<tr><td>10</td><td rowspan="2">D－7</td><td>7.70</td><td>7.73</td><td>7.70</td><td>7.70</td><td rowspan="2">门架底梁面板</td><td rowspan="2">0.23</td><td rowspan="2">超10%</td></tr>
<tr><td>11</td><td>4.56</td><td>4.89</td><td>3.82</td><td>3.82</td></tr>
<tr><td>12</td><td>D－9</td><td>15.70</td><td>15.71</td><td>15.70</td><td>15.70</td><td>底梁下盖板</td><td></td><td></td></tr>
<tr><td>13</td><td>D－10</td><td>7.46</td><td>7.45</td><td>7.46</td><td>7.45</td><td>底梁面板</td><td></td><td></td></tr>
<tr><td>14</td><td rowspan="2">B－1</td><td>7.71</td><td>7.75</td><td>7.73</td><td>7.71</td><td rowspan="2">梯形架拉杆</td><td rowspan="2">0.013</td><td rowspan="2"></td></tr>
<tr><td>15</td><td>7.53</td><td>7.67</td><td>7.54</td><td>7.53</td></tr>
<tr><td>16</td><td rowspan="2">D－11</td><td>15.28</td><td>15.29</td><td>15.27</td><td>15.27</td><td rowspan="2">门架立柱上端</td><td rowspan="2">0.298</td><td rowspan="2">超10%</td></tr>
<tr><td>17</td><td>10.35</td><td>10.29</td><td>10.23</td><td>10.23</td></tr>
<tr><td>18</td><td>B－2</td><td>7.52</td><td>7.50</td><td>7.52</td><td>7.50</td><td>梯形架斜拉杆</td><td></td><td></td></tr>
<tr><td>19</td><td>C－1</td><td>9.58</td><td>9.57</td><td>9.59</td><td>9.57</td><td>立柱腹板</td><td></td><td></td></tr>
</table>

（续表 11－2）

序号	编号	测量值/mm				测试部位	腐蚀速率 mm/a	备注
		1 次	2 次	3 次	最小值			
20	C－2	9.02	9.03	9.04	9.02	立柱面板		
21	A－1	11.84	11.85	11.84	11.84	前大梁支座钢板		
22	A－2	7.45	7.44	7.44	7.44	前大梁端部横梁		
23	A－3	7.27	7.28	7.29	7.27	前大梁主梁面板		
24	A－4	5.84	5.83	6.03	5.83	前大梁面板腐蚀坑	0.14	超 10%
25		6.47	6.49	6.45	6.45			
26		5.01	5.05	4.91	4.91			
27	A－5	7.70	7.75	7.81	7.70	主梁观察孔板		
28	A－6	19.86	19.85	19.87	19.85	后大梁面板	0.195	超 10%
29		16.58	16.54	16.58	16.54			
30	A－7	11.86	11.87	11.87	11.86	后大梁腹板		

厚度测试现场测点图如图 11－30～图 11－34 所示。

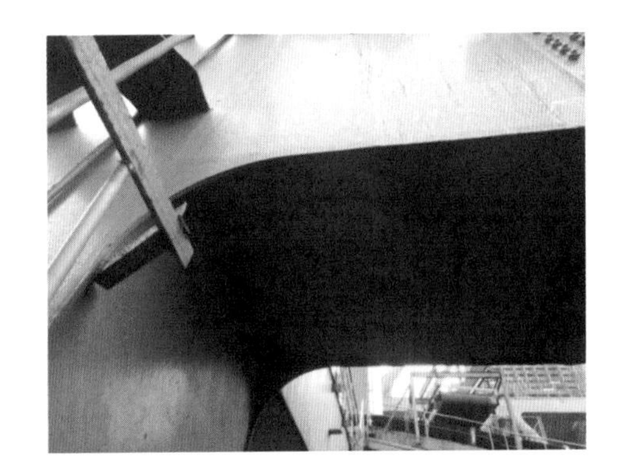

图 11－30　门架横梁面板和下盖板

图 11－31　测点 D－11 门架上端

图 11－32　门架立柱面板

图 11－33　主梁面板测点

图 11－34　后大梁面板测点

从上述测点结果来看，门架底梁面板的腐蚀速率最大，门架立柱上端面板和主梁前大梁面板腐蚀速率次之，且有部分测点腐蚀量已超国家相关标准要求，建议修复并做好防腐措施。

11.2.4　连接焊缝无损检测

本次检测对象为样机金属结构连接焊缝，采用的无损检测技术为目视检测和磁粉检测，对磁粉检测部位焊缝要求进行油漆打磨。采用的仪器设备为便携式磁探机和红、黑磁悬液，辅助设备为放大镜和尺子。本次检测选取的部位及检测结果如表 11－3 所示。

表 11－3　无损检测部位及检测结果

序号	编号	部　位	长度/mm	缺陷性质	缺陷尺寸/mm
1	A1	料斗支撑角焊缝	300	无	—
2	A2	料斗支撑角焊缝	430	焊接缺陷	5
3	A3	料斗支撑角焊缝	670	无	—
4	A4	底梁面板对接焊缝	1300	无	—
5	A5	滑轮支座焊缝	120	无	—
6	A6	滑轮支座焊缝	100	无	—
7	A7	滑轮支座焊缝	120	无	—
8	A8	滑轮支座焊缝	250	夹杂	5
9	A9	支座补强板焊缝	140	裂纹	120
10	A10	主梁观察孔焊缝	900	裂纹	3
11	A11	主梁观察孔焊缝	860	无	—
12	A12	后大梁面板对接焊缝	730	锈蚀	整条焊缝

无损检测现场图片如图 11 - 35 ～图 11 - 44 所示。

图 11 - 35　料斗支撑杆连接焊缝检测图

图 11 - 36　料斗角焊缝检测部位

图 11 - 37　料斗角焊缝检测出的缺陷

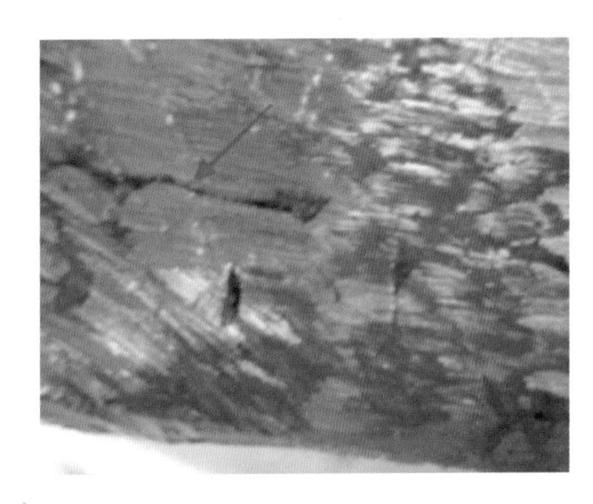

图 11 - 38　料斗角焊缝检测出的缺陷

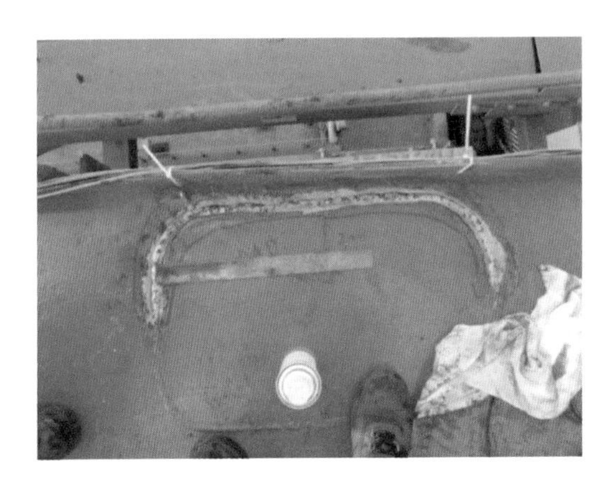

图 11 - 39　主梁观察孔焊缝

图 11 - 40　主梁观察孔焊缝存在 3mm 裂纹缺陷

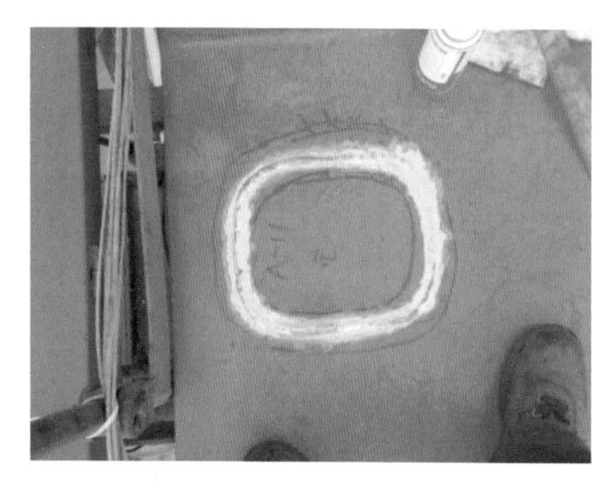

图 11 - 41　主梁面板观察孔焊缝

图 11 - 42　主梁滑轮支座角焊缝存在夹杂

图 11 - 43　门架底梁面板对接焊缝检测现场

图 11 - 44　滑轮支撑角焊缝开裂达 120mm

11.2.5　小结

从该评估样机现场目视检测结果可知，该机金属结构存在的主要缺陷为锈蚀、开裂、螺栓连接松动，其中锈蚀在大多数主金属结构中都存在，且较为严重，部分构件钢板甚至都已锈穿。锈蚀存在的形式有大面积锈蚀(如门架下横梁面板)、腐蚀坑成群出现(如主梁面板及其对接焊缝)和连接部位的锈蚀(如料斗角焊缝连接处，主梁与门架螺栓连接处等)。门架下部的锈蚀部位多为煤炭堆积的位置。以上问题应加以重视，并建议定期清理煤炭堆积位置的煤炭。宏观开裂主要在主梁前大梁滑轮支座底部角焊缝位置，开裂的长度很大，存在较大安全隐患，应及时修复，在主梁下盖板与走台连接螺栓处存在油漆开裂和松动，使用单位应及时确认并修复。

从该机主金属结构件钢板超声波测厚结果可知，现场钢板厚度测试结果同样可以反映金属结构腐蚀的严重性，其中门架底横梁面板、门架门腿上部腹板、主梁前后大梁面板腐蚀最为严重，腐蚀速率分别 0.23mm/a、0.298mm/a、0.14mm/a 和 0.195mm/a(假设腐蚀在时间段内是均匀腐蚀)，最大腐蚀速率为门架门腿上部腹板腐蚀坑位置，且厚度损失量均超过原始厚度的 10%，结合历史的记载数据可以看出，该机在使用环境下的腐蚀速率较大，应采取相应的防腐措施，建议对不满足安全使用要求且不能修复的金属钢板进行更换。

从焊缝表面磁粉检测结果可知，料斗支撑杆与横梁连接的角焊缝存在焊接缺陷，观察孔焊缝表面也存在有长约3mm的裂纹，主梁前大梁端部滑轮支座角焊缝存在夹杂焊接缺陷，补强板角焊缝多处出现宏观开裂现象，存在较大安全隐患！后大梁面板焊缝腐蚀较严重，应及时修复。

总之，无损检测的相关结论对该机整机的疲劳强度有很大的影响，如不及时修复会降低该机的疲劳强度。

11.3　有限元数值模拟与计算分析

评估工作中主要依靠实际的外观检查、结构的无损探伤以及应力测试等工作完成对样机的安全评估内容，但是，对于结构与载荷响应测试而言，由于时间、条件等外在因素的限制，只能针对某些典型的位置、典型的工况进行测试，如果要全面评估和鉴别结构中的危险位置，则需依赖于有限元数值模拟。在实际应力测试前可以利用有限元模拟提供有效的布点位置。

11.3.1　简介

卸船机的设计有限元模型，是依照客户提供的设计图纸在有限元分析软件 ANSYS 中建立的，而有限元评估模型则需依照客户提供的设计图纸并综合考虑现场实测的结果，在有限元分析软件 ANSYS 中建立，如图 11－45 所示。有限元模型选取的单元有 Beam188、Mass21。

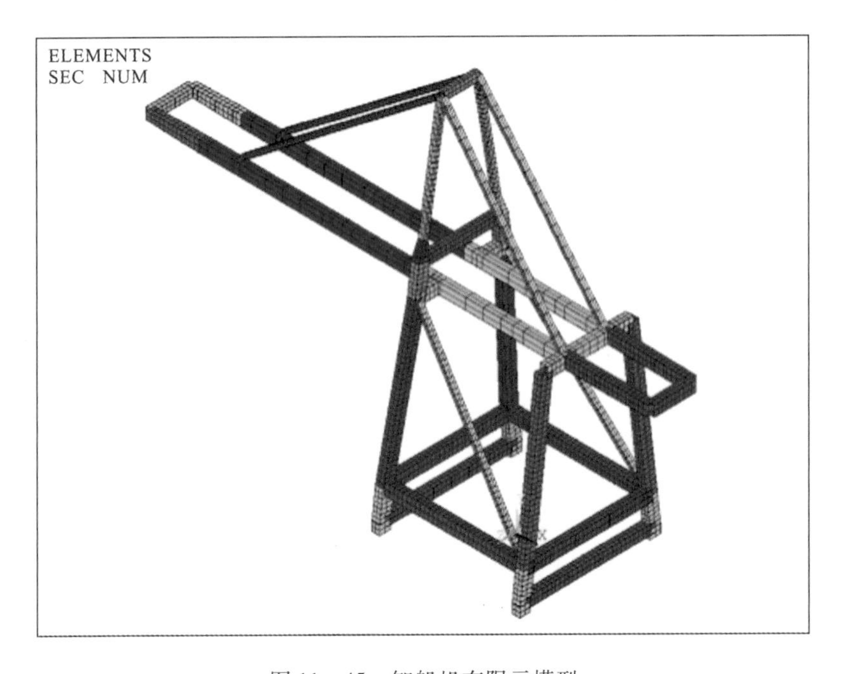

图 11－45　卸船机有限元模型

11.3.2 计算依据

(1)《起重机设计规范》GB/T 3811—2008。

(2)甲方提供的设计图纸和乙方现场测试的数据。

11.3.3 有限元计算

考虑起升冲击系数、起升动载系数、自重载荷、起升载荷和工作状态下的风载。

该卸船机的主体材料为 Q235，材料许用应力如表 11 -4 所示。

表 11 -4 材料许用应力表

材料	板厚/mm	屈服强度/MPa	安全系数 n_{II}	许用应力$[\sigma_{\text{II}}]$/MPa
Q235	$t\leqslant16$	235	1. 34	175
Q235	16 ～ 40	225		168

在小车吊运货物移动的过程中，考虑最不利工况，应计算校核 5 个小车位置，如表 11 -5 所示。

表 11 -5 卸船机计算校核位置

小车位置	以海侧轨道为基点/m	具体的位置
1	-27	外伸距
2	-21	前拉杆拉点
3	-17. 75	海侧上横梁与前拉杆拉点的 1/2
4	1. 5	海侧上横梁
5	11	内伸距

因为卸船机结构存在较大锈蚀，所以计算时需按设计模型和评估模型分别计算。设计模型中厚度均为设计厚度，而评估模型中厚度为现场测量厚度值。

11. 3. 3. 1 设计模型

有限元强度计算结果如表 11 -6 所示。

表 11 -6 卸船机有限元强度计算结果

小车位置	最大等效应力 Von Mises/MPa	最大等效应力所在位置	许用应力/MPa
1	87. 04	后拉杆	175
2	78. 57	后拉杆	175
3	73. 86	前大梁	175
4	56. 80	前拉杆	168
5	56. 90	前拉杆	168

卸船机整机应力云图如图 11－46～图 11－50 所示。

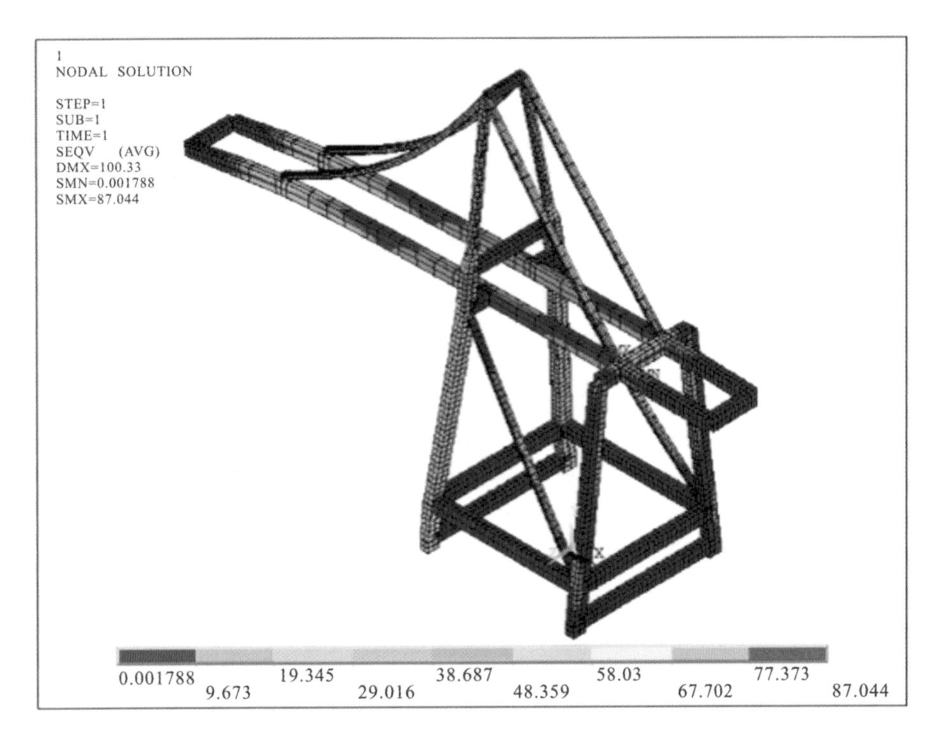

图 11－46　小车处于 1 号位置时整机等效应力云图

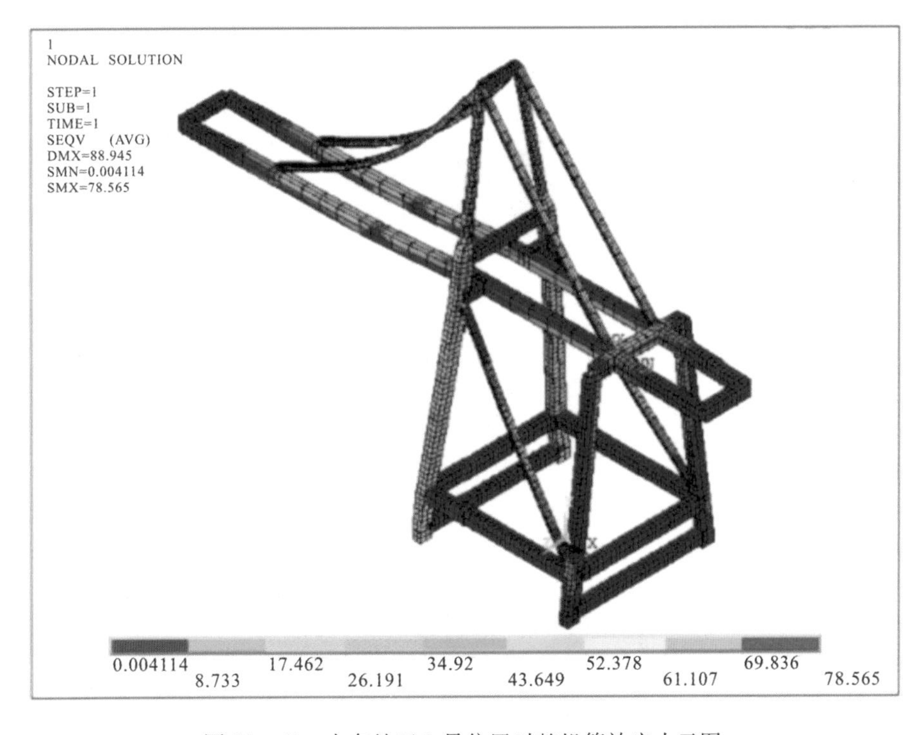

图 11－47　小车处于 2 号位置时整机等效应力云图

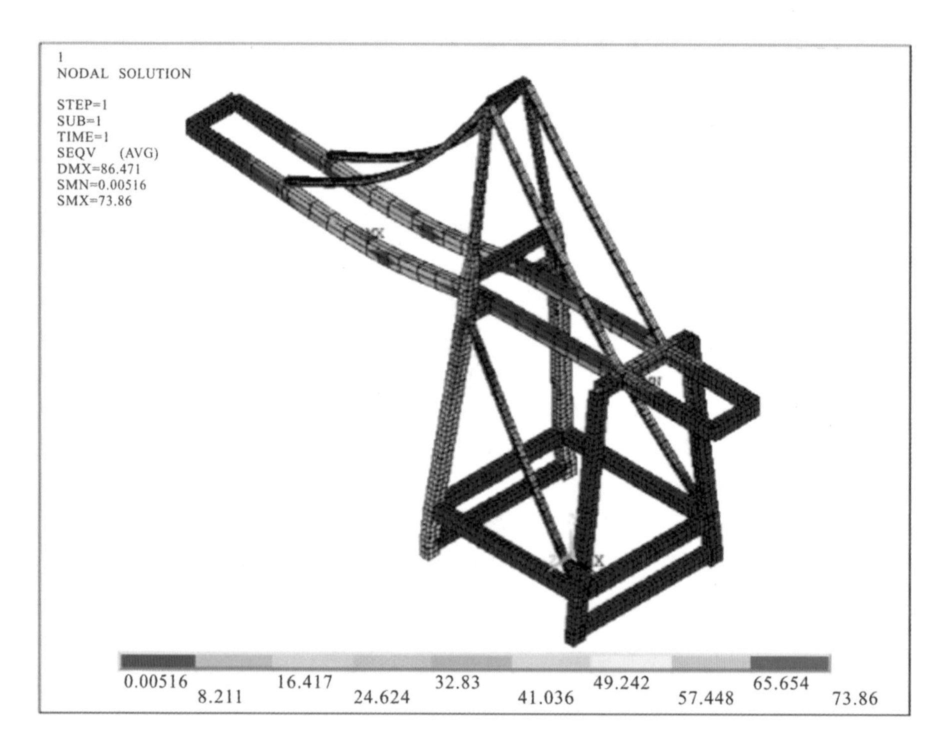

图 11－48　小车处于 3 号位置时整机等效应力云图

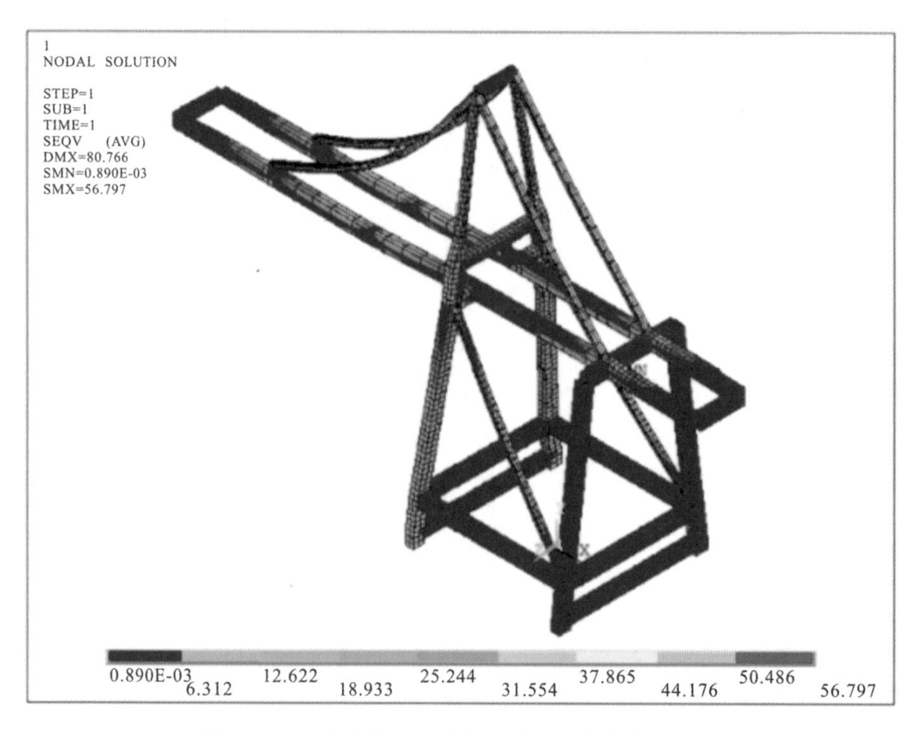

图 11－49　小车处于 4 号位置时整机等效应力云图

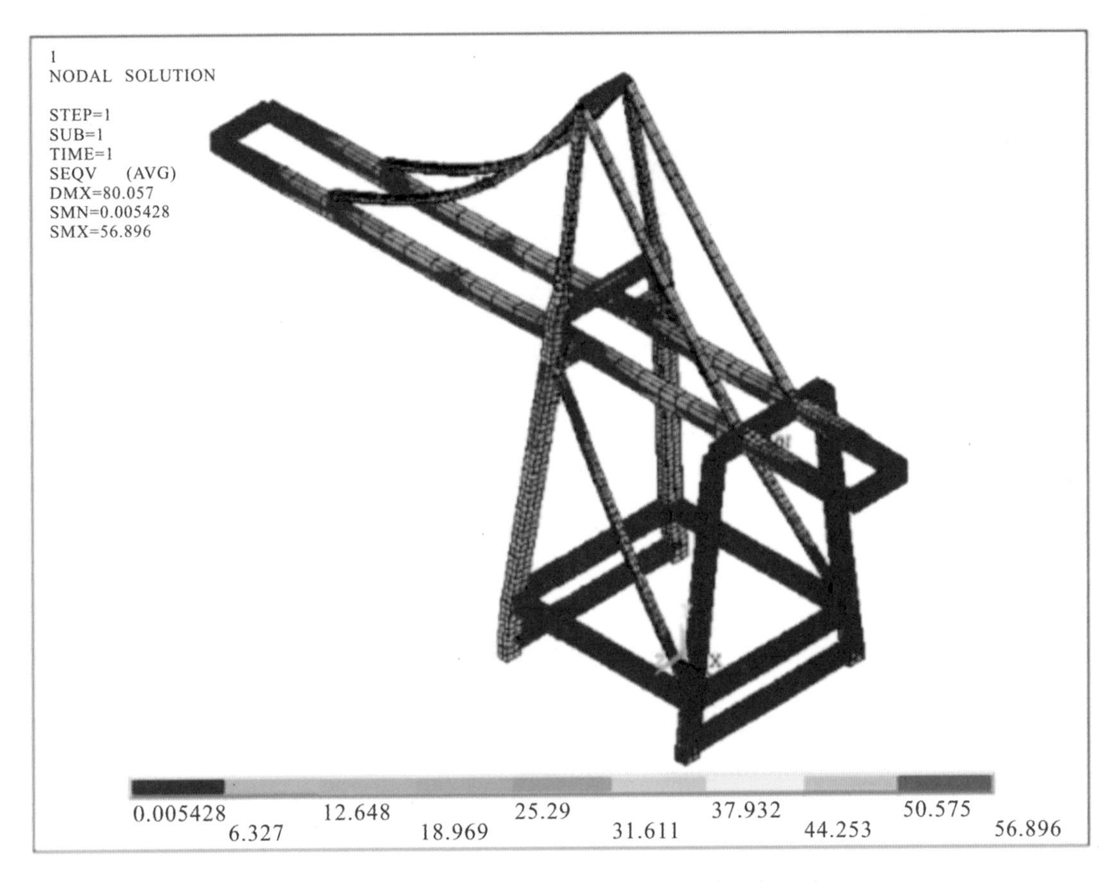

图 11 - 50　小车处于 5 号位置时整机等效应力云图

11.3.3.2　评估模型

有限元强度计算结果如表 11 - 7 所示。

表 11 - 7　卸船机有限元强度计算结果

小车位置	最大等效应力 Von Mises/MPa	最大等效应力所在位置	许用应力/MPa
1	125.80	前大梁	175
2	75.41	后拉杆	175
3	115.13	前大梁	175
4	54.53	前拉杆	168
5	54.61	前拉杆	168

卸船机整机应力云图如图 11 - 51 ～图 11 - 55 所示。

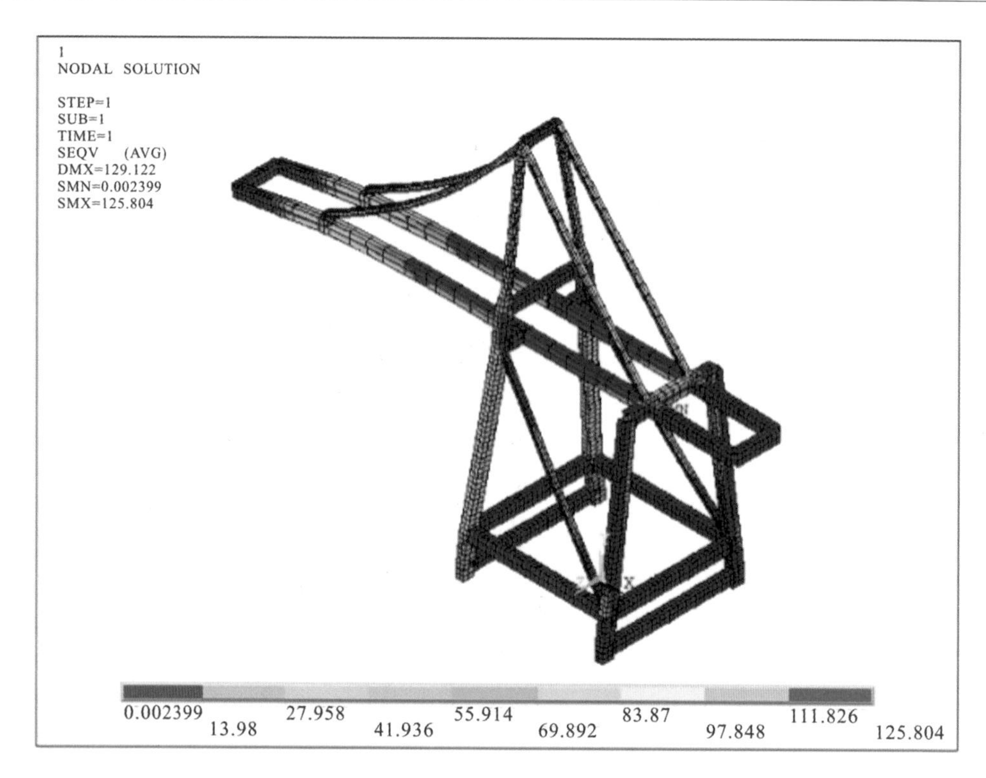

图 11-51 小车处于 1 号位置时整机等效应力云图

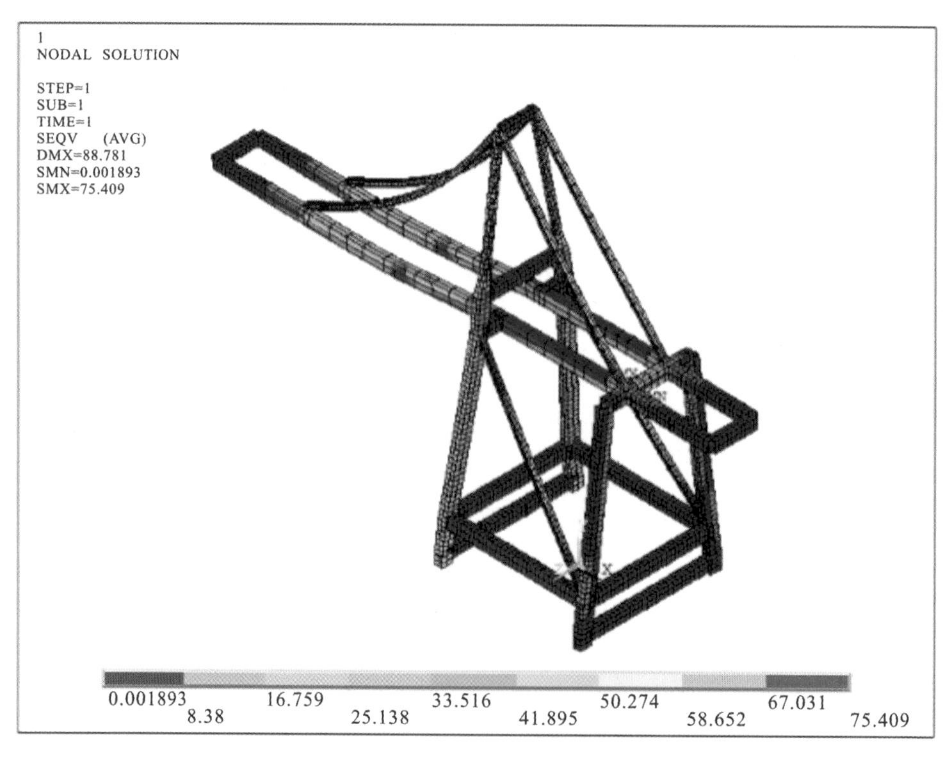

图 11-52 小车处于 2 号位置时整机等效应力云图

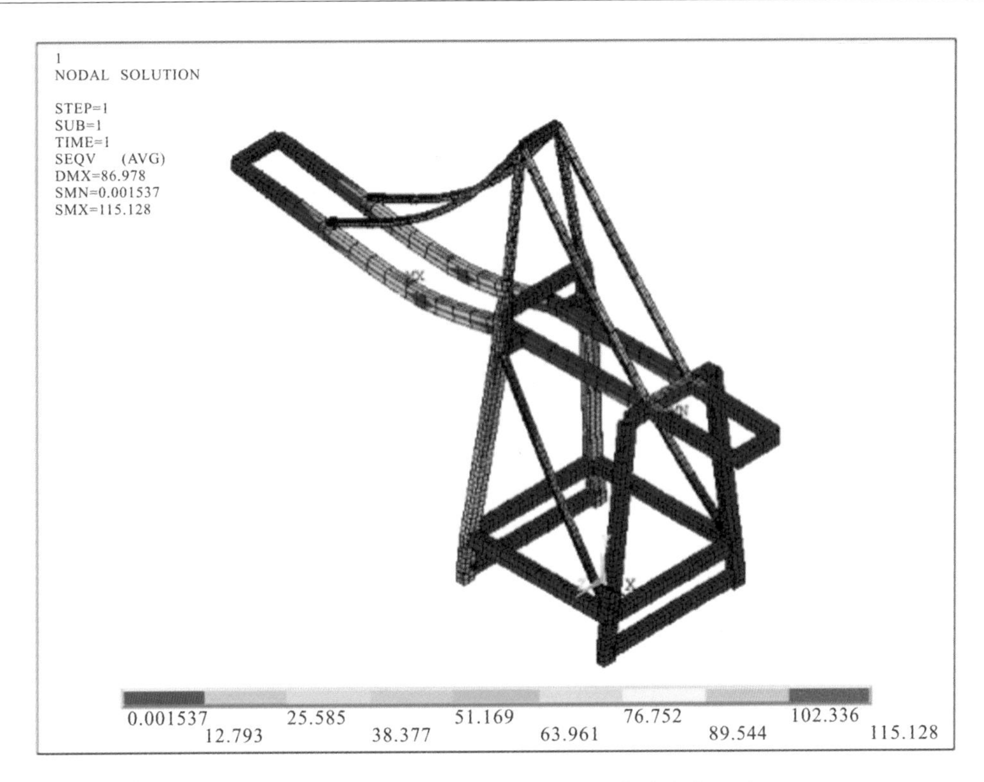

图 11－53 小车处于 3 号位置时整机等效应力云图

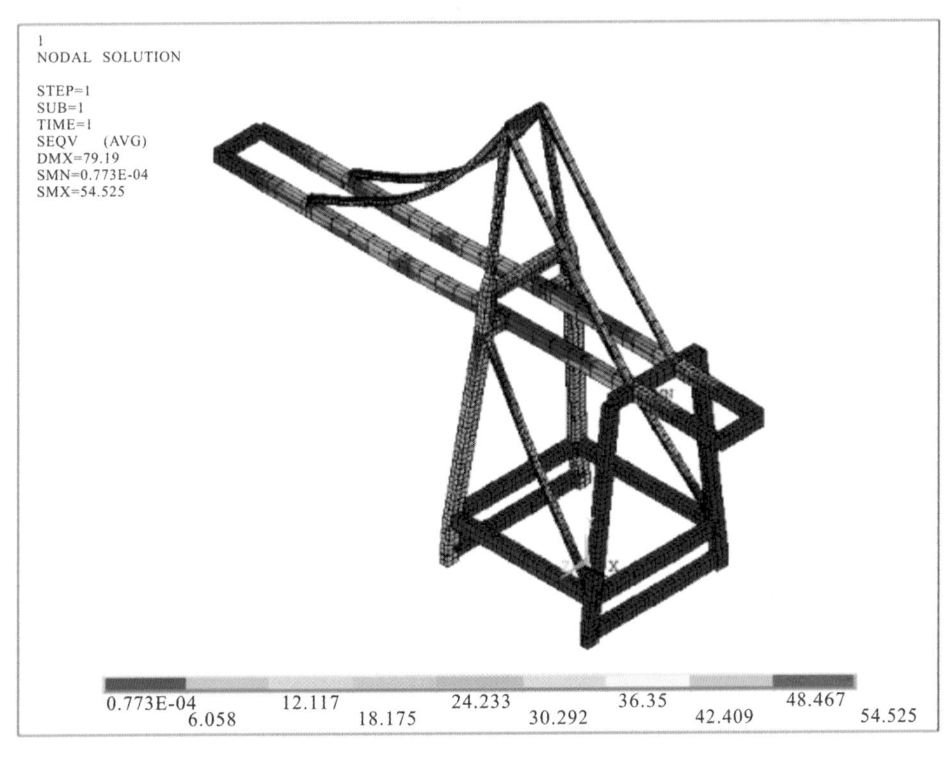

图 11－54 小车处于 4 号位置时整机等效应力云图

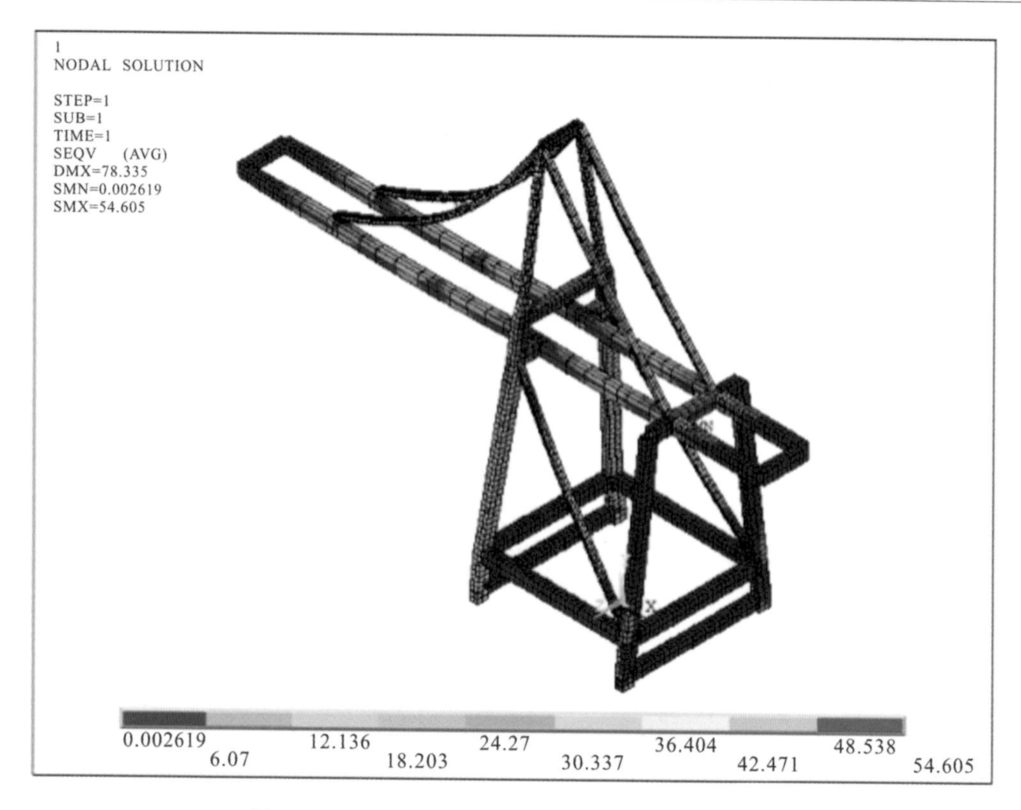

图 11－55 小车处于 5 号位置时整机等效应力云图

11.3.4 小结

卸船机在各工况下强度符合要求。

11.4 结构与载荷响应测试

对于在役起重机，进行一次较全面的结构与载荷响应测试，可以了解整机在动态吊载状态下的结构应力变化规律，并对其进行频谱分析，根据测试数据研究结构或构件的强度。

本次测试选取整机 19 处关键性位置，并布置电阻式传感器，选用 e－DAQ 数据采集器对数据进行实时采集，并利用专业软件对原始数据进行处理和分析。

11.4.1 测试方案

11.4.1.1 测点布置

选取卸船机金属结构中关键部位和截面突变部位，共 19 处测点，具体位置如表 11－8 所示。在实际测试过程中，原定方案测点 13 和测点 14 无法到达，故取消了这两个测点。鉴于前拉杆属二力杆，对于前拉杆上段的力可以通过前拉杆下段的力显示出来。为较全面分析前大梁端部的受力情况，测点 15 处贴应变花。

表 11 -8　应力测点位置

序号	相对方向(面向海)		备　注
1	后大梁	后大梁端部右边	—
2		后大梁端部左边(角位置轴线方向)	
3	梯形架后拉杆	梯形架后拉杆中部右边	—
4		梯形架后拉杆中部左边	
5	梯形架立柱下段	梯形架立柱下段右边	—
6		梯形架立柱下段左边	
7	前大梁后段	前大梁后段右边	—
8		前大梁后段左边	
9	前大梁前段	前大梁前段右边	—
10		前大梁前段左边	
11	前拉杆下段	前拉杆下段右边	—
12		前拉杆下段左边	
13	前拉杆上段	前拉杆上段右边	—
14		前拉杆上段左边	
15	前大梁头部	前大梁头部横梁中心	—
16	海侧立柱	海侧立柱右边	—
17	海侧立柱	海侧立柱左边	—
18	海侧料斗支架	海侧料斗支架右边	—
19	陆侧料斗支架	海侧料斗支架左边	与 18 点成对角方向

现场测试贴片位置图如图 11 -56 ~图 11 -59 所示。

图 11 -56　2 号卸船机测点分布图一

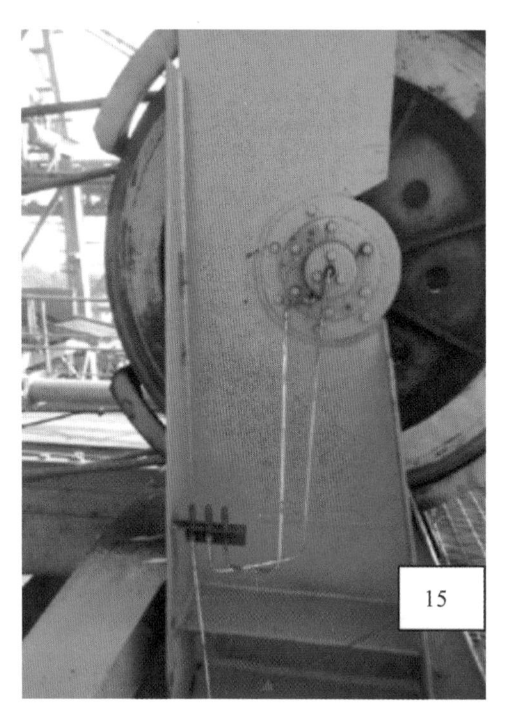

图 11－57　2 号卸船机测点分布图二

图 11－58　2 号卸船机测点分布图三

图 11－59　2 号卸船机测点分布图四

现场测试部分贴片位置如图11－60～图11－63所示。

图11－60　应力测试测点3

图11－61　应力测试测点6

图11－62　应力测试测点9

图11－63　应力测试测点12

11.4.1.2　测试工况说明

本次结构与载荷响应测试根据卸船机的实际工作状况，特制定了以下的工况。

工况Ⅰ：小车位于料斗上方位置，额定速度运动到前伸距位置，下降，制动；运行到最低位置，抓取物料，起升，制动；运行到最高位置，小车向料斗上方额定速度运动，小车制动；运行到料斗上方停止，卸料，连续工作至料斗中的物料堆满为止，料斗中物料堆满后，开动连续运输机，卸料斗中的物料，直至料斗中的物料完全卸完。然后再重复做一次。

11.4.2　测试结果与分析

11.4.2.1　现场应力测试数据频谱分析

为了判定本次测试数据的准确性和真实性，对采集到的数据进行数据采集波动频率分析，典型工况下的波动频率曲线如图11－64所示。一般而言，应力数据采集波动频率小于5Hz即可。从图中可以看出，本次所有工况采集到的数据波动频率均小于2Hz，尤其集中在0.1Hz附近。由此可见数据失真程度非常低。这与使用质量较好的屏蔽数据线和优化的数据采集系统有关。

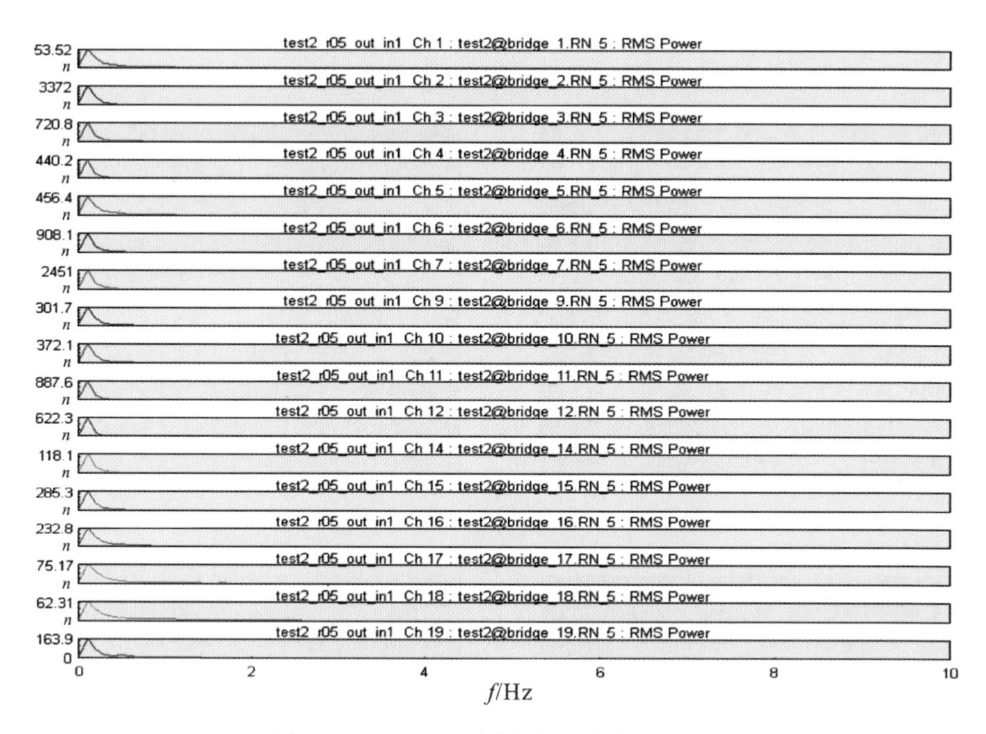

图 11-64 工况Ⅰ采集数据的波动频谱曲线

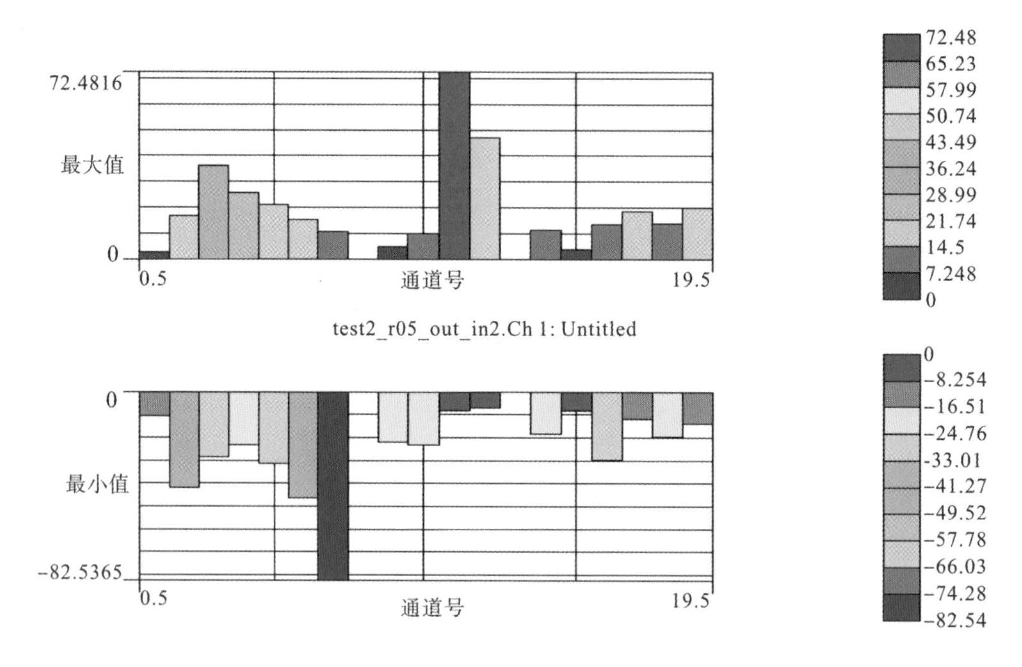

图 11-65 工况Ⅰ各通道应力数据最大值和最小值

11.4.2.2　应力值分析

实测应变值转化成应力值后，各个工况下应力最大值和最小值对比如图 11－65 所示。

综合以上测试工况下测点通道的数据，分别将各通道应力极值列入表 11－9。由测试结果可以看出，该机在实际测试工况下，应力比较大的测试点为：第 6 点（即梯形架立柱下段左边）、第 7 点（即前大梁后段右边）、第 11 点（即前拉杆下段右边）、第 12 点（即前拉杆下段左边）。最大压应力出现在测试工况下测点 7 处（通道号为 channel7），其最大动应力为 82.5MPa；最大拉应力出现在测试工况下测点 11 处（通道号为 channel11），其最大动应力为 72.48MPa。

表 11－9　各测点应力统计

通道（channel）	最小值/MPa	最大值/MPa	平均值/MPa
1	－10.5	3.1	－3.5
2	－41.74	16.83	－7.83
3	－28.48	36.27	－3.85
4	－23.38	25.86	－5.58
5	－31.14	－2.03	－21.14
6	－46.47	15.63	－4.02
7	－82.54	10.74	－23.05
9	－22.12	5.30	－6.69
10	－23.31	10.06	－2.63
11	－8.10	72.48	18.82
12	－6.84	47.07	7.77
14	－18.26	11.50	－4.87
15	－8.13	3.98	－2.38
16	－29.58	13.78	－5.60
17	－11.99	18.55	4.15
18	－19.47	14.11	－0.79
19	－13.91	20.03	3.65

11.4.3　小 结

从测试数据可以看出，卸船机应力比较大的部位主要在卸船机的前大梁以及前拉杆。平时使用过程中应该注意这些应力比较大的部位的检查。特别是前拉杆的检查，使用过程中应注意前拉杆不能出现变形，使其处于良好的轴向受力状态。同时注意调整前拉杆左右两边的长度，使其左右两边相等，2 号机左右两个前拉杆的受力不均匀，相差还比较大，建议对其整修。

11.5 疲劳强度计算

起重机械结构构件及其连接部分的抗疲劳能力取决于构件的工作级别、材料种类、应力变化情况及构件连接的应力集中等级等，对于起重机械的疲劳强度计算，根据《起重机械设计规范》(GB/T 3811—2008)，采用应力比法来计算。

11.5.1 疲劳校核测点应力循环分析

根据应力测试数据，本次疲劳校核采用应力测试应力相对较大的通道 channel7、11 来进行，由于应力测试中测试的是单向拉压应力，且所测构件厚度远远小于长度，可以认为是薄板单向拉伸测试，所测构件在测试方向的应力远远大于其它方向的应力，因此只做拉压方向的疲劳强度校核，图 11 - 66、图 11 - 67 所示分别为 channel 7、11 疲劳校核点自重和额载情况下的应力测试数据。

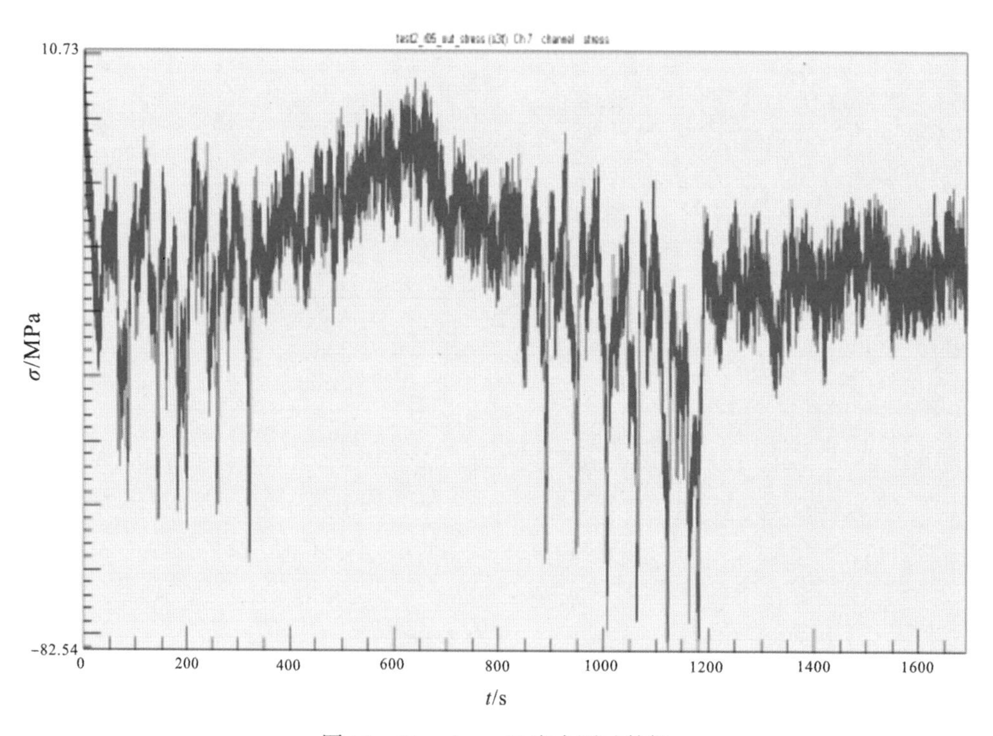

图 11 - 66 channel7 应力测试数据

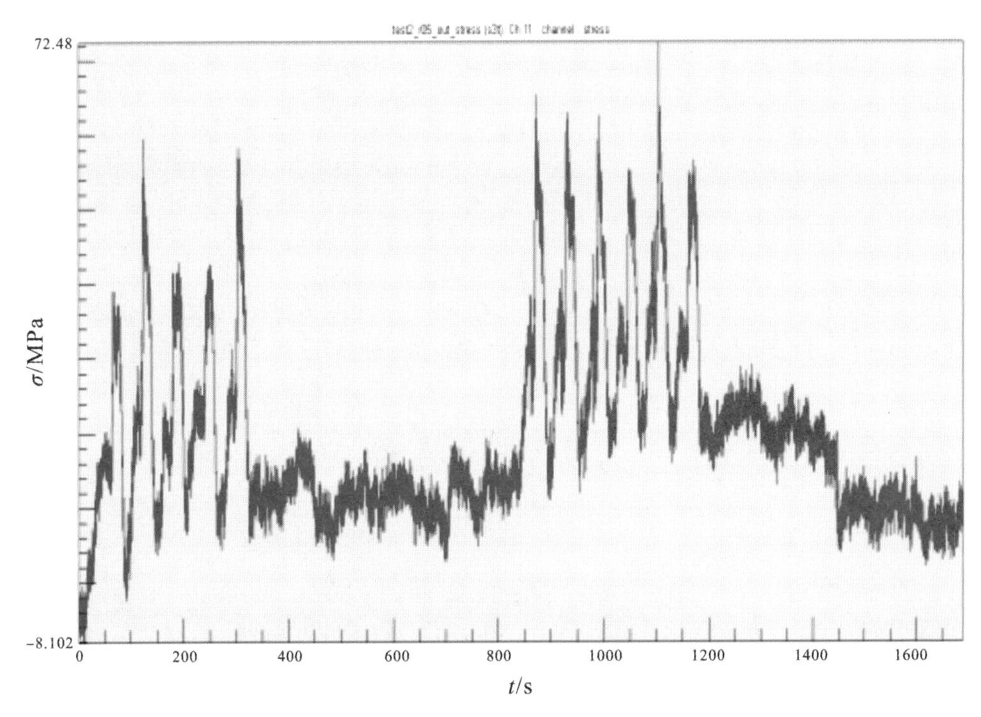

图 11－67　channel11 应力测试数据

根据图可以得到其相应通道的应力值情况，如表 11－10 所示。

表 11－10　channel 7、11 应力值

通道(channel)	最小值/MPa	最大值/MPa	平均值/MPa
7	－82.54	10.74	－23.05
11	－8.10	72.48	18.82

根据表 11－10 应力数值，可以得到 channel 7、11 的循环特性值，计算分别如下：

channel 7 的循环特性值：$r=\sigma_{min}/\sigma_{max}=-0.13$；

channel 11 的循环特性值：$r=\sigma_{min}/\sigma_{max}=-0.112$。

11.5.2　测点疲劳计算分析

经查阅相关资料，该卸船机的工作级别为 A7，各结构件的工作级别按 E7 计算，根据《起重机械设计规范》(GB/T 3811—2008)，前拉杆焊接件连接的应力集中情况选为 K_3，工作级别为 E7 的焊接件拉伸和压缩疲劳许用应力的基本值$[\sigma_{-1}]$为 55.4MPa，Q235 钢材的抗拉强度为 370MPa，再结合构件疲劳许用应力计算公式可以得到：

channel 7 疲劳许用应力为　$[\sigma_{rc}]=\dfrac{2}{1-r}[\sigma_{-1}]=98\text{MPa}$；

channel 11 疲劳许用应力为　$[\sigma_{rt}]=\dfrac{5}{3-2r}[\sigma_{-1}]=85.9\text{MPa}$。

channel 7 疲劳强度校核：

$|\sigma_{\max}| = 82.54\text{MPa} \leqslant [\sigma_{rc}] = 98\text{MPa}$;

$[\sigma_{\max}/\sigma_{rc}]^2 = 0.710 \leqslant 1.1$。

channel 11 疲劳强度校核：

$|\sigma_{\max}| = 72.48\text{MPa} \leqslant [\sigma_{rt}] = 85.9\text{MPa}$;

$[\sigma_{\max}/\sigma_{rt}]^2 = 0.712 \leqslant 1.1$。

11.5.3 小结

根据《起重机械设计规范》(GB/T 3811—2008)中对于疲劳校核的要求，依据实测应力分析对channel7、11进行疲劳校核结果显示：满足疲劳校核强度，可以继续使用。

11.6 小车轨道顶面同一截面高低差测量

11.6.1 测量目的

测量卸船机主梁(尤其是前大梁部位)小车轨道(见图11－68)顶面同一截面高度差是否符合安全使用要求。

图11－68 卸船机主梁小车轨道

11.6.2 测量说明

本次测量以主梁前大梁前端缓冲器处为起点(即第一测点)，分别在 3m、6m、9m、12m、16m、19m、22m、25m、28m、30m、35m 处两轨道同一截面顶面进行测量并纪录，测量结果如表 11 - 11 所示。

表 11 - 11 主梁小车轨道顶面同一截面高度差测试结果 (单位：mm)

		测点位置											
		0m	3m	6m	9m	12m	16m	19m	22m	25m	28m	30m	35m
高度	Ⅰ梁	555	565	567	577	580	588	587	586	573	563	562	537
	Ⅱ梁	535	548	554	568	577	584	584	584	577	565	567	537

注：司机室上方主梁为Ⅰ梁，另一梁为Ⅱ梁。本次测试所有测点均是距同一水平面的距离，重点关注同一截面两轨道测量数据的差值，如图 11 - 69 所示。

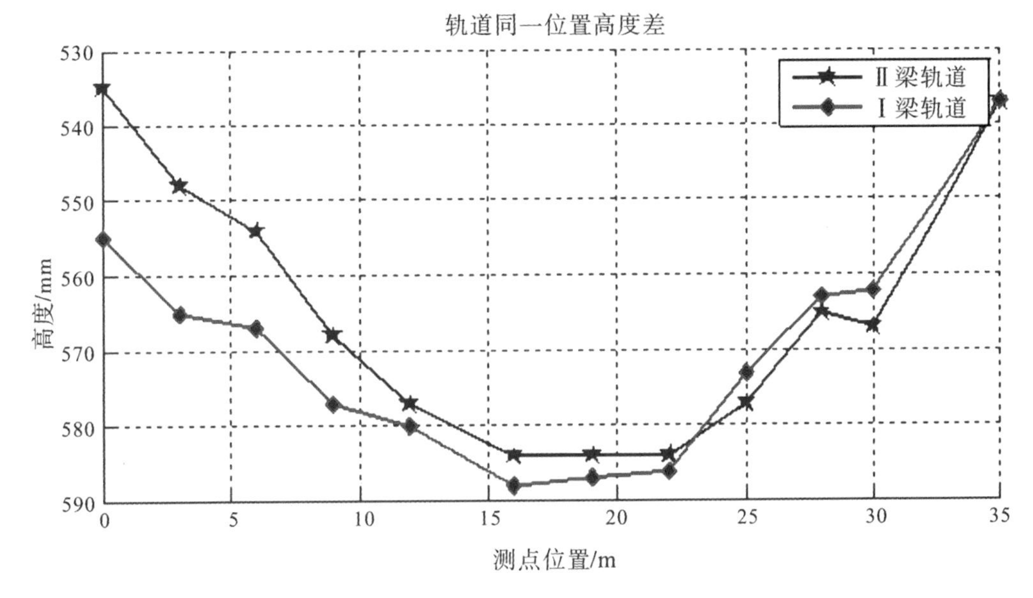

图 11 - 69 绘制的测量值曲线

11.6.3 小结

由图 11 - 69 可知，第一测点(即前大梁前端缓冲器 0m 处)、第二测点(3m 处)、第三测点(6m 处)轨道顶面同一截面高度差分别为 20mm、17mm、13mm，超出标准 GB/T 10183—2010《起重机 车轮及大车和小车轨道公差》4 级公差要求的 12.5mm 要求，应对小车轨道局部作维护调整。

两条轨道在长度方向上的高低差反映了主梁的上翘和上拱情况，从各条轨道高低差曲线图的高低形状变化倒向来看，主梁的上翘度满足要求，但前拉杆铰点到前大梁主梁铰点之间的主梁存在下凹现象，使用单位应及时关注。

从小车轨道顶面同一截面高度差测量结果可知：主梁前大梁前端轨道同一截面高度差较大，超出相关标准要求；主梁前拉杆铰点位置到前大梁主梁铰点位置距离的前大梁主梁轨道存在下凹现象。以上不符合安全使用要求，应及时修复并使之达到安全使用要求。

11.7 综合结论

经以上检测结果可知，该样机尚有一定的使用价值。但有部分结构不完整性问题存在，应注意定期监测，必要时采取修复处理。无损检测中发现门架下部的锈蚀部位多为煤炭堆积的位置，由于煤粉与水的混合作用，使得结构钢极易形成电极腐蚀，从而加速对钢板的腐蚀，故建议定期清理煤炭堆积的位置。对于已经锈蚀部位应及时进行防锈处理，主要受力构件锈蚀严重处应加以维修后再进行防锈处理。焊缝开裂处应进行修复，修复后的焊缝质量应达到《钢的弧焊接头　缺陷质量分级指南》(2003)中B级要求。对主要联接焊缝应进行定期全面检查。

因前拉杆受力较大，使用过程中应注意前拉杆不能出现变形，使其处于良好的轴向受力状态。本次检测左右两前大梁拉杆受力不均匀，建议跟踪观察，必要时进行修整。

主梁前大梁前端轨道同一截面高度差超出相关标准要求，且主梁前拉杆铰点位置到前大梁主梁铰点位置的前大梁主梁轨道存在下凹现象。以上结果不符合安全使用要求，应及时修复并使之达到安全使用要求。

由于样机作为港口卸船设备，机构工作级别较高(根据《起重机设计规范》GB/T19418GB/T3811—2008，该类设备为A7级别以上)，且使用年限较长，其主要承载结构件(包括重要焊缝)长期承受强度较大的循环加载作用，易产生结构疲劳损伤累积效应，应加强日常维护和巡检，制定严格的管理制度，确保设备安全生产。经核算，其疲劳强度满足许用疲劳强度要求，但余量不足，使用时应注意对关键焊缝的巡检。

12 100t门座起重机安全评估

门座起重机是一种重要的旋转类型臂架型起重机，它广泛运用于船厂安装作业、港口装卸作业及其它生产活动中。它给生产带来了极大的高效便捷，但同时其潜在的安全隐患也往往会给国家、企业和人民带来极大的经济损失。所以，对于使用一定年限的门座起重机进行安全评估，就显得至关重要了。本章主要探讨对门座起重机进行安全评估的行之有效的方法，主要评估手段有无损探伤、有限元分析、应力测试等，同时根据这些数据对门座起重机进行疲劳寿命分析。

12.1 待评估门座起重机简介

在进行安全评估前，需对门座起重机的基本情况进行了解，这样才能选择正确的安全评估方法。

12.1.1 待评估门座起重机基本情况

该门座起重机于1986年投入使用，主要用于造船，评估时已使用24年。其主要技术参数如表12－1所示，样机见图12－1。

表12－1 评估样机主要技术参数

参量		数值	参量		数值
起重量/t	主钩	100	起升速度 m/min	满载(主钩/副钩)	0～5/0～10
	副钩	25		空载(主钩/副钩)	5～15/10～20
起升高度/m	主钩(轨道上/轨道下)	41/9	轨距/m		12
	副钩(轨道上/轨道下)	42/9	基距/m		15
幅度/m	最大(主钩/副钩)	34.5/37	工作级别		A4
	最小(主钩/副钩)	11/12.5	起重机总重/t		149

由于该机使用年限已久，加之使用工况均处于潮湿、粉尘密度高等恶劣环境，整机多处存在明显锈蚀等损伤现象。为了全面了解整机金属结构的使用技术状态，遂即展开主金属结构的安全评估工作。

图 12－1 待评估门座起重机形貌

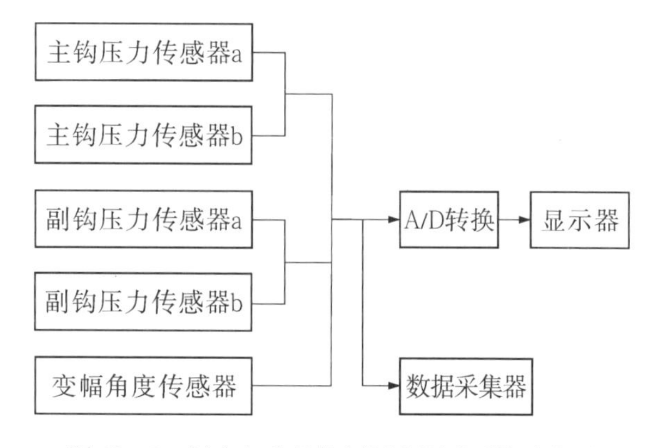

图 12－2 门座起重机使用调查测试系统示意图

12.1.2 门座起重机实际使用调查测试

门座起重机使用调查测试通过在门座起重机原有的吊重报警臂架限位系统中，接入一个小型数据采集器得以实现。图 12－2 是这一系统的示意图。原来的两个主钩压力传感器、两个副钩压力传感器和一个臂架变幅角度传感器通过 A/D 转换器变成数字信号，然后在控制室的显示器上显示吊重和臂架位置信息。设备使用调查测试最好连续记录压力和角度信号的时间域数字信号，这通过将传感器的模拟电压信号导出，接入至数据采集系统。该系统能直接将这些模拟信号转换成数字信号，并记录到系统里的数据存储卡中，可长期同步记录时域数据。本次测试持续进行了 300 个小时。

原始记录的设备使用调查信号见图 12－3，从图中也可以发现，在设备正常工作时所记录的主副钩的电压信号有一些噪声，并有一些漂移。噪声以及漂移应该去除和修正，图 12－4 所示为经过标定和修正的设备使用调查时域数据。从这些数据中可以得到主副钩各自的起吊重量以及总重量，单次起吊的最大重量，臂架的移动位置区间，起吊次数，以及各个重量段的起吊次数分布等。并且从中还可以计算出起重机载荷谱系数 K_p 值。表 12－2 列出了一些主要的分析结果，对应于 300 小时的调查数据。

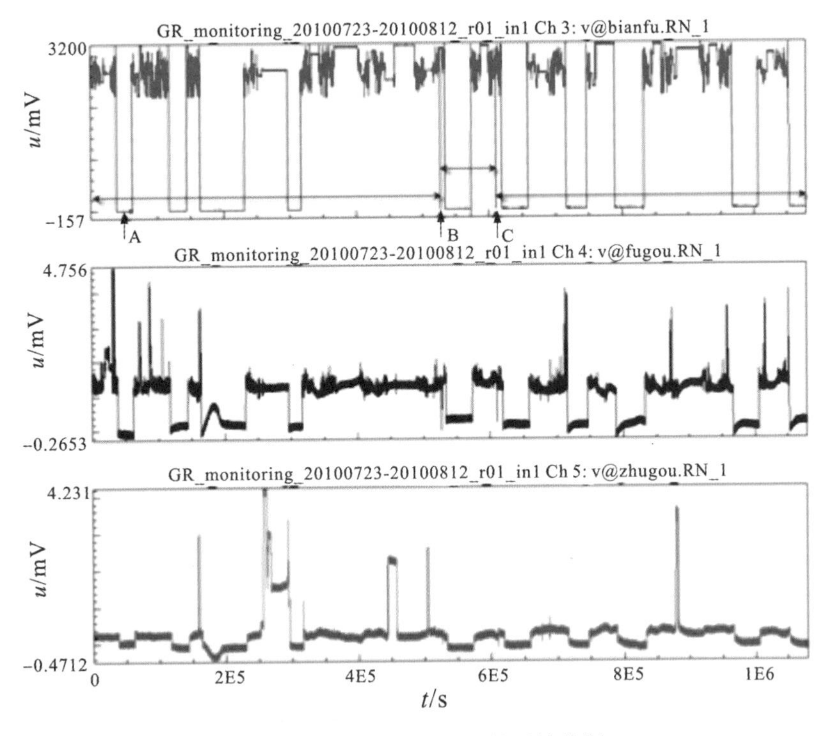

图 12－3 实际使用记录的原始数据

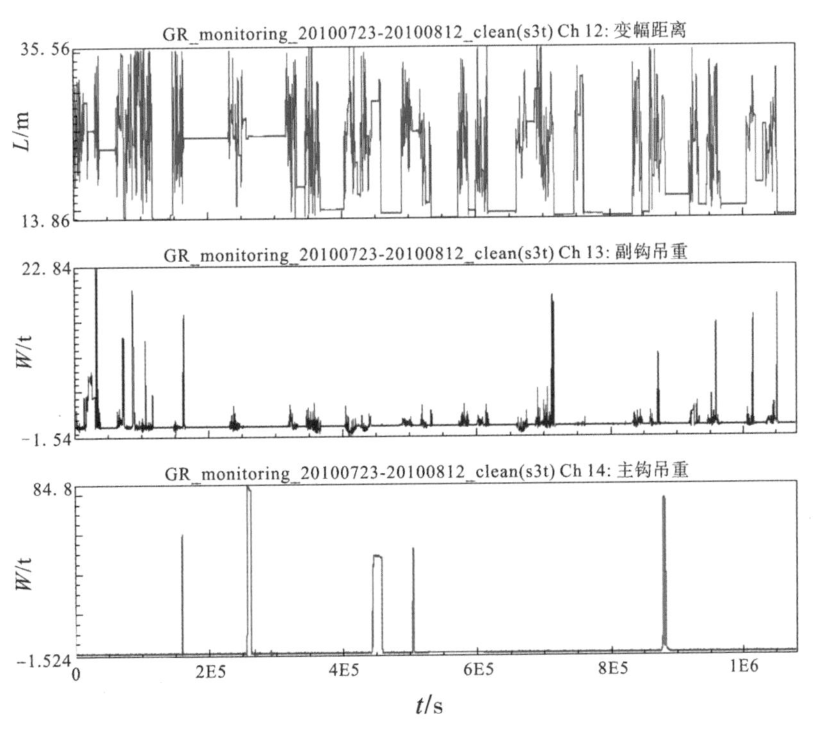

图 12－4 经标定并修正以后的数据

表 12－2 设备使用吊重数据分析结果

主要分析结果	300 小时数据	主要分析结果	300 小时数据
臂架幅度区间/m	13.8～35.5	主钩单次起吊重物最大重量/t	87
副钩起吊重物重量/t	460	主副钩起吊重物总重量/t	1029
副钩起吊重物次数	37	主副钩起吊重物总次数	50
副钩单次起吊重物最大重量/t	24.5	平均起吊次数(24 小时)	4
主钩起吊重物重量/t	557	载荷系数 K_p	0.0464
主钩起吊重物次数	12		

12.1.3 小结

本节简要介绍该门座起重机的基本状况，并对起重机的实际使用情况进行调查测试，获得起重机使用工况的第一手资料，为起重机安全评估提供了重要参考和依据。

12.2 金属结构无损探伤

对门座起重机进行无损探伤能够获得实际工况载荷作用下的门座起重机一些关键位置的缺陷损伤情况，这还将为后续典型危险缺陷的鉴别分析和确定缺陷简化模型工作提供实际检测的数据。其中缺陷性质(特别是裂纹)、位置、形状及初始尺寸数据能够直接用于基于断裂力学的疲劳裂纹扩展寿命评估法，结合材料的性能参数，预测缺陷部位构件的剩余寿命，从而评估整机设备的剩余寿命。本次检测主要是对门座起重机转台以上关键部位做无损探伤。检测方法采用目视检测、磁粉检测和超声相控阵检测，按预先制定的无损探伤方案进行检测。

12.2.1 探伤位置

主要探伤对象为门座起重机转台以上结构部件，具体无损检测部位选取原则为：危险截面焊缝，计算应力较大部位(重点是周围的焊缝)，截面突变部位及转动部位，日常使用中经常出现问题的部位。结合实际检测状况和检测可实施部位，选取了以下几个位置焊缝，如图 12－5 和表 12－3 所示。

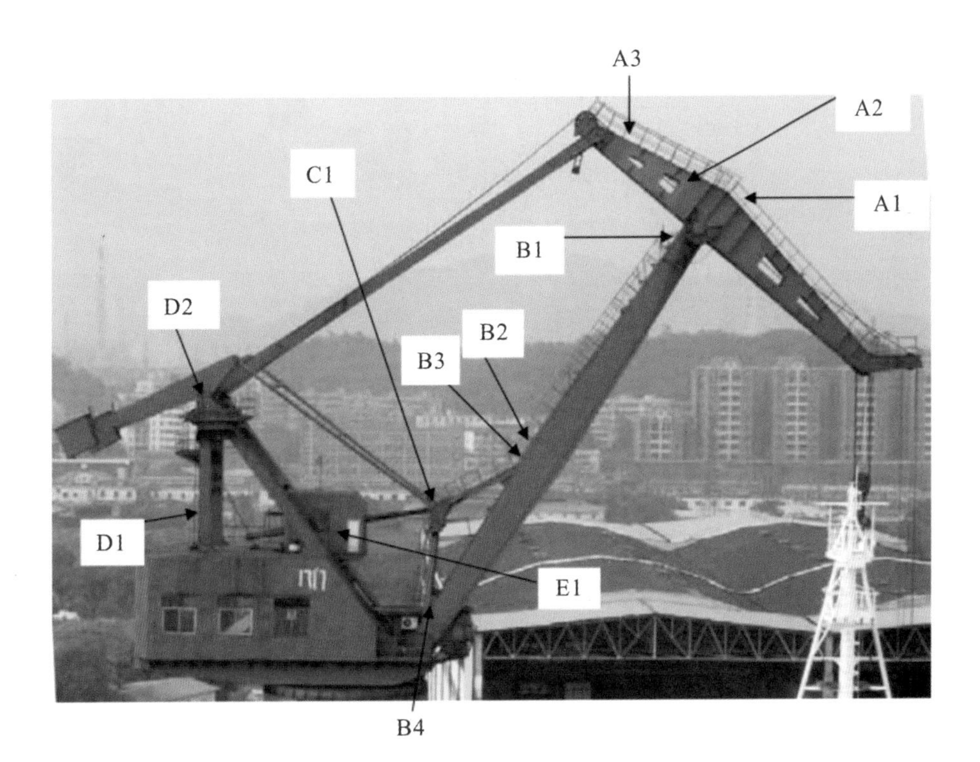

图 12－5 探伤位置示意图

表 12－3 探伤位置及探伤方法表

编号	部位名称	探伤方式	探伤设备
A1	象鼻梁中铰点右前焊缝	内部探伤	放大镜、超声相控阵检测仪
A2	象鼻梁中铰点左后垂直焊缝	内部探伤	放大镜、超声相控阵检测仪
A3	象鼻梁左后焊缝	内部探伤	放大镜、超声相控阵检测仪
B1	臂架右上铰点对接焊缝	内部探伤	放大镜、超声相控阵检测仪
B2	小吊架前拉杆与臂架连接处的右侧上焊缝	表面探伤	放大镜、磁轭探伤仪
B3	小吊架前拉杆与臂架连接处的右侧焊缝	表面探伤	放大镜、磁轭探伤仪
B4	臂架铰点上方两叉口处	表面探伤	放大镜、磁轭探伤仪
C1	面向臂架左侧变幅铰接处	表面探伤	放大镜、磁轭探伤仪
D1	人字架后拉杆右侧横焊缝	表面探伤	放大镜、磁轭探伤仪
D2	人字架顶端滑轮支座底部	表面探伤	放大镜、磁轭探伤仪
E1	变幅机构右侧支座	表面探伤	放大镜、金属裂纹检测仪

12.2.2 探伤结果

图 12－6、图 12－7 为典型检测过程图。

图 12－6　人字架焊缝磁粉检测

图 12－7　金属裂纹检测仪检测变幅机构支座

整个探伤过程主要分为焊缝表面无损探伤和焊缝内部超声相控阵检测。对一些关键部位焊缝进行表面无损探伤，采用的检测方法为目视检查和磁粉检测，在一些磁粉检测无法实施或实施较为困难的部位采用了金属裂纹检测仪进行检测。检测结果如表 12 – 4 所示。检测过程中检测部位及典型缺陷如图 12 – 8 ～图 12 – 10 所示。

表 12 – 4　焊缝表面检测结果表

部位编号		打磨长度/mm	检测方法	缺陷数量	缺陷描述(性质、位置等)	备　注
C1	1 – 1	130	目视检查 磁粉检测	无		
	1 – 2	180	目视检查 磁粉检测	无		
B2	1 – 3	200	目视检查 磁粉检测	无		
B3	1 – 4	170	目视检查 磁粉检测	3	目视检查发现焊缝表面有一气孔 磁粉检测发现两处表面裂纹：一方向为垂直于焊缝，长度约 50mm，距右边缘 140mm；另一方向为垂直焊缝，长度约为 25mm，距右边缘 100mm	经打磨处理后再检测未发现
B4	2 – 7	150	目视检查 磁粉检测	1	经磁粉检测发现 1 处裂纹，长度约 17mm，具体位置见图 12 – 9	经打磨处理发现裂纹越来越长
	2 – 8	160	目视检查 磁粉检测	5	经表面磁粉探伤发现 4 处小裂纹，长度分别为 4mm、4mm、4. 5mm 和 3mm；目视检查发现一夹杂缺陷	经打磨处理再探未发现裂纹，但夹杂非常明显
D1	2 – 5	570	目视检查 磁粉检测	无		
D2	2 – 9	70	目视检查 磁粉检测	1	经表面磁粉探伤发现拐角部位有一处垂直于焊缝长度 3mm 的表面裂纹	
E1	2 – 6	160	金属裂纹检测仪检测	1	经金属裂纹检测仪探伤发现 2 处可疑缺陷信号，较难定量	检测部位有油污，磁粉检测较困难

图 12-8 B4(2-7)实际检测部位图

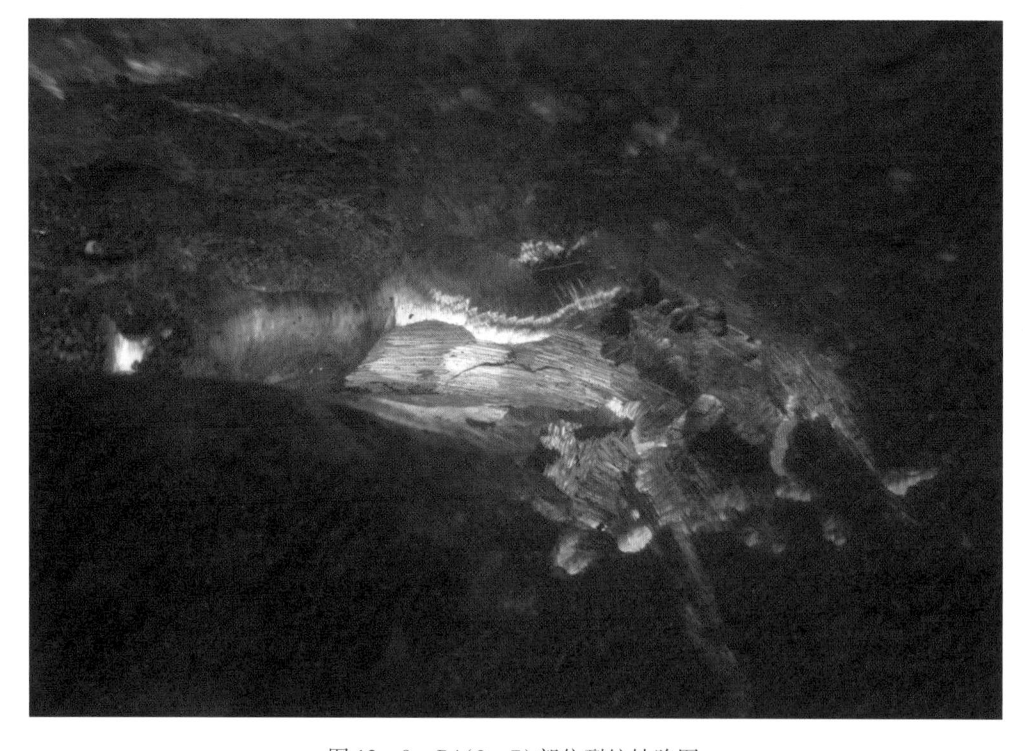

图 12-9 B4(2-7)部位裂纹缺陷图

图 12－10　B4(2－8)部位裂纹缺陷位置标记图

对关键部位焊缝内部进行超声相控阵检测，首先对焊缝整体表面进行目视检测，焊缝表面油漆完好，目视检查未发现缺陷；其次，在打磨侧进行单面单侧扫查。检测结果如表12－5所示。超声相控阵检测缺陷显示如图12－11～图12－14所示。

表 12－5　超声相控阵检测结果

检测部位	打磨长度/mm	缺陷显示	缺陷描述(性质、位置等)
A1	520	3	探伤结果显示为3个缺陷显示，分别距焊缝左边界280mm、300mm和420mm三个部位，深度分别为6.04mm、12.4mm和11.4mm，指示长度分别为5mm、3mm和3mm；初步判断为夹杂和气孔
A2	1450	3	探伤结果显示为3个缺陷显示，分别是距焊缝打磨上部510mm、1040mm、1150mm三个部位。缺陷指示长度均约为3mm，深度分别为11.2mm、15.8mm和10.68mm；初步判断为气孔
A3	150	1	探伤结果为在距右边界115mm处有一长度约为45mm，深度为14.25～15.48mm的缺陷显示；初步判断为夹杂
B1	170	1	探伤结果为整条焊缝都有缺陷显示，深度为10.2～14.8mm。初步判断为夹杂，可能是焊接底部清根不干净

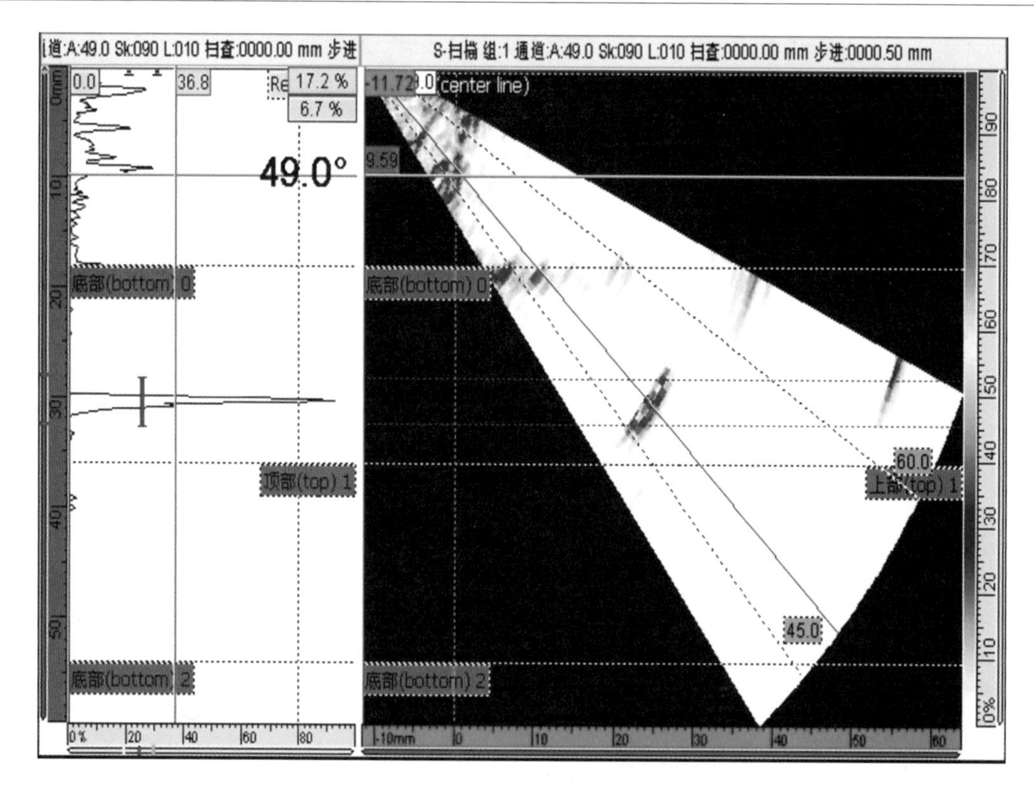

图 12－11 A1 部位检测焊缝中深度为 6.04mm 的缺陷显示图

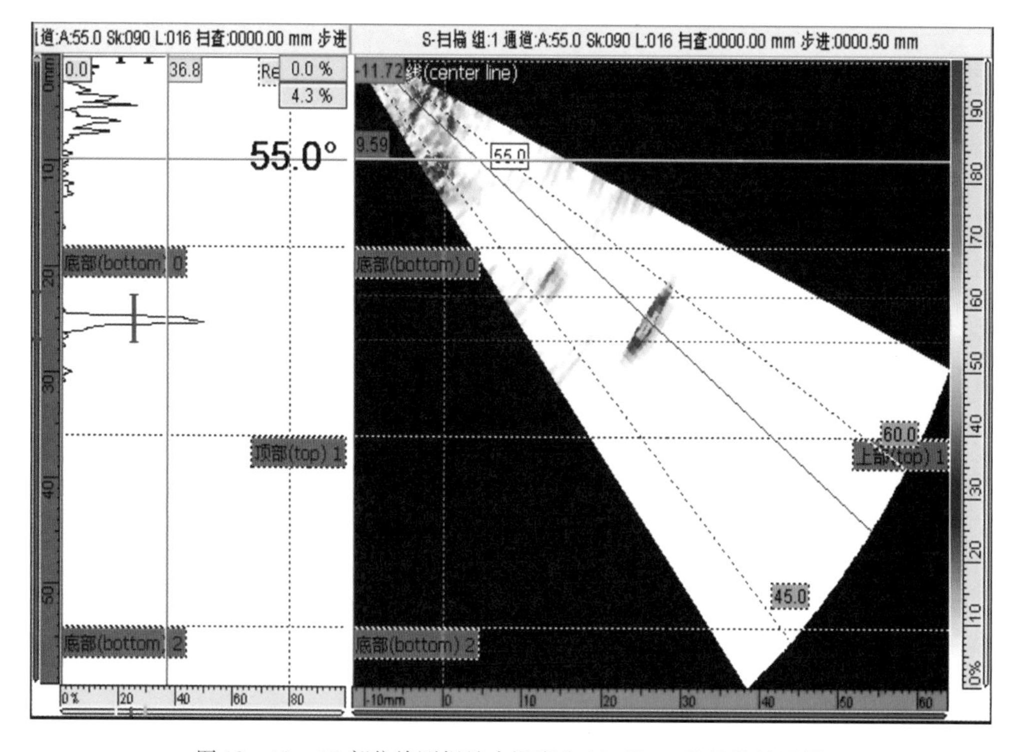

图 12－12 A2 部位检测焊缝中深度为 10.68mm 的缺陷显示图

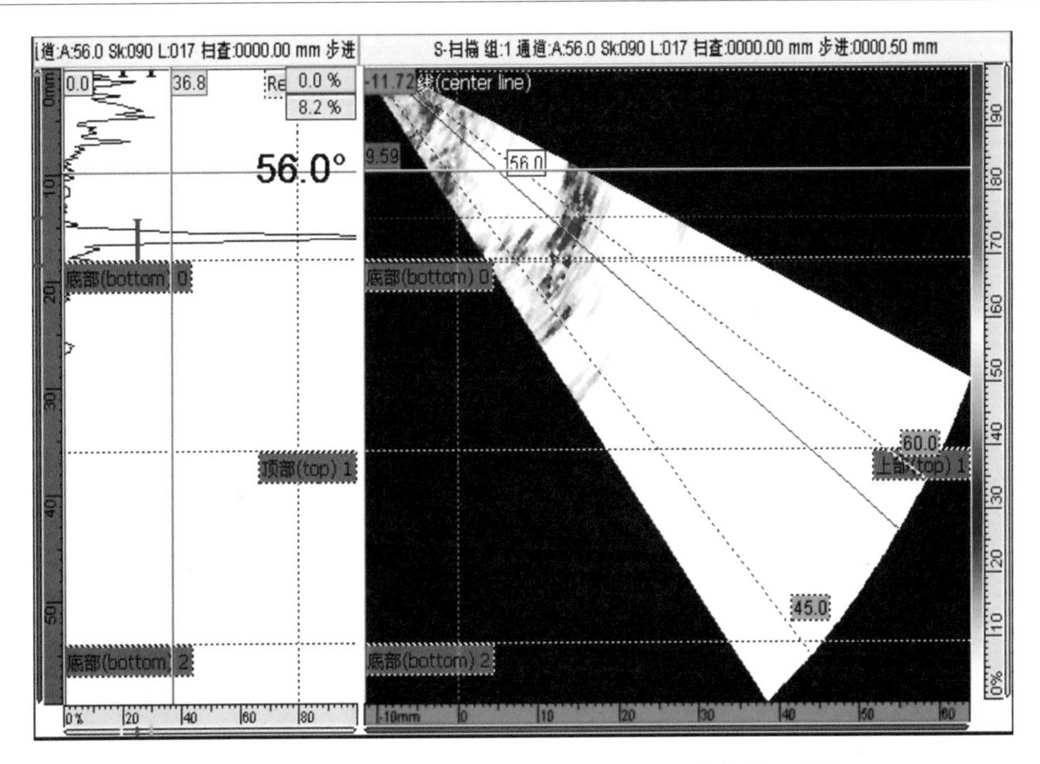

图 12－13　A3 部位检测焊缝中深度为 15. 8mm 的缺陷显示图

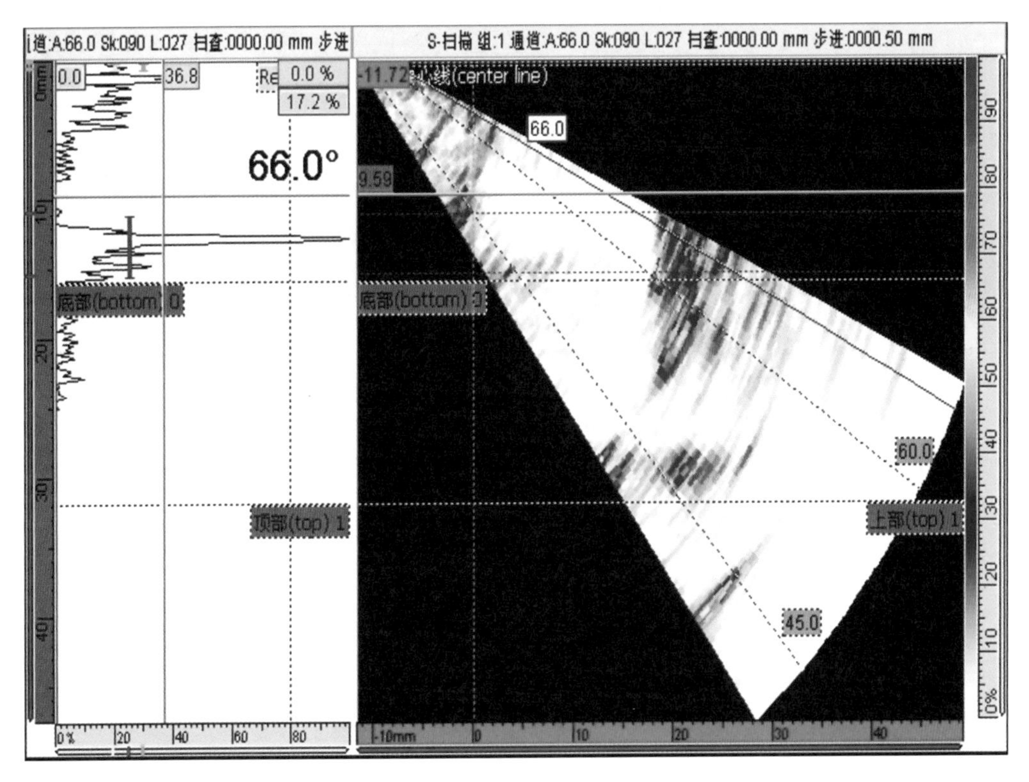

图 12－14　B1 部位检测焊缝中深度为 13mm 的缺陷显示图

12.2.3 小结

从总的探伤过程及结果发现，典型表面裂纹应为B4(1－7)部位的裂纹。根据后续修复过程也证实了上述结论，在后续修复打磨中发现裂纹长度是随着打磨深度越来越长，打磨到一定深度发现孔洞，如图12－15所示。从焊缝内部孔洞形状判断应该是该机制造时遗留下的夹杂或气孔类缺陷导致的，这类缺陷经过多年的带载循环运行，有可能孔洞上方突变部位开始萌生裂纹并扩展至表面。从焊缝内部探伤发现，焊缝内部存在较多的夹杂或气孔类缺陷，更加证实了上述结论。导致该类缺陷存在的原因是该机为早期制造，在制造过程中焊工水平有限以及没有对焊缝做无损探伤。

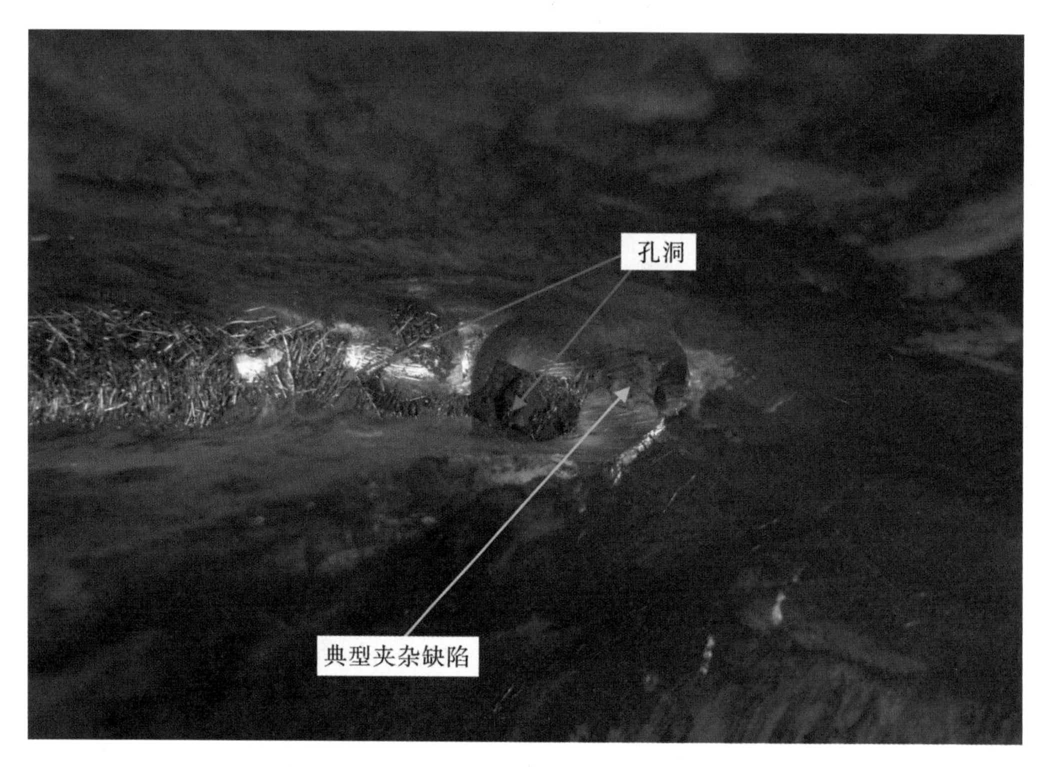

图12－15 B4(1－7)部位裂纹打磨修复过程图

从表面探伤结果还可以看出，该机金属结构联接焊缝尤其是角焊缝表面发现多处微小表面浅裂纹，值得关注。建议定期对焊缝进行无损检测评估。

12.3 有限元分析

本节对起重机主结构(包括象鼻梁、臂架、大拉杆、小拉杆以及人字架)进行有限元分析，目的是为了全面了解结构的应力分布情况，鉴别出较为危险的位置，帮助确定应变测试位置；分析自重对结构应力的影响；获取相对于测试点的其它重要位置的应力集中系数，以便根据实测应变计算这些重要位置的疲劳寿命；直接从有限元的分析结果计算出全场的疲劳寿命分布，从而鉴别出可能的疲劳开裂位置；为疲劳裂纹扩展寿命预测制定载荷谱提供基础。

12.3.1　分析概述

有限元模型采用 ANSYS 建立，模型选用了 Shell63 板壳单元和 Mass21 质量单元。该起重机臂架、象鼻梁、大拉杆等主要结构都是钢板焊接而成，结构特性符合板壳单元 Shell63，故选取此单元。未能在模型中反映的机器房等则采用质量单元 Mass21。

因为重点关注转台以上结构的安全状况，为了简化分析模型，有限元分析只对起重机转台以上的结构模型进行，但对三种不同臂架幅度(13.5m、22.5m 和 34.5m)分别建立了分析模型。在建模过程中，对一些几何细节作了必要的简化，比如，起重机中大量的焊缝及其细节没有在模型中得到体现。所建立的这三个模型中各个部件的节点和单元号是一致的。图 12－16～图 12－18 所示分别为所建立的三种不同幅度的有限元模型。

图 12－16　典型 100t 门座式起重机有限元模型(幅度为 13.5m)

为了分析自重所产生的应力以及疲劳分析的需要，有限元分析对三种不同幅度模型都做了自重无吊重、不计自重的单位吊重载荷以及计入自重的极限吊重载荷三种载荷工况。表 12－6 总结了有限元分析工况组合。工况 1、2、4、5、7、8 的计算结果主要在后续应力测试和有限元疲劳计算时起作用，并不能反映门座起重机的强度状况，所以不给出计算结果。

图 12－17 典型 100t 门座式起重机有限元模型(幅度为 22.5m)

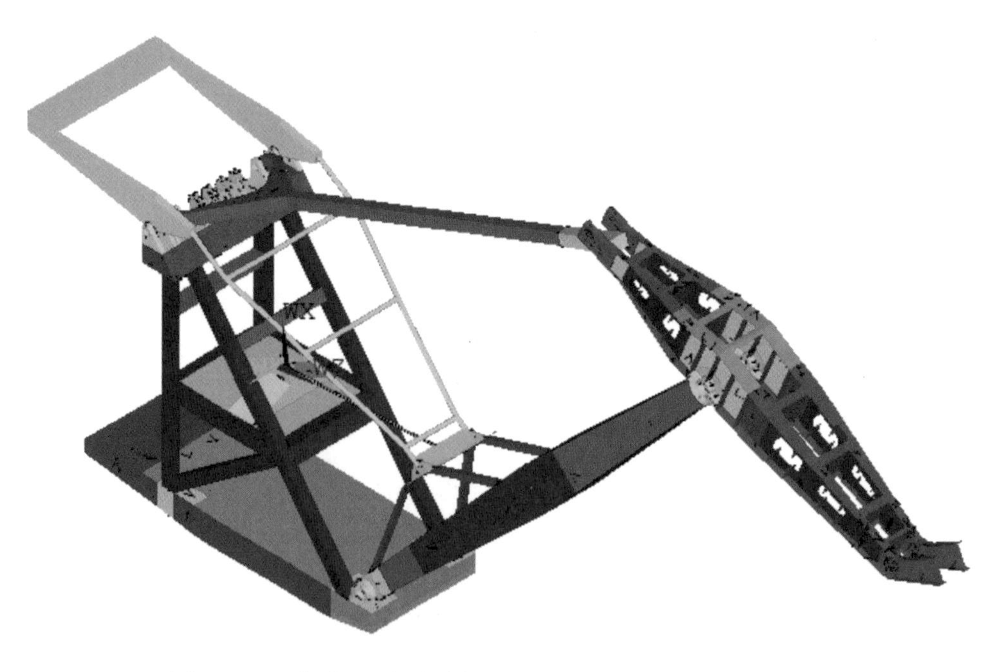

图 12－18 典型 100t 门座式起重机有限元模型(幅度为 34.5m)

表 12-6　不同幅度模型的载荷工况

工况	幅度/m	其它
1	13.5	只计自重无吊重
2		不计自重 1t 吊重
3		计入自重 100t 吊重，计起升冲击系数 φ_1、起升动载系数 φ_2、工作风载荷
4	22.5	只计自重无吊重
5		不计自重 1t 吊重
6		计入自重 95t 吊重，计起升冲击系数 φ_1、起升动载系数 φ_2、工作风载荷
7	34.5	只计自重无吊重
8		不计自重 1t 吊重
9		计入自重 64t 吊重，计起升冲击系数 φ_1、起升动载系数 φ_2、工作风载荷

12.3.2　分析结果

工况 3、6、9 反映了门座起重机的强度状况，其计算结果如表 12-7 所示。各工况下等效应力云图如图 12-19 ～图 12-21 所示。

表 12-7　门座起重机强度计算结果

工况	最大应力/MPa	许用应力/MPa	最大应力位置
3	160.23	257	象鼻梁
6	215.55		象鼻梁
9	228.18		臂架

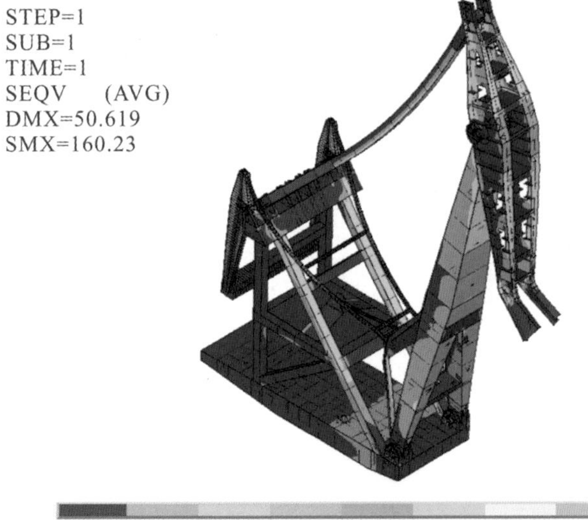

图 12-19　工况 3 结构的等效应力云图

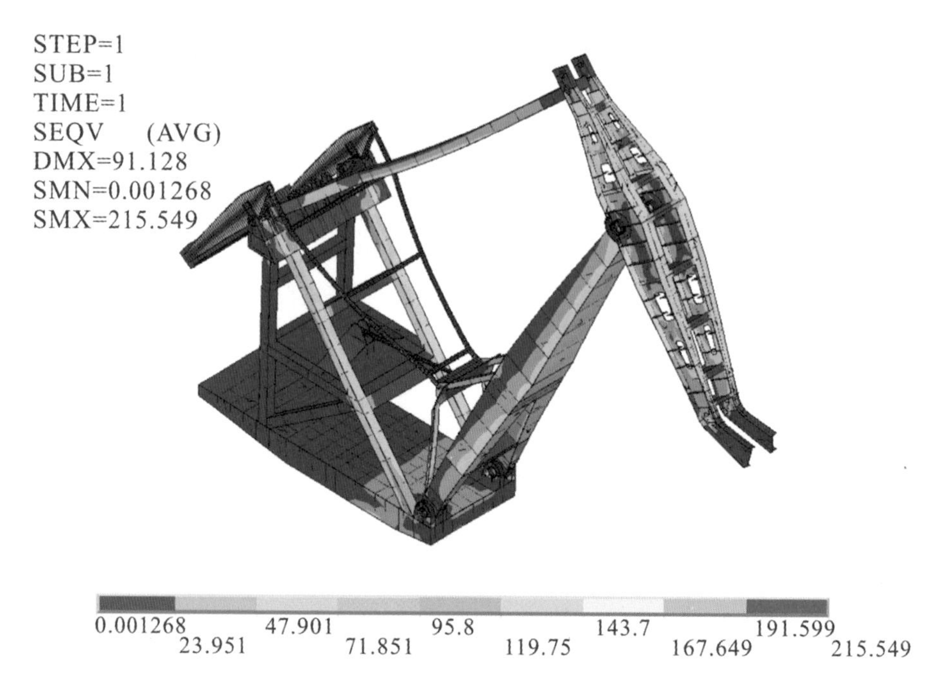

图 12－20 工况 6 结构的等效应力云图

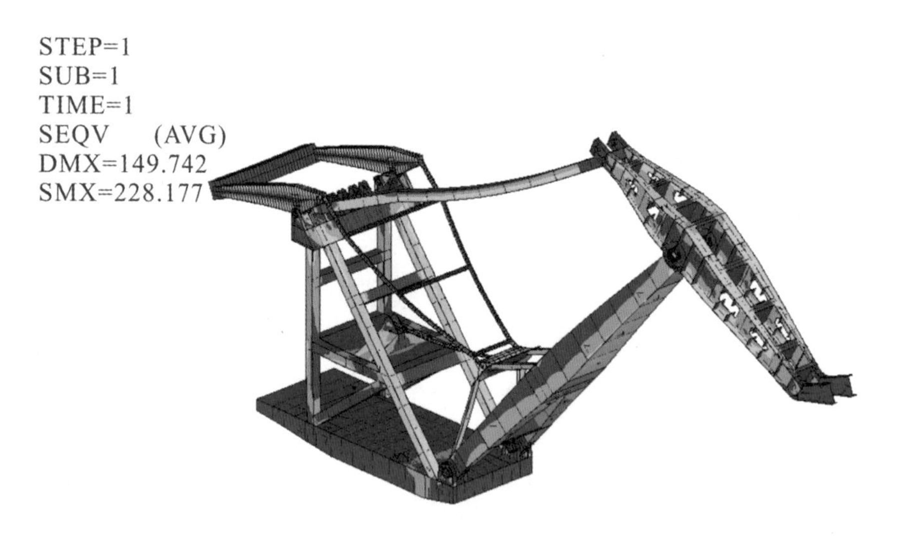

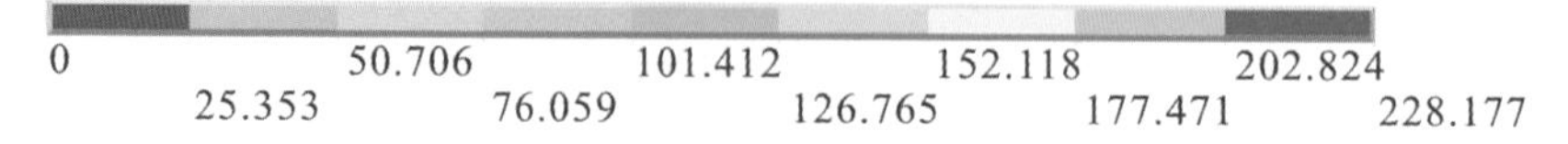

图 12－21 工况 9 结构的等效应力云图

12.3.3 小结

工况1、2、4、5、7、8的计算结果将在后续章节中使用。工况3、6、9的计算结果显示该门座起重机强度符合要求。

12.4 设备工作应力测试

对门座起重机进行实际工作应力测试是寿命评估的一个重要基础。它能够获得实际典型工作载荷作用下起重机一些关键位置的受力情况，这些数据不仅为整个设备的载荷分析提供了实际的数据，其中的应变数据也能够直接用来根据传统的 $S-N$ 应力寿命法，预估测点位置或测点附近应力集中点的疲劳寿命，或者根据基于线弹性断裂力学的疲劳裂纹扩展法，计算设备的剩余寿命。而且，这些数据也能够帮助我们了解设备的一些动态特性，也能为设备的有限元虚拟分析结果提供实验验证。

本节主要描述测试的整个概况，包括所使用测试通道、测试工况以及测试过程等信息；给出实际采集的原始数据以及经过处理修正后的典型数据；最后分析这些数据的特性，如数据的统计值、频率等。

12.4.1 测试通道

表12-8列出了数据测试的通道。数据通道共计29个应变测试点，外加1个加速度和1个开关信号。应变测点分布在象鼻梁(8个点)、大拉杆(2个点)、臂架(6个点)、小拉杆(2个点)、人字架(9个点)和配重梁(2个点)上。加速度通道布置在主钩起吊部件上端垂直地面方向，试图了解主钩的动态特性，而开关信号主要用于对采集数据进行现场标注，方便数据的后处理。各个通道的标题由通道的物理量和传感器名称组成，其中传感器名称包含测试点所处的部件，A～F分别表示象鼻梁(A)、大拉杆(B)、臂架(C)、小拉杆(D)、人字架(E)、配重梁(F)。测点的位置以及各个测点所用的采集器也在表中有简单的说明。应变测点的布置主要考虑了设备的较大应力点、焊缝危险点、易开裂位置，同时也考虑了实际贴片的可能性和可操作性。所有的应变测点均为单向应变计，沿应力的主要方向布置。图12-22是布置有应变计的测试部件几何示意图。

表12-8 数据测试的通道

通道号	通道标题	单位	部件	测点名称	传感器位置说明	采集器
1	strain_ A1-1-1	uE	象鼻梁	A1-1-1	前第一孔左上翼板中心	TML
2	strain_ A1-1-2	uE	象鼻梁	A1-1-2	前第一孔左上翼板边缘	TDR
3	strain_ A2-1-1	uE	象鼻梁	A2-1-1	前第二孔左上翼板中心	TML
4*	strain_ A2-1-2	uE	象鼻梁	A2-1-2	前第二孔左上翼板边缘	TDR
5	strain_ A3-1	uE	象鼻梁	A3-1	前第三孔左上翼板边缘	TDR

（续表 12－8）

通道号	通道标题	单位	部件	测点名称	传感器位置说明	采集器
6	strain_ A3－3	uE	象鼻梁	A3－3	前第三孔右上翼板边缘	TDR
7*	strain_ A4－1	uE	象鼻梁	A4－1	前第四孔左上翼板中心	TML
8	strain_ A4－3	uE	象鼻梁	A4－3	前第四孔右上翼板中心	TML
9	strain_ B2－2	uE	大拉杆	B2－2	后端左下翼板中心	TML
10	strain_ B2－4	uE	大拉杆	B2－4	后端右下翼板中心	TML
11	strain_ C1－1	uE	臂架	C1－1	前端左铰点上翼板中心	TML
12	strain_ C1－3	uE	臂架	C1－3	前端右铰点上翼板中心	TML
13	strain_ C2－3	uE	臂架	C2－3	中端右小吊架接口前中心	TML
14	strain_ C3－3	uE	臂架	C3－3	右侧小吊架前中部中心	TML
15	strain_ C4－1	uE	臂架	C4－1	左侧小吊架后中部中心	TML
16	strain_ C4－3	uE	臂架	C4－3	右侧小吊架后中部中心	TML
17	strain_ D1－3	uE	小拉杆	D1－3	右侧前端上表面中心	TML
18	strain_ D2－4	uE	小拉杆	D2－4	左侧后端下表面中心	TML
19	strain_ E1－2	uE	人字架	E1－2	左前斜梁机房内下段下翼板中心	TML
20*	strain_ E1－3	uE	人字架	E1－3	右前斜梁机房外下段上翼板中心	TML
21	strain_ E2－1	uE	人字架	E2－1	机房内左加强梁中部上翼板中心	TML
22	strain_ E2－2	uE	人字架	E2－2	机房内左加强梁中部下翼板中心	TML
23	strain_ E3－1	uE	人字架	E3－1	机房内左后立柱中部前翼板中心	TML
24	strain_ E3－2	uE	人字架	E3－2	机房内左后立柱中部后翼板中心	TML
25	strain_ E4－3	uE	人字架	E4－3	机房外右斜梁上段上翼板中心	TML
26	strain_ E6－3	uE	人字架	E6－3	机房外右后立柱中部前翼板中心	TML
27	strain_ E6－4	uE	人字架	E6－4	机房外右后立柱中部后翼板中心	TML
28	strain_ F1－2	uE	配重梁	F1－2	左配置块端细截面下翼板中心	TDR
29	strain_ F1－4	uE	配重梁	F1－4	右配置块端细截面下翼板中心	TML
30	accel_ ICP	g	主钩	ICP－accel	主钩上端垂直地面方向	SoMat
31	logic_ switch	N/A	N/A	Switch	N/A	SoMat

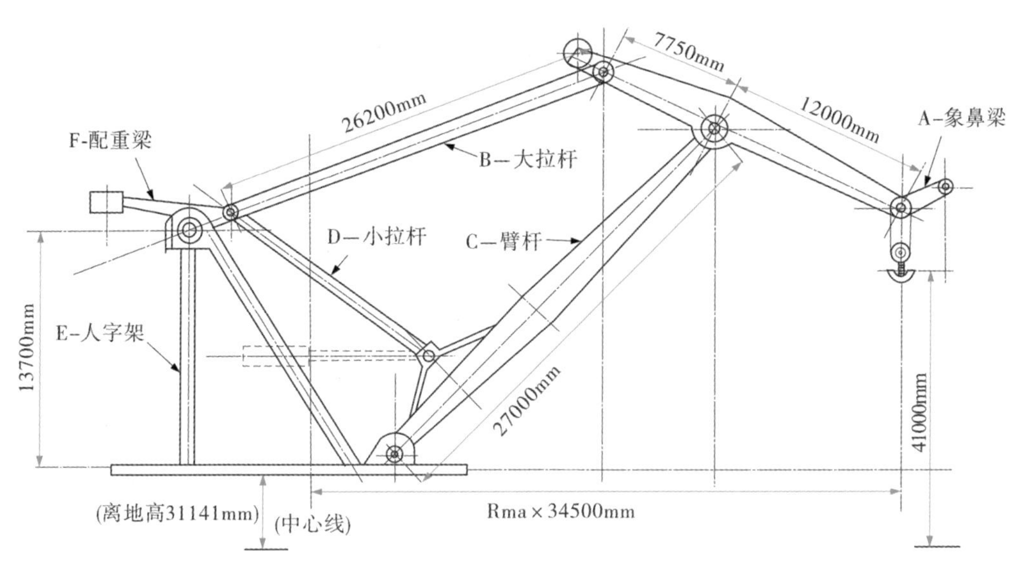

图 12－22　测试部件几何示意图

12.4.2　测试工况

测试分 10 个不同加载重量的工况进行，加载工况的设计主要是模拟实际的起重机使用情况，包括吊钩的匀速升降、急停、俯仰及臂架的旋转等各种动作，并对各种载荷工况都进行测试。其中的 31t 工况重复做了 3 次，由不同司机分别操作一次，但由于时间限制其它工况各只测了 1 次。测试工况见表 12－9。

表 12－9　测试工况列表

测试工况	载荷/t	工况信息
1－1	0	臂架幅度 13.6m 处匀速逐挡起升，吊钩升至约 60m 高处停，随即匀速逐挡下降，离地约 16m 处急停
1－2	0	直接入 6 挡起升，至一定高度后急停；直接入 6 挡下降，至一定高度后急停
2－1	31	臂架幅度 21.2m 处起升离地后停，稳住，快升至一定高度后急停，落杆至 34m，向左旋转至 180°后停，反向转回，收杆至 13.5m 处停，快速下降至一定高度后急停
2－2	31	臂架幅度 13.5m 处起升离地，停稳，快速起升至一定高度急停，又起升停，随即落杆至 34m 处停，向左旋转至 180°后停，反向转回停，收杆至 13.6m，快速下降，离地 5m 处停，着地
2－3	31	臂架幅度 13.5m 处起升离地，停稳，行大车，快速起升至一定高度后停，落杆至 33m 处停，向左旋转至 180°后停，反向转回停，收杆至 13.5m，快速下降至一定高度后停，带旋转小动作后着地

(续表 12－9)

测试工况	载荷/t	工 况 信 息
3－1	36	臂架幅度 13.5m 处起升离地，小落杆至 13.9m 处停稳，快速起升至一定高度急停，落杆至 33.5m 处停，快速下降至一定高度急停，快速起升至一定高度急停，收杆至 13.5m 停，快速下降至近地面处急停，小动作后着地
4－1	41	臂架幅度 20m 处起升离地，又着地后起升停，快速起升至一定高度后急停，落杆至 33m 处停，快速下降后停，快速起升至一定高度后停，收杆至 13.5m，快速下降至一定高度后停，做小动作对位，下降加小旋转后在幅度 23.6m 着地
5－1	51	臂架幅度 23.6m 处起升离地，停稳，先快速起升后稍减速至一定高度停，收杆至 13.5m，落杆至 32.5m 处停，快速下降至一定高度停，起升至一定高度后停，收杆至 13.5m 停，快速下降至近地面处急停，小动作至幅度 18m 处，着地
6－1	61	臂架幅度 28m 处起升离地后停，全速起升约离地 25m 处停，向右旋转 90°后停，反向回正后停，收杆至 13.5m 停，全速下降至一定高度后停，落杆至 28.4m 处停，下降后着地
7－1	71	臂架幅度 23.3m 处起升离地，收杆至 13.6m 处停，快速起升至离地约 15m 处停，落杆至 27m 再收杆，至 26.8m 处停，又起升至一定高度后停，向左转 90°后停，反向转 180°后停，左转回正停
8－1	81	臂架幅度 22.1m 处起升离地后停，全速起升至一定高度后停，左转 90°后停，反向回转 180°后停，左转至原位停，全速下降至一定高度后停，落杆至 25.8m 处，幅度回至 23m 处，着地
9－1	96	臂架幅度 22.6m 处起升离地收杆至 16m，全速起升至一定高度停，向左旋转至 90°后停，返回原地，全速下降，换 3 挡下降至一定高度停，落杆至 22.1m 停，三挡下降后着地
10－1	111	臂架幅度 22.4m 处起升离地，显示器超载关闭，慢速起升至一定高度后停，慢速下降慢着地后停

12.4.3 数据分析

数据分析使用 GlyphWorks 软件进行。分析包括信号的统计值分析、频率分析、数据的截取、载荷应变关系、臂架幅度应变关系等。

由于篇幅有限，只给出工况 6 应变的数据统计分析结果，见图 12－23，它显示了不同测点应变数据的最大值(红色)和最小值(蓝色)。结果表明，象鼻梁上的测点(通道 1～8)应变最大值较大，最小值几乎为 0，在工作状况下主要受拉伸。其中通道 8 和 5 的应变最大，是比较危险的位置。臂架中测点(通道 11～16)中的受力则主要是压缩，其中的通道 13 和 14 受压最大。图 12－24 是主钩垂直在各种加载工况下加速度的幅值分布图。从图中可以看出，加速度的变化主要在 ±0.1g 之内，虽然最大的加速度能够达到 ±0.5g，但应该来说振动不大。

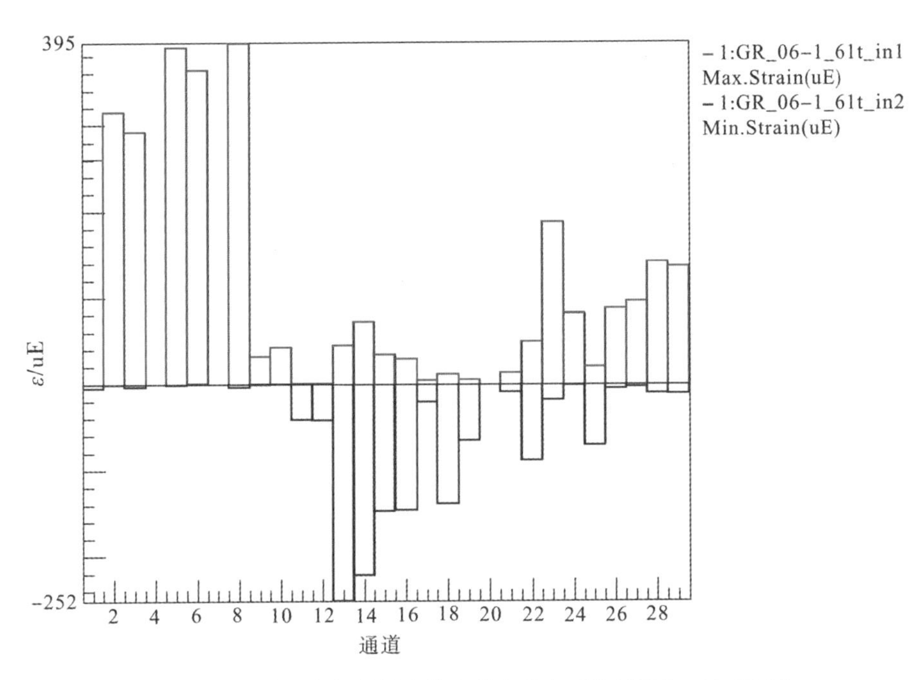

图 12-23　应变数据的最大值和最小值(工况 6 测试，61t 载重)

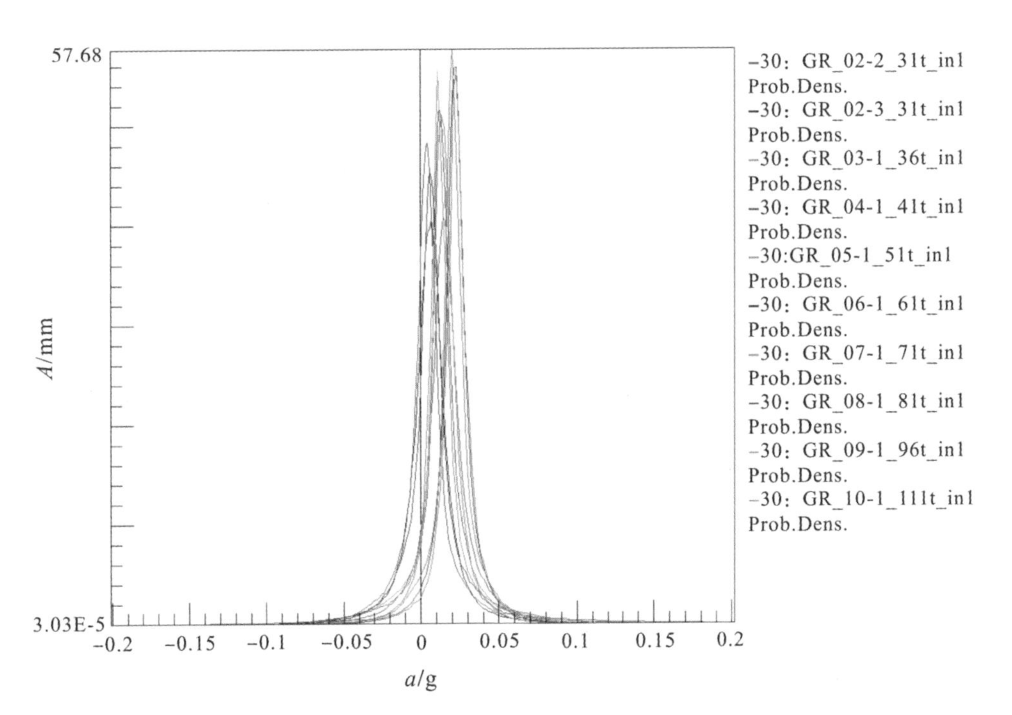

图 12-24　主钩垂直在各种加载工况下加速度的幅值分布图

载重和应变的关系应该基本上是线性的，这从图 12－25 中得到了验证。该图将幅度在 22～24m 之间的所有通道 8 应变数据作了比较，可以看出，所有的数据呈现线性变化趋向。

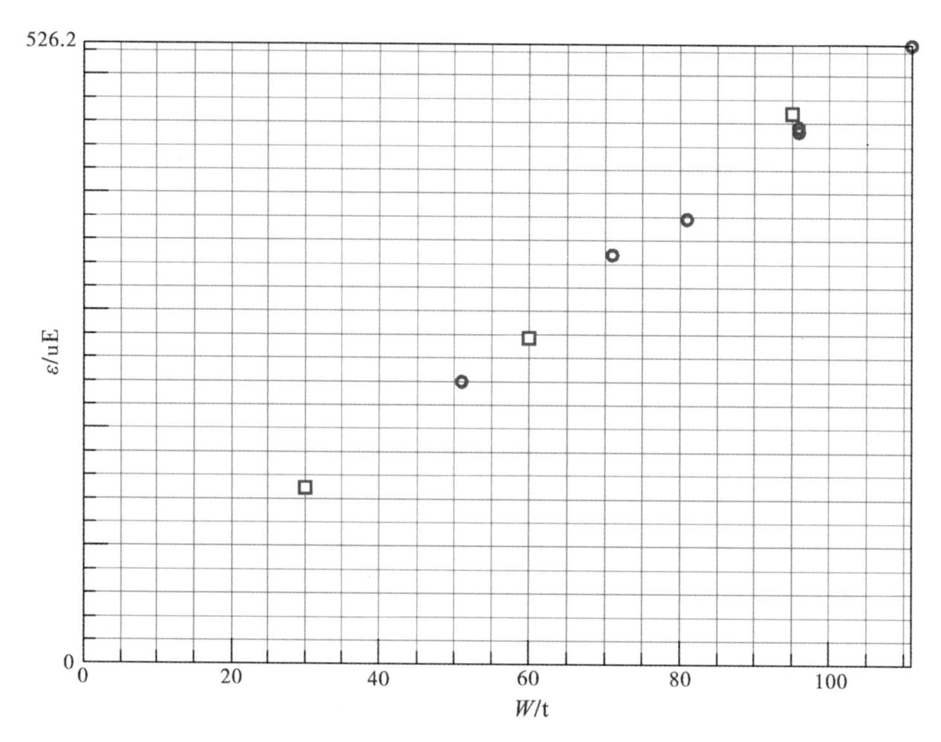

图 12－25 臂架幅度基本不变时(22～24m)的载荷应变关系(通道 8)

图 12－26 表示了载重不变时臂架幅度和应变之间的关系，载重约为 60t 时所有通道 8 测试数据都包含在内。同样可以看出，随着臂架幅度的增加，应变基本上呈线性变化。图 12－27 进一步给出了三种不同载重下通道 8 测点的应变和臂架幅度之间的线性方程，从测试点的线性拟合得出，随着臂架幅度的增加，应变基本上呈线性变化。对其它的典型测点，类似的线性关系也可获得。如前所述，应变和载重之间也应该具有线性关系，并且当载重为 0 时，应变值(自重不考虑)也应该为 0。基于这一点，图 12－28 对图 12－27 中的数据进行了载重正交化，并进行了线性回归，所得到的测点 A4－1 载重臂架幅度和应变之间的关系为

$$\varepsilon = W(0.3813L - 3.6219),$$

其中，应变、载重和臂架幅度的单位分别为 uE、t 和 m。同样，可以得出其它测点位置的正交化关系，其中测点 C2－3(通道 13) 和 C3－3(通道 14) 的关系如下：

$$\varepsilon = W(0.2176L - 5.4776),$$

$$\varepsilon = W(0.2991L - 6.072)。$$

这些关系对后面所述的疲劳寿命分析提供了很大的便利。

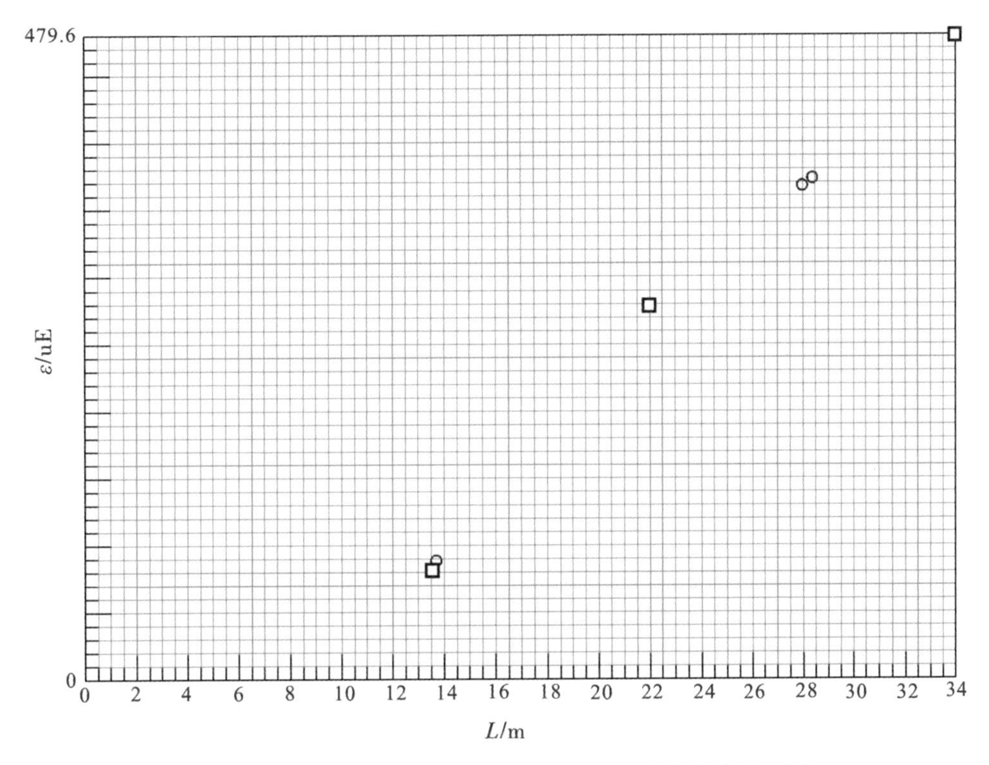

图 12-26 载重基本不变时(约 60t)臂架幅度和应变的关系(通道 8)

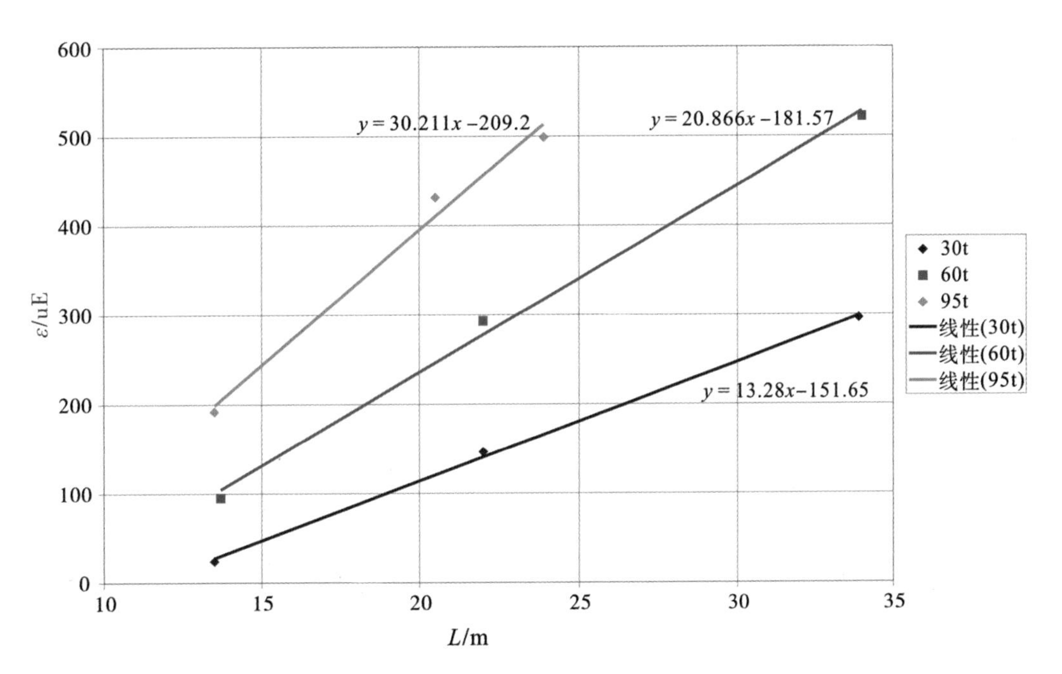

图 12-27 应变和臂架幅度之间的线性关系(测点: strain_ A4-1)

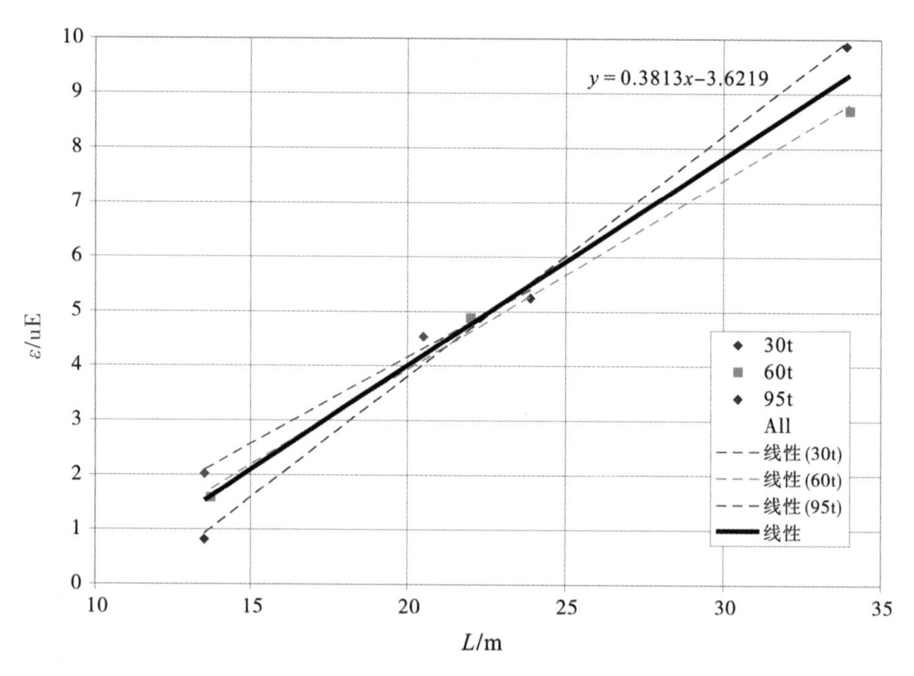

图 12-28 正交化应变和臂架幅度之间的线性关系(测点：strain_ A4-1)

12.4.4 小结

本节描述了门座起重机的典型动态应力测试。测试结果表明：典型动态工况下的起重机动态响应不显著；象鼻梁上的应力比其它部件大；应变与载荷、应变与起重机臂架幅度基本上呈线性关系。测试所得到的结果将为后续的起重机疲劳分析提供可靠的输入。

12.5 断裂韧性及疲劳裂纹扩展性能测试

材料及其焊缝的疲劳断裂性能数据是结构疲劳寿命预测的基本数据，一些常用材料的数据能够在一些文献和数据库里找到。为了使第 12.8 节中起重机寿命预测能有较准确的材料性能数据输入，获得较准确的寿命结果，对该门座起重机的主要材料 Q345B 钢板及其 Q345B 焊缝进行了试验研究。研究的内容包括：

Q345B 钢板和 Q345B 焊缝在室温条件下的拉伸试验；

Q345B 钢板和 Q345B 焊缝在应力比 $R=0.1$、室温条件下的疲劳裂纹扩展速率测试；

Q345B 钢板和 Q345B 焊缝在应力比 $R=0.1$、室温条件下的疲劳门槛值测试；

Q345B 钢板和 Q345B 焊缝在室温条件下的断裂韧性测试。

Q345B 钢板厚度为 20mm，钢板材料由该门座起重机原制造厂提供。Q345B 钢板的焊缝也由原制造厂按起重机建造时的焊接工艺准备。材料及其焊缝的测试按相关的试验标准在材料测试实验室里完成。

12.5.1　拉伸性能试验

Q345B板材母材拉伸试样采用直径为10 mm的圆棒形标准试样。焊接接头的拉伸试样包含整个接头，取样采用直径为5 mm的标准试样(由于焊接接头的坡口形式为X型，断裂韧性和疲劳裂纹扩展速率的缺口或裂纹沿焊缝中心，平行于焊接方向)。板材和焊缝试样各准备了3个。拉伸测试在电液伺服万能试验机上进行，加载速率为1 mm/min，测试标准为GB228，测试环境温度为27℃。

由于篇幅有限，在此只给出Q345B-1板材试样的拉伸曲线，如图12-29所示。拉伸试验的主要结果见表12-10。

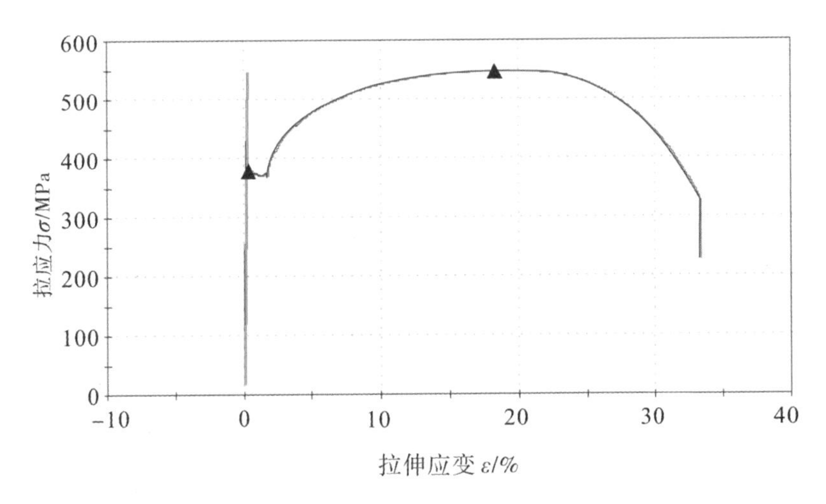

图12-29　Q345B-1试样拉伸性能曲线

表12-10　Q345B板材及焊接接头室温拉伸性能测试结果

试样编号	最大载荷 kN	最大拉伸应力/MPa	屈服应力 MPa	δ_5/%	ψ 截面收缩率/%	杨氏模量 GPa
Q345B-1	43.31	547.02	379.46	30.00	71.07	244.54
Q345B-2	43.02	547.70	376.68	31.40	69.97	210.61
Q345B-3	43.19	549.88	382.76	29.40	71.06	201.59
Q345B-WM-1	9.86	501.99	421.10	29.84	70.41	224.00
Q345B-WM-2	9.74	495.93	407.77	30.56	73.37	233.06
Q345B-WM-2	9.59	488.51	396.99	29.12	77.34	191.85

12.5.2　疲劳裂纹扩展性能试验

在Q345B板材及焊接试板裂纹扩展速率测试采用阶梯缺口CT试样，试样尺寸为$W/B=4$，$W=50$ mm，$B=12.5$ mm，线切割缺口长度为20 mm。预制疲劳裂纹长度为2 mm，预制疲劳裂纹所施加的载荷对母材选用载荷ΔP为8 kN，逐级降载到7 kN，应力比均为0.1；而对焊缝选用载荷ΔP为9 kN，逐级降载到8 kN，应力比均为0.1。测试标准按 GB 6398 进行。测试环境室温为 27℃。试验结束后，按照 Paris 公式对试验数据进行拟合。

由于篇幅有限，在此只给出 Q345B－1 疲劳裂纹扩展速率测试结果（Paris 公式），如图 12－30 所示。表 12－11 列出了所有 6 个试样各自获得的 Paris 公式。Paris 公式中裂纹长度的单位是 mm，应力强度因子的单位为 $MPa\sqrt{m}$。

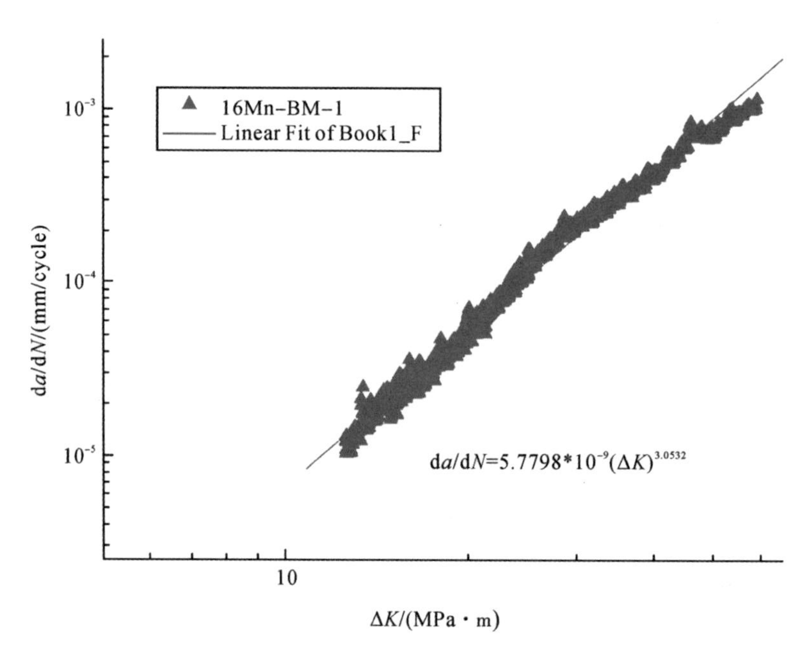

图 12－30 Q345B－1 母材疲劳裂纹扩展速率测试结果

表 12－11 疲劳裂纹扩展速率测试结果

试样编号	裂纹扩展速率拟合公式
Q345B－1	$da/dN = (5.7798E-9)(\Delta K)^{3.0532}$
Q345B－2	$da/dN = (3.5431E-9)(\Delta K)^{3.1826}$
Q345B－3	$da/dN = (8.9512E-9)(\Delta K)^{2.9371}$
Q345B－WM－1	$da/dN = (7.1746E-9)(\Delta K)^{4.8143}$
Q345B－WM－2	$da/dN = (1.9053E-9)(\Delta K)^{4.4452}$
Q345B－WM－3	$da/dN = (2.1542E-9)(\Delta K)^{4.5327}$

12.5.3 疲劳裂纹扩展门槛值试验

Q345B 钢板及其焊缝疲劳裂纹扩展门槛值测试，使用紧凑拉伸（CT）试样，用线切割加工出缺口。试验前先预制出疲劳裂纹，长度为 3mm 左右。测试按照 BS ISO 12108—2002，并参照 GB/T 6398—2000。试验在 GPS50 高频疲劳试验机上室温环境下进行。试验采用降载法，降载百分比为 5%，试验应力比保持为 $R=0.1$。

试验降载时使每一级载荷下的裂纹扩展量 a 是上一级载荷结束时对应的塑性区尺寸的 4～6 倍。试验过程中，用显微镜观察裂纹扩展长度，显微镜的分辨率为 0.01mm。试验结束后计算裂纹扩展速率 da/dN 及 K，作出它们的关系曲线，再对数据点进行拟合外插，得到疲劳裂纹扩展的门槛值。

由于篇幅有限，只给出缺口在母材时三个试样的 da/dN 与 ΔK 数据点，如图 12－31 所示。分别绘制出各个试样的 da/dN 与 ΔK Paris 关系拟合曲线，裂纹扩展门槛值根据 $da/dN = 10^{-7}$mm/cycle 时获得。表 12－12 所示为两种缺口条件下的门槛值结果。

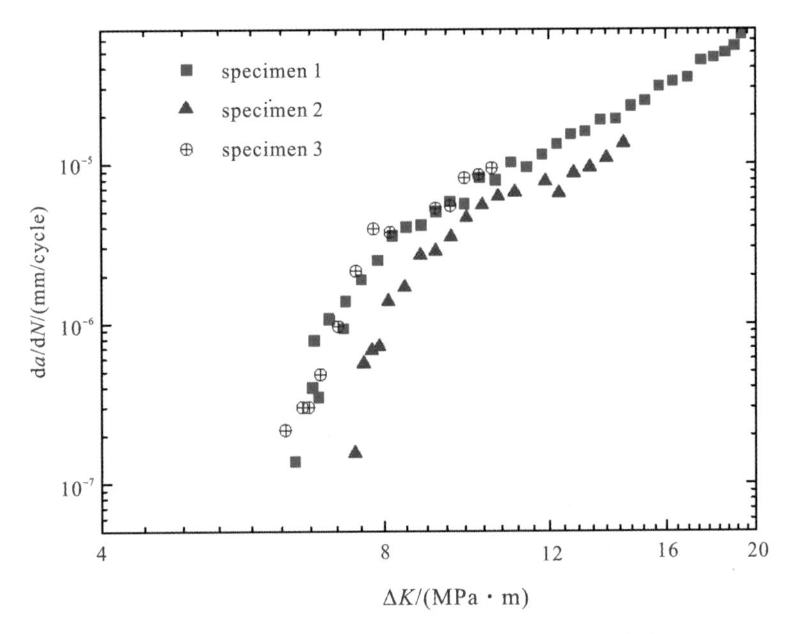

图 12－31　缺口在母材时的 da/dN 与 ΔK 关系曲线

表 12－12　两种缺口条件下的门槛值结果

缺 口 位 置	疲劳裂纹扩展门槛值/$MPa\sqrt{m}$	应力比 R
Q345B 基体材料	6.04	0.1
Q345B 焊缝材料	8	0.1

12.5.4　断裂韧性试验

Q345B 板材及焊接试板断裂韧性测试采用阶梯缺口 CT 试样，试样尺寸为 $W/B = 4$，$W = 50$ mm，$B = 12.5$ mm，线切割缺口长度为 25 mm，预制的疲劳裂纹长度约为 2 mm，所使用的疲劳载荷对母材选用最大载荷 7 kN，逐级降载到 5 kN，而对焊缝选用最大载荷 8.5 kN，逐级降载到 6 kN，疲劳载荷的应力比均为 0.1。

断裂韧性测试按 J_R 阻力曲线确定，测试标准为 GB2038—1980。J 积分的测定采用单试样法，母材和焊缝试板各测试三个样。测试在电液伺服万能试验机上进行，加载速率为 2 mm/min，测试环境为 27℃。

由于篇幅有限，此处只给出 Q345B－1 测试结果，如图 12－32 所示。所有试样测试结果如表 12－13 所示。图 12－32 中左边的直线为钝化线（钝化线是通过原点 0 作一斜率为 $1.5(\sigma_s+\sigma_b)$ 的直线，σ_s 和 σ_b 分别为材料的屈服极限和强度极限）；右边直线为最小裂纹扩展线（过 $\Delta a=0.03$ mm 平行于钝化线的直线），钝化线以右的线为有效实验点，左边的点不参与曲线回归。最后按照 $K=\sqrt{EJ/(1-v^2)}$ 将相应的 J 值转化为应力强度因子 K 值。

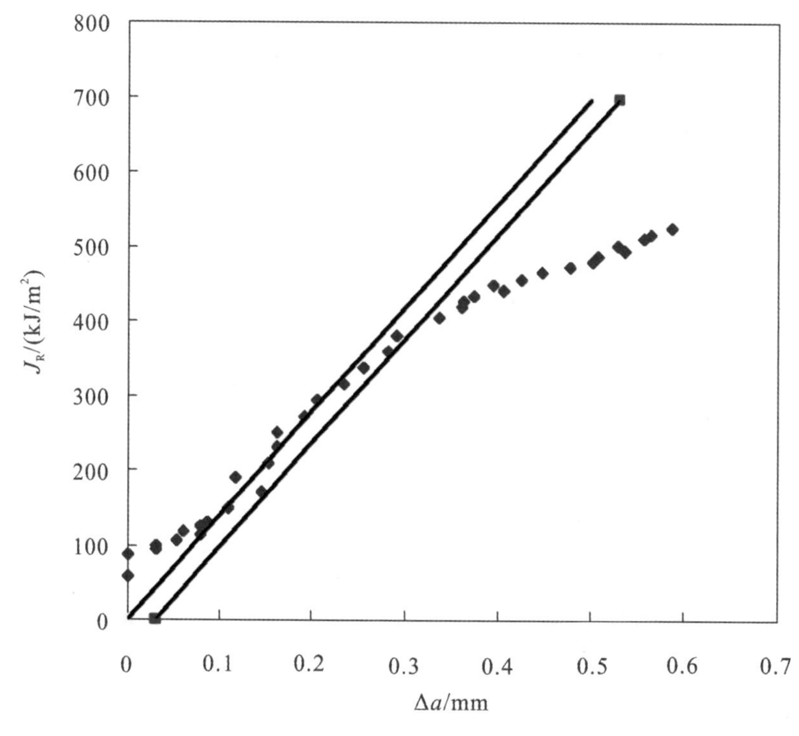

图 12－32　Q345B－1 母材断裂韧性测试结果

表 12－13　Q345B 母材及焊缝断裂韧性测试结果

试样编号	J_R—Δa	$\frac{J_{0.05}}{kJ/m^2}$	$\frac{J_{0.2}}{kJ/m^2}$	$\frac{K_{J0.05}}{MPa\sqrt{m}}$	$\frac{K_{J0.2}}{MPa\sqrt{m}}$
Q345B－1	$J_R=456.27\Delta a+257.23$	405.5	474.0	312.3	337.6
Q345B－2	$J_R=900.61\Delta a+132.08$	419.4	554.5	317.6	365.2
Q345B－3	$J_R=704.31\Delta a+216.98$	474.4	580.1	337.8	373.5
Q345B－WM－1	$J_R=823.02\Delta a+148.26$	418.2	541.7	315.2	358.8
Q345B－WM－2	$J_R=636.71\Delta a+221.46$	449.4	544.9	326.8	359.8
Q345B－WM－3	$J_R=752.49\Delta a+208.04$	505.3	618.1	346.5	383.3

注：$K_{J0.05}$ 和 $K_{J0.2}$ 的计算过程中，$v=0.3$，母材和焊接接头的弹性模量 E 分别取为 218.9GPa 和 216.3 GPa。

12.5.5　小结

本节完成疲劳裂纹扩展性能相关的测试，以图表的方式给出了从每一种试验中获得的材料性能数据。试验所获得的材料性能数据将直接用于 12.8 节的疲劳寿命分析计算。

12.6　基于实测应力的疲劳寿命分析

设备的疲劳寿命取决于关键位置的寿命。传统上，结构疲劳寿命的一种典型评估方法是：实测结构关键部位在典型载荷工况下的应变，将所测的应变换算成应力，然后根据经典的 $S-N$ 法计算这些测点及其附近应力集中位置的疲劳寿命。本节对起重机主结构（包括象鼻梁、臂架、大拉杆、小拉杆以及人字架）进行基于实测应变的疲劳寿命分析，目的是初步了解这些结构件在不考虑裂纹或缺陷情况下的疲劳寿命。

基于实测应力的疲劳寿命分析直接使用 nCode GlyphWorks 中的 $S-N$ 模块，所分析的载荷包括几种实际测量的典型载荷工况和典型的组合工况。寿命分析位置主要为实测的应变部位，但对测点附近应力集中位置的疲劳寿命分析方法也做了说明并进行分析。本节的内容主要包括：疲劳寿命分析的载荷和材料的输入，各种工况下所获得的疲劳分析结果的说明。

12.6.1　分析输入

疲劳分析所用的 $S-N$ 曲线是 Q345B 基体材料，查得的主要机械性能参数分别为：$E=212\,000$MPa；UTS = 586MPa；屈服强度 σ_s = 345MPa。$S-N$ 曲线的参数为：SRI1 = 1603MPa；$b_1=-0.060\,977$，NC_1 = 1E7；$b_2=0$，图 12 - 33 所示为这一曲线。

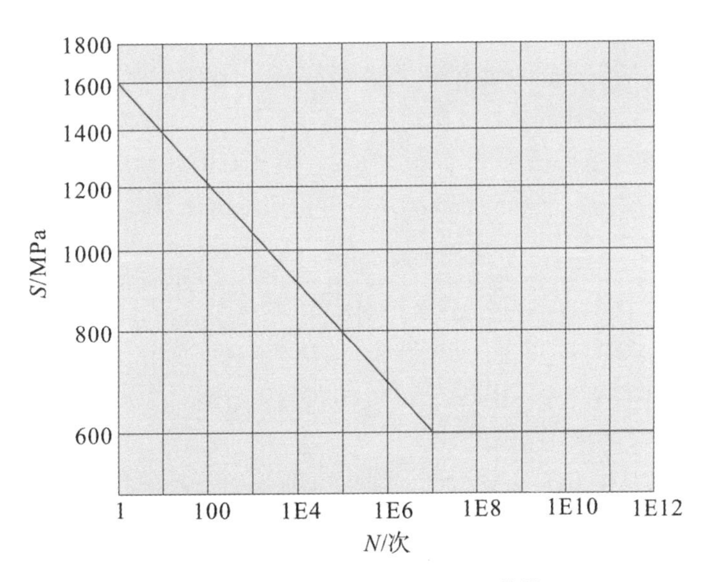

图 12 - 33　Q345B 材料的 $S-N$ 曲线

疲劳分析的载荷主要是12.4节中表12－9所列工况。这些工况包含有各种不同的载重以及典型的设备使用工作状态，可被认为是实际的典型工况，疲劳分析的输入即为在这些工况下实际测得的真实的应变变化。在分析中，我们将主要使用表12－9中各种独立的测试工况作为分析的输入，但也假定了一种这些典型测试工况的组合作为分析对象，以期更加真实地反映设备实际的使用情况。这一工况的组合见表12－14。表中的各种工况的比例，参照了实际调查得到的设备使用数据，这一组合工况代表了300小时设备的使用。虽然各种独立的工况和实际的情况不一定相同，但300小时内吊重的分布基本上和实际测得的接近。

表12－14　组合载荷工况(300小时)

载荷工况	载荷重复次数	载荷工况	载荷重复次数
2－2_ 31t	21	7－1_ 71t	1
3－1_ 36t	5	8－1_ 81t	2
4－1_ 41t	1	9－1_ 96t	1
5－1_ 51t	2	10－1_ 111t	0
6－1_ 61t	1		

疲劳寿命分析的关注位置主要为12.4节中描述的应变测点，根据$S-N$方法可直接获得这些位置的疲劳分析结果。但是，对于一些应力集中位置，即使它们是非测点位置，$S-N$方法也可用来对这些位置进行疲劳寿命估计，前提是需要知道附近测点的应变变化，以及应力集中位置和其附近测点的相对应力集中系数K_t。在本节分析中，我们将假定可能的应力集中系数，分析应力集中系数对疲劳寿命结果的影响。请注意，在实际疲劳分析中，我们将不使用应力集中系数，而直接假定疲劳强度降低系数K_f，即假定K_f等于K_t，从疲劳理论可知，根据这样的假定得到的疲劳寿命结果将是偏安全的。

表12－15总结了已经进行的疲劳分析。其中分析1主要是了解各典型工况下各测点的疲劳寿命，分析2是获得应力集中部位的疲劳寿命，分析3则为了得到不同应力集中系数对疲劳寿命的影响，而分析4是分析接近设备实际使用工况时设备的疲劳寿命。分析中的K_f是假定的值，对于实际结构中的关键位置，可从有限元分析结果中得出关键位置和附近应变测点的相对应力集中系数，然后从本分析结果中估算出关键位置的疲劳寿命。

表12－15　疲劳分析工况

分析编号	载 荷 工 况	材料输入	疲劳强度降低系数K_f
1	表12－9中的各测试工况	Q345B	1
2	表12－9中的各测试工况	Q345B	10，15，20
3	表12－9中的各测试工况	Q345B	1，2，…，20
4	表12－14中的组合工况	Q345B	10，15，20

12.6.2　分析结果及讨论

分析编号1的疲劳分析结果显示，所有载荷工况，所有测点的疲劳寿命值均可以理解为“无限寿命”。这一分析结果是可以预期的，因为最恶劣工况 100t 吊重下所有测点的应力范围都低于 Q345B 的疲劳极限范围，约 600MPa。其中象鼻梁相对的是疲劳危险部件，尽管它们的损伤值也非常小。通道 8(测点 A4－3，位于前第四孔右上翼板中心)损伤最大，通道 5(测点 A3－1，位于前第三孔左上翼板边缘)次之。从上面的这些分析结果可以得出，对于所有测试工况，所有测点的疲劳寿命几乎达到无限大，不太可能在 20 年的寿命周期内产生疲劳破坏。

对于非测量点的疲劳寿命分析，可通过应力集中系数或疲劳强度降低系数来考虑。表 12－16 列出了三个不同 K_f 条件下的疲劳分析结果，这三个 K_f 值分别对应于 10、15 和 20。表 12－16 中只列出了出现损伤的通道，其它通道损伤值依然为 0，从表中可以看出，疲劳损伤值随着 K_f 的增大而增加。为了说明表 12－16 中的结果，我们以象鼻梁上的测点 A4－3 的结果为例，假如测点 A4－3 附近梁截面开口孔边位置相对于测点 A4－3 的应力集中系数为 10，那么表 12－16 中的损伤值 3.39E－06 即为孔边这一点的近似损伤值。如果每天设备进行 10－1_ 111t 工况 5 次，那么设备孔边这一点的疲劳寿命为 1/3.39E－6＝295 000 天，约为 162 年。如果相对应力集中系数为 15 或 20，那么疲劳寿命即约为 35.8 年或 13 年。根据有限元分析，我们知道象鼻梁孔边开口处相对于测点 A4－3 的应力集中系数小于 10，那么可以得出，象鼻梁的疲劳寿命也远远长于设备 20 年的设计寿命。象鼻梁各个危险位置的疲劳分析将在 12.8 节作进一步的研究。

表 12－16　每个通道的疲劳分析结果列表(测试工况 10－1_ 111t)

通道号	测点名称	损伤值($K_f=10$)	损伤值($K_f=15$)	损伤值($K_f=20$)
1	strain_ A1－1－1	5.30E－07	2.68E－06	7.83E－06
2	strain_ A1－1－2	1.20E－06	5.77E－06	1.65E－05
3	strain_ A2－1－1	8.34E－07	4.10E－06	1.18E－05
5	strain_ A3－1	3.30E－06	1.49E－05	4.12E－05
6	strain_ A3－3	2.41E－06	1.11E－05	3.10E－05
8	strain_ A4－3	3.39E－06	1.53E－05	4.23E－05
23	strain_ E3－1	0	3.42E－07	1.07E－06

图 12－34 所示为 10－1_ 111t 测试工况下 A4－3 测点 K_f 和疲劳损伤的关系，从图上可以看出，疲劳损伤值随 K_f 值的增大而迅速增加。这一关系图可方便地用来估计非测试点的疲劳寿命，只要知道分析点和测试点的相对应力集中系数即可。

以 300 小时作为代表性载荷输入的组合载荷工况的疲劳寿命分析结果如表 12－17 所示，表中只列出有限寿命的通道数据。寿命结果分别对应于 $K_f=10$，15，20 三个不同的值，寿命以年作为单位。同样可以发现，象鼻梁是寿命最短的结构件。根据表 12－17 中的结果，可以知道该起重机的寿命可能比较长，即使 K_f 为 20，最短的寿命也达到了一百多年，但通常 K_f 值应该小于 10。如果按 K_f 为 10 分析，最短的寿命为 1642 年(A3－1 测点)，即使使用 20 倍的寿命安全系数，设备的寿命仍然可达 80 余年。应该说，按 $S-N$ 方法所估计的疲劳寿命结果，设备继续使用十余年是没有问题的。但是，这一结论是基于结构不存在缺陷为前提的，含缺陷的疲劳寿命评估将在第 12.8 节描述。

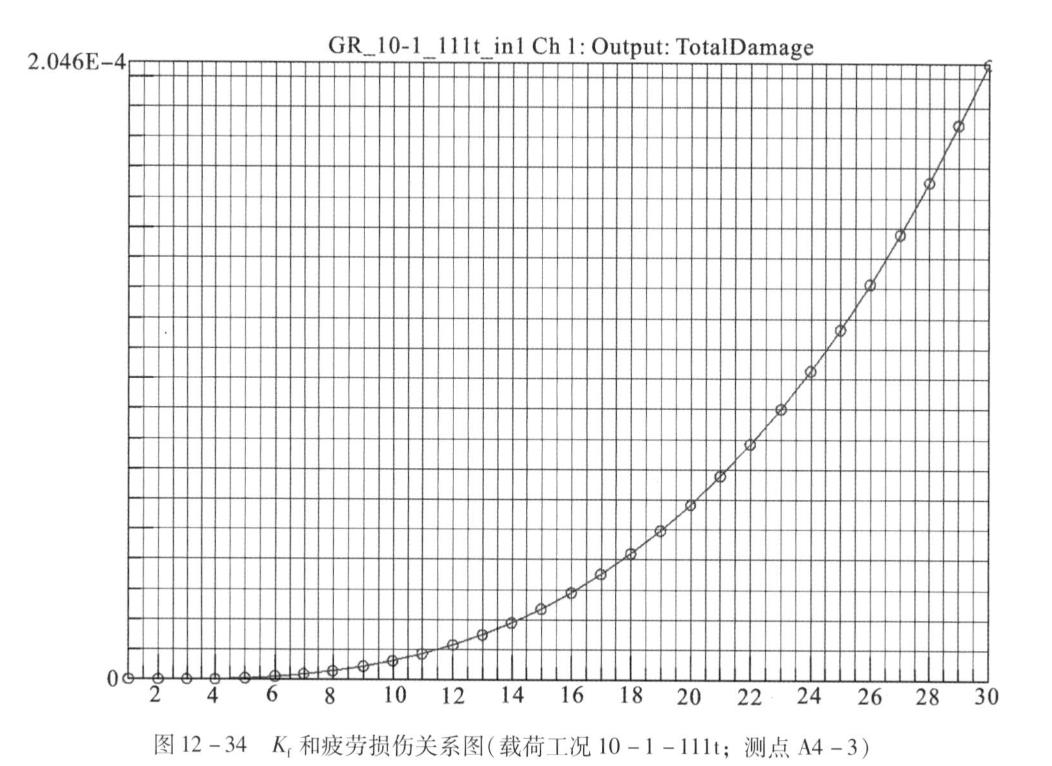

图 12-34 K_f 和疲劳损伤关系图(载荷工况 10-1-111t；测点 A4-3)

表 12-17 各测点的疲劳寿命分析结果

通道号	测点名称	寿命（$K_f=10$）	寿命（$K_f=15$）	寿命（$K_f=20$）
1	strain_ A1-1-1	1.956E4 Years	2162 Years	699.3 Years
2	strain_ A1-1-2	7565 Years	950 Years	316.5 Years
3	strain_ A2-1-1	1.086E4 Years	1291 Years	424.1 Years
5	strain_ A3-1	1642 Years	331.7 Years	114.6 Years
6	strain_ A3-3	3748 Years	615 Years	209.4 Years
8	strain_ A4-3	1755 Years	353.9 Years	122.2 Years
13	strain_ C2-3	3.342E4 Years	2040 Years	653.7 Years
14	strain_ C3-3	3.152E4 Years	2027 Years	656.5 Years
15	strain_ C4-1	Beyond cut-off	2.806E5 Years	6606 Years
16	strain_ C4-3	Beyond cut-off	3.085E5 Years	6599 Years
18	strain_ D2-4	Beyond cut-off	6201 Years	1911 Years
22	strain_ E2-2	Beyond cut-off	Beyond cut-off	2.335E5 Years
23	strain_ E3-1	Beyond cut-off	3006 Years	948.1 Years
27	strain_ E6-4	Beyond cut-off	Beyond cut-off	1.223E5 Years
28	strain_ F1-2	Beyond cut-off	1.626E5 Years	3749 Years
29	strain_ F1-4	Beyond cut-off	Beyond cut-off	4427 Years

12.6.3 小结

本节使用 $S-N$ 疲劳分析方法，根据实际测得的各种典型工况各个应变测点的数据，对设备主要结构件进行了疲劳寿命分析。使用的材料 $S-N$ 曲线为文献中查得的数据，所考虑的载荷工况主要为已经实施的实际测试工况，也包括了一种以这些实际测试工况为基础的组合工况，这一组合工况中的载重比例依照实际记录的起重机使用数据而确定。疲劳分析的关注位置为各个部件中的应变测试位置，但通过假定疲劳强度降低系数，对测点附近应力集中部位的疲劳分析方法也作了介绍，并进行了分析说明。

分析结果表明：该门座起重机各部件中，象鼻梁可能是疲劳损伤最大的；按照 K_f 为10的分析结果判断，对于各种典型的测试工况，所得出的疲劳寿命结果均很长；特别是对于所假定的较为符合实际使用情况的组合载荷工况，即使引入20倍的寿命安全系数，设备的寿命仍然可达80余年。当然，所有的寿命结论均基于下列前提，即结构件不存在裂纹或缺陷，所使用的材料疲劳性能曲线和实际的材料性能差别不大，没有考虑焊缝对结构寿命的影响(这可以通过获取焊缝疲劳性能曲线加以考虑)，所假定的载荷工况和设备的实际使用相近。

12.7 基于有限元应力的疲劳寿命分析

本节对起重机主结构中最危险的象鼻梁进行了基于有限元应力结果的疲劳分析。其目的是了解各种不同疲劳载荷工况对象鼻梁部件疲劳损伤的影响；直接鉴别出象鼻梁疲劳危险区域并估计出这些区域的疲劳寿命。

12.7.1 有限元疲劳分析方法

在12.6节中我们已经应用 $S-N$ 法分析了结构中一些关键位置的疲劳寿命，分析基于实际测得的应变随时间的变化数据。有限元疲劳分析的基本原理是：根据有限元分析中所获得的应力应变结果，结合材料的疲劳寿命性能曲线，应用疲劳理论，如 $S-N$ 疲劳分析法，计算出结构或零部件的疲劳寿命分布。图12-35为基于有限元分析结果的疲劳寿命分析流程图，分析主要分两个步骤：先是进行有限元分析以获得每个节点或单元的应力或应变，然后是基于所得到的应力应变结果进行疲劳分析，得到每个节点或单元的疲劳寿命结果。与关键点疲劳分析相比，这一方法的优点是能够全面评估或鉴别出结构中的疲劳危险位置。

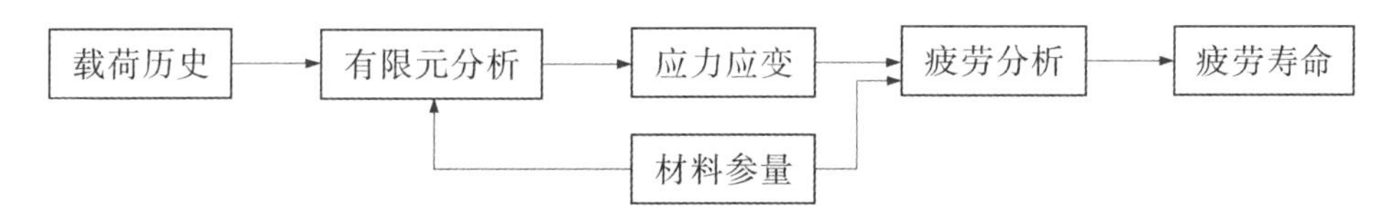

图12-35 基于有限元分析结果的疲劳寿命分析流程图

显然，有限元疲劳分析的主要输入除了材料的疲劳性能曲线，实际上是结构上每一个部位的应力或应变的变化。对于复杂的载荷工况，有限元分析可能无法得到所需要的时间域的应力应变变化，这通常需要根据实际的载荷工况特点，通过一些简单的有限元分析，结合一个合适的简化方法，得出疲劳分析所需的应力应变输入。对于该起重机主结构的有限元疲劳分析，我们需要得到各种典型工况下，随着吊重的变化和臂架的运动，主结构中所产生的应力变化历史。如果载荷和臂架的变化是一个实际复杂的工况，那么我们很难直接根据实际的载荷和臂架的变化进行时间域的有限元分析，这就需要通过一种简化方法得到疲劳分析所需要的应力应变结果。下面简要说明一种应用于起重机结构的有限元疲劳寿命分析过程。

图 12 - 36 所示为用来对该起重机进行有限元疲劳分析的流程。分析的输入分别为起重机结构的有限元模型，表征起重机载荷和臂架运动的时域数据，以及材料的 $S-N$ 曲线。结构的有限元模型有三个，分别对应于 13. 5m、22. 5m 和 34. 5m 臂架幅度位置。首先我们对这三个模型进行施加 1t 载重、不考虑结构自重情况下的有限元静力分析，分析的一些细节见 12. 3 节。然后通过应力插值的方法，以这三个单位载重的有限元应力结果为基础，依照实际所施加的载重和臂架幅度时域数据，插值出相对应的每个时刻结构中的节点或单元应力分量。起重机的载荷工况主要是吊重重量和起重机臂架位置的变化，两者均对结构中的应力产生影响。最后，一旦应力变化已经获得，那么结合材料的 $S-N$ 疲劳性能曲线，应用有限元 $S-N$ 疲劳分析方法，就可以获得结构全场的疲劳寿命分布。

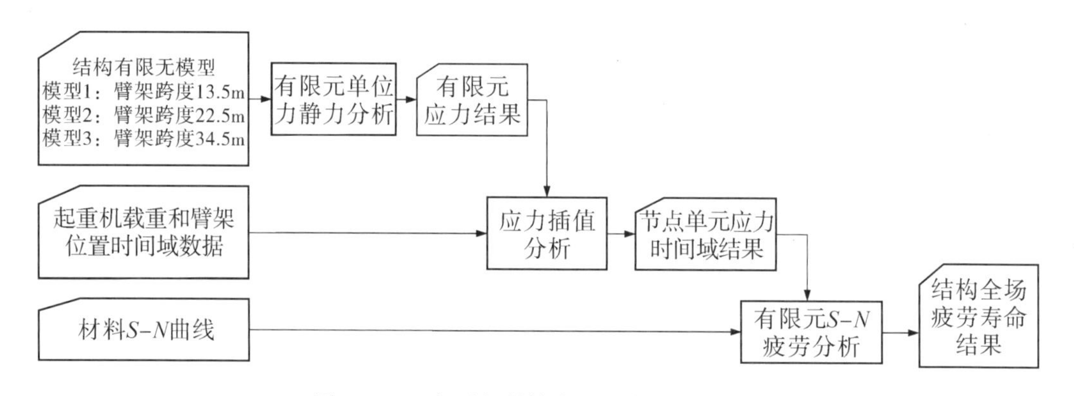

图 12 - 36 起重机结构有限元疲劳分析流程

12. 7. 2 典型工况有限元疲劳分析

本节疲劳分析所假定的载荷工况分简单工况、组合工况和实测工况三种，其中简单工况包括起降重物过程中起重机臂架位置固定不变或产生变化，组合工况为几种不同简单工况的组合，实测工况为实际记录的载荷工况。表 12 - 18 列出了用来进行有限元疲劳分析的典型载荷工况，其中的组合工况 load4 是前三种工况的简单组合，即一个载荷循环包含 1 次 load1，8 次 load3 和 1 次 load2；而 load5 是实际采集的连续 300 小时的起重机使用数据，见 12. 1 节中的说明。

表 12－18　所分析的典型载荷工况

工况名称	工 况 说 明	工况种类
load1	34m 臂架幅度位置起降 64t 重物	简单工况
load2	23m 臂架幅度位置起降 100t 重物	简单工况
load3	13～34m 臂架幅度位置起降 30t 重物	简单工况
load4	1 * load1 +8 * load3 +1 * load2	组合工况
load5	300 小时实际记录数据	实测工况

12.7.3　分析结果及讨论

起重机象鼻梁在疲劳载荷工况 load1 作用下的疲劳寿命结果如图 12－37 所示，最危险的区域位于靠近吊钩的第一个开孔处的孔边，它的疲劳损伤值为 5.439E－18，相对应的加载次数(即起重机在象鼻梁幅度 34m 时，起吊 64t 重物的次数)为 1.84E17。从这一结果可以看出，如果结构中没有裂纹或缺陷的话，按照传统 $S-N$ 方法估计的寿命是非常长的。可以发现相对危险区域均为象鼻梁开孔处的孔边，均为应力集中区。

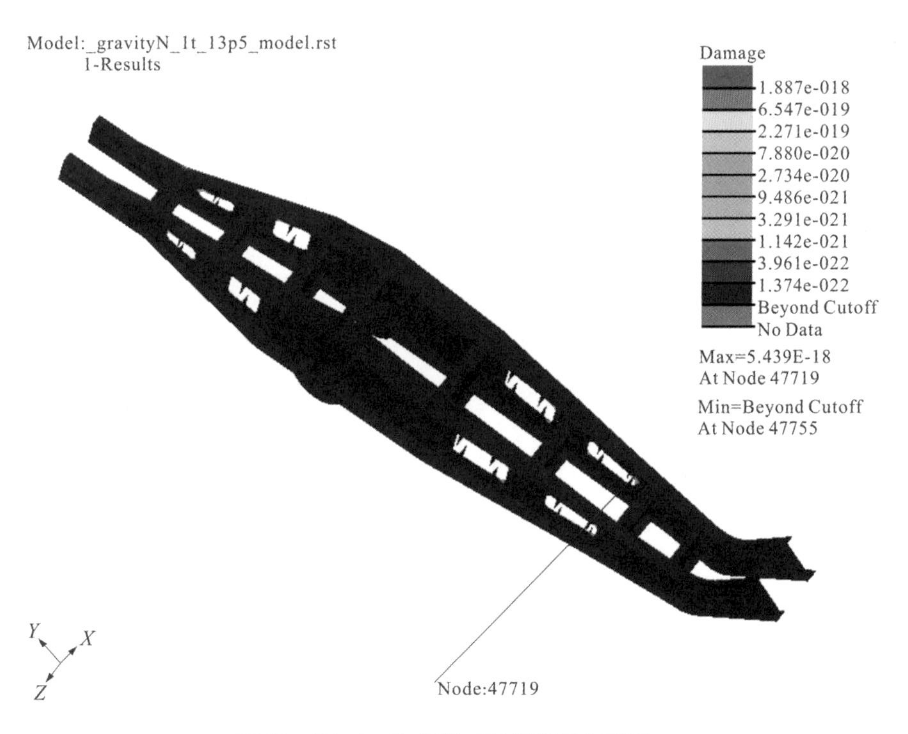

图 12－37　load1 载荷工况疲劳损伤云图

疲劳载荷工况 load2 所产生的象鼻梁疲劳损伤分布见图 12－38，从图中可以看出，最危险的区域和 load1 工况一致，但是，load2 的疲劳损伤值比 load1 工况要大，损伤值为 7.328E－16，这说明臂架幅度为 23m 时起吊 100t 重物比起吊 64t 重物疲劳损伤大，即疲劳更加严重一些。

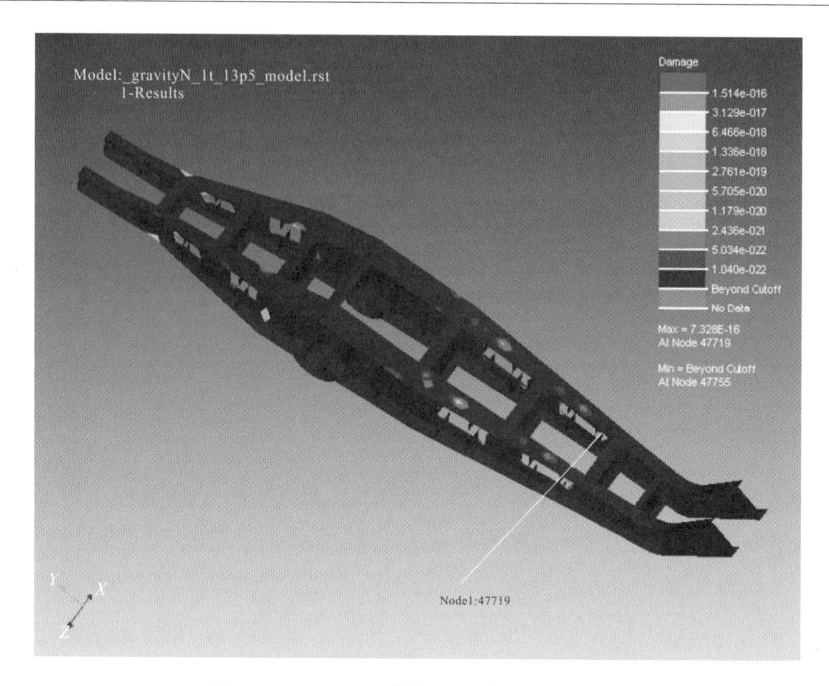

图 12－38 load2 载荷工况疲劳损伤云图

简单工况 load3 所对应的疲劳分析结果如图 12－39 所示，图中的结果表明，对于这一疲劳载荷，象鼻梁中所有节点的疲劳损伤值均为 0。这是由于 load3 工况的载重只有 30t，尽管起重机的臂架幅度在 13～34m 之间变化，但所产生的应力仍然非常小，不足以引起结构的疲劳损伤。

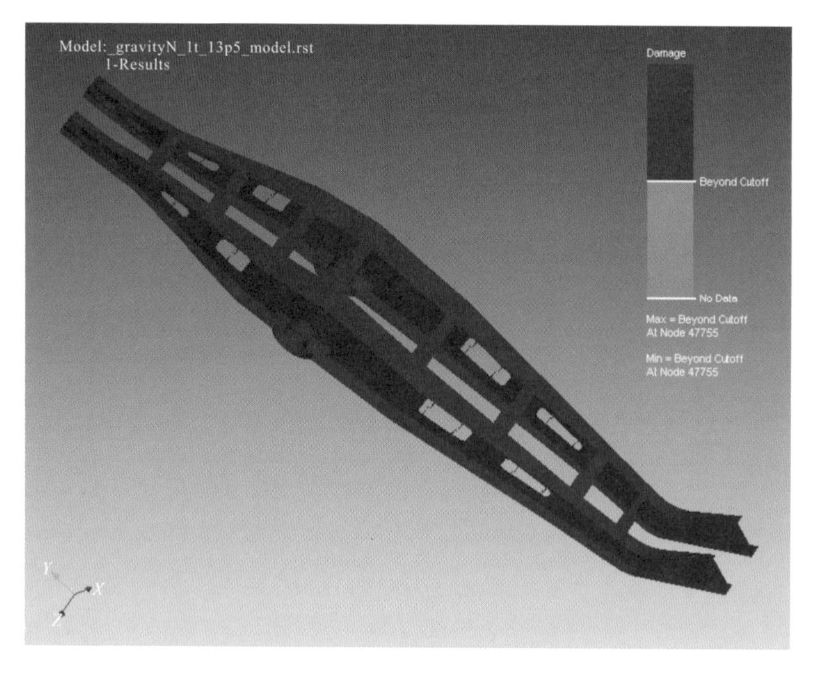

图 12－39 load3 载荷工况疲劳损伤云图

组合工况 load4 的疲劳损伤分布结果如图 12－40 所示，和图 12－38 中的 load2 工况相比，损伤分布几乎一致，但 load4 工况最危险的节点的损伤值为 7.382E－16，比工况 load2 中的损伤值 7.328E－16 稍大，这是由于工况 load4 中除了包含有 load2 的载荷外还有 load1 和 load3 的工况，这两种工况从前面分析可以知道，load3 不足以产生损伤，而 load1 显然会产生疲劳损伤。但是无论如何，这一组合工况中损伤最大的工况是 load2。

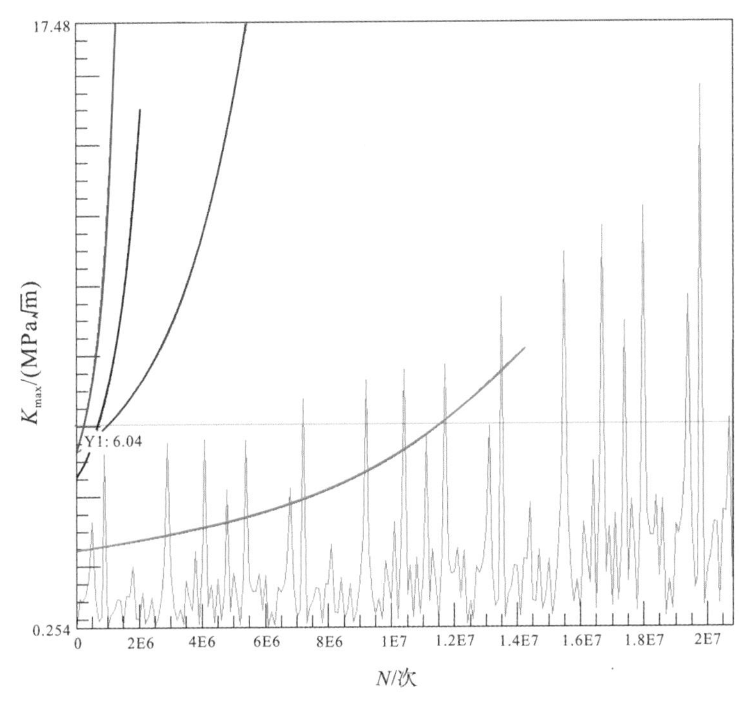

图 12－40　load4 载荷工况疲劳损伤云图

图 12－41 所示为实际测得的载荷工况 load5 的疲劳分析结果，图中的损伤分布和前面分析的几种工况基本一致，疲劳危险位置基本上为开孔孔边。从图可见，最危险的位置仍然是节点 47 719，其损伤值为 8.059E－16，对应的寿命值为 1.24E15 次载荷重复，实际的寿命为 8.43E16 小时(1.24E15 ×68 小时)，对应的寿命为 9.63E12 年。这一寿命几乎是无限寿命。为了进一步考察这一实际工况的寿命，在疲劳分析时我们对载重放大了 2 倍。载荷放大后的疲劳损伤结果见图 12－42，从中可以看出最危险位置的疲劳损伤值增加至 1.22E－9，相对应的以年为单位的寿命为 6.36E6 年。如果我们进一步对寿命取 20 的安全系数，那么象鼻梁的寿命仍然可以达到 3.18E5 年。这一分析结果表明，对于无缺陷或无裂纹的象鼻梁，它的疲劳寿命远远超出 20 年的设计寿命，几乎为无限寿命。当然，这一结果没有考虑焊缝对结构寿命的影响。

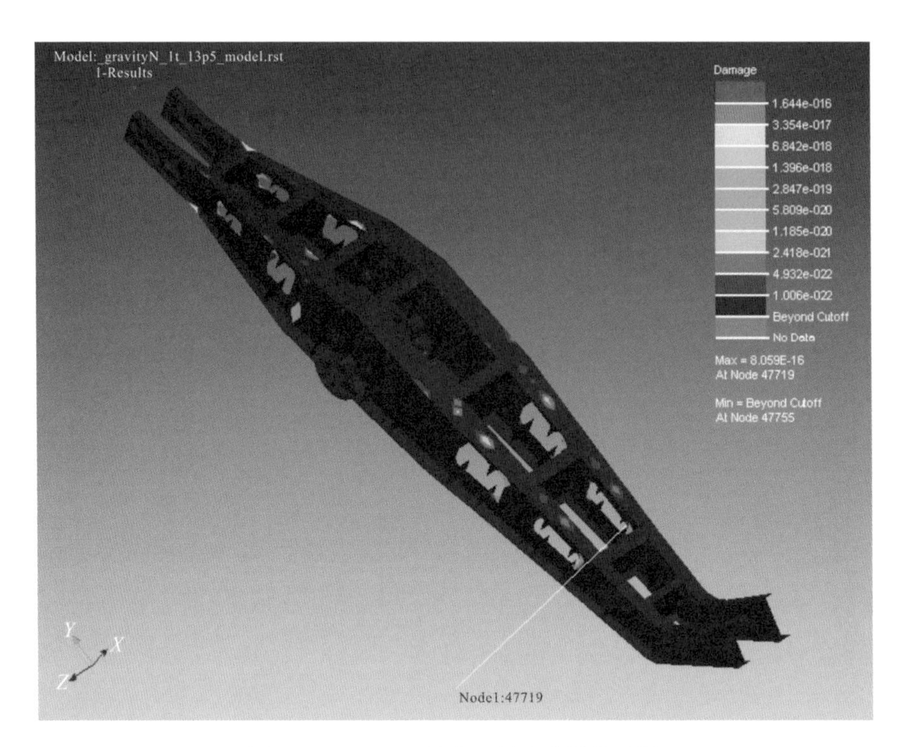

图 12－41　load5 载荷工况疲劳损伤云图

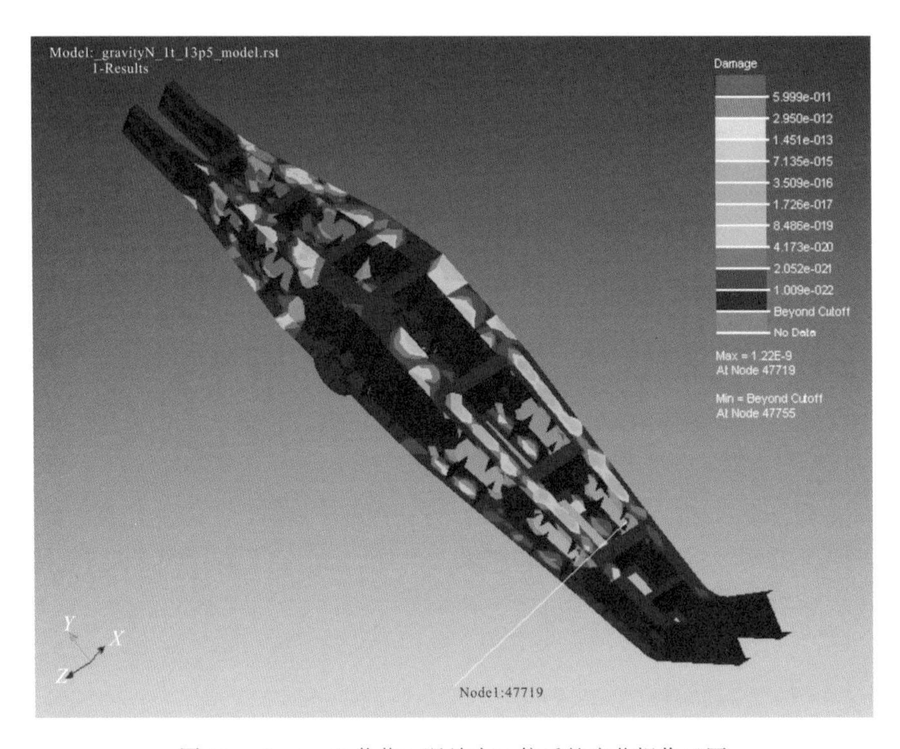

图 12－42　load5 载荷工况放大 2 倍后的疲劳损伤云图

12.7.4　小结

和传统的关键点疲劳分析相比，基于有限元应力结果的疲劳分析方法更能对结构进行全面的疲劳分析。在本节中，我们应用了这一方法对该起重机象鼻梁部件进行了全场疲劳分析，取得了一些非常有意义的分析结果。但是，还需要对这一方法做更进一步的研究。

本节对起重机象鼻梁在几种简单疲劳载荷、稍微复杂的组合载荷以及一实际记录的起重机使用工况作用下的疲劳寿命进行了分析。分析结果表明：

有限元疲劳分析可直接给出结构中各个位置的疲劳寿命，和关键点疲劳分析相比，它能够直接鉴别出实际复杂结构的疲劳危险点并估计出疲劳寿命，为疲劳分析提供了一种更为全面的强有力的分析方法。

无论是简单工况、组合工况还是实际工况，该起重机象鼻梁的疲劳损伤分布基本上是相似的，最危险的疲劳损伤位置主要在开孔孔边以及孔边的筋板处。

所估计的象鼻梁的疲劳寿命对于所有分析工况都非常大，基本上是无限寿命。如果结构中不存在裂纹或缺陷，也没有焊缝，那么这一结果表明，象鼻梁部件的疲劳寿命将远远高于起重机的设计寿命。

12.8　疲劳裂纹扩展寿命分析

疲劳裂纹扩展寿命分析是本章的重点之一，其目的是分析评估出带裂纹起重机结构的剩余疲劳寿命，为设备的安全性评定以及延寿提供直接的分析依据。疲劳裂纹扩展分析对象一般为已探测到的结构中的裂纹或缺陷，每个裂纹的疲劳裂纹扩展寿命与设备的使用历史以及将来的使用情况都有直接的联系。

本节中的疲劳裂纹扩展分析将主要对无损探伤出的已知重要裂纹进行分析，但同时对象鼻梁关键位置的表面裂纹进行假定性预测分析，以分析结构潜在的安全性。分析使用12.5节中实际测得的Q345B及焊缝材料的疲劳裂纹扩展速率曲线。所考虑的载荷工况和有限元疲劳分析工况相似，包括了几种典型简单极限工况和组合工况，以及一种实测得到的起重机使用工况。

本节首先简单介绍应用于起重机结构疲劳裂纹扩展分析的基本流程，然后主要描述分析的一些细节，最后给出各个裂纹的分析结果，说明材料、载荷工况以及裂纹初始尺寸对疲劳寿命的影响，也根据分析出的所用结果对当前起重机的安全寿命进行评估。

12.8.1　裂纹疲劳扩展分析方法

图12－43为起重机结构疲劳裂纹扩展的分析框图。

在此流程中，主要的分析输入有三个。第一个输入是起重机载重和臂架位置数据，它们定义了起重机设备的使用环境，是载荷的源头数据。但是，在裂纹扩展计算时，我们需要和所分析裂纹相对应的应力数据，这可通过实测应力和起重机载重和臂架位置的标定关系进行计算。分析的第二个主要输入是应力强度因子形状系数，裂纹的应力强度因子形状系数和所分析裂纹的几何形状及位置相关。材料的疲劳扩展速率曲线是第三个分析输入。

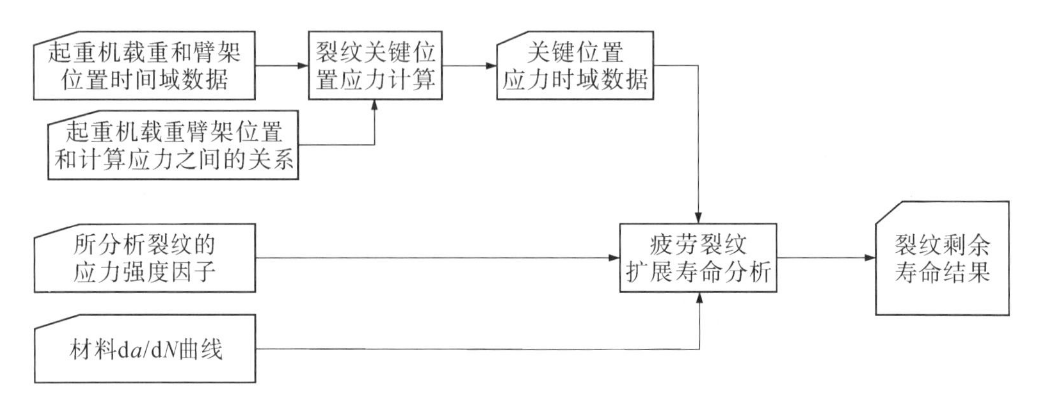

图 12－43　起重机结构疲劳裂纹扩展分析框图

在本节的分析中将使用 12.5 节中实测得到的材料性能数据。在疲劳扩展分析时，根据需要可以计算裂纹从初始尺寸扩展至指定尺寸的寿命，也能够计算从初始尺寸扩展至裂纹断裂时剩余寿命。

12.8.2　疲劳扩展寿命分析输入

本节疲劳裂纹扩展所需的材料性能参数采用了第 12.5 节中给出的数据，这些数据是直接从该起重机 Q345B 材料以及用同样的焊接工艺制备的焊缝试板中测得的，较能代表实际情况。第 12.5 节给出了单向拉伸、疲劳裂纹扩展速率、疲劳裂纹门槛值以及断裂韧性的结果，而每一结果都有 3 个试样的数据。为了使得疲劳裂纹扩展寿命的分析结果相对保守，我们从这些数据中选择了表 12－19 所示的参数作为分析的材料参数输入，表中的疲劳裂纹扩展速率和疲劳裂纹门槛值所对应的应力比为 0.1。

表 12－19　疲劳扩展寿命所用的材料参数

材料性能	参　数	单　位	Q345B 基体	Q345B 焊缝
拉伸性能	抗拉强度 σ_b	MPa	547	488
	屈服强度 σ_s	MPa	376	396
	杨氏模量 E	GPa	210	191
疲劳裂纹扩展方程	方程系数 C	—	3.54×10^{-12}	7.17×10^{-15}
$da/dN=C(\Delta K)^m$	方程指数 m	—	3.18	4.81
裂纹扩展门槛值	ΔK_{th}	$MPa\cdot\sqrt{m}$	6.04	8.00
断裂韧性	K_{IC}	$MPa\cdot\sqrt{m}$	312	315

疲劳裂纹扩展寿命分析所假定的载荷变化和第 12.7 节的有限元疲劳分析载荷输入类似，表 12－20 列出了所分析的 5 个疲劳载荷工况，其中 load1 ～ load3 为三个简单工况，load4 为 1 个组合工况，load5 是实际采集的连续 300 小时的起重机使用数据。由于篇幅有限，此处只给出 load5 的载荷数据图，如图 12－44 所示。

表 12－20　所分析的典型载荷工况

工况名称	工　况　说　明	工况种类
load1	34m 臂架跨度位置起降 64t 重物	简单工况
load2	23m 臂架跨度位置起降 100t 重物	简单工况
load3	13～34m 臂架跨度位置起降 30t 重物	简单工况
load4	1 * load1 +8 * load3　+1 * load2	组合工况
load5	300 小时实际记录数据	实测工况

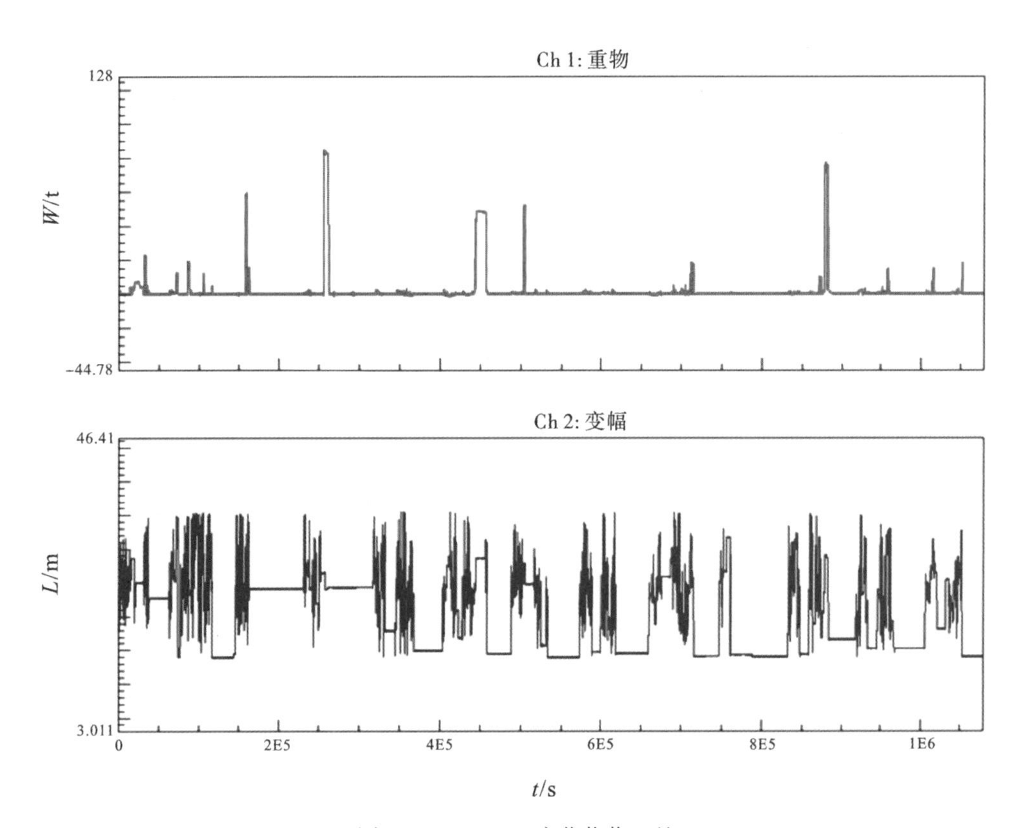

图 12－44　load5 疲劳载荷工况

本节所分析的裂纹见表 12－21，其中的 A3 和 B4 裂纹为实际的从无损探伤发现的裂纹，有关这两个裂纹的详细信息见第 12.2 节。表中的 V1 裂纹为一典型的表面裂纹，假定位于象鼻梁 A4－1 应变测点截面上。对于 A3 和 B4 裂纹，我们将直接估计它们从初始尺寸扩展至穿透板厚的疲劳寿命，而对于 V1 裂纹我们将主要调查其不同初始裂纹尺寸对其寿命的影响，用于分析结构的安全性。

表 12－21　所分析的裂纹

裂纹名称	裂纹位置说明	简化裂纹几何	应力强度因子
A3	象鼻梁左后焊缝内部	内裂纹	图 12－45
B4	臂架铰点上方两叉口处	焊缝附近表面裂纹	图 12－46
V1	象鼻梁 A4 截面焊缝	表面裂纹	图 12－47

A3 裂纹实际上是无损探伤发现的焊缝夹渣，在分析时被简化成椭圆形内裂纹，长轴为 $2c=25$mm，短轴为 $2a=1.23$mm，裂纹处的板厚为 18mm。这一椭圆形内裂纹将基本上沿短轴方向(即板厚方向)向板的上下表面扩展，裂纹短轴方向的应力强度因子形状系数如图 12－45 所示。裂纹所承受的载荷按应变测点 A4－1 进行计算。B4 裂纹位于臂架铰点上方焊缝附近，被简化成一个焊缝根部的表面裂纹，如图 12－46 所示，裂纹的表面长度为 $2c=50$mm，深度为 $a=0.5$mm，板厚为 18mm。对于这一浅表面裂纹，裂纹的扩展也基本上是沿板厚深度方向。该裂纹的形状系数如图 12－46 所示，应力按臂架上的应变测点 C2－3 进行计算。V1 裂纹同样为受拉伸应力板中的表面裂纹，如图 12－47 所示，裂纹处的板厚为 18mm，裂纹表面长度为 $2c=50$mm，但裂纹初始深度被分别假定为 $a=0.5, 2, 5$mm。图 12－47 表示了裂纹的应力强度因子形状系数。这一裂纹的扩展方向和 B4 裂纹相同，也为沿板厚方向。裂纹的应力按 A4－1 应变测点计算。

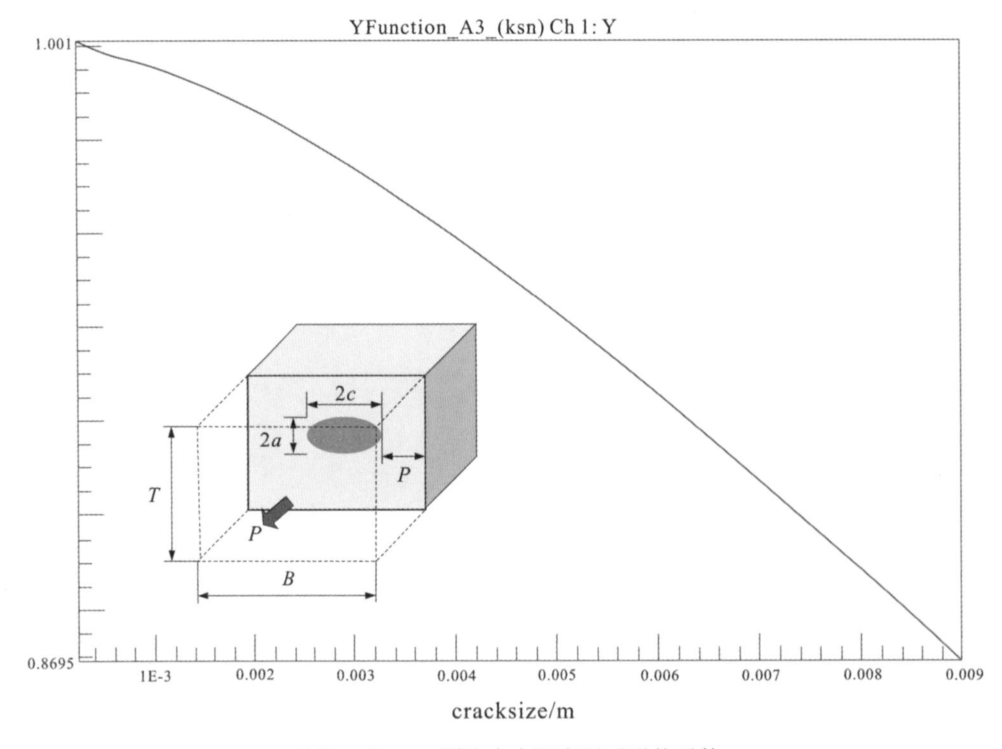

图 12－45　A3 裂纹应力强度因子形状系数

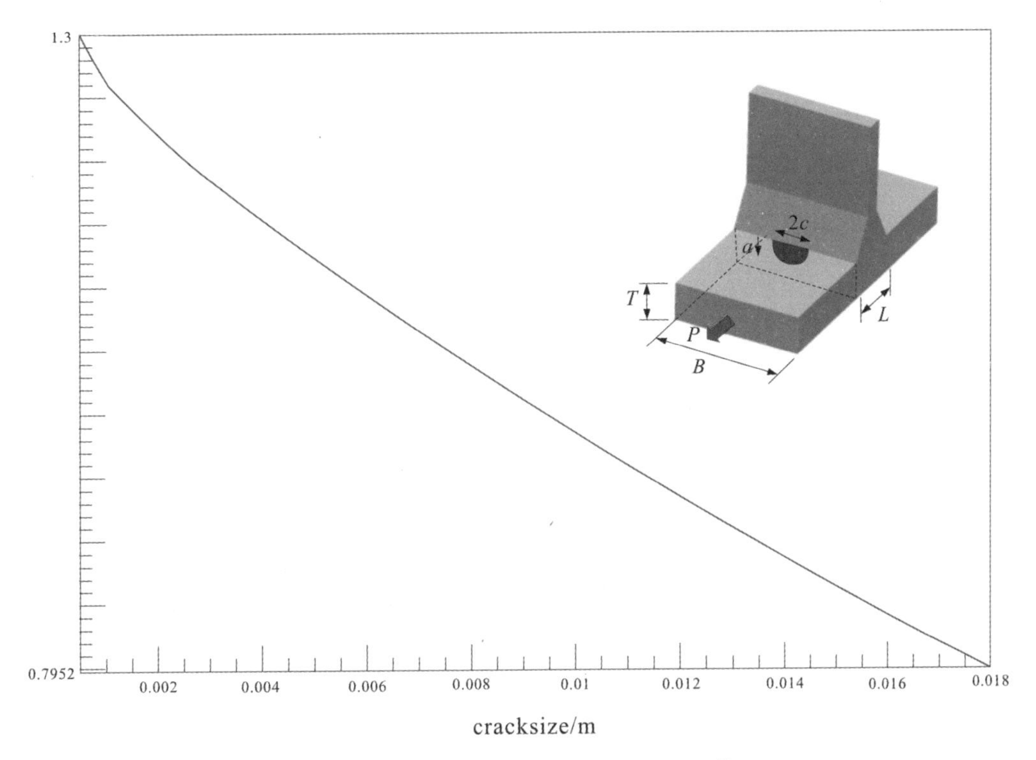

图 12－46　B4 裂纹应力强度因子形状系数

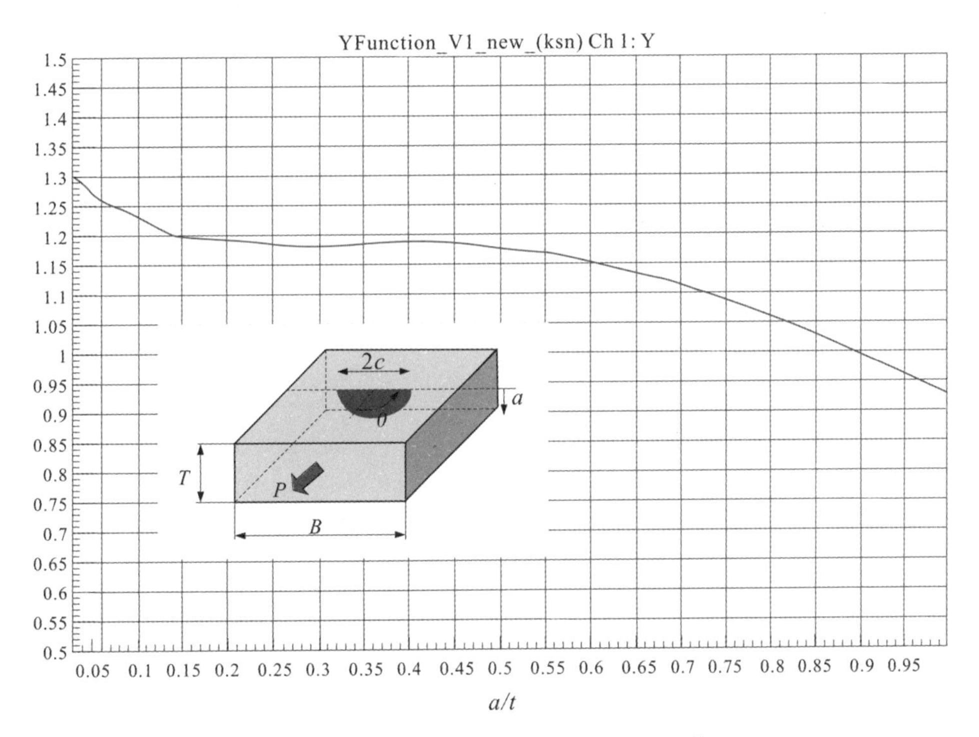

图 12－47　V1 裂纹应力强度因子形状系数

12.8.3 分析结果及讨论

对于前面所列的裂纹，我们应用所开发的疲劳裂纹扩展寿命分析方法，获得了这些裂纹的疲劳裂纹扩展结果。表12－22所示为A3裂纹疲劳扩展寿命分析结果，材料为Q345B基体。表中给出了5种不同载荷工况下A3裂纹从初始尺寸扩展至3.315mm深度(即扩展至板的下表面)和扩展至9mm(即接近板的上表面)的载荷重复次数。请注意，对于load1～load3载荷重复次数和载荷循环次数是一致的，而对于组合工况load4和实际变幅载荷load5，载荷重复次数和载荷循环次数并不相同，一个load4重复包含了10个载荷循环，而load5中有63个幅度大于5%最大幅度、大小不等的循环。表中的结果表明，对于A3裂纹，要使裂纹扩展到穿透板厚(下表面)需要很长的时间。以载荷load1为例，如果每天起吊10次，那么实际的寿命为261年；但如果每天起吊100次，那么寿命仍然可达约26年。对于load2和load3，同样使裂纹扩展至板的下表面，需要更长的时间；对于组合工况load4，按每天重复100次计算，需要11年的时间，当然实际每天的重复次数可能没有那么多。可能较为实际的结果是载荷load5工况，这是一个实测的大约300小时的起重机的使用工况，根据这一使用情况，表中load5的重复次数结果，如果换算成时间年，那么它应当是8078年，这说明A3裂纹实际上是绝对安全的。从上面的分析可知，裂纹的实际寿命和设备的使用关系很大，但是分析结果表明，对于A3裂纹，按非常保守的使用估计计算，A3裂纹应当是安全的。

表12－22 A3裂纹疲劳扩展寿命分析结果

载荷工况	裂纹扩展3.135mm寿命值(重复次数)	裂纹扩展9mm寿命值(重复次数)
load1	9.5293E+5	1.2815E+6
load2	1.5331E+6	2.0625E+6
load3	1.0600E+7	1.4260E+7
load4	4.0702E+5	5.4758E+5
load5	2.4570E+5	3.3071E+5

图12－48为A3裂纹的疲劳扩展图，即裂纹尺寸和循环次数的关系。图中的水平线为裂纹到达板的下表面时的尺寸，很显然，裂纹随着尺寸的增加，它的扩展加速。图12－49所示为A3裂纹扩展时应力强度因子和载荷循环之间的关系，图中的水平线为Q345B材料的疲劳裂纹扩展门槛值，从图上可以发现，对于A3裂纹，它的初始应力强度因子实际上低于门槛值6.04MPa$\sqrt{m}$，理论上它是一个不扩展裂纹，从这一意义上来说，它是绝对安全的裂纹。另外，从图上也可以发现，即使裂纹扩展到了9mm深，它的应力强度因子仍然只有17.48MPa$\sqrt{m}$，这也意味着它远小于材料的断裂韧性312MPa$\sqrt{m}$，裂纹远未达到断裂时的尺寸。图12－50比较了按Q345B基体和焊缝材料计算的A3裂纹疲劳扩展曲线，可以看出，裂纹在基体材料(红线)要比在焊缝材料(蓝线)中要扩展得快。

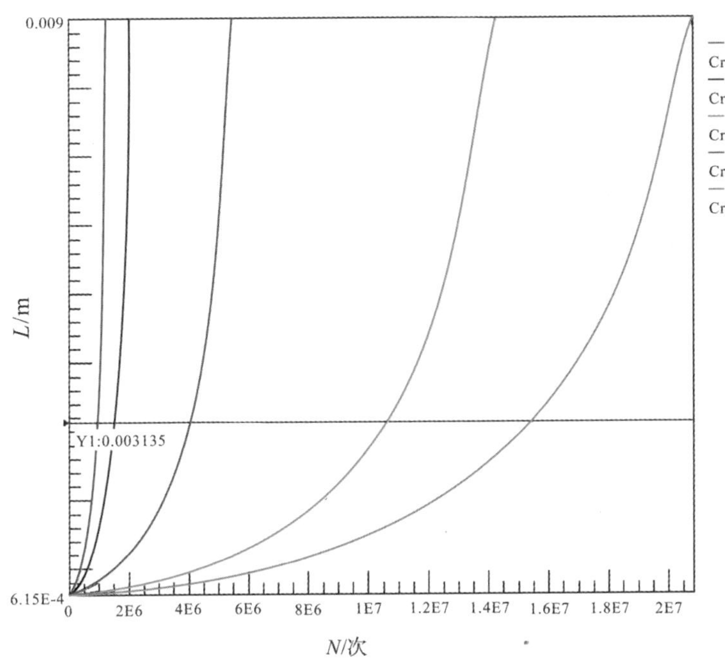

图 12－48　A3 疲劳裂纹扩展图（Q345B 材料）

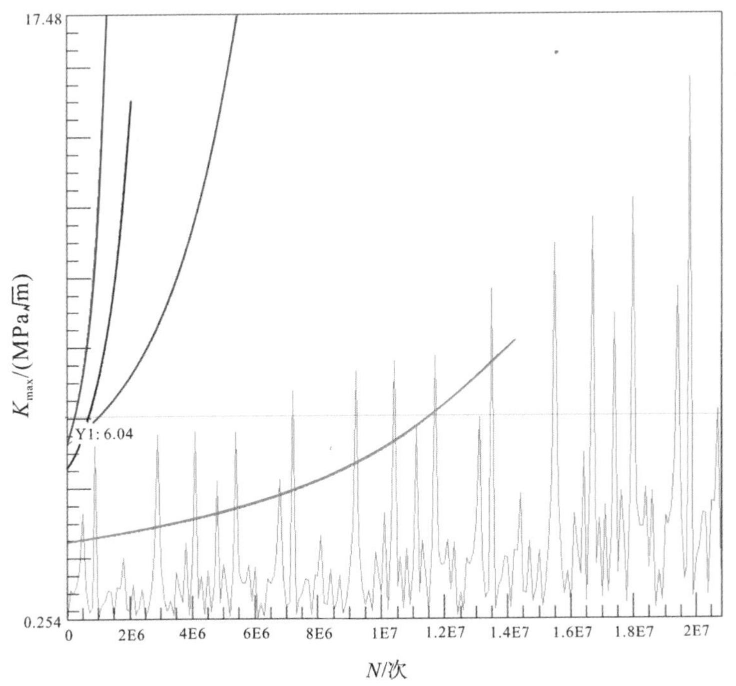

图 12－49　A3 裂纹载荷循环中最大应力强度因子随载荷循环的变化（Q345B 材料）

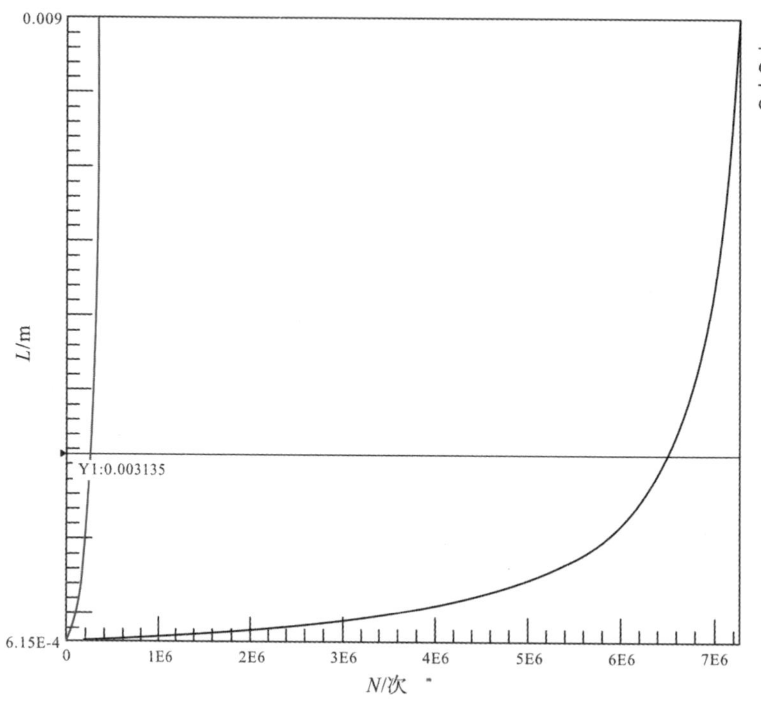

图 12－50 A3 裂纹疲劳扩展曲线比较（Q345B 基体和焊缝材料）

表 12－23 列出了 V1 表面裂纹的疲劳扩展寿命分析结果，这一结果对应于 Q345B 基体材料。表中的结果分别为三个不同裂纹初始尺寸，即 a_0 =0.5、2、5mm，扩展至穿透板厚所需要的载荷重复次数。从结果中可以看出，表面裂纹的初始深度越大，所需的载荷重复次数越小，这从图 12－51 中可以看出，裂纹从 0.5mm 扩展到 18mm 所需的载荷重复次数比从 5mm 开始扩展高约 5 倍，这对所有的载荷工况均是如此。

表 12－23 V1 表面裂纹的疲劳扩展寿命分析结果

载荷工况	裂纹扩展 0.5～18mm 寿命值（重复次数）	裂纹扩展 2～18mm 寿命值（重复次数）	裂纹扩展 5～18mm 寿命值（重复次数）
load1	7.7734E＋5	3.3091E＋5	1.5423E＋5
load2	1.2511E＋6	5.3259E＋5	2.4823E＋5
load3	8.6500E＋6	3.6822E＋6	1.7162E＋6
load4	3.3216E＋5	1.4140E＋5	6.5903E＋4
load5	2.0051E＋5	8.5357E＋4	3.9784E＋4

图 12－52 所示为初始裂纹尺寸为 0.5mm 时的不同载荷工况下的裂纹疲劳扩展曲线，可以发现，load5 所需的循环次数最多，load4 次之，循环次数最小的工况是 load1。图 12－53 所示为 load1～load4 工况下裂纹初始尺寸为 0.5mm 时的应力强度因子变化结果，图中的水平线为材料的疲劳裂纹扩展门槛值。从图中可以发现 load2 和 load3 的初始应力强度因子小于门槛值，而 load1 和 load4 工况则略高于门槛值。裂纹穿透板厚时的最大应力强

度因子也远远低于材料的断裂韧性。图 12－54 为 V1 裂纹对应于 Q345B 基体(红线)和焊缝材料(蓝线)的疲劳裂纹扩展曲线，载荷工况为 load5。和 A3 裂纹相同，裂纹扩展在焊缝中比在基体材料中慢。

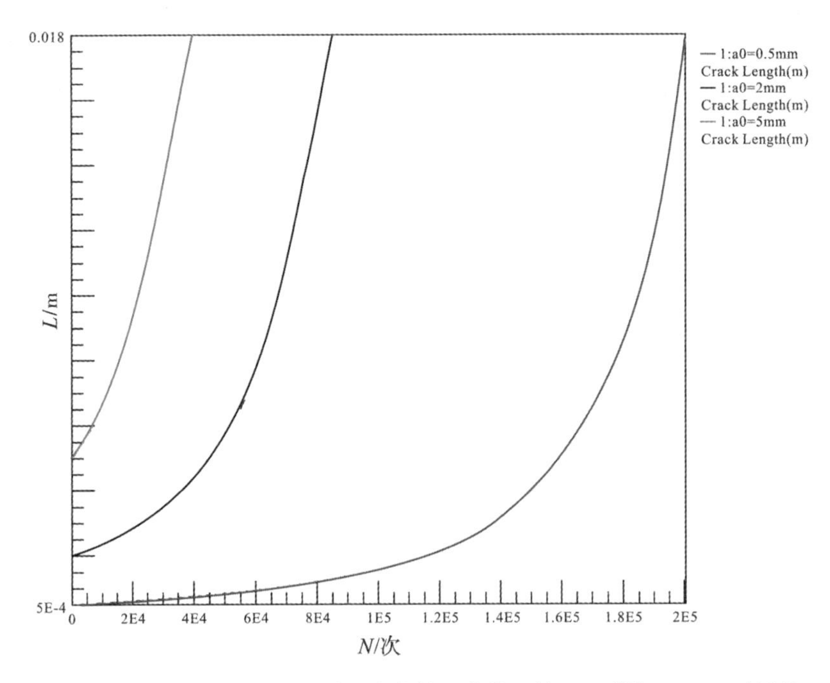

图 12－51　不同初始裂纹尺寸的疲劳扩展曲线比较(V1 裂纹，Q345B 材料)

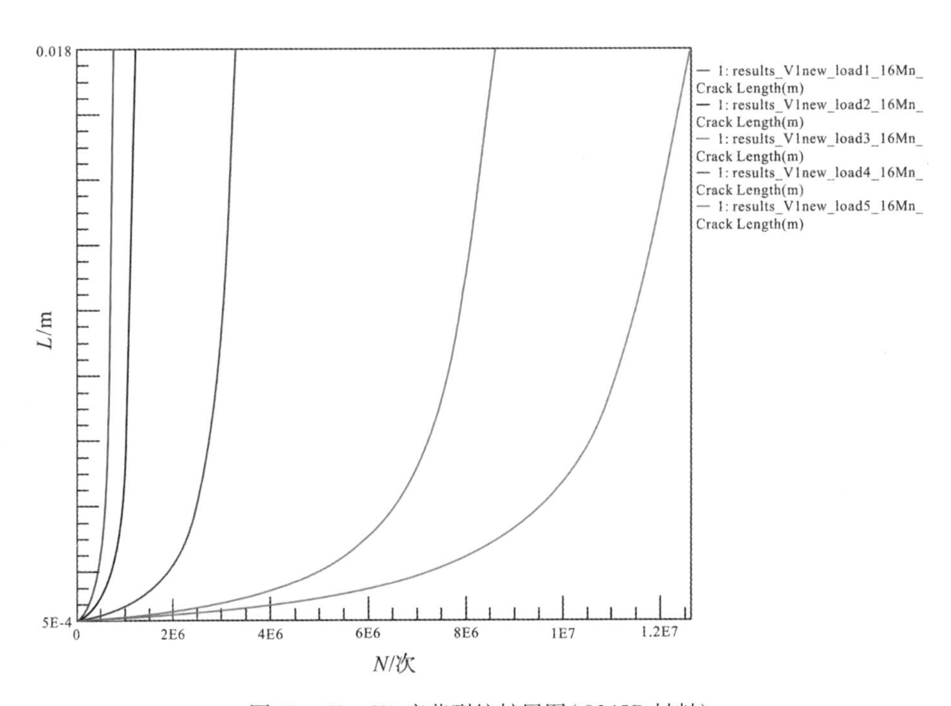

图 12－52　V1 疲劳裂纹扩展图(Q345B 材料)

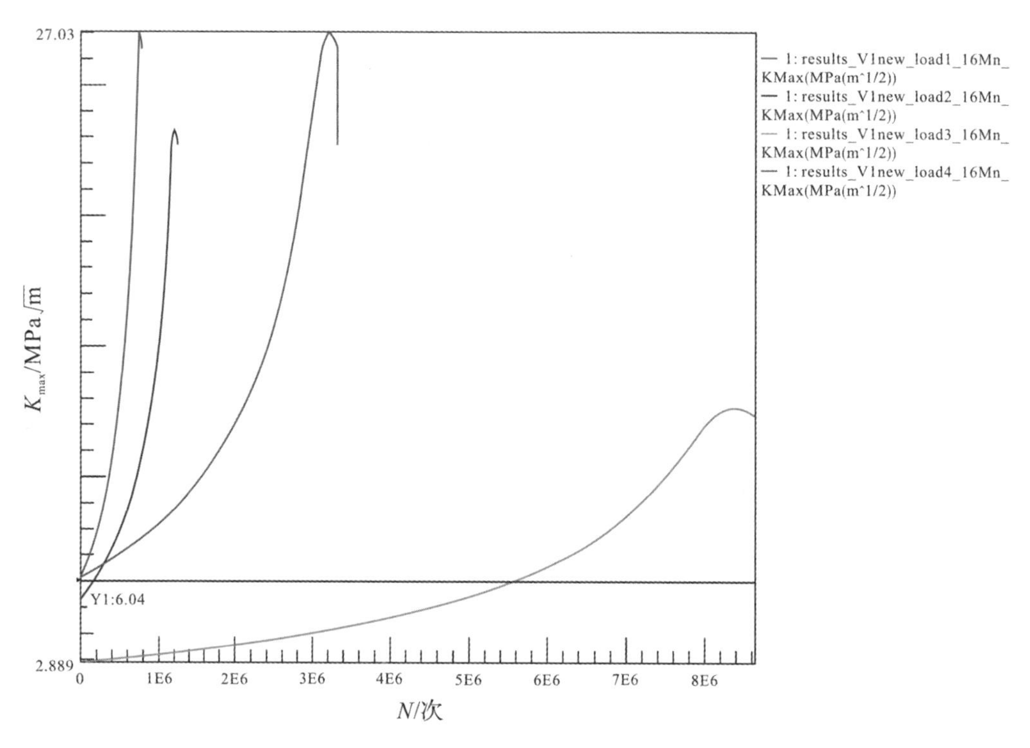

图 12－53　V1 裂纹载荷循环中最大应力强度因子随载荷循环的变化(Q345B 材料)

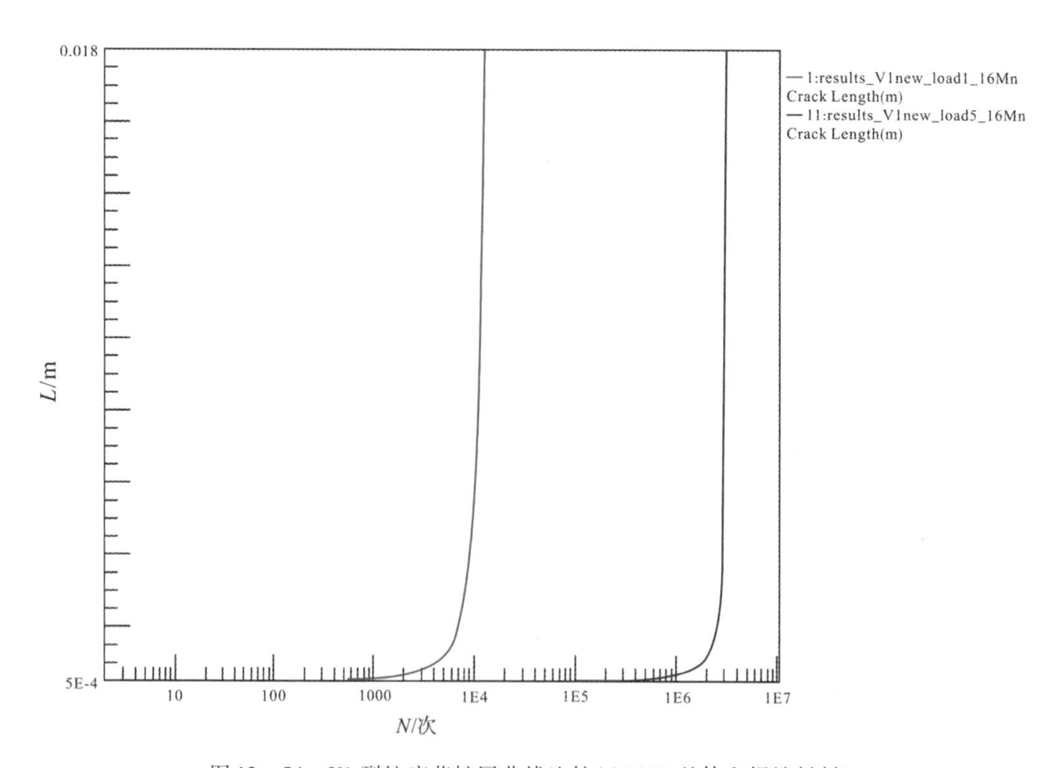

图 12－54　V1 裂纹疲劳扩展曲线比较(Q345B 基体和焊缝材料)

有关 V1 裂纹的实际寿命，我们同样也可以按照以下假设的工况进行分析。根据表 12－23 中的结果，如果按每天 10 个重复次数计算，裂纹从 0.5mm 开始扩展至穿透板厚最短的寿命工况为 load4，寿命结果为 28 年，而按每天 100 个重复则只有大约 3 年的时间。如前所述，平均每天 100 个载荷重复有点不太实际。如果按实测的 load5 工况计算，我们得到的寿命约为 2000 年，这几乎是无限寿命。所以，起重机的实际使用寿命，很大程度上依赖于它每天的使用情况。但是无论如何，从上面的分析可以得出结论，即使象鼻梁中含有 5mm 深、50mm 长的表面裂纹，结构也不会发生断裂，扩展至断裂也可能需要很多年。

B4 裂纹的疲劳扩展寿命分析结果见表 12－24，裂纹的初始深度为 0.5mm，计算的终止深度为 18mm，即裂纹扩穿至板厚，材料为 Q345B 基体。在分析 B4 裂纹时，进行了应力放大系数分别为 1 和 2 的计算，以考察它对寿命结果的影响，表 12－24 所示为这两种情况的结果。将表 12－24 中的寿命结果和表 12－22 或表 12－23 比较可以发现，B4 裂纹比 A3 和 V1 安全，主要的原因是 B4 裂纹位置的应力值相对比较小，所以寿命比较长。

表 12－24　B4 裂纹的疲劳扩展寿命分析结果(裂纹扩展 0.5～18mm)

载荷工况	应力放大系数＝1(重复次数)	应力放大系数＝2(重复次数)
load1	9.006E＋6	9.937E＋5
load2	3.875E＋6	4.276E＋5
load3	—	—
load4	2.708E＋6	2.980E＋5
load5	5.910E＋6	6.521E＋5

图 12－55 所示为各种载荷工况下的裂纹疲劳扩展曲线。图 12－56 所示为两种不同载荷 load1 和 load2 所对应的循环中最大应力强度因子随裂纹深度的变化，可以看出，load2 的应力强度因子比 load1 高，并且在初始裂纹深度时 B4 裂纹的应力强度因子也都小于材料的疲劳裂纹扩展门槛值(图中的水平线)。图 12－57 比较了 load5 工况下应力放大系数对疲劳寿命的影响。显而易见，应力放大系数增加 1 倍，寿命缩短了近 10 倍。

12.8.4　小结

疲劳裂纹扩展分析是预测带裂纹结构剩余寿命的基本方法，能有针对性地对所存在的裂纹进行安全性评估。本节应用了这一方法对该起重机中无损探伤所分析的重要裂纹和一个象鼻梁中潜在危险的表面裂纹进行了疲劳扩展寿命预测，取得了一些重要结果。

本节对三个重要裂纹在几种简单工况、组合工况和实际采集的起重机使用载荷工况作用下的裂纹扩展寿命进行了深入的分析。分析结果表明：

(1)无论是在哪一种工况作用下，所分析裂纹的剩余扩展寿命都非常长，特别是根据约 300 小时实测工况的寿命分析结果判断，目前起重机中所存在的 A3 和 B4 这两个重要裂纹均为安全裂纹。

(2)对于大多数载荷工况，初始裂纹的应力强度因子要低于材料的疲劳裂纹门槛值，裂纹扩展至穿透板表面时，应力强度因子仍然远远低于材料的断裂韧性。

(3)裂纹在 Q345B 基体材料中的疲劳扩展比在焊缝中快。

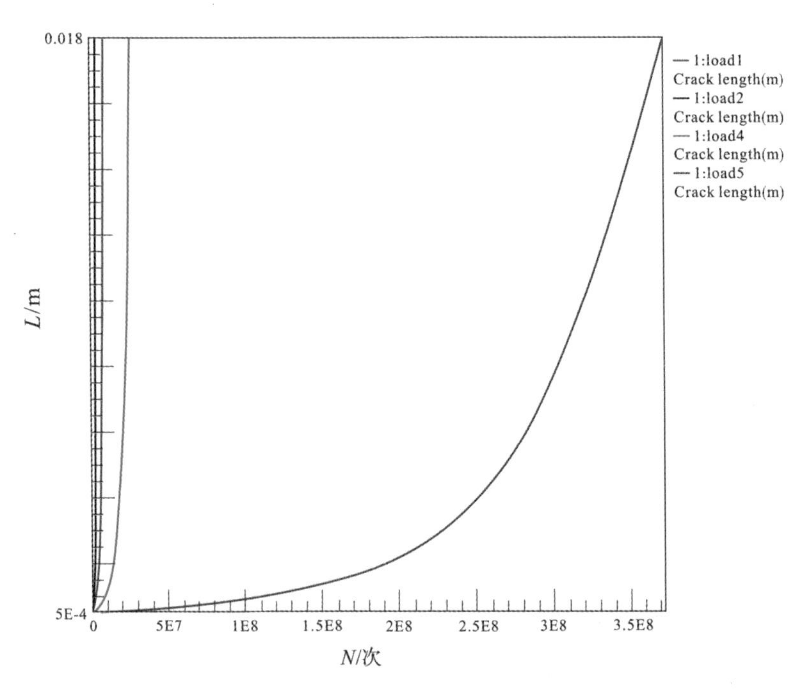

图 12－55　B4 裂纹疲劳扩展曲线

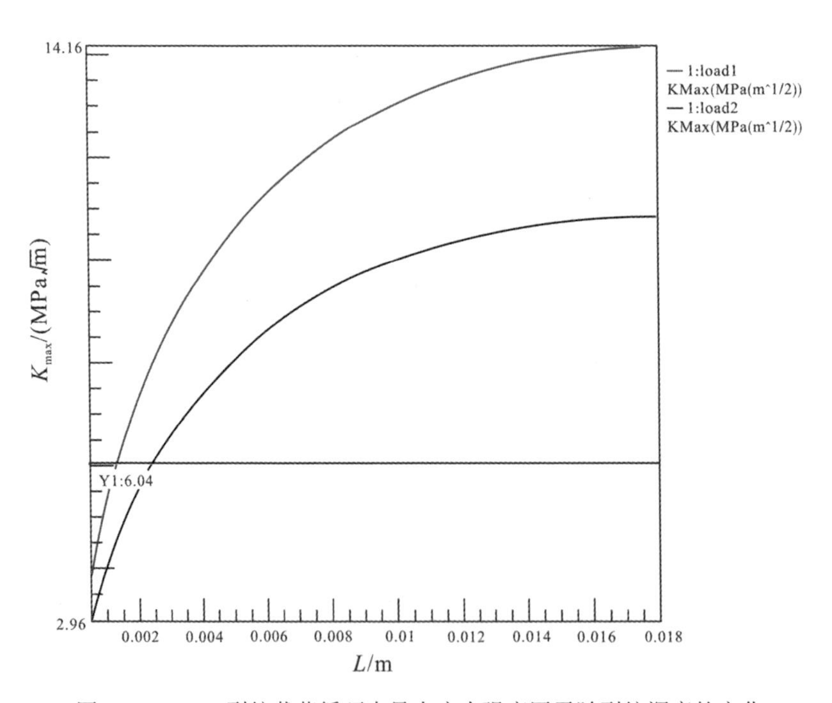

图 12－56　B4 裂纹载荷循环中最大应力强度因子随裂纹深度的变化

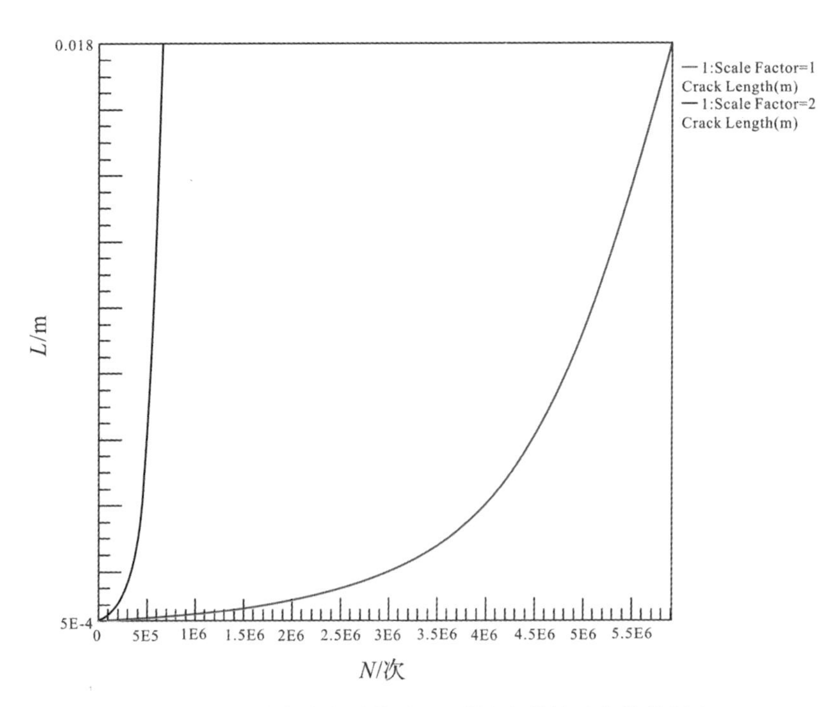

图 12－57 应力放大系数对 B4 裂纹疲劳扩展曲线的影响

12.9 总结

本章对在役门座起重机进行了无损探伤和全面的应力测试，根据测试结果进行了疲劳分析及评估，既使用了传统 $S-N$ 疲劳分析法，也应用了本章所建议的基于线弹性断裂力学的疲劳裂纹扩展分析方法。结果表明该起重机的主金属结构具有较大的使用安全性。

各项工作所取得的研究成果主要有：

(1)使用目视检测、磁粉检测和超声相控阵检测手段，对主金属结构进行了无损探伤检测，发现了结构中存在若干裂纹、气孔和夹杂缺陷，为设备的剩余疲劳寿命分析提供了可靠的输入。

(2)对起重机主金属结构进行了三种不同臂架幅度位置下的有限元分析，载荷工况包括自重、不考虑自重的单位起升重量和考虑自重的极限起升重量。

(3)对起重机进行了典型工况下的应力测试，测试结果表明：象鼻梁上的应力较其它部件大，应变和载重以及起重机臂架幅度基本上呈线性关系。

(4) 通过实验，获得了应力比 $r=0.1$ 时 Q345B 材料及焊缝的疲劳裂纹扩展速率、门槛值以及断裂韧性参数。实验表明裂纹在 Q345B 基体材料中的疲劳扩展比在焊缝中快。

(5)使用 $S-N$ 疲劳分析方法，根据实际测得的各种典型工况各个测点的数据，对起重机主要结构进行了疲劳寿命分析。结果表明：起重机各部件中，象鼻梁可能是疲劳损伤最大的，所得出的疲劳寿命结果均很长，但结论的前提是：结构不存在裂纹或缺陷，所使用的材料疲劳性能曲线和实际的材料性能差别不大，没有考虑焊缝对结构寿命的影响，所假定的载荷工况和起重机的实际使用相近。

(6)利用疲劳分析软件对起重机象鼻梁在几种典型疲劳载荷作用下的疲劳寿命进行了分析。分析结果表明：有限元疲劳分析可直接给出结构中各个位置的疲劳寿命，为疲劳分析提供了一种更为全面的强有力的分析方法。

(7)对三个重要裂纹在几种简单工况、组合工况和实际采集的起重机使用工况作用下的裂纹扩展寿命进行了深入的分析。结果表明：所分析裂纹的剩余扩展寿命都非常长，特别是根据约300小时实测的寿命分析结果判断，目前起重机中所存在的A3和B4这两个重要裂纹均为安全裂纹。

13　MQ2533门座式起重机状态监测与安全预警

本章作为第8章的拓展，围绕我国大型门座式起重机共性、紧迫的结构健康监测与预警基础技术问题，从深度挖掘门座式起重机械结构在整机运行过程中关键参数入手，开发一套可适用于强风雨、雷电、粉尘等恶劣环境下的基于物联网的起重机械结构健康监测与预警系统，实现远程实时监测起重机械金属结构在整机运行中的情况，并针对起重机械可能存在的安全隐患提出预警。物联网感知层将采用光纤光栅传感技术，实现无电磁干扰、远距离、分布式地获取起重机械结构在整机运行过程中的关键参数；物联网网络层的传感数据经解调、压缩后通过高速现代移动通信网络向中央服务器发送，切实体现安全监测的实时性；物联网应用层通过对起重机械金属构件应力、应变等关键特征信号的提取和准确识别方法，对起重机械结构健康状况进行在线监测，建立起重机械结构健康风险等级评价准则，提出起重机械结构健康预警技术。

13.1　起重机基本情况介绍

门座式起重机具有良好的工作性能和优越的结构，通用性非常好，因此被广泛应用于港口、杂货码头等物流装卸工作区间。本章选用广州某装卸码头一台在用的MQ2533门座式起重机作为监测例子。

13.1.1　MQ2533起重机概述

监测对象为四连杆组合臂架全回转门座起重机，适用于港口码头前沿装卸件杂货及进行抓斗作业。图13-1为该MQ2533门座起重机外观图。其抓斗作业全幅度的额定起重量为25t；吊钩作业在9.5～25m幅度范围内额定起重量为40t；最小幅度为9.5m，最大幅度为33m。

图13-1　门座起重机MQ2533外观图

整机主要由起升机构、变幅机构、回转机构、运行机构、臂架系统、立柱及平衡系统、转台、圆筒门架、司机室、机器房、安全保护装置和电气设备等部分组成，可带载作水平位移变幅和任意角度回转。起升、变幅与回转既可单独动作，也可联合动作，操作方便灵活。本机的电源由电缆卷筒引缆上机，并与码头前沿的电源箱相连。MQ2533门座式起重机主要技术参数如表13－1所示。

表13－1　MQ2533门座式起重机的主要技术参数

<table>
<tr><td colspan="2">起 重 量</td><td>25t(抓斗)</td><td>40t(吊钩)</td><td colspan="2">自　　重</td><td colspan="2">390t</td></tr>
<tr><td>基距/轨距</td><td colspan="3">10.5m/10.5m</td><td colspan="2">电　　源</td><td colspan="2">AC380V　50Hz</td></tr>
<tr><td>风　速</td><td colspan="2">工作最大风速</td><td>20m/s</td><td colspan="2">非工作最大风速</td><td colspan="2">55m/s</td></tr>
<tr><td>工作幅度</td><td>最大/最小</td><td>33m/9.5m</td><td>25m/9.5m</td><td>起升高度</td><td>轨上/轨下</td><td>19m/15m</td><td>28m/15m</td></tr>
<tr><td rowspan="2">机构
工作速度</td><td>起升机构</td><td>50m/min</td><td>25m/min</td><td colspan="2">回转机构</td><td colspan="2">1.2r/min</td></tr>
<tr><td>变幅机构</td><td colspan="2">45m/min</td><td colspan="2">运行机构</td><td colspan="2">25m/min</td></tr>
<tr><td rowspan="5">机构
工作级别
及电动机</td><td>起升机构</td><td>M8</td><td>YZP355M1－8X2</td><td colspan="2">工作时最大轮压</td><td colspan="2">250kN</td></tr>
<tr><td>变幅机构</td><td>M7</td><td>YZP280S－8X1</td><td colspan="2">最大尾部回转半径</td><td colspan="2">7.968m</td></tr>
<tr><td>回转机构</td><td>M7</td><td>YZR250M1－8X2</td><td colspan="2">整机最大高度</td><td colspan="2">51.688m</td></tr>
<tr><td>运行机构</td><td>M4</td><td>YZP160L－6X8</td><td colspan="2">回转支承</td><td colspan="2">132.50.3550</td></tr>
<tr><td>整　　机</td><td>A8</td><td>527kW</td><td colspan="2">起升钢丝绳</td><td colspan="2">32NAT6X25Fi＋FC－1670－ZS/SZ</td></tr>
</table>

该机主要特点如下：

(1)性能先进。各机构采用先进的结构和驱动形式。变幅及平衡系统采用四连杆臂架，杠杆活对重平衡系统，作变幅水平位移补偿，变幅水平性能好。回转机构采用立式行星齿轮减速器，性能优良。起升、变幅及运动机构均采用变频调速，起制动平稳，可实现无级调速。金属结构采用计算机优化设计和结构有限元分析，各铰点布置合理，结构受力明确，传力路线流畅。

(2)机构新颖。转台为工字形双主梁及圆筒形支撑，圆筒门架的圆筒同三排滚柱回转支承的优良的结合，构成一个工作平稳、安全可靠、长寿命的造型美观的结构。

(3)工作安全可靠。采用PLC集中控制和检测。各机构和电气系统设有多重制动器、限位器和电气联锁、超载保护装置，保证起重机安全可靠地工作。

(4)用途广泛。本机既可用于散件杂货的装卸作业又可用于抓斗作业，是一种大幅度的多用途起重机。

13.1.2　金属结构

起重机主要由金属结构、机构、零部件和电控系统四部分组成。金属结构包括臂架系统、立柱及平衡系统、转台、圆筒门架、司机室、机器房、平台梯子栏杆等。图13－2为整机金属结构示意图。

(1)臂架系统。采用箱形结构，由臂架、大拉杆和象鼻梁组成四连杆形式，具有足够的强度和刚度。象鼻梁两端共装有四个起升导向滑轮及防止钢丝绳脱槽的挡绳装置，臂架尾部及根部分别与平衡梁的小拉杆、齿条及转台铰接。臂架头部与象鼻梁铰接，大拉杆与象鼻梁铰接。

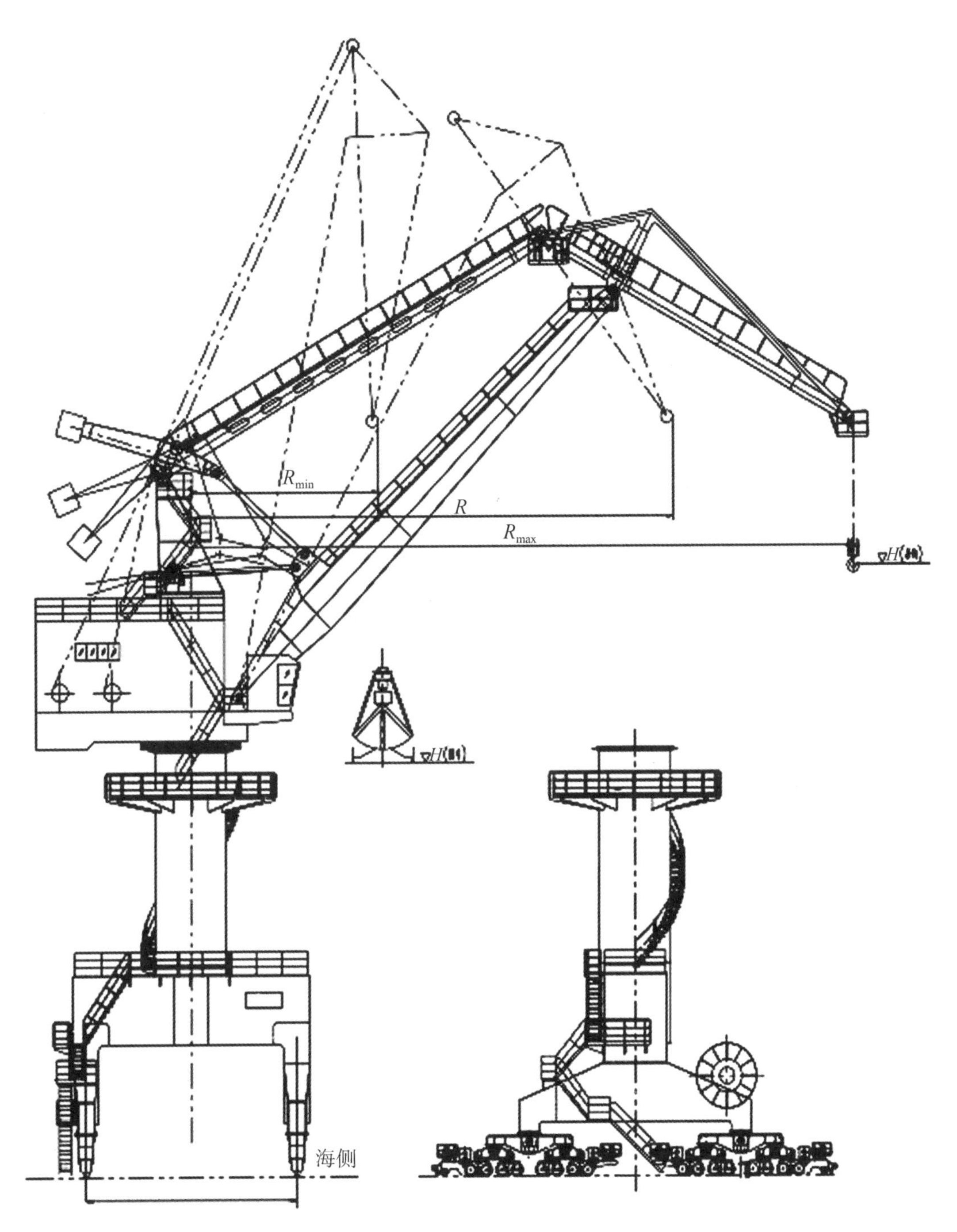

图 13－2　整机金属结构示意图

(2)立柱及平衡系统。立柱及平衡系统包括立柱、平衡梁和小拉杆。立柱采用空间大杆框架结构，主要构件均为箱形截面。整个立柱分上下两段，中间用螺栓联接。立柱顶部设有起升导向滑轮组、平衡梁支座和大拉杆支座，中部为变幅平台，设有变幅驱动机构。平衡梁为框架箱形结构，头部与小拉杆铰接，中部与立柱顶部的支座铰接，尾部为活配重箱。小拉杆的另一端与臂架铰接。

(3)转台。转台采用工字形双主梁结构，回转支承部位采用圆筒结构加强，圆筒与转台面板和两根主梁焊接。转台下部通过 $\delta=100$ 圆筒法兰盘与回转大轴承内圈用高强度螺栓联接，使回转支承部位具有足够的刚度。

(4)圆筒门架。圆筒门架由圆筒、主梁和端梁三部分组成。圆筒顶部通过 $\delta=100$ 法兰盘用高强度螺栓与回转大轴承外圈相连，圆筒插入主梁焊接，使其有足够的强度和刚性。主梁与端梁之间用螺栓连接，便于运输和安装。门架自重轻，迎风面积小。

(5)司机室。司机室安装于转台上，司机室三面有铝合金框架玻璃移窗，光线充足，视野宽阔。司机室外壁为钢板结构，内壁采用隔热材料装修，防水隔热，封闭隔音性好，并安装有空调，大大改善司机作业环境，提高仪表使用寿命。司机座椅选用软靠背可调式。两侧设置有可靠的联动控制台。左边是变幅回转操纵杆，右边是起升、运行操纵杆。联动台仪表盘上安装有各种仪表、旋钮、按钮、指示灯等。司机室内还有必要的通信设施，便于司机与作业人员联系。

(6)机器房。机器房顶由 5mm 钢板制作，结构由钢板和型钢焊接成型，围壁采用镀锌隔热夹芯板制作，满足防火、防水、隔热、抗腐蚀、良好通风条件的要求。机房内宽敞整洁，采光良好，便于机械及电气设备的安装和检修。机房前门采用塑钢推拉门，设有后门及后门栏杆。机房的换气排热采用轴流风机，并单独设置开关。机房顶有排水坡度，钢丝绳出口处具有良好的防雨水性能。机房两侧设有塑钢玻璃移窗，机房内设有 5t 手动葫芦、小型钳台，并配备有便携式灭火器。机器房内电器柜侧设有空调。

(7)平台、梯子、栏杆。平台、梯子、栏杆按国家劳动安全规范要求设置，通行方便、安全可靠，在所有需要维修保养的地方，维修人员均能方便安全到达。走道、平台、阶梯均采用热浸镀锌隔栅板制造。

金属结构中，臂架系统、立柱及平衡系统是结构健康监测的重点。

13.2 总体监测方案

本方案采用现场调研、理论分析、设计建模、实验分析及现场安装的研究方法，采用“调研→建模→设计→实现→综合→应用”的技术路线，具体的技术方案路线如图 13－3 所示。其中，物联网感知层将采用光纤光栅传感技术，实现无电磁干扰、远距离、分布式地获取起重机械结构在整机运行过程中关键参数；物联网网络层的传感数据经解调、压缩后通过高速现代移动通信网络向中央服务器发送，切实提高安全监测的实时性；物联网应用层通过对起重机械金属构件应力、应变等关键特征信号的提取和准确识别，实现起重机结构健康状况进行在线监测，建立起重机械结构健康风险等级评价准则，形成起重机械结构健康预警规范。具体的研究、试验方法分为以下五个步骤：

1. 基于物联网的起重机械金属结构健康监测与预警系统总体方案设计

根据项目的目的和项目的实际情况，拟采用基于现代移动通信网络(GPRS/EDGE/3G)的分布式测量技术，通过应力、应变及温度数据采集和特征提取，实现起重机械的运行状态监测、故障诊断、寿命预测等功能；从空间分布上，可将起重机械结构健康监测与

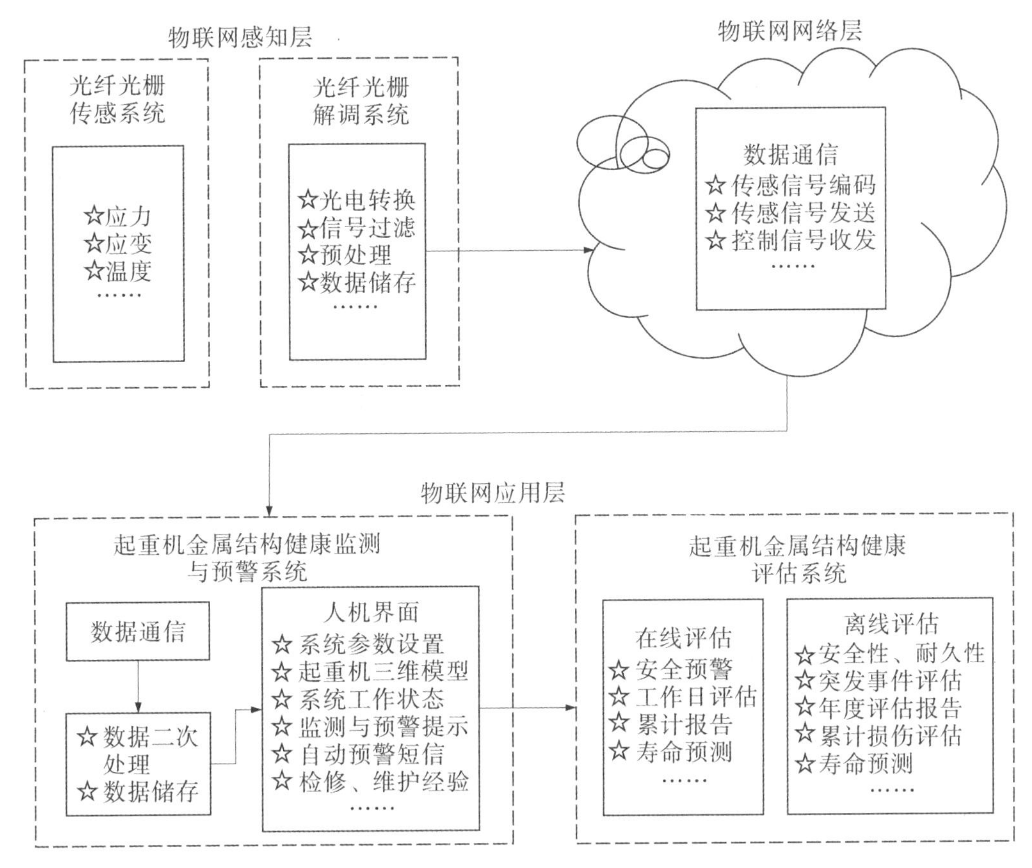

图13－3 技术方案路线图

预警系统分为四部分，包括起重机械结构健康监测现场采集与传输、现场显示端、远程数据库服务器、客户端和移动终端，总体布局如图13－4所示。

起重机械结构健康监测现场采集与传输端负责传感器的配置与管理、温度和应变传感器的数据采集、应变计算、数据存储和数据传输等；现场显示端软件实现监测信息、预警信息的显示和输出；远程数据库服务器负责与现场端或用户端的连接、数据管理、数据存储和数据传送等，具有稳定、可扩展、可管理特点；客户端是用户操作界面，实现用户管理、系统管理和维护、监测数据实时显示、数据分析等；系统在紧急时向移动终端发送起重机械的预警状态信息，方便设备管理、监管和制造人员了解起重机的实时状态。

2. 基于光纤光栅传感技术的起重机关键金属结构应变信息获取

采用光纤光栅传感技术对门式起重机关键结构应变进行测量。测量参数主要包括温度、应变、应力。采用分布式测量方式，应变传感器和温度传感器分别在一条光缆上进行复用，温度传感测量主要用于对测量点的应变信号进行补偿以获得准确应变数据。在应变数据采集的基础上，对数据进行二次处理、解耦及补偿以解决上述问题，获得准确的应变信息。

3. 起重机械金属结构健康远程实时监测系统网络层

起重机械金属结构健康远程实时监测系统网络层主要实现的功能有：提供从远程数据采集与传输端到达服务器的数据链路；将传感层数据封装并发送往服务器；接受来自服务

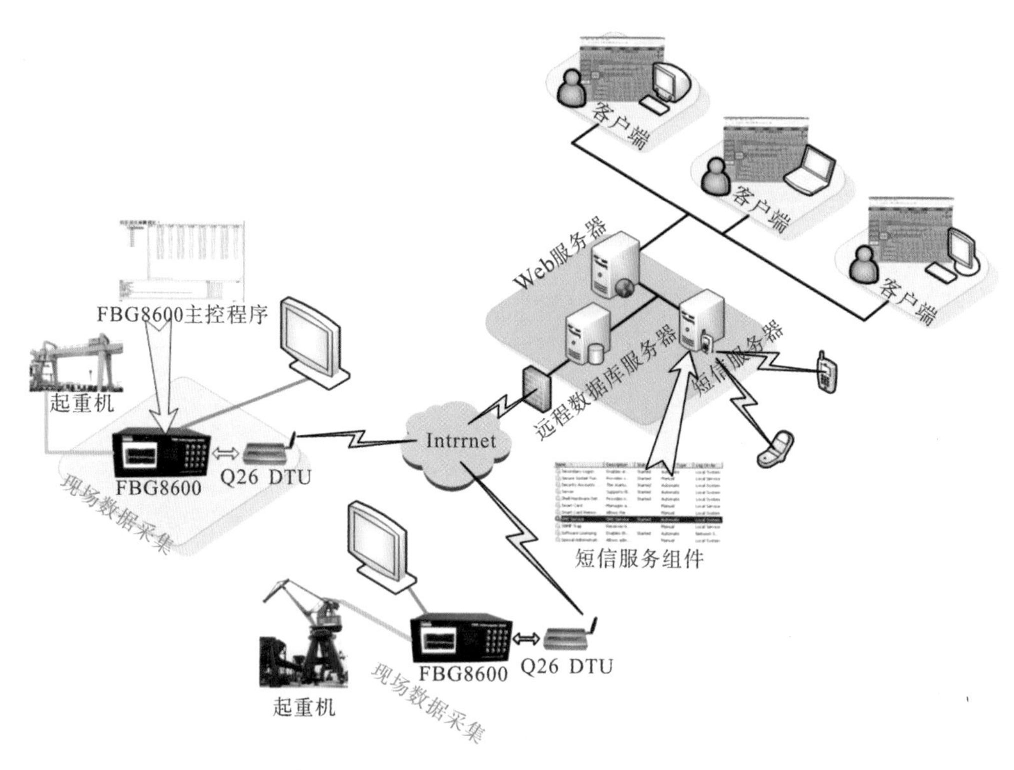

图 13－4　起重机健康监测系统物联网布局图

器的控制、告警、维修建议等干预措施；实现多个监测点、多链路结合的分布式实时监测。系统网络层将充分考虑 GPRS、CDMA 或 3G 等移动网络与 Internet 网络无缝连接的优势，通过在现场采集与传输端加入 GPRS、CDMA 或 3G 等无线通信模块将采集到的应变数据信息传输到远端置于 Internet 上的服务器上，实现远程登录互联网查看起重机的实时工作状态。

4. 起重机械金属结构健康监测与预警系统构建

起重机械金属结构健康监测与预警系统原理框图见图 13－5，其系统主要包括下面几个方面：

①在综合考虑起重机的设计强度和典型工况条件下，采取虚拟仿真技术对起重机的负载应力分布特征进行分析，确定传感器布设的布置方案和部署数量。

②在对影响起重机结构健康特征向量识别基础上，构造预警判断函数(判据)，作为对损伤预警的判别准则。根据判别函数与系统的实际情况对系统状态做出判断，主要包括两方面：(a)单个测点、单个物理量的起重机金属结构安全监控的单指标预警；(b)在分析、归纳、统计特征信号的时域数据的基础上，对起重机金属结构整体损伤的趋势预警。

③研究不同状态下预警指标的临界状况和临界值，对起重机金属结构损伤预警状态进行分类：无警(安全)、预警(影响安全，采取措施)、报警(危及安全)等。

④根据系统的状态及其趋势做出正确决策，干预系统的工作过程，包括控制、自诊断、告警、维修建议、监测频率调整等措施。

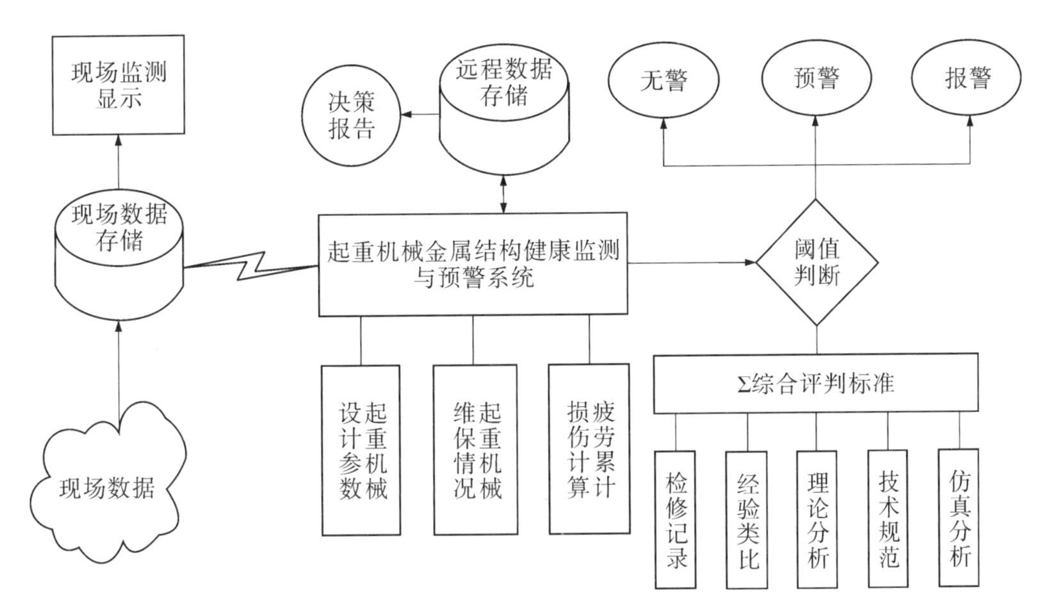

图13-5　起重机械金属结构健康监测与预警系统原理框图

5. 基于物联网技术的起重机结构健康监测软件平台开发

(1)软件功能划分

起重机械健康监测与预警软件平台将分成七大功能模块，即用户信息管理模块、系统配置模块、信息采集与传输模块、数据库管理模块、数据分析模块、现场显示模块、用户帮助模块，各个功能模块又分别有不同的子功能模块，如图13-6所示。

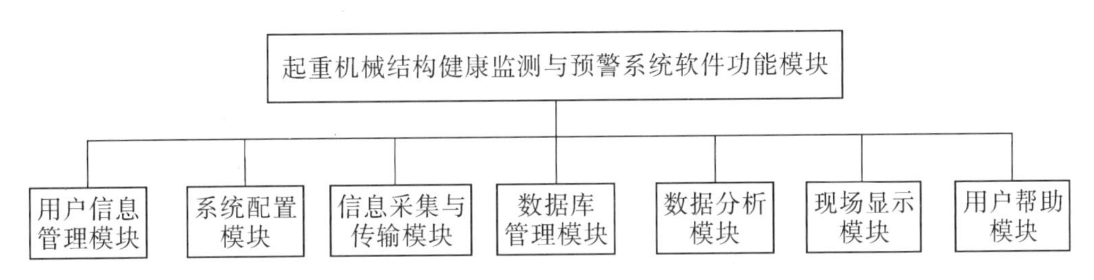

图13-6　起重机械结构健康监测与预警系统软件各个模块

(2)功能详细描述

① 用户信息管理模块。主要用于存放可以访问本系统的用户个人信息和用户权限管理，包括用户名、登录密码、用户权限以及用户的详细资料等。

②系统配置模块。主要用于信息采集时硬件部分的相关参数的设置。该模块由传感器设置与采集方式设置组成。传感器设置主要设定光纤光栅传感器的中心波长、所在通道、测量类型，以及计算所需物理量所需系数。采集方式设定模块用于设定采集控制方式与采集频率。

③信息采集与传输模块。读取光纤光栅传感实时波长信息，经温度及应变计算获得结构实时应变信息并存储数据；同时，将监测信息定时或实时传输到远程数据库服务器。

④数据库管理模块。主要用于监测数据的存储和查询，包括起重机信息、传感器信息

和监测数据管理等。

⑤数据分析模块。这是健康监测系统的核心模块。它实现了对其中机械关键结构应变信息的实时显示功能，同时结合损伤预警、损伤识别、寿命评估等相关理论，对起重机的健康状况进行评价，监测信息超出设定范围时向指定手机用户(用户数不少于3个)发送短信报警，并给出维护建议。

⑥现场显示模块。主要向现场用户显示结构各处的应变情况，并显示预警信息，紧急时可控制蜂鸣器发出警报。

⑦用户帮助模块。主要向用户介绍系统的使用说明。

13.3 仿真分析

本节将模拟广州某港口某在用MQ2533门座起重机在正常工作环境下，对该起重机整机结构的强度、刚度进行有限元计算，采用ANSYS11.0软件，利用广州市特种机电设备检测研究院研发中心的仿真计算中心高性能图形工作站完成本次分析计算，此模型计算结果应用于该机的静力学计算、动力学计算、起重机结构多体动力学分析以及状态监测光纤光栅焊接位置的选取。

13.3.1 分析依据及计算内容

1. 分析依据

①某港口提供的“门座起重机MQ2533”设计图纸及该机所有检测、测试报告；

②《起重机设计规范》GB/T 3811—2008；

③《机械设计手册》2008；

④《起重机设计手册》2001。

2. 计算内容

计算内容为对整机结构的强度和刚度分析，具体步骤如下：

(1)建立门座起重机MQ2533最大幅度(33m)下和最小幅度(9.5m)下的有限元数值分析模型。

(2)计算门座起重机MQ2533在最大幅度下和最小幅度下整机结构的应力、应变。

3. 载荷与载荷组合

根据GB/T 3811—2008《起重机设计规范》，结构强度计算应按载荷组合Ⅱ，即起升机构处于不稳定运动状态(起升或制动)，对自重载荷P_G考虑起升冲击系数ϕ_1，对于起升载荷P_Q考虑起升动载系数ϕ_2，同时考虑工作状态风载荷P_W。

(1)起升冲击系数ϕ_1

起升质量突然离地起升或下降制动时，自重载荷将产生沿其加速度相反方向的冲击作用。在考虑这种工作情况的载荷组合时，应将自重载荷乘以起升冲击系数ϕ_1，$0.9 \leqslant \phi_1 \leqslant 1.1$，考虑一定的安全余量取起升冲击系数$\phi_1 = 1.1$。

(2)起升动载系数ϕ_2

起升质量突然离地起升或下降制动时，对承载结构和传动机构将产生附加的动载荷作用。在考虑这种工作情况的载荷组合时，应将起升载荷乘以大于1的起升动载系数ϕ_2，其中，$\phi_2=\phi_{2\min}+\beta_2 v_q$。由《起重机设计规范》GB/T 3811—2008可知，$\phi_{2\min}=1.15$、$\beta_2=0.51$、起升速度$v_q=0.42\text{m/s}$，可求得起升动载系数$\phi_2=1.36$。

(3)自重载荷P_G

整机结构系统自重P_G，根据所建立的有限元模型，通过施加垂直方向重力加速度$g=9.8\text{m/s}^2$，而由程序自动计算。

(4)起升载荷P_Q

起重机起吊重物时的总起升质量的重力。

(5)工作状态风载荷P_W

$$P_W=CK_h\beta qA, \tag{13-1}$$

式中，C为风力系数，$C=1.4$；β为风振系数，$\beta=1.0$；K_h为风压高度变化系数，取1.39；A为结构或吊重垂直风向的迎风面积，m^2；q为计算风压，N/m^2，工作场合为沿海，取$q_{\text{II}}=250\times10^{-6}\text{N/mm}^2$。

风载荷作用在最不利的方向上，沿起重机变幅方向，与变幅起制动惯性力的方向保持一致。起重机迎风产生的风载荷，均布面力作用于结构上。

计算时，将工作状态下的风载荷转换成结构的惯性力，方向沿着最不利的方向，即总是沿着臂架的方向。计算得到的风载惯性力的加速度$a=0.008\ \text{m/s}^2$。

4. 计算工况

根据MQ3225起重机的工作特点(考虑抓斗工况)，结构的主要设计工况如表13-2所示。

表13-2 主要设计工况

<table>
<tr><th>工况</th><th>工作幅度/m</th><th>载荷/t</th><th>载荷内摆角度/°</th><th>载荷侧摆角度/°</th><th>载荷外摆角度/°</th><th>起升动载系数ϕ_2</th></tr>
<tr><td>1</td><td rowspan="3">9.5</td><td rowspan="3">40</td><td>0</td><td>0</td><td>0</td><td>1.36</td></tr>
<tr><td>2</td><td>10</td><td>0</td><td>0</td><td rowspan="2">0</td></tr>
<tr><td>3</td><td>0</td><td>8</td><td>0</td></tr>
<tr><td>4</td><td rowspan="3">33</td><td rowspan="3">25</td><td>0</td><td>0</td><td>0</td><td>1.36</td></tr>
<tr><td>5</td><td>0</td><td>0</td><td>10</td><td rowspan="2">0</td></tr>
<tr><td>6</td><td>0</td><td>8</td><td>0</td></tr>
</table>

13.3.2 有限元模型

1. 单元类型

整个门座起重机MQ2533模型的建立将要用到ANSYS11.0中的梁单元Beam188单元。

2. 实常数

Beam188单元不需要设置实常数。

3. 材料特性

在建立门座起重机 MQ2533 有限元模型时，由于实际结构比较复杂，有些结构件的形状为非标准件，用 ANSYS 模拟其实际形状非常困难，而且还有些结构件对于该机的特性的影响不大，所以在不影响计算精度的前提下对起重机结构要做一些必要的简化。简化以后门座起重机 MQ2533 模型的重量往往比其实际重量小，计算时必须补偿结构重量。本项目对整机结构重量进行补偿，采用的方法为密度补偿。工程上其它附加材料如横隔板、角钢和焊缝等材料的重量大致为整机重量 20%～30%，此处取 25%，故材料密度取为 $\rho = 9.8\times10^{-6}\text{kg/mm}^3$，弹性模量为 $E=2.1\times10^5\text{MPa}$，泊松比为 $\mu=0.3$。其命令流如下：

```
MP，EX，1，2.1e5
MP，PRXY，1，0.30
MP，DENS，1，9.8e－6
```

4. 门座起重机 MQ2533 整机结构部分模型

门座起重机 MQ2533 整机结构模型如图 13－7、图 13－8 所示。

图 13－7 最小幅度(9.5m)模型

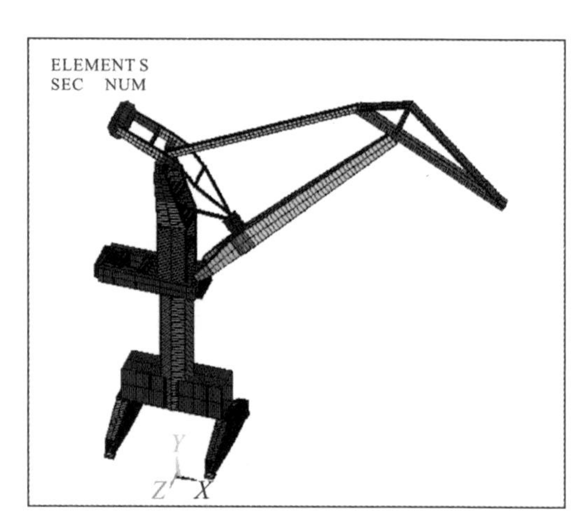

图 13－8 最大幅度(25m)模型

5. 约束

模型的约束要尽量反应实际情况，约束施加在门座起重机运行机构支承轮位置。支承轮所在部位简化的四个节点如图 13－9 所示。车轮与轨道之间有 20～30mm 的侧隙，理论上当水平力大于静摩擦力时可以发生侧移，但实际上，在门座起重机静止不动的情况下，静摩擦力一般足以提供侧向约束，所以垂直于轨道方向的位移(即 UX)应该约束。车轮在制动情况下与轨道同样是静摩擦约束，所以沿门座起重机轨道方向的位移(即 UZ)也都应该约束。因此，四个点在三个方向的位移 UX、UY、UZ 都应该约束。根据车轮与轨道的接触特性，转动自由度 ROTX、ROTY、ROTZ 都不应该约束。

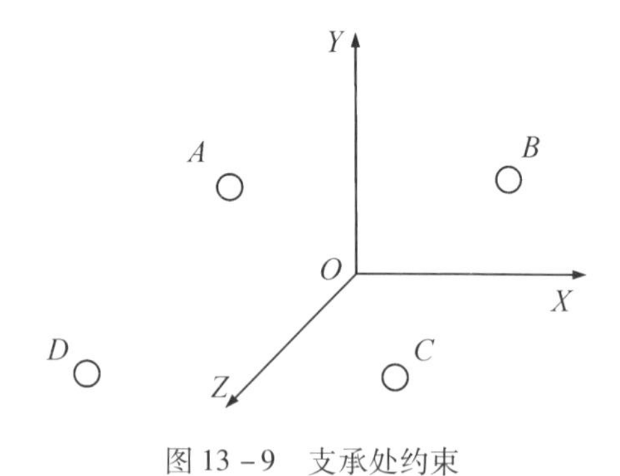

图 13－9 支承处约束

6. 耦合与连接

门座起重机 MQ2533 各个部件的连接形式在模型中要尽量准确地模拟出来。圆筒门架与转台采取法兰刚性连接，大拉杆与象鼻梁为铰接，大拉杆与人字架为铰接，臂架与象鼻梁为铰接，臂架与转台为铰接，臂架与小拉杆为铰接，小拉杆与平衡梁为铰接，人字架与平衡梁为铰接，建模时可以采用耦合的办法模拟。通常铰接有圆柱铰和球铰两种方式，此门座起重机在设计时都采用圆柱铰。

采用圆柱铰则大拉杆与象鼻梁为可以绕 Z 轴(即沿轨道方向)的相对转动，建模时需要耦合大拉杆与象鼻梁连接处两节点的 UX、UY、UZ、ROTX、ROTY 五个自由度；大拉杆与人字架为可以绕 Z 轴(即沿轨道方向)的相对转动，建模时需要耦合大拉杆与人字架连接处两节点的 UX、UY、UZ、ROTX、ROTY 五个自由度；臂架与象鼻梁为可以绕 Z 轴(即沿轨道方向)的相对转动，建模时需要耦合臂架与象鼻梁连接处两节点的 UX、UY、UZ、ROTX、ROTY 五个自由度；臂架与转台为可以绕 Z 轴(即沿轨道方向)的相对转动，建模时需要耦合臂架与转台连接处两节点的 UX、UY、UZ、ROTX、ROTY 五个自由度；臂架与小拉杆为可以绕 Z 轴(即沿轨道方向)的相对转动，建模时需要耦合臂架与小拉杆连接处两节点的 UX、UY、UZ、ROTX、ROTY 五个自由度；小拉杆与平衡梁为可以绕 Z 轴(即沿轨道方向)的相对转动，建模时需要耦合小拉杆与平衡梁连接处两节点的 UX、UY、UZ、ROTX、ROTY 五个自由度；人字架与平衡梁为可以绕 Z 轴(即沿轨道方向)的相对转动，建模时需要耦合人字架与平衡梁连接处两节点的 UX、UY、UZ、ROTX、ROTY 五个自由度。各铰点耦合情况如表 13－3 所示。

表 13－3　耦合表

铰　接　处	UX	UY	UZ	ROTX	ROTY	ROTZ
大拉杆与象鼻梁	1	1	1	1	1	0
大拉杆与人字架	1	1	1	1	1	0
臂架与象鼻梁	1	1	1	1	1	0
臂架与转台	1	1	1	1	1	0
臂架与小拉杆	1	1	1	1	1	0
小拉杆与平衡梁	1	1	1	1	1	0
人字架与平衡梁	1	1	1	1	1	0

注：1—表示耦合；0—表示不耦合。

13.3.3　有限元分析计算结果

根据建立的模型，将载荷加在模型上求解，得出以下的结果。其中工况 1 ～3 是最小幅度下的仿真结果，工况 4 ～6 是最大幅度下的仿真结果。

1. 工况 1 计算结果

在工况 1 下，门座起重机模型的应力云图如图 13－10 所示，其计算结果如表 13－4 所示。

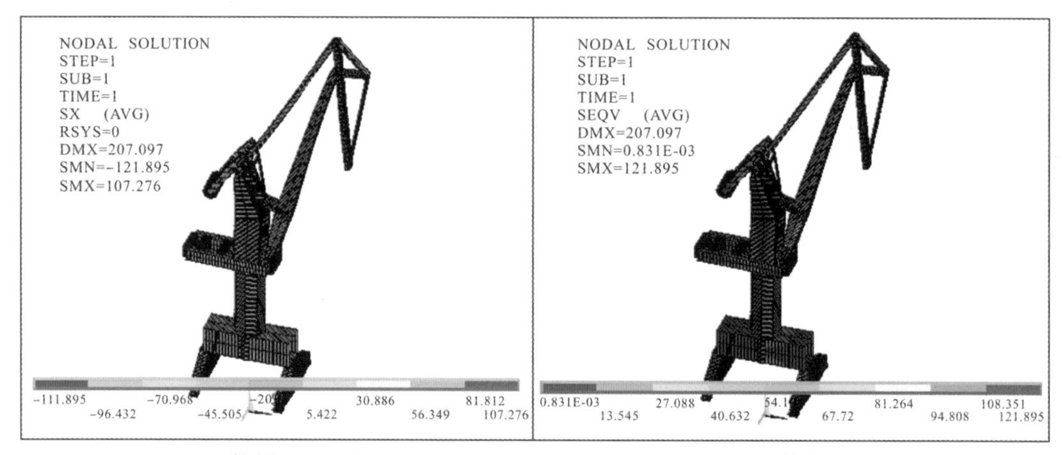

(a) 整机SX　　(b) 整机*S*

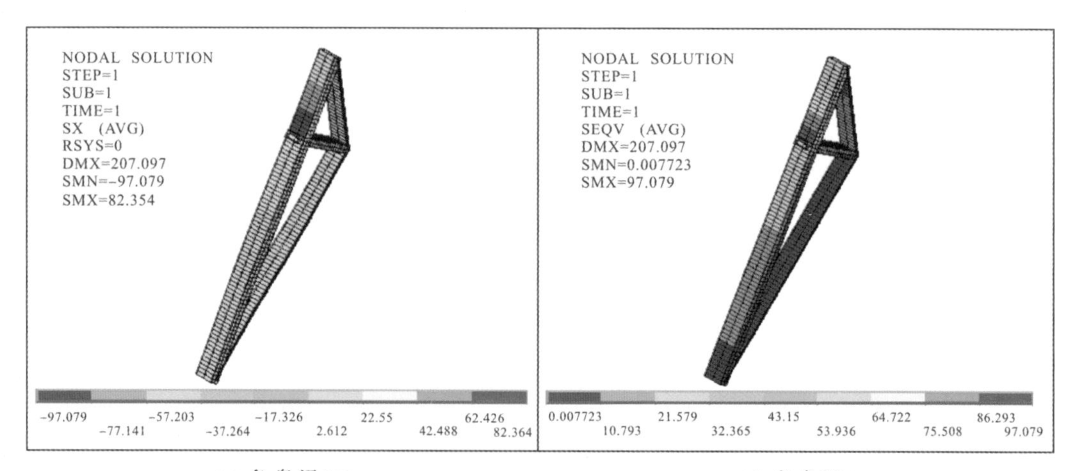

(c) 象鼻梁SX　　(d) 象鼻梁*S*

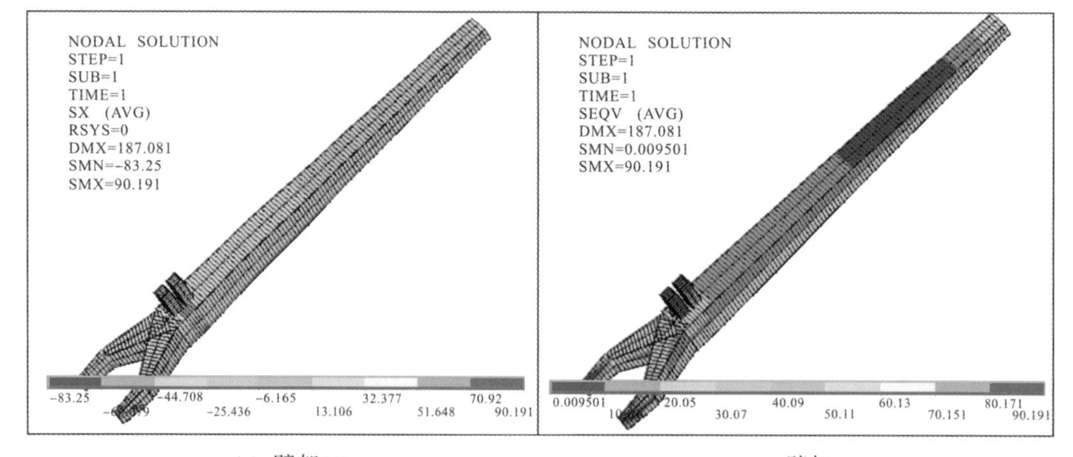

(e) 臂架SX　　(f) 臂架*S*

图 13－10　工况 1 应力云图集

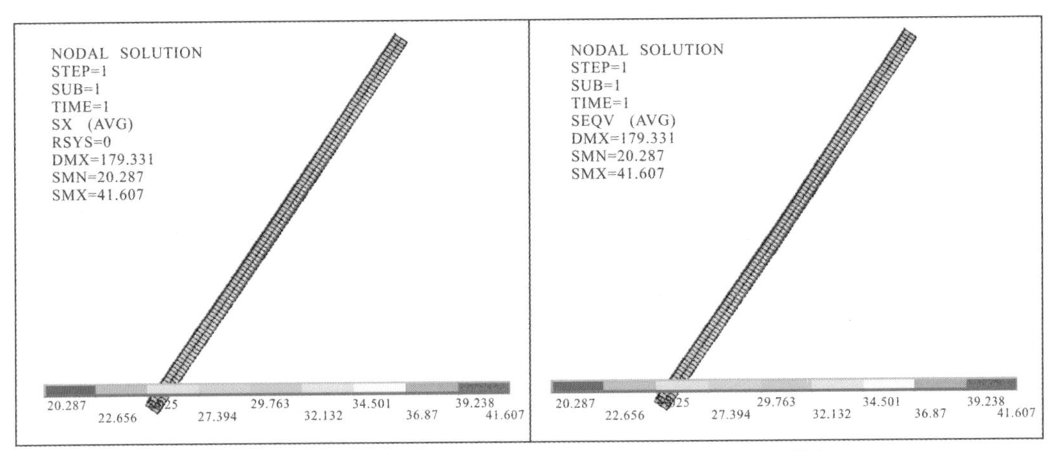

(g) 大拉杆SX　　(h) 大拉杆*S*

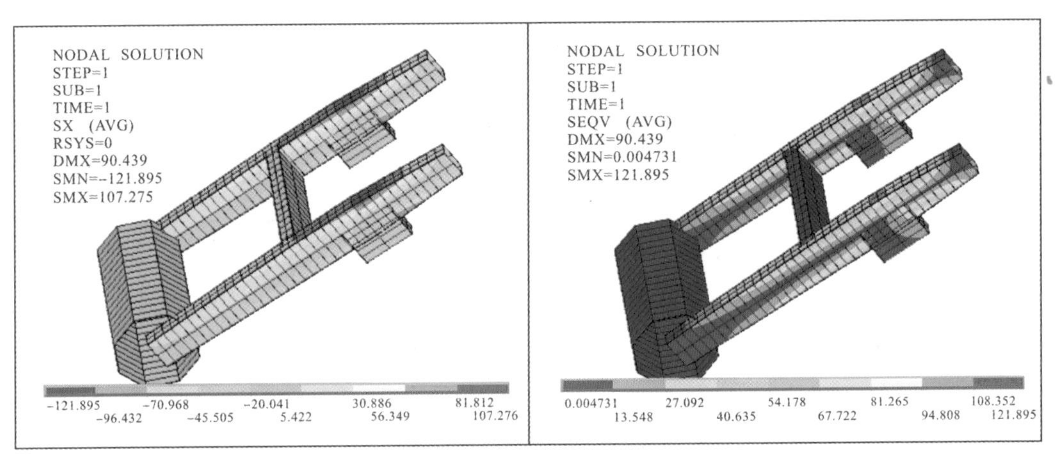

(i) 平衡梁SX　　(j) 平衡梁*S*

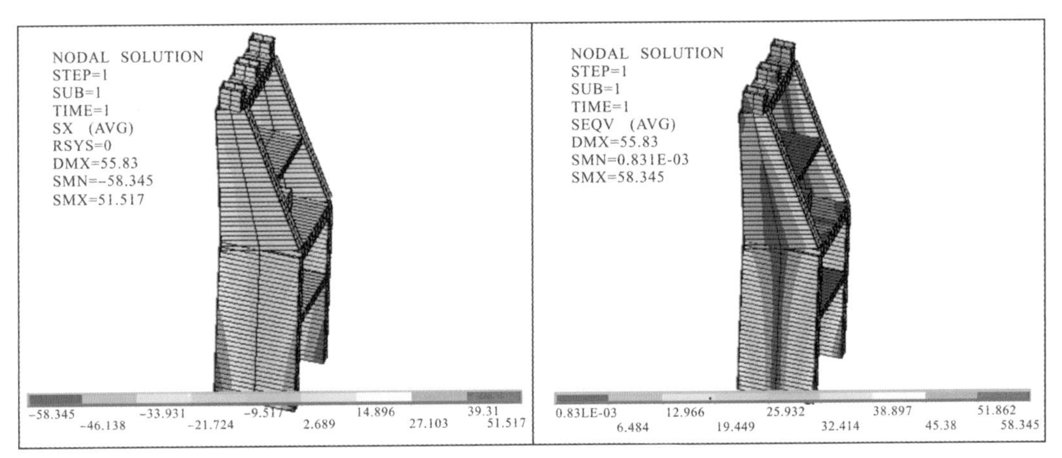

(k) 人字架SX　　(l) 人字架*S*

图 13－10(续)

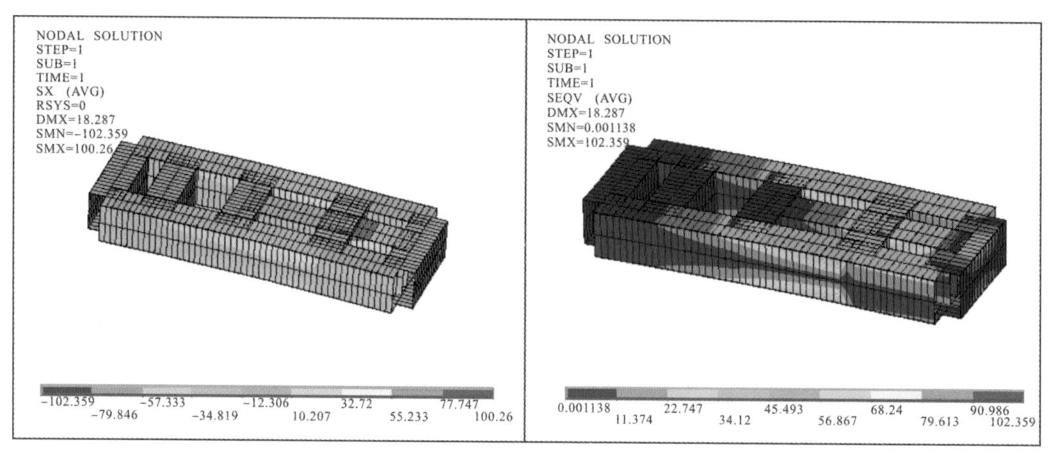

(m) 转台SX (n) 转台*S*

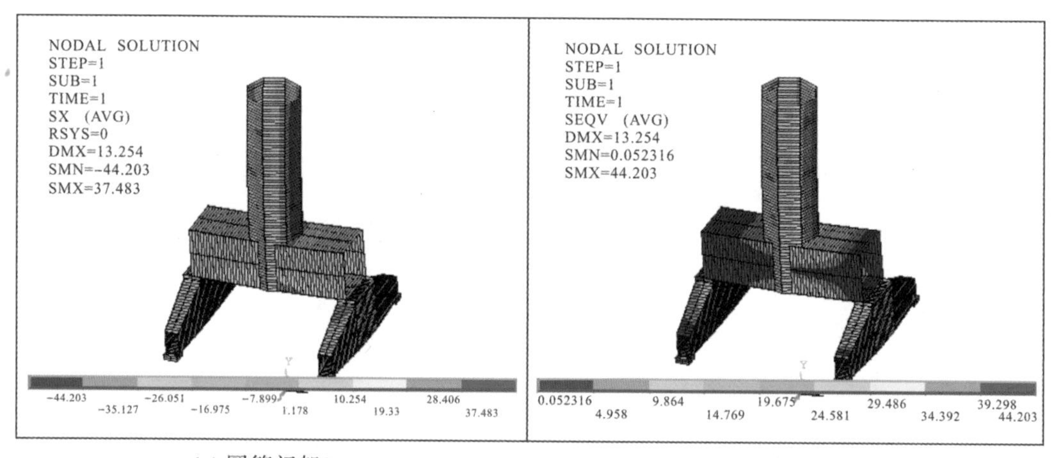

(o) 圆筒门架SX (p) 圆筒门架*S*

图 13－10(续)

表 13－4 工况 1 计算结果(最大值) (单位：MPa)

		整机	象鼻梁	臂架	大拉杆	平衡梁	人字架	转台	圆筒门架
SX	压应力	－121.90	－97.08	－83.25	20.29	－121.90	－58.35	－102.36	－44.20
	拉应力	107.28	82.36	90.19	41.61	107.28	51.52	100.26	37.48
S		121.90	97.08	90.19	41.61	121.86	58.35	102.36	44.20

注：*S* 为等效应力、SX 为轴向应力。

2. 工况 2 计算结果

在工况 2 下，门座起重机模型的应力云图如图 13－11 所示，其计算结果如表 13－5 所示。

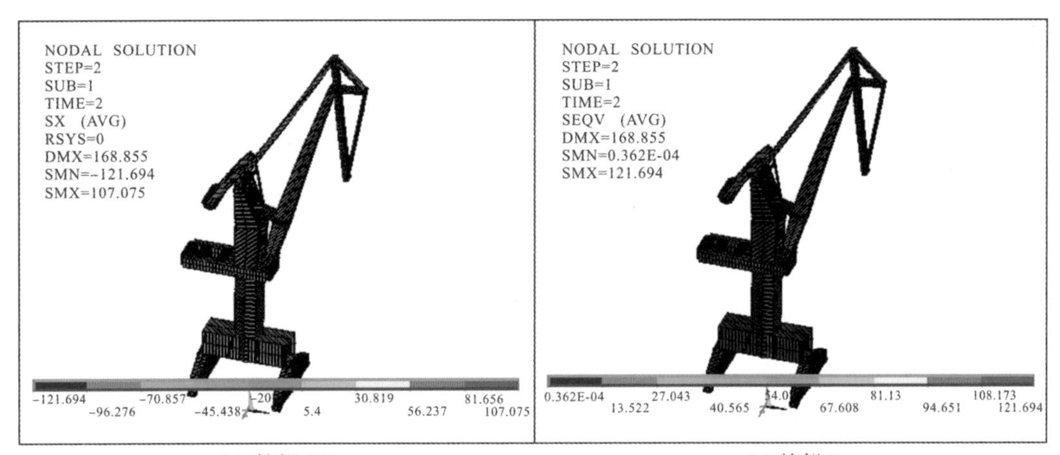

(a) 整机SX　　(b) 整机*S*

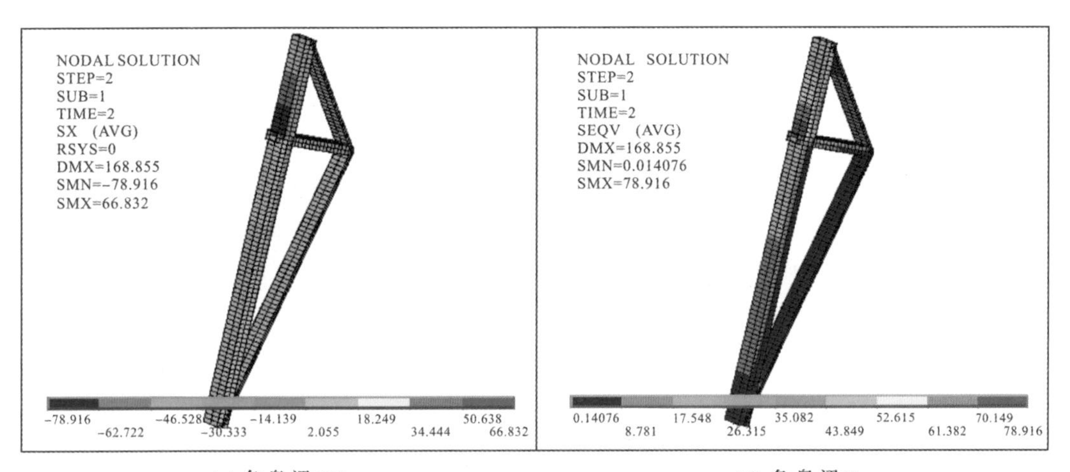

(c) 象鼻梁SX　　(d) 象鼻梁*S*

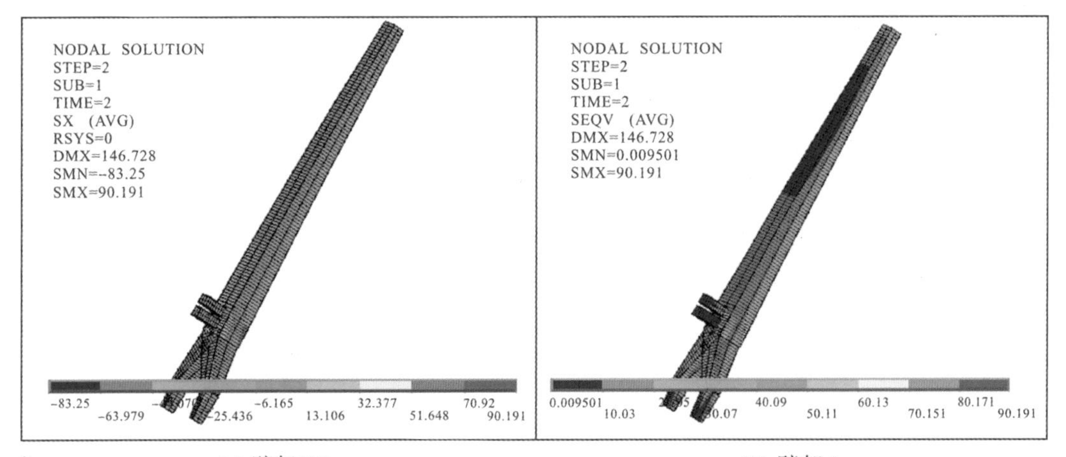

(e) 臂架SX　　(f) 臂架*S*

图 13－11　工况 2 应力云图集

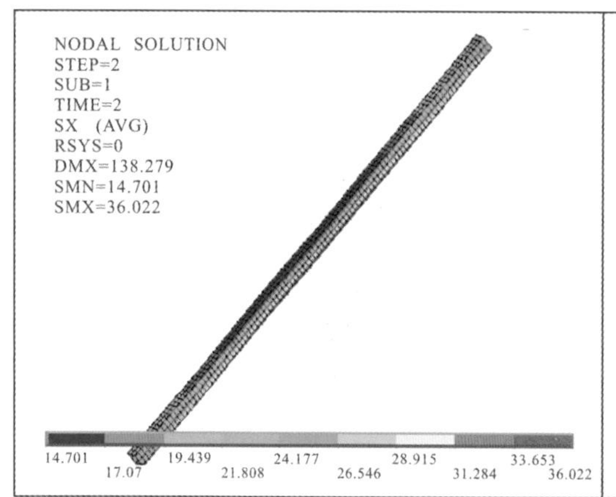

(g) 大拉杆SX

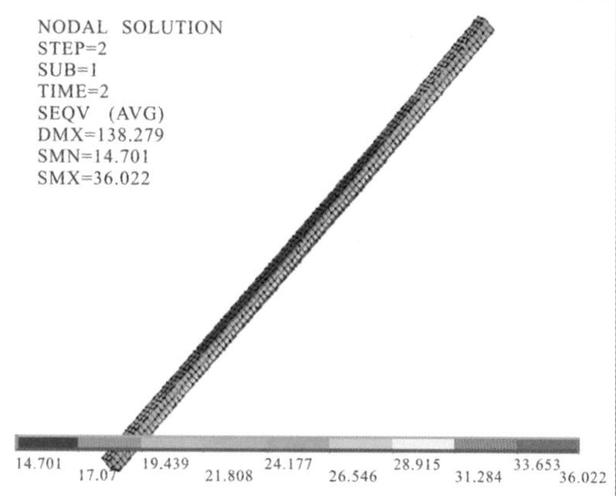

(h) 大拉杆S

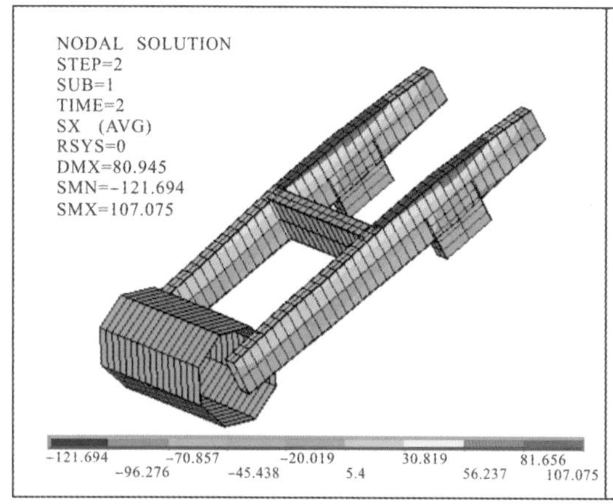

(i) 平衡梁SX

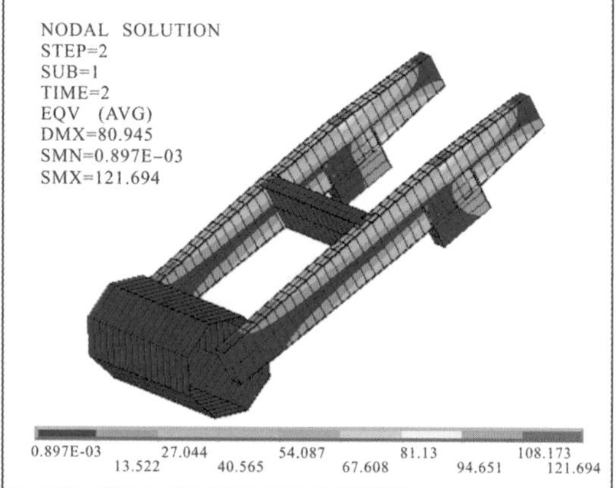

(j) 平衡梁S

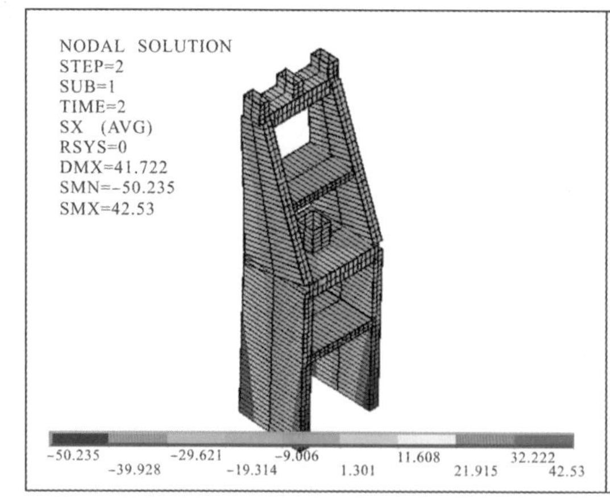

(k) 人字架SX

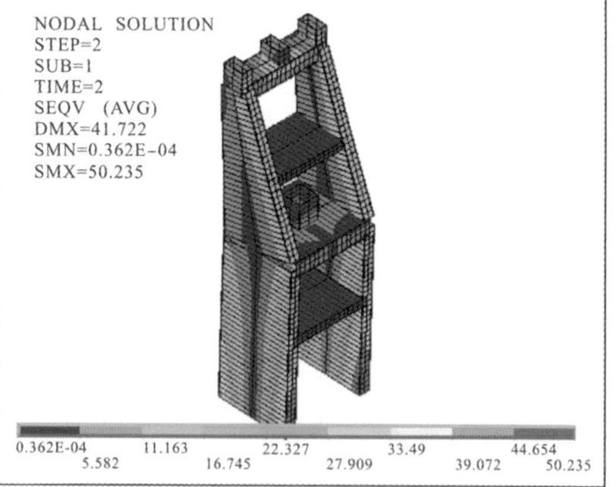

(l) 人字架S

图 13 - 11(续)

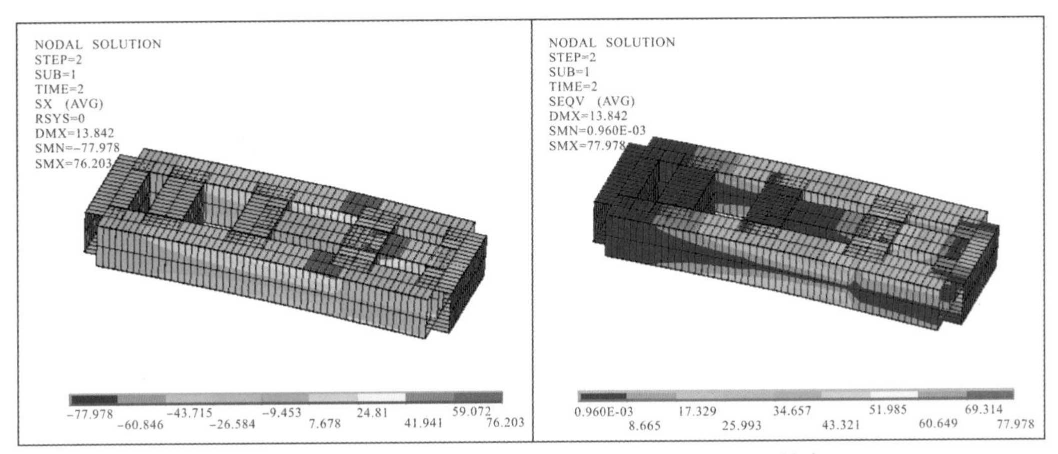

(m) 转台SX　　(n) 转台S

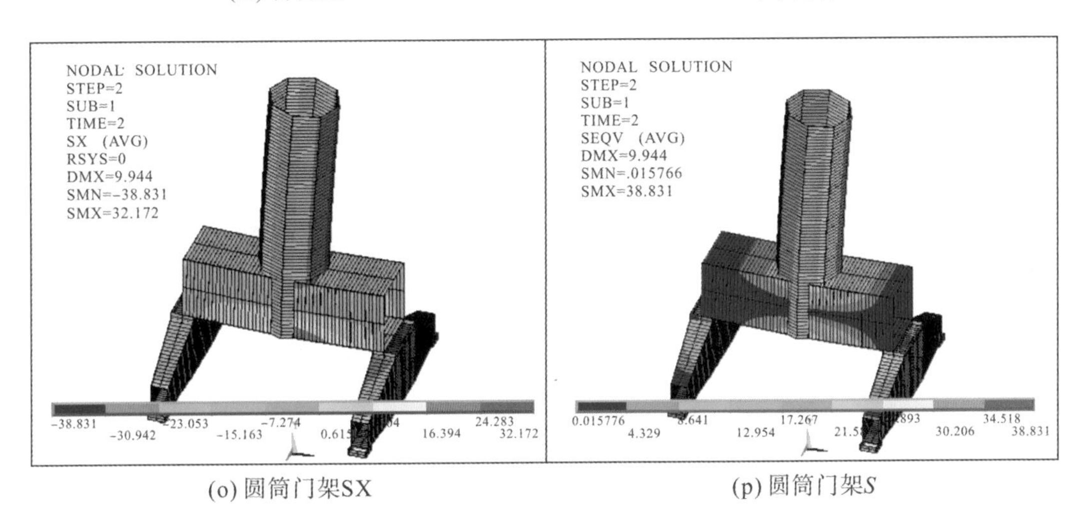

(o) 圆筒门架SX　　(p) 圆筒门架S

图 13－11(续)

表 13－5　工况 2 计算结果(最大值)　　(单位：MPa)

		整机	象鼻梁	臂架	大拉杆	平衡梁	人字架	转台	圆筒门架
SX	压应力	－121.69	－78.92	－83.25	14.70	－121.69	－50.24	－77.98	－38.83
	拉应力	107.08	66.83	90.19	36.02	107.08	42.53	76.20	32.17
S		121.69	78.92	90.19	36.02	121.69	50.24	77.98	38.83

3. 工况 3 计算结果

在工况 3 下，门座起重机模型的应力云图如图 13－12 所示，其计算结果如表 13－6 所示。

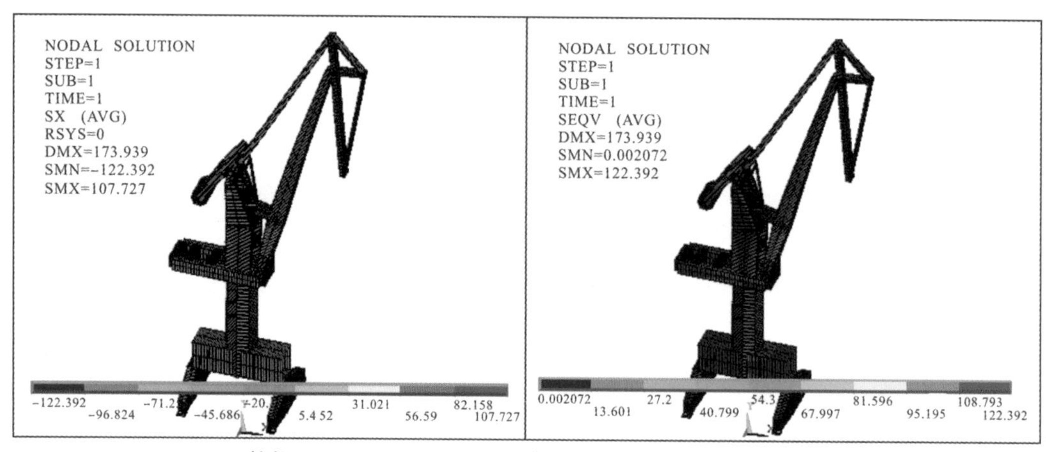

(a) 整机SX　　(b) 整机S

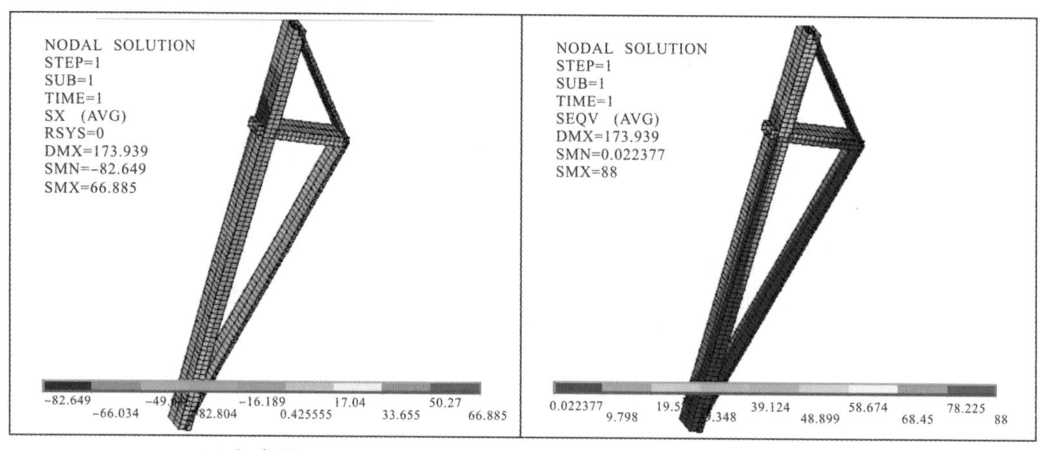

(c) 象鼻梁SX　　(d) 象鼻梁S

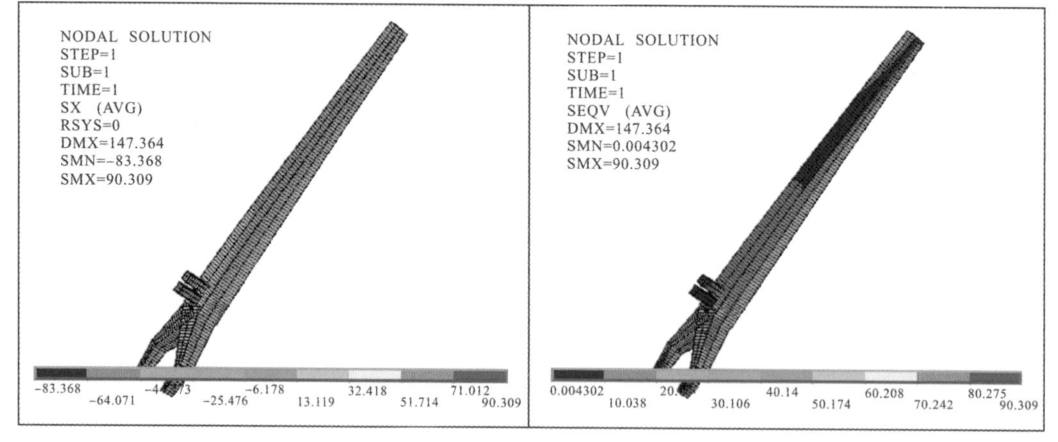

(e) 臂架SX　　(f) 臂架S

图 13－12　工况 3 应力云图集

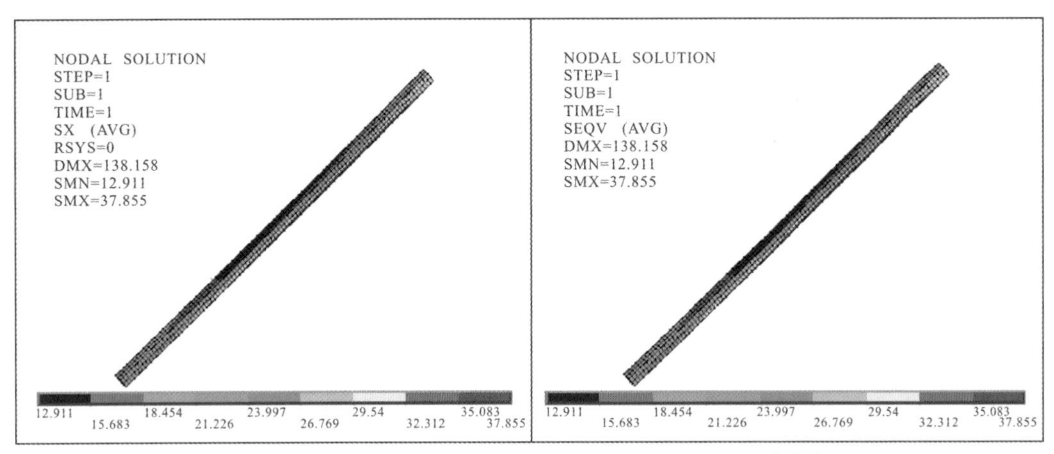

(g) 大拉杆SX　　(h) 大拉杆S

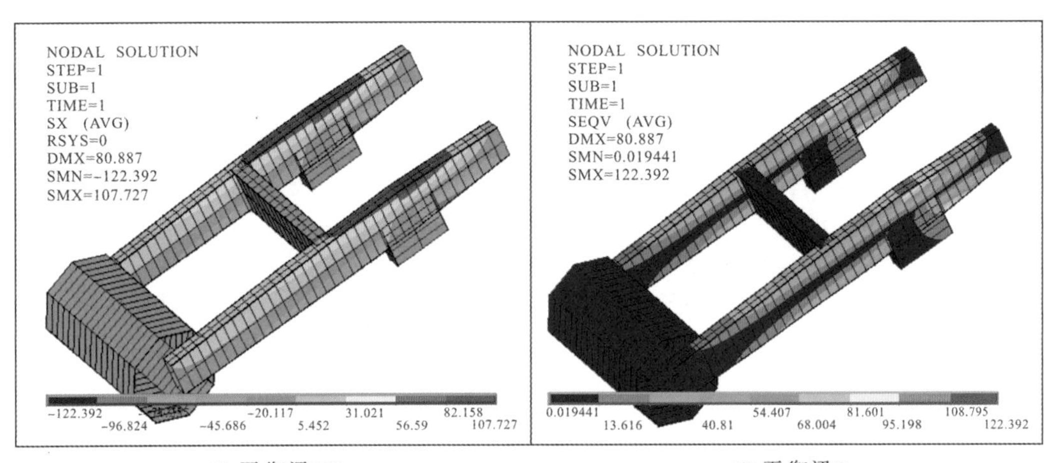

(i) 平衡梁SX　　(j) 平衡梁S

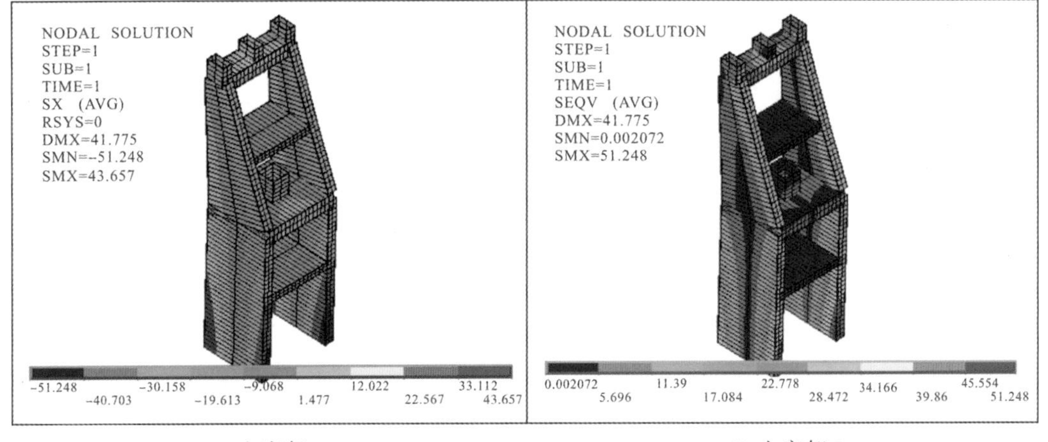

(k) 人字架SX　　(l) 人字架S

图 13-12(续)

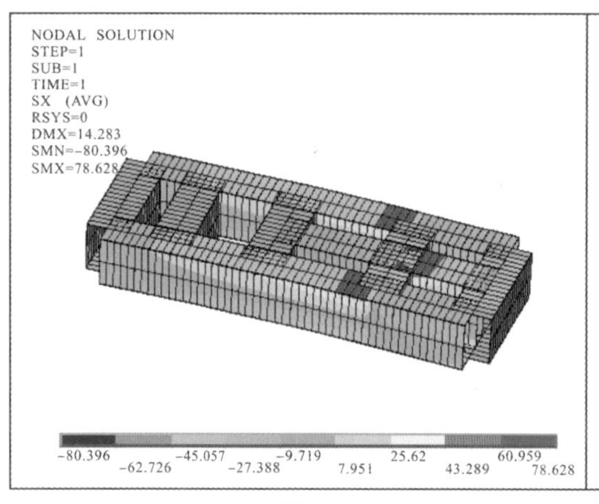

(m) 转台SX

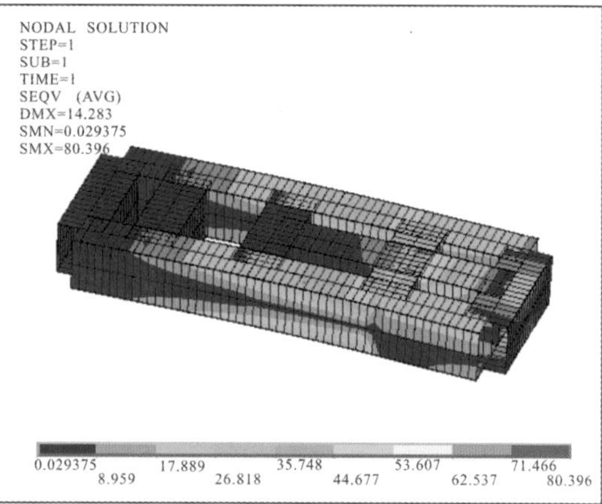

(n) 转台*S*

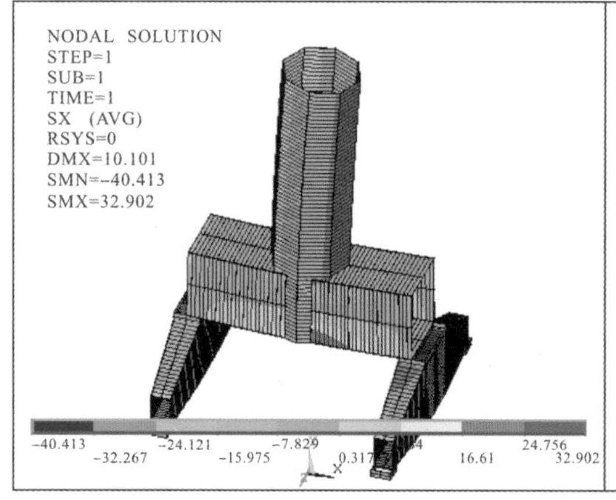

(o) 圆筒门架SX

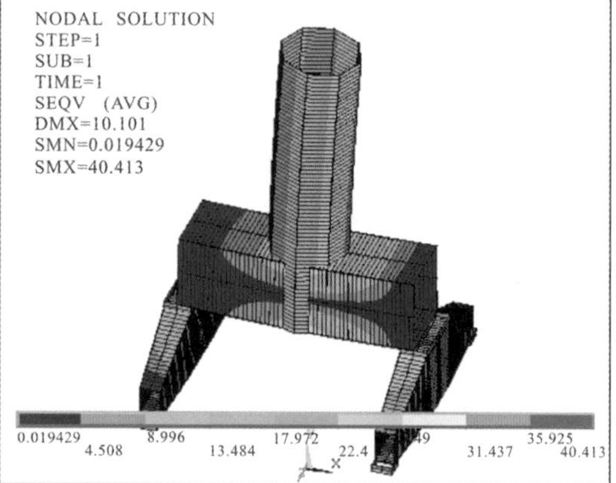

(p) 圆筒门架*S*

图 13－12(续)

表 13－6　工况 3 计算结果(最大值)　（单位：MPa）

		整机	象鼻梁	臂架	大拉杆	平衡梁	人字架	转台	圆筒门架
SX	压应力	－122.39	－82.65	－83.37	12.91	－122.39	－51.25	－80.40	－40.41
	拉应力	107.73	66.89	90.31	37.86	107.73	43.66	78.63	32.90
S		122.39	82.65	90.31	37.86	122.39	51.25	80.40	40.41

4. 工况 4 计算结果

在工况 4 下，门座起重机模型的应力云图如图 13－13 所示，其计算结果如表 13－7 所示。

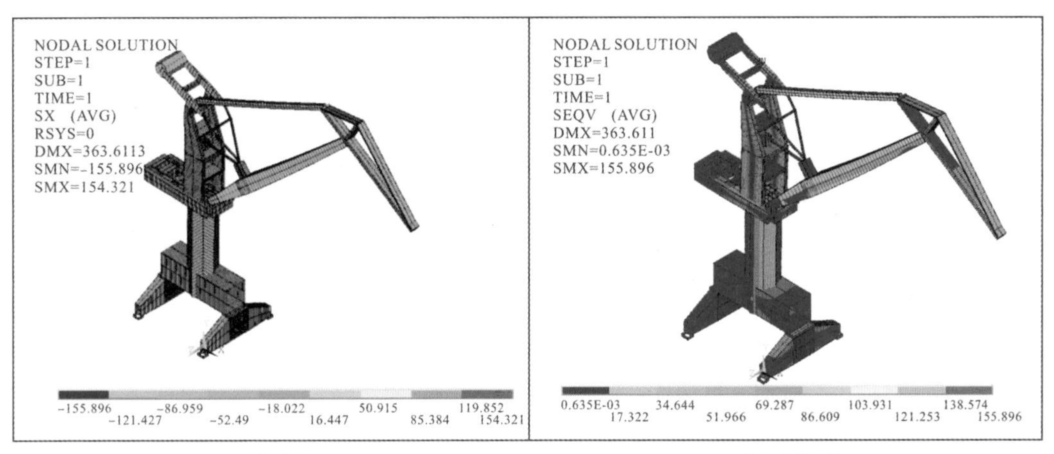

(a) 整机SX　　(b) 整机S

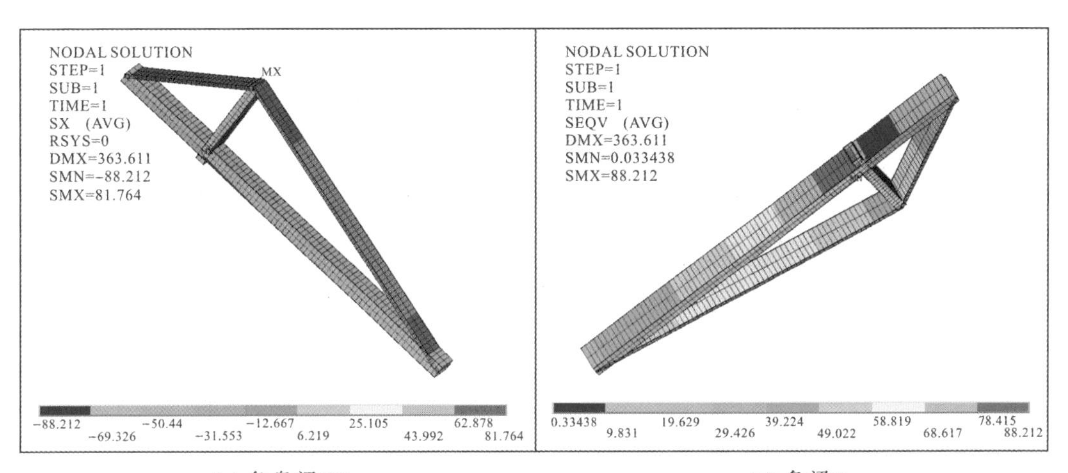

(c) 象鼻梁SX　　(d) 象梁S

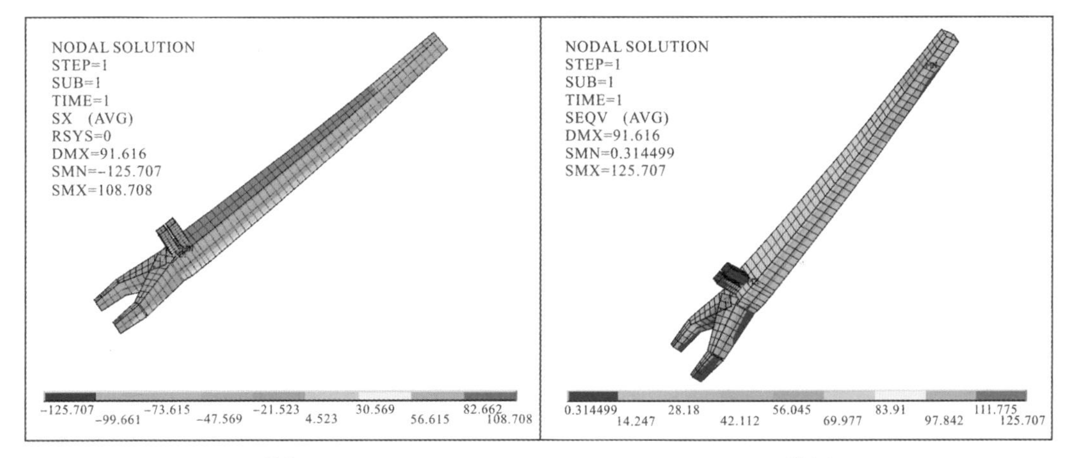

(e) 臂架SX　　(f) 臂架S

图 13－13　工况 4 应力云图集

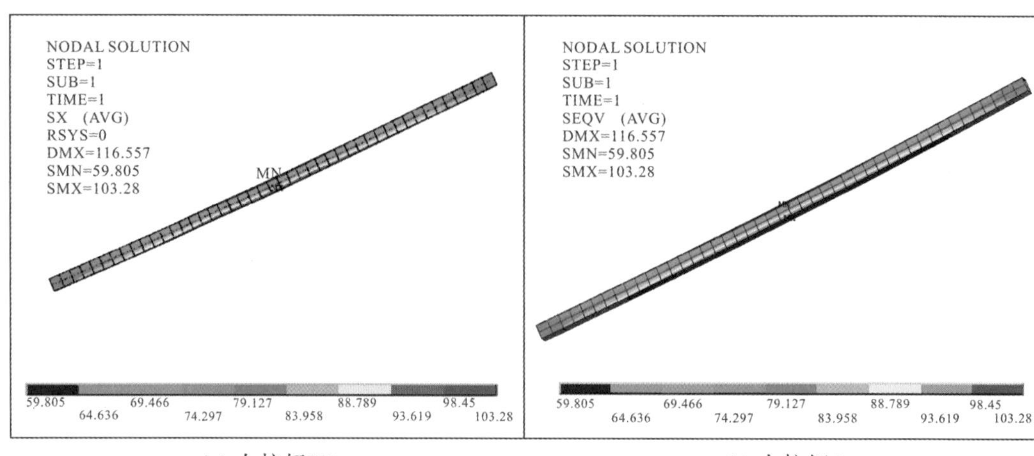

(g) 大拉杆SX (h) 大拉杆*S*

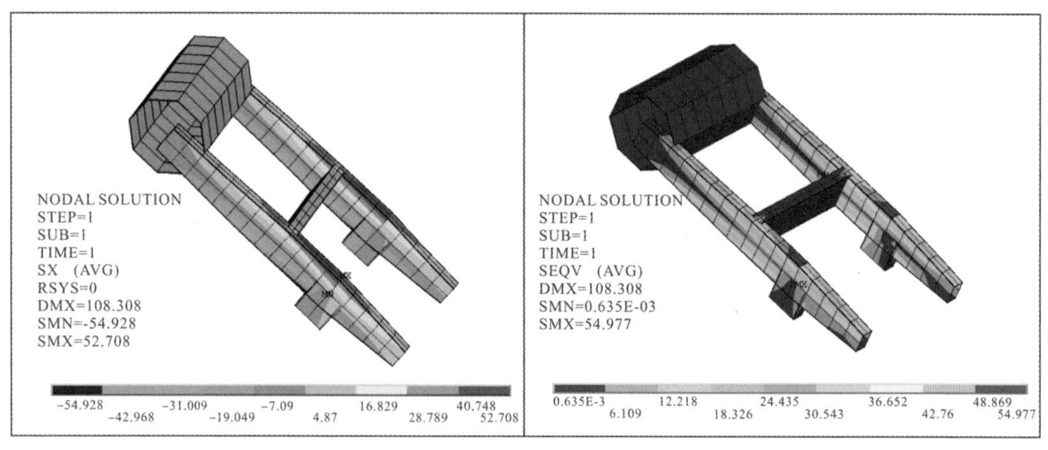

(i) 平衡梁SX (j) 平衡梁*S*

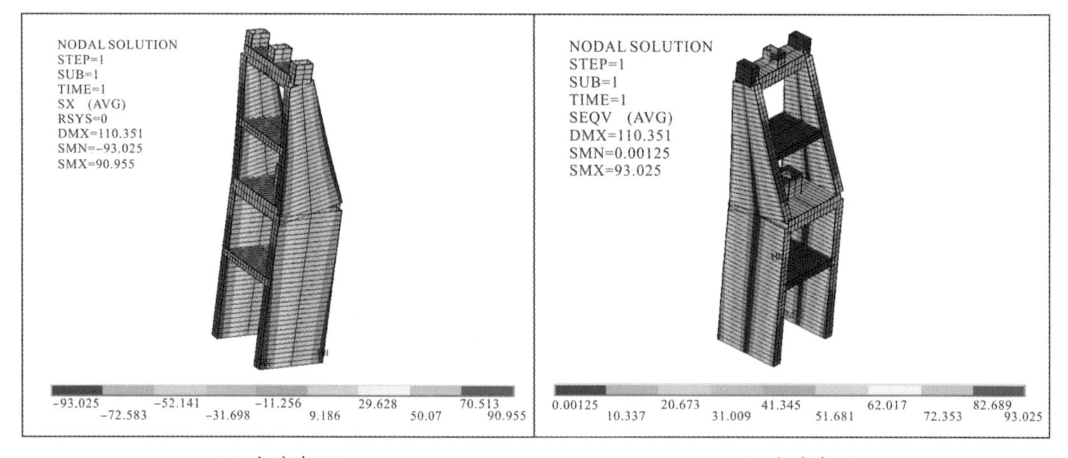

(k) 人字架SX (l) 人字架*S*

图 13 - 13(续)

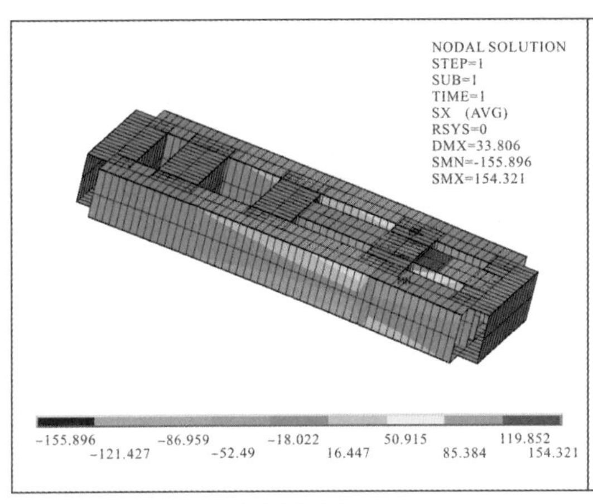

(m) 转台SX

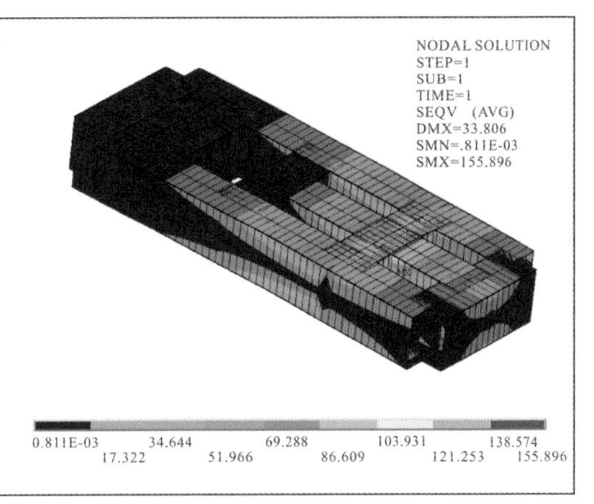

(n) 转台S

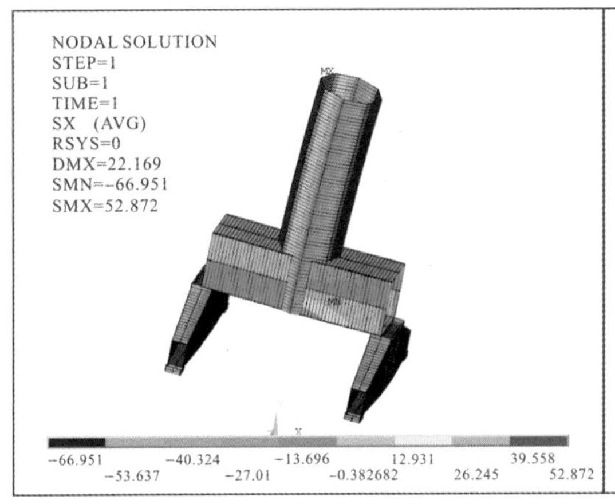

(o) 圆筒门架SX

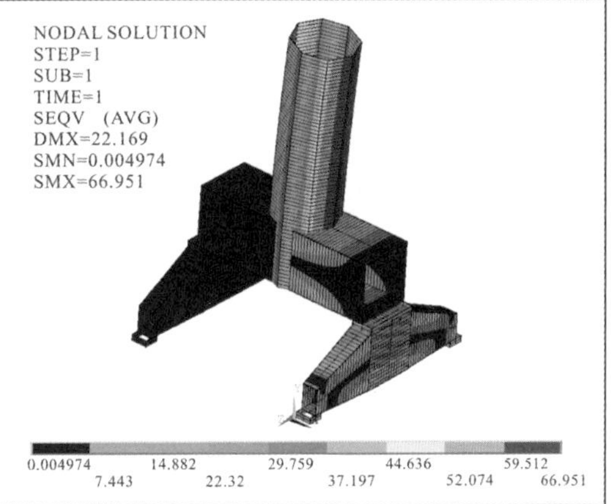

(p) 圆筒门架S

图 13－13(续)

表 13－7　工况 4 计算结果(最大值)　　(单位：MPa)

		整机	象鼻梁	臂架	大拉杆	平衡梁	人字架	转台	圆筒门架
SX	压应力	－155.90	－88.21	－125.71	59.81	－54.93	－93.03	－155.90	－66.95
	拉应力	154.32	81.76	108.71	103.28	52.71	90.96	154.32	52.87
S		155.90	88.21	125.71	103.28	54.98	93.03	155.90	66.95

5. 工况 5 计算结果

在工况 5 下，门座起重机模型的应力云图如图 13－14 所示，其计算结果如表 13－8 所示。

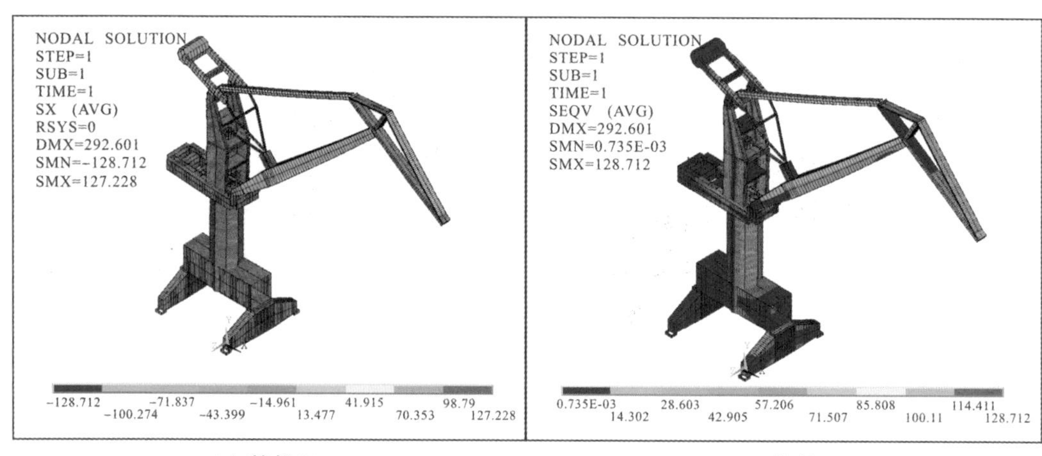

(a) 整机SX　　　　(b) 整机S

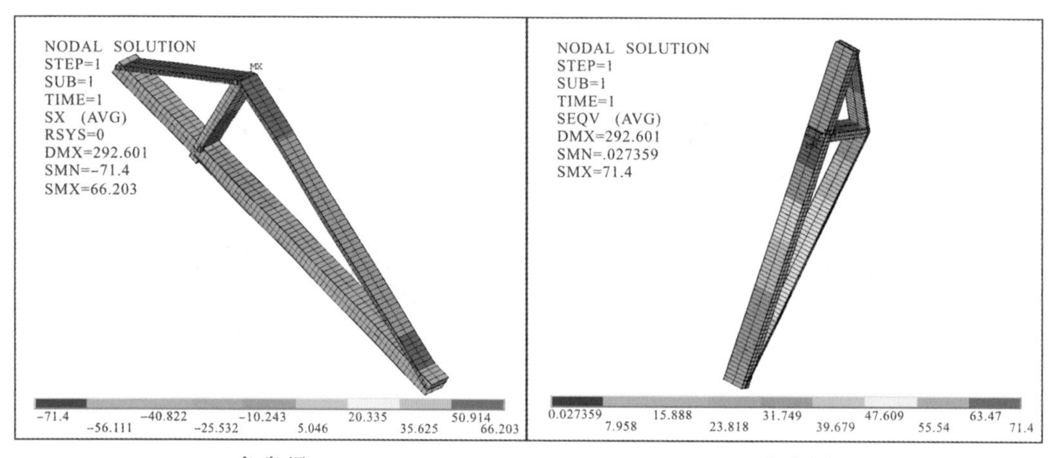

(c) 象鼻梁SX　　　　(d) 象鼻梁S

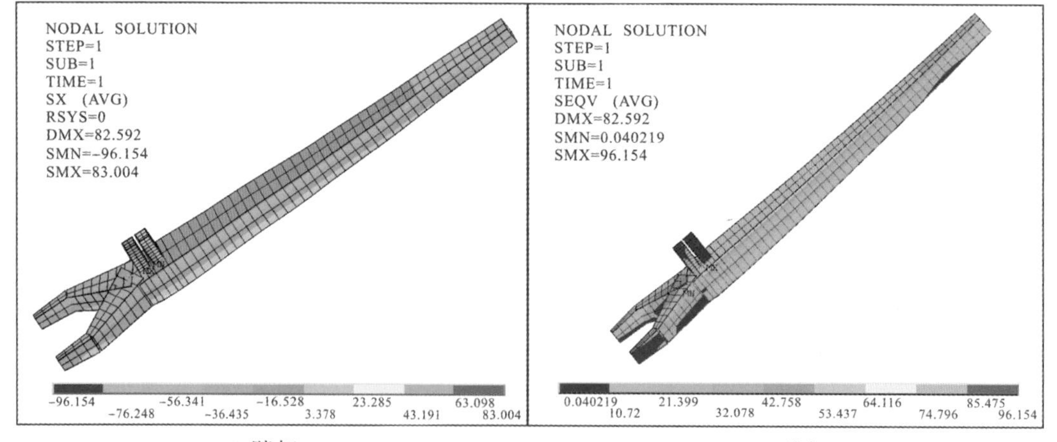

(e) 臂架SX　　　　(f) 臂架S

图 13－14　工况 5 应力云图集

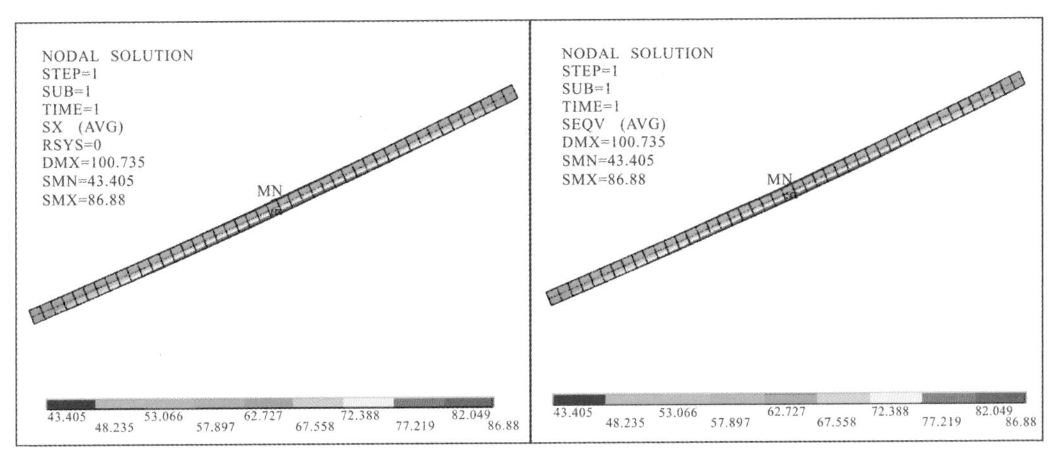

(g) 大拉杆SX　　(h) 大拉杆*S*

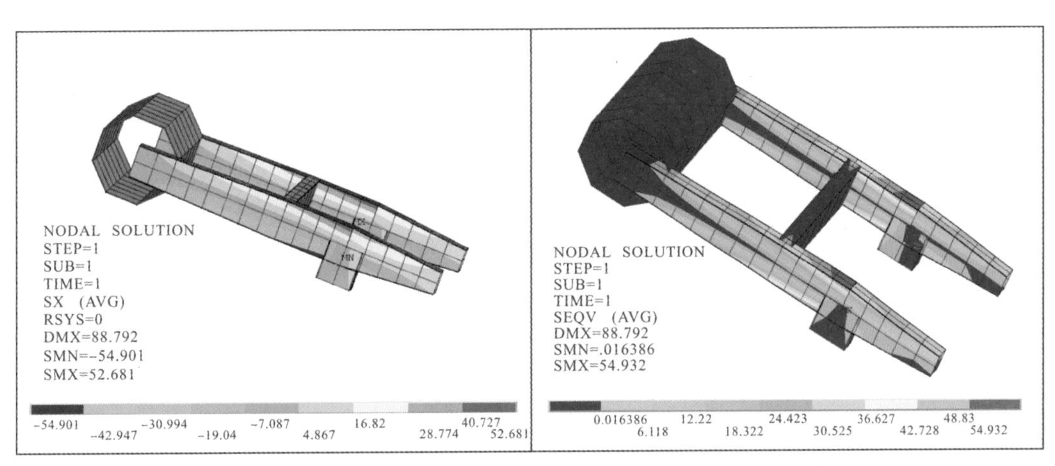

(i) 平衡梁SX　　(j) 平衡梁*S*

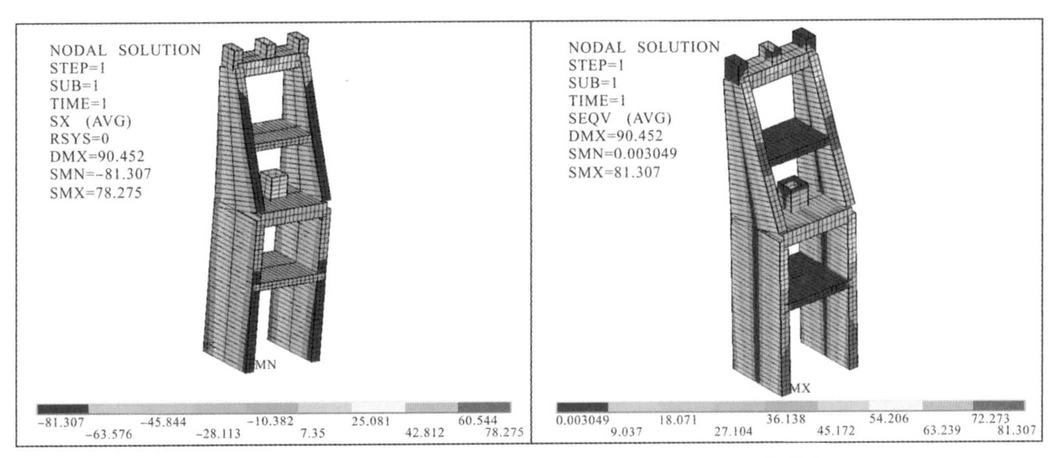

(k) 人字架SX　　(l) 人字架*S*

图 13 - 14(续)

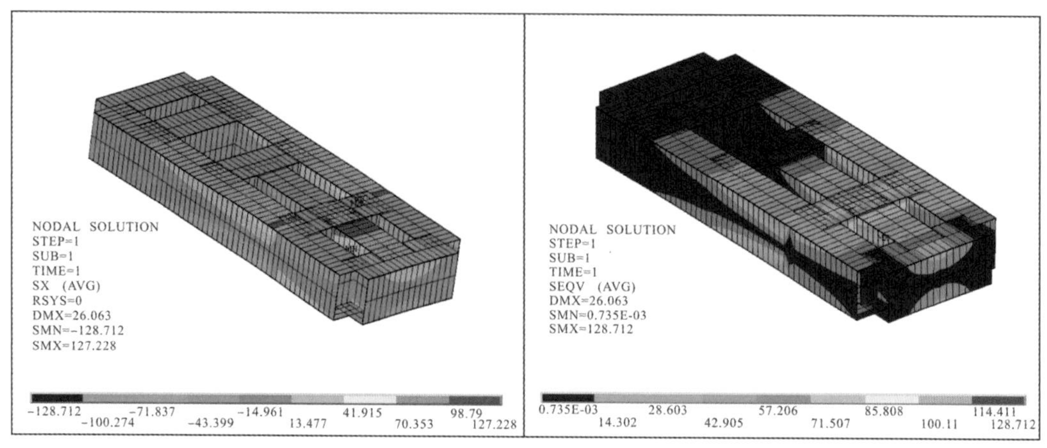

(m) 转台SX　　(n) 转台*S*

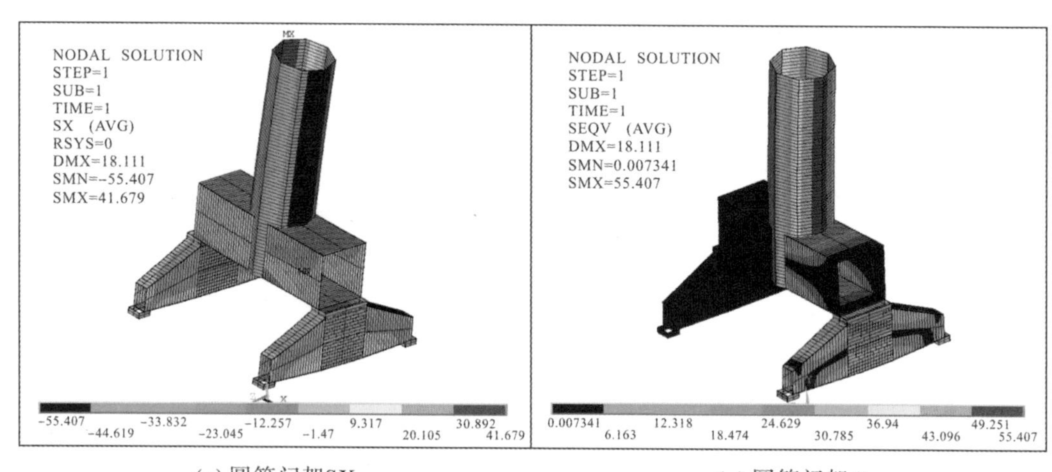

(o) 圆筒门架SX　　(p) 圆筒门架*S*

图 13－14(续)

表 13－8　工况 5 计算结果(最大值)　　(单位：MPa)

		整机	象鼻梁	臂架	大拉杆	平衡梁	人字架	转台	圆筒门架
SX	压应力	－128.71	－71.40	－96.15	43.41	－54.90	－81.31	－128.71	－55.41
	拉应力	127.23	66.20	83.00	86.88	52.68	78.28	127.23	41.68
S		128.71	71.40	96.15	86.88	54.93	81.31	128.71	55.41

6. 工况 6 计算结果

在工况 6 下，门座起重机模型的应力云图如图 13－15 所示，其计算结果如表 13－9 所示。

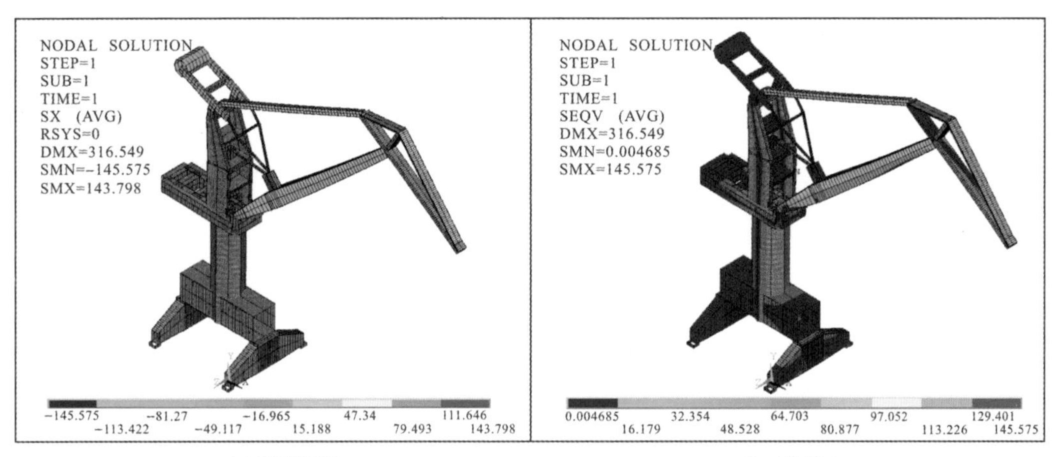

(a) 整机SX (b) 整机*S*

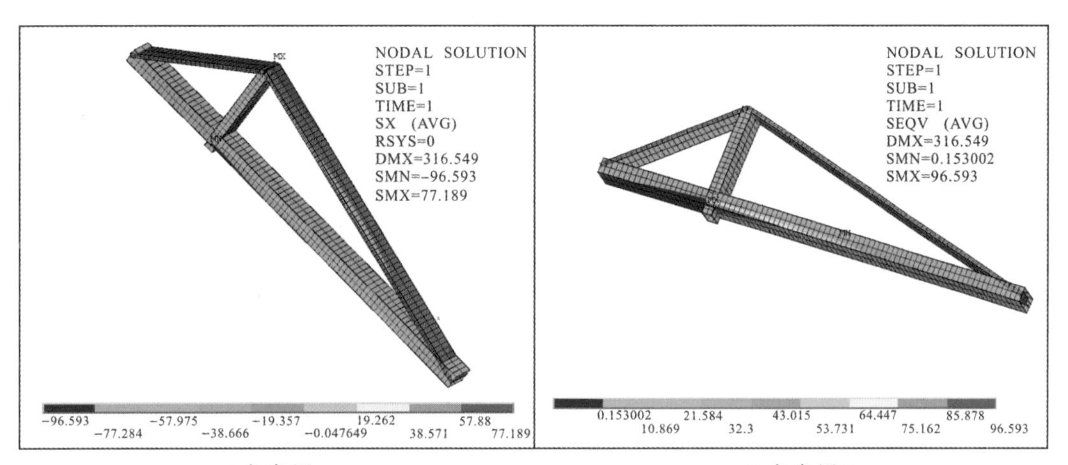

(c) 象鼻梁SX (d) 象鼻梁*S*

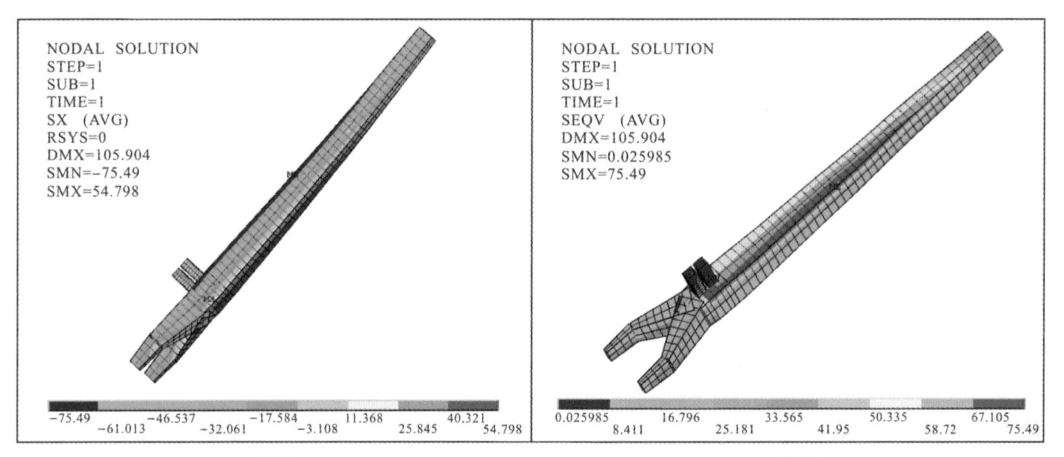

(e) 臂架SX (f) 臂架*S*

图 13－15 工况 6 应力云图集

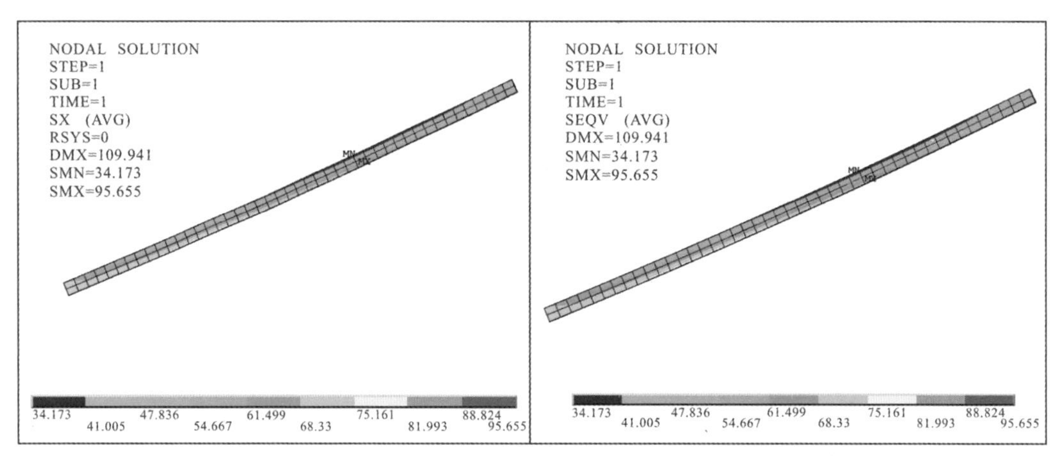

(g) 大拉杆SX (h) 大拉杆*S*

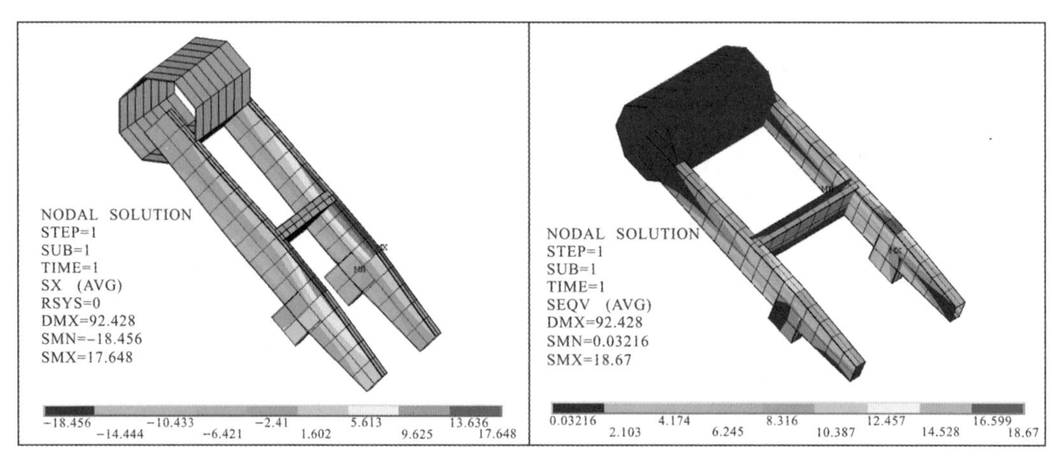

(i) 平衡梁SX (j) 平衡梁*S*

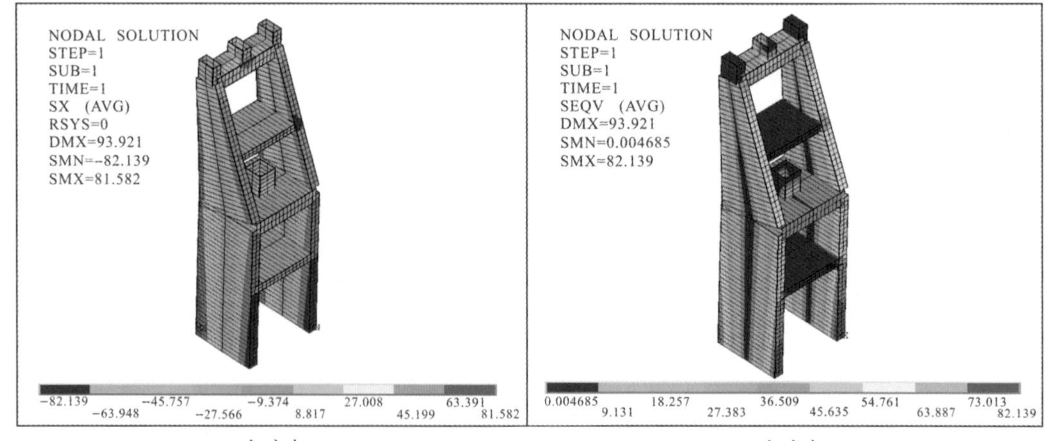

(k) 人字架SX (l) 人字架*S*

图 13－15(续)

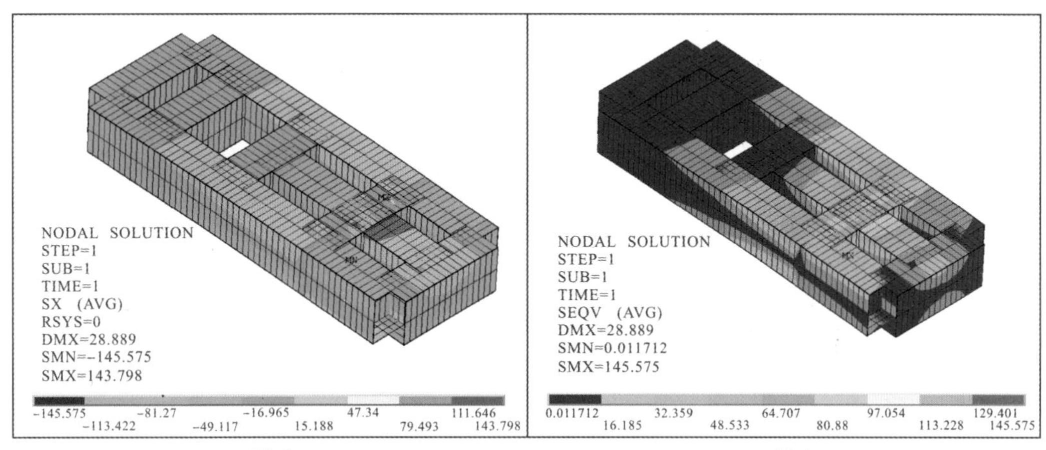

(m) 转台SX　　(n) 转台S

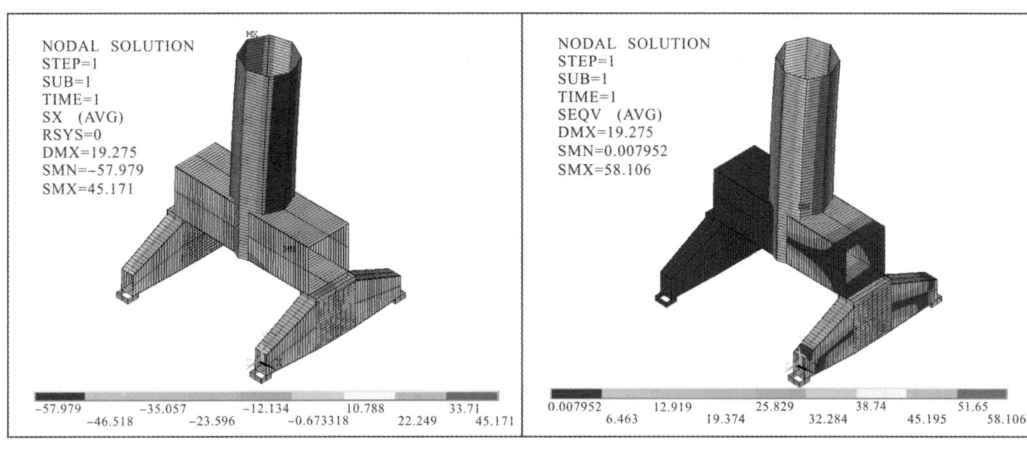

(o) 圆筒门架SX　　(p) 圆筒门架S

图 13－15(续)

表 13－9　工况 6 计算结果(最大值)　　(单位：MPa)

		整机	象鼻梁	臂架	大拉杆	平衡梁	人字架	转台	圆筒门架
SX	压应力	－145.58	－96.59	－75.49	34.17	－18.46	－82.14	－145.58	－57.98
	拉应力	143.80	77.19	54.80	95.66	17.65	81.58	143.80	45.17
S		145.58	96.59	75.49	95.66	18.67	82.14	145.58	58.11

13.3.4　仿真分析结论

通过上述计算结果可以得出布置传感器的大致位置图如图 13－16～图 13－22 所示。

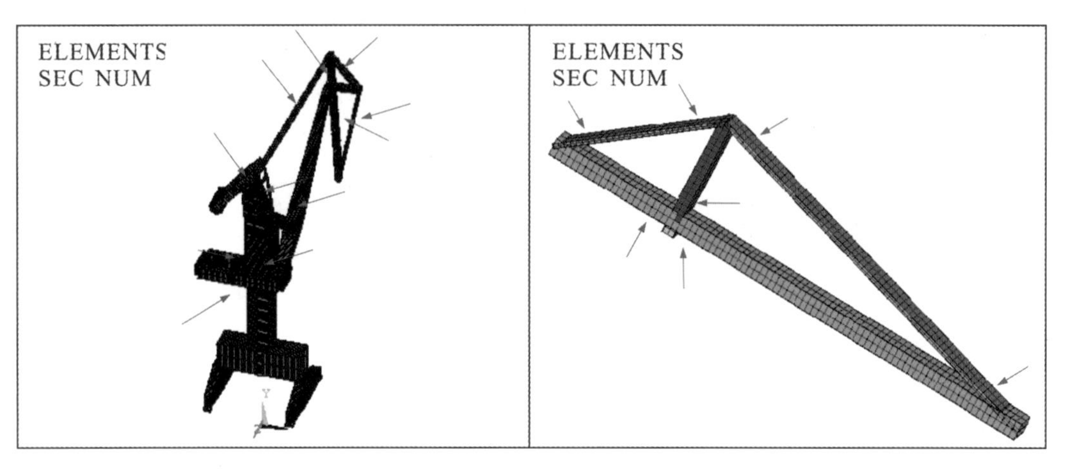

图 13-16 整机传感器布置图　　图 13-17 象鼻梁传感器布置图

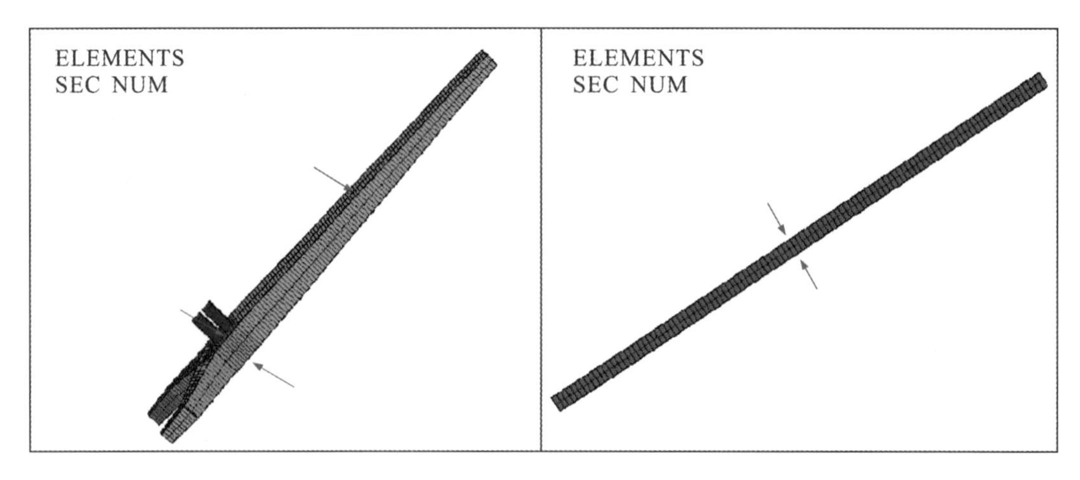

图 13-18 臂架传感器布置图　　图 13-19 大拉杆传感器布置图

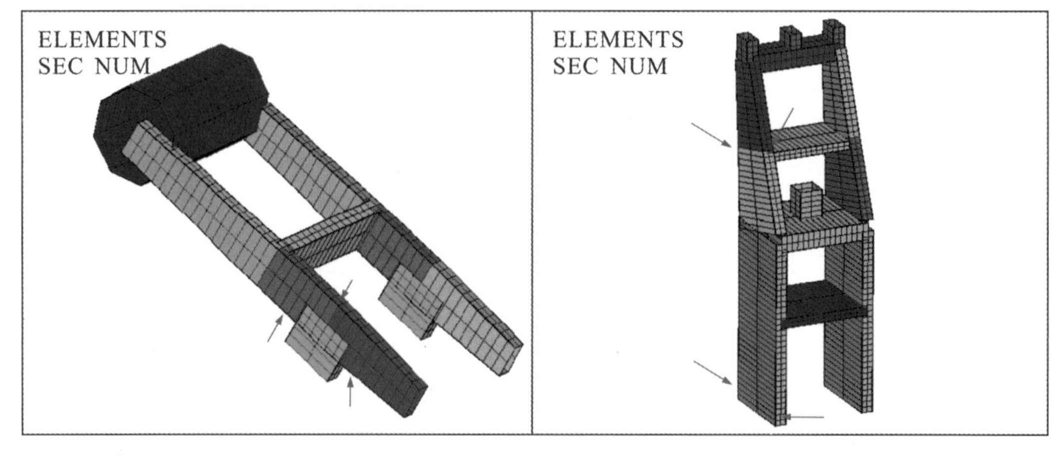

图 13-20 平衡梁传感器布置图　　图 13-21 人字架传感器布置图

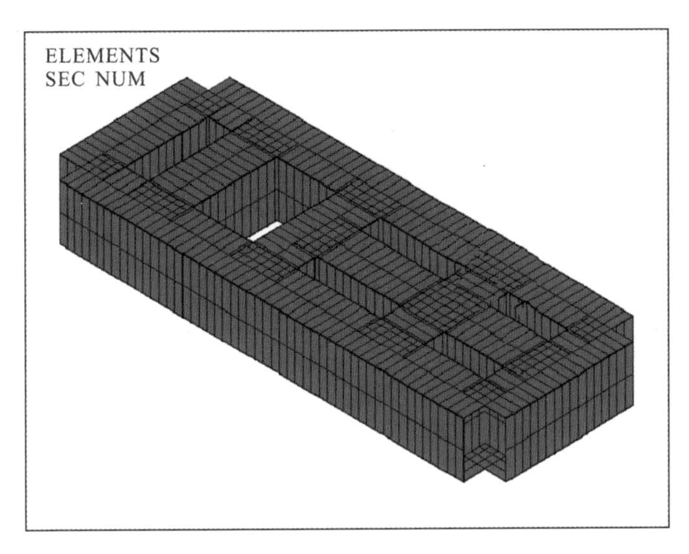

图 13－22　转台传感器布置图

13.4　监测方案设计及实施

通过仿真分析，得到应力集中点，意味着传感器布点位置确定。下一步转入监测方案设计。

13.4.1　监测方案设计

根据图 13－16～图 13－22 的仿真分析结果，结合采用的 16 通道解调仪，得到表 13－10 所示的传感布点监测方案表(共用了 11 条通道，5 条备用)。

表 13－10　传感布点监测方案　　（单位：MPa）

序号	位置(相对方向为臂架方向)		材料	许用应力	有限元计算应力	预警应力	报警应力
1	象鼻梁	前拉杆上侧中心位置	Q345B	257	67.98	84.98	257
2		撑杆前侧下部			84.72	105.90	
3		后拉杆上侧中心位置			72.74	90.93	
4		主梁后端下表面右位置			97.08	121.35	
5	臂架	臂架中部上表面			87.58	109.48	
6		臂架下部上表面节点附近			93.32	116.65	
7	小拉杆	小拉杆右边中部下表面	Q235B	175	58.88	73.60	175
8		小拉杆左边中部下表面					

（续表 13 - 10）

序号	位置（相对方向为臂架方向）		材料	许用应力	有限元计算应力	预警应力	报警应力
9	大拉杆	大拉杆后部上表面	Q345B	257	59. 81	74. 76	257
10	平衡梁	平衡梁根部右边下表面	Q235B	175	60. 75	75. 94	175
11		平衡梁根部左边下表面					
12	人字架	人字架后侧右边根部	Q345B	257	86. 48	108. 10	257
13		人字架后侧左边根部					
14		人字架前侧右边根部			93. 03	116. 29	
15		人字架前侧左边根部					

13. 4. 2　监测方案实施

监测方案采用第 8 章介绍的光纤光栅传感器，传感器一律沿轴线方向布置，焊贴传感器位置应远离节点至少 150mm。下面详细介绍各通道传感器的具体实施方式，包括所需的光缆长度等。

以下图中标注含义：例如“1 右应温”，表示 1 号测点，“右”代表从司机的角度看的右侧，“应”代表应变传感器，“温”代表温度传感器。图 13 - 23、图 13 - 24 所示为通道 1 实施方式。

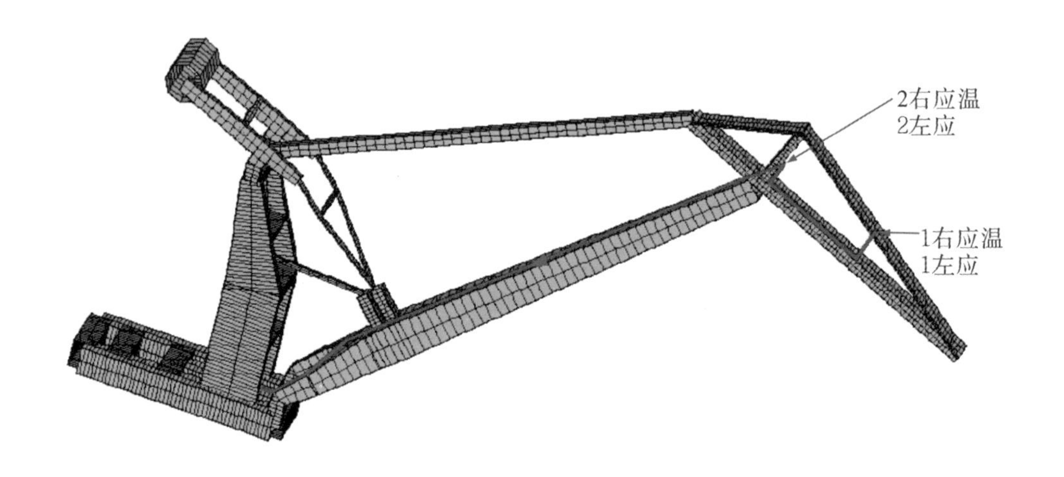

图 13 - 23　通道 1 实施方式

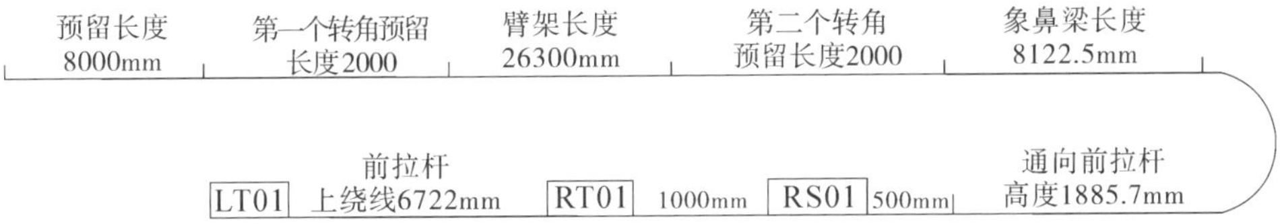

预留长度 8000mm | 第一个转角预留长度2000 | 臂架长度 26300mm | 第二个转角预留长度2000 | 象鼻梁长度 8122.5mm

LT01 | 前拉杆上绕线6722mm | RT01 | 1000mm | RS01 | 500mm | 通向前拉杆高度1885.7mm

(a) 通道1示意图

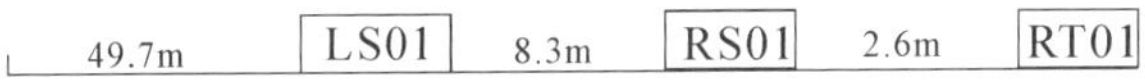

49.7m | LS01 | 8.3m | RS01 | 2.6m | RT01

(b) 通道1统计图

图 13－24　通道 1 整体光缆长度

通道1光缆总长＝布点1(前拉杆上侧中心位置)8000(预留长度)＋
第一个转角2000＋26300(臂架长度)＋
第二个转角预留长度2000＋600(到象鼻梁底面中心长度)＋
1000＋ 7122.5(5.5×1295)＋1095.7X＋
190(前拉杆厚度)＋1138(前拉杆宽度)。

其中，X 由 $\frac{X}{3400}=\frac{11985-8122.5}{11985}$ 确定。

利用类似的方法，可以得到

通道 2 光缆总长＝布点 2(撑杆前侧下部)8000(预留长度)＋26300(臂架长度)＋
600＋1000＋X(旋转部分长度)。

图 13－25 所示为通道 2 实施方式。

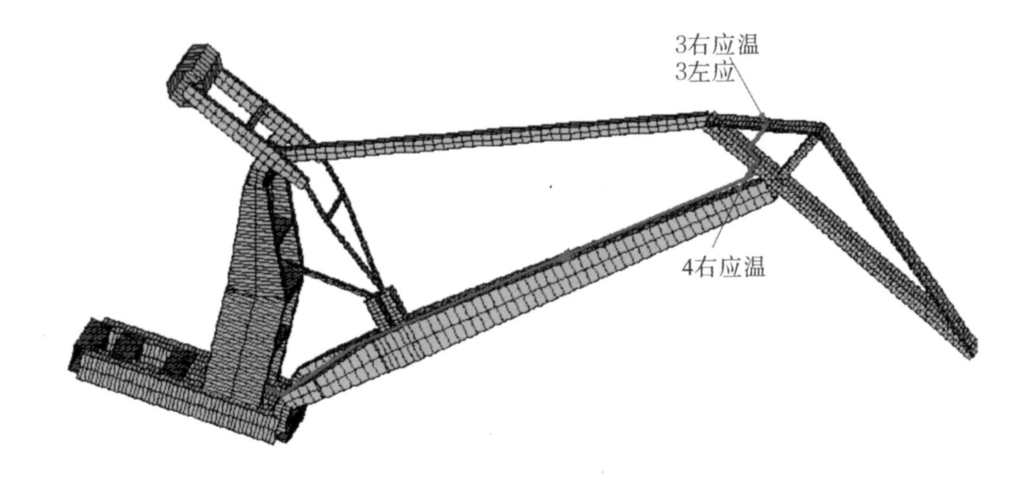

图 13－25　通道 2 实施方式

通道3光缆总长＝布点3(后拉杆上侧中心位置)光缆总长
＝8000(预留长度)＋26300(臂架长度)＋600(到象鼻梁底面中心长度)＋
1935＋1854X＋190(前拉杆厚度的一半)＋
1138(前拉杆宽度,此项待考虑)＋X(旋转部分长度)。

其中，X 由 $\frac{X}{3400}=\frac{4258-1935}{4258}$ 确定。图 13－26 所示为通道 3 实施方式。

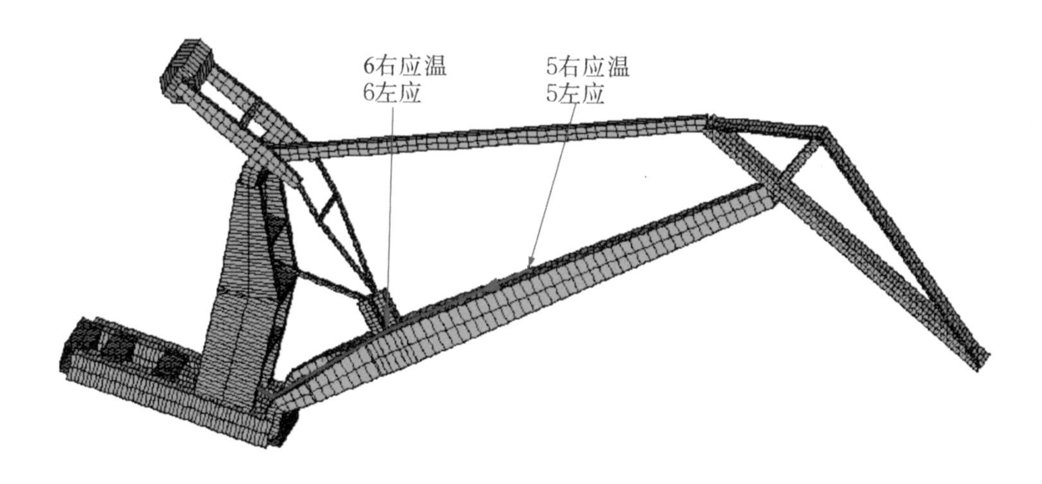

图 13－26　通道 3 实施方式

通道4光缆总长＝布点4（主梁后端下表面右位置）8000（预留长度）＋26300（臂架长度）＋324（到象鼻梁底面长度）＋1935＋X（旋转部分长度）。

图 13－27 所示为通道 4 实施方式。

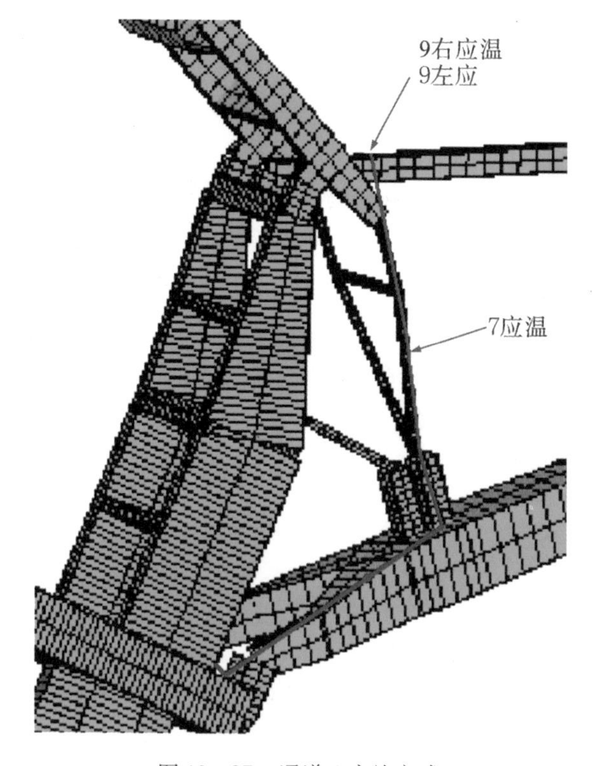

图 13－27　通道 4 实施方式

通道5光缆总长 = 布点5(臂架中部上表面)8000(预留长度) +
13150(臂架的一半长度) + X(旋转部分长度)。

图 13 - 28 所示为通道 5 实施方式。

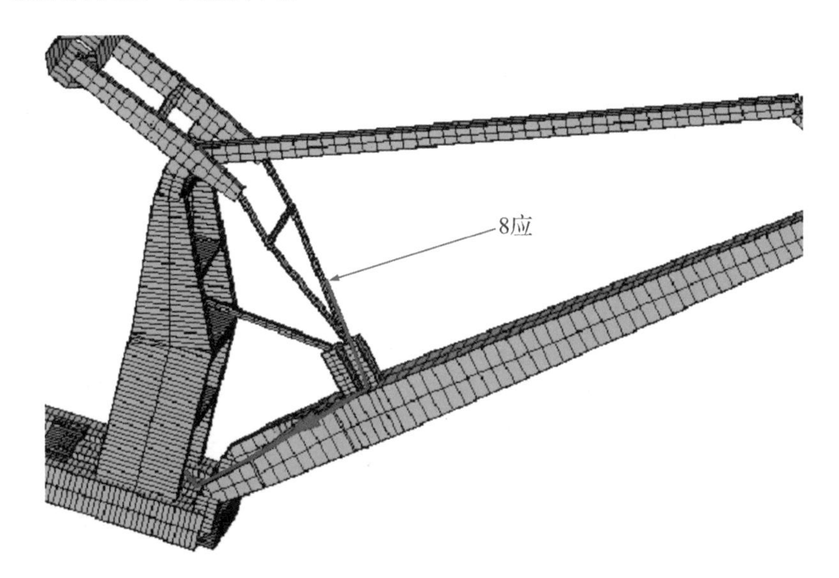

图 13 - 28　通道 5 实施方式

通道6光缆总长 = 布点6(臂架下部上表面节点附近)8000(预留长度) +
6000(臂架到节点中心长度) + X(旋转部分长度)。

图 13 - 29 所示为通道 6 实施方式。

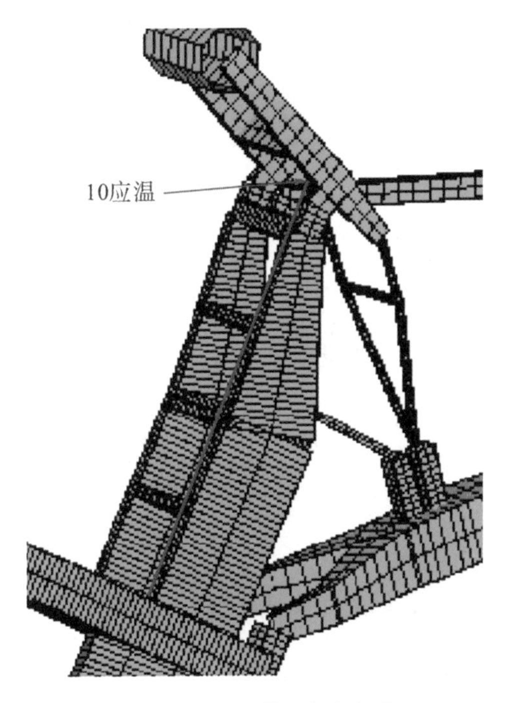

图 13 - 29　通道 6 实施方式

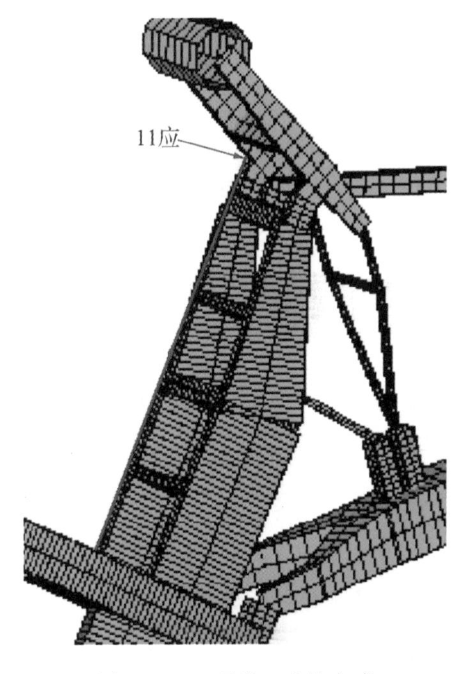

图 13 - 30　通道 7 实施方式

通道7、8中，光缆总长=布点7(小拉杆右边中部下表面)8000(预留长度)+6100(臂架到节点长度)+2450.8（小拉杆斜着长度的一半（$\sqrt{1550^2+4650^2}/2$））+X(旋转部分长度)。图13－30、图13－31所示分别为通道7、8实施方式。

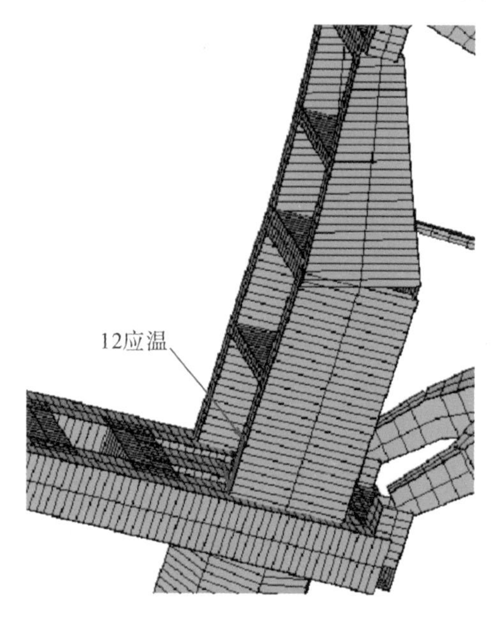

图13－31　通道8实施方式

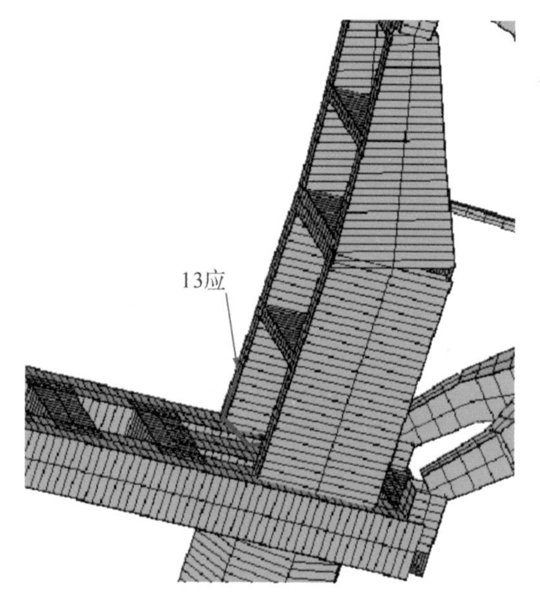

图13－32　通道9实施方式

通道9中，光缆总长=布点9(大拉杆后部上表面)8000(预留长度)+6100(转动台到节点臂架长度)+4901.5（小拉杆斜着长度$\sqrt{1550^2+4650^2}$）+1600+500(大拉杆厚度)+323(大拉杆宽度一半)+X(旋转部分长度)。图13－32为通道9实施方式。

通道10、11中，光缆总长=布点10(平衡梁根部右边下表面)8000(预留长度)+11000(立柱高度)。图13－33、图13－34所示分别为通道10、11实施方式。

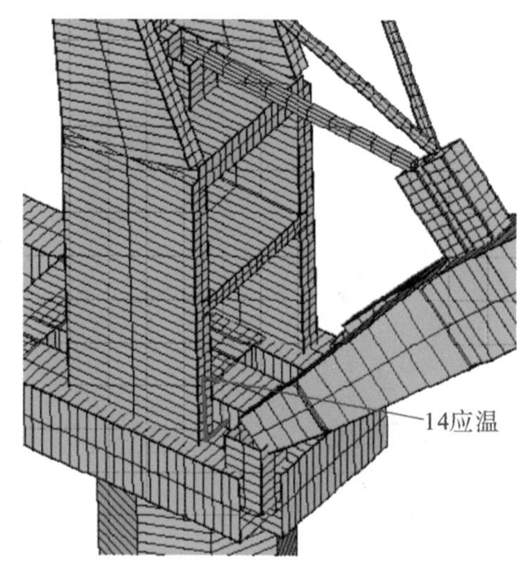

图13－33　通道10实施方式

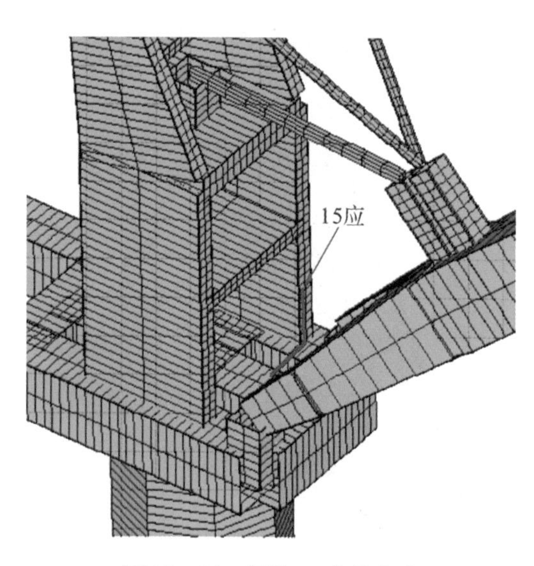

图13－34　通道11实施方式

其它通道实施方式方法类似，不再赘述。表 13－11 所示为所有通道光缆长度实施方案。

表 13－11 所有通道光缆长度实施方案

通道	实际光缆长度	总长
1	49.7m LS01 8.3m RS01 2.6m RT01	
2	41.7m RS02 4m LS02 2.5m RT02	
3	42.6m RS03 2.5m LS03 2.6m LT03	
4	42.6m RS04 2.37m RT04	
5	24.5m RS05 2.16m LS05 2.60m RT05	
6	18.2m RS06 2.6m LS06 2.36m RT06	
7	18.3m RS07 2.5m RT07	
8	18.65m LS08	
9	23.3m RS09 2.1m LS09 2.5m RT09	
10	20.5m RS10 2.04m RT10	
11	23.5m LS11	
12	16.1m RS12 2.04m RT12	
13	16.6m LS13	
14	16.3m RS14 2.5m RT14	
15	16.5m LS15	

13.4.3 MQ2533 测点布置信息列表

完整的 MQ2533 测点布置信息列表包括“编号 Id”“配对编号 ReferId”“通道 Channel No”“传感器序号 SensorNo”“传感器序列号 Sno”“传感器类型 SensorType”“测点位置 PositionName”“原始波长 OrigWave”“波长上限”“波长下限”“温度系数/应变系数”标定温度/温度系数”“二次曲线拟合 A”“二次曲线拟合 B”“二次曲线拟合 C”“测量材料 Material”“被测物体弹性模量 E”“被测物体热膨胀系数 a”“预警应力/温度 MaxWarn” “报警应力/温度

MaxAlarm”“单位 Unit”“温度计算是否使用一次拟合/应变计算含温度变化引起的应变 IsFun1”等信息，因页面篇幅所限，只列出表 13－12 所示部分 MQ2533 测点布置信息。

表 13－12 MQ2533 测点布置信息列表

编号 Id	配对编号 ReferId	通道 Channel No	序号 Sensor No	传感器类型 Sensor Type	原始波长 Orig Wave	温度系数/应变系数	标定温度/温度系数	预警应力/温度 MaxWarn	报警应力/温度 MaxAlarm	单位 Unit
01RT		1	1	T	1530.737	101.0792		80	100	℃
01RS	01RT	1	2	S	1541.292	1168.175	－1686.802	84.98	257	MPa
01LS	01RT	1	3	S	1548.799	1170.216	－1691.496	84.98	257	MPa
02RT		2	1	T	1532.381	101.0460		80	100	℃
02RS	02RT	2	2	S	1543.706	1178.158	－1709.764	105.9	257	MPa
02LS	02RT	2	3	S	1548.621	1155.857	－1658.472	105.9	257	MPa
03RT		3	1	T	1535.708	100.1758		80	100	℃
03RS	03RT	3	2	S	1543.717	1165.416	－1680.456	90.93	257	MPa
03LS	03RT	3	3	S	1548.808	1148.424	－1641.374	90.93	257	MPa
04RT		4	1	T	1544.051	99.6412		80	100	℃
04RS	04RT	4	2	S	1553.676	1226.279	－1820.441	121.35	257	MPa
05RT		5	2	T	1533.699	100.9563		80	100	℃
05RS	05RT	5	1	S	1543.766	1200.757	－1761.741	109.48	257	MPa
05LS	05RT	5	3	S	1555.469	1227.618	－1823.521	109.48	257	MPa
06RT		6	2	T	1535.708	100.5545		80	100	℃
06RS	06RT	6	1	S	1543.767	1221.72	－1809.957	116.65	257	MPa
06LS	06RT	6	3	S	1557.408	1123.309	－1583.611	116.65	257	MPa
07RT		7	3	T	1552.490	99.4308		80	100	℃
07RS	07RT	7	1	S	1537.313	1058.038	－1433.488	73.6	175	MPa
08LS	07RT	7	2	S	1545.333	1182.256	－1719.189	73.6	175	MPa
09RT		8	2	T	1552.500	99.0651		80	100	℃
09RS	09RT	8	1	S	1537.414	1255.864	－1888.487	74.76	257	MPa
09LS	09RT	8	3	S	1559.478	1090.952	－1509.19	74.76	257	MPa
10RT		9	3	T	1557.634	98.8188		80	100	℃
10RS	10RT	9	1	S	1537.351	1101.82	－1534.186	75.94	175	MPa
11LS	10RT	9	2	S	1545.181	1102.964	－1536.818	75.94	175	MPa
12RT		10	3	T	1557.741	99.0677		80	100	℃
12RS	12RT	10	1	S	1545.286	1187.432	－1731.093	108.1	257	MPa
13LS	12RT	10	2	S	1553.679	1172.587	－1696.949	108.1	257	MPa
RT14		11	3	T	1557.747	99.1825		80	100	℃

（续表 13－12）

编号 Id	配对 编号 ReferId	通道 Channel No	序号 Sensor No	传感器 类型 Sensor Type	原始 波长 Orig Wave	温度系数/ 应变系数	标定温度/ 温度系数	预警应力 /温度 MaxWarn	报警应力 /温度 MaxAlarm	单位 Unit
RS14	RT14	11	1	S	1537.337	1098.933	－1527.545	116.29	257	MPa
LS15	RT14	11	2	S	1545.379	1133.016	－1605.936	116.29	257	MPa

13.5 软件开发

对应于监测系统涉及的物联网感知层、网络层和应用层，共开发了起重机械结构健康监测系统软件、起重机械结构健康监测系统服务器软件、起重机械结构健康监测系统触摸屏人机界面及数据通信软件3套软件。其中起重机械结构健康监测系统软件放于解调仪端，用于解调传感信号；起重机械结构健康监测系统服务器软件放于中央服务器，用于数据的收集、处理；起重机械结构健康监测系统触摸屏人机界面及数据通信软件放于前两套软件中间，用于人机对话、数据通信。图13－35是全套软件系统框架图。

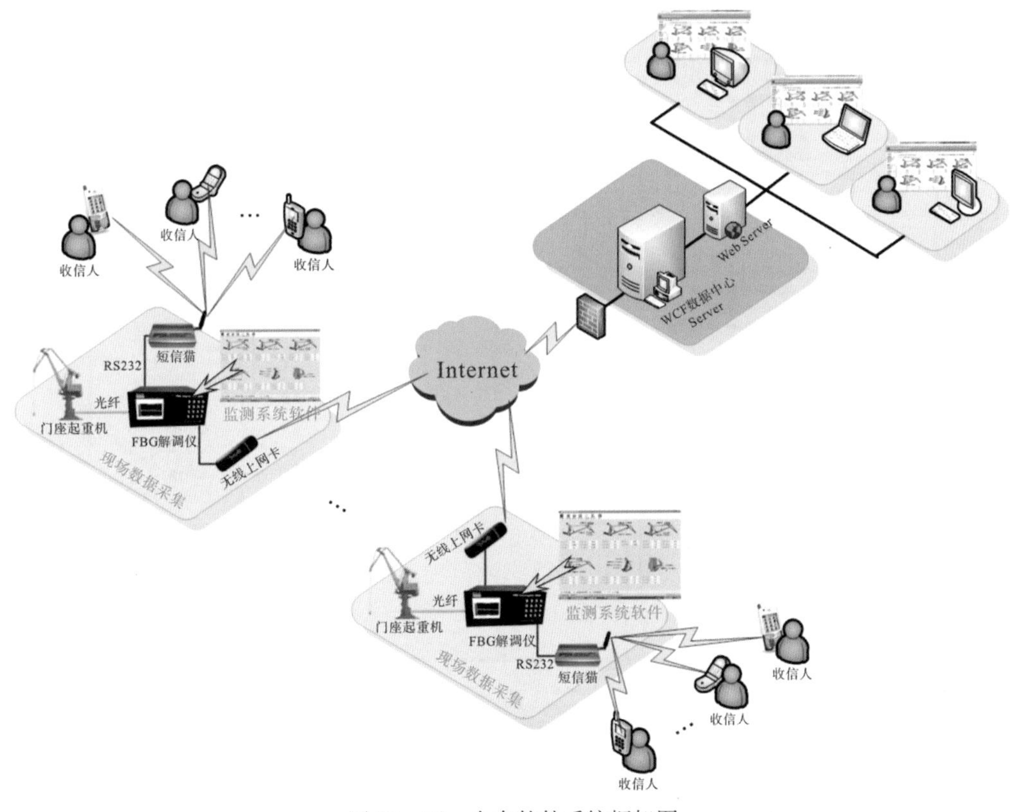

图13－35 全套软件系统框架图

13.5.1　起重机械结构健康监测系统软件

起重机械结构健康监测系统软件是一款通过与光纤光栅解调仪通信获取16通道上各光纤光栅传感器波长数据并进行数据处理的软件。该软件对分布在门座式起重机各关键结构部位的32个光纤光栅传感器进行实时监测分析，及时捕获起重机械结构失效事故的前兆，发现其安全隐患并通知相关人员，预防突发灾难性事故，从而避免重大人员伤亡与财产损失。

本软件界面友好，操作简便，稳定性好。软件同时具备起重机实时监测视图、数据显示视图、历史曲线视图、测点配置、测量结果修正和收发短信记录等多种功能。软件环境：WINDOWS 2000/2003/2008/XP/XPE/VISTA/7 中文版操作系统；硬件环境：P4 2.0G以上CPU，1G内存，80G以上7200转硬盘，100M网卡。下面对软件功能操作进行介绍。

1. 测点配置

软件测点需要经过精确配置后，才能使软件上的传感器与实际焊贴在起重机上的传感器一一对应。图13－36为测点配置界面图，图13－37所示为测点参数表格式。

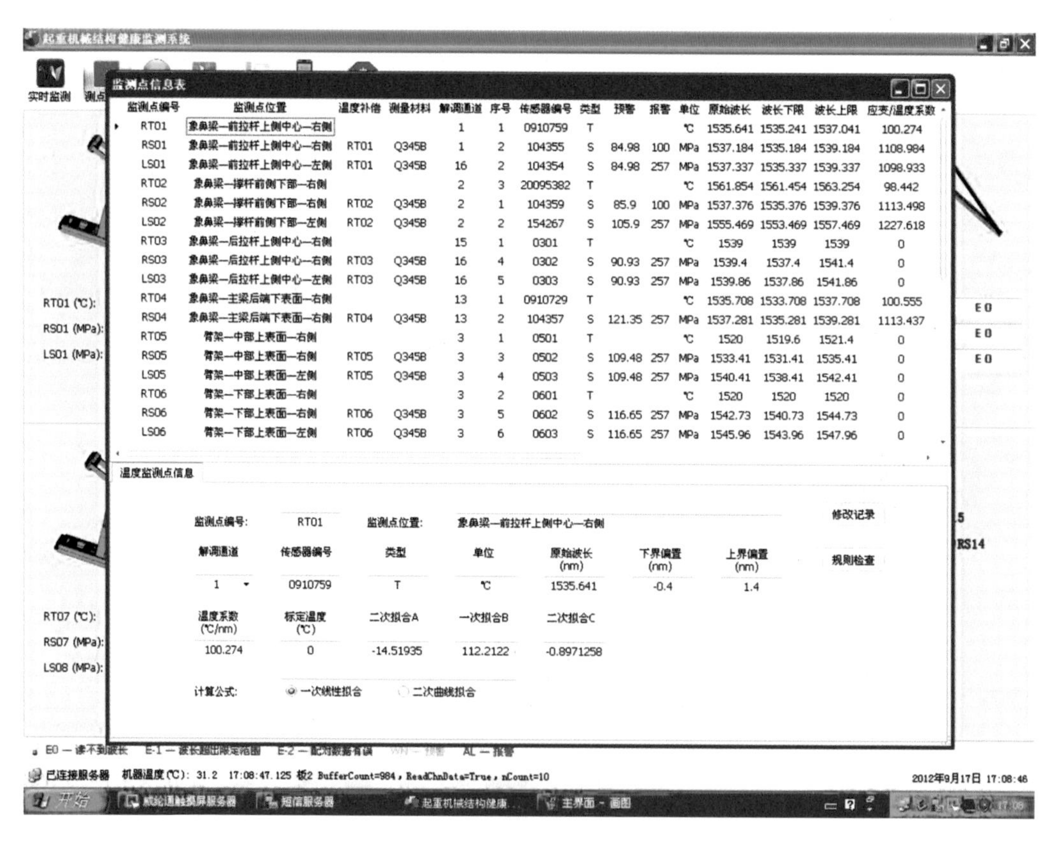

图13－36　测点配置界面图

监测点信息表

监测点编号	点位置	温度补偿	测量材料	解调通道	序号	传感器编号	类型	预警	报警	单位	原始波长	波长下限	波长上限	应变/温度系数	温度修正系数/标…	温度二次拟合A	温度二次拟合B	温度二次拟合C	计算公式…	结果修正
RT01	千上侧中心—右侧			1	1	0910759	T			℃	1535.641	1535.241	1537.041	100.274	0	-14.51935	112.2122	-0.8971258	✓	0
RS01	千上侧中心—右侧	RT01	Q345B	1	2	104355	S	84.98	257	MPa	1537.184	1535.184	1539.184	1108.984	-1550.663				✓	81.999
LS01	千上侧中心—左侧	RT01	Q345B	1	3	0103	S	84.98	257	MPa	1555.1	1553.1	1557.1	0	0				✓	0
RT02	前侧下部—右侧			1	4	0201	T			℃	1558.2	1557.8	1559.6	100	0	1	2	3	✓	0
RS02	前侧下部—右侧	RT02	Q345B	1	5	0202	S	105.9	257	MPa	1560.9	1558.9	1562.9	0	0				✓	0
LS02	前侧下部—左侧	RT02	Q345B	1	6	0203	S	105.9	257	MPa	1563	1563	1563	0	0				✓	0
RT03	千上侧中心—右侧			2	1	0301	T			℃	1520	1520	1520	0	0	0	0	0	✓	0
RS03	千上侧中心—右侧	RT03	Q345B	2	2	0302	S	90.93	257	MPa	1530.4	1528.4	1532.4	0	0				✓	0
LS03	千上侧中心—左侧	RT03	Q345B	2	3	0303	S	90.93	257	MPa	1536.86	1534.86	1538.86	0	0				✓	0
RT04	后端下表面—右侧			2	4	0401	T			℃	1537.1	1535.1	1539.1	0	0	0	0	0	✓	0
RS04	后端下表面—右侧	RT04	Q345B	2	5	0402	S	121.35	257	MPa	1551.4	1549.4	1553.4	0	0				✓	0

图13-37　测点参数表格式

测点配置的定义如下：

（1）监测点编号：由4个字符组成，第一个字符表示位置，R为右，L为左；第二个字符表示传感器类型，T为温度传感器，S为应变传感器；最后两位为组编号。

（2）监测点位置：记录传感器安装时的位置信息。

（3）解调通道：和连接在解调仪上的物理通道号相对应，范围为1～16之间的整数。

（4）序号：与连接在解调仪上的某通道的传感器的物理位置相对应，范围为1～80之间的整数。

（5）传感器编号：光纤光栅传感器的序列号，该编号是唯一不重复的。

（6）类型：传感器的类型，温度传感器类型为T，应变传感器的类型为S。

（7）单位：传感器测量单位（只读）。

（8）原始波长：在生产时根据需求所测量得到的传感器的中心波长，单位为nm。

（9）下界偏置，上界偏置：传感器的波长在此范围内变化为正常，否则为丢失。温度传感器的波长变化范围为（-0.4，1.4），应变传感器的波长变化范围为（-2，2），单位为nm，可根据实际需要进行适当的修改。当此两项值被填入表格中时，变为波长下限和波长上限，便于查看波长范围是否有交叉，主要用于丢失检测。

（10）温度系数：温度变化时温度传感器对测量物理量的一次影响系数，单位为℃/nm。

（11）应变系数：应力变化时应变传感器对测量物理量的一次影响系数，单位为$\mu\varepsilon$/nm。

（12）标定温度：传感器生产时标定的原始温度，单位为℃。

（13）温度修正系数：应变计的温度补偿光栅对测量值的修正系数。

（14）温度二次拟合A：温度变化时对实际物理量的二次影响系数，如需要测量比较精确的值，就有必要填该项，单位为℃/nm^2。

（15）温度二次拟合B：温度变化时对实际物理量的一次影响系数，如需要测量比较精确的值，选择二次曲线拟合计算时有效，单位为℃/nm。

（16）温度二次温度拟合C：温度二次曲线拟合计算的常数项，单位为℃。

（17）报警应力：应变计的测量值高于该值为报警状态。如应变计的报警应力为257MPa，则当测量值大于或等于257MPa时为报警状态。

（18）预警应力：传感器的测量值在预警值和报警值的范围之内为预警状态。如应变计的预警值为106MPa，报警应力为257MPa，则当应变值大于106MPa但小于257MPa时为预警状态。

参数表配置视图如图13-38所示，共有32条传感器记录，可选择修改相应的传感器记录，对所有传感器进行规则检查。

修改记录：打开参数表后，若要修改某个传感器的参数，先用鼠标左键点击该传感器的记录，当该记录以蓝色显示时，表示已选中，该记录的各项参数会在视图下方的编辑区中显示，这时就可以对其进行修改，然后点击【修改记录】（若修改了传感器的编号，则会检查该编号是否已存在，若存在则弹出提示窗口），若修改了原始波长，则会对该通道所有传感器参数按原始波长从小到大的顺序，序号从1开始递增重新排列，保证各个通道的传感器序号都是按原始波长从小到大的顺序，序号从1开始连续排列。

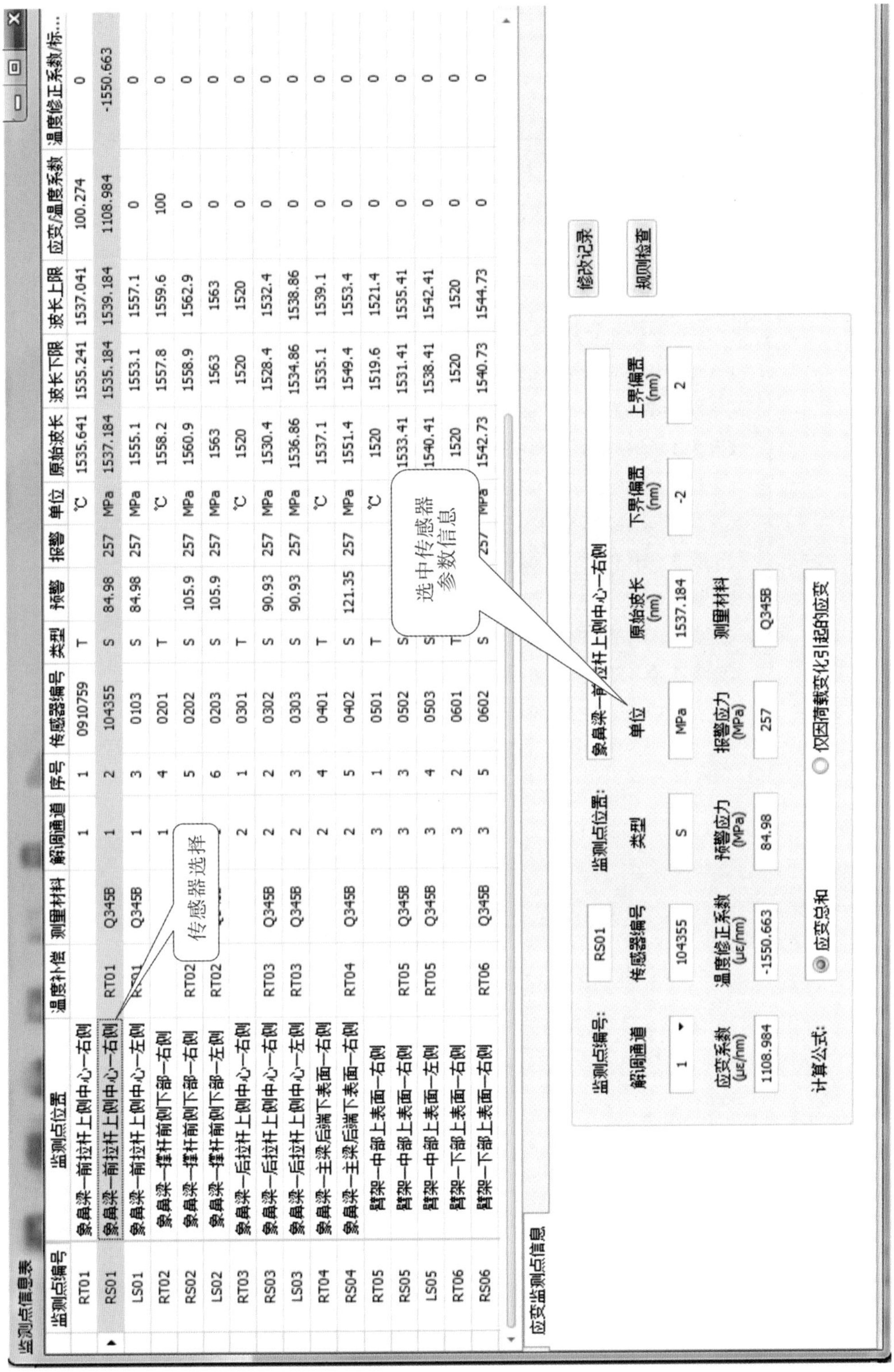

监测点编号	监测点位置	温度补偿	测量材料	解调通道	序号	传感器编号	类型	预警	报警	单位	原始波长	波长下限	波长上限	应变/温度系数	温度修正系数/标…
RT01	象鼻梁—前拉杆上侧中心—右侧			1	1	0910759	T			℃	1535.641	1535.241	1537.041	100.274	0
RS01	象鼻梁—前拉杆上侧中心—右侧	RT01	Q345B	1	2	104355	S	84.98	257	MPa	1537.184	1535.184	1539.184	1108.984	-1550.663
LS01	象鼻梁—前拉杆上侧中心—左侧	[illegible]	Q345B	1	3	0103	S	84.98	257	MPa	1555.1	1553.1	1557.1	0	0
RT02	象鼻梁—撑杆前侧下部—右侧			1	4	0201	T			℃	1558.2	1557.8	1559.6	100	0
RS02	象鼻梁—撑杆前侧下部—右侧	RT02	[illegible]	[illegible]	5	0202	S	105.9	257	MPa	1560.9	1558.9	1562.9	0	0
LS02	象鼻梁—撑杆前侧下部—左侧	RT02	[illegible]	[illegible]	6	0203	S	105.9	257	MPa	1563	1563	1563	0	0
RT03	象鼻梁—后拉杆上侧中心—右侧			2	1	0301	T			℃	1520	1520	1520	0	0
RS03	象鼻梁—后拉杆上侧中心—右侧	RT03	Q345B	2	2	0302	S	90.93	257	MPa	1530.4	1528.4	1532.4	0	0
LS03	象鼻梁—后拉杆上侧中心—左侧	RT03	Q345B	2	3	0303	S	90.93	257	MPa	1536.86	1534.86	1538.86	0	0
RT04	象鼻梁—主梁后端下表面—右侧			2	4	0401	T			℃	1537.1	1535.1	1539.1	0	0
RS04	象鼻梁—主梁后端下表面—右侧	RT04	Q345B	2	5	0402	S	121.35	257	MPa	1551.4	1549.4	1553.4	0	0
RT05	臂架—中部上表面—右侧			3	1	0501	T			℃	1520	1519.6	1521.4	0	0
RS05	臂架—中部上表面—右侧	RT05	Q345B	3	3	0502	S	[illegible]	[illegible]	[illegible]	1533.41	1531.41	1535.41	0	0
LS05	臂架—中部上表面—左侧	RT05	Q345B	3	4	0503	S	[illegible]	[illegible]	[illegible]	1540.41	1538.41	1542.41	0	0
RT06	臂架—下部上表面—右侧			3	2	0601	T	[illegible]	[illegible]	[illegible]	1520	1520	1520	0	0
RS06	臂架—下部上表面—右侧	RT06	Q345B	3	5	0602	S	[illegible]	257	MPa	1542.73	1540.73	1544.73	0	0

图 13－38　参数表配置视图

例如，假设数据库中已存在编号分别为 RT01 和 RS01 两个传感器，原始波长分别为 1540nm 和 1550nm，这两个传感器串联接在解调仪通道 1 上，其序号分别为 1 和 2，准备修改的传感器 RS01 的序号为 1，先点击该记录，该记录以蓝色显示时，表示已选中，假如把原始波长由 1550nm 修改为 1530nm，点击【修改记录】后，原始波长为 1530 nm 的编号 RS01 序号会自动变为 1，原始波长为 1540 nm 的编号 RT01 序号会自动变为 2。

规则检查：打开参数表后，点击【规则检查】，若参数表中某通道的原始波长相等，或者波长范围有交叉等都会给出相应的错误提示，如图 13－39 所示。

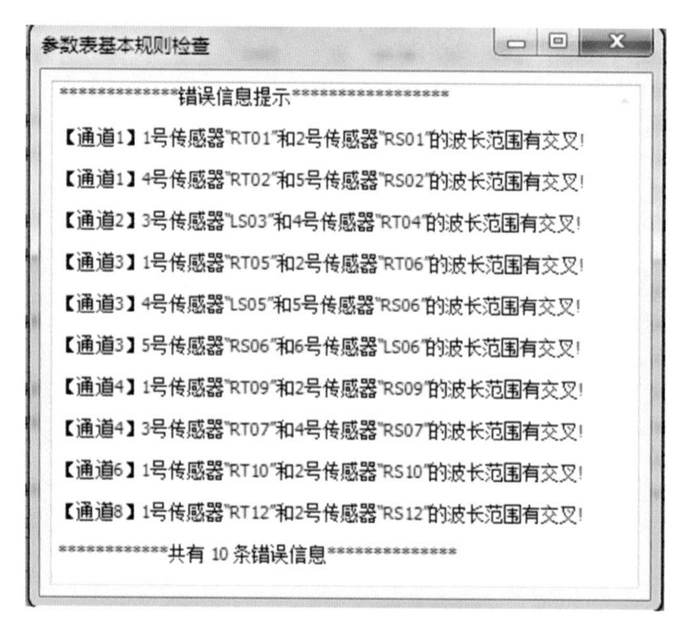

图 13－39 参数表配置界面

2 系统设置

（1）常规设置（见图 13－40）

“开机时自动启动”：打钩表示 Windows 启动时自动启动运行本程序；“数据存储间隔”：每采集 M 次（M 为 1～100 之间的正整数）数据保存一次（例如，存储间隔为 5，每采集 5 次保存 1 次数据）；“短信启用”：出现预警或报警状态时是否短信通知。

（2）短信接收人设置（见图 13－41）

通过该页面可以添加、编辑、删除接收短信通知的人员。

（3）开始运行操作

在设备开始采集之前，需先检查系统参数配置，各种设备连接是否正确，以及设备、通道的通信允许/禁止是否正确，否则会发送无效指令，点击开始运行按钮，先初始化解调仪和连接 WCF 数据中心服务器，初始化完成后进入采集处理状态，如图 13－42 所示。

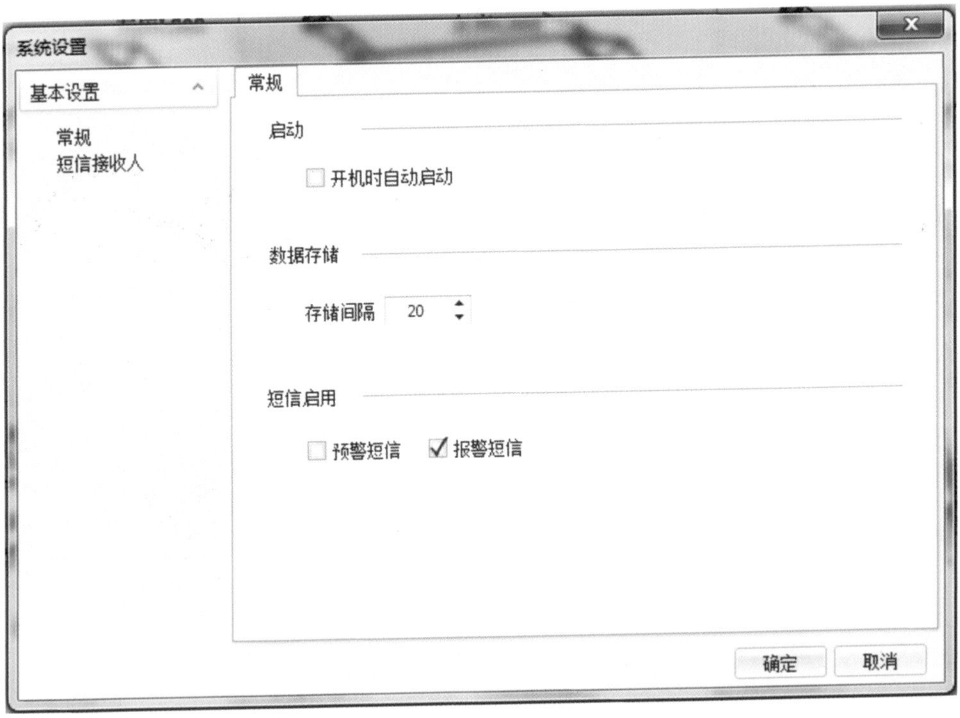

图 13－40 系统常规设置界面

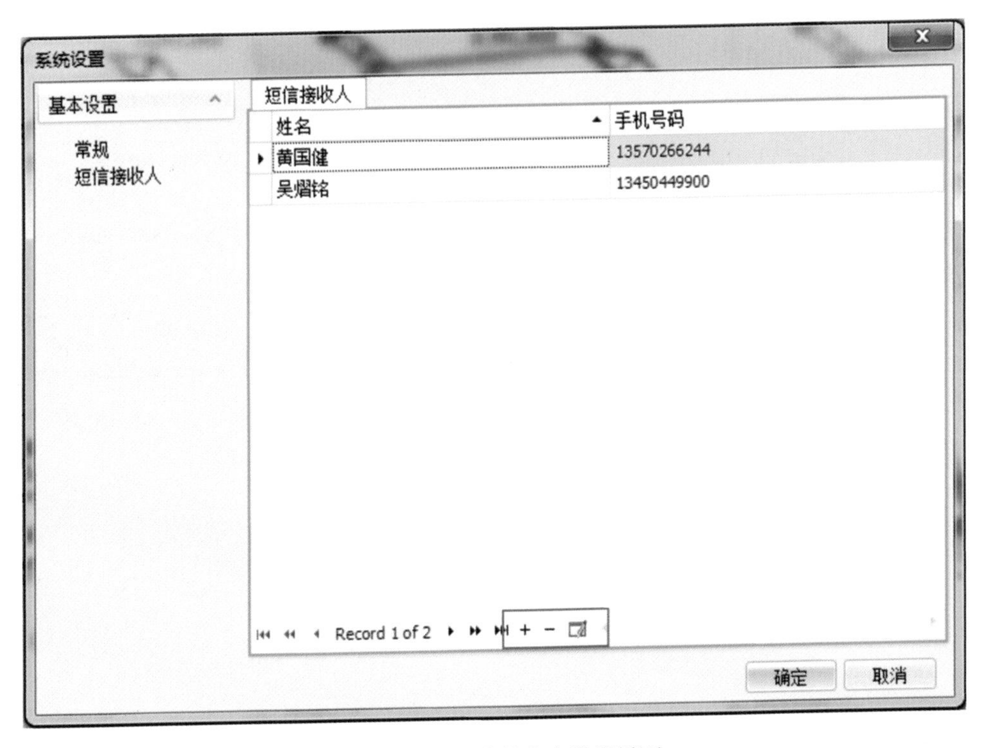

图 13－41 短信接收人设置界面

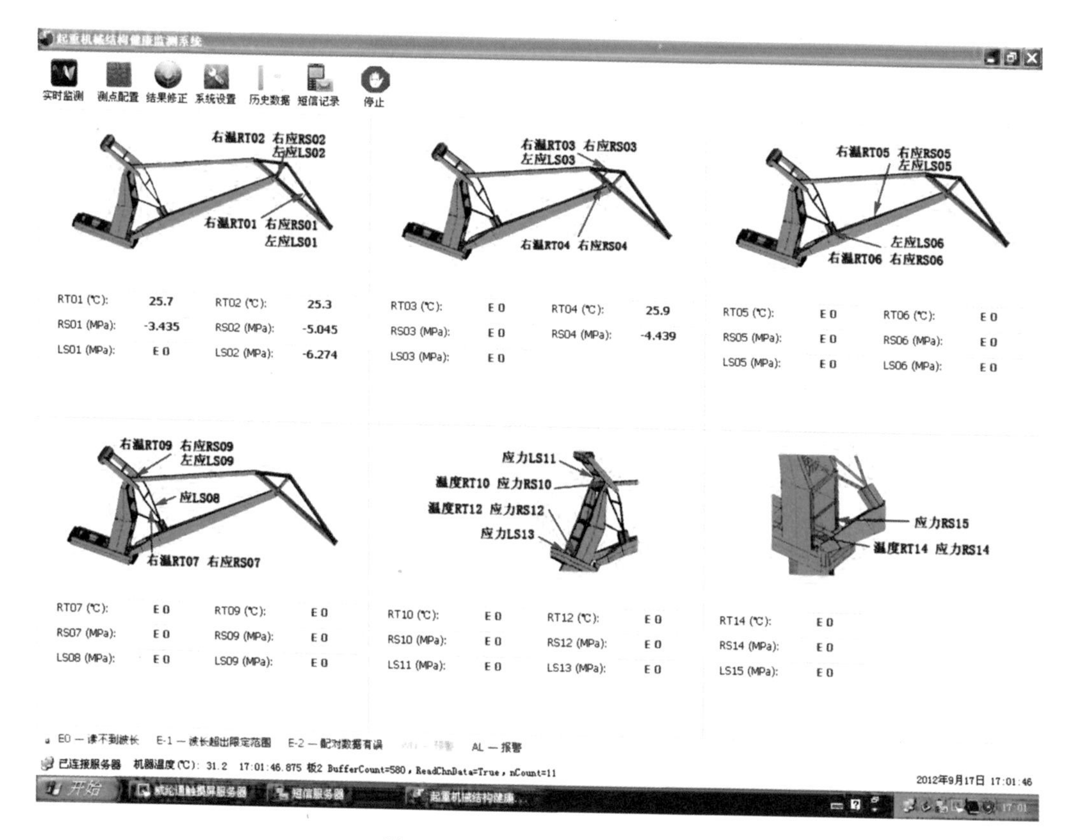

图 13－42　数据采集显示界面

（4）停止运行操作

如果已经开始运行采集数据，点击工具栏中的停止按钮会自动弹出如图 13－43 所示的对话框，点击【是】则停止数据采集，点击【否】则取消本次操作。

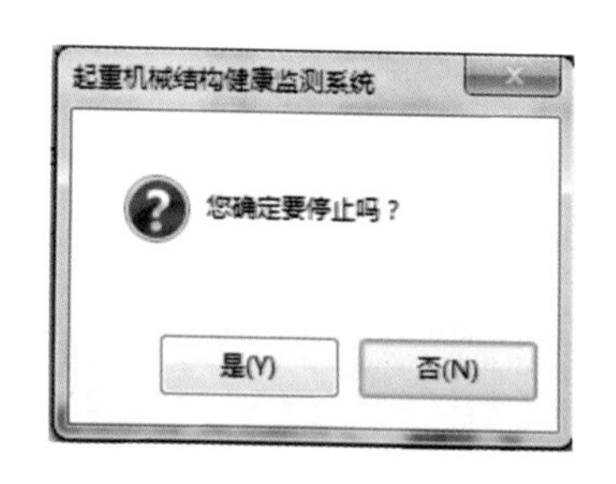

图 13－43　停止数据采集

停止运行后，监测主界面数据全部为空，如图 13－44 所示。

（5）结果修正操作

初次使用需要对个别应变传感器进行校准修正，在工具栏点击结果修正按钮后自动弹出结果修正界面，如图 13－45 所示。选择需要校准修正的监测点，然后输入该监测点应变计的校准应力目标值，点击【修正】按钮，会将应变传感器的结果值修改为设定的值；点击【恢复】按钮则可以将应变结果值恢复到原始状态，如图 13－46 所示。

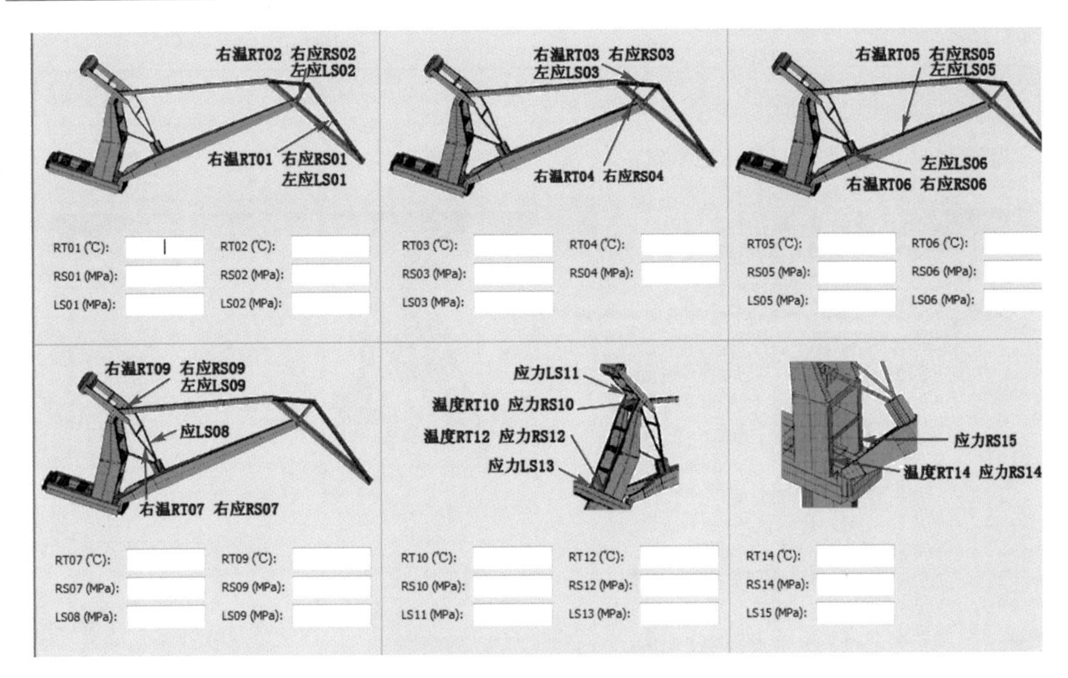

图 13－44　停止数据采集图

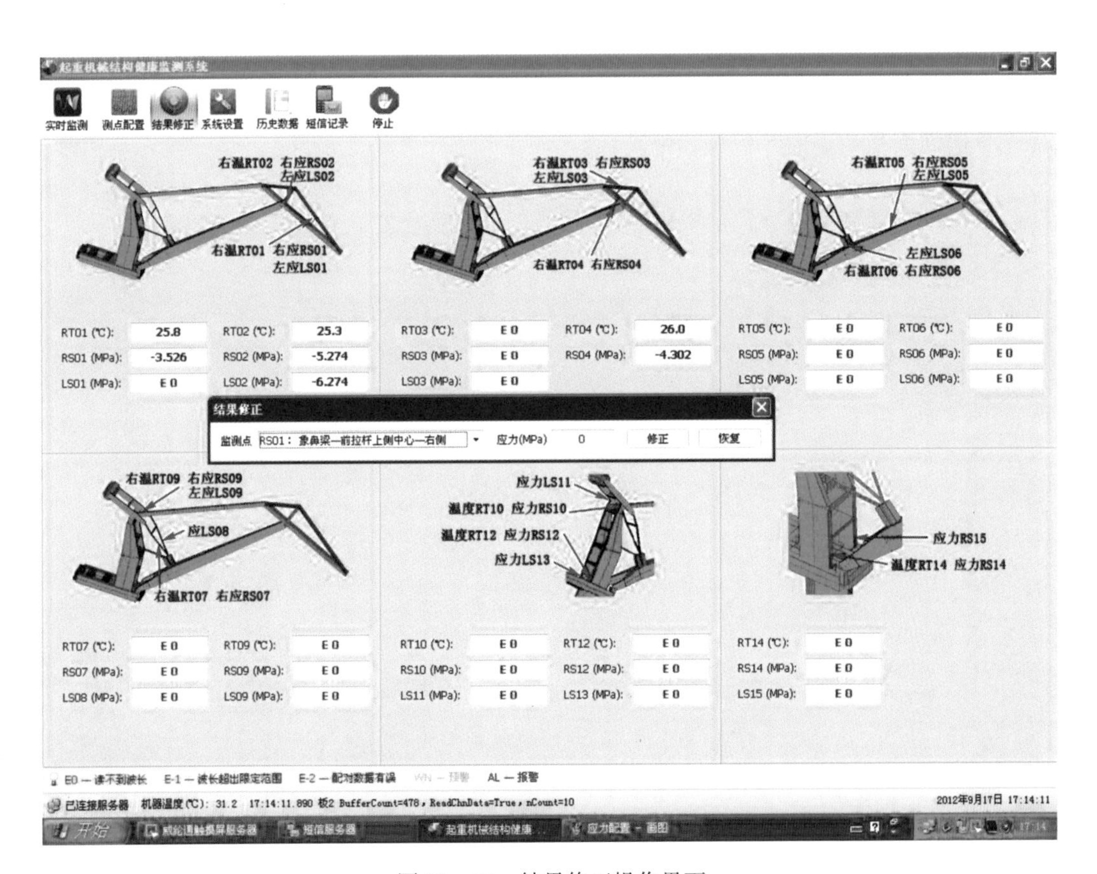

图 13－45　结果修正操作界面

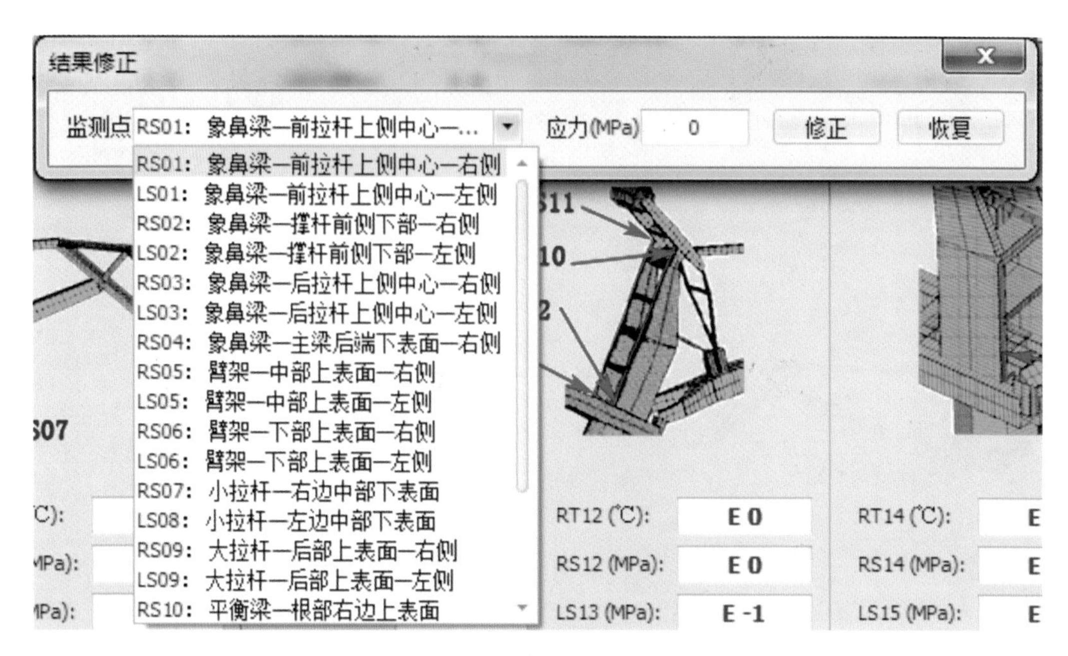

图 13－46 测点结果修正选择界面

(6)历史数据查询操作

在工具栏中点击 按钮后自动弹出历史数据查看界面，如图 13－47 所示，包括数据统计、数据列表和数据曲线三项功能。

图 13－47 历史数据界面

(7)数据统计操作

点击 按钮进入数据统计页面，在该页面中，可以选择起始日期和截止日期，点击【统计】按钮对某一特定时间段起重机的运行状态进行统计，如图 13－48 所示。

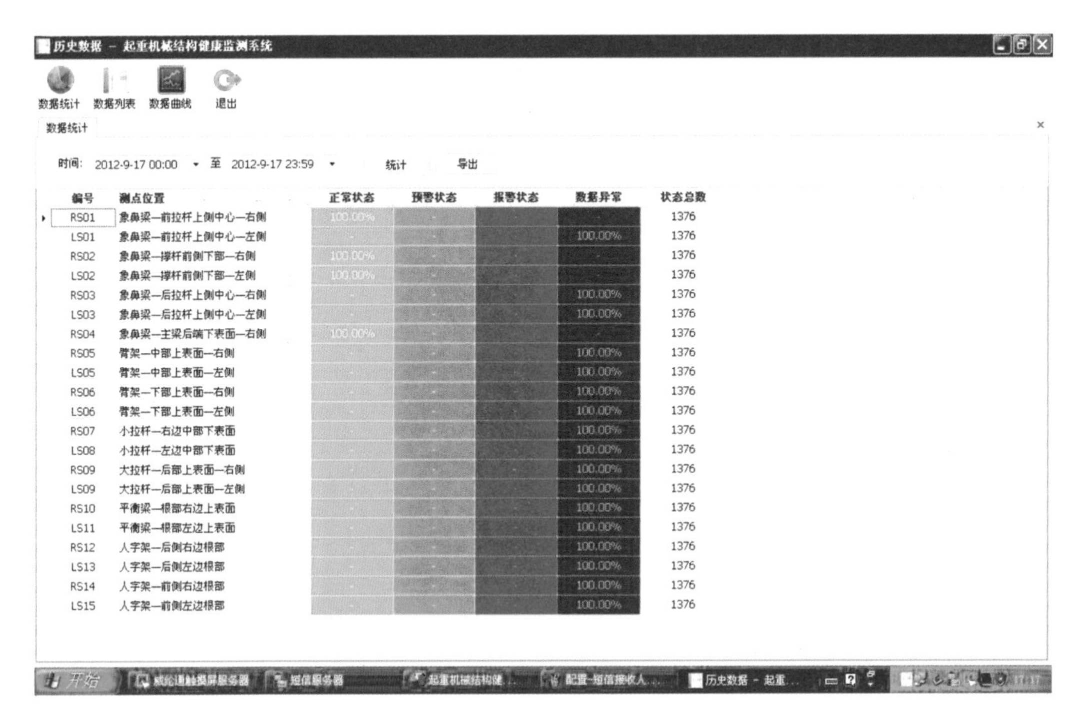

图 13－48 数据统计结果界面

图 13－49 导出文件对话框界面

点击【导出】按钮，弹出存储对话框，输入文件名，选择保存类型（支持 csv、xls、xlsx、html、mth、rtf 和 pdf 格式），如图 13－49 所示。

点击【保存】按钮导出统计列表，导出成功后弹出询问对话框，点击【是】可打开刚导出的统计列表文件，如图 13－50 所示。

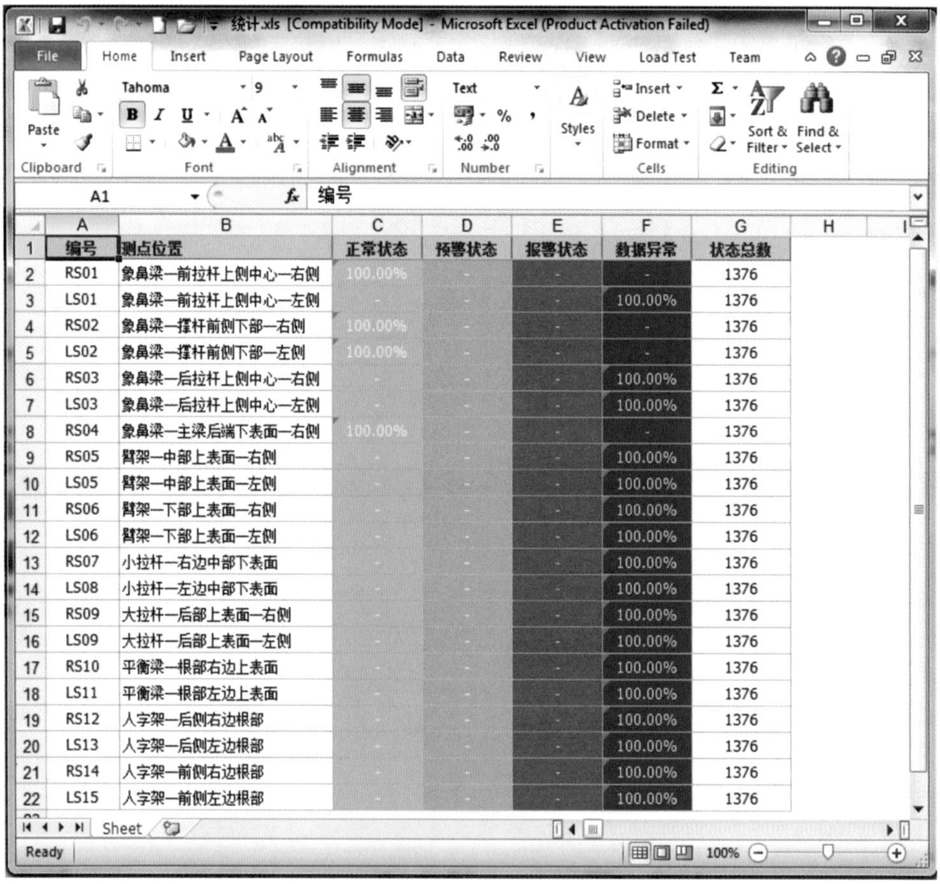

编号	测点位置	正常状态	预警状态	报警状态	数据异常	状态总数
RS01	象鼻梁—前拉杆上侧中心—右侧	100.00%	-	-	-	1376
LS01	象鼻梁—前拉杆上侧中心—左侧	-	-	-	100.00%	1376
RS02	象鼻梁—摆杆前侧下部—右侧	100.00%	-	-	-	1376
LS02	象鼻梁—摆杆前侧下部—左侧	100.00%	-	-	-	1376
RS03	象鼻梁—后拉杆上侧中心—右侧	-	-	-	100.00%	1376
LS03	象鼻梁—后拉杆上侧中心—左侧	-	-	-	100.00%	1376
RS04	象鼻梁—主梁后端下表面—右侧	100.00%	-	-	-	1376
RS05	臂架—中部上表面—右侧	-	-	-	100.00%	1376
LS05	臂架—中部上表面—左侧	-	-	-	100.00%	1376
RS06	臂架—下部上表面—右侧	-	-	-	100.00%	1376
LS06	臂架—下部上表面—左侧	-	-	-	100.00%	1376
RS07	小拉杆—右边中部下表面	-	-	-	100.00%	1376
LS08	小拉杆—左边中部下表面	-	-	-	100.00%	1376
RS09	大拉杆—后部上表面—右侧	-	-	-	100.00%	1376
LS09	大拉杆—后部上表面—左侧	-	-	-	100.00%	1376
RS10	平衡梁—根部右边上表面	-	-	-	100.00%	1376
LS11	平衡梁—根部左边上表面	-	-	-	100.00%	1376
RS12	人字架—后侧右边根部	-	-	-	100.00%	1376
LS13	人字架—后侧左边根部	-	-	-	100.00%	1376
RS14	人字架—前侧右边根部	-	-	-	100.00%	1376
LS15	人字架—前侧左边根部	-	-	-	100.00%	1376

图 13－50　统计列表 excel

（8）历史数据查询

在工具栏中点击“数据列表”按钮后会自动弹出历史数据查询界面，如图 13－51 所示，先选择起始时间和截止时间，然后选择显示的参量，点击【查询】按钮，会把相应时间段的历史数据显示在列表中，并根据数据的状态情况使用不同背景色加以区分。

点击【导出】按钮，导出数据文件，如图 13－52 所示。导出结果如图 13－53 所示。

（9）历史趋势曲线

在工具栏中点击“数据曲线”按钮后会自动弹出历史数据曲线界面，如图 13－54 所示，先选择起始时间和截止时间，然后选择显示的参量，点击【绘图】按钮，会把相应时间段的历史数据显示在曲线图中。点击【保存】按钮，在弹出的保存对话框中选择保存路径，输入文件名可将当前的曲线图保存到本地。

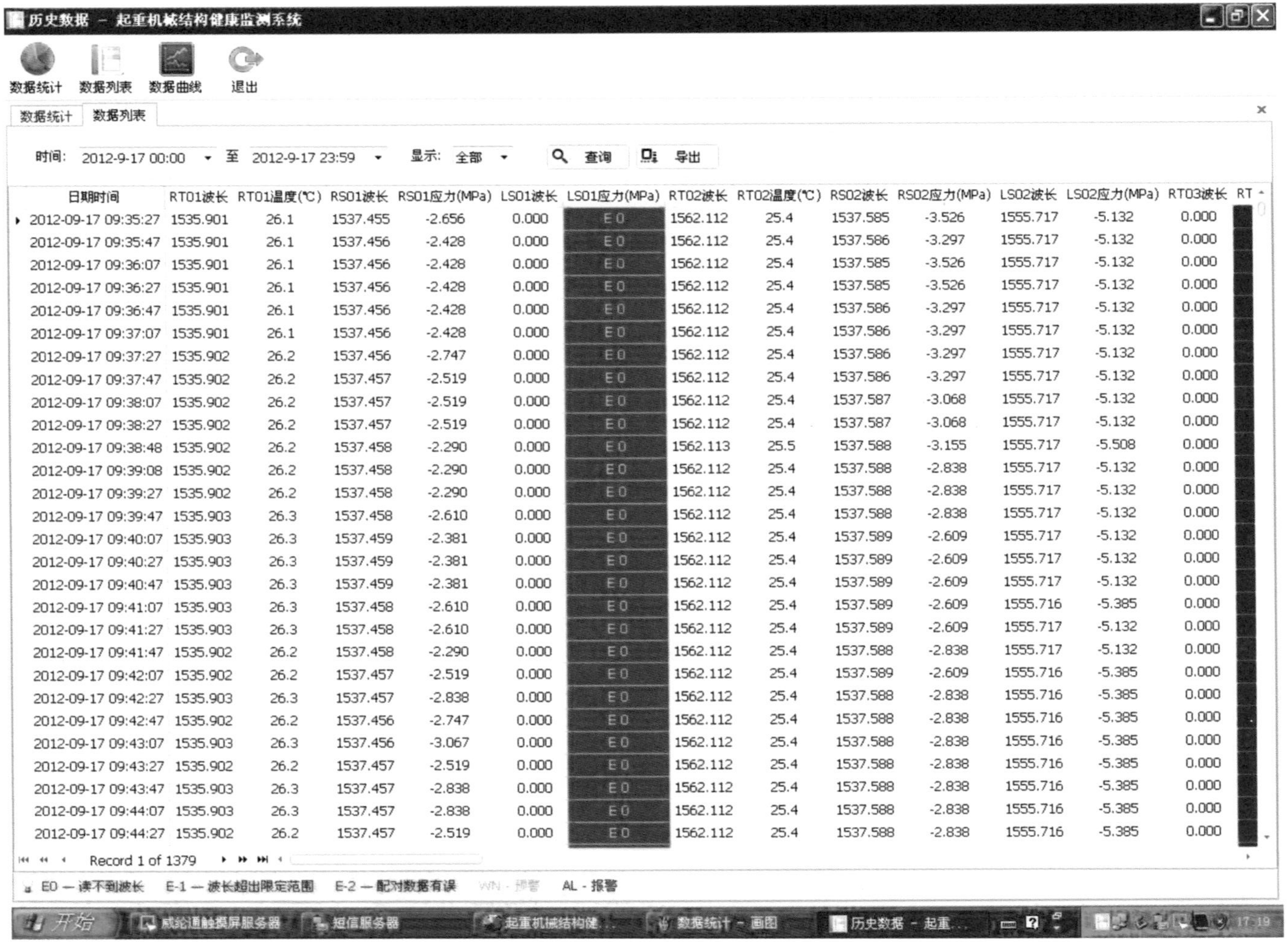

历史数据 － 起重机械结构健康监测系统

数据统计 数据列表 数据曲线 退出

数据统计 数据列表

时间: 2012-9-17 00:00 至 2012-9-17 23:59 显示: 全部 查询 导出

日期时间	RT01波长	RT01温度(℃)	RS01波长	RS01应力(MPa)	LS01波长	LS01应力(MPa)	RT02波长	RT02温度(℃)	RS02波长	RS02应力(MPa)	LS02波长	LS02应力(MPa)	RT03波长	RT
2012-09-17 09:35:27	1535.901	26.1	1537.455	-2.656	0.000	E0	1562.112	25.4	1537.585	-3.526	1555.717	-5.132	0.000	
2012-09-17 09:35:47	1535.901	26.1	1537.456	-2.428	0.000	E0	1562.112	25.4	1537.586	-3.297	1555.717	-5.132	0.000	
2012-09-17 09:36:07	1535.901	26.1	1537.456	-2.428	0.000	E0	1562.112	25.4	1537.585	-3.526	1555.717	-5.132	0.000	
2012-09-17 09:36:27	1535.901	26.1	1537.456	-2.428	0.000	E0	1562.112	25.4	1537.585	-3.526	1555.717	-5.132	0.000	
2012-09-17 09:36:47	1535.901	26.1	1537.456	-2.428	0.000	E0	1562.112	25.4	1537.586	-3.297	1555.717	-5.132	0.000	
2012-09-17 09:37:07	1535.901	26.1	1537.456	-2.428	0.000	E0	1562.112	25.4	1537.586	-3.297	1555.717	-5.132	0.000	
2012-09-17 09:37:27	1535.902	26.2	1537.456	-2.747	0.000	E0	1562.112	25.4	1537.586	-3.297	1555.717	-5.132	0.000	
2012-09-17 09:37:47	1535.902	26.2	1537.457	-2.519	0.000	E0	1562.112	25.4	1537.586	-3.297	1555.717	-5.132	0.000	
2012-09-17 09:38:07	1535.902	26.2	1537.457	-2.519	0.000	E0	1562.112	25.4	1537.587	-3.068	1555.717	-5.132	0.000	
2012-09-17 09:38:27	1535.902	26.2	1537.457	-2.519	0.000	E0	1562.112	25.4	1537.587	-3.068	1555.717	-5.132	0.000	
2012-09-17 09:38:48	1535.902	26.2	1537.458	-2.290	0.000	E0	1562.113	25.5	1537.588	-3.155	1555.717	-5.508	0.000	
2012-09-17 09:39:08	1535.902	26.2	1537.458	-2.290	0.000	E0	1562.112	25.4	1537.588	-2.838	1555.717	-5.132	0.000	
2012-09-17 09:39:27	1535.902	26.2	1537.458	-2.290	0.000	E0	1562.112	25.4	1537.588	-2.838	1555.717	-5.132	0.000	
2012-09-17 09:39:47	1535.903	26.3	1537.458	-2.610	0.000	E0	1562.112	25.4	1537.588	-2.838	1555.717	-5.132	0.000	
2012-09-17 09:40:07	1535.903	26.3	1537.459	-2.381	0.000	E0	1562.112	25.4	1537.589	-2.609	1555.717	-5.132	0.000	
2012-09-17 09:40:27	1535.903	26.3	1537.459	-2.381	0.000	E0	1562.112	25.4	1537.589	-2.609	1555.717	-5.132	0.000	
2012-09-17 09:40:47	1535.903	26.3	1537.459	-2.381	0.000	E0	1562.112	25.4	1537.589	-2.609	1555.717	-5.132	0.000	
2012-09-17 09:41:07	1535.903	26.3	1537.458	-2.610	0.000	E0	1562.112	25.4	1537.589	-2.609	1555.716	-5.385	0.000	
2012-09-17 09:41:27	1535.903	26.3	1537.458	-2.610	0.000	E0	1562.112	25.4	1537.589	-2.609	1555.717	-5.132	0.000	
2012-09-17 09:41:47	1535.902	26.2	1537.458	-2.290	0.000	E0	1562.112	25.4	1537.588	-2.838	1555.717	-5.132	0.000	
2012-09-17 09:42:07	1535.902	26.2	1537.457	-2.519	0.000	E0	1562.112	25.4	1537.589	-2.609	1555.716	-5.385	0.000	
2012-09-17 09:42:27	1535.903	26.3	1537.457	-2.838	0.000	E0	1562.112	25.4	1537.588	-2.838	1555.716	-5.385	0.000	
2012-09-17 09:42:47	1535.902	26.2	1537.456	-2.747	0.000	E0	1562.112	25.4	1537.588	-2.838	1555.716	-5.385	0.000	
2012-09-17 09:43:07	1535.903	26.3	1537.456	-3.067	0.000	E0	1562.112	25.4	1537.588	-2.838	1555.716	-5.385	0.000	
2012-09-17 09:43:27	1535.902	26.2	1537.457	-2.519	0.000	E0	1562.112	25.4	1537.588	-2.838	1555.716	-5.385	0.000	
2012-09-17 09:43:47	1535.903	26.3	1537.457	-2.838	0.000	E0	1562.112	25.4	1537.588	-2.838	1555.716	-5.385	0.000	
2012-09-17 09:44:07	1535.903	26.3	1537.457	-2.838	0.000	E0	1562.112	25.4	1537.588	-2.838	1555.716	-5.385	0.000	
2012-09-17 09:44:27	1535.902	26.2	1537.457	-2.519	0.000	E0	1562.112	25.4	1537.588	-2.838	1555.716	-5.385	0.000	

Record 1 of 1379

E0 — 读不到波长 E-1 — 波长超出限定范围 E-2 — 配对数据有误 WN - 预警 AL - 报警

开始 威纶通触摸屏服务器 短信服务器 起重机械结构健... 数据统计 - 画图 历史数据 - 起重... 17:19

图 13－51 历史数据查询

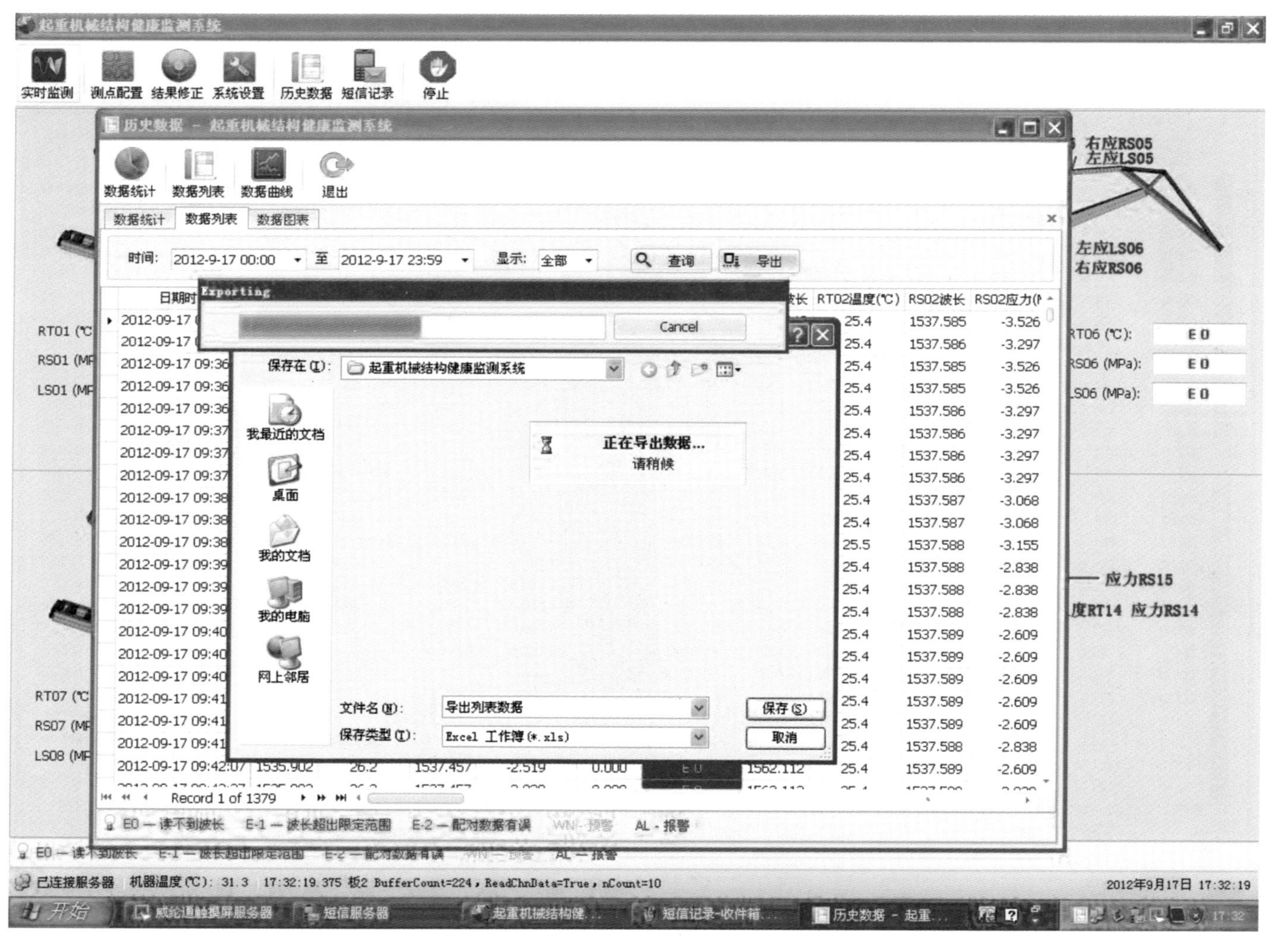

图 13－52 导出历史数据

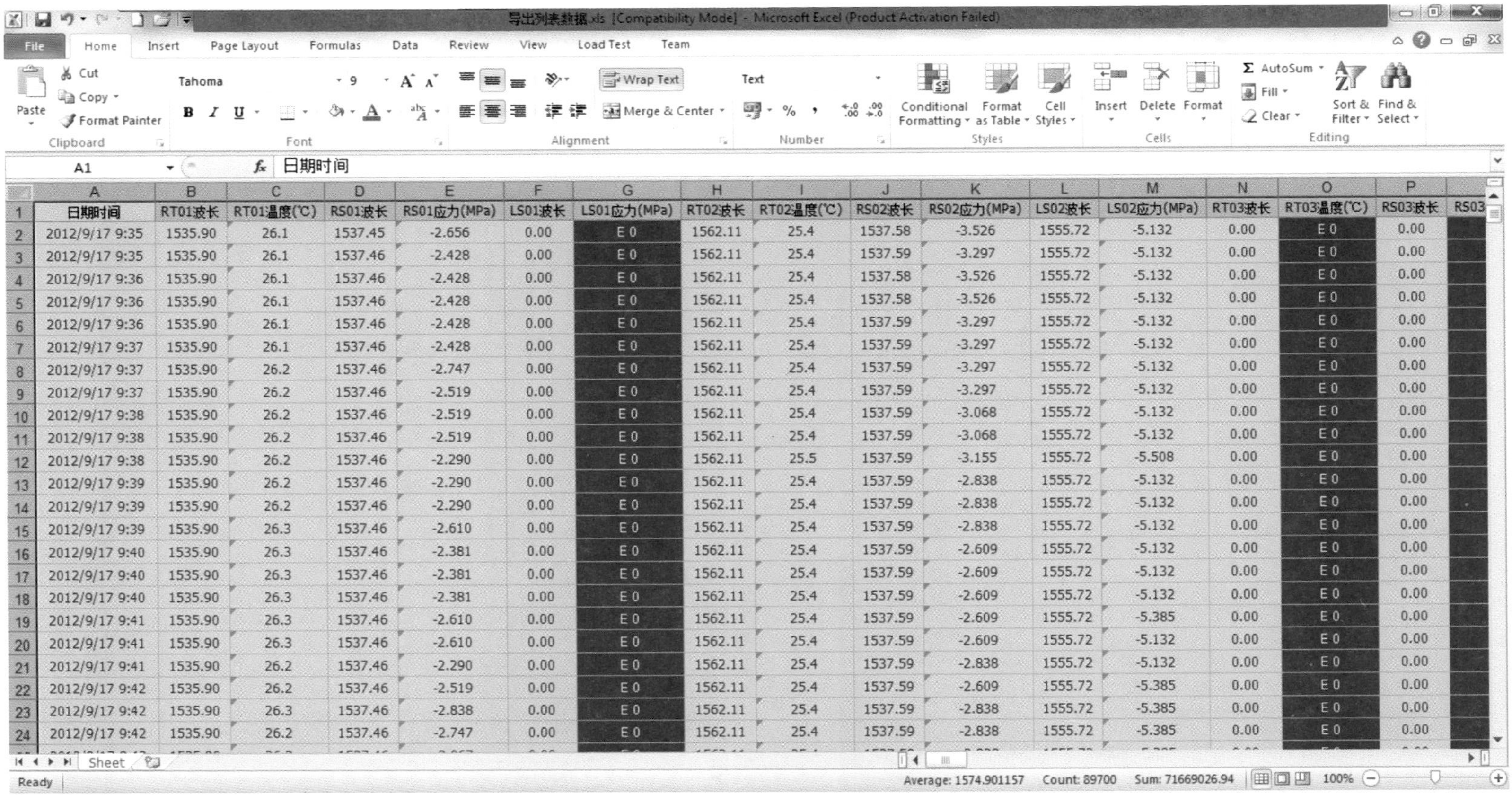

日期时间	RT01波长	RT01温度(℃)	RS01波长	RS01应力(MPa)	LS01波长	LS01应力(MPa)	RT02波长	RT02温度(℃)	RS02波长	RS02应力(MPa)	LS02波长	LS02应力(MPa)	RT03波长	RT03温度(℃)	RS03波长	RS03
2012/9/17 9:35	1535.90	26.1	1537.45	-2.656	0.00	E 0	1562.11	25.4	1537.58	-3.526	1555.72	-5.132	0.00	E 0	0.00	
2012/9/17 9:35	1535.90	26.1	1537.46	-2.428	0.00	E 0	1562.11	25.4	1537.59	-3.297	1555.72	-5.132	0.00	E 0	0.00	
2012/9/17 9:36	1535.90	26.1	1537.46	-2.428	0.00	E 0	1562.11	25.4	1537.58	-3.526	1555.72	-5.132	0.00	E 0	0.00	
2012/9/17 9:36	1535.90	26.1	1537.46	-2.428	0.00	E 0	1562.11	25.4	1537.58	-3.526	1555.72	-5.132	0.00	E 0	0.00	
2012/9/17 9:36	1535.90	26.1	1537.46	-2.428	0.00	E 0	1562.11	25.4	1537.59	-3.297	1555.72	-5.132	0.00	E 0	0.00	
2012/9/17 9:37	1535.90	26.1	1537.46	-2.428	0.00	E 0	1562.11	25.4	1537.59	-3.297	1555.72	-5.132	0.00	E 0	0.00	
2012/9/17 9:37	1535.90	26.2	1537.46	-2.747	0.00	E 0	1562.11	25.4	1537.59	-3.297	1555.72	-5.132	0.00	E 0	0.00	
2012/9/17 9:37	1535.90	26.2	1537.46	-2.519	0.00	E 0	1562.11	25.4	1537.59	-3.297	1555.72	-5.132	0.00	E 0	0.00	
2012/9/17 9:38	1535.90	26.2	1537.46	-2.519	0.00	E 0	1562.11	25.4	1537.59	-3.068	1555.72	-5.132	0.00	E 0	0.00	
2012/9/17 9:38	1535.90	26.2	1537.46	-2.519	0.00	E 0	1562.11	25.4	1537.59	-3.068	1555.72	-5.132	0.00	E 0	0.00	
2012/9/17 9:38	1535.90	26.2	1537.46	-2.290	0.00	E 0	1562.11	25.5	1537.59	-3.155	1555.72	-5.508	0.00	E 0	0.00	
2012/9/17 9:39	1535.90	26.2	1537.46	-2.290	0.00	E 0	1562.11	25.4	1537.59	-2.838	1555.72	-5.132	0.00	E 0	0.00	
2012/9/17 9:39	1535.90	26.2	1537.46	-2.290	0.00	E 0	1562.11	25.4	1537.59	-2.838	1555.72	-5.132	0.00	E 0	0.00	
2012/9/17 9:39	1535.90	26.3	1537.46	-2.610	0.00	E 0	1562.11	25.4	1537.59	-2.838	1555.72	-5.132	0.00	E 0	0.00	
2012/9/17 9:40	1535.90	26.3	1537.46	-2.381	0.00	E 0	1562.11	25.4	1537.59	-2.609	1555.72	-5.132	0.00	E 0	0.00	
2012/9/17 9:40	1535.90	26.3	1537.46	-2.381	0.00	E 0	1562.11	25.4	1537.59	-2.609	1555.72	-5.132	0.00	E 0	0.00	
2012/9/17 9:40	1535.90	26.3	1537.46	-2.381	0.00	E 0	1562.11	25.4	1537.59	-2.609	1555.72	-5.132	0.00	E 0	0.00	
2012/9/17 9:41	1535.90	26.3	1537.46	-2.610	0.00	E 0	1562.11	25.4	1537.59	-2.609	1555.72	-5.385	0.00	E 0	0.00	
2012/9/17 9:41	1535.90	26.3	1537.46	-2.610	0.00	E 0	1562.11	25.4	1537.59	-2.609	1555.72	-5.132	0.00	E 0	0.00	
2012/9/17 9:41	1535.90	26.2	1537.46	-2.290	0.00	E 0	1562.11	25.4	1537.59	-2.838	1555.72	-5.132	0.00	E 0	0.00	
2012/9/17 9:42	1535.90	26.2	1537.46	-2.519	0.00	E 0	1562.11	25.4	1537.59	-2.609	1555.72	-5.385	0.00	E 0	0.00	
2012/9/17 9:42	1535.90	26.3	1537.46	-2.838	0.00	E 0	1562.11	25.4	1537.59	-2.838	1555.72	-5.385	0.00	E 0	0.00	
2012/9/17 9:42	1535.90	26.2	1537.46	-2.747	0.00	E 0	1562.11	25.4	1537.59	-2.838	1555.72	-5.385	0.00	E 0	0.00	

Average: 1574.901157　Count: 89700　Sum: 71669026.94

图 13 - 53　历史数据 execl

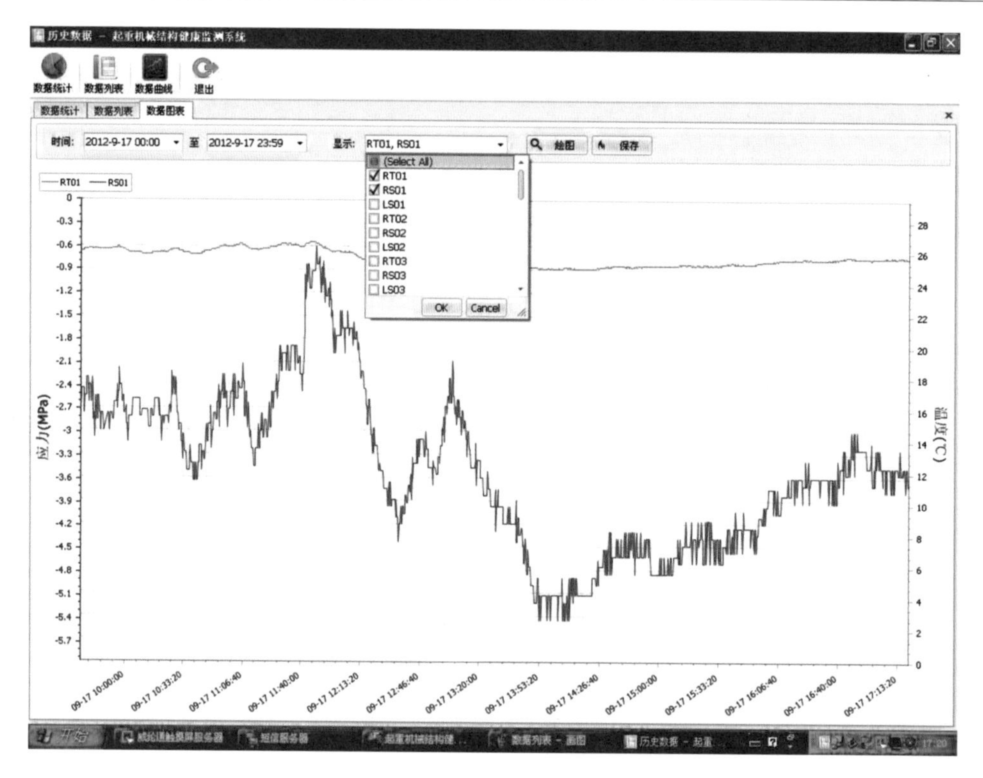

图 13－54　历史趋势曲线

图 13－55　已发短信记录

(10)短信记录

在工具栏中点击按钮弹出短信记录界面，该界面包括已发送的告警短信和收到的短信记录。

(11)已发短信

点击左侧功能菜单中的按钮，显示已发送的告警短信记录，如图 13 - 55 所示。在该界面中，可通过手机号或短信内容筛选短信记录。点击左侧功能菜单中的按钮，显示已接收的短信记录。在该界面中，可通过手机号或短信内容筛选短信记录。

13.5.2 起重机械结构健康监测系统服务器软件

该软件运行于中央服务器，可以管理后台入口，根据登录用户角色权限进入相应管理界面。

① 打开网页浏览器，输入网址服务器网址，打开登录页面，如图 13 - 56 所示。

图 13 - 56 登录页面

② 输入管理员账号。

③ 输入管理密码。

④ 点击【登录】按钮，进入后台管理页面，如图 13 - 57 所示。在该页面中，顶部为当前用户信息，页面左边为功能导航菜单，中间为内容页面。

1. 最新监测数据

功能介绍：查看起重机各监测点最新数据，该界面 1s 更新一次。

操作说明：

① 点击左侧功能导航中的最新监测数据，进入相应界面，如图 13 - 58 所示。

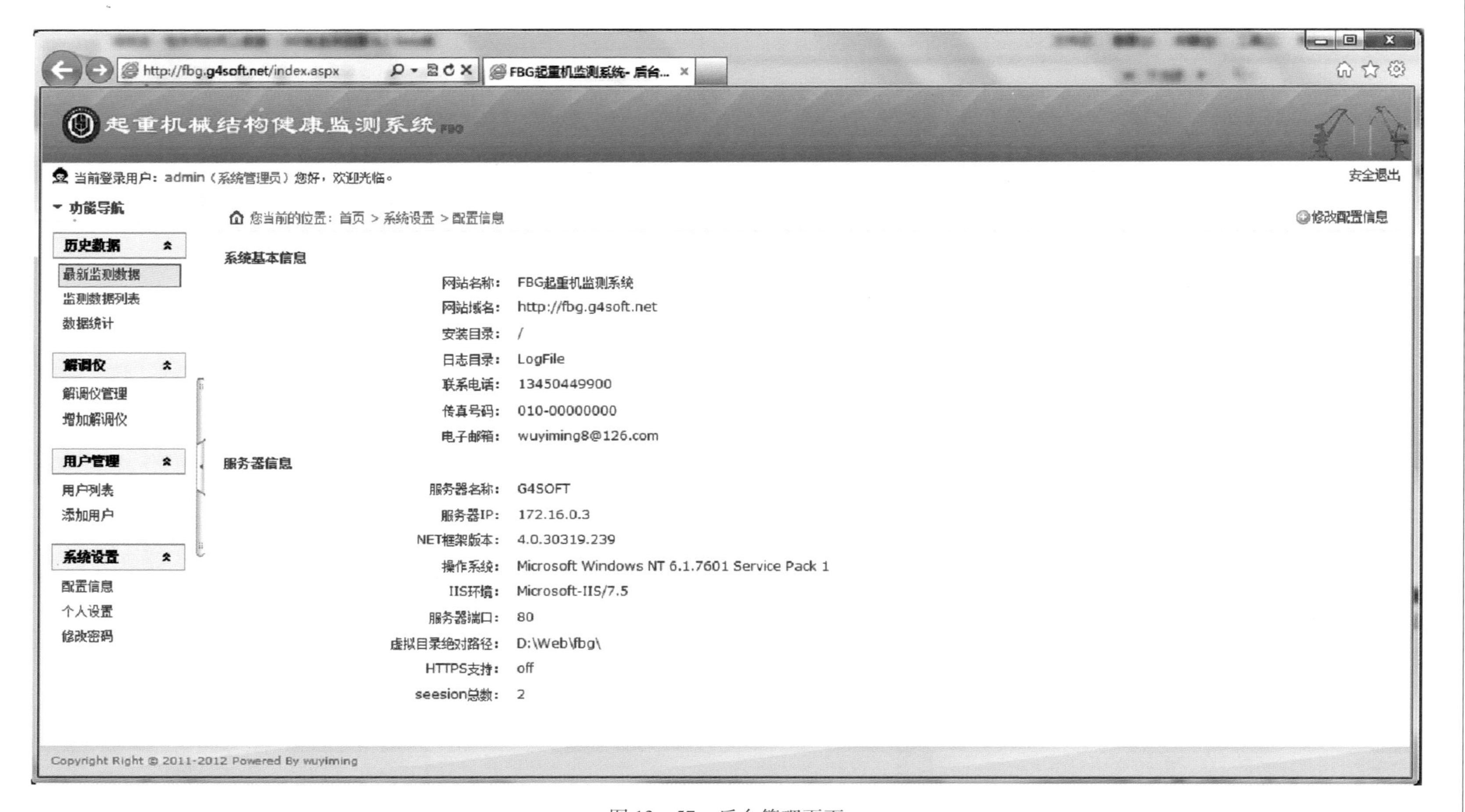

图 13－57 后台管理页面

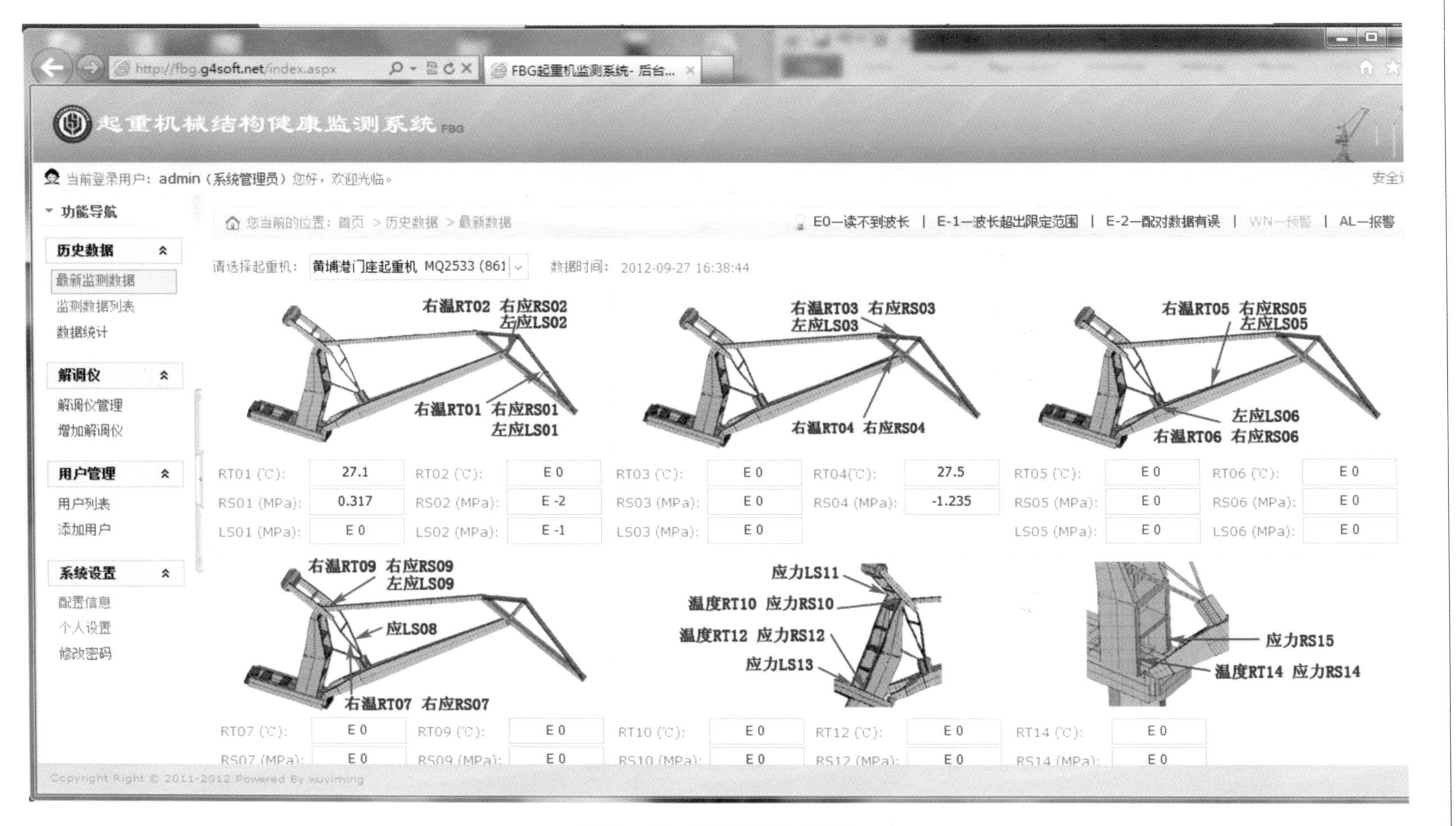

图 13－58　最新监测数据页面

② 对于异常的监测数据，将以不同符号和颜色加以区分，其中，

E0 表示读取不到传感器的波长；

E－1 表示读取的波长超出传感器波长的限定范围；

E－2 表示与应变传感器配对的温度传感器数据有误；

WN 表示应变传感器的应力超过设定的预警值；

AL 表示应变传感器的应力超过设定的报警值。

③ 如果管理的起重机超过 1 台，可通过下拉框选择要查看的起重机，如图 13－59 所示。

图 13－59　选择要查看的起重机

2. 监测数据列表

功能介绍：查看起重机历史监测数据。

操作说明：

① 点击左侧功能导航中的 监测数据列表，进入相应界面。

② 选择起重机，选择起始时间和截止时间。

③ 点击【查询】按钮，即可在列表中显示相应时间段的历史数据，并根据数据的状态情况使用不同背景色加以区分。

3. 数据统计

功能介绍：统计起重机各监测点在某一时间段的运行情况。

操作说明：

① 点击左侧功能导航中的 数据统计，进入相应界面。

② 选择起重机，选择起始时间和截止时间。

③ 点击【统计】按钮，即可在列表中显示各监测点在相应时间段各运行状态的比率。

④ 点击【导出】按钮，弹出存储对话框，输入文件名，选择保存类型。

⑤ 点击【保存】按钮导出统计列表，打开刚导出的统计列表文件。

4. 解调仪管理

功能介绍：添加、修改或删除终端解调仪。

点击左侧功能导航中的 解调仪管理，进入相应界面。

添加步骤：

① 点击 增加解调仪，输入序列号、名称和描述。

② 点击 确认保存，保存所填写信息，保存时序列号和名称不能为空，而且序列号是唯一的。

修改步骤：

① 在解调仪列表中选中所要修改的记录，点击【修改】。

② 修改序列号时，注意该序列号是唯一，确定后一般不建议修改。

③ 点击 确认保存 ，对所修改信息进行保存。

删除步骤：

① 在解调仪列表里选择需要删除的解调仪记录。

② 点击【删除】，在弹出的对话框中选择确定。

5. 用户管理

功能介绍：添加、修改或删除网站管理用户。

点击左侧功能导航中的 用户管理 ，进入相应界面。

添加步骤：

① 点击 增加用房，进入添加用户页面。

② 输入相关用户信息，选择用户权限。

③ 点击 确认保存，保存所填写信息。

修改步骤：

① 在用户列表中选中所要修改的记录，点击【修改】。

② 修改用户信息。

③ 点击 确认保存，对所修改信息进行保存。

删除步骤：

③ 在用户列表里选择需要删除的用户记录。

④ 点击【删除】，在弹出的对话框中选择确定。

6. 配置信息

功能介绍：查看、配置网站显示。

点击左侧功能导航中的 配置信息，进入相应界面。

7. 修改密码

功能介绍：修改个人账号登录密码。

操作说明：

① 点击左侧功能导航中的 配置信息，进入相应界面。

② 输入现有密码，如果输入密码有误，则修改不成功。

③ 输入要设置的新密码，新密码不能与当前密码相同。

④ 输入确认密码，防止输入的新密码有误。

⑤ 点击 保存修改 ，成功修改个人密码。

13.5.3　起重机械结构健康监测系统触摸屏人机界面及通信软件

该系统由威纶通触摸屏服务器和威纶通触摸屏人机界面两部分组成，如图13－60所示，触摸屏服务器运行于PC服务器上，触摸屏人机界面安装于起重机司机室内供司机操作浏览。触摸屏服务器与人机界面两者使用RS232串口相连接，前者通过MODBUS－ASCII协议通信将最新监测数据传送给后者，后者则负责在图形界面上显示相关数据，发生告警情况时，及时在界面上提示并发出蜂鸣声提醒操作人员，预防突发灾难性事故。

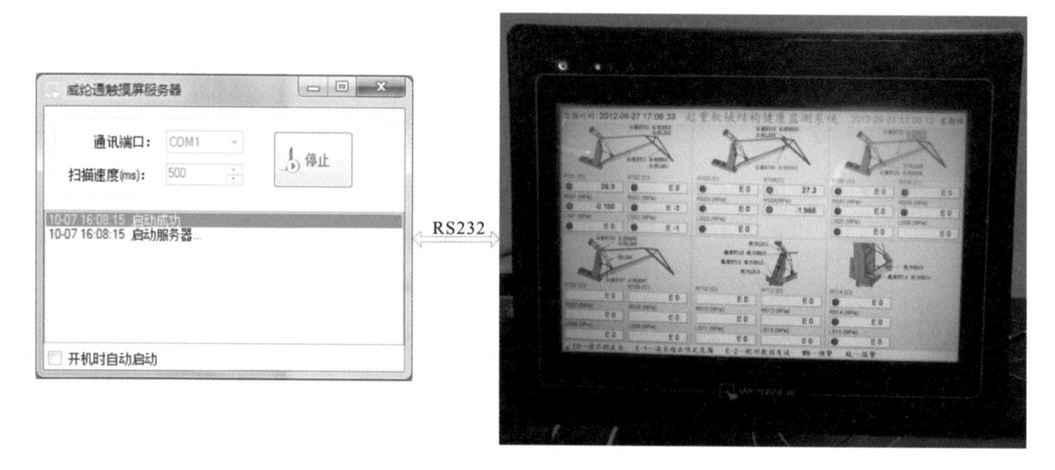

图 13－60 系统组成

直接把该软件的发布包拷贝到目标 PC 上后，点击进入发布包文件夹，双击启动威纶通触摸屏服务器，如图 13－61 所示。在“开机时自动启动”处打钩，Windows 启动时自动启动运行本程序，无须人工干预。

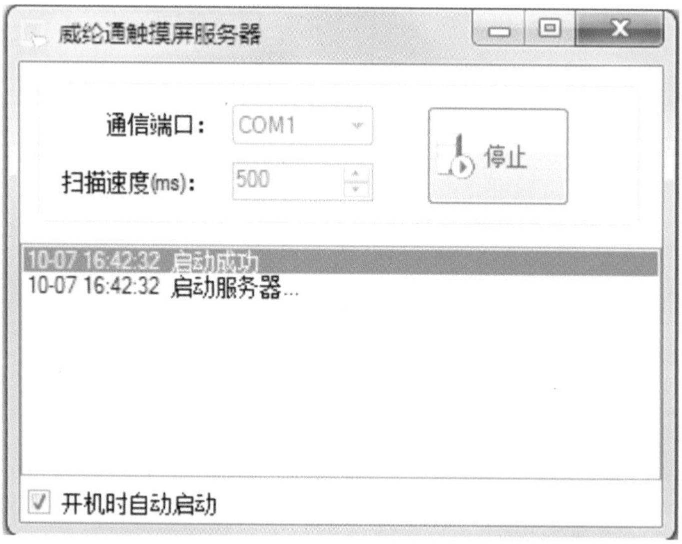

图 13－61 威纶通服务器界面

使用的触摸屏人机界面为威纶通 TK6102i 序列，是依据工厂应用环境而设计的工业产品，可在 0～50℃的大多数工业环境中稳定工作，采用直流电源供电，规定的直流电压范围为 24(1±20%)V。使用 3 芯屏蔽电缆，将触摸屏 D 型 9 针插座的 2 脚接 PC 通信端口 COM1 的 RS232 RXD 端，3 脚接 COM1 的 RS232 TXD 端，5 脚接 COM1 的 GND 端。触摸屏人机界面作为从机，预设站号为 1，通信波特率为 38400，数据位 8 位，校验 NONE，停止位 1bit，界面程序已下载到人机界面，直接通电便可接收显示数据。

启动界面：通电，触摸屏启动界面如图 16－62 所示，正常运行主界面如图 16－63 所示。

图 13－62　启动界面

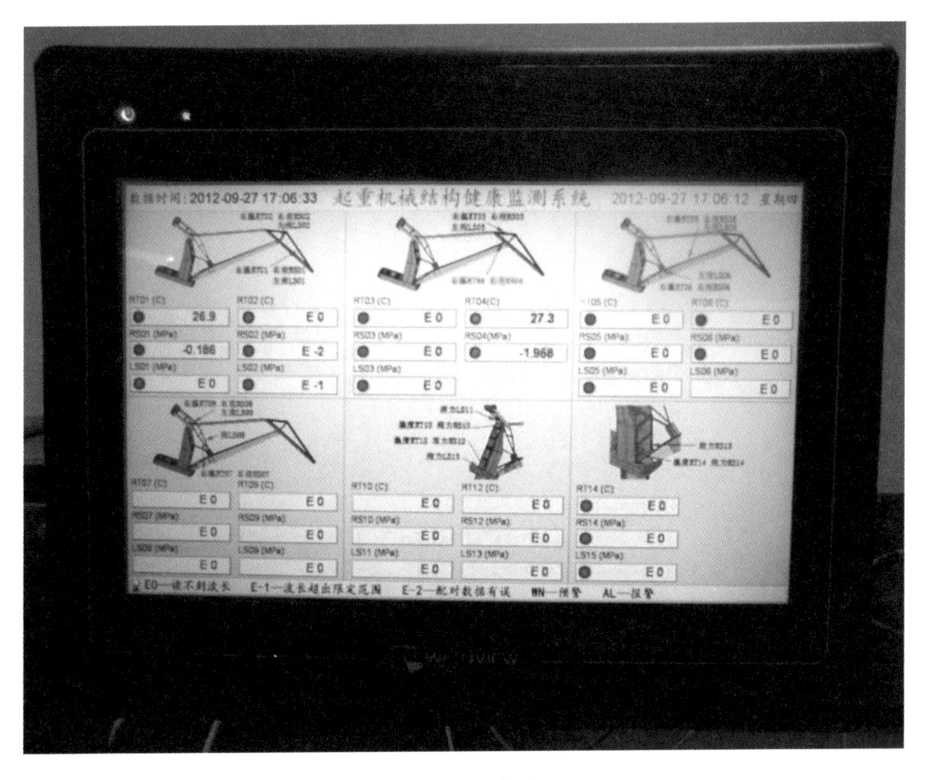

图 13－63　主界面

13.6　现场安装及测试

完成起重机械结构健康监测系统软件设计之后，进行实验设备的现场安装。将第一台设备安装于广州市黄埔港的一台门座式起重机上。

13.6.1　焊接工艺

光纤光栅应变传感器通过感知宽带光源波长的变化来感知起重机关键部位的应变变化，因此其变化是非常微弱的。在这种情况下，焊接的过程中要避免残余应力残留在光纤光栅应变传感器中。因此，需要在焊接的时候严格按照焊接工艺的要求进行焊接。

初始检查：在焊接传感器之前，把传感器接在解调仪上检测传感器是否完好。轻轻压应变计的两端，读数应减少；拉应变计的两端，显示器的读数应增加，这个过程最好在实验室完成，并将传感器编号。

安装基面的准备：用锉、钢刷或砂纸在固定的点打磨出一小块平整、光滑的安装基面，如图 13－64 所示。

图 13－64　安装基面打磨

焊接：采用顺序对角焊接应变计，焊接顺序如图 13－65 所示。焊接时用沾水的湿布进行冷却，焊接时应注意不能用力压传感器中央部位，防止传感器变形，影响测量的准确性。

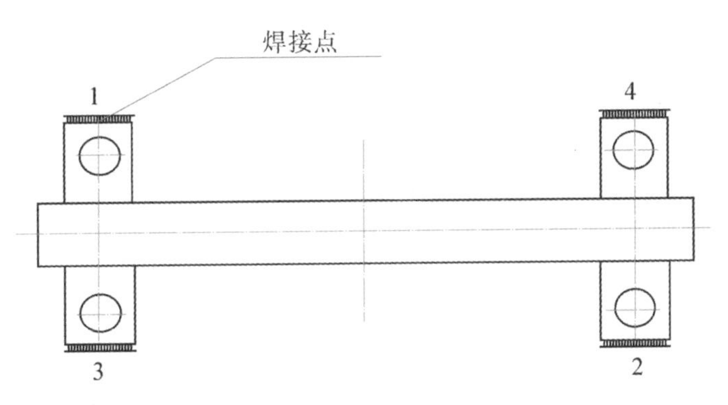

图 13－65　焊接顺序图

焊接完成后，待传感器冷却便可接到解调仪上进行调节，焊接完成后的应变计如图 13－66 所示。

图 13－66　焊接完成的光纤光栅应变计

13.6.2　焊接完成光纤整理

将各通路光纤光栅传感器引入司机室内，进行光纤光栅引线的整理，引线的整理尽量做到将光纤光栅布置在不影响起重机正常工作的位置，布置在不容易被损坏的暗部。其现场引线如图 13－67 所示。

图 13－67　光纤光栅现场引线

13.6.3　系统校正

光纤光栅应变传感器总是会存在些许的误差，因此在软件平台中设定了校正程序。在所有通路接通的情况下，要进行系统的校正，以保证测量的准确性。其现场校正图如图 13－68 所示。安装于司机室的小显示器如图 13－69 所示。

图 13－68　传感器系统校正

图13-69 安装于司机室的小显示器

参 考 文 献

[1]杨新华．我国起重机械安全检验的层次与内容[J]．工业安全与防尘，1997(4)：24－27.

[2]董达善．起重机械金属结构[M]．上海：上海交通大学出版社，2011：10－27.

[3]王金诺，于兰峰．起重运输机械金属结构[M]．北京：中国铁道出版社，2002：1－24.

[4]齐凯，王新华，何成忠．大型起重机械安全预警机制的研究[J]．中国安全科学学报，2011(01)：136－139.

[5]杨长骙，傅东明．起重机械[M]．北京：机械工业出版社，2009：1－3.

[6]李红昌．简论起重机械金属结构安全技术与检测检验[C]//2004年中国机械工程学会年会论文集，206－210.

[7]库尔曼(德)．安全科学导论[M]．武汉：中国地质大学出版社，1991：30－31.

[8]王新华，谢超．美国起重机安全管理的现状[J]．起重运输机械，2009(08)：1－4.

[9]王佳．具有主副臂结构的起重机格构式臂架整体稳定性研究[D]．哈尔滨：哈尔滨工业大学，2006.

[10]田新月．起重机钢结构锈蚀原因及预防[J]．内蒙古质量技术监督，2003(6)：15－17.

[11]齐凯，王新华，江爱华，等．大型起重机械安全评估与寿命预测——失效分析预测预防[J]．金属热处理，2011(S1)：461－466.

[12]梁峻，陈国华，王新华．起重机回转支承故障演化过程探讨[J]．中国安全生产科学技术，2012(03)：124－128.

[13]黄海．港口起重机金属结构安全性评价方法研究[D]．武汉：武汉理工大学，2008.

[14]徐红波．桥式起重机主梁故障诊断及起重机[D]．广州：华南理工大学，2011.

[15]李波．桥式起重机金属结构风险评估及其可靠性分析[D]．上海：上海交通大学，2010.

[16]中华人民共和国国家技术监督局．GB 3811—2008，起重机设计规范[S]．北京：中国标准出版社，2008.

[17]潘钟林，译．欧洲起重机械设计规范(F. E. M)[S]．修订版．上海：上海振华港口机械公司，1998.

[18]ISO 8686－3－1998，Crane-Design principles for loads and load combinations[S]．Part 3：Tower cranes，1998.

[19]JIS B8821—1976，Specification for the design of crane structures[S]．1976.

[20]中华人民共和国国家技术监督局．GB/T16856.1—2008，机械安全　风险评价的原则[S]．北京：中国标准出版社，2008.

[21]特种设备安全监察条例，中华人民共和国主席令第549号，2009.1.14.

[22]中华人民共和国特种设备安全法．中华人民共和国主席令第4号，2013.6.29.

[23]中国特种设备检测研究中心．GB/T 19624—2004，在用含缺陷压力容器安全评定[S]．北京：2004.

[24]标准修订组及全国起重机械标准化委员会．GB 6067.1—2010．起重机械安全规程 第1部分：总则[S]．北京：2010

[25]GB/T 25196.1—2010/ISO 12482－1：1995，IDT．起重机状态监控 第1部分：总则[S]．2010.

[26]中国特种设备检测研究院．TSG Q7015—2008，起重机械定期检验规则[S]．中国质量技术监督，2009(7)：2－3.

[27]住房和城乡建设部．JGJ/T 189—2009．建筑起重机械安全评估技术规程[S]．北京：中国建筑出版社，2009.

[28]广东省质量技术监督局．DB T 44/T 830—2010．桥式起重机安全评估规程[S]．广州：，2008.

[29]AICHE．Dow's Chemical Explosion Index Guide[M]．1994.

[30]陆庆武. 事故预测、预防技术[M]. 北京：机械工业出版社，1999：23－24.

[31]施式亮. 矿井安全非线性动力学评价模型及应用研究[D]. 长沙：中南大学，2000.

[32]Banon H, Biggs J M, Irvine H M. Seismic damage in reinforced concrete frames[J]. Journal of Structural Engineering, 1991, 107(9): 1713－1729.

[33]Stephens J E, Yao J TP. Damage assessment using response measurement[J]. Journal of Structural Engineering, 1997, 113(4): 787－801.

[34]Wang M L, Shah S P. Reinforced concrete hysteresismodel based on the damage concept[J]. Earthquake Engineering and Structural Dynamics, 1997, 15(8): 993－1003.

[35]Powell G H, Allahabadi R. Seismic damage prediction by deterministic method: concept and procedures [J]. Earthquake Engineering and Structural Dynamics, 1998, 16: 719－734.

[36]Kratzig W B, Meyer I F, Meskouris K. Damage evolution in reinforced concrete members under cyclic loading [C] // Proceedings of 5th International Conference on Structural Safety and Reliability. San Francisco, 1999, Ⅱ: 795－802.

[37]Park Y J, Ang AH－S. Mechanistric seismic damage model for reinforced concrete[J]. Journal of Structural Engineering, 1995, 111(4): 722－739.

[38]Kunnath S K, Reinhorn A M, Lobo R F. IDARC Version 3.0: A program for the inelastic damage analysis of R/C structures[R]. Technical Report NCEER－92－0022, National Center for Earthquake Engineering Research, State University of NewYork, Buffalo, 1999.

[39]Bozorgnia Y, Bertero V V. Evaluation of damage potential of recorded earthquake ground motion. In: 96th Annual Meeting of Seismological Society of America. Seismol. Res. Lett., 2001: 74－312.

[40]Bozorgnia Y, Bertero V V. Improved shaking and damage parametersfor post-earthquake applications. In: Proc., SMIP01 Seminar on Utilization of Strong-Motion Data. Los Angeles, 2001: 1－22.

[41]Roufaiel MS L, Meyer C. Analytical modeling of hysteretic behaviour of R/C frames[J]. Journal of Structural Engineering, 1997, 113 (3): 429－444.

[42]H. Ugur Koyluoglu, Soren R. K. N. ielsen, Jamison Abbott, et al. Local andmodal damage indicators for RC frames subject to earthquake[J]. Journal of Engineering Mechanics, 1998, 124(12): 1371－1379.

[43]王丹，张亮. 爆炸作用下钢筋混凝土多层框架结构反应分析[J]. 房材与应用，2006(2)：20－21.

[44]詹旭，金家善，刘隆波. 可靠性指标 MTBF 的适用性扩展分析[J]. 中国修船，2007(3)：40－43.

[45]王生凤，徐宗昌. 车辆大修可靠性的多指标综合评价及分析[J]. 汽车工程，2004(1)：107－110.

[46]Xiong J, Shenoi R A, Gao Z. Small sample theory for reliability design[J]. Journal of Strain Analysis, 2002, 37 (1): 87－92.

[47]王起全. 我国冲压机械伤害风险评价分析及对策研究[D]. 北京：首都经济贸易大学，2004.

[48]袁万城，崔飞，张启伟. 桥梁健康监测与状态评估的研究现状与发展[J]. 同济大学学报，1999(4)：184－188.

[49]陈杰. 桥梁维修加固计算机系统[D]. 武汉：武汉理工大学，2004.

[50]刘小虎，杨文兵，王乘，等. 大桥受船撞击灾害的计算机评价方法[J]. 工程力学，2000(4)：124－129.

[51]苏为华. 统计权数理论[J]. 统计研究，1991(3)：23－26.

[52]孟生旺. 多指标综合评价中权数的选择[J]. 统计研究，1998(2)：35－37.

[53]郭显光. 改进的熵值法及其在经济效益综合评价中的应用[J]. 系统工程理论与实践，1998(12)：56－59.

[54]苏为华. 统计指标理论与方法研究[M]. 北京：中国物价出版社，1998：90－91.

[55]吕昌会，何湘藩. 具有专家权重的模糊多层次多目标群决策方法[J]. 数量经济技术经济研究，

1997(5): 30-33.

[56]邱东. 多指标综合评价方法的系统分析[M]. 北京：中国统计出版社，1991: 70-71.

[57]刘玉斌. 模糊综合评判的取大取小算法是一个错误算法[J]. 系统工程理论与实践，1998(12): 80-83.

[58]李洪兴. 因素空间理论与知识表示的数学框架(Ⅷ)-变权综合原理[J]. 模糊系统与数学，1995(3): 1-9.

[59]刘文奇. 变权综合中的惩罚——激励效用[J]. 系统工程理论与实践，1998(4): 41-47.

[60]李洪兴. 因素空间理论与知识表示的数学框架(Ⅸ)——均衡函数的构造与 Weber-Fechner 特性[J]. 模糊系统与数学，1996(3): 12-19.

[61]刘文奇. 均衡函数及其在变权综合中的应用[J]. 系统工程理论与实践，1997(4): 58-74.

[62]Siu N. Risk assesment for dynamic system : An overview[J]. Reliability Engineering and System Safety, 1994 (43): 43-45.

[63]Dugan J B, David Coppit. Developing a low-cost high-quality software tool for dynamic fault tree analysis [J]. IEEE Trans. on Reliability, 2000, 49 (1): 49-59.

[64]Leila Meshkat, John J B, Andrews D. Dependability analysis of system with on-demand and active failure models, using dynamic fault trees[J]. IEEE Trans. on Reliability, 2002, 51(2): 240-251.

[65]Yong Qu, J B. Modular solution of dynamic multi-phase systems[J]. IEEE Trans. On Reliability, 2004, 53(4): 499-508.

[66]Bartlett L M, Andrews J D. An ordering heuristic to develop the binary decision diagram based on structural importance[J]. Reliability Engineering and System Safety, 2001, 72: 31-38.

[67]Bartlett L M, Andrews J D. Choosing a heuristic for the fault tree to binary decision conversion using neural network[J]. IEEE Trans. On Reliability, 2002, 51(3): 344-349.

[68]Dazhi Wang, Trivedi K S. Computing steady-state mean time to failure for non-coherent repairable systems [J]. IEEE Trans. on Reliability, Semptember, 2005, 54(3): 506-516.

[69]James Dunyak, Ihab W. Saad, Donald Wunsch. A theory of independent fuzzy probability for system reliability[J]. IEEE Traps. on Fuzzy Systems, 1999, 7(2): 286-294.

[70]Kiran Kumar Vemuri, Dugan J B, Sullivan K J. A design language for automatic synthesis of fault trees [J]. In: Proceedings Anuual Reliability and Maintainability Symposium, 1999: 91-96.

[71]Pai G J, Dugan J B. Automatic synthesis of dynamic fault trees from UML system models [J]. In: Proceedings of the 13th International Symposium on Software Reliability Engineering, 2002.

[72]Gerardo J, Torres-Toledano, Sucar L E. Bayesian networks for reliability analysis of complex systems[C]// In: The 6th Ibero-American Conference on AI. Berlin: Springer Verlag, 1998: 195-206.

[73]Bobbio A, Portinale L, Minichino M, et al. Comparing fault trees and bayesian networks for dependability analysis[C]//. In: The 18th International Conference on Computer Safety, Reliability and Security. France Toulouse: 1999: 310-322.

[74]王广彦，马志军，胡起伟. 基于贝叶斯网络的故障树分析[J]. 系统工程理论与实践，2004(6): 76-83.

[75]Langseth H. Bayesian networks in reliability: A Primer[M]. Trondheim: Department of Mathematical Sciences Norwegian University of Science and Technology, 2004.

[76]Langseth H. Bayesian networks in reliability: some recent developments[C]//In: the Fourth International Conference on Mathematical Methods in Reliability. Santa Fe: 2004: 21-24.

[77]Rasmussen N C. Reactor safety study: An assessment of accident risks in U. S. Commercial Nuclear Power Plants[C]. Washington, DC: U. S. Nuclear Regulatory Commission, 1995.

[78]Beckjord E S, Cunninghan M A, Murphy J A. Probabilistic safety assessment development in the United States 1972 - 1990[J]. Reliability Engineering and System Safety, 1998, 39: 159 - 170.

[79]Bobbio A, Portinale L, Minichino M, et al. Improving the analysis of dependable systems by mapping fault trees into bayesian networks[J]. Reliability Engineering and System Safety, 2001, 71(3): 249 - 260.

[80]Boudali H, Dugan J B. A Temporal bayesian network reliability framework[C]//In: Fourth International Conference on Mathematical Methods in Reliability. Santa Fe: 2004.

[81]Boudali H, Dugan J B. A discrete-time bayesian network reliability modeling and analysis framework[J]. Reliability Engineering and System Safety, 2005, 87: 337 - 349.

[82]Boudali H, Dugan J B. A new bayesian network approach to solve dynamic fault trees[C]//Annual Reliability and Maintainability Symposium. Alexandria: 2005: 451 - 456.

[83]霍利民，朱永利，范高锋，等. 一种基于贝叶斯网络的电力系统可靠性评估新方法[J]. 电力系统自动化，2003，27(5)：36 - 40.

[84]刘勃，周荷琴. 基于贝叶斯网络的网络安全评估方法[J]. 计算机工程，2004，30(22)：111 - 113.

[85]张超，马存宝，胡云兰，等. 基于贝叶斯网络的故障树定量分析法研究[J]. 弹箭与制导学报，2005，25(2)：235 - 237.

[86]John. B. Bowles. Fuzry logic prioritization of failure in a system failure mode, effects and criticality analysis[J]. Reliability Engineering and System Safety, 1995(50): 203 - 207.

[87]Antonio Bogarin. Fault-tree analysis: a knowledge-engineering approach[J]. Transaction on Reliability, 1995(44): 37 - 44.

[88]Leiming Xing, David Okrent. The use of neural network and a prototype expert system in BWR ATWS accidents diagnosis[J]. Reliability Engineering and Safety, 2004(44): 361 - 365.

[89]W. Rowell. Practical risk assessment[J]. Mining Engineering, 2001(7): 45 - 47.

[90]T. Athinson. Risk Management for mining projects[J]. Mining Engineering, 1999(5): 131 - 136.

[91]单海云. 起重机结构安全性评价系统及基于有限元法的可靠性研究[D]. 武汉：武汉理工大学，2004.

[92]刘刚，肖汉斌，潘春旭. 起重机金属结构安全性评价的现代分析理论与方法[J]. 水利电力机械，1998(6)：4 - 8.

[93]陈体军. 岸边集装箱起重机结构可靠性模糊综合评判[D]. 上海：上海海事大学，2003.

[94]王亚军，刘道永，滕桃居，等. 结构安全的模糊综合评价[J]. 工程力学，2001 增刊：549 - 554.

[95]刘刚. 几何缺陷结构可靠性与安全性分析及评价方法研究[D]. 武汉：武汉交通科技大学，1999.

[96]赵章焰. 机械承载结构裂纹诊断控制与维修方法的研究及应用[D]. 武汉：武汉理工大学，2001.

[97]李勋. 40t - 43m 门座式起重机金属结构的状态监测[D]. 武汉：武汉理工大学，2002.

[98]霍立兴. 焊接结构的断裂行为及评定[M]. 北京：机械工业出版社，2000：358 - 363.

[99]Padilla K. Fatigue behavior of a 4140 steel coated with a NiMoAl depositapplied by HVOF thermal spray [J]. Surface and Coatings Technology, 2002, 150: 151 - 162.

[100]吕文阁，谢里阳，徐灏. 一个非线性强度退化模型[J]. 机械强度，1997(2)：22 - 24.

[101]李国豪. 桥梁结构稳定与振动[M]. 北京：中国铁道出版社，2002.

[102]黄代民，齐凯，王新华. 桥式起重机模型挠度的光纤 Bragg 光栅试验研究[J]. 起重运输机械，2011(05)：44 - 47.

[103]王新华，江爱华，齐凯，等. 通用桥式起重机起升钢丝绳断裂原因分析[J]. 金属热处理，2011，S1：370 - 372.

[104]黄国健，刘柏清，王新华，等. 在役门座式起重机应力测试技术探讨[J]. 自动化与信息工程，

2011，06：29－31.
[105]刘柏清，黄国健，王新华，等. 大型门座起重机振动模态测试技术探讨[J]. 自动化与信息工程，2011，06：38－40.
[106]王新华，江爱华，高海生，等. 通用桥式起重机钢丝绳断裂失效分析[J]. 理化检验(物理分册)，2012，04：269－271.
[107]何成忠，刘汉东，王新华. 100t 造船塔式起重机模态分析[J]. 起重运输机械，2012，07：43－45.
[108]关致威，刘向民，谢超. 层次分析法在特种设备风险管理系统中的应用[J]. 电脑知识与技术，2012，24：5893－5896.
[109]王新华，高海生，江爱华，等. 电磁桥式起重机大车轮缘断裂原因分析[J]. 起重运输机械，2010，11：91－93.
[110]陈国华，梁峻，王新华. 基于线性时差的回转支承声发射源定位及修正[J]. 华南理工大学学报(自然科学版)，2013，04：142－146.
[111]董国金，巫世晶，王翔，等. Elman 神经网络在起重机安全状态评估中的应用[J]. 装备制造技术，2007(4)：64－66.
[112]李东博，殷晨波. 基于现场检测的塔式起重机结构安全评估[J]. 工程机械，2011，42(12)：25－30.
[113]唐华珺. 一起塔式起重机倾翻事故的原因及防范[N]. 建筑时报，2012－7－12.
[114]王雨，江常青，林家骏，等. 基于《信息系统安全保障评估框架》的 CAE 证据推理评估模型[J]. 清华大学学报(自然科学版)，2011，51(10)：1240－1245.
[115]何成忠，胡吉全，王新华. 带斗门座起重机在卸载冲击载荷下的动态特性研究[J]. 港口装卸，2010，02：20－22.
[116]单海云. 起重机结构安全性评价系统及基于有限元法的可靠性研究[D]. 武汉：武汉理工大学物流工程系，2004.
[117]江爱华，何成忠，王新华. 带斗门机在物料冲击漏斗载荷下的动态特性分析[J]. 港口装卸，2011，02：1－4.
[118]过玉卿，龙靖宇. 冶金桥式起重机使用安全评估分析[J]. 起重运输机械，2002(2)：4－8.
[119]危宁. 大型塔式起重机的现场性能试验方法[J]. 建筑安全，2012(6)：4－5.
[120]王福绵. 起重机械技术检验[M]. 北京：学苑出版社，2000.
[121]JB/ T 4730. 1 ~6—2005 ，承压设备无损检测[S].
[122]任吉林，林俊明，高春法. 电磁检测[M]. 北京：机械工业出版社，2000.
[123]任吉林. 金属磁记忆检测技术[M]. 北京：中国电力出版社，2000.
[124]吴彦，沈功田，葛森. 起重机械无损检测技术[J]. 无损检测，2006，28(7)：367－372.
[125]陶德馨，刘刚. 港口起重机金属结构技术状态的检测、评定与分析[J]. 起重运输机械，1994(1)：25－29.
[126]DIN 15018－1－1984 Krane，Grundsatze fur stahltragwerke[S]. Berechnung，1984.
[127]陈玮璋，顾迪民. 起重机金属结构[M]. 北京：人民交通出版社，1988.
[128]刘鸿文. 材料力学[M]. 北京：高等教育出版社，2004.
[129]丁克勤，乔松，寿比南. 起重机虚拟仿真与分析[M]. 北京：机械工业出版社，2010.
[130]王业文. 轻型港口起重机结构的动态分析[D]. 上海：同济大学，2007.
[131]马永列. 结构模态分析实现方法的研究[D]. 杭州：浙江大学，2008.
[132]陈骥. 钢结构稳定理论与设计[M]. 北京：科学出版社，2003.
[133]中华人民共和国建设部. GB 50017—2003，钢结构设计规范[S].

[134]兰瑞鹏．高速铁路架桥机结构稳定性分析[D]．武汉：武汉理工大学，2010.
[135]张应立，周玉华．焊接试验与检验实用手册[M]．北京：中国石化出版社，2012：280－284.
[136]李丽茹．表面检测——磁粉、渗透与涡流[M]．北京：机械工业出版社，2009.
[137]武彩虹，韩静涛，刘靖，等．热轧带钢边部“翘皮”缺陷分析[J]．塑性工程学报，2005(6)：23－25.
[138]郑中兴．材料无损检测与安全评估[M]．北京：中国标准出版社，2003.
[139]吴彦，沈功田，葛森．起重机械无损检测技术[J]．无损检测，2006(7)：367－372.
[140]齐伟．基于小波分析的汽车起重机常用钢声发射源特性研究[D]．北京：北京交通大学，2010.
[141]盛国裕．超声测厚仪在材料检测中的应用[J]．仪器仪表与分析监测，2000(3)：29－31.
[142]刘赞．无损检测新技术在某钢结构桥梁中的应用研究[D]．西安：长安大学，2011.
[143]仇传兴．起重机金属结构焊接残余应力理论分析与试验研究[D]．武汉：武汉理工大学，2008.
[144]戴景民，汪子君．红外热成像无损检测技术及其应用现状[J]．自动化技术与应用，2007(1)：1－7.
[145]袁书生．无损检测发展新趋势[J]．科技信息，2012(36)：141－142.
[146]徐长生，陶德馨．起重运输机械试验技术[M]．北京：人民交通出版社，1999.
[147]洪正，王松雷．门式起重机金属结构应力测试及分析[J]．机械研究与应用，2012(6)：81－83.
[148]孙昌之．起重机金属结构应力测试的作用[J]．港口装卸，1995，1996(2)：22－23.
[149]李巧真，李刚，韩钦泽．电阻应变片的实验与应用[J]．实验室研究与探索，2011，30(4)：134－137.
[150]王新礼．交流电桥灵敏度问题的探讨[J]．吉林化工学院学报，2005，22(2)：68－70.
[151]李小华．浅谈应变电测在工程中应用及应注意问题[J]．计量与测试技术，2002：22－25.
[152]国家技术监督局．GB/T 13992—2010　中华人民共和国国家标准电阻应变计[S]．2010.
[153]沈永明，孙达章，吴大奎．桥式起重机结构件测试中的若干问题[J]．上海海运学报，1996，17(4)：69－73.
[154]李亚平，梁红波，原承军．应变电测法在工业厂房结构安全评价中的应用研究[J]．工业安全与防尘，2000(1)：22－24.
[155]裴艳阳．应变电测技术应用在材料应力测试中的实例[J]．大众科技，2008(10)：117－118.
[156]刘晗．应变电测技术在状态测试与评估中的应用研究[J]．宝钢技术，2004(3)：51－55.
[157]邓阳春，陈钢，杨笑峰．消除电阻应变片大应变测量计算误差的算法研究[J]．实验力学，2008，23(3)：227－233.
[158]郑俊，赵红旺，朵兴茂．应力应变测试方法综述[J]．汽车科技，2009(1)：5－8.
[159]天津大学基础课部力学教研室．电子应变片测试技术基本知识讲座(一)[R].
[160]天津大学基础课部力学教研室．电子应变片测试技术基本知识讲座(二)[R].
[161]天津大学基础课部力学教研室．电子应变片测试技术基本知识讲座(三)[R].
[162]尹福炎．结构应变测量用各种电阻应变计[J]．传感器世界，1999(1)：15－25.
[163]康鲁杰，杨继红．电阻应变片的选用[J]．科技应用，2004(33)：9－10.
[164]尹福炎．电阻应变片发展历史的回顾[J]．历史追踪，2009(38)：46－52.
[165]董伟．电阻应变片粘贴技巧[J]．山西建筑，2011(28)：46－48.
[166]彭震中，虞永煦．应力应变电测技术(一)——电阻应变片(技术讲座)[J]．水利电力机械，1998(06)：52－56.
[167]李宏男，任亮．结构健康监测光纤光栅传感技术[M]．北京：中国建筑工业出版社，2008.
[168]赵勇．光纤光栅及其传感技术[M]．北京：国防工业出版社，2007.
[169]李川．光纤传感器技术[M]．北京：科学出版社，2012.

[170]袁慎芳．结构健康监控[M]．北京：国防工业出版社，2007.
[171]梁磊．光纤光栅智能材料与结构理论和应用研究[D]．武汉：武汉理工大学，2005.
[172]张金涛．基于光纤光栅传感网络的健康监测技术[D]．哈尔滨：黑龙江大学，2005.
[173]Kawasaki B S，Hill K O，Johnson D C，et al. Narrow-band bragg reflectors in optical fibers[J]．Optics Letters，1978：66－68.
[174]Hill K O，Fujii Y，Johnson D C，et al. Photosensitivity in optical fiber waveguides：Application to reflection filter fabrication[J]．Applied Physics Letters，1978：647－649.
[175]陈光辉．掺杂二氧化硅玻璃光敏性及光纤光栅器件研究[D]．上海：复旦大学，2005.
[176]崔春雷．光纤光栅传感解调系统中若干关键技术的研究[D]．广州：暨南大学，2006.
[177]李营，张书栋．基于可调谐 F－P 滤波器的光纤光栅解调系统[J]．激光技术，2005，29(3)：237－240.
[178]Imai H，Hoson H. Dependence of defects induced by excimer laser on intrinsic structural defects in synthetic silica glasses[J]．Phys. Rev.（B），1994，44(10)：4812－4818.
[179]Hill K O，Fujii Y，Johnson D C. Photosentivity in optical fiber waveguides[J]．Apply. Phys. Lett，1995，32(10)：647－672.
[180]江俊峰，张以谟，刘铁根，等．掺锗光纤的光敏机理及增敏方法的研究现状与发展[J]．光学技术，2003，29(2)：131－135.
[181]熊靖．光纤光栅振动实时监测系统的设计与研究[D]．武汉：武汉理工大学，2010.
[182]张博，严高师，邓义君．光纤光栅传感器交叉敏感问题研究[J]．应用光学，2007(5)：614－618.
[183]黄凯，李淑娟，李向东．基于模糊层次分析法的造船门式起重机变形结构缺陷安全评估[J]．起重运输机械，2012(12)：51－55.
[184]GB 6067. 1—2010，起重机械安全规程[S].
[185] GB 14406—2011，通用门式起重机[S].
[186] 徐格宁，江凡．基于模糊综合层次法的起重机安全性评价[J]．安全与环境学报，2010，10(2)：196－200.
[187]梅潇，陈体军，董达善．集装箱起重机金属结构可靠性评估体系[J]．中国工程机械学报，2006，4(1)：72－78.
[188]马可夫斯基．起重机金属结构技术状态评定[J]．起重运输机械，1987(12)：57.
[189]陶德馨，刘刚．港口起重机金属结构技术状态的检测、评定与分析[J]．起重运输机械，1994，1：27－29.
[190]董良才，宓为建．基于可靠性的集装箱起重机疲劳裂纹扩展控制[J]．中国工程机械学报，2007，5(4)：453－ 460.
[191]徐格宁，杨恒．基本故障树方法的起重机起升机构模糊可靠性分析[J]．起重运输机械，2008(7)：13－19.
[192]陈体军．岸边集装箱起重机结构可靠性模糊综合评判[D]．上海：上海海事大学，2003.
[193]刘刚，肖汉斌，潘春旭．起重机金属结构安全性评价的现代分析理论与方法[J]．水利电力机械，1998(6)：4－8.
[194]徐克晋．金属结构[M]．2 版．北京：机械工业出版社，1993.
[195]程文明，王金诺．桥门式起重机疲劳裂纹扩展寿命的模拟估算[J]．起重运输机械，2001(2)：1－4.
[196]程文明．起重机金属结构锈蚀寿命期的快速估算[J]．铁道货运，1994(6)：21－23.
[197]郑学良．门式起重机金属结构的腐蚀及防腐[J]．铁路货运，2000(3)：43－44.
[198] 赵玲君．光纤光栅传感器交叉敏感问题的研究[D]．无锡：江南大学，2011.

[199] 袁慎芳. 结构健康监控[M]. 北京：国防工业出版社，2007.

[200] 毕重颖，雷飞鹏. 光纤光栅传感检测中交叉敏感问题的研究[J]. 光通信技术，2010(08)：12-15.

[201] 徐国权，熊代余. 光纤光栅传感技术在工程中的应用[J]. 中国光学，2013(03)：306-317.

[202] Kahandawa G C, Epaarachchi J, Wang H, et al. Use of FBG sensors for SHM in aerospace structures [J]. Photonic Sensors, 2012, 2(3): 203-214.

[203] Takeda S, Aoki Y, Ishikawa T, et al. Structural health monitoring of composite wing structure during durability test[J]. Composite Structures, 2007, 79(1): 133-139.

[204] Zheng L, Mrad N. Validation of strain gauges for structural health monitoring with bayesian belief networks [J]. Sensors Journal, IEEE, 2013, 13(1): 400-407.

[205] W Z. The research of the health monitoring for aerospace three-dimensional braided composite workpieces [C]. 2010.

[206] Ye X W, Ni Y Q, Wong K Y, et al. Statistical analysis of stress spectra for fatigue life assessment of steel bridges with structural health monitoring data[J]. Engineering Structures, 2012, 166-176.

[207] Cheng L, Zheng D. Two online dam safety monitoring models based on the process of extracting environmental effect[J]. Advances in Engineering Software, 2013, 48-56.

[208] Wang H, Liu W, Zhou Z, et al. The behavior of a novel raw material-encapsulated FBG sensor for pavement monitoring[Z]. Beijing, China, 2011.

[209] 伊小素，刘佳，叶向宇，等. 基于概率模型的光纤光栅传感网络优化布置[J]. 光电工程，2013(01)：78-83.

[210] 张岚. 基于FBG技术的散货船结构监测传感器布置研究[D]. 武汉：武汉理工大学，2008.

[211] 陈洁，包腾飞. 混凝土拱坝裂缝光纤监测网络的优化[J]. 水电能源科学，2013(02)：102-105.

[212] Huang G, Wang D, Wang X, et al. Optimal sensor placement method for gantry crane SHM system[J]. Applied Mechanics and Materials, 2013, 321-324: 697-702.

[213] 陈丽娟，贺明玲，王坤. 光纤光栅传感器交叉敏感问题解决方案[J]. 数字通信，2012(06)：15-17.